Anorganisch-präparative Chemie

Arbeitsmethoden und ausgewählte Beispiele

Von

Dipl.-Ing. Dr. techn. **Heribert Grubitsch**
dzt. Gastprofessor an der Technischen Hochschule Helsinki

Mit 222 Textabbildungen

Springer-Verlag Wien GmbH
1950

ISBN 978-3-662-24546-0 ISBN 978-3-662-26693-9 (eBook)
DOI 10.1007/978-3-662-26693-9

Ursprünglich erschienen bei Springer-Verlag in Wienna 1950.

Meiner Mutter

in Verehrung, Liebe und Dankbarkeit

gewidmet

Vorwort.

Wie viele Schwierigkeiten sind zu überwinden bis eine kompliziertere Apparatur einwandfrei arbeitet! Nicht nur der Anfänger braucht eine Arbeitsanleitung; auch der selbständig wissenschaftlich Arbeitende sieht sich oft einer Fülle von experimentellen Schwierigkeiten gegenübergestellt und weiß oft nicht, wie diese am besten zu beheben sind. Es gibt wohl eine Unzahl von experimentellen Hinweisen in der Literatur verstreut, doch ihre Auffindung ist oft schwierig oder scheitert an der Unzugänglichkeit der Literaturstellen.

In der anorganischen Chemie kommt man heute mit der noch oft gehörten Forderung, die Experimente mit den einfachsten Mitteln durchzuführen, nicht mehr weiter. Auch das Improvisieren im Praktikumsunterricht, wobei man schließlich doch noch die gewünschte Substanz in kläglicher Ausbeute und gewöhnlich noch kläglicherem Reinheitsgrad erhält, ist, als didaktisch falsch und zur Oberflächlichkeit erziehend, abzulehnen. Eine exakte Durchführung auch einfacher Arbeiten führt zwangsläufig zu einwandfreien Ergebnissen, sowohl hinsichtlich der Ausbeute, als auch hinsichtlich des Reinheitsgrades. Daß diese Auffassung die Richtige ist, wurde mir von vielen Kollegen, und auch von maßgebenden Stellen aus der Industrie immer wieder bestätigt.

Von diesen Überlegungen ausgehend, entstand aus langjähriger Laboratoriumsarbeit schöpfend, das vorliegende Buch, das sich an alle, die exakte anorganisch-präparative Arbeiten durchzuführen haben, wendet. Es ist sowohl für das Praktikum im anorganisch-chemischen Hochschulunterricht, als auch für den selbständig wissenschaftlich Arbeitenden geschrieben und setzt naturgemäß eine gewisse Vertrautheit mit dem Stoff voraus. Neben den, für die Durchführung von Arbeiten so wichtigen handwerksmäßigen Hinweisen habe ich mich bemüht, auch die grundlegenden theoretischen Erörterungen zu streifen.

Das Buch gliedert sich in einen allgemeinen und in einen speziellen Teil. In ersterem wird die Experimentierkunst in einer

Reihe von Kapiteln speziell für den Anorganiker dargestellt. Der Rahmen des Buches gestattet keine erschöpfende Darstellung; ich halte diese Beschränkung für einen Vorteil, da ich mich bemühte, das Material bis in die letzte Zeit kritisch zu sichten und die Literaturangaben so auszuwählen, daß eine rasche Orientierung möglich ist. Eine große Zahl von Zeichnungen soll dazu beitragen, das richtige apparative Gefühl zu wecken.

Im speziellen Teil wurde die Auswahl der Präparate so getroffen, daß eine möglichst große Vielfalt in den Arbeitsmethoden besprochen werden konnte. Eine große Anzahl von Präparaten sind dem Verfasser bekannt, so daß dieselben bei sorgfältigem Arbeiten mit Sicherheit gelingen. Die Anordnung des Stoffes erfolgte nach den Periodischem System, wobei zunächst die Nichtmetalle, dann die Metalle besprochen wurden. Eine in Erwägung gezogene Anordnung nach Arbeitsmethoden ließ sich nicht durchführen, da bei der Darstellung fast eines jeden schwierigeren Präparates deren mehrere, wie Schmelzen, Destillieren, Sublimieren, Umkristallisieren usw. zur Anwendung kommen. Eine Zusammenstellung nach diesen Gesichtspunkten in Form eines Index soll die Auswahl der Präparate für das Praktikum erleichtern. In diesem Index sind die Präparate mit römischen Ziffern I bis V, steigend nach der Schwierigkeit ihrer Darstellung beziffert. Selbstverständlich ist eine strenge Einteilung nach diesem Schema nicht durchführbar, da die Schwierigkeiten mit zunehmenden Ansprüchen an die Reinheit der darzustellenden Substanz erheblich zunehmen und oft unüberwindlich werden.

Die den Stufen I und II entsprechenden Präparate wurden in geringer Zahl aufgenommen. Dafür wurde Wert darauf gelegt, auch die Darstellung einer Reihe von sehr giftigen bzw. sehr explosiblen Substanzen zu beschreiben. Diese, sowie sehr schwierig darzustellende Stoffe, an die sich nur experimentell Geübte heranwagen sollen, sind mit V gekennzeichnet. Es sollte gerade auch im Praktikum für Fortgeschrittene Wert darauf gelegt werden, unter entsprechender Anleitung auch mit gefährlichen Substanzen umgehen zu lernen. Ich möchte nicht versäumen, die Wichtigkeit des Literaturstudiums, das sich auch auf die älteren Arbeiten zu erstrecken hat, für den Studierenden ganz besonders zu betonen. Nur so gewinnt der Studierende einen Einblick in die Problemstellungen und Schwierigkeiten, und wie sich diese im Laufe der Zeit geändert haben. Ein nach diesen Gesichtspunkten erarbeitetes Präparat der Stufen IV oder V wiegt meines Erachtens ein Dutzend gedankenlos heruntergekochter Präparate auf.

Die Arbeitsmethoden der Photochemie, Radiochemie, der Isotopentrennungen wurden, als zu speziell, nicht in den Rahmen des Buches einbezogen.

Ich hoffe, daß dieser Versuch das werden möge, was mir bei seiner Ausarbeitung vorschwebte: ein guter Ratgeber für den präparativen Anorganiker zu werden. Dazu soll auch das ausführliche Namens- und Sachregister beitragen.

Das Manuskript lag Oktober 1946 druckfertig vor, durch die Nachkriegsverhältnisse verzögerte sich die Drucklegung rund drei Jahre. Die Literatur wurde, soweit zugänglich, bis 1945, in einzelnen Fällen bis 1949 berücksichtigt.

Helsinki, im September 1949

H. Grubitsch

Inhaltsverzeichnis.

Allgemeiner Teil.

Spezieller Teil.

Auswahl von Präparaten nach Arbeitsmethoden und Schwierigkeit.

Die römischen Ziffern bedeuten die Schwierigkeit, die arabischen Ziffern die Seitenzahl.

Kristallisieren: Alaune II 407; K $[BF_4]$ II 390; $Na_2S_2O_3$ II 377; S II/III 154; NaCl II/III 376; $Na_2[Fe(CN)_5NO]$ III 379; KNO_3 II 391; $Ba(H_2PO_2)_2 \cdot H_2O$ III/IV 404

Sublimieren: J_2 II 275; $FeCl_3$ III 423; $ZrCl_4$ IV 414; im Hochvakuum: AlJ_3 III/IV 416; FeJ_3 III/IV 416; SiJ_4 III/IV 416; ZrJ_4 IV 415; Ca IV 396; SF_6 V 295

Darstellung und Reinigung von Gasen und leichtflüchtigen Verbindungen: H_2 II/III 246; O_2 aus $KMnO_4$ III 254; Cl_2 II/III 267; HCl II/III 269; Ar III/IV 243; O_3 V 258; F_2 V 263

Fraktionierte Destillation bei Atmosphärendruck: $SbCl_3$ III 326; SO_2Cl_2 III 294; $POCl_3$ III 293; PCl_3 III 316; CrO_2Cl_2 III 419; SO_2 III 282; $SOCl_2$ III 293; NOCl III 310; BBr_3 III 353; $Si(OC_2H_5)_4$ III 350; $(SiCl_4)$ III 346; $TiCl_4$ III/IV 407; $Zn(C_2H_5)_2$ IV 458; HCN V 339

Fraktionierte Destillation im Hochvakuum: $SbCl_5$ IV 328; N_2O IV 307; NO_2 IV 309; $SiCl_4$ IV 346; Cl_2O IV/V 270; C_3S_2 IV/V 340; ClO_2 V 271; Cl_2O_6 V 272; O_3 V 258

Fraktionierte Verdampfung im Hochvakuum: S_2Br_2 IV 293; C_3O_2 IV/V 337

Fraktionierte Kondensation im Hochvakuum: BCl_3 IV 353; Silane V 344

Fraktionierte Desorption im Hochvakuum: Ar III/IV 243; p-H_2 IV 251

Sättigen von Lösungen mit Gasen: $Ba[CS_3]$ II/III 405; $(NH_4)_2[CuS_4]$ II/III 454

Reaktionen unter Luftausschluß: $Fe(NH_4)SO_4 \cdot 6\,H_2O$ II/III 423; CuCl II/III 451; $NH_4V(SO_4)_2 \cdot 12\,H_2O$ III 416; $Cr(C_2H_3O_2)_2$ III/IV 422; $Na_2S_2O_4$ III/IV 378; $H_4[Fe(CN)_6]$ III/IV 424; $(NH_4)_2V(SO_4)_2 \cdot 6\,H_2O$ III/IV 417

Reaktionen im Hochvakuum: O_2 aus $KMnO_4$ III 254; $KClO_3$ III 254; N_2 aus NaN_3 III/IV 296;

bei tiefen Temperaturen: gelbes As IV 323; p-H_2 IV 251;

bei hohen Temperaturen: Sr IV/V 398; Ba IV/V 398; Zr nach VAN ARKEL IV/V 413

Schmelzreaktionen, Gasreaktionen, Reaktionen bei hohen Temperaturen: $KMnO_4$ II/III 390; $Na_3(SbS_4]$ II/III 380; $KFeS_2$ II/III 391; Si II/III 343; B (aluminotherm.) II/III 344; Mn II/III 418; Cr II/III 419; Li_3N III 305; Mg_3N_2 III 306; CrN III 307; Mg_3P_2 III 318; Mg_2Si III 344; CaC_2 IV 333; SiC IV 334; TiC III/IV 408: Al_4C_3 IV/V 334

Reaktionen bei hohen Drucken: NH_3 IV 302

Elektrochemische Darstellungen:

Elektrolysen in wässerigem Milieu: H_2 II/III 248; O_2 II/III 254; Ag II/III 455; $KClO_3$ III 381; $KClO_4$ III 385; $(NH_4)_2S_2O_8$ III 387; $Co_2(SO_4)_3 \cdot 18\,H_2O$ III 426; $Cu_2O \cdot H_2O$ III 451; $NH_4V(SO_4)_2 \cdot 12\,H_2O$ III 416; $(NH_4)_2V(SO_4)_2 \cdot 6\,H_2O$ III/IV 417; $[NH_3OH]Cl$ III 312;

Schmelzflußelektrolysen: Li III 372; Ca III/IV 396; Al III 405;
Stille elektrische Entladungen: akt. H IV 249; akt. N_2 IV 297; O_3 V 258;

Reaktionen im Lichtbogen: C_3S_2 IV/V 340; B IV/V 352

Darstellung von Kolloiden:

Kondensationsmethoden: S-Sol I 357; Berlinerblau I 358; As_2S_3-Sol I/II 359; NaCl-Gel I/II 361; rotes Au-Sol II 358; blaues Au-Sol II 358; Ag-Sol II 358; Molybdänblau II 361; $Fe(OH)_3$-Sol II 361;

Dispersionsmethoden: V_2O_5-Sol I/II 362; Peptisation von Cr, Mn, Mo usw. II 362;
nach BREDIG: kolloides Ag, Pt, Au II 363;
durch Elektrolyse: Te II 364;

A-Kohle III 369; LIESEGANGsche Ringe II 371

Komplexverbindungen: $[Cr(H_2O)_4]Cl_2 \cdot 2\,H_2O$ II/III 420; $[Cr(OH_2)_6]Cl_3$ II/III 420; $[Cr(NH_3)_6](NO_3)_3$ III 421; $[Cr(NH_3)_5Cl]Cl_2$ I/II 421; $[Co(NH_3)_6]Cl_2$ II/III 393; α,β-$[Co(NH_3)_2]Cl_2$ III 425; $[Co(NH_3)_4CO_2]NO_3 \cdot \frac{1}{2}\,H_2O$ II/III 441; $[Co(NH_3)_5Cl]Cl_2$ II/III 442; $[Co(NH_3)_5H_2O]Cl_3$ III 444; $[Co(NH_3)_6]Cl_3$ II/III 393; $[Co(NH_3)_5NO_2]Cl_2$ II/III 446; $[Co(NH_3)_5ONO]Cl_2$ III 447; 1,2-/1,6-$[Co(NH_3)_4(NO_2)_2]X$ III 447; $[Co(NH_3)_3(NO_2)_3]$ III 448; $[Ni(NH_3)_6]Br_3$ II 448; $[Cu(NH_3)_4]SO_4 \cdot H_2O$ II 452; $[Cu(NH_3)_4]Cl_2 \cdot H_2O$ III 453; $Ni(CO)_4$ III/IV 449; $Cu_2[HgJ_4]$ II 453

Abkürzungen und Formelzeichen.

Bei Zeitschriftenzitaten wurden die üblichen Abkürzungen verwendet. Weiter wurden eine Reihe von Büchern abgekürzt bezeichnet, und zwar:

ANGERER: E. v. ANGERER, Technische Kunstgriffe bei physikalischen Untersuchungen. V. Aufl. 1942. Vieweg.

D'ANS-LAX: JEAN D'ANS, ELLEN LAX, Taschenbuch für Chemiker und Physiker. Springer. Berlin. 1943.

H. und W. BILTZ: Übungsbeispiele: H. BILTZ und W. BILTZ, Übungsbeispiele aus der unorganischen Experimentalchemie. Engelmann. Leipzig. 1920.

KOHLRAUSCH: F. KOHLRAUSCH, Praktische Physik. 18. Aufl. Teubner.

LANDOLT-BÖRNSTEIN: LANDOLT-BÖRNSTEIN-ROTH-SCHEEL, Physikalisch-chemische Tabellen. 5. Aufl. Springer. Berlin. 1923—1936.

OSTWALD-LUTHER: OSTWALD-LUTHER, Hand- und Hilfsbuch zur Ausführung physiko-chemischer Messungen. 5. Aufl. Akad. Verl. Ges. 1931.

STÄHLER: A. STÄHLER, E. TIEDE, F. RICHTER, Handbuch der Arbeitsmethoden in der anorganischen Chemie. Veit & Co. Leipzig. 1913—1926.

VANINO: L. VANINO, Handbuch der präparativen Chemie. 2 Bde. Enke.

Die **Vorzeichengebung** von Wärme- und Arbeitseffekten wurde durchwegs **nach der „altruistischen" Zählweise** durchgeführt. Demnach wird die von einem System aufgenommene Energie positiv, abgegebene Energie negativ gezählt. Die Konstanten wurden, wo keine Literatur angegeben wurde, dem LANDOLT-BÖRNSTEIN oder dem D'ANS-LAX entnommen.

Von weiteren Abkürzungen seien erwähnt:

A Atomgewicht
at Technische Atmosphäre = kg/cm^2
Atm Physikalische Atmosphäre = 760 Torr
d Dichte $g\,cm^{-3}$ (ohne Index: bei Zimmertemperatur)
F. P. Schmelzpunkt
^0K Grad Kelvin (Zählung in der absoluten Temperaturskala)
K.P. Siedepunkt bei 760 Torr
L Löslichkeit g wasserfr. Substanz in 100 g Wasser (ohne Index: bei 20^0 C)
M Molekulargewicht
Torr Druck von 1 mm Hg (bei 0^0, 1 Atm, 45^0 Erdschwere, 1 ccm Hg = = 13,5951 g) auf 1 cm^2.

Allgemeiner Teil.

I. Technische Fertigkeiten.

Bevor eine Apparatur zusammengebaut werden kann, müssen eine ganze Reihe von Vorarbeiten geleistet werden. Gefäße sind zu reinigen, Glasrohre zu biegen, vielleicht ein elektrischer Ofen passender Größe zu wickeln usf. Peinlichste Sauberkeit der Geräte, bei der Handhabung der Chemikalien und am Arbeitsplatz ist für ein exaktes Arbeiten unerläßlich. Einige reine Tücher, ein Viskoseschwamm helfen oft viel Ärger zu vermeiden.

Das Reinigen der Gefäße. Ein mechanisches Reinigen mit Sand, Asche usw. führt zu Verletzungen der Glasoberfläche und ist deshalb zu unterlassen. Man reinigt Glasgefäße am besten mit *Chromschwefelsäure*, die man durch Auflösen von 20 bis 30 g CrO_3 oder $Na_2Cr_2O_7$, bzw. $K_2Cr_2O_7$ in 1 *l* konzentrierter Schwefelsäure herstellt. Es entsteht eine rotbraune, sehr aggressive Flüssigkeit (Schutzbrille), die, besonders etwas erwärmt, ausgezeichnete Reinigungswirkung hat und so lange verwendet werden kann, bis die Farbe nach Grün umschlägt. Die Chromschwefelsäure ist verschlossen aufzubewahren (Glasstopfenflasche), da sie mit zunehmendem Wassergehalt ihre Wirksamkeit stark einbüßt. Für sehr subtile Arbeiten ist zu beachten, daß Glas, unabhängig von der Berührungsdauer, zirka 5 γ CrO_3/g Glas aufnimmt. Durch mehrmaliges, je 15 Minuten dauerndes Auskochen unter jedesmaligem Wasserwechsel wird das okkludierte CrO_3 bis unter 0,2 γ/g entfernt[1].

An Stelle von Chromschwefelsäure kann man eine stets frisch zu bereitende Lösung von wenig gepulvertem $KMnO_4$ in konzentrierter Schwefelsäure verwenden, die noch aggressiver wirkt. Keinesfalls darf man so viel Permanganat zusetzen, daß sich Mn_2O_7 in öligen Tropfen abscheidet. Ein Erwärmen der Lösung ist zu vermeiden. In manchen Fällen wird alkalische Permanganat-

---

[1] E. P. Laug, Ind. Engng. Chem. Anal. Edit. **6** (1934), 111. Ref. Chem. Fabr. **7** (1934), 241.

lösung verwendet. Abgeschiedener Braunstein löst sich in verdünnter Schwefelsäure, der man einige Tropfen Wasserstoffperoxyd zusetzt.

Organische Substanzen wird man zunächst größtenteils mit organischen Lösungsmitteln zu entfernen trachten. Schliffe reinigt man von anhaftendem alten Fett mit einem in Benzin, Benzol oder Tetrachlorkohlenstoff getränkten Stückchen Zellstoff. Es empfiehlt sich nicht, Schliffe längere Zeit mit Chromschwefelsäure in Berührung zu lassen, da das Glas an den Schliffen angegriffen wird.

Nach erfolgter Reinigung sind die Gefäße gründlichst mit Wasserleitungswasser, dann mit destilliertem Wasser auszuspülen. Bei engen und komplizierten Apparaten ist das Trocknen oft schwierig. Man saugt womöglich mit der Wasserstrahlpumpe einen Luftstrom (Wattefilter oder Jenaer Frittenfilter, damit kein Staub in die Gefäße eindringen kann) durch das erwärmte Gefäß oder evakuiert mit der Ölpumpe und läßt mit Phosphorpentoxyd trocknen. Ein Ausspülen der Apparate mit Alkohol und Äther erleichtert zwar das Trocknen, birgt jedoch die Gefahr einer Verunreinigung mit Fett, falls diese Lösungsmittel nicht knapp vorher frisch destilliert wurden.

Reinstes Wasser. Um reinstes Wasser herzustellen, destilliert man gewöhnliches destilliertes Wasser aus einer ausgedämpften Jenaer Glasapparatur unter Zugabe von 1 g/l $KHSO_4$. Man verwirft die Spitzenfraktion und destilliert die Mittelfraktion neuerdings unter Zugabe von 0,1 g/l $KMnO_4$ und 1 g/l KOH aus einem Jenaer Kolben mit Zinnkühler. Das so erhaltene Wasser hat in der Mittelfraktion eine Leitfähigkeit $\varkappa_{25} = 1 - 2.10^{-6}\,\Omega^{-1}\,\text{cm}^{-1}$. Für höhere Ansprüche destilliert man dieses Wasser in einem bestgereinigten Stickstoffstrom aus einem Jenaglas- oder Quarzkolben und *Quarzkühler*, wobei man ein Überkriechen des Wassers durch Erhitzen des Kolbenhalses auf über 100° C verhindert[1]. Man erhält so in der Mittelfraktion ein Wasser von der Leitfähigkeit $\varkappa_{25} = 6 - 8\cdot 10^{-8}\,\Omega^{-1}\,\text{cm}^{-1}$. Über die Darstellung p_H-reinen Wassers berichtet LUX[2].

Absoluter Alkohol. M. 46,07; F. P. —114,7° C; K. P. + 78,32° C d_4^{15} 0,7936.

---

[1] P. A. THIESSEN, K. HERRMANN, Chem. Fabr. **10** (1937), 18; Z. Elektroch. **43** (1937), 66. — G. KORTÜM, Chem. Fabr. **13** (1940), 143. — H. PRAUSNITZ, Koll. Z. **86** (1939), 63: Apparat für bidestill. Wasser n. STADLER.

[2] H. LUX, Z. Elektroch. **48** (1942), 210.

Die gewöhnliche Laboratoriumsmethode, absoluten Alkohol darzustellen, besteht darin, daß man 96 %igen reinen Alkohol mit dem gleichen Gewicht an frisch gebranntem stückigen Kalk und einigen Löffeln Bariumhydroxyd bis zur Gelbfärbung der Lösung am Rückflußkühler kocht und sodann über einen absteigenden Kühler mit Vorstoß in eine Flasche abdestilliert, die gegen das Eindringen von Feuchtigkeit mit einem Chlorkalziumrohr geschützt ist. Wesentlich schneller erfolgt die Wasserbindung, wenn man den Alkohol mit frisch gebranntem Kalk ein bis zwei Stunden im Autoklaven auf etwa 100 bis 110° C erhitzt und sodann durch vorsichtiges Öffnen eines Nadelventils über einen absteigenden Kühler abdestilliert. Die Ausbeute an Alkohol ist nach diesem Verfahren fast quantitativ. Zur Darstellung völlig wasserfreien Alkohols destilliert man den mit gebranntem Kalk entwässerten Alkohol längere Zeit unter Rückfluß über Kalziumfeilspänen und destilliert dann ab. Man bewahrt den absoluten Alkohol über weißgebranntem Kupfersulfat in einem Schliffkolben auf, von dem man den Alkohol bei Bedarf abdestilliert (Normalschliffgeräte).

Sehr rasch erhält man fast absoluten Alkohol (99,86 %), wenn man 1000 g 96 %igen Alkohol am Rückflußkühler mit 175 g gekörntem Kalziumkarbid eine halbe Stunde kocht, sodann zur Bindung des gelösten Azetylens 1 g wasserfreies Kupfersulfat zusetzt, weitere 15 Minuten am Rückflußkühler erhitzt und sodann langsam abdestilliert. Bei der Destillation ist *vorsichtiges Erhitzen* (Wasserbad) geboten, damit sich das gebildete Kupferazetylid (Achtung, explosiv) nicht zersetzt. Der so hergestellte Alkohol enthält weder C_2H_2, Aldehyd, freie Säure noch S-Verbindungen[1].

Absoluter Äther. M 74,12; F.P. stab. —116,3° C, instab. —123,3° C; K.P. 34,60° C; d 0,702; krit. Temp. 193,6° C.

Beim Stehen von Äther an der Luft bilden sich Ätherperoxyde, die beim Abdestillieren zu heftigen Explosionen Anlaß geben können[2]. Peroxydhältiger Äther färbt Titanschwefelsäure beim Schütteln gelb bis orangegelb. Man entfernt die Peroxyde durch Schütteln des Äthers mit dem gleichen Volumen einer Lösung

[1] R. E. Lyons, L. T. Smith, Siençe **62** (1925), 224; C. 1926, I, 341. Reinigung von Alkohol, C. 1924, II, 1575. — Entfernung von Aldehyd, L. W. Winkler, Ber. **38** (1905), 3612; C. 1928, II, 276. — Entfernung von Azeton, Gorr u. Wagner, Biol. Z. **161**, 490.

[2] L. Brandt, Chem. Ztg. **51** (1927), 981. — Reinigung von Äther, R. S. Taylor, L. B. Smith, J. Am. Chem. Soc. **44** (1922), 2455; C. 1924, II, 1575. — W. Lepper, Chem. Ztg. **66** (1942), 314.

von 600 g Ferrosulfat, 60 ccm konzentrierter Schwefelsäure, 1100 ccm Wasser, trennt die Flüssigkeiten im Scheidetrichter und destilliert. Frisch bereiteter peroxydfreier Äther zeigt bereits nach einem Tag eine positive Titanschwefelsäurereaktion.

Zur Darstellung *absoluten Äthers* entwässert man frisch destillierten Äther durch Stehenlassen über gebrannter Pottasche oder frischentwässertem Kalziumchlorid, destilliert ab und läßt über Natriumdraht stehen. Nach einigen Tagen destilliert man neuerlich ab und bewahrt den Äther in einem Schliffkolben über Natriumdraht auf, von dem man bei Bedarf stets frisch abdestilliert. Beim Stehen über Natrium tritt keine Peroxydbildung auf.

Reiner Asbest. Man digeriert faserigen oder wolligen Asbest, je nach dem Verwendungszweck, mit öfter gewechselter konzentrierter Salzsäure am Wasserbad, bis die Salzsäure keinen gelblichen Farbton annimmt. Sodann wäscht man auf der Nutsche bis zur neutralen Reaktion mit siedendem Wasser aus und glüht den getrockneten Asbest in nicht zu großen Portionen im offenen Porzellantiegel am Gebläse.

Über das Arbeiten mit Quecksilber. Bei physikalisch-chemischen Arbeiten, als Füllmaterial für Barometer, beim Arbeiten mit Gasen usf. braucht man ständig reinstes Quecksilber, für dessen Reinigung besondere Verfahren entwickelt wurden.

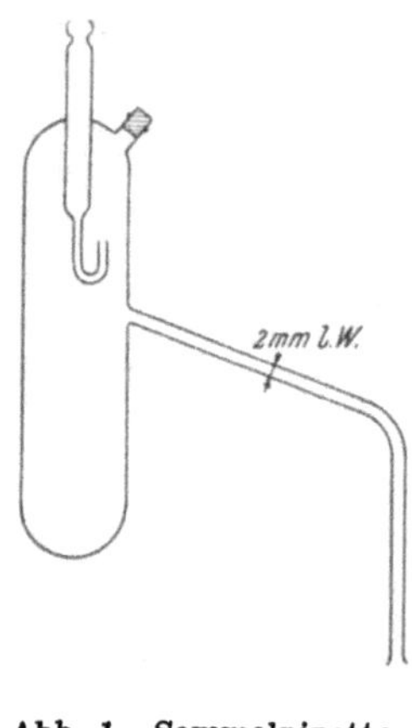

Abb. 1. Sammelpipette für Quecksilber.

Beim Arbeiten mit Quecksilber ist zu beachten, daß dieses Element, besonders dampfförmig eingeatmet, eines der gefährlichsten Gifte darstellt. Obwohl der Dampfdruck des Quecksilbers bei Zimmertemperatur nur zirka 0,001 Torr beträgt, genügen die geringen Mengen, die beim Aufenthalt in quecksilberverseuchten Räumen eingeatmet werden, um chronische Quecksilbervergiftungen und Gesundheitsstörungen schwerster Art hervorzurufen. Es ist das Verdienst von A. Stock[1], auf diese Gefahrenquelle nachdrücklichst hingewiesen zu haben. Verspritztes, verschüttetes Quecksilber muß *restlos* mit der Quecksilberzange, mit einem spitzen amalgamierten Kupferblechstreifen oder mit Pinsel und Sammelpipette (Abb. 1), die man mittels eines langen Schlauches an die Wasserstrahlpumpe anschließt, eingefangen

[1] A. Stock, Z. angew. Ch. **41** (1928), 663; **42** (1929), 999.

werden. Räume, in denen ständig mit Quecksilber gearbeitet wird, sollen einen an den Kanten hochgezogenen Linoleumbelag des Fußbodens haben und gute Ventilation besitzen. Zur Sanierung derartiger Räume stellt man flache, große Schalen mit Jodkohle auf. Das ist eine, mit zirka 5 % Jod beladene Aktivkohle[1] (Degea A. G. Berlin), die nach STOCK Quecksilberdämpfe sehr gut absorbiert und auch zum Einstreuen in Fußbodenritzen usw. bestens geeignet ist. Bedeckt man eine offene Quecksilberfläche mit einer mehrere Millimeter hohen Schichte von Jodkohle, so wird jedes Verdampfen von Quecksilber in den Raum hinein unmöglich gemacht.

Arbeiten mit Quecksilber führt man über großen Papiermachétassen aus, die an einer Ecke ein eingekittetes, mit einem Stöpsel verschlossenes Abflußrörchen besitzen, so daß man verspritztes Quecksilber leicht zusammenfegen kann.

Mechanische Verunreinigungen im Quecksilber entfernt man durch Filtration und bedient sich hiezu der keramischen, in den Handel gebrachten Filter (Haldenwanger — Spandau) oder der Glasfrittenfilter von Schott & Gen., Jena. Die Glasfritte G2 filtriert unter dem eigenen Druck der Quecksilbersäule, G3 unter Wasserstrahlvakuum, während die Fritte G4 auch im Vakuum gegen Quecksilber sperrt. Behelfsweise kann man Quecksilber auch durch ein Filter aus glattem Schreibpapier filtrieren, das sich in einem Trichter befindet und in dessen Spitze man mit der Nähnadel einige feine Löcher gemacht hat. Ölige Verunreinigungen entfernt man durch Emulgieren mit verdünnter wäßriger Kalilauge in einer Anordnung, (Abb. 2), wobei man einen Luftstrom durch das Quecksilber saugt, das sich in einer dickwandigen Flasche befindet.

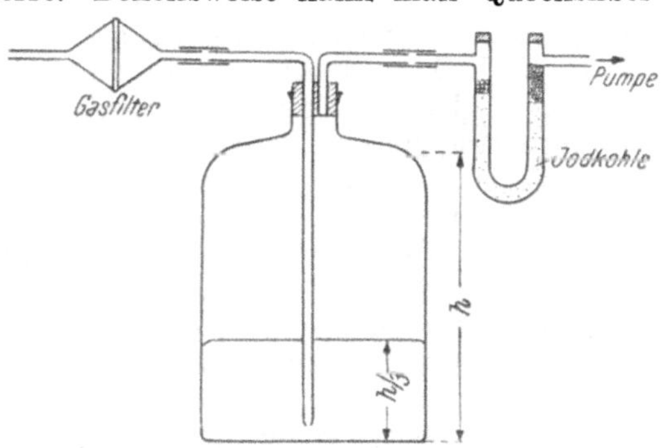

Abb. 2. Reinigung von Quecksilber durch Oxydation.

Bei der Entfernung verunreinigender Metalle geht man ver-

[1] DRP 588531/31/33. — A. STOCK. Z. angew. Ch. **47** (1934) 64.

schieden vor, je nachdem diese unedler oder edler als Quecksilber sind. Die unedleren Metalle lassen sich leichter oxydieren; von den edleren Metallen läßt sich Quecksilber auf einfache Weise nur mittels Vakuumdestillation trennen. Zur Entfernung unedler Verunreinigungen bedient man sich folgender Verfahren:

1. Man oxydiert die unedleren Metalle, eventuell bei erhöhter Temperatur durch einen Luftstrom nach Abb. 2. Zur Absorption der Quecksilberdämpfe schaltet man ein U-Rohr mit Jodkohle vor die Wasserstrahlpumpe. Die unedleren Metalle scheiden sich in Form eines grauen Schlammes auf der Quecksilberoberfläche ab und werden durch Filtration entfernt. Das Reinigungsverfahren ist sehr wirksam und bei Verwendung der Jodkohle unbedenklich.

2. Man läßt Quecksilber möglichst fein verteilt mehrmals durch eine Lösung von 5% Merkuronitrat in 15 bis 20%iger Salpetersäure durchtropfen, wobei man sich des Apparates, Abb. 3a, bedient. Man gießt zunächst etwas reines Quecksilber, dann die Lösung in das Rohr. Die feine Zerteilung des Quecksilbers bewirkt man mittels eines der vorhin erwähnten Quecksilberfilter[1] oder (weniger gut) man bindet ein Stück Sämischleder über einen abgesprengten und umgebördelten Trichterhals. Bei genügender Druckhöhe tritt das Quecksilber in einem feinen Regen durch das Leder. KLEIN[2] zerstäubt das Quecksilber mittels Druckluft in einem „Zerstäubertrichter" und berichtet über eine ausgezeichnete Reinigungswirkung.

3. Nach DOBROWSKI[3] reinigt man Quecksilber durch Schütteln mit einem gleichen Volumen kaltgesättigter Kaliumpermanganatlösung in einer dickwandigen Glasstöpselflasche. Das Permanganat wird hierbei zum Teil zu Braunstein reduziert und dieser bildet mit dem Quecksilber einen feinen Schlamm. Durch diese Emulgierung wird die Oxydation der Verunreinigungen sehr gefördert. Man füllt mit Wasser auf, schüttelt um, dekantiert die wäßrige Flüssigkeit und wiederholt das Schütteln mit Permanganatlösung und Auswaschen so oft, bis sich die Farbe des Permanganates beim Schütteln während 30 Sekunden nicht mehr verändert. Man wäscht neuerlich, dekantiert, säuert mit verdünnter Salpetersäure an, worauf der Braunstein in Lösung geht und das Quecksilber schlagartig zusammenfließt, und wäscht mit destilliertem Wasser bis zur Säurefreiheit aus. Das so behandelte Quecksilber ist weitgehend rein.

---

[1] H. PRAUSNITZ, Koll. Z. **86** (1939), 263.
[2] K. KLEIN, Chem. Fabr. **10** (1937), 150.
[3] A. DOBROWSKI, Chem. Ztg. **64** (1940), 32.

Zur Entfernung der edleren Metalle und zur *Feinreinigung* muß das nach einer der oben besprochenen Verfahren vorgereinigte Quecksilber einer Vakuumdestillation[1] unterworfen werden. Hierzu hat sich der in Abb. 3b dargestellte Apparat (Duranglas) sehr gut bewährt. Zur Inbetriebnahme stellt man die Wasserkühlung in *K* an, füllt in *B* das zu destillierende Quecksilber ein und saugt bei *Z* mit der Wasserstrahlpumpe. Die Destillationsbirne *D* befindet sich in einem mit Asbest ausgelegten kleinen elektrischen Öfchen, das über eine Signallampe und einen Schalter mit der Lichtleitung verbunden ist. Sobald sich genügend Quecksilber in der Erweiterung *E* angesammelt hat, kann man das Vakuum bei *Z* abschalten. Die weitere Destillation erfolgt selbsttätig; man hat nur Sorge zu tragen, daß man *B* rechtzeitig nachfüllt und durch Heben und Senken bewirkt, daß sich in *D* kein hochprozentiges Amalgam bilden kann. HULETT[2] schlägt die Destillation bei Gegenwart von etwas Sauerstoff, besonders zur Entfernung von Sn, Zn, Cd, Pb, Cu vor. Je langsamer die Destillation erfolgt, desto reiner ist das destillierte Quecksilber. Über die Darstellung reinsten Quecksilbers berichtet HÖNIGSCHMID[3].

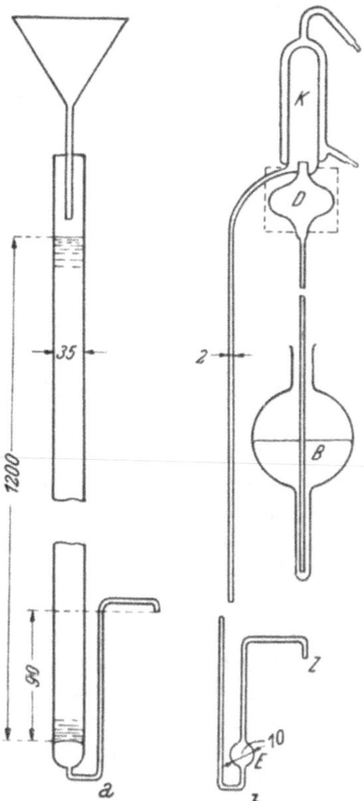

Abb. 3. Quecksilberreinigung.
a = durch Oxydation.
b = durch Vakuumdestillation.

Reines Quecksilber muß beim Stehen an der Luft blank bleiben und darf in einer Porzellanschale keinen Schweif zurücklassen.

---

[1] A. MIETHE, H. STAMMREICH, Z. anorg. Ch. **158** (1926), 188 (Destillationsapparat).

[2] G. A. HULETT, Phys. Rev. **33** (1911) 307.

[3] O. HÖNIGSCHMID, L. BIRCKENBACH, M. STEINHEIL, Ber. **56** (1923) 1213.

Kocht man 5 g Quecksilber mit 5 ccm Wasser und 4,5 g Natriumthiosulfat etwa eine Minute lang, so darf das Quecksilber seinen Glanz nicht verlieren und höchstens einen schwach gelblichen Stich annehmen[1].

Zum Abgießen kleiner Quecksilbermengen bedient man sich der in Abb. 4 dargestellten Quecksilbertropfflasche aus starkwandigem Glas.

Abb. 4. Quecksilber-Tropfflasche.

Platin. A 195,23; F.P. 1773,8 ± 1°; d 21,44.

Platin kommt in fünf Reinheitsstufen in den Handel:

Technisch rein mit 2 bis 3‰ Verunreinigungen.

Chemisch rein mit ≤ 1‰ Verunreinigungen.

Geräteplatin ist chemisch rein, jedoch mit Platinmetallen legiert.

Physikalisch rein mit ≤ 0,1‰ Verunreinigungen.

Spektroskopisch rein mit ≪ 0,1‰ Verunreinigungen.

Obwohl Platin chemisch gegen Säuren (mit Ausnahme des Königswassers) und die meisten Chemikalien außerordentlich widerstandsfähig ist, sind beim Arbeiten mit Platingeräten eine Reihe von Vorsichtsmaßregeln zu beachten: So darf Platin nicht in rußender Flamme erhitzt werden. Ebenso sind alle niedrig schmelzenden Metalle, die mit Platin leicht Legierungen bilden oder deren Verbindungen leicht reduziert werden können (Filterkohle, Flammengase), von der Verwendung in Platingeräten auszuschließen. Hierher gehören insbesondere C, B, As, Sb, Bi, Cd, Zn, Sn, Pb, Si, P, Carbide, Silicide, Boride, Phosphide usw. Manche Metalle, wie Sn, Zn, Cd legieren sich bereits bei gewöhnlicher Temperatur mit Platin. Auch das Schmelzen von Ätzalkalien und Peroxyden darf nicht in Platingeräten vorgenommen werden, da diese infolge Rekristallisation brüchig werden. Durch geeignete Legierung, z. B. 96% Pt, 3,5% Ru, 0,5% Nb oder Pt-Ta-Os, bzw. Pt-V-Ru-Legierungen ist es gelungen, phosphor- und kohlenstoffeste Platingeräte herzustellen[2]. *Reinigung von Platingeräten.* Verschmutzte Platingeräte reibt man zunächst mit dem Finger mit feuchtem Seesand vorsichtig ab. Diese Behandlung ist sehr schonend und trägt viel zur Verlängerung der Lebensdauer der Geräte bei, da die aufgerauhte

[1] E. Merck, Prüfung der chem. Reagentien, Darmstadt.

[2] K. W. Fröhlich, Chem. Fabr. 13 (1940) 431.

Platinoberfläche durch diesen Reinigungsvorgang stets wieder geglättet wird. Eine intensivere Reinigung wird durch Ausschmelzen mit $KHSO_4$ erzielt, wobei geringe Platinmengen in Lösung gehen. Man schmilzt $KHSO_4$ oder $K_2S_2O_7$ bei bedecktem Tiegel zirka $^1/_4$ bis $^1/_2$ Stunde derart, daß die Schmelze bei allmählich zu steigernder Temperatur bis zur Rotglut gerade flüssig bleibt, jedoch nicht zu viel SO_3-Nebel entweichen.

Platin läßt sich mit reinem Gold und Borax als Flußmittel mittels eines Lötrohres (bei größeren Stücken Gebläse!) leicht löten. In Weißglut läßt sich Platin schweißen[1]. Hiervon macht man beim Reparieren von Platingefäßen, beim Herstellen von Elektroden usw. Gebrauch: Man befestigt die blankgeschabten (nicht polierten) zu verschweißenden Teile (Blech, Draht) in der richtigen Lage einige Millimeter ober einer reinen Ambosfläche, erhitzt sie (linkshändig) mit dem Handgebläse zu höchster Glut und verschweißt durch einen gelinden Schlag mit einem kleinen blanken Hammer, den man in der rechten Hand hält. Elektrodenstiele werden am besten mit einem 0,5 mm Kupferdraht verschmolzen, den man durch das Glasrohr, welches die Elektrode hält, zu einer aufgekitteten Klemmschraube führt. Die Verschmelzung wird bewerkstelligt, indem man die beiden Drähte mit Schieberpinzetten o. dgl. hält und in der Gebläseflamme scharf erhitzt. Sobald das Kupfer (oder Al bei Elektroden für Entladungsröhren) schmilzt, stößt man den weißglühenden Platindraht einige Millimeter in das geschmolzene Metall und bläst gleichzeitig die Flamme zur Seite. Die so hergestellten Verbindungen sind weit empfehlenswerter wie die früher benutzten Quecksilberkontakte.

Platinasbest[2], *Platinquarz.* Man benetzt reinen Asbest (oder glühend abgeschreckte und gesiebte Quarzstücke) mit einer konzentrierten Platinchloridlösung und fällt das Platin in der Faser, bzw. in den Rissen des Quarzes durch Einbringen in eine konzentrierte NH_4Cl-Lösung. Es scheidet sich $(NH_4)_2PtCl_6$ ab. Man preßt den Überschuß der Flüssigkeit ab (läßt abtropfen), trocknet und erhitzt schließlich zum Glühen, wobei metallisches Platin in feinverteilter Form zurückbleibt. Man stellt gewöhnlich 10 %igen Platinasbest her.

Aufarbeitung von Platinrückständen[3]. Man löst die Rückstände im Königswasser, dampft bis zum Aufhören der Chlorent-

---

[1] VANINO, S. 771.

[2] H. ERDMANN, Lehrb. d. Anorgan. Chemie, 5. Aufl., 1910, S. 275.

[3] VANINO, S. 766.

wicklung ein, filtriert und versetzt die etwa 10%ige Lösung bei Wasserbadtemperatur mit Natronlauge bis zur alkalischen Reaktion und setzt auf je 10 g Platin 5 g Natriumformiat zu. Durch Zugabe von Natronlauge verhindert man das oft sehr lästige Schäumen. Nach vollendeter Reduktion wird mit 25%iger Salzsäure angesäuert, eine Stunde am Wasserbade erhitzt, mehrmals mit heißer Salzsäure und schließlich mit heißem Wasser durch ein Filter dekantiert. Sodann bringt man den Niederschlag auf das Filter, wäscht mit heißem Wasser gut aus und verglüht in einem Porzellantiegel.

Löten. Bei vielen Arbeiten hat man kleinere Lötarbeiten durchzuführen, sei es um elektrische Leitungen miteinander zu verbinden, sei es um Apparate oder vakuumdichte Metall-Glas-Verbindungen herzustellen. Man unterscheidet das Weichlöten mit Blei-Zinn-Legierungen, die bei 180 bis 250° C schmelzen, und das Hartlöten mit Ag-Cu- oder Ag-Cu-Zn-Legierungen, die bei zirka 700 bis 900° C schmelzen. Hartlötungen müssen überall dort angewendet werden, wo die Lötstelle höhere Temperaturen aushalten muß oder wo hohe mechanische Festigkeit erforderlich ist.

Weichlöten. Die zu lötenden Metalle werden durch Abschaben (Feilen) völlig blank gemacht, mit einem Lötmittel benetzt und mit einem heißen, gut verzinnten Lötkolben, an dem ein Tropfen Lot hängt, verlötet. Am besten bewährt sich Lötwasser der Zusammensetzung 60 Gewichtsteile Wasser, 30 Gewichtsteile Chlorzink, 10 Gewichtsteile Ammoniumchlorid. Nach vollzogener Lötung hat man die Lötstelle gut abzuwaschen, da sonst Korrosionen durch zurückbleibendes Lötmittel auftreten. Bei der Lötung von dünnen Drähten, von Schaltungen, die man nachträglich schlecht reinigen kann, verwendet man säurefreie käufliche Lötmittel oder Kolophonium, Stearin oder Talk. Der Lötkolben wird so erhitzt, daß seine Schneide sich nicht in der Flamme befindet. Der Lötkolben hat die richtige Temperatur, sobald er die Flamme grün färbt und beim Reiben auf einem Salmiakstein zischt, wobei reichlich weiße Salmiaknebel entweichen. Die heiße Schneide des Lötkolbens wird durch Hin- und Herreiben mit etwas Lot auf einem Salmiakstein gleichmäßig verzinnt. Man muß sich hüten, den Kolben durch Überhitzung zu verbrennen. Kleine Gegenstände kann man nach dem Blankmachen, Benetzen mit Lötwasser und Darauflegen eines kleinen Stückchens plattgeschlagenen Lotes auch in der Flamme löten. Man hört zu erhitzen auf, sobald das Lot fließt und sich in die Lötfuge einzieht, und schreckt am besten durch

Aufspritzen von Wasser ab. Haardrähte[1] sowie Platinkupferverbindungen lötet man, wenn es die Gebrauchstemperatur zuläßt, am besten mit Woodschem Metall (50% Bi, 12,5% Sn, 25% Pb, 12,5% Cd) und etwas Chlorzinklösung als Flußmittel, sonst bei möglichst niederer Temperatur, um eine Legierungsbildung zu vermeiden. Messing, Kupfer, Eisen, Gold, Platin lassen sich weich löten, dagegen nicht Al, Mg, Mo, W. Sehr bequem ist ein kleiner elektrisch beheizter Lötkolben, den man sich leicht aus einem 10-mm-Kupferstab (Glimmerisolation, Wicklung mit 0,1 mm Cekasdraht) selbst herstellt.

Zum *Hartlöten* verwendet man die im Handel erhältlichen Silberlote. Als Flußmittel wird Borax, der mit Wasser (nicht Speichel) zu einem dünnen Brei angerührt wurde, auf die (kalten), durch Feilen oder Schaben *blank gemachten* Lötstellen aufgestrichen. Da sich Borax beim Erhitzen stark aufbläht, müssen die zu verlötenden Teile (durch Zusammenbinden mit Eisendraht oder dergleichen) gut gegeneinander fixiert werden. Man erhitzt in der Gebläseflamme, stellt eventuell zum Zusammenhalten der Wärme einige Ziegel in geeigneter Weise auf. Bei 741° schmilzt der Borax und das sehr dünnflüssige Silberlot wird tief in die Lötfuge hineingezogen. Das Boraxglas wird nach dem Erkalten durch vorsichtiges Kneifen, Hämmern, oder Lösen in HCl entfernt. Angerer empfiehlt an Stelle von Borax das Hartlötwasser Fluoron[2]. Thermoelemente lassen sich auch mit reinem Silber- oder Goldfeilicht und Borax löten. Edelmetallthermoelemente lötet man ohne Lot und ohne Flußmittel im Sauerstoffgebläse. Aluminium läßt sich durch Speziallötmittel[3] mit Kupfer, Messing, verzinntem Eisen und Aluminium hart verlöten. Molybdän und Wolfram können mittels Messing und viel Borax mit anderen Metallen hart verlötet werden.

Hochvakuumdichte Glas-Metall-Lötungen[4] stellt man her, indem man das Glas- (Porzellan-, Quarz-) Rohr zunächst nach dem Einbrennverfahren mit Platin überzieht, dieses dick galvanisch versilbert oder verkupfert, sodann mit Weichlot in einer Spiritusflamme verzinnt (nicht mit einem Lötkolben) und sodann mit einem verzinnten (0,1 mm) Messingrohr mit Weichlot verlötet.

---

[1] G. L. Pearson, Z. Instrkde **56** (1936), 479. — A. H. Pfund, Z. Instrkde **59** (1939), 396. — Angerer.

[2] Bez.: Dr. Th. Wieland, Gold- und Silberscheideanstalt, Pforzheim.

[3] Bez.: Dr. Leop. Rostosky, Metallochem. Fabr., Berlin NW 87.

[4] S. D. D. Morris, Journ. Scient. Instr. **11** (1934), 232.

Das *Einbrennen* von Edelmetallschichten erfolgt durch *dünnes* Auftragen von „Glanzplatin“[1] usw., vorsichtiges Trocknen über einer Weingeistflamme und allmähliches Erhitzen bis zur Rotglut. Das Einbrennen wird mehrmals wiederholt, bis man eine genügend dicke, gleichmäßige Schicht erhalten hat. Hat man Edelmetallschichten in Hohlräumen aufzubrennen, so leitet man während des Aufbrennens einen langsamen Sauerstoffstrom durch das Rohr.

Kitte.[2]

Kittungen werden in der Hochvakuumtechnik und beim Arbeiten mit Gasen häufig angewendet; oft auch um Schliffverbindungen lösbar, aber doch starr miteinander zu verbinden. Ferner werden Kittungen zum Verbinden von Apparaturteilen aus verschiedenem Material, schließlich auch zum vorübergehenden Fixieren von Apparateteilen am Arbeitstisch verwendet. Man unterscheidet „reversible“ Kitte, die bei höheren Temperaturen erweichen, und irreversible Kitte, die zum Teil bis zu hohen Temperaturen Anwendung finden können. Für Hochvakuumarbeiten brauchbare Kitte und Schmiermittel sind mit einem V bezeichnet. Angaben über ihre Dampfdrucke, siehe S. 117.

A. Reversible Kitte.

Wachs-Kolophonium-Kitt. Gleiche Gewichtsteile von Kolophonium und gelbem Bienenwachs werden in einer reinen Eisenpfanne geschmolzen und vor dem Erstarren auf eine kalte, etwas eingefettete Eisenplatte ausgegossen. Der Kitt beginnt bei 47° C zu erweichen und ist bei 55° C geschmolzen; er ist in einer Tetrachlorkohlenstoff-Alkohol-Mischung löslich, in Alkohol wenig, in Wasser unlöslich und wird besonders zum Fixieren der Stative einer Apparatur, von Holzklötzen, von Schaltern u. dgl. am Experimentiertisch verwendet. Der geschmolzene Kitt wird an die Stativecken gegossen und eventuell mit einer Mikroflamme, Lötkolben nachgeschmolzen, damit er sich mit den kalten Metall-

---

[1] Vgl. ANGERER, OSTWALD-LUTHER. — Bez.: W. C. Heraeus, Hanau.

[2] K. MICKSCH, Taschenbuch der Kitte und Klebstoffe, 2. Aufl., 1941. — A. TEDE, Kitte und Klebstoffe, Augsburg 1932. — G. WAGNER, Österr. Chem. Ztg. **43** (1940), 229. — OSTWALD-LUTHER, ANGERER. — G. MÖNCH, Vakuumtechnik im Laboratorium. — E. J. FISCHER, Kittwegweiser, Berlin, Allg. Ind. Verl., 1932.

teilen gut bindet. Die Verbindung wird durch Erhitzen oder durch einen tangentialen Schlag mit einem Holzhammer gelöst.

Nachwirkungsfreies Klebewachs[1]. In manchen Fällen braucht man zum Befestigen von Galvanometerspiegeln, Fixieren von Markröhrchen bei Röntgen-Struktur-Untersuchungen u. dgl. einen nachwirkungsfreien Kitt, den man sich nach folgender Vorschrift herstellt: Man erwärmt 40 g Carnaubawachs und 14 g feingeschnittenen Rohkautschuk auf 250° C. Sobald der Kautschuk gelöst ist, läßt man auf 150° abkühlen und rührt 5 bis 7 g venez. Terpentin ein.

Nach einer einfacheren Vorschrift schmilzt man 100 Teile Bienenwachs und fünf Teile venez. Terpentin zusammen.

Marineleim. Soll die Kittung gegen Chlor, Säuren, Alkalien möglichst beständig sein, so verwendet man Gemenge von Asphalt und Rohkautschuk. Man löst z. B. zwei Teile Asphalt und einen Teil Rohkautschuk in Petroleum und erwärmt längere Zeit bei 140° C im Paraffinbad.

Auch Asphalt-Erdwachs-Gemische (3 : 1) sind gegen chemische Einwirkungen sehr resistent.

Picein (V) ist ein tiefschwarzer Kautschukkitt[2], der bei etwa 50° C plastisch wird und bei 70 bis 80° C schmilzt. Der Kitt ist in Benzin, Benzol, CCl_4, Terpentinöl leicht löslich, wird von Alkohol und Wasser nicht merklich angegriffen und besitzt eine große Klebkraft, ohne in der Kälte spröde zu werden.

Weißer **Siegellack** (V) der bei 70° C erweicht und bei 100° C flüssig ist, wird ebenfalls für Vakuumarbeiten und zum Einkitten von Schliffen verwendet.

Dekhotinsky Cement (Kotinsky Wax) (V)[3] kommt weich (Erweichungspunkt 60° C), mittel (70° C) und hart (80° C) in den Handel und haftet auf Glas und Metall fester als Picein oder Siegellack. Eine Vorschrift lautet: Erhitze 12—25 g einer Mischung eines Volumens Terpineol mit 3 Vol. alkalilöslichem Buchen-Kreosot auf etwa 130° C und setze unter ständigem Rühren 85 g braunen Schellack in dem Maße zu, wie er sich auflöst. Sobald die Mischung homogen ist, läßt man abkühlen bis sie zähflüssig geworden ist und gießt die Masse in petroleumfeuchte Gefäße.

---

[1] K. Meisl, Z. Krist **90** (1935), 92.

[2] B. Walter, Ann. Physik **18** (1905), 860. — Bez.: New York-Hamburger Gummiwaren Co., Hamburg 33, Hufnerstraße 30.

[3] Bez.: Arthur Thoma Company, West Washington Square, Philadelphia, Penna, USA.

12 g des Terpineol-Kreosot-Weichmachers geben einen sehr harten, 25 g einen sehr weichen Kitt.

Apiezonwachs W (V)[1] besitzt den niedrigsten Dampfdruck und wird vor allem bei Hochvakuumarbeiten verwendet. Es ähnelt im Aussehen dem Picein, besitzt jedoch einen zirka 20° höheren Erweichungspunkt.

D. C. Stopcock Grease, ein Silicone-Produkt der Dow-Corning[2], ist von — 40 bis + 200°, auch im Kontakt mit alkalischen Reagentien, anwendbar; ist chemisch sehr resistent und *verhindert das Festbacken von Kautschuk-Glas-Verbindungen.*

Metallkitt. Bei Arbeiten mit explosiblen Gasen verbieten sich Kittungen und fettgedichtete Schliffverbindungen. In solchen Fällen hat sich der bei etwa 70° erweichende, von RAWSON[3] angebene Metallkitt, den man durch Zusammenschmelzen von 40 Teilen Bi, 25 Teilen Pb, 15 Teilen Hg, 10 Teilen Sn, 10 Teilen Cd herstellt, gut bewährt. Derselbe haftet gut auf Metall und auf (mit etwas Wasserglaslösung aufgerauhtem) Glas.

Silberchlorid schmilzt bei 455°, haftet gut auf Glas, Quarz, Metall, ist in Wasser, Säuren und organischen Lösungsmitteln unlöslich (löslich in Thiosulfat, Cyanid, Ammoniak) und kann zum Dichten von Schliffverbindungen, die höheren Temperaturen ausgesetzt sind, verwendet werden. Infolge der hohen Temperatur ist die Gefahr, daß die Schliffe springen (auch nach dem Erkalten) wesentlich größer als z. B. bei Picein. Silberchlorid oder Selen wird häufig als Kitt zum Zusammenbauen leichter Quarzapparate (Waagen, Gehänge) verwendet.

Schließlich sei noch ein *Glasfluß*[4] erwähnt, der auf gewöhnlichem Glase, Eisen, Kupfer, Messing (nicht Quarzglas und Aluminium) sehr gut haftet: Man schmilzt in einem hessischen oder Porzellantiegel eine feingepulverte Mischung, bestehend aus 5 g geschlämmter Kieselsäure, 16 g Mennige, 4 g calc. Borax, vor dem Gebläse bis zur völlig klaren Schmelze und gießt diese in ein blankes V-förmiges Eisenblech. Der Glasfluß beginnt bei 350° zu erweichen und wird in der Bunsenflamme tropfbar flüssig. Die Verschmelzungen sind sehr sorgfältig zu kühlen.

---

[1] Bez.: E. Leybolds Nachf., Köln.

[2] Bez.: W. Edwards & Company, Kangley Bridge Road, Lower Sydenham, London S. E. 26.

[3] W. RAWSON, Soc. Chem. Ing. 9 (1890), 151.

[4] ANGERER, S. 55.

B. Irreversible Kitte.

Glyzerin-Bleiglätte-Kitt. Man erhitzt 20 g gelbes Bleioxyd kurz auf 200 bis 400° C und verrührt nach dem Erkalten mit 5 ccm doppelt destilliertem Glycerin zu einem dicken Brei. Der Kitt erhärtet nach einer halben Stunde. Die zu kittenden Flächen (Metall, Porzellan, Glas, Holz) sind zuvor mit reinem Glycerin zu bestreichen.

Wasserglaskitte. Rührt man dickflüssiges Wasserglas mit feingepulvertem Talkum oder Asbest zu einem steifen Brei an, so erhält man Kitte, die in wenigen Stunden erhärten, dauernd Glühtemperaturen aushalten und gegen viele chemische Ein, wirkungen, kurze Zeit auch gegen Wasser, widerstandsfähig sind.

Zinkoxychloridkitt. Feingepulvertes, frisch geglühtes (karbonatfreies) Zinkoxyd erstarrt mit einer 60%igen Zinkchloridlösung binnen weniger Minuten zu einer steinharten, polierbaren Masse, die zur Herstellung kleiner Formstücke dienen kann.

Kaolin-Borax-Kitt. Hohe Temperaturen bis 1600° hält ein Kitt aus, den man aus Kaolin + 10 % Borax und Anrühren zu einem steifen Brei mit Wasser oder Leinölfirnis erhält. Man läßt ihn langsam auf der Kittstelle eintrocknen und erhitzt allmählich auf helle Glut[1].

Kunststoffkitte. Schließlich sei noch auf die große Zahl von Kunststoffkitten und Klebemitteln hingewiesen, die zum Teil ausgezeichnete elektrische Isolationswirkung und chemische Widerstandskraft besitzen.

Über die Durchführung von Kittungen siehe S. 119.

Gefäßmaterial.

Die größten Schwierigkeiten treten dem Chemiker bei Arbeiten in hohen Temperaturgebieten bei der Wahl des Gefäßmaterials entgegen. Hier die richtige Auswahl zu treffen, ist oft von ausschlaggebender Bedeutung. Im nachfolgenden soll eine kurze Charakterisierung der gebräuchlichsten Werkstoffe und keramischen Massen gebracht werden.

Glas. Das gewöhnliche Natronglas (Thüringer-, Biegeglas) dient für alle Zwecke, die keine chemische oder höhere thermische Resistenz verlangen. Es ist im Vakuum bis 400 — 450° C verwendbar und erweicht bei 550 bis 600° C.

---

[1] OSTWALD-LUTHER, S. 40, Fußnote 2.

Das *Geräteglas 20* (Schott & Gen., Jena) ist chemisch (besonders nach Ausdämpfen mit Wasserdampf) sehr resistent; es erweicht zwischen 600 und 700° C, läßt sich gut blasen und wird für alle besseren präparativen Arbeiten verwendet, bei welchen die Auslaugbarkeit und Löslichkeit des gewöhnlichen Glases stören kann. Kennzeichen: Auf Röhren ein roter Streifen, auf Geräten ein Ätzstempel.

Das *Fiolaxglas* (Schott & Gen.) hat besonders hohe chemische Resistenz und dient zum Einschmelzen zersetzlicher Präparate (z. B. kolloider Lösungen). Kennzeichen: Schwarzgrauer Streifen auf klarem, bzw. blauer Streifen auf braunem Glase.

Durobaxglas (Schott & Gen.) für Bombenröhren. Orangeroter Streifen. *Felsenglas* (Schott & Gen.) für Verbrennungsröhren. Blauer Streifen. Bis gegen 1000° C verwendbar. *Supremaxglas* (Schott & Gen.) ist bis gegen 1000° C, im Vakuum bis zirka 700° C verwendbar. *Duranglas* (Schott & Gen.), *Pyrexglas* (Corning Glass Works) besitzen einen geringen Ausdehnungskoeffizient und werden für kompliziertere Apparate mit größeren Wandstärken wegen der geringeren Gefahr des Springens, bei guter chemischer Resistenz, verwendet.

Eine Zusammenstellung der thermischen Eigenschaften verschiedener Gläser findet sich auf S. 21.

Quarzgeräte kommen durchsichtig als Quarzglas und undurchsichtig ein- oder beiderseitig versintert als Vitreosil, Quarzgut, in den Handel. Neuerdings hat man gelernt, Quarzglasrohre maschinell zu ziehen[1] und Geräte daraus wesentlich billiger herzustellen. Quarzglas wird von Flußsäure, von kochender Phosphorsäure, von schmelzenden Alkalien und Basen stark angegriffen. Es ist schon bei Zimmertemperatur für Wasserstoff und Helium durchlässig; Vakuumgefäße aus Quarzglas sollen deshalb nicht mit Leuchtgasflammen erhitzt werden. Infolge des geringen Ausdehnungskoeffizienten ($0{,}53 \cdot 10^{-6}$) sind Quarzgeräte gegen schroffsten Temperaturwechsel praktisch völlig unempfindlich. Quarzgeräte werden dort angewendet, wo es auf höchste Auslaugefestigkeit, hohe thermische Widerstandsfähigkeit, Durchlässigkeit im UV, geringste Wandadsorption[2], Durchsichtigkeit bei Temperaturen bis 1200° C (in Vakuum) bzw. bis zirka 1450° C ohne Druckbeanspruchung ankommt. Beim Arbeiten mit Quarz geben Staubspuren und besonders Fingerabdrücke bei höheren

---

[1] W. Hänlein, Z. techn. Phys. **21** (1940), 97.

[2] Über die Gasabgabe aus heißen Quarzgeräten, W. Biltz, H. Müller, Z. anorgan. Ch. **163** (1927), 297.

Temperaturen Veranlassung zur Bildung blinder Flecken (Tridymit-Umwandlung). Es ist daher angezeigt, Quarzgeräte vor dem Erhitzen mit einem in Alkohol getauchten Lappen abzuwischen. Infolge der Tridymitumwandlung bei 870° C ist ein längeres Erhitzen der Quarzgeräte besonders bei Temperaturen um 900° C bei Gegenwart von Mineralisatoren möglichst zu vermeiden.

Kohle und Graphit. Die im Handel erhältlichen Kohletiegel bestehen aus einem hochgebrannten Gemisch von Ton, Schamotte und Kohlepulver. Sie sind gut temperaturwechselbeständig und können für gröbere Schmelzarbeiten in reduzierendem Milieu bis zirka 1300—1500° C, je nach ihrer Qualität, verwendet werden. Tiegel, Rohre und Stäbe aus Reinkohle und Graphit finden infolge ihrer höheren Reinheit überall dort, wo in reduzierender Atmosphäre oder im Vakuum gearbeitet wird und wo der Kohlenstoff nicht durch Karbidbildung stört, bis zu Temperaturen von 3000° C und darüber, besonders auch in Form von elektrischem Widerstandsmaterial (Tammannöfen) ausgedehnte Anwendung. Die Temperaturwechselbeständigkeit von Geräten aus Reinkohle ist sehr gut.

Schamotte. „Hessische" Tiegel und Schamottematerial (als Ofenauskleidung) ist bei hohem Brand gut temperaturwechselbeständig und widersteht gut chemischen Angriffen bis etwa 1450° C. Basische Flüsse greifen stärker an als saure Flüsse.

Porzellan findet als Hartporzellan, in glasiertem Zustand bis 1150—1200° C, in unglasiertem Zustand bis 1400° C verwendbar, im Laboratorium ausgedehnte Anwendung. Es besitzt gute Temperaturwechselbeständigkeit, läßt sich hochvakuumdicht schleifen und ist gegen chemische Einwirkungen sehr resistent. Von schmelzenden Alkalien wird es stark angegriffen. Von den Porzellanmanufakturen werden eine Reihe höchsttemperaturbeständiger Hartporzellansorten, wie die Pytagorasmasse[1] (bis 1580° C gasdicht, bis 1750° C verwendbar), die Marquardtmasse[2], die K-Masse[3] usw. in den Handel gebracht, die meist gegen schroffe Temperaturwechsel ziemlich empfindlich sind.

Aluminiumoxyd kommt als Alumdum, Alsint, Sinterkorund von verschiedenen Firmen in gasdichten Geräten (Rohre, Pyrometerschutzrohre, Tiegel usw.) in den Handel und ist ein bis 1950° C verwendbares, gegen fast alle Chemikalien (auch siedende

---

[1] Bez.: Porzellanmanufaktur Haldenwanger.
[2] Bez.: Staatl. Porzellanmanufaktur Berlin.
[3] W. GURR, Österr. Chem. Ztg. 41 (1938) 411.

Flußsäure) ausgezeichnet beständiges Material von sehr hohem Wärmeleitvermögen und sehr guter Temperaturwechselbeständigkeit.

Ein ausgezeichnetes, temperaturwechselbeständiges, vakuumdichtes, chemisches, hervorragend widerstandsfähiges, bis über 2200° C verwendbares Material ist geschmolzenes *Berylliumoxyd*[1].

Magnesiumoxyd schmilzt bei 2800° C und kann in gasdichten Geräten bis 2400° C verwendet werden. Infolge des hohen Ausdehnungskoeffizienten ($1 \cdot 10^{-5}$) ist es sehr temperaturwechselempfindlich. Das Material reagiert mit Kohle (unter Metallbildung) und mit saueren Flüssen bei Temperaturen ober 1600° C.

Geräte aus **Zirkondioxyd** sind temperaturwechselempfindlich, etwas porös, bis 2500° C brauchbar. In einer Kohlenoxydatmosphäre, bzw. in Kontakt mit Kohlenstoff tritt bei Temperaturen über 2000° C oberflächliche Karbidbildung ein. Zur Zustellung höchstfeuerfester Laboratoriumsöfen wird Zirkondioxyd verwendet. Geräte aus *Zirkonsilikat* sind bis 1750° C verwendbar.

Den höchsten Schmelzpunkt der feuerfesten Oxyde besitzt **Thoriumdioxyd** (FP 3050° C), das bis 2700° mit dichtem Scherben verwendbar, jedoch noch weniger temperaturwechselbeständig als Zirkondioxyd ist. Bei Temperaturen ober 2000° C reagiert Thoriumdioxyd mit Kohlenstoff unter Karbidbildung.

Ober 2000° C werden alle keramischen Massen von Flüssen sehr stark angegriffen, am wenigsten Berylliumoxyd.

Gefäße aus Metallen werden bei präparativen Arbeiten häufig verwendet. Für einfache Schmelzarbeiten genügen oft Tiegel aus Eisen, Nickel V_2A, für exakte Arbeiten verwendet man Geräte aus Silber, Gold, Platin, Platiniridium usw.[2].

Gefäße aus *Preßbernstein*[3] sind bei Wasserbadtemperatur gegen Flußsäure beständig.

II. Glasbearbeitung.

Für den präparativen Chemiker ist eine gewisse Fertigkeit im Glasblasen unentbehrlich. Die folgenden Anleitungen sollen besonders dem Anfänger das Einarbeiten erleichtern. Es ist zu fordern, daß jeder Praktikant sich einfachere Glasapparate,

[1] Bez.: für Geräte aus höchstfeuerfesten keramischen Massen: Degussa, Deutsche Gold- und Silberscheideanstalt, Frankfurt (Main).

[2] STÄHLER, I. S. 129, Artikel von E. GROSCHUFF.

[3] C. PLONAIT, A. EISENACK, Chem. Fabr. 8 (1933). 422.

U-Rohre, Fraktionierkölbchen, Einschmelzungen selbst herstellen kann. Zur näheren Orientierung sei auf die zahlreichen einschlägigen Anleitungen verwiesen[1]. Um sich die nötigen Handgriffe anzueignen, ist es am zweckmäßigsten, einen Glasbläser bei der Arbeit zu beobachten.

Zum Glasblasen verwendet man eine Gasgebläselampe, die aus einer inneren (auswechselbaren) Luftdüse und einer koaxialen äußeren Gasdüse besteht. Gas- und Luftzufuhr müssen leicht zu regeln sein. Die Gebläselampe soll zur Erzeugung verschiedener Flammenformen die Verschiebung von Gas- und Luftdüse in ihrer Längsachse gestatten. Stehen die Mündungen beider Düsen in gleicher Höhe, so erhält man eine spitze Flamme, zieht man das äußere Gasrohr vor (bzw. die Luftdüse zurück), so erhält man eine breite ,,Besenflamme'', die man zum Erhitzen großer Gegenstände verwendet.

Der Glasblasetisch soll mit Asbest belegt sein und an einem nicht zu hell beleuchteten (kein direktes Sonnenlicht), zugfreien Platz stehen. Ein dunkler Hintergrund ist sehr angenehm. Der Tisch soll so hoch sein, daß man beim bequemen Sitzen die Ellbogen auf den Tisch aufstützen kann. Wasserstrahlgebläse sind sehr angenehm; man überzeuge sich jedoch, ob nicht etwa bei großem Luftverbrauch plötzlich Wasser durch das Gebläse spritzt! Dieser Übelstand ist durch Einbau einer passenden Staudüse in die Druckluftleitung, die den maximalen Luftverbrauch begrenzt, leicht zu beheben.

Sehr angenehm, besonders bei längerem Arbeiten vor der Lampe, ist es, die Augen mit einer Ultrarot-absorbierenden Brille (z. B. Busch-Ultrasin, Zeiß-Uro-Punktal) zu schützen.

Die zum Glasblasen verwendeten Rohre müssen vollkommen sauber und trocken sein. Man reinigt jeweils eine größere Anzahl von Glasrohren mit Chromschwefelsäure und spült sodann sorgfälltig mit destilliertem Wasser. Bei weiteren Rohren kann man auch einen Wattebausch durch das Rohr ziehen. Altes Glas entglast vor der Lampe und springt leicht. Manchmal erhält man Glasrohre mit starken inneren Spannungen, die beim Abschneiden in der Längsachse oder spiralig springen. Derartiges Glas ist für unsere Zwecke unbrauchbar.

Die Hauptschwierigkeit für den Anfänger ist, das Glas beim Blasen gleichmäßig zu erhitzen. Man muß es ständig in der Flamme

---

[1] EBERT-HAUSER, Anleitung zum Glasblasen. — C. WOYTACZEK, Anleitung zum Glasblasen, Wien: Julius Springer, 1932. — WEHNELT, Handfertigkeitspraktikum.

drehen, auch dann, wenn man mit einer Hand die Flammengröße reguliert. Das Glas muß zunächst in der *leuchtenden* Flamme vorgewärmt werden. Je dickwandiger das Rohr, desto langsamer muß — unter ständigem Drehen — das Vorwärmen erfolgen. Besonders sorgfältig ist das Anwärmen von alten verblasenen Stücken durchzuführen. Man verstärkt allmählich nach einigen Minuten die Flamme immer mehr. Der Satz von KOHLRAUSCH „Die Gefahr des Springens pflegt vorüber zu sein, sobald das Glas die Flamme färbt" wird besonders bei der Reparatur komplizierter Stücke mit Erleichterung empfunden. Durch gebrauchte Apparate sauge man vor jeder Reparatur Luft durch, um eventuell vorhandene explosible Gase zu entfernen.

Beim Glasblasen müssen alle Öffnungen des Apparates bis auf eine, in die hineingeblasen wird, verschlossen sein. Während der Glasbläser die zu schließenden Rohre gewöhnlich auszieht und abschmilzt, ist es oft für unsere Zwecke einfacher, die Öffnungen mit kleinen Korken (Bohrkerne aus den Korkbohrern) oder mit vorrätig gehaltenen Schlauchstückchen, die mit abgeschmolzenen Glasstäben verschlossen sind, zu verschließen.

In manchen Fällen (bei großen unhandlichen Stücken) ist es praktisch, das Stück nicht direkt an den Mund zu setzen, sondern mittels eines dünnen, im Munde gehaltenen Schlauches zu blasen. Dann muß man die zu erhitzende Stelle schaukelnd um 360° hin- und herdrehen, um sie gleichmäßig zu erhitzen.

Das Glas muß zum Blasen genügend weich sein; der Anfänger begeht häufig den Fehler, das Glas nicht genügend zu erhitzen. Manche Glassorten haben ein kleines Erweichungsintervall („Kurzes Glas"), dieses ist schwieriger zu verblasen als Gläser mit großem Erweichungsintervall („Langes Glas"). Besonders unangenehm ist in dieser Hinsicht Quarzglas zu verarbeiten.

Verblasene Stellen sollen möglichst gleiche Wandstärke wie das anstehende Fleisch haben. Verdickungen, Wülste müssen durch öfteres Anheizen und Ausblasen entfernt werden. Zum Schluß erhitzt man die verblasene Stelle nochmals bis zum Erweichen, läßt unter Hineinblasen erstarren und kühlt nun sorgfältig in der leuchtenden Flamme unter ständigem Drehen, wobei man in der Flamme immer höher geht. Wenn das Glas bei innerem Überdruck (unter Blasen) erstarrt, ist es gegen Springen viel widerstandsfähiger als ein freiwillig erstarrendes Glas. Natürlich ist das abkühlende Stück vor Zugluft sorgfältig zu schützen. Man darf daher nicht mit dem frisch geblasenen Stück schnell an seinen Arbeitsplatz gehen, sondern muß warten, bis das Stück abgekühlt ist. Sehr bequem ist ein dickes Brett mit verschieden weiten Löchern, in die man die abzukühlenden Stücke senkrecht einstellt.

Bei Einschmelzungen empfiehlt es sich, dieselben zur gleichmäßigen Kühlung nach der Fertigstellung mit einer Kerzenflamme zu berußen. Bei größeren Stücken genügt dies nicht mehr, um das Auftreten von Spannungen, die zum Bruche führen können, zu vermeiden. Hier ist ein langsames Abkühlen in einem (am besten elektrischen) Kühlofen erforderlich, wobei besonders das Temperaturgebiet des Transformationspunktes sehr langsam (im Verlauf von mehreren Stunden) durchschritten werden soll. Spannungen im Glase lassen sich mittels der Zeißschen Polarisationsbrille oder mittels Farbaufnahmen in polarisiertem Licht[1] feststellen. Die tieferstehende Tab. 1 gibt über den Ausdehnungskoeffizienten, Transformationspunkt, Entspannungspunkt, sowie über die möglichen Einschmelzungen bei verschiedenen Gläsern Auskunft.

Tabelle 1.

	$\beta \cdot 10^7$ (25—325° C)	Transform. Punkt·°C	Entspannungspunkt[2] Entspannung innerhalb		Einschmelzung
			15 Stunden	15 Min.	
Quarzglas[3]	5,9	~ 1050	—	—	Mo-Folie[4]
Pyrex (Corning) .	33	~ 500	517	561	W.
Supremax (Schott)	~ 37	720	—	—	W.
Duran (Schott)...	~ 37	540	540	~ 800	W.
Geräteglas 20 (Schott)	~ 48	569	579	659—765	Mo
16 III (Schott) ..	87	~ 410	—	—	Pt.
Gundelach	80—90	~ 510	515	550—570	Pt.

Vakuumapparaturen, größere Apparateteile, die durch Glasrohre verbunden sind, verbläst man am besten mit dem Handgebläse[5]. Man verschließt alle Apparatöffnungen bis auf eine,

[1] TH. ZIENER, Photographie und Forschung 3 (1939), 107.

[2] W. ESPE, M. KNOLL, Werkstoffkunde der Hochvakuumtechnik, Berlin 1936.

[3] D'ANS-LAX, Taschenbuch, S. 1503.

[4] ANGERER, S. 53; dort genaue Anleitung.

[5] Ein sehr gutes Modell bei E. Leybold's Nachf., Köln. — Flamemaster W. Edwards, vergl. S. 14, Fußnote 2.

an die man einen dünnen Schlauch zum Blasen anschließt (eventuell unter Vorschalten eines Chlorkalzium-, bzw. Jodkohle-U-Rohres zum Zurückhalten von Feuchtigkeit, bzw. um zu verhindern, daß Quecksilberdämpfe in den Mund gelangen). Man läßt die zu verschmelzenden Rohre, deren eines fest eingespannt ist, stark zusammenfallen, staucht die Enden zusammen und bläst sofort unter gelindem Ziehen, eventuell unter stückweisem Erhitzen gleichmäßig aus. Löcher, die sich nicht schließen wollen, kann man mit einem bereitgehaltenen dünnen Glasstäbchen schließen. Es empfiehlt sich, eine brennende Flamme in der Nähe zu haben, um die Flamme des Handgebläses sofort wieder entzünden zu können, falls sie durch Klemmen des Schlauches oder beim Regulieren der Flammengröße verlöschen sollte. Neuere Handgebläse besitzen eine Gasregulierung, die kein völliges Schließen der Gaszufuhr gestattet.

Glasschneiden. Glasplatten schneidet man mit dem Glaserdiamant, dessen beste Stellung auszuprobieren ist. Das Glas darf nicht gekratzt, es muß in einem haarfeinen Strich gespalten werden. Bei dicken Platten klopft man nach dem Schnitt mit dem eisernen Griffel des Glaserdiamanten von der Rückseite gegen den Schnitt, worauf sich längs des Schnittes ein Sprung bildet. Durch ziehendes Biegen, als ob man den Schnitt öffnen wollte, bricht man die Platte glatt durch.

Glasrohre schneidet man mit dem Glasmesser oder einer entsprechend geschliffenen glashart gehärteten Feile. Das Glasmesser muß von Zeit zu Zeit am Karborundstein geschliffen werden. Es darf nicht erhitzt werden, da es sonst seine Härte verliert. Glasrohre bis zu 20 mm Durchmesser ritzt man durch Aufdrücken und *Abrollen* des Glasmessers unter geringem Zug (keinesfalls durch eine sägende Bewegung) tief an einer Stelle ein (nicht um den ganzen Umfang, da dann die durch die Oberflächenverletzung entstehenden Spannungen aufgehoben werden) und bricht durch ziehendes Knicken im Ritz ab. Dazu faßt man das Glasrohr mit beiden Händen so an, daß die Daumen als Widerlager an die Glaswand gegenüber dem Schnitt zu liegen kommen und bricht wie vorher beschrieben ab. Hat man bei Glasblasearbeiten heiße Rohrstellen zu schneiden, so muß man stets warten, bis das Glas völlig erkaltet ist. Bei sehr dünnwandigen Glasrohren und solchen über 20 mm Durchmesser ist es zweckmäßiger, das Rohr nach einem der nachstehend beschriebenen Verfahren abzusprengen:

a) Man berührt den Schnitt senkrecht mit einem glühenden Glaströpfchen von zirka 3 mm Durchmesser, das sich auf einem Glasfaden (ausgezogener Glasstab) befindet. Gewöhnlich springt das Glasrohr schön kreisrund ab. Diese Methode ist auch überall dort am Platze, wo nahe einem Ende oder in einer eingespannten Apparatur abgesprengt werden soll.

b) Man ritzt, wie früher beschrieben, ein und dreht das Glasrohr an der Schnittstelle in einem, vorher am Gebläse zur dunklen Rotglut erhitzten, genau passenden Halbring aus zirka 3 mm starkem Eisendraht (Abb. 5). Auch durch elektrisches Erhitzen eines um die Schnittstelle gelegten Widerstandsdrahtes lassen sich großlumige Rohre absprengen. Eventuell betupft man die heiße Schnittfläche mit dem angefeuchteten Finger.

Abb. 5. Werkzeug zum Absprengen von Glasröhren.

c) Ist (bei kleinem Lumen) das abzusprengende Ende unregelmäßig ausgebrochen, so erhitzt man es bis zum völligen Zufallen (drehen) und bläst sodann rasch eine Kugel aus, die zerplatzt. Die Ränder werden durch Aufstoßen auf eine ebene Platte abgebrochen und sodann rund geschmolzen. *Die Schnittkanten abgesprengter Rohre müssen stets in der Flamme rund geschmolzen werden, da sie sonst Schläuche und Stopfen zerschneiden.*

Ränder aufweiten. Man erhitzt das aufzuweitende Stück unter stetem Drehen und weitet mit einer pyramidenförmig zugespitzten Holzkohle auf, die man drehend in das erweichte Ende einsetzt. Zum Schlusse muß nochmals bis zum Erweichen erhitzt und sorgfältig gekühlt werden. Zum Umbördeln von Rändern dreht man das Glasrohr oder Gefäß schnell um seine Achse und führt in das erweichte Endstück ein zungenförmiges Eisenblech ein, das man allmählich immer steiler hält.

Glasrohre biegen. Zum Biegen von Glasrohren ist ein Bunsenbrenner völlig ungeeignet, da die Erhitzung infolge der Temperaturverteilung in der Bunsenflamme stets ungleichmäßig ist. Man erhitzt das zu biegende Glasrohr unter ständigem Drehen in der matt brennenden Gebläseflamme passender Größe, oder noch besser, in der Flamme eines Schnittbrenners bis zum Erweichen des Glases. Beim Biegen bläst man in das (einseitig verschlossene) Rohr, um ein Einfallen oder Einknicken (Abb. 6) zu verhindern. Ist das Glas zu weich geworden,

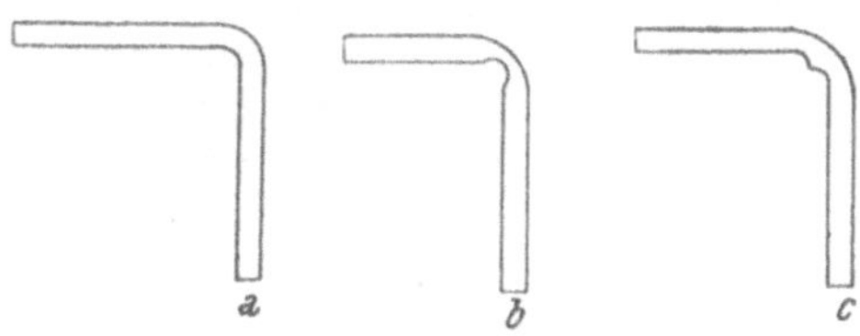

Abb. 6. Richtig (*a*) und schlecht (*b*, *c*) gebogene Glasrohre.

so erhält man leicht Biegungen mit einer seitlichen Ausbuchtung aus der Ebene. Man muß deshalb jede Biegung sofort in der Ebene der beiden Schenkel betrachten, um einen Fehler eventuell gleich korrigieren zu können. Dicke Glasrohre biegt man in einzelnen Abschnitten. Sehr dünnwandige Rohre lassen sich nur sehr schlecht biegen.

Glasrohre ausziehen und schließen. Man erhitzt das Glasrohr unter ständigem Drehen bis zum Erweichen, nimmt es drehend aus der Flamme, wartet einige Augenblicke und zieht es dann auf die gewünschte Weite aus. Sehr weite Glasrohre läßt man zuerst gleichmäßig einfallen und zieht erst dann aus, da sonst die Wandstärke des ausgezogenen Teiles zu gering werden würde. Wurde gleichmäßig erhitzt, so sitzt die ausgezogene Spitze genau zentrisch. Ist das eine Ende des Rohres zu kurz zum Halten, so schmilzt man provisorisch ein gleichweites Glasrohr an, ohne es zu verblasen. Hat man ein solches nicht zur Hand, so schmilzt man ein dünnes Glasrohr (Glasstab) an zwei gegenüberliegenden Stellen an, um gleichmäßig ziehen zu können. Solche unverblasene Stellen müssen stets warm gehalten werden, da sie beim Erkalten abspringen.

Soll das Rohr geschlossen werden, so zieht man rasch aus und nimmt die lange Spitze mit einem erhitzten Glasstab in der Flamme weg. Dann läßt man unter ständigem Drehen einfallen und bläst mehrmals halbkugelig aus, bis die Kuppe in der Dicke völlig gleichmäßig ist. Bei Vakuumabschmelzungen, zum Einschmelzen von Präparaten erhitzt man die Spitze so, daß ein kleines Knöpfchen entsteht.

Glasrohre ansetzen. Eine der wichtigsten Operationen des Glasblasens ist das Ansetzen von Glasrohren. Es lassen sich nur gleiche Glassorten dauerhaft miteinander verschmelzen. Die Schnittränder der zu verbindenden Stücke müssen frisch sein und dürfen nicht mit den Fingern berührt werden. Man erhitzt die beiden zu verbindenden Stellen durch gleichmäßiges Drehen in der Flamme, wobei jede Hand ein Rohrstück hält. Bei langen Rohren legt man die hinteren Enden zur Unterstützung in je eine Stativgabel. Das Ende des einen Rohres muß geschlossen sein. Man erhitzt, bis die Ränder zusammenzufallen beginnen, preßt sie außerhalb der Flamme aneinander und bläst sofort den entstandenen Wulst unter gelindem Ziehen gleichmäßig aus. Man bläst wie beim Lötrohrblasen mit den Backen und in einzelnen kurzen Stößen. Bei genügender Fertigkeit läßt sich das Ansetzen in einem Zuge durchführen. Der Anfänger wird stehenbleibende

Rillen und Wülste durch schrittweises Erhitzen mit der kleingestellten, nicht zu heißen Gebläseflamme und Ausblasen beseitigen. So geht man auch vor, wenn man sehr weite Glasrohre (über 35 mm Durchmesser) anzusetzen hat. Zum Schluß erhitzt man nochmals mit einer größeren Flamme unter ständigem Drehen bis zum Erweichen und bläst die Ansatzstelle gleichmäßig aus. Bein Ansetzen verschieden weiter Rohre zieht man das weitere Glasrohr (unter Einfallenlassen, um die Wandstärke nicht zu vermindern) auf den gewünschten Durchmesser aus, sprengt ab und verbläst nun die Rohre mit gleichem Lumen. Ist der Unterschied in den Rohrweiten gering, so läßt man den Schnittrand des weiteren Rohres entsprechend stärker einfallen und setzt sodann an. Kapillaren werden zunächst kugelig oder zylindrisch aufgeblasen, die Kugel zerbrochen, bzw. der Zylinder abgesprengt und das erweiterte Stück mit dem Ansatzstück verblasen (Abb 7).

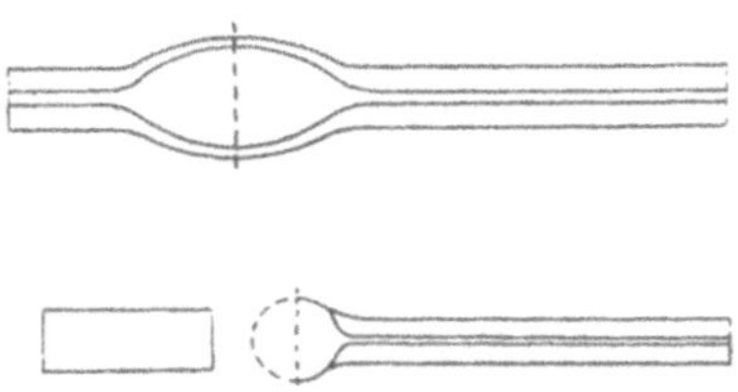

Abb. 7. Ansetzen von Kapillaren.

Löcher in geblasenem Glas, *T-Stücke*. Nach allgemeinem Vorwärmen erhitzt man die gewünschte Stelle, an der ein Loch entstehen soll, in einer kleinen scharfen Gebläseflamme und bläst aus. Bläst man *in* der Flamme, so entsteht ein kleines Loch, bläst man *außerhalb* der Flamme, so erhält man je nach der Größe der erhitzten Fläche eine kleinere oder größere Warze. Soll an dieser Stelle ein Glasrohr angesetzt werden, so läßt man den Oberteil der Warze in einer matten, kleinen Flamme einfallen und bläst rasch zu einer großen Kugel auf, die beim Blasen zerplatzt (Abb. 8). Durch Klopfen an einer ebenen Fläche (Glasmesser) bleibt ein dicker Rand stehen, mit dem das zweite Glasrohr verblasen wird. Man muß darauf achten, daß alle Rohröffnungen, bis auf die zum Hineinblasen, verschlossen sind. T-Stücke und seitliche Ansätze dürfen keine einspringenden Ecken und schlecht verblasenen Wülste (Abb. 8c) zeigen, da diese Stücke sonst unfehlbar springen. Solche Stellen müssen durch schrittweises Erhitzen, Einfallenlassen und Ausblasen usw. korrigiert werden. Zum Schluß wird das Stück mit großer matter Flamme bis zum Erweichen erhitzt, der Ansatz im richtigen Winkel gerichtet und unter Blasen und gutem Kühlen erstarren gelassen. Die ganze Arbeit muß in einem Zug durchgeführt werden.

Wünscht man ein Loch an einer ganz bestimmten Stelle,

z. B. zum Einsetzen von Elektroden, so zieht man das erweichte Glas an dem gewünschten Punkt mit einem etwas erwärmten Glasfaden heraus und verfährt weiter wie oben angegeben.

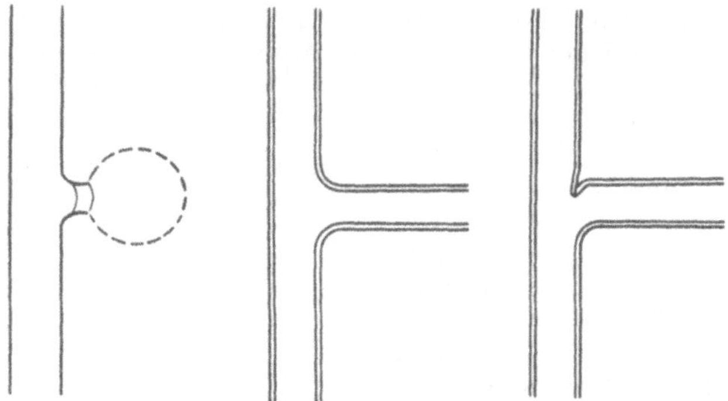

a *b* *c*

Abb. 8. T-Rohre blasen. *a* Loch im Glasrohr. *b* richtig, *c* fehlerhaft.

Kugeln blasen. Am Ende einer Röhre bläst man eine Kugel, indem man die Röhre durch Ausziehen verschließt, eine genügende Menge von Glas unter gleichmäßigem Drehen einschmilzt und außerhalb der Flamme unter ständigem Drehen in kurzen Stößen aufbläst. Etwas größere Kugeln stellt man her, indem man zunächst eine kleine Kugel herstellt, diese unter ständigem Drehen in der Flamme kegelförmig einfallen läßt (Abb. 9), wieder aufbläst usw. Große Kugeln bläst man aus der Mitte eines Glasrohres, schmilzt den einen Schenkel mit einer scharfen Flamme ab, läßt nochmals einfallen und bläst nun zur gewünschten Größe auf, wobei man die Kugel unter ständigem Drehen schräg nach oben hält, damit durch die Schwere des weichen Glaskörpers keine Eiform entsteht. (Abb. 10/*3*, 10/*4*). Inmitten einer Röhre bläst man eine Kugel,

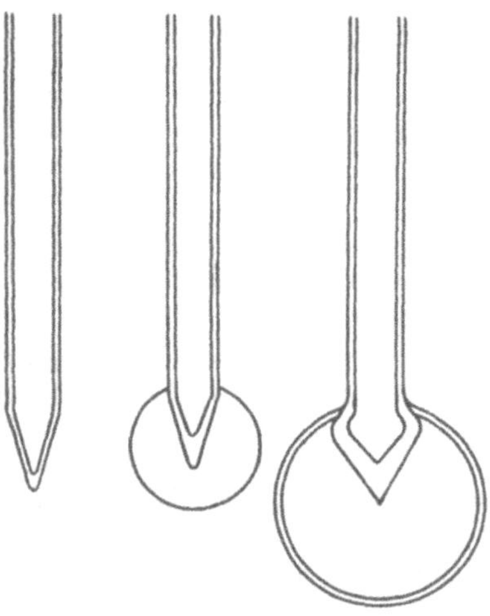

Abb. 9. Kugel am Ende eines Rohres.

indem man dieselbe an der gewünschten Stelle unter ständigem Drehen und Zusammenschieben der erweichten Glasmasse („Stauchen“) unter zeitweiligem gelindem Blasen soweit verdickt,

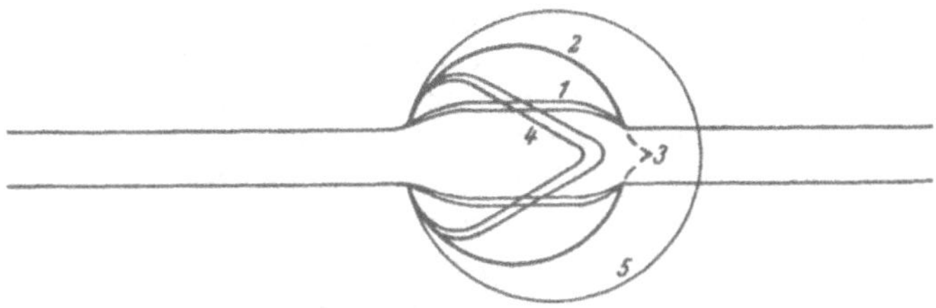

Abb. 10. Kugel aus der Mitte eines Rohres.

als man Glas für die Kugel benötigt (Abb. 10/*1*). Nun erhitzt man den gestauchten Teil unter ständigem Drehen bis zum Weichwerden und bläst, ebenfalls unter ständigem Drehen, außerhalb der Flamme (eventuell in mehreren Stufen) bis zur gewünschten Größe (Abb. 10/*2*) auf. Der Anfänger tut gut, diese Übungen mit nicht zu kurzen, zirka 10 mm weiten Glasrohren zu versuchen und direkt mit dem Mund, nicht mittels Schlauch, zu blasen. Bei letzterem Verfahren, das bei großen, unhandlichen Stücken unvermeidlich ist, muß man das Stück ständig über 360° hin- und herdrehen; die Erhitzung wird dadurch weniger gleichmäßig und der Erfolg beim Anfänger fraglicher.

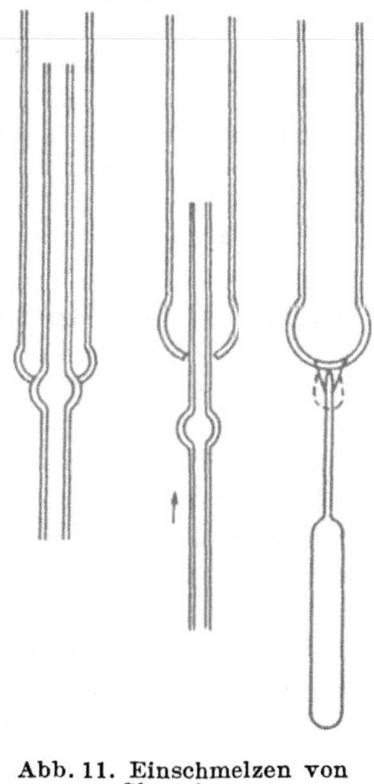

Abb. 11. Einschmelzen von Glasrohren.

Glasrohre einschmelzen. Diese Arbeit erfordert schon größere Geschicklichkeit im Glasblasen und gelingt nur bei ganz sauberer Arbeit. Die Bruchkanten der einzuschmelzenden Glasrohre müssen frisch hergestellt, die Rohre außen und innen peinlich sauber sein. Man bläst am Ende des weiteren Rohres eine kleine dickwandige Kugel auf, in die man genau zentrisch zur Rohrachse ein kreisrundes Loch bläst, dessen Durchmesser zirka einen Millimeter größer sein soll als jener des einzusetzenden Glasrohres (Abb. 11). Das so vorbereitete Rohr verschließt man am anderen Ende. Im engeren Rohr bläst man an der gewünschten Stelle eine dickwandige, gleichmäßige Kugel auf, die den Rohrdurchmesser um etwa 2 bis 3 mm übertreffen soll. Nach dem Erkalten schiebt man beide Rohre ineinander (nicht vergessen, das dünnere Rohr zu öffnen und die Schnittränder rund zu schmelzen) und erhitzt die zu verblasende Stelle, zunächst um anzuwärmen, sehr vorsichtig, dann in einer kleinen scharfen Flamme unter gleichmäßigem Drehen bis zum Verschmelzen der beiden Rohre. Durch Blasen und Erhitzen stellt man eine kreisrunde, nirgends einspringende Verschmelzung her; erhitzt zum Schluß in einer großen matten Flamme nochmals bis zum Erweichen, läßt unter Blasen fest werden und kühlt sehr sorgfältig, indem man die Verschmelzung berußt. Bei längeren Stücken fixiert man das innere Rohr mit Korkstückchen gegenüber dem äußeren. Bei zu dünnwandigen Rohren treten leicht Mißerfolge ein.

Einschmelzen von Elektroden. Zum Einschmelzen von Elektroden verwendet man gewöhnlich ein bleihaltiges Einschmelzglas, das in einer reduzierenden Flamme leicht schwarz wird. Man muß deshalb alle Arbeiten am besten oberhalb einer stark oxydierenden Flamme ausführen. Die Elektrode wird an der Einschmelzstelle etwa 5 mm lang mit Einschmelzglas umschmolzen, indem man einen Glasfaden (hoch über der Flamme erhitzt) um die Elektrode wickelt und zu einem zylindrischen Tropfen zusammenschmilzt. Kleine Elektroden haltet man mit einer Schieberpinzette. In das Rohr, in das die Einschmelzung gemacht werden soll, bläst man in der Flamme ein Loch von etwas kleinerer Öffnung als der Durchmesser des Zylinders aus Einschmelzglas um die Elektrode beträgt, steckt die Teile zusammen und verbläst vor der Spitze einer stark rauschenden (oxydierenden) kleinen Gebläseflamme (Abb. 12). Noch besser ist es, die Öffnung mit einem Tropfen Einschmelzglas zu verschließen, durch mehrmaliges Aufblasen und Zusammenfallenlassen eine möglichst innige Verschmelzung der Glassorten herzustellen, dann in das Einschmelzglas ein Loch zu blasen und in dieses die Elektrode wie beschrieben einzusetzen. Die eingeschmolzenen Elektroden müssen senkrecht durch die Wandung durchtreten (Abb. 12b, d) und dürfen nicht einseitig stärker von Glas umhüllt sein (Abb. 12c, e), da sonst die Gefahr des Springens besteht. Einschmelzungen lassen sich nur dann dicht herstellen, wenn die Ausdehnungskoeffizienten vom Glas und vom Elektrodenmaterial übereinstimmen. Vgl. Tab. 1, S. 21. Für gewöhnliches Geräteglas ist verwendbar: Platin (mit Einschmelzglas), Chromeisen[1,2] (75 % Fe, 25 % Cr), Kupfermanteldraht[2] mit Nickeleisenseele. Letzterer muß in der Einschmelzstelle goldgelb oder rubinrot aussehen. Für Jenaer Geräteglas 20: Platin (mit Platineinschmelzglas Schott 397/III), Molybdän (mit Mo-Einschmelzglas). Für Jenaer Duranglas und Supremaxglas[3]: Wolfram (eventuell mit W-Einschmelzglas). Die Einschmelzung muß im Glase orangerote Farbe haben. Die Herstellung von Aluminiumeinschmelzungen für Entladungsröhren ist bei ANGERER[3] ausführlich beschrieben. Auch Porzellan und keramische Massen hat man gelernt dicht mit Spezialglassorten zu verschmelzen[3,4]. Über flächenhafte Glas-Metall-Verschmelzungen („Butterbrotverschmelzungen") berichtet REDSTROM[5].

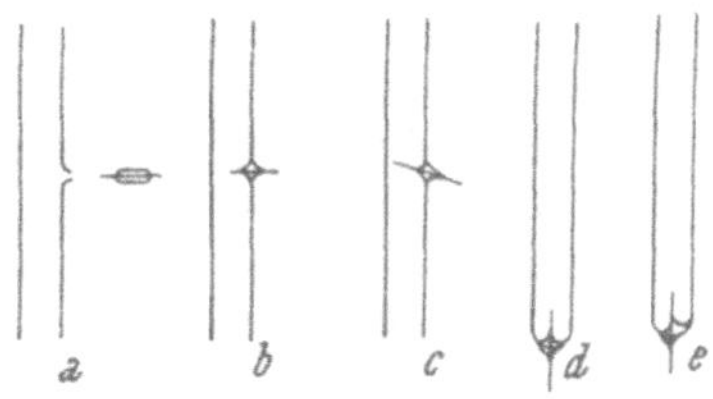

Abb. 12. Einschmelzen von Elektroden. *c* und *e* fehlerhaft.

Glas schleifen. Glasstopfen, Hähne, Schliffe schleift man mit einer Aufschlämmung von feinstem Polierschmirgel in Wasser nach. Man zieht, um das Entstehen von Rillen zu verhindern und das Schleifmittel gleichmäßig zu verteilen, die einzuschleifenden Teile nach jedem Eindrehen wieder etwas auseinander, dreht wieder ein usw., bis der Schliff dicht ist.

Ebene Flächen schleift man in gleicher Weise auf einer mattierten Spiegelglasplatte. Man führt das Stück unter gelindem Druck und öfterem Abheben in Kreisbahnen über die mit Schmirgelbrei benetzte Glasplatte, wobei man zum Vorschleifen eine gröbere Sorte, zum Feinschleifen Polierschmirgel benützt.

Löcher in Glasplatten, bzw. runde Glasscheiben bis zu mehreren Zentimetern Durchmesser schleift man mittels eines um die Achse rotierenden Kupferrohres von passendem Durchmesser aus, das man mit gröberem Schmirgelbrei benetzt. Zur Führung des Bohrers kittet man ein genau in das Kupferrohr passendes Stück Pappendeckel mittels Wachs-Kolophonium-Kitt auf die Bohrstelle und

---

[1] Bez.: Philips Glühlampenfabrik, Eindhoven, Holland.

[2] Bez.: Heraeus Vakuumschmelze, Hanau (Main).

[3] ANGERER, S. 52.

[4] H. VATTER, Arch. Tech. Messen, 1942, AV 12d. — H. HANDREK, Arch. Techn. Messen, 1931, Z 944/1 und 1935, Z 944/3. Z. Techn. Phys. **15** (1934) 494.

[5] G. D. REDSTROM, J. sci. Instr., 1946; Österr. Chem. Ztg. **48** (1947) 139.

kittet eine Glasscheibe passender Größe auf die Rückseite, um ein Ausbrechen des Bohrloches zu verhindern.

Mittels Widia, Titanit oder Böhlerit-Hartmetall lassen sich in Glas Löcher bohren und Gewinde einschneiden, wobei man als Schmiermittel eine Lösung von Kampfer und Terpentinöl verwendet.

Glas und Quarzglas ätzen. Herstellen von Teilungen aus Glas. Man überzieht das Glas mit einem „Ätzgrund" in den man die zu ätzende Zeichnung oder Teilung mit einem feinen Stahlstichel, einer Stahlnadel oder der Teilmaschine einzeichnet. Diese bloßgelegten Stellen werden durch Betupfen mit einer Flußsäurelösung $^1/_2$ bis 10 Minuten und länger, je nach der gewünschten Tiefe, geätzt.

Die passende Ätzdauer stellt man in einer Probeätzung auf einem gleichen Glase fest. Da der Ätzgrund die Flüssigkeit abstößt, muß sie mit einem Wattebausch (auf einem Holzstäbchen) ständig verteilt werden. Man kann auch mit gasförmiger Flußsäure ätzen. Hiezu legt man die zu ätzende Glasplatte, deren Rückseite ebenfalls mit Ätzgrund geschützt sein muß, mit der Zeichnung nach unten über eine Bleischale, in der sich wässerige Flußsäure oder eine Mischung von feingepulvertem Kalziumfluorid mit konzentrierter Schwefelsäure befindet. Größere Flächen werden mit flüssiger Säure blank, mit gasförmiger matt geätzt.

Als Ätzgrund kann man Wachs, Paraffin oder, nach ANGERER, besser folgende Mischung[1] verwenden: 4 Teile Wachs, 2 Teile Mastix, 1 Teil Asphalt, 1 Teil Terpentin werden eine halbe Stunde geschmolzen gehalten und die klare Schmelze von den zu Boden gesunkenen Verunreinigungen in kaltes Wasser abgegossen. Man formt einen eigroßen Ballen, hüllt diesen in Seidenzeug und bestreicht damit die erwärmte Glasplatte. Der Ätzgrund schmilzt, tritt durch das Seidenzeug und kann sehr dünn und gleichmäßig aufgetragen werden. Nach erfolgter Ätzung wird unter der Wasserleitung abgespült, der Ätzgrund durch Erwärmen entfernt und eventuell die Teilung durch Einreiben mit schwarzer Ölfarbe und Abwischen mit steifem Papier eingefärbt.

Fluorwasserstoffsäure wirkt eingeatmet und in Lösung äußerst stark ätzend. Es entstehen äußerst schmerzhafte, lange Zeit eiternde Wunden, die mit erheblichem Substanzverlust abheilen (Fingerverkürzungen). Beim Arbeiten mit Flußsäure ist deshalb größte Vorsicht geboten. Bei Verätzungen hat sich das möglichst rasche subkutane Unterspritzen der verätzten Hautpartien mit

---

[1] ANGERER, S. 58.

etwa 1 ccm Calcium-Sandoz[1] sowie ein Dauerverband einer Glycerin-Magnesiumoxyd-Paste sehr gut bewährt.

Arbeiten mit Hartglas. Zum Arbeiten mit Hartglas (Pyrex, Supremax, Duran) braucht man eine Leuchtgas-Sauerstoff-Flamme und schützt die Augen mit einer dunklen Brille. Es ist vorteilhaft, den günstigsten Sauerstoffgehalt durch Zumischen von Bombensauerstoff zur Gebläseluft (mittels eines T-Stückes) zu erproben. Bläst man mit zuviel Sauerstoff, so „verbrennt" das Glas leicht; es bilden sich dann auf der Oberfläche weiße, porzellanartige Flecken und Blasen (Supremax), die ein einwandfreies Verschmelzen verhindern.

Quarz blasen. Quarz läßt sich ebenso wie Glas mit dem Glasmesser schneiden. Die Arbeitsweise beim Verblasen von Quarz ist dieselbe wie bei Glas, nur braucht man eine Azetylen-Sauerstoff- oder Knallgasflamme und muß die Augen mit einer dunklen Brille vor der strahlenden Helligkeit schützen. Die Blasetemperatur beträgt 1700 bis 1800° C. Infolge des kleinen thermischen Ausdehnungskoeffizienten braucht man Quarzglas weder vorzuwärmen noch zu kühlen. Man bläst mittels Schlauch direkt in der Flamme. Das Blasen ist schwierig, da das Temperaturgebiet sehr klein ist, in dem der Quarz die zum Blasen richtige Viskosität hat. Quarz sublimiert bei der Blasetemperatur bereits erheblich. Einen weißen Belag kann man durch Waschen mit wässeriger Flußsäure entfernen. Kleine Stücke kann man zur Not auch in einer Leuchtgas-Sauerstoff-Flamme verblasen.

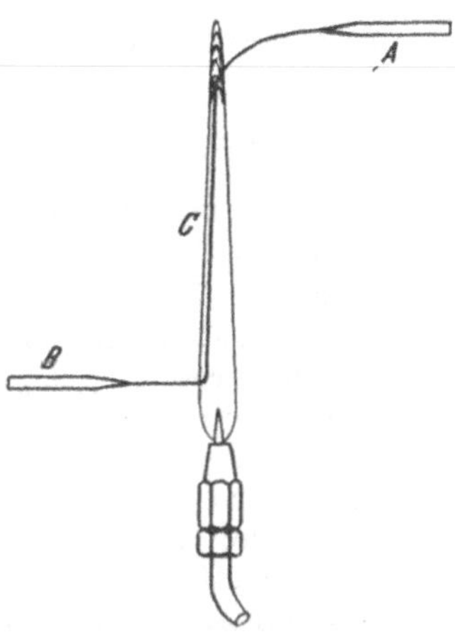

Abb. 13. Herstellen von Quarzfäden.

Quarzfäden besitzen sehr hohe Zerreißfestigkeit, keine elastischen Nachwirkungen und können zu außerordentlicher Feinheit ausgezogen werden. Von den vielen Vorschriften zur Herstellung von Quarzfäden sei folgende erwähnt[2]: Man zieht ein Quarzglasstäbchen in der Flamme eines Knallgasgebläses zu einem 20 cm langen und 1 mm dicken Stück aus, das man in die Form

---

[1] K. FREDENHAGEN und H. FREDENHAGEN, Angew. Ch. 52 (1939), 189.

[2] E. PERUCCA, Z. Instrkde. 47 (1927), 524, 527.

(Abb. 13) biegt. Bringt man den vertikalen Teil in die Flammenspitze und zieht beim Erweichen *A* langsam hoch, so erhält man durch die Wirkung der Flamme und der sie begleitenden vertikalen Strömung Fäden von 2 bis 10 μ Durchmesser und mehreren Metern Länge. Teil *B* bleibt unbeweglich, Teil *C*, der ausgezogen wird, muß dauernd an dieselbe Stelle der Gebläseflamme gehalten werden.

Die ganze Glasblasekunst baut sich auf den beschriebenen Operationen des Schneidens, Biegens, Ausziehens und Schließens, Kugelblasens, An- und Einsetzens auf. Der Zusammenbau eines komplizierten Glasapparates (Dampfdruckthermometer von STOCK) ist auf S. 82 genau beschrieben.

III. Niedere Temperaturen[1].

Bei einer großen Anzahl von Operationen muß man mehr oder weniger tief kühlen. Zur wirksamen Kühlung eines Stoffes soll der Wärmeaustausch $\left(\text{Wärmestrom } q = F \cdot \frac{d\vartheta}{dl} \cdot \lambda\right)$ möglichst groß sein. Dieser hängt ab: 1. von der Kühlfläche F, 2. von dem Temperaturgefälle $\frac{d\vartheta}{dl}$ zwischen Kühlmittel und zu kühlendem Stoff, 3. von dem Wärmeleitvermögen λ beider Stoffe, 4. von Strömungserscheinungen in beiden Stoffen.

Bei der Kühlung von Gasen wird besonders auf große Kühlflächen, möglichst turbulente Strömung und genügend großes Temperaturgefälle zu achten sein. Da die Wärmeübertragung fester Kühlmittel (Kohlensäureschnee) sehr schlecht ist, werden diese mit geeigneten Flüssigkeiten (als Wärmeüberträger) zu einem dünnen Brei angerührt. Bei jeder Kühlung ist die unbeabsichtigte Erwärmung des Kühlmittels durch Leitung und Strahlung, mittels einer geeigneten Isolation (Filz, Kork, Asbest, Kieselgur, Alfol, Vakuummantelgefäße) möglichst klein zu halten.

Zur Erzeugung niederer Temperaturen im Laboratorium bedient man sich, abgesehen von Kältemaschinen (bis —60, eventuell —100° C), die selten zur Verfügung stehen, der Kältemischungen in Verbindung mit Eis, sowie der Verdampfungsenthalpie organischer Flüssigkeiten und kondensierter Gase.

Voraussetzung beim praktischen Arbeiten mit Kältemischungen

---

[1] J. A. VAN LAMMEREN, Technik der tiefen Temperaturen, Berlin: Springer-Verlag, 1941. — W. MEISSNER, Die Physik in regelmäßigen Ber. 9 (1941), 113 (Kältetechnik).

ist, daß man nicht zu geringe Mengen ansetzt, und daß die anzuwendenden Bestandteile sehr gut gepulvert und gemischt werden. Eis oder Schnee muß möglichst *trocken* zur Anwendung kommen. Eis zerkleinert man am besten durch Einschlagen der Eisbrocken in ein festes Tuch (Sackleinen) und Daraufschlagen mit einem Holzhammer, bis ein ganz feiner trockener Eisgrieß entsteht. Eismühlen oder Zerschlagen in einem Holzgefäß mittels Holzstößel geben ein viel nasseres Eis, das zur Herstellung von Kältemischungen weniger geeignet ist. Kältemischungen werden zur Erzeugung von Temperaturen bis etwa —40° C angewendet.

1. Kryohydrate. Bei den Kryohydraten sinkt die Temperatur bei entsprechendem Mischungsverhältnis von Salz: Eis auf den phasentheoretisch nonvarianten kryohydratischen Punkt *K* (Abb. 14), in dem Dampf, Lösung, Eis und Salz miteinander im Gleichgewicht stehen. Vgl. S. 57.

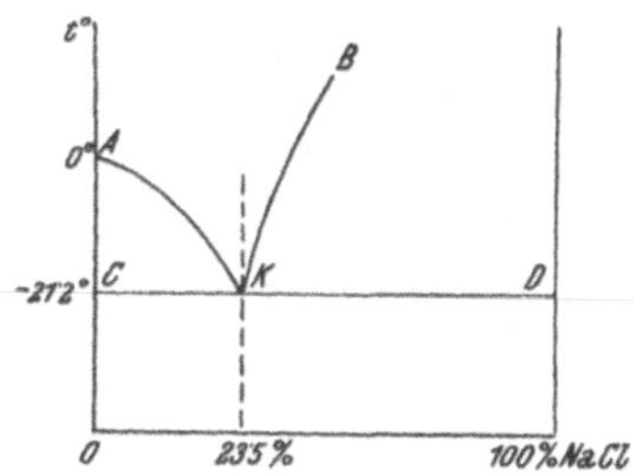

Abb. 14. Zustandsdiagramm eines Kryohydrates (Eis-Kochsalz).

Eis-Kochsalz. —21° C. Die gebräuchlichste und billigste Kältemischung bereitet man durch inniges Mischen von 33 Teilen feingepulvertem Natriumchlorid (Viehsalz) und 100 Teilen Schnee oder feingepulvertem Eis. Man gibt abwechselnd Salz und Eis in einen geräumigen Blechtopf und mischt durch gründliches Umrühren der ganzen Masse mit einem Holzstab oder Kochlöffel. Im kryohydratischen Punkt ist $NaCl.2H_2O$ stabil.

Eis-Magnesiumchlorid. —27 bis —30° C. 84 g $MgCl_2.6H_2O$ auf 100 g Eis. Im kryohydratischen Punkt (—33,6° C) ist $MgCl_2.12H_2O$ stabil.

Eis-Kalziumchlorid —40° C. Kryohydratischer Punkt —55° C. 143 g $CaCl_2.6H_2O$ auf 100 g Eis. Zur Erreichung möglichst tiefer Temperatur muß das Chlorkalzium mit Eis auf 0° vorgekühlt werden.

2. Kältemischungen, die darauf beruhen, daß die Schmelzenthalpie des *Eises* (1,437 kcal mol^{-1}) wesentlich größer ist als die Verdünnungsenthalpie der zugesetzten Mineralsäure, z. B. 2 Teile Eis, 1 Teil konzentrierte Salpetersäure; Abkühlung von 0° auf —56° C.

3. Kältemischungen, die auf der stark endothermen Lösungsenthalpie gewisser Salze beruhen. Die Salze müssen fein gepulvert unter stetem Umrühren in das möglichst kalte *Wasser* eingetragen werden: 1 Teil Ammoniumnitrat, 1 Teil Wasser, Abkühlung von $+10^0$ auf -20^0 C; 2 Teile Rhodankalium, 1 Teil Wasser, Abkühlung von $+10^0$ auf -25^0 C.

Die Kältemischungen nach 2 und 3 werden wegen ihrer Unwirtschaftlichkeit und der Unannehmlichkeit des Arbeitens mit konzentrierten Säuren selten angewendet.

Für Kältemischungen bewährt sich recht gut eine Wärmeisolation durch Ineinanderstecken von zwei Bechergläsern. Der Zwischenraum wird mit Watte, Zellstoff, Filzplatten oder Alfol[1] ausgefüllt.

Kohlensäureschnee. Subl. Enthalpie $= 3{,}88$ Kcal. $\text{mol}^{-1} = 88{,}2$ cal g^{-1}. Zur Erzeugung tieferer Temperaturen verwendet man häufig Kohlensäureschnee, der leicht im Laboratorium hergestellt werden kann: Eine mit *flüssiger* Kohlensäure gefüllte Bombe wird schräg abwärts auf ein geeignetes Gestell gelegt. Auf den Ventilkopf bindet man einen starken Flanell- oder Leinensack (40 bis 50 cm lang, zirka 15 cm Durchmesser), der innen mit einem möglichst glatten Stoff ausgekleidet ist, und läßt die Kohlensäure durch weites Öffnen des Ventils in den Sack ausströmen, wobei man den Sack schüttelt und schlägt („melkt"). Durch die Verdampfungskälte der ausströmenden flüssigen Kohlensäure erniedrigt sich die Temperatur unter den Sublimationspunkt; ein Teil der CO_2 erstarrt zu Kohlensäureschnee, der aus dem glatten Sack herausgeschüttelt wird. Festes Kohlendioxyd kommt auch in eigenen Versandgefäßen als „Trockeneis" in den Handel. Bei der Herstellung von Kohlensäureschnee schützt man die Hände

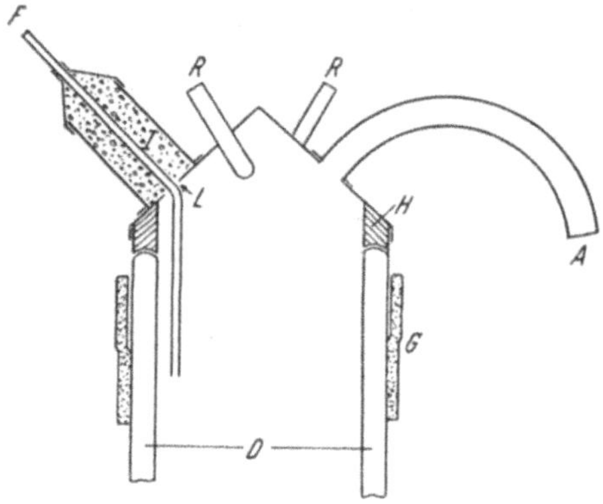

Abb. 15. Leidener Kappe.
D = Dewargefäß, F = Füllröhre, I = Isoliermasse (Kapok). An der Stelle L darf die Füllröhre die Neusilberkappe nicht berühren. A = Absaugröhre, H = Holzrand, G = Gummiring, R = Röhrchen für Thermoelement. Alle Metallteile aus Neusilber.

[1] Alfol, zerknitterte Aluminiunfolie, die Strahlungsverluste und Konvektion weitgehend verhindert. Bez. Alfol-Dyckerhoff G.m.b.H., Hannover, Königsstr. 31. — A. LEISINGER, Chem. Apparatur **29** (1942), 65.

durch dicke Handschuhe vor Verbrennungen. Zur Kälteübertragung rührt man den Schnee mit Äther, Azeton, Alkohol oder billiger mit Brennspiritus[1] zu einem dünnen Brei an, der bei Ansprüchen auf Temperaturkonstanz intensiv zu rühren ist. Durch Erniedrigung des Druckes über einem Kohlensäureschneekältebad kann man Temperaturen bis —116° C[2] erreichen. Man setzt hiezu eine „Leidenerkappe" (Abb. 15) auf das Dewargefäß und pumpt ab, wobei man den Druck mittels eines Manostaten (S. 123) auf den gewünschten Wert einstellt. Die Temperaturerniedrigung in Anhängigkeit vom Druck ist aus der Tab. 2 zu entnehmen.

Tabelle 2.

780	760	600	480	380	300	200	100	20 Torr
—78,0	—79,8	—81,4	—84,1	—87,0	—89,7	—93,2	—101,1	—116,7° C

Die technischen Gasverflüssigungs- und Kälteanlagen arbeiteten anfänglich nach dem *Kaskadenverfahren* von PICTET, welches darauf beruht, daß man eine Reihe von Gasen mit immer tieferen Siedepunkten durch Kompression verflüssigt, derart, daß die Verdampfungsenthalpie das Gases I zur Kühlung des unter Druck zu verflüssigenden Gases II verwendet wird. Die bei der Expansion des verflüssigten Gases II zur Verfügung stehende Verdampfungsenthalpie wird zur Vorkühlung eines noch tiefer siedenden Gases III verwendet usw., wie aus Abb. 16 hervorgeht. Das Kaskadenverfahren gestattet die Verflüssigung der Luft, nicht aber jene des Wasserstoffes, da ein geeignetes Zwischengas fehlt: Beim Abpumpen der flüssigen Luft erreicht man in technischen Betrieben etwa 70° K, wärend die kritische Temperatur des Wasserstoffs 33° K beträgt.

Das Kaskadenverfahren wird heute bei Kältemaschinen bis —60° (—100°) angewendet. Die Verflüssigung der Luft erfolgt dagegen fast ausschließlich nach dem LINDE-Verfahren, welches auf der Ausnutzung des *Joule-Thomson-Effektes* beruht. Bei der adiabatischen Expansion eines realen Gases ohne Leistung äußerer Arbeit tritt — im Gegensatz zu dem idealen Verhalten $\left(\frac{\partial U}{\partial V}\right) = 0$ — eine Temperaturänderung auf, deren Vorzeichen unterhalb der

[1] ANGERER, S. 80.

[2] J. u. A. ZELENY, Physikal. Z. 7 (1907), 716.

doppelten BOYLE-Temperatur negativ, oberhalb positiv ist. (JOULE-THOMSON-Effekt). Die BOYLE-Temperatur ist bekanntlich jene Temperatur, bei welcher sich ein reales Gas vorübergehend ideal verhält und bis zu hohen Drucken dem BOYLE-

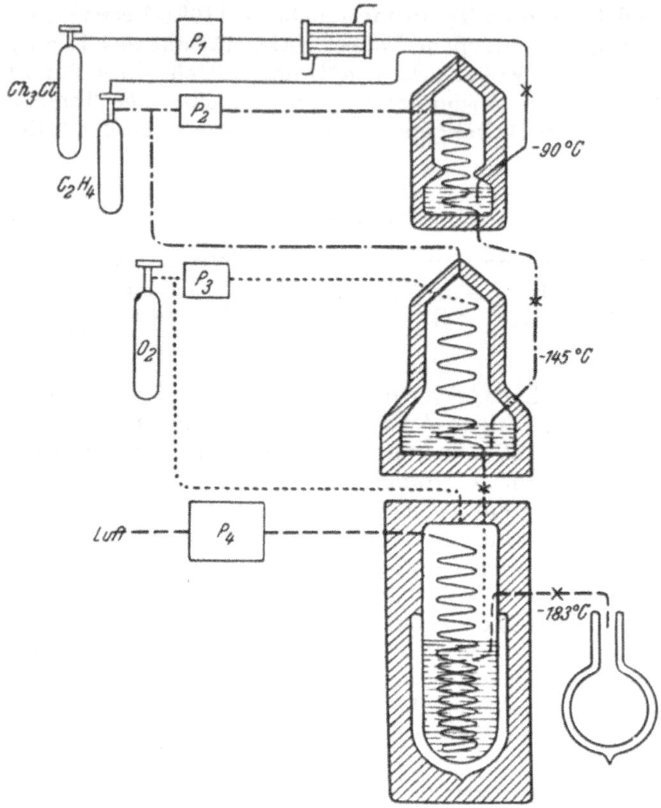

Abb. 16. Kaskadenverfahren zur Herstellung von flüssiger Luft.

MARIOTTEschen Gesetz p. V. = konstant gehorcht. Die BOYLE-Temperatur beträgt für Luft 347° K, für Wasserstoff 109° K. Die Temperaturerniedrigung beim JOULE-THOMSON-Effekt beruht, kinetisch betrachtet, auf der Ausdehnung eines Gases, dessen Molekeln aufeinander Anziehungskräfte (VAN DER WAALSsche Kräfte) ausüben. Arbeitet man adiabatisch, so sinkt die kinetische Energie der Molekeln: das Gas kühlt sich ab. Dieser Effekt beträgt bei etwa der halben BOYLE-Temperatur zirka 1° C pro Atmosphäre und nimmt mit abnehmender Temperatur zu.

Im *Linde-Verfahren* läßt man die zu verflüssigenden Gase von 100 bis 200 atü sich expandieren; dabei werden sie durch den J.-Th.-Effekt etwas abgekühlt. Diese abgekühlten Gase kühlen ihrerseits die zu expandierenden Gase im Gegenstrom ab und verstärken dadurch den J.-Th.-Effekt, bis schließlich bei dem Entspannungsdruck die Verflüssigung des Gases eintritt. Diese Methode ist auch zur Verflüssigung von Wasserstoff — bei Vorkühlung mit flüssiger Luft — bzw. zur Verflüssigung von Helium mit flüssigem Wasserstoff zu verwenden

Flüssige Luft. Verdampfungsenthalpie 1,37 bis 1,6 Kcal mol^{-1} = 48,2 bis 50 cal. g^{-1}. Mit flüssiger Luft erreicht man unter gewöhnlichem Druck Temperaturen von —193 bis —185° C; durch Absieden des tiefersiedenden Stickstoffs steigt der Siedepunkt unter Anreicherung des Sauerstoffs an. Darauf ist zu achten, um Explosionen bei Gegenwart von organischen Substanzen (Flüssige-Luft-Sprengstoffe!) zu vermeiden. Durch Abpumpen läßt sich die Temperatur auf etwa —208 bis —215° C erniedrigen. Zur Erzeugung noch tieferer Temperaturen verwendet man flüssigen Wasserstoff (K. P. —252,78° C), bzw. flüssiges Helium (K. P. —268,93° C). Eine Reihe von Laboratoriumsanordnungen zur Erzeugung von flüssigem Wasserstoff ist in der Fußnote[1] angegeben. Das Temperaturintervall zwischen der flüssigen Luft und dem flüssigen Wasserstoff läßt sich mittels des von SIMON angegebenen Desorptionskälteverfahrens überbrücken[2]. Eine Reihe von Verflüssigungsanlagen für Helium sind in der Fußnote[3] angegeben. Besonders einfach ist die apparative Anordnung zur Verflüssigung von Helium mittels des Desorptionsverfahrens[4] bei

---

[1] W. NERNST, Z. Elektroch. **17** (1911), 735. — W. M. LATIMER, R. M. BUFFINGTON, H. D. HOENSHEL, J. Am. Chem. Soc. **47** (1925), 1571. — F. G. KEYES, H. T. GERRY, J. F. G. HICKS jun., J. Am. Chem. Soc. **59** (1937), 1426. — J. E. AHLBERG und Mitarbeiter, Phys. Rev. **51** (1937), 1028. — M. RUHEMANN, Z. Phys. Ch. **65** (1930), 67.

[2] E. JUSTI, Physik Z. **35** (1934), 3; **36** (1935), 571; Z. Instrkde **52** (1932), 204; **53** (1933), 294.

[3] F. SIMON, J. E. AHLBERG, Z. Phys. **81** (1933), 816. — F. SIMON, Phys. Z. **34** (1933), 232. — A. H. COOKE, B. V. ROLLIN, F. SIMON, Rev. Sci. Instrum. **10** (1939), 251.

[4] K. MENDELSSOHN, F. SIMON, Z. Phys. Ch. B **16** (1931), 72; **15** (1932), 121. — K. MENDELSSOHN, Z. Phys. **73** (1931), 482.

Vorkühlung mit flüssigem Wasserstoff. Durch Abpumpen des flüssigen Wasserstoffs, bzw. des flüssigem Heliums lassen sich die Temperaturen weiter erniedrigen. Hierzu sind große Pumpenleistungen erforderlich. Die tiefste Temperatur (0,0038° K) wurde durch adiabatisches Entmagnetisieren von Cs-Ti-Alaun, der mit flüssigem Helium gekühlt wurde, erreicht[1].

Dewar-Gefäße. Um Kältebäder längere Zeit gebrauchen zu können, muß man die Wärmeeinstrahlung und -leitung in den Aufbewahrungsgefäßen auf ein Minimum herabsetzen. Man verwendet hierzu doppelwandige, innen versilberte oder verkupferte, möglichst hochevakuierte Glasgefäße (Abb. 17), deren Anwendung auf DEWAR und WEINHOLD zurückgeht. Sehr bequem sind Gefäße mit Sichtstreifen. Die Gefäße werden in Holzfüßen gehalten, die gleichzeitig die empfindliche Abschmelzstelle schützen.

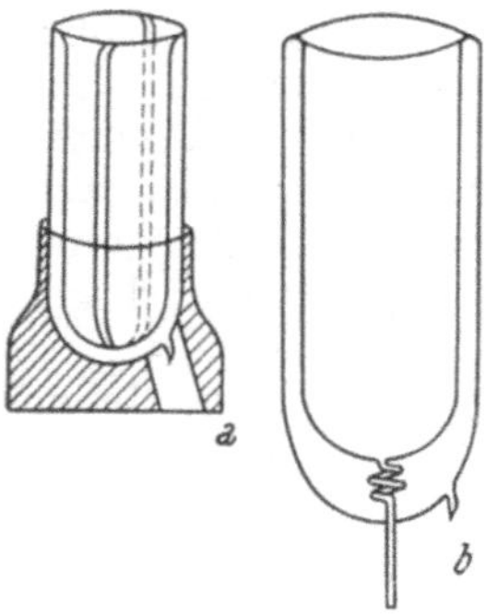

Abb. 17. Dewar-Gefäße. a = mit Sichtstreifen, b = mit Ausfluß.

Dewar-Gefäße aus Hartglas (Duran) sind zwar teurer, aber *wesentlich haltbarer* als Gefäße aus gewöhnlichem Glase. Die Güte hängt von der Höhe des Vakuums ab; verkupferte Gefäße können bei höherer Temperatur ausgeheizt werden und sind versilberten Gefäßen mindestens gleichwertig.

Dewar-Gefäße müssen sehr sorgsam behandelt und besonders vor Kratzern (Sand!) sorfältig behütet werden. Flüssige Luft füllt man zunächst vorsichtig, nur tropfenweise ein, um das Gefäß vorzukühlen, und setzt hierzu Schutzbrillen auf, da beim Umfüllen stets die Gefahr des Springens vorhanden ist. Der Rand ist der empfindlichste Teil, man schützt ihn vor Eisansatz durch eine hauchdünne Schicht Vaseline und kühlt ihn beim Ausgießen durch langsames Neigen des Gefäßes vor. Nach Gebrauch müssen die Gefäße gereinigt und getrocknet werden.

Man bewahrt die flüssige Luft in kugeligen, mit Filzumhüllung und Drahtkorb geschützten Vakuumflaschen aus Glas oder Metall auf, die wegen der steten geringen Verdampfung nicht fest verschlossen werden dürfen. Zum Entnehmen von flüssiger

[1] N. KURTI, F. SIMON, Proc. roy. Soc. **149** (1935), 152; **151** (1935), 610. — P. P. DEBYE, Z. Techn. Phys. **15** (1934), 499; Umschau **40** (1936), 41; Ann. Phys. (5) **32** (1938), 85.

Luft steckt man einen Heber mit Gummistopfen (Abb. 18) auf das Gefäß und pumpt mittels Gummigebläse die gewünschte Menge ab. Um das Gefäß vor Verletzungen durch das Heberende zu schützen, zieht man über letzteres ein Stück reinen Paragummischlauch. Für langsame Dauerentnahme von flüssiger Luft verwendet man Vakuummantelheber (Abb. 18), die innen versilbert oder verkupfert sind. Der Vakuummantel braucht nicht in das Vorratsgefäß hineinzureichen. Die Verbindung mit

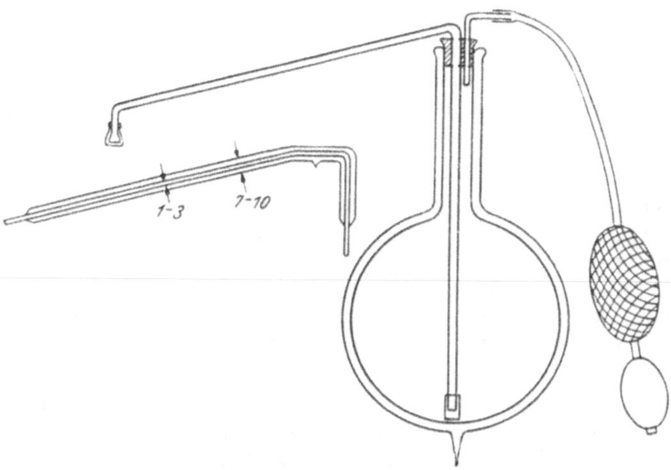

Abb. 18. Abfüllen von flüssiger Luft; Vakuummantelheber.

einem gewöhnlichen Glasrohr kann mittels eines Stückes reinen Paragummischlauches hergestellt werden, der in flüssiger Luft lange Zeit brauchbar bleibt. Bei geraden Vakuummantelrohren muß das innere Rohr in einigen Spiralwindungen geführt sein, damit es den mechanischen Beanspruchungen bei der Abkühlung federnd nachgeben kann (vgl. Abb. 17). Um ein Umherspritzen der ausfließenden Flüssigkeit zu vermeiden und gleichzeitig feste Teilchen zurückzuhalten, bringt man am Ende des Hebers einen kleinen Beutel aus dichtem Baumwollstoff an. Es entsteht ein dicker, ruhig abfließender Strahl. Um flüssige Luft klar zu halten, wirft man einige Kristalle Uranylnitrat hinein, die sich bei ihrer Abkühlung sehr stark elektrisch aufladen und an ihrer Oberfläche alle Trübungen von Eis und fester Kohlensäure festhalten[1].

[1] H. Dewar, Collected papers; Cambridge, University press. 1927.

IV. Hohe Temperaturen.

Die Herstellung und Konstanthaltung von hohen Temperaturen ist das vom Chemiker meist angewandte Mittel, um chemischen Systemen Energie zuzuführen. Endotherme Verbindungen lassen sich oft nur bei hohen Temperaturen darstellen und können durch „Einfrieren des Gleichgewichtes", rasches Kühlen auf Temperaturen, bei welchem die Reaktionsgeschwindigkeit bereits sehr klein geworden ist, in metastabilem Zustand erhalten werden. Bei exothermen Reaktionen wird man zur Erhöhung der Reaktionsgeschwindigkeit ebenfalls höhere Temperaturen anwenden, obwohl die Gleichgewichtseinstellung ungünstiger liegt. In der chemischen Technik ist nicht die Gleichgewichtseinstellung an sich, sondern die Ausbeute pro Zeiteinheit maßgebend.

Im Laboratorium werden hohe Temperaturen 1. durch Verbrennung, 2. auf elektrischem Wege hergestellt, wobei die letztere Methode immer mehr überall dort Anwendung findet, wo es auf besonders genaue Temperaturregelung ankommt, die man in den kleinen Abmessungen laboratoriumsmäßiger Verbrennungsöfen nicht so exakt beherrscht. Wo Leuchtgas fehlt, wird vielfach Propangas (das komprimiert in Stahlflaschen in den Handel kommt) in eigens hierfür konstruierten Brennern verwendet. Die Erzeugung hoher Temperaturen durch spezielle chemische Umsetzungen (Thermitverfahren usw.) hat laboratoriumsmäßig kaum eine Bedeutung.

Verbrennung. Bei der Verbrennung von Leuchtgas kann man in der Flamme des entleuchteten Bunsenbrenners kleine Tiegel u. dgl. auf zirka 700° C, mit dem Teklu- oder Mékerbrenner auf 800° C, mit dem Gebläse auf 900 bis 950° C erhitzen. Hält man die Wärme in einer Tonesse nach Cl. Winkler zusammen, so kann man um zirka 100° höhere Temperaturen erreichen. In Gastiegelöfen mit Méker-Gebläsebrennern erreicht man 1350°, in Konstruktionen mit Luftvorwärmung 1500°, mit Vorwärmung und Gebläseluft bis 1750° C[1]. Gasöfen, die nach dem Schnabelschen Prinzip der flammenlosen Verbrennung arbeiten (Steigerung der Verbrennungsgeschwindigkeit durch Oberflächenverbrennung an temperaturbeständigen Füllkörpern; „Wandreaktion") erhält man bei Anwendung von Gebläseluft Temperaturen bis 1650° C, bei Gas- und Luftgebläsen bis 2000° C. Abb. 19

[1] Z. B. Heinicke-Ofen der staatl. Porzellanmanufaktr, Berlin.

zeigt einen derartigen Ofen[1]: Auskleidung und Füllung bestehen aus geschmolzenem Magnesiumoxyd, die kleine Muffel aus Zirkondioxyd. Preßgas (0,35 atü) und Preßluft (0,2 atü) gelangen nach Passieren einer Injektordüse in eine Mischkammer und aus dieser durch eine Reihe von eisernen Düsen in die locker geschüttete Magnesiumoxydfüllung. Natürlich muß die Ausströmungsgeschwindigkeit aus den Düsen größer als die Verbrennungsgeschwindigkeit des Gasgemisches sein, um Rückzündungen und Explosionen zu vermeiden.

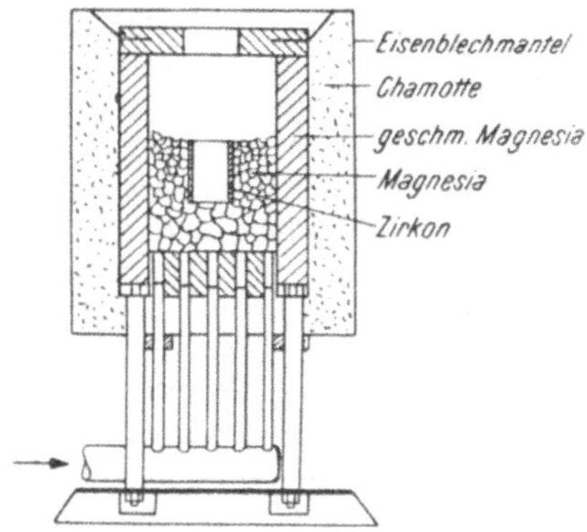

Abb. 19. Ofen mit flammenloser Verbrennung.

In der Leuchtgas-Sauerstoff-Flamme können Temperaturen bis 1800° C, in der Knallgasflamme bis 2000° C, in der Azetylen-(Dissousgas-) Sauerstoff-Flamme bis 3200° C erreicht werden. Die hohe Temperatur der Azetylen-Sauerstoff-Flamme wird auf den zusätzlichen exothermen Zerfall des Azetylens zurückgeführt. Ein Ofen, der mit petroleumbeladenem Sauerstoff Temperaturen bis zu 2600° C in oxydierender oder neutraler Atmosphäre zu erreichen gestattet, ist in Abb. 20 dargestellt[2]. Der Ofen besteht aus einer Brenn-

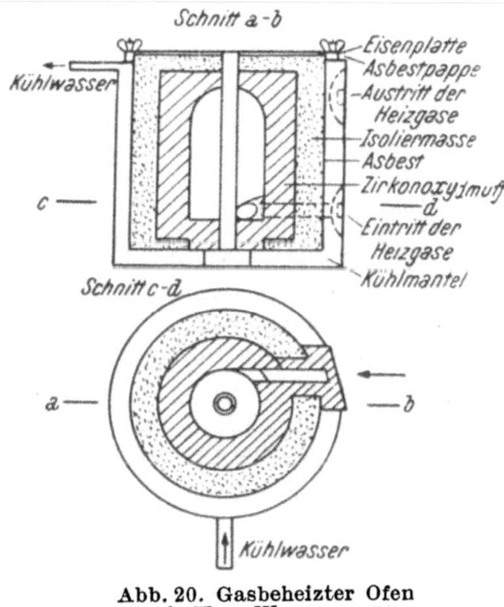

Abb. 20. Gasbeheizter Ofen nach H. v. WARTENBERG.

[1] J. D'ANS, Chem. Fabr. **3** (1930), 41. — E. RYSCHKEWITSCH, Chem. Fabr. **3** (1930), 61. — TH. DIECKMANN, E. HOUDREMONT, Z. anorg. Ch. **120** (1922), 129. Bauanleitung.

[2] H. v. WARTENBERG, Z. anorg. Ch. **176** (1928), 347. Bauanleitung.

kammer aus Zirkondioxyd, in welche die Petroleum-Sauerstoff-Flamme tangential eingeführt wird und ein zentral angeordnetes Rohr aus Zirkondioxyd umspült.

Zum Erhitzen von Glas- und Porzellanröhren verwendet man für niedere Temperaturen Reihenbrenner, wobei man das Rohr zum gleichmäßigen Erhitzen in ein Asbest- oder Blechkästchen, für sehr hohe Ansprüche auf Gleichmäßigkeit der Temperaturverteilung in einen massiven Al.-Block steckt. In den zur Elementaranalyse üblichen Verbrennungsöfen erreicht man 800 bis 830°, im Röhrenofen von FRERICHS und NORMANN[1] bis 1100° C.

Um die Wärme beim Erhitzen von Kolben, Schalen, Rohren usw. gleichmäßig zu verteilen, bedient man sich der Asbestdrahtnetze, Sandbäder, Baboscher Siedetrichter, eventuell in Verbindung mit einem Blech- oder Asbestzylinder. In Luftbädern läßt sich eine recht gleichmäßige Temperaturverteilung durch Anbringen mehrerer feinmaschiger horizontaler Drahtnetze in einen Zylinder (Finkener Turm) erzielen. Bei höheren Ansprüchen an zeitliche und räumliche Temperaturkonstanz verwendet man Thermostaten mit Heizbädern (siehe S. 60).

Elektrische Heizung. Die elektrische Heizung hat vor der Gasheizung den Vorzug der besseren Regulierbarkeit und Konstanthaltung der Temperatur, der größeren Reinlichkeit in den Versuchsbedingungen, schließlich der Bequemlichkeit in der Bedienung. Man kann die elektrischen Öfen[2] einteilen in:

a) Wickelöfen,
b) Kurzschlußöfen (Tammann-, Silit- und Metallrohröfen),
c) Kryptolöfen (Kohlegrießöfen),
d) Lichtbogenöfen,
e) Induktionsöfen,
f) Kathodenstrahlöfen.

Die gebräuchlichsten elektrischen Öfen sind die direkt an die Lichtleitung anschließbaren *Wickelöfen*, die in den üblichen Abmessungen bis zu 4 bis 6 KW aufnehmen. Um einen Ofenkörper wird ein entsprechend dimensionierter Heizleiter spiralig aufgewunden und durch Auftragen einer feuerfesten Masse gegen Verschiebung fixiert. Der so erhaltene Heizkörper wird thermisch gegen Abstrahlung isoliert. Als Widerstandsmaterial verwendet man die sehr oxydationsbeständigen, 1300° C Dauerbelastung aushaltenden Heizleiterlegierungen, die in der tieferstehenden

[1] G. FRERICHS, Z. angew. Ch. **29** (1916), 368.

[2] GEIGER-SCHEEL, Handb. d. Physik, Bd. 6 (C. Müller). — WIEN-HARMS, Handb. d. Experimentalphysik, Bd. 9/1 (H. v. Wartenberg).

Tabelle 3 angeführt sind. Für Temperaturen bis zu 1500° C kommt Platin[1] (FP 1771° C), bis 1700° Rhodium[2], für noch höhere Temperaturen Molybdän[3] (FP 2570° C) in Betracht. Platin zerstäubt bei Dauerbelastung über 1400° C bereits stark. Molybdän ist nur in Schutzgasatmosphäre (Wasserstoff, Methylalkoholdampf) zu verwenden. Wolframöfen[4] kann man in Schutzgas (Wasserstoff, Formiergas 75% N_2 + 25 % H_2) bis 2000° verwenden.

Bei den elektrischen Öfen ist zu beachten, daß der Heizdraht bei Temperaturen über 1000° C nicht mit siliziumhältigen Stoffen (wie Porzellan, Asbest, Wasserglas, Quarz) in Berührung sein darf, da sonst der Heizleiter durch Legierungsbildung (elektrolytische Siliziumabscheidung) bald zerstört wird. Bei Temperaturen über 1000° kann die elektrolytische Leitfähigkeit der Werkstoffe bereits eine Rolle spielen[5]. Sinterkorund, Magnesiumoxyd, Kalziumoxyd, Zirkondioxyd, Thoriumdioxyd, Berylliumoxyd sind ausgezeichnete keramische Materialien für die höchsten Temperaturen. Sinterkorund hat den Vorteil guter Wärmeleitfähigkeit und damit eines sehr gleichmäßigen Temperaturprofils durch den Ofen. Für Öfen bis 1250° C bewähren sich Ofenkörper aus Pythagoras- oder Marquardtscher Masse. An Stelle von Heizdraht verwendet man besser Heiz*band* entsprechenden Querschnittes. Auf den zu bewickelnden Ofenkörper trägt man zunächst zirka 1 mm dick ein Gemisch von gleichen Gewichtsteilen karbonatfreiem MgO und SiO_2-freiem Al_2O_3[6] auf, läßt trocknen und bewickelt das Rohr auf der Drehbank mit dem Widerstandsdraht. Die Steighöhe der Wicklung wird entsprechend der Berechnung genau eingestellt. Die Drahtenden verdrillt man auf zirka 20 cm, fixiert sie zum Beispiel durch gegenseitiges Verdrillen oder mit Eisenschellen und führt sie, mit Porzellanperlen isoliert, zu den Anschlußklemmen. Auf die Wicklung wird wieder eine 4 bis 5 mm dicke Schicht von Isolationsmasse aufgetragen und (nicht durch

[1] W. Weyl, Chem. Fabr. 4 (1931), 469.

[2] I. Westermann, Metallwirtsch. 11 (1932), 152.

[3] Über den Bau von Molybdämpfen findet sich viel Wissenswertes in dem Büchlein Molybdän — Sintermetalle — Vakuumtechnik, Heft 2 der Deutschen Edelstahlwerke A. G. Metallwerk Plansee, Abt. Sintermetalle, Wien I/1, Beethovenplatz 2.

[4] W. Fehse, Elektrische Öfen mit Heizkörpern aus Wolfram. Vieweg 1928. — J. Michel, Chim. et Ind. 40 (1938), 1060.

[5] Angerer.

[6] Guntz, J. Chim. Phys. 1 (1903), 177. An Stelle der angegebenen Mischung kann man auch reines kieselsäurefreies Al_2O_3 oder „Isolationsmasse 250'' von Haldenwanger verwenden.

Stromwärme!) getrocknet. Der Heizkörper wird nach außen durch eine 5 bis 10 cm dicke Schicht „Homamasse[1]" oder Kieselgur, Magnesia, Aluminiumoxyd usw. thermisch isoliert. Man kann auch die Isolation durch ein Aluminiumrohr unterteilen und innen mit Aluminiumoxyd, außen mit Alfol isolieren. Den äußeren Blechmantel belegt man mit einer zirka 4 bis 5 mm dicken Asbestpappe; die Stirnwände stellt man aus Asbestschieferplatten oder asbestisoliertem Eisenblech her. Öfen mit einem dünnen Schutzmantel werden rascher temperaturkonstant als solche mit sehr guter thermischer Isolierung. Infolge der stärkeren Wärmeabstrahlung an den Rohrenden sind diese etwas kälter. Man wählt daher den Ofen zirka 20 cm länger als die gleichmäßig temperierte Zone sein soll. Der oft empfohlene Ausweg, die Enden dichter zu wickeln, ist nicht ratsam, da man nur durch Zufall eine gleichmäßige Temperaturverteilung erzielen kann. Muß der Ofen möglichst gleichmäßig heiß sein, so bringt man an den Enden besonders geheizte Hilfswicklungen an[2]. Im allgemeinen halten wechselstrombeheizte Öfen bei hoher Temperatur längere Zeit als gleichstrombeheizte, da der Heizdraht bei letzteren durch elektrolytische Einflüsse leichter zerstört werden kann. Die Selbstherstellung von Öfen mit innenliegender, freistrahlender Wicklung[3] ist nicht empfehlenswert.

Zur Berechnung von elektrischen Öfen ermittelt man zunächst den Energiebedarf nach Tabelle 4, wobei man die beheizte Fläche und die zu erreichende Maximaltemperatur berücksichtigt. Aus dem Energiebedarf ergibt sich die Stromstärke. In Abb. 21 ist die zulässige Strombelastung der üblichen Widerstanddrähte in Abhängigkeit von der Stromstärke und der Temperatur bei einer mittelguten Wärmeisolation des Ofens (Durchmesser des Schutzmantels etwa 15 cm) wiedergegeben. Aus diesem Diagramm ergibt sich die Drahtstärke. Aus dem Ohmschen Gesetz berechnet sich der Widerstand des Heizleiters, wobei man zur Sicherheit eine etwa 10% niedrigere Spannung einsetzt als verfügbar ist. Aus dem Widerstand berechnet man schließlich die Drahtlänge nach Tabelle 5 und den Windungsabstand, den man bei Drahtstärken über 0,5 mm nicht unter 1 mm wählen soll. Im Interesse einer recht langen Lebensdauer des Ofens wird man mit möglichst großen Drahtstärken, die sich auf der beheizten Fläche noch unter-

---

[1] Bez.: Dipl.-Ing. Max Tirocke, Berlin NW 87, Siegmundshof 1.

[2] M. Bodenstein, Z. Elektroch. **16** (1910) 962. — A. L. Day und R. B. Sosman, Am. J. Science [4] **29** (1910) 23.

[3] W. Weyl, Chem. fabr. **4** (1931) 469.

bringen lassen, arbeiten. Bei Platinöfen ist der Widerstand bei der Maximaltemperatur einzusetzen, der bei 1400° C etwa das Fünf- bis Sechsfache des Wertes bei Zimmertemperatur beträgt. Bei Platinöfen ist daher ein entsprechender Vorschaltwiderstand vorzusehen, der bei heißer werdendem Ofen allmählich ausge-

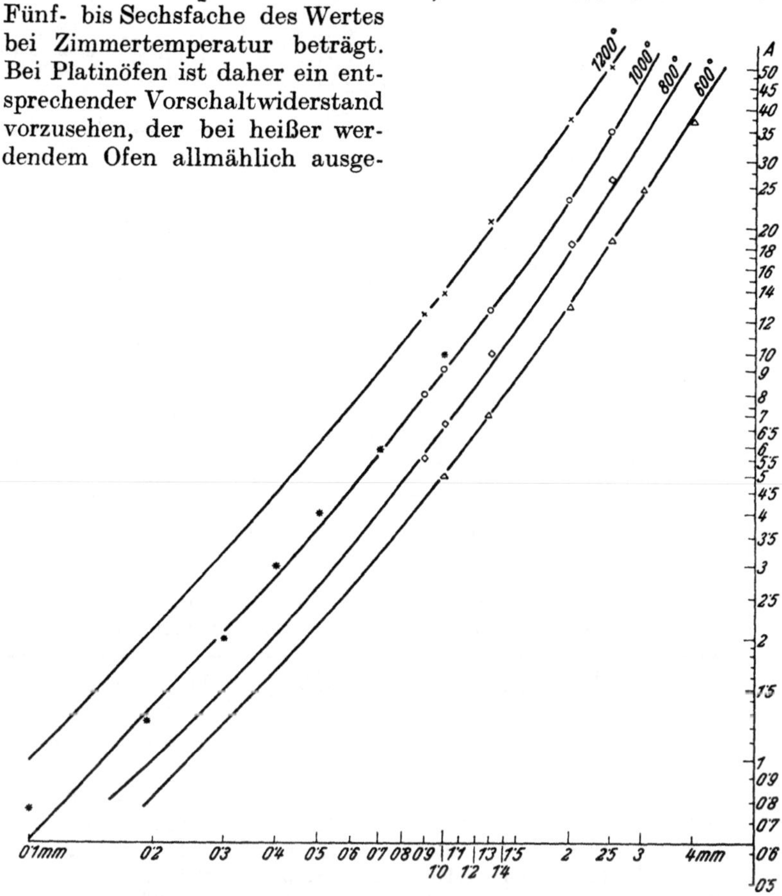

Abb. 21. Zulässige Maximalstrombelastung von Widerstandsdrähten von 1—1,4 Ω mm² m⁻¹ in mittelgut thermisch isolierten elektrischen Öfen.

schaltet wird. Bei direktem Anschluß besteht die Gefahr des Durchbrennens der Wicklung. Für Temperaturen bis zu 400° C läßt sich mit Vorteil als Ofen- und Wärmeschutzrohr Hartglas[1] verwenden.

[1] R. FRICKE, F. R. MEYER, Chem. Ztg. **66** (1942) 53. — F. SCHAIDER, Chem. Ztg. **68** (1944) 68. — J. H. RUSELL, Metallurgia (Brit. J. Metals) **6** (1932) 195.

Tab. 3. Heizleiter.

	Zusammensetzung	Wärmeleitvermögen λ cal cm⁻¹ sec⁻¹ Grad⁻¹ bei 18° C	Widerstand bei 18° C Ω mm² m⁻¹	Widerstand bei t° C Ω mm² m⁻¹	Höchste Gebrauchstemperatur °C
Cekas	60 Ni, 17 Cr, Rest Fe	0,03	1,12	1,27 (1000°)	~ 1000°
Cekas II, Nichrome	80 Ni, 20 Cr	—	1,10	—	~ 1200°
Kanthal, Neochrom	20 Cr, 5 Al, 1,5 — 3 Co, Rest Fe	0,03	1,45	1,50 (1300°)	~ 1300°
Megapyr (Permatherm)	30 (20) Cr, 5 (3) Al, Rest Fe	0,03	1,40	1,43 (1300°)	~ 1330°
Platin	Pt	0,17	0,10	~ 0,60 (1500°)	~ 1500°
Molybdän	Mo	0,34	0,055	0,46 (1500°) 0,60 (2000°)	~ 1700°
Wolfram	W	0,40	0,055	0,49 (1500°) 0,70 (2000°)	> 2000°

Tab. 4. Energiebedarf Watt/cm² bei mittelguter Wärmeisolation.

300	400	500	600	700	800	900° C
0,22	0,40	0,59	0,8	1,0	1,3	1,6
1000	1100	1200	1400	1600	1800	2000° C
1,9	2,3	2,6	3,5	4,5	5,7	7,0

Tab. 5. Elektrischer Widerstand von verschiedenen Heizleitern in Ohm pro Meter, Zimmertemperatur.

	Megapyr Permatherm	Kanthal Neochrom	Cekas Nichrome	Platin	Molybdän Wolfram
Ω mm² m⁻¹	1,40	1,45	1,10	0,10	0,055
Drahtdurchmesser mm					
0,1	178,3	184,6	140,1	12,73	7,003
0,2	44,56	46,15	35,01	3,183	1,751
0,3	19,81	20,51	15,56	1,415	0,7781
0,4	11,14	11,54	8,754	0,7958	0,4377
0,5	7,13	7,385	5,602	0,5093	0,2801
0,6	4,951	5,128	3,890	0,3537	0,1945
0,7	3,638	3,768	2,858	0,2598	0,1429
0,8	2,785	2,885	2,188	0,1989	0,1094
0,9	2,201	2,279	1,729	0,1572	0,08645
1,0	1,783	1,846	1,401	0,1273	0,07003
1,2	1,238				
1,4	0,9097				
1,6	0,6962				
1,8	0,5501				
2,0	0,4456				

Für Widerstandsmaterial mit dem Widerstand 1 Ohm $mm^2 m^{-1}$ (Chronin 85 weich, Nichrome) hat SCHWARZ-BERGKAMPF[1] eine Tabelle ausgearbeitet, die tieferstehend (Tab. 5a) wiedergegeben ist. Der Wärmeschutzmantel hat einen Durchmesser von etwa 15 cm; die Drahtwindungen liegen in Abständen des verwendeten Drahtdurchmessers.

Tabelle 5a.

Heizdraht Durchmesser mm	Widerstand bei 1000° C 1 Ω $mm^2 m^{-1}$ Ohm/m	Belastung für 1000° C A	110 V Bewicklungs-		150 V Bewicklungs-		220 V Bewicklungs-	
			länge m	fläche cm^2	länge m	fläche cm^2	länge m	fläche cm^2
0,1	127,0	0,6	1,5	3	2,0	4	2,9	6
0,2	31,8	1,2	2,9	12	3,9	16	5,8	23
0,3	14,2	1,8	4,3	26	5,9	35	8,7	52
0,4	8,0	2,4	5,8	46	7,9	63	11,5	92
0,5	5,1	3,0	7,2	72	9,8	98	14,4	144
0,6	3,55	3,6	8,7	104	11,8	142	17,3	208
0,7	2,60	4,2	10,1	141	13,7	192	20,2	283
0,8	1,99	4,8	11,5	185	15,7	252	23,0	370
0,9	1,57	5,4	13,0	233	17,7	318	25,9	467
1,0	1,27	6,0	14,4	288	19,6	393	28,8	576
1,2	0,88	7,2	17,3	415	23,6	565	34,6	830
1,4	0,65	8,4	20,2	565	27,5	770	40,3	1130
1,6	0,50	9,6	23,0	740	31,4	1000	46,1	1470
1,8	0,392	10,8	25,9	940	35,3	1270	51,8	1860
2,0	0,318	12,0	28,8	1150	39,3	1570	57,6	2300

Als *Beispiel* sei die Berechnung eines elektrischen Röhrenofens von 5 cm Durchmesser und 50 cm Länge für 220 Volt und eine Gebrauchstemperatur von 1200° C durchgeführt: Die beheizte Fläche beträgt 800 cm^2; der Energiebedarf laut Tabelle 4 bei einer Maximaltemperatur von 1200° C 2100 Watt; demnach die anzuwendende Stromstärke 2100/200 = 10,5 A. Aus Abb. 21 ergibt sich für diese Stromstärke eine Minimaldrahtstärke von etwa 0,8 mm. Die Rechnung mit dieser Drahtstärke — bei Verwendung von Permathermdraht — ergibt bei einem erforderlichen

[1] E. SCHWARZ-BERGKAMPF, Chem. Fabr. 2 (1929), 519. — Zusammenbau von Heizmuffeln unter Verwendung käuflichen keramischen Materials der staatlichen Porzellanmanufaktur Meißen: M. MIELDS, Chem. Ztg. 61 (1937), 516, 686.

Widerstand von 200/10,5 = 19 Ohm eine Drahtlänge von 19/2,78 = = 6,9 m, die auf 690/2 $r\pi$ = 44 Windungen mit einem Abstand von 500/44 = 11,4 mm zu verteilen wäre. Dieser Windungs-

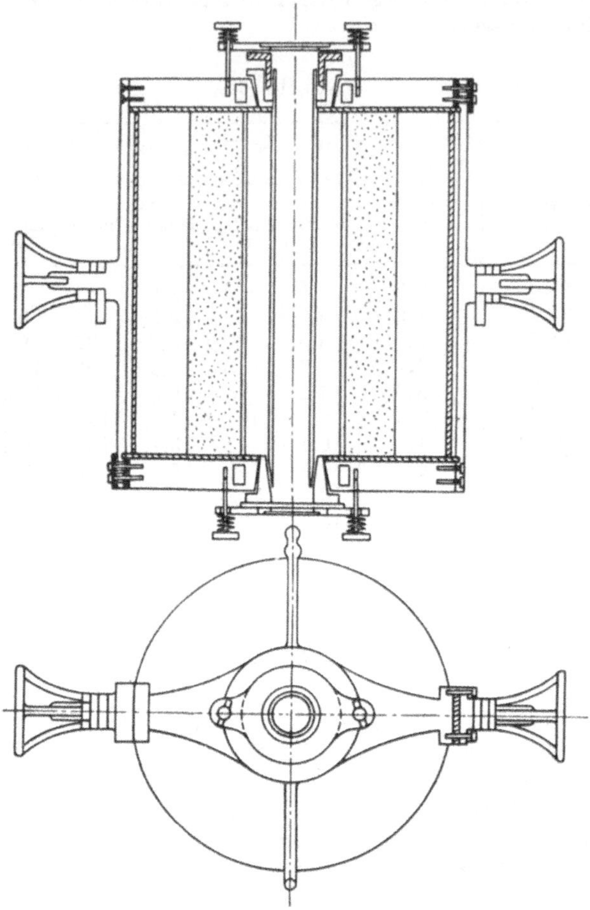

Abb. 22. Tammann-Ofen.

abstand ist zu groß, um eine gleichmäßige Beheizung zu gewährleisten. Bei Verwendung eines Drahtes von 1,6 mm Durchmesser erhält man wesentlich günstigere Wicklungsdaten: Drahtlänge 19/0,696 = 27,3 m mit 2730/15,7 = 174 Windungen, Steighöhe

500/174 = 2,9 mm: Der freie Zwischenraum zwischen den Windungen beträgt etwa gleichviel wie die Drahtstärke.

Kurzschlußöfen nennt man Öfen, in denen die Temperaturerzeugung durch Kurzschluß in einem Kohle- oder Graphitrohr (bzw. Platin-, Wolfram- oder Iridiumrohr) erfolgt. Für diese Ofentypen braucht man Ströme von niederer Spannung (5 bis 15 Volt) und hoher Stromstärke (bis zu 2000 Ampere und mehr, je nach der Größe des Ofens) und ist deshalb an einen leistungsfähigen Niederspannungstransformator gebunden. In Kohlerohr- (Tammann-) Öfen kann man Temperaturen bis zu 3400° C (FP des Wolframs 3390°) erreichen. Je nach der Beanspruchung haben die Kohlerohre eine Lebensdauer von wenigen Minuten bis zu Tagen. Abb. 22 zeigt den schematischen Schnitt durch einen Tammann-Ofen: Das Kohlerohr sitzt in geschlitzt gefederten Haltern aus Rotguß, die ihrerseits in konische wassergekühlte Stromzuführungen eingepaßt sind. Damit das Kohlerohr der Wärmeausdehnung folgen kann, ist das eine Rohrende in einer Graphitpackung verschiebbar angeordnet. Zur Wärmeisolation ist konzentrisch um das Heizrohr ein weiteres Kohlerohr angebracht. Der Zwischenraum zwischen diesem und der Diatomitisolation ist mit Kohlegrieß ausgefüllt. Derartige Öfen sind auch als Vakuumöfen konstruiert worden[1].

Sehr einfach ist der Kurzschlußofen von WARTENBERG[2] (Abb. 23) gebaut, der mit zirka 2 bis 10 V und bis 1200 A betrieben wird. Mit Rohren aus Platin (0,2 bis 0,3 mm Wandstärke, 1,5 cm Durchmesser, 15 bis 20 cm Länge) kann man 1500° C, aus 70 % Pt + 30 % Ir 1800° C, aus Ir 2100° C in oxydierender oder neutraler Atmosphäre oder im Vakuum erreichen: Das Kurzschlußrohr ist in 1 mm dicke Kupferblechstreifen von zirka 10 cm Breite, die als Stromzuführungen dienen, hart eingelötet, bzw. beim Iridiumofen mit Platinfassung oder Wasserkühlung eingesetzt. Ein durch Abstützungen gehaltener, mit MgO gefüllter Asbestkasten dient als Wärmeisolierung. Blenden aus MgO schließen den gleichmäßig temperierten Raum ab. Die Zerstäubung des Metalles bei den hohen Temperaturen wird durch Überziehen mit ZrO_2, Y_2O_3 oder MgO (durch thermische Zersetzung der Chloridlösungen) verhindert. Hiedurch wird die Lebensdauer eines Ofens mehr als verzehnfacht. Wolfram-Va-

---

[1] O. RUFF, Ber. **43** (1910) 1564, Z. anorg. Ch. **82** (1913) 373. — P. OBERHOFFER, Metallurgie **5** (1908) 173. — E. LÖWENSTEIN, Chem. Fabr. **1** (1928) 77. Z. anorg. Ch. **154** (1926) 173.

[2] H. v. WARTENBERG, Z. Elektroch. **15** (1909) 708.

kuum-Kurzschlußöfen[1] von ähnlich einfachem Aufbau erreichen Temperaturen bis 3000° C. Die Herstellung kleiner Öfen aus Nernststift-Masse, die in oxydierender Atmosphäre bis 2300° C brauchbar sind, beschreibt TINGWALDT[2].

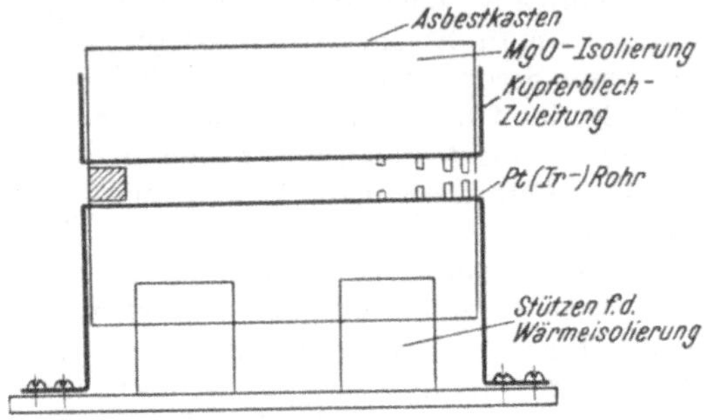

Abb. 23. Kurzschlußofen nach H. v. WARTENBERG.

Für Heizzonen von 15 bis 20 cm Länge sind *Silitstaböfen* bis zu Temperaturen von 1400° C mit einfachen Mitteln leicht herstellbar. Abb. 24 zeigt den Aufbau eines derartigen Ofens. Zwei

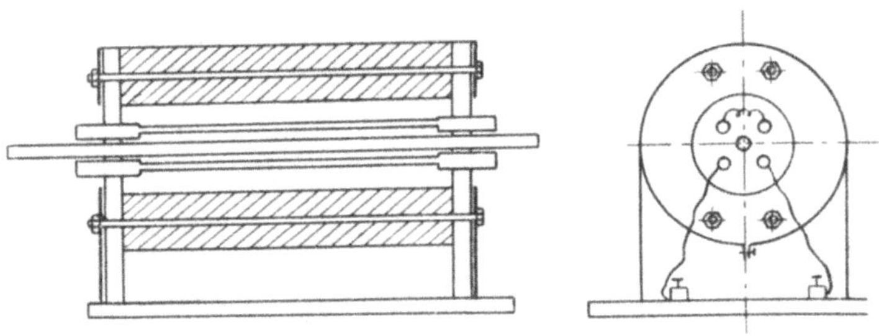

Abb. 24. Silitstabofen.

Schamotteplatten werden mit je einer zentralen Bohrung für das zu heizende Rohr und vier Bohrungen für vier konzentrisch dazu angeordnete Silitstäbe versehen. Zwei *Diatomitsteine* werden so

[1] H. v. WARTENBERG, Verh. d. phys. Ges. **12** (1910) 123. — R. LORENZ, L. WOOLCOCK, Z. anorg. Ch. **176** (1928) 289. — W. FEHSE, l. c., J. MICHEL, l. c.

[2] C. TINGWALDT, Phys. Z. **36** (1935) 627. — H. EBERL, C. TINGWALDT, Phys. Z. **37** (1936) 471.

ausgehöhlt, daß ein runder Ofenraum entsteht, und mit Aluminiumblech ummantelt. Die Stirnplatten werden mit Eisenblech und Asbest armiert und das Ganze mit vier Bolzen zusammengehalten. In ähnlicher Weise lassen sich Muffelöfen aufbauen. Ein Silitstab nimmt bei 8 mm Außendurchmesser und 150 mm Glühlänge zirka 7,2 A bei 26 bis 30 V auf. Mit zunehmendem Alter steigt der Spannungsbedarf, so daß man mit vier in Serie geschalteten Stäben bei Verwendung eines entsprechenden Widerstandes 220 V gut ausnutzen kann. Es empfiehlt sich die Verwendung von Silitstäben[1] mit *aufgeschmolzenen* Zuleitungen, die zur Herstellung der Schaltung miteinander hart verlötet werden.

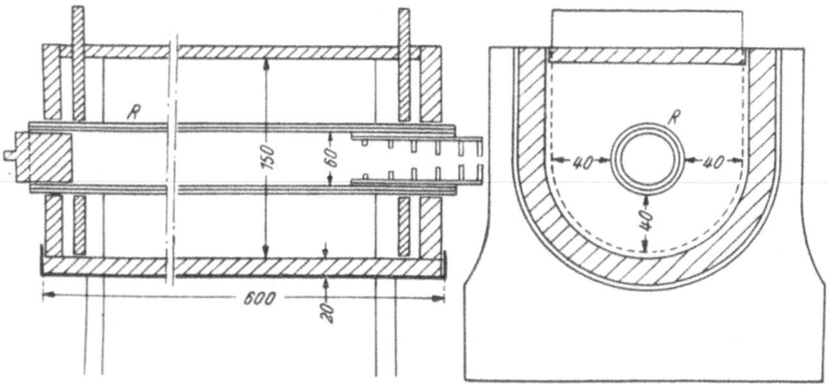

Abb. 25. Kryptol-Universalofen als Röhrenofen.

Stromzuführungen mit Schellen leiden stets unter Kontaktschwierigkeiten, die man durch Auftropfen einer konz. Silbernitratlösung auf die heißen Schellen einigermaßen beheben kann.

Kohlegrießöfen[2] sind dort, wo es auf zeitliche Temperaturkonstanz nicht sosehr ankommt, ausgezeichnet verwendbar und laboratoriumsmäßig leicht aufzubauen, wobei die Anpassungsfähigkeit an Spezialbedingungen sehr groß ist. Dieser Ofentyp benötigt Stromstärken von 40 bis 120 A bei 60 bis 120 V, so daß man mit leistungsfähigen Widerständen das Auslangen findet.

[1] Bez.: Siemens-Plania-Werke A. G., Berlin-Lichtenberg, Herzbergstr. 128 bis 139.

[2] STÄHLER, 1. Bd., S. 414. — ST. REINER, Chem. Fabr. 3 (1930), 101.

Die sonst viel Sorgfalt erfordernden Stromzuführungen gestalten sich bei dieser Ofentype außerordentlich einfach. Mit Schamottezustellung kann man 1500 bis 1600° C, mit Zirkondioxydzustellung über 2000° C erreichen. Als Widerstandsmaterial findet besonders präparierter Kohlegrieß „Kryptol" Verwendung. Der Hauptanteil des Heizeffektes entfällt auf den Widerstand, den der Strom beim Übergang von Kohlekorn zu Kohlekorn vorfindet. („Übergangswiderstandsheizung", keine Heizung durch Mikro-Lichtbögen.) Die geeignetste Schichtung des Kryptols erhält man, wenn man mit einem zirka 4 bis 5 mm dicken, zugespitzten Eisendraht (mit Holzgriff) so lange in den Kohlegrieß hinein-

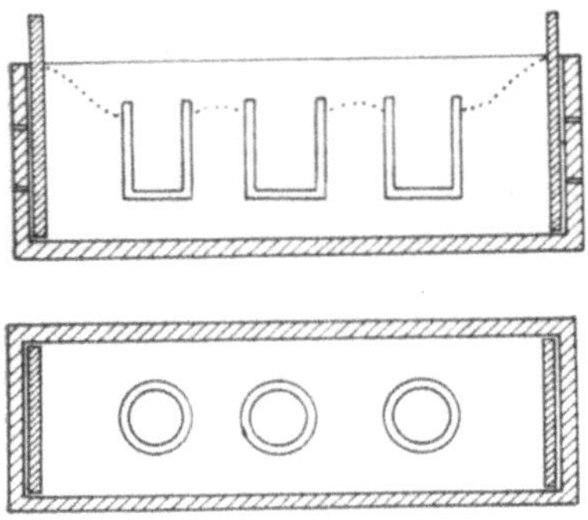

Abb. 26. Kryptol-Universalofen als Tiegelofen.

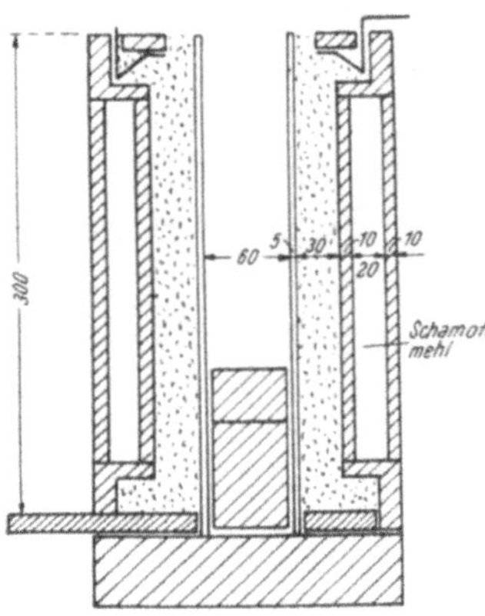

Abb. 27. Stehender Kohlegrieß-Tiegelofen.

stochert, bis er nicht mehr nachgeht. Beim Anheizen ist darauf zu achten, daß die Stromstärke der Kohlegrießöfen in den ersten 5 bis 15 Minuten bis auf den dreifachen Betrag des späteren Endwertes ansteigt, um dann wieder abzufallen. Nach dieser Periode ist es zweckmäßig, den Kohlegrieß (ohne den Strom abzuschalten) nachzustochern. Abb. 25 zeigt einen als Röhren- und Tiegelofen verwendbaren Universalofen: In zwei Schamottestützen ruht eine mit Eisenblech eingefaßte Schamottemulde mit Stirnseiten, ebenfalls aus Schamotte. Die Stromzuführung erfolgt durch zwei Acheson-Graphitplatten, Kohleplatten oder Eisenbleche. Platten und Stirnseiten tragen Bohrungen, durch welche das Schamotterohr R leicht hindurchgeschoben werden kann. Für hohe Temperaturen ist es empfehlenswert, zwei Rohre, die leicht ineinanderzustecken sind, zu verwenden. Springt ein Rohr, so braucht der Versuch trotzdem nicht abgebrochen zu werden. Für Temperaturen über 1500° C verwendet man Zirkondioxydrohre. Mit 120 A kann man bei 100 V 1700° C erreichen. Beim Abschalten des Ofens steigt die Temperatur noch etwas an. Darauf ist zu achten, wenn Höchsttemperaturen nicht überschritten werden sollen. Der gleiche Ofen kann auch als Tiegelofen (Abb. 26) verwendet werden.

Abb. 27 zeigt das Aufbauprinzip eines anderen Tiegelofens. Die Heizzone soll nicht unter 20 bis 30 mm dick sein, da die Erhitzung sonst leicht ungleichmäßig wird. Der beschriebene Ofen nimmt etwa 100 A bei 100 bis 110 V auf und erreicht in 1½ Stunden 1770° C. Man darf nicht zu rasch anheizen, da das Heizrohr durch Lichtbogenbildung durchschmelzen könnte.

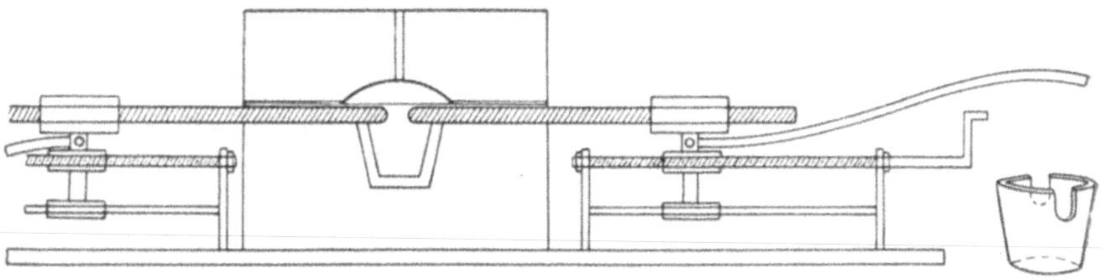

Abb. 28. Moissan-Ofen.

Es empfiehlt sich, zur Füllung der genannten Öfen das käufliche Kryptol zu verwenden, das infolge einer besonderen Präparierung einen bedeutend geringeren Abbrand aufweist als gewöhnliches, zerkleinertes Elektrodenmaterial.

Lichtbogenöfen[1]. Dort, wo es darauf ankommt, höchste Temperaturen anzuwenden, ohne daß die Notwendigkeit besteht, auf Regulierbarkeit, langsame Erhitzung, Beobachtung von eventuell auftretenden Veränderungen zu achten, ist der elektrische Lichtbogenofen am Platze, der laboratoriumsmäßig in zwei Ausführungsformen Anwendung findet: Im Moissan-Ofen (Abb. 28) wird allein die Strahlung eines zwischen zwei Reinkohleelektroden spielenden Lichtbogens ausgenutzt, welche durch einen Reflektor (Kugelkalotte im Ofenoberteil) auf das zu erhitzende Gut konzentriert wird (Strahlungsöfen). Der Ofenkörper besteht aus Kalk, Dolomit oder Magnesit. Bei der anderen Konstruktion spielt der Lichtbogen zwischen einer Kohleelektrode und der Schmelze, so daß eine gemischte Lichtbogen-Widerstandserhitzung, eventuell sogar mit elektrolytischen Effekten, zustande kommt. Während

[1] J. Steiner, Z. Elektroch. **47** (1941), 582. O. Scarpa, Chimie et Ind. **57** (1947) 371, beschreibt einen Lichtbogenofen, der 5000° K zu erreichen gestattet.

der Lichtbogen zwischen den Kohleelektroden am positiven Krater eine Temperatur von 3500° und darüber erreicht, sind die Entladungsbedingungen bei Lichtbögen zwischen einer Schmelze und einer Kohleelektrode wesentlich unübersichtlicher[1]. Der Gleichstromlichtbogen ist wegen der Konstanz der Entladungsbedingungen dem stets flackernden, unruhig brennenden und leicht verlöschenden Wechselstromlichtbogen unbedingt vorzuziehen. Es empfiehlt sich in jedem Falle, entsprechend dimensionierte Beruhigungswiderstände vorzuschalten. Zum Zünden des Lichtbogens nähert man die *halbkugelig abgefeilten* Elektroden einander bis zur Berührung, um sie dann sofort wieder von einander

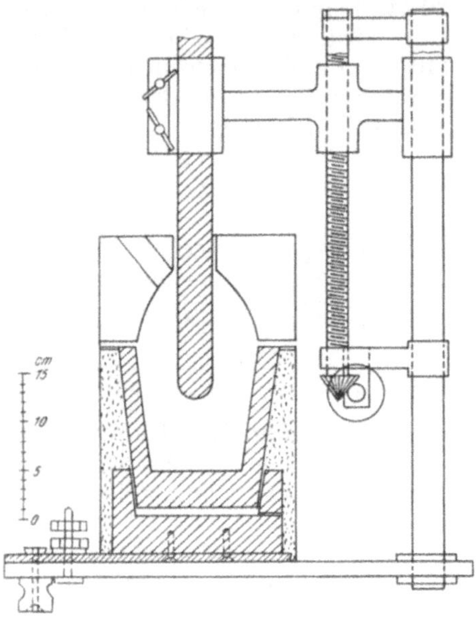

Abb. 29. Lichtbogenofen.

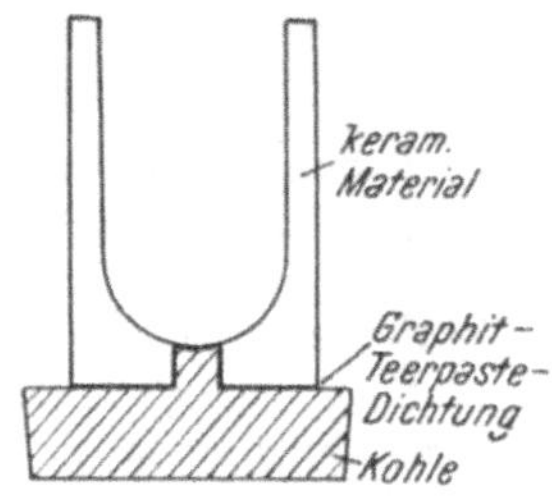

Abb. 30. Keramischer Tiegel für Lichtbogenöfen.

zu entfernen. Unerläßlich ist eine stoßfreie Regulierung der Elektroden. Durch Anbringen einer Kapazität im Nebenschluß läßt sich der Lichtbogen auch bei offener Elektrode entzünden. Bei Gleichstrom kann man Lichtbögen zwischen einer *Kohlekathode* und einer *Metallanode* (nicht umgekehrt) erhalten. In einem starken Magnetfeld nimmt der Gleichstromlichtbogen die Gestalt einer Stichflamme an (magnetisches Gebläse).

Als Stromzuführungen verwendet man möglichst biegsame, isolierte Kupferkabel, die man mit einer soliden Klemmverbindung mittels *hart eingelöteter* Kabelschuhe anschließt. Zur Strom-

[1] P. Drossbach, Z. Elektroch. **46** (1940), 643, 668.

erzeugung werden gewöhnlich Umformeraggregate verwendet, die bei 50 bis 90 V 200 bis 300 (bis 600) A liefern. Bei Arbeiten mit Lichtbogenöfen muß man die Augen unbedingt mit einer dunklen Brille schützen und eventuell die Gesichtshaut mit einer Sonnenbrandcreme einreiben. Sehr empfehlenswert ist eine Autokappe, die den ganzen Kopf verhüllt, da man zum Beispiel bei Karbidschmelzungen von Ruß und Kohlenstaub stark belästigt wird.

Im Laboratorium wird häufiger, besonders zur Darstellung von Karbiden, ein Ofen der zweiten Art verwendet. Abb. 29 zeigt eine Ausführungsform, die sich gut bewährt hat. Der (konische) Kohle- (Graphit-) Tiegel wird mit einer Graphit-Teerpaste in den ebenfalls konisch ausgedrehten Kohlesockel fest eingedreht. Mittels passender Einsätze kann man verschiedene Tiegelgrößen verwenden. Zur Wärmeisolation wird der Zwischenraum zwischen dem Tiegel und dem Asbestzylinder (der mit Wasserglaslösung versteift ist) mit Zirkonerz, Sintermagnesit oder Quarzsand ausgefüllt. Der mit einer Einfüllöffnung versehene, meist entbehrliche Oberteil besteht aus Magnesit. Wo zulässig, wird man die Elektrode durch einen Magnesia-Wasserglas-Anstrich oder durch Schoopen mit Aluminium oder Kupfer vor einem zu starken Abbrand schützen. Bei Schmelzungen, bei welchen eine Reaktion mit Kohlenstoff möglichst vermieden werden soll, verwendet man Tiegel nach Abb. 30.

Von *Induktionsöfen* werden laboratoriumsmäßig nur Hochfrequenzöfen verwendet, wobei man den Hochfrequenzstrom mittels einer Löschfunkenstrecke[1] oder eines Röhrengenerators erzeugt[2]. Bei metallischem Schmelzgut erfolgt reine Innenerhitzung unter Schonung des kühleren Tiegelmaterials. Hochfrequenzöfen können leicht als Vakuumöfen gebaut werden.

Kathodenstrahlöfen arbeiten stets im Vakuum. Bei zu erhitzenden *Metallen* verwendet man nach v. WARTENBERG[3] den *Anodenfall* (z. B. in einer Ausführungsform Abb. 31) und arbeitet mit thorierter oder mit CaO bestrichener heißer Platinkathode, mit Gleichströmen bis zu 30 A bei 110 V. Zum Erhitzen von *Nichtleitern* verwendet man den *Kathodenfall*[4] bei kalter Kathode und arbeitet mit Stromstärken von 10 bis 100 mA bei Spannungen bis zu 30 kV.

---

[1] W. STEINHAUS, A. KUSSMANN, Z. Metallk. **19** (1927), 346.

[2] W. FISCHER, Elektrowärme **4** (1934), 269. — Bez.: C. Lorenz A. G. Berlin-Tempelhof (4 kW).

[3] H. v. WARTENBERG, Ber. **40** (1907), 3287.

[4] E. TIEDE, E. BIRNBRÄUER, Z. anorg. Ch. **87** (1914), 129. — H. GERDIEN, H. RIEGGER, Wiss. Veröff. a. d. Siemens-Konzern **3** (1923), 226.

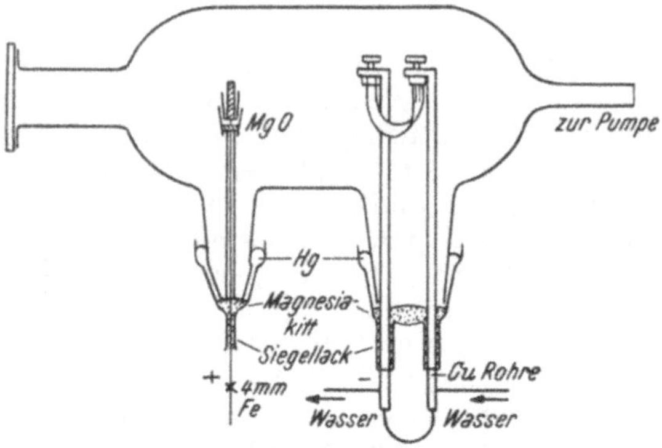

Abb. 31. Kathodenstrahlofen.
Kathode: 1 cm breites, 6 cm langes, 0,04 mm dickes Pt-Blech, mit CaO bestrichen. Heizstrom 25 A bei 2,5 V; 1300° C; Potentialdifferenz zwischen Kathode und Anode 110 V. Ofenstrom bis zu 30 A.

V. Thermostaten.

Bei der messenden Verfolgung von Reaktionsabläufen steht man immer wieder vor der Aufgabe, die Temperatur auf einer bestimmten Höhe konstant zu halten. Man kann derartige Vorrichtungen, „Thermostaten[1]", nach drei Prinzipien bauen: 1. Man führt mehr Wärme zu, als den Verlusten entspricht und führt diesen Überschuß durch Phasenumwandlungsvorgänge isotherm wieder ab. 2. Man sorgt durch eine selbsttätige Regulierung, daß die Wärmeverluste gerade gedeckt werden. 3. Man arbeitet mit konstantem Wärmefluß.

A. Thermostaten mit Phasenumwandlung.

Die Verwendung von Schmelz- und Umwandlungsvorgängen zur Erzeugung konstanter Temperaturen hat den Nachteil, daß nur geringe Wärmemengen zur Verfügung stehen, so daß die Temperaturkonstanz im allgemeinen nur kurze Zeit aufrechterhalten werden kann. In diese Kategorie gehört die Konstanthaltung von 0° mittels schmelzenden Eis[2] sowie die (selten angewendete) Konstanthaltung tiefer Temperaturen mittels erstarrender Substanzen, bzw. mittels Kryohydraten. In der tieferstehenden Tabelle 6 sind einige Kryohydrate und tiefschmelzende Substanzen zusammengestellt.

---

[1] J. Gielessen, Glas- u. Apparat **19** (1938), 181, 195, 205.

[2] J. L. Thomas, Z. Instrkde. **55** (1935), 138. Definition d. Eispunktes auf einige Tausendstel Grade genau.

Tabelle 6.

Stoff	Eutekt. Temp. °C	Schmelz-enthalpie Kcal/kg	Zusammen-setzung g-Stoff auf 100 g H_2O
$Na_2SO_4 . 10\ H_2O$	— 1,25	80,1	10,2
$Fe\ SO_4 . 7\ H_2O$	— 1,824	67,2	31,8
$Na_2\ CO_3 . 10\ H_2O$	— 2,1	77,2	19
KNO_3	— 2,9	78,8	12,2
$Mg\ SO_4 . 7\ H_2O$ ($\rightarrow$ 12 H_2O)	— 3,9	58,2	64
$Ba\ Cl_2 . 2\ H_2O$	— 7,8	—	36
KCl	— 10,7	71,9	24,6
$Na_2S_2O_3 . 5\ H_2O$	— 11	—	110
$NH_4\ Cl$	— 15,8	73,8	22,9
Na Cl ($\rightarrow$ 2 H_2O)	— 21,2	56,4	30,7
$Mg\ Cl_2 . 6\ H_2O$ ($\rightarrow$ 12 H_2O)	— 33,6	—	84
$Ca\ Cl_2 . 6\ H_2O$	— 55	—	143
	FP		
Azeton	— 95		
Schwefelkohlenstoff	— 112,1		
Äthyläther	— 116,3		

Die apparative Anordnung ist einfach: man stellt ein genügend großes Becherglas, das mit der kryohydratischen Lösung gefüllt ist, in eine Kältemischung von etwas tieferer Temperatur und läßt unter ständigem Rühren abkühlen. Sobald die kryohydratische Temperatur erreicht ist, bleibt dieselbe bis zum völligen Erstarren der Lösung konstant (vgl. Abb. 14). Das Vermengen von Eis mit entsprechendem Salz, wie es zur Herstellung von Kältemischungen üblich ist, gibt keine konstanten Ergebnisse.

Im Temperaturgebiet bis + 73° C können ebenfalls eine Reihe von Umwandlungspunkten (siehe S. 94) zur Temperaturkonstanthaltung herangezogen werden.

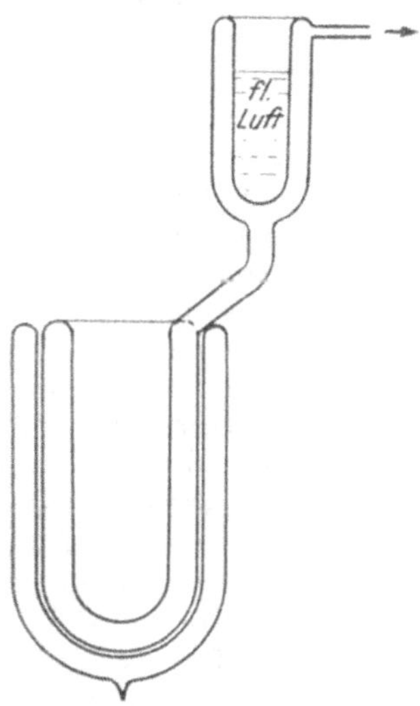

Abb. 32. Siedebäder aus verflüssigten Gasen.

Weitaus universeller, weil zeitlich fast unbegrenzt anwendbar, ist die Ausnutzung der Siedetemperatur. Abb. 32 zeigt ein Siedebad für verflüssigte Gase, deren Dampfphase durch einen Rückflußkühler kondensiert wird. Der Kühler wird mit flüssiger

Luft oder Kohlensäure-Spiritus gekühlt. Die tieferstehende Tabelle 7 gibt einige verwendbare und in Stahlflaschen in den Handel kommende Gase an; aus der Lage der Schmelzpunkte ist ersichtlich, bei welchen Stoffen mit flüssiger Luft, bzw. mit Kohlensäureschnee gekühlt werden muß.

Tabelle 7.

	KP °C	Verd.-Enthalpie beim KP kcal/mol	FP °C
Methan	— 164	1,93	— 184
Äthylen	— 103,9	3,51	— 169,5
Äthan	— 88,5	5,88	— 172
Propylen	— 47	4,6	— 185,2
Propan	— 44,5	4,32	— 189,5
Ammoniak	— 33,5	5,58	— 77,8
Schwefeldioxyd	— 10,02	5,96	— 75,7

Um einen größeren Temperaturbereich kontinuierlich einstellen zu können, muß man die Gase unter vermindertem Druck, der mittels eines Manostaten konstant gehalten wird, sieden lassen[1]. Einen sehr einfach zu handhabenden Kryostaten beschreibt Simon[2]: Die Apparatur (Abb. 33) besteht aus einem Siedegefäß S (5 cm l W, 23 cm l H) Manometer M, Puffergefäß P (12 l) und einem Steigrohr St mit Niveaugefäß K. Das Querschnittsverhältnis von St : K betrage 1 : 10. Die Dimensionen des Steigrohres sind aus der Abb. 33 ersichtlich; wesentlich ist, daß die Spitze der inneren Ansatzröhre zu einer ½ mm weiten Kapillare ausgezogen und bis zum Rande des Steigrohres geführt wird, das an dieser Stelle mit einer etwa 20 cm hohen, 2 mm tiefen Rille versehen wurde, um ein möglichst leichtes Aufsteigen der Siedeflüssigkeit in kleinen Einzelblasen zu gewährleisten. Der Ansatz zum Niveaugefäß befindet sich 20 mm unter der inneren Ansatzröhre. Als Siedeflüssigkeiten sind Äther (+ 20 bis — 30°), Ammoniak (— 30 bis — 70°), Methylchlorid (— 40 bis — 90°) verwendbar. Dieselben werden durch H 3 eingefüllt, bzw. einkondensiert. Die Temperaturkonstanz ist sehr gut und beträgt innerhalb 27 h bei gerührter Badflüssigkeit in S weniger als ± 0,1°, ohne Rührung ± 0,5°.

[1] R. Stevenson, J. phys. Chem. **11** (1907), 101.
[2] A. Simon, Ber. 60 (1927), 569, **61** (1928), 2173.

Die Temperatur — d. h. Partialdruckeinstellung — wird nach dem Einfüllen der Siedeflüssigkeit grob durch Einstellen der gewünschten Tension am Manometer M durch entsprechendes

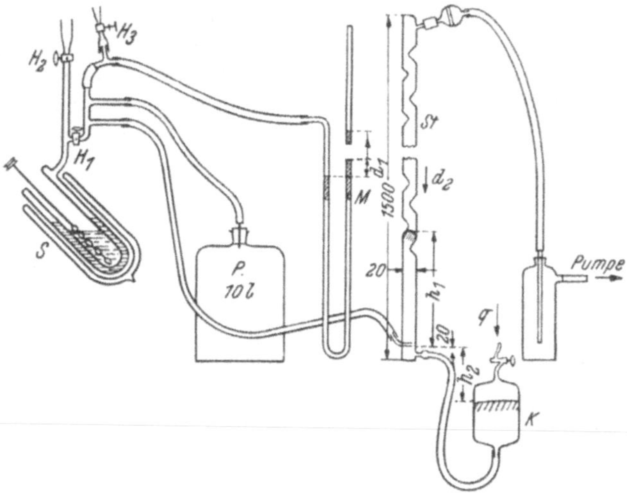

Abb. 33. Kryostat nach SIMON.

Heben und Senken des Niveaugefäßes K (das am besten evakuiert und abgeschmolzen wird) vorgenommen. Zur Feineinstellung schließt man H 1, lüftet den Quetschhahn H 3 und stellt durch entsprechendes Heben und Senken von K am Manometer M genau die gewünschte Tension ein. Durch Öffnen von H 1 stellt sich der gewünschte Dampfdruck und damit die Temperatur genau ein.

Zur Konstanthaltung von Temperaturen über Zimmertemperatur verwendet man einen *Dampfmantel* (Abb. 34); das ist ein Doppeltopf aus Glas, Porzellan oder hartgelötetem Kupfer, in dessen Zwischenraum die ent-

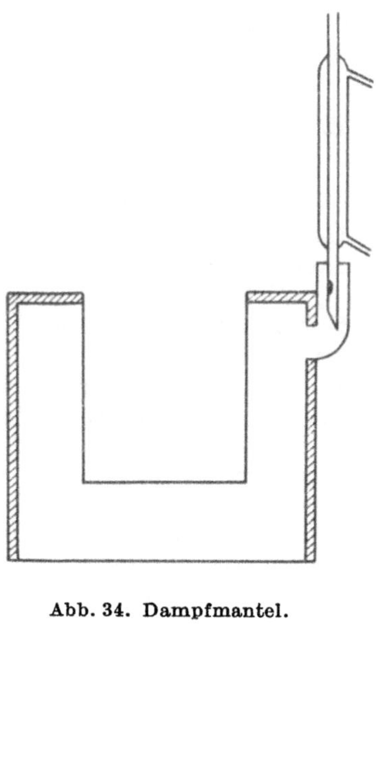

Abb. 34. Dampfmantel.

sprechende Flüssigkeit siedet. Der Dampf wird in einem Rückflußkühler kondensiert. Wesentlich ist, daß das Kühlerrohr genügend weit, schräg abgeschnitten und mit einer seitlichen Öffnung versehen ist, um Rückstauungen des Kondensates zu verhindern. Der Boden des kupfernen Dampfmantels wird bei Gasheizung mit Asbestpapier (mittels Wasserglaslösung) beklebt, um Korrosionen durch die Flammengase zu verhindern. Geeignete Siedestoffe sind in Tabelle 8 zusammengestellt; für genaue Messungen ist die Abhängigkeit des Siedepunktes vom Barometerstand zu berücksichtigen.

Tabelle 8.

	KP °C		KP °C
Azeton	51,6	Pentachloräthan	158
Chloroform	61,2	Phenetol	172
Methanol	64,7	Anilin	184,4
Tetrachlorkohlenstoff	76,7	Dekalin	191,7
Äthylalkohol	78,3	o-Toluidin	200
Benzol	80,5	Tetralin	207,3
Wasser	100	Nitrobenzol	210,8
Toluol	110,3	Naphthalin	218
i-Amylalkohol	131,6	p-Phenetidin	254
Chlorbenzol	132	Diphenylamin	302
Xylol techn.	136—144		

B. Thermostaten mit selbsttätiger Temperaturregulierung.

Bei dieser (gebräuchlichsten) Art von Thermostaten schwankt die Temperatur mehr oder minder stark um eine Mittellage. Um diese Schwankungen möglichst klein zu machen, sind folgende Konstruktionsprinzipien zu beachten:

a) Die Wärme-Zu- und -Abfuhr muß auf das zulässige Minimum beschränkt werden. Man unterteilt zweckmäßig die Heizung derart, daß man mit einer solchen Wärmezufuhr (Grundlast) konstant heizt, daß die gewünschte Temperatur eben noch nicht erreicht wird und regelt eine Zusatzheizung (Abb. 39, Heizkreis).

b) Das Reguliergefäß des Thermoregulators muß unmittelbar neben der Heizung angebracht sein, dort, wo die größten Temperaturschwankungen auftreten.

c) Eine gesteigerte Empfindlichkeit von Ausdehnungsregulatoren wird durch große Masse, große Oberfläche, gute Wärmeableitung bei kleiner Wärmekapazität des Regulators erreicht.

d) Sehr gut dämpfend auf die Temperaturschwankungen wirkt ein abwechselndes Umhüllen des konstant zu haltenden Teiles mit gut wärmeleitenden Schichten großer Wärmekapazität und schlecht leitenden Schichten kleiner Wärmekapazität. In einem ruhenden Wassergefäß, das in einem Thermostaten steht, werden die Regelschwankungen bereits sehr erheblich gedämpft!

e) Man hat für beste Rührung der Thermostatenflüssigkeit zu sorgen, um die Ausbildung von Temperaturschichtungen zu verhindern. Ausgezeichnete Rührwirkung besitzen Turbinen- und Propellerrührer (Abb. 110, S. 155), bei welchen die Badflüssigkeit durch ein vertikalstehendes Rohr umgewälzt wird. Auch ein Flügelrührer rührt sehr intensiv; steht er exzentrisch, so wird ein Mitrotieren der Flüssigkeit verhindert.

f) Je größer die Wärmekapazität des Bades ist, desto besser läßt sich die Temperaturkonstanz einhalten. Thermostaten mit selbsttätiger Temperaturregelung sind einer allgemeinen und unbeschränkten Anwendung fähig. Bis zu 300°, eventuell auch darüber, verwendet man Flüssigkeitsthermostaten, für höhere Temperaturen Luftthermostaten (elektrisch geheizte Öfen).

Flüssigkeitsthermostaten bestehen aus einem größeren, 10 bis 20 l (bis 100 l) Inhalt, gut wärmeisolierten Gefäß und sind mit einer guten Rührung ausgestattet. Als Badflüssigkeit verwendet man bis −150° Petroläther, bis −80° Alkohol, bzw. nichtentzündliche Kältebäder des Bureaux of Standards[1], da sich bei direkter Kühlung von entzündlichen Badflüssigkeiten mit flüssiger Luft hochexplosive Mischungen bilden. Um den Kühlmittelverbrauch einzuschränken und ein gleichmäßiges Temperaturprofil zu erhalten, verwendet man meist Aluminiumblöcke mit entsprechenden Bohrungen, die mittels einer eingegossenen Kühlschlange gekühlt werden (Abb. 42). Im Bedarfsfalle kondensiert man in diese Löcher zur besseren Wärmeübertragung geeignete Gase, z. B. Propylen. Einen hohlen Metalleinsatz für Dewar-Gefäße, zum direkten Kühlen von Kältebädern mit flüssiger Luft, beschreibt STOCK[2].

Von 0 bis 95° verwendet man als Badflüssigkeit Wasser, das man über 60 bis 70° zur Verhinderung der Verdampfung mit einer Schichte von Paraffinöl bedeckt. Bis 150° verwendet man eine konzentrierte Chlorkalziumlösung, die jedoch Metall stark korrodiert. Bis 200° ist Paraffinöl, bis 300° Amoil (Phtalsäure n-Amylester), bis 350° Vakuumöl (allerdings mit starker Geruchs-

[1] Chem. Ztg. **50** (1926), 94.

[2] A. STOCK, Ber. **53** (1920), 751.

belästigung) brauchbar. Von 250 bis 600⁰ kann man KNO_3-$NaNO_3$-Schmelzen anwenden. Bäder von geschmolzenen Metallen[1] (WOODsches Metall; Blei unter einer Leuchtgasschutzatmosphäre bis zu 700⁰) sind meist wegen des enormen Auftriebes, den Glasgefäße mechanisch nicht aushalten, nicht verwendbar.

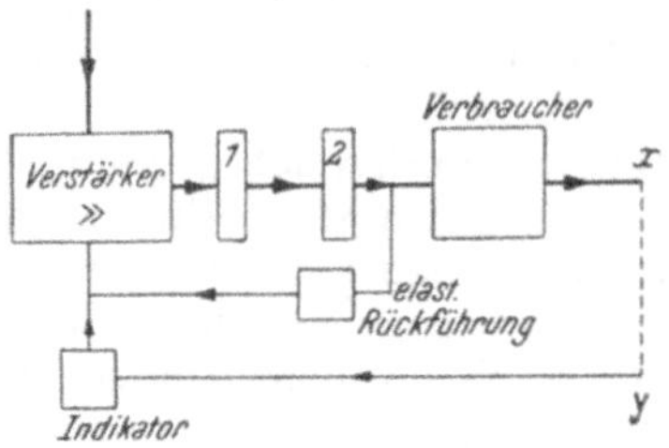

Abb. 35. Schema einer Regelanlage.

Die Verwendung von intensiv wirkenden Rührern ist aus den früher erwähnten Gründen geboten. Der Antrieb erfolgt mittels eines Elektromotors (Heißluftmotor, Wasserturbine), wobei sich mit Adhäsionsfett geschmierte Transmissionen aus Lederschnur oder mit Wachs oder Kolophonium bestrichene dicke seidene Angelschnur, auch dicke Darmsaiten, gut bewähren.

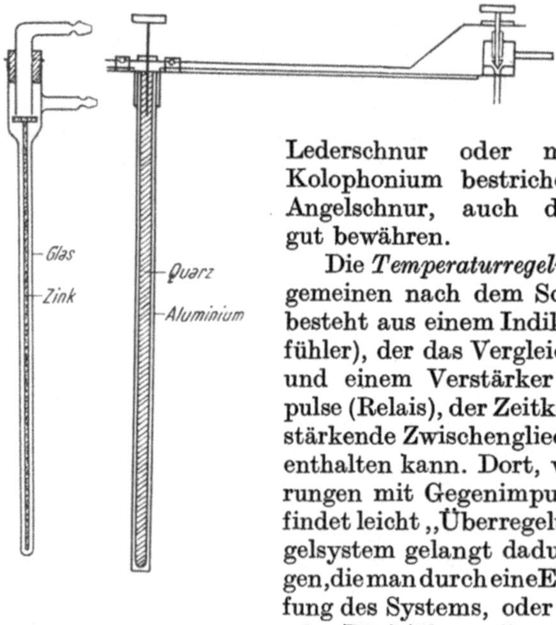

Abb. 36. Ausdehnungsregler.

Die *Temperaturregelung*[2] erfolgt im allgemeinen nach dem Schema Abb. 35 und besteht aus einem Indikator (Temperaturfühler), der das Vergleichsnormal enthält, und einem Verstärker der Indikatorimpulse (Relais), der Zeitkonstanten und verstärkende Zwischenglieder, (Abb. 35, 1, 2), enthalten kann. Dort, wo man mit Steuerungen mit Gegenimpulsgebung arbeitet, findet leicht „Überregelung" statt; das Regelsystem gelangt dadurch in Schwingungen, die man durch eine Erhöhung der Dämpfung des Systems, oder durch eine „elastische Rückführung" vermeidet[3]. Letztere

[1] S. KLEIN, Chaleur & Ind. 28 (1947) 312. C. A. 1948, 2873.
[2] H. O. MEYER, Chem. Fabr. 9 (1936), 494. — J. KRÖNERT, Z. techn. Phys. 18 (1937), 398.
[3] H. KÖNIG, Z. techn. Phys. 18 (1937), 426.

beruht auf einer Rückkopplung, die dem Indikator nach erfolgter Impulsgebung das Erreichen des Sollzustandes vortäuscht und mehr oder minder rasch abklingt und dadurch den Indikator für einen neuen Regelimpuls freigibt. In den Thermostatenschaltungen wird von dem Prinzip der Rückführung im allgemeinen kein Gebrauch gemacht.

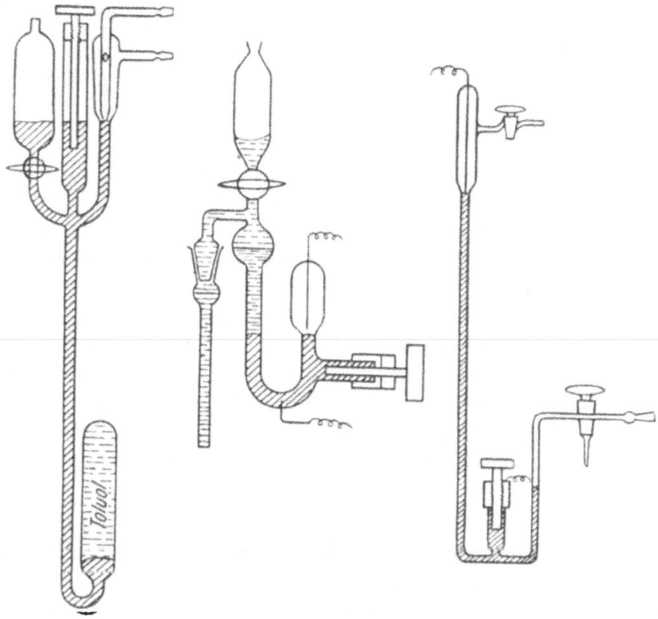

Abb. 37. Temperaturregler.

Als Regelprinzip verwendet man bei den einfacheren Konstruktionen die Ausdehnung von festen Körpern (Abb. 36), von Flüssigkeiten (Abb. 37, links), von Gasen (Abb. 37, rechts), bzw. die Dampfspannung von Flüssigkeiten. Die gasbeheizten Thermostaten werden immer mehr durch elektrisch beheizte Geräte[1] ersetzt. Als Ausdehnungsflüssigkeiten verwendet man vorzugsweise Toluol, bzw. Quecksilber[2]. Um ein Durchkriechen von Toluol durch das Quecksilber — und damit eine Veränderung der Temperatureinstellung — zu vermeiden, schaltet man eine

[1] J. Fuchs, Chem. Fabr. **5** (1932), 49.
[2] K. Klein, Z. Instrkde. **59** (1939), 469.

wässerige Chlorkalziumlösung nach Abb. 37, Mitte, zwischen Toluol und Quecksilber. Sehr bequem und in den besten handelsüblichen Ausführungen auf $\pm$ 0,01 bis 0,02° C genau sind die magnetisch einstellbaren Kontaktthermometer in Verbindung mit (Vakuum-) Schaltschützen[1] (Relais), die Ströme von 6, bzw. 15 A bei 220 V = oder ~ zu steuern gestatten.

Für höhere Temperaturen benutzt man die Ausdehnung von trockener Luft in einer Art Gasthermometer zur Regelung[2]. Um vom wechselnden Barometerstand unabhängig zu sein, empfiehlt sich ein Thermoregulator nach Abb. 37, rechts[3], mit dem man bei einem Luftvolumen von 200 ccm bei 1000° die Temperatur auf $\pm$ 3 bis 5° konstant halten kann.

Damit am Indikator keine Verbrennung der Kontakte, Verschmutzung des Quecksilbers erfolgt, arbeitet man mit möglichst kleinen Steuerenergien (0,2 bis 0,02 VA) und überträgt diese Regelimpulse mit einem Verstärker (Relais), der große Steuerleistungen verarbeiten kann.

Um den Quecksilbermeniskus rein zu halten, überschichtet man ihn mit Petroleum oder Alkohol und legt, um die Bildung von Öffnungsfunken zu verhindern, eine Kapazität von 1 bis 2 μF parallel zum Kontakt. Als Kontaktdraht verwendet man einen als Anode geschalteten Chromnickeldraht, an welchem das Quecksilber nach FERRY[4] weniger kleben bleibt als an einem Platindraht.

Für *höhere Ansprüche* auf Genauigkeit empfiehlt sich die Anwendung eines Elektronenrohrverstärkers[5]. Der Schaltstrom sinkt dadurch auf 10^{-5} bis $5 \cdot 10^{-6}$ A, so daß der Quecksilbermeniskus des Thermoregulators völlig blank bleibt. Abb. 38 gibt das Schaltschema für eine mit Gleichstrom zu betreibende Anordnung; da ein Ruhestromrelais (siehe S. 80) mit einem Schaltstrom von 18 mA vorgesehen ist, werden zwei RE 134

---

[1] H. L. FROHME, Z. Instrkde **62** (1942), 173.
Sunvic Hotwire Vacuum Switch, Sunvic Controls Ltd. Stanhope House, Keam St., Aldwich, London W. C. 2.

[2] A. SIMON, O. FISCHER, Z. anorg. Ch. **162** (1927), 279.

[3] H. BRÜNING, Chem. Fabr. **5** (1932), 17. — Vgl. W. BUXBAUM, W. BRINTZINGER, Chem. Fabr. **6** (1933), 265. — J. FÖRSTER, E. GRUNER, Z. Elektroch. **41** (1935) 9.

[4] CL. W. FERRY, Industr. Engng. Chem. Analyt. Edit. 10 (1938), 647.

[5] Vgl. JOS. SCHINTLMEISTER, Die Elektronenröhre als physikalisches Meßgerät. Springer, Wien 1942.

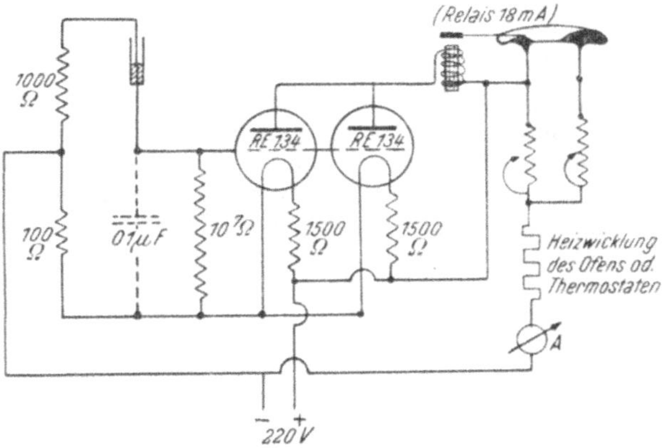

Abb. 38. Elektronenverstärker für Relaiszwecke. Gleichstromschaltung.

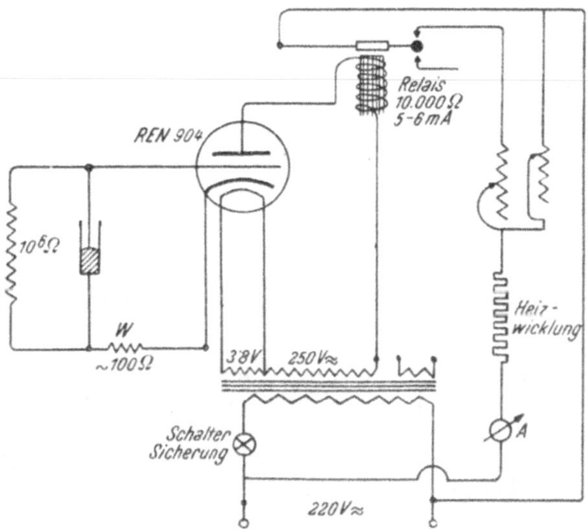

Abb. 39. Elektronenrohrverstärker für Relaiszwecke, Wechselstromschaltung.

parallel geschaltet[1]. Falls ein Schwingen des Relais eintritt, kann man durch Einbau eines Kondensators eine Schaltverzögerung bewirken, deren Größe von der Dimension des Konden-

---

[1] J. Korpiun, A. Goldbach, Z. Elektroch. **39** (1933), 755. — W. Hiltner, Chem. Fabr. **4** (1931), 369, 398.

sators abhängig ist (bei 0,1 μF einige Sekunden, bei 1 μF 16 bis 18 Sekunden).

Verwendet man direkt Wechselstrom zum Betrieb einer wechselstrombeheizten Elektronenröhre (wobei gleichzeitig der Anodenstrom durch die Röhre gleichgerichtet wird), so ergibt sich ein besonders einfacher Aufbau des Verstärkers (Abb. 39)[1]. Man verwendet zur Speisung des Gerätes einen VE-Trafo, von dessen 4-V-Wicklung man zur Erhöhung der Lebensdauer der Röhren REN 904 1 bis 2 Windungen abnimmt. Der Widerstand W

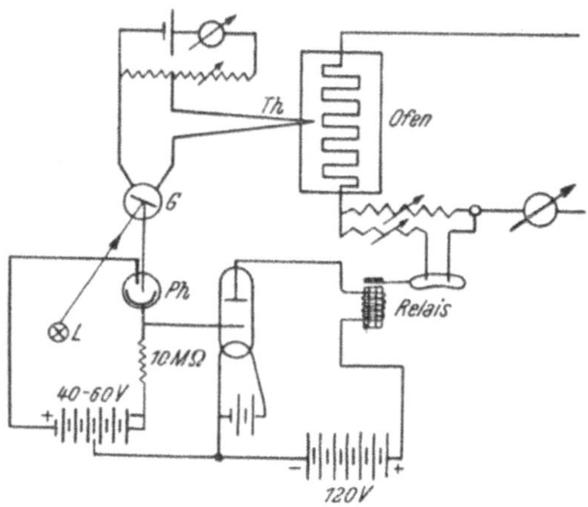

Abb. 40. Photozellenrelais.
Th = Thermoelement in Kompensationsschaltung (Lindeck-Rothe), *G* = Galvanometer, *L* = Lichtquelle, *Ph* = ultrarot-empfindliche Photozelle.

muß so bemessen sein, daß der Röhrenstrom bei geschlossenem Kontakt etwa 1 mA höher liegt als der Einschaltpunkt, bei offenem Kontakt etwa 1 mA tiefer liegt als der Ausschaltpunkt des Relais. Über den Bau eines 1,5-kW-Allstrom-Elektronenröhrenrelais berichtet FISCHER[2].

Bei hohen Temperaturen erreicht man eine Regelgenauigkeit von einigen Zehntelgraden mit folgender Anordnung: (Abb. 40).

Die Thermokraft eines Thermoelementes Th (Thermosäule, Widerstandsthermometer) wird in einer Kompensationsschaltung kompensiert, in der sich ein Spiegelgalvanometer G als Nullinstrument befindet. Der Lichtstrahl des Galvanometers fällt

[1] F. SPILLNER, Chem. Fabr. 12 (1939), 215.
[2] K. H. FISCHER, Z. Instrkde 57 (1937), 167.

bei einer Temperaturänderung am Thermoelement auf eine Photozelle, die in Verbindung mit einem Elektronenrohrverstärker das Schaltrelais betätigt[1].

Die *modernsten* Schaltungen regeln *stufenlos* unter Verwendung eines Thyratrons[2] (Stromtor, Stromrichter, Röhrenregler), wobei eine Photozelle in einer „Phasenschieberschaltung" (Abb. 41, links), bzw. in einer Verstärkerschaltung auf ein Stromtor wirkt. Entsprechend der veränderlichen Belichtung der Photozelle wird während jeder Phase das negative Potential des Gitters mehr

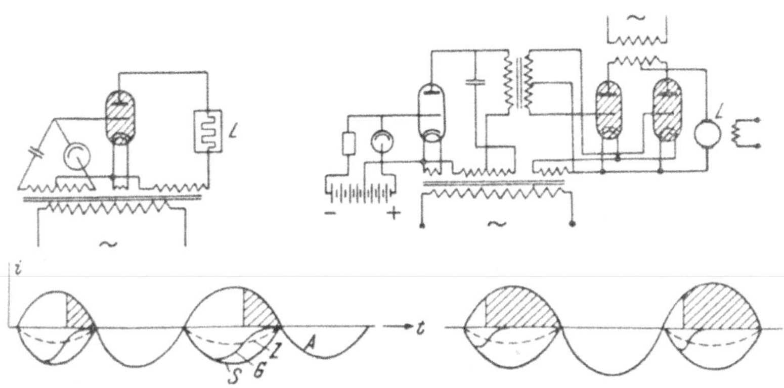

Abb. 41. Kontinuierlich regelnde Photozellen-Thyratron-Relais. Z = Zündspannungskennlinie, G = Gitterspannung, S = Steuerspannung, Anodenstromkurve.

oder weniger rasch abgebaut. Die Gitterspannungskurve schneidet die Kurve der Zündspannung, so daß das Stromtor während jeder Phase um so früher zündet, je stärker die Photozelle belichtet wird. Zur direkten Steuerung eines 6-A-Thyratronrohres benötigt man bei einer mittleren Empfindlichkeit der Photozelle von 40 μA/Lm einen Lichtstrom von 0,1 Lm; bei vorgeschalteter Verstärkerröhre 0,001 Lm.

Während der Aufbau der gewöhnlichen Thermostaten durch

[1] H. GEFFCKEN, H. RICHTER, J. WINCKELMANN, Die lichtempfindliche Zelle als technisches Steuerorgan. Schneider, Berlin 1933. — W. L. WALSH, N. A. MILAS, Industr. Engng. Chem. Analyt. Edit. 7 (1935) 122.

[2] J. KRÖNERT, J. techn. Phys. 18 (1937), 398. — W. JACOBI, Z. techn. Phys. 18 (1937), 421. — H. BRIEBRECHER, Z. techn. Phys. 18 (1937), 431. — W. KLUGE, H. BRIEBRECHER, Elektrotechn. Z. 56 (1935), 731. — P. WRIGHT, J. Sci. Instrum. 24 (1947), 258.

vorstehende Angaben genügend beschrieben ist, sei noch auf zwei Kryostaten hingewiesen: Der Tieftemperaturthermostat von HENNING[1] zeigt den Übelstand, daß die Temperatur für den Ungeübten nur schwierig einstellbar ist. Eine Weiterentwicklung ist der Thermostat von PETERS[2] (Abb. 42): Die flüssige Luft gelangt filtriert in eine Kupferkühlspirale, die in einen Aluminiumblock eingegossen ist, welcher sich in einem Dewar-Gefäß befindet. Die Zufuhr der flüssigen Luft wird mittels eines Quarz-Aluminium-Ausdehnungsreglers[3]

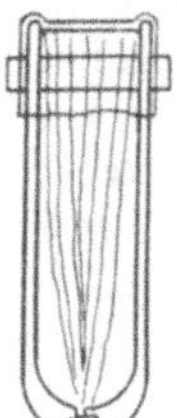
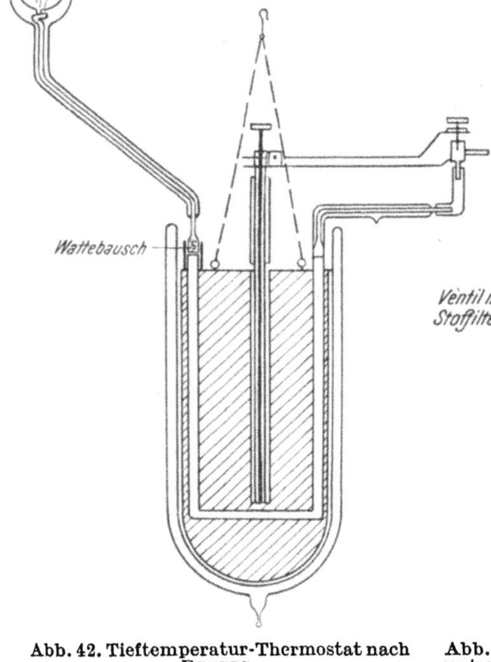

Abb. 42. Tieftemperatur-Thermostat nach PETERS.

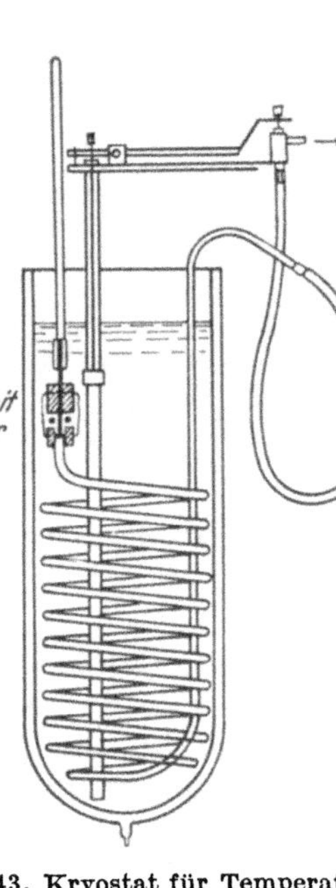

Abb. 43. Kryostat für Temperaturen unterhalb des Siedepunktes der flüssigen Luft.

(Abb. 36) gesteuert. In ähnlicher Weise kann man Kältebäder bis zu Temperaturen von etwa —215° C durch gesteuertes Verdampfenlassen von flüssiger Luft in ein Vakuum (Abb. 43) herstellen[4].

---

[1] F. HENNING, Z. Instr. **33** (1913), 33. — O. MAAS und W. H. BARNES, J. Am. Chem. Soc. **45** (1927), 360.

[2] K. PETERS, Chem. Fabr. **7** (1934), 47.

[3] Bez. E. HAAGE, Mühlheim, Ruhr.

[4] K. PETERS, l. c.

C. Wärmefluß-Thermostaten.

Thermostaten mit konstantem Wärmefluß können nur dort mit Erfolg verwendet werden, wo die temperaturkonstantzuhaltende Substanz selbst nur mit kleiner Wärmetönung reagiert. Für niedere Temperaturen, zur Destillation verflüssigter Gase usw. ist der Aluminiumblock nach STOCK[1] (Abb. 44) sehr zweckmäßig, der durch entsprechend tiefes Eintauchen in flüssige Luft beliebige Temperaturen zwischen 0 und -180^0 einzustellen und durch entsprechendes Nachregeln auf etwa $^1/_2$ bis 1^0 konstant zu halten gestattet. Eine kleine Bohrung dient zur Aufnahme eines (Dampfdruck-) Thermometers, eine große Bohrung nimmt das zu kühlende Gefäß auf. Als Wärmeüberträger verwendet man bis -80^0 Alkohol, bis -150^0 Petroläther, bis -180^0 Propylen, das man unter -60^0 direkt in den Bohrungen kondensiert.

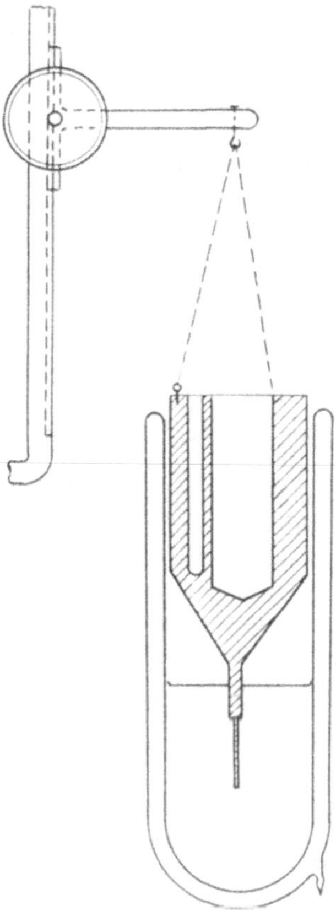

Abb. 44. Aluminiumblock-Thermostat.

Die Temperatur elektrischer Heizgeräte läßt sich mittels des Stromverbrauchsreglers (Heraeus-Hanau) für geringere Anforderungen konstant halten; ferner durch Stromkonstanthaltung mittels Eisen-Wasserstoff-Widerstände[2], die im Handel in verschiedenen Dimensionen erhältlich sind.

VI. Elektrische Messungen und Schaltungen.

Nach den Faradayschen Gesetzen benötigt ein Grammäquivalent eines Stoffes zu seiner Umsetzung die Elektrizitätsmenge

[1] A. STOCK, Ber. **53** (1920), 756. — F. HENNING, A. STOCK, Z. Phys. Ch. **4** (1921), 228.

[2] C. KRÖGER, Chem. Fabr. **4** (1931), 365; **5** (1932), 26.

von 1 Faraday = 96500 Coulomb = 96500 Amperesekunden; 1 Coulomb scheidet unter bestimmten Bedingungen aus einer reinen Silbernitratlösung $1{,}1180 \pm 0{,}0003$ mg Silber ab, so daß Absolutmessungen der Elektrizitätsmenge und damit der Stromstärke günstigstensfalls auf $\pm 0{,}03\,\%$ reproduzierbar sind. Die Einheit des Widerstandes, 1 Ohm, ist durch den Widerstand einer prismatischen Quecksilbersäule konstanten Querschnittes (1 mm^2) von 106,300 cm Länge und 14,4521 g Masse bei 0^0 C unter 45^0 Breite definiert und auf $\pm 0{,}001\,\%$ genau reproduzierbar. Die Einheit der Spannung (Potentialdifferenz) 1 V erzeugt in einem Leiter von 1 Ohm Widerstand einen Strom von 1 Ampere, das heißt, es fließt pro Sekunde eine Strommenge von 1 Coulomb.

Zur Bestimmung der Elektrizitätsmenge und damit auch zur Eichung von Gleichstrommeßgeräten (bei konstanter Stromstärke) bedient man sich der *Voltameter* oder *Coulometer*, die auf den FARADAYschen Gesetzen beruhen.

Für Präzisionsmessungen ($\pm 0{,}03\,\%$ Fehler) verwendet man das **Silbercoulometer** (Abb. 45). Als Kathode (Stromdichte $\leq 0{,}02$ A/cm^2) dient ein Platintiegel, eine Platinschale oder -elektrode, als Anode (Stromdichte $\leq 0{,}2$ A/cm^2) ein Feinsilberstab in einem ausgeglühten Porzellan- oder Glasdiaphragma. Elektrolyt ist eine Lösung von 20 bis 40 Gewichtsteilen $AgNO_3$ in 100 Gewichtsteilen destilliertem Wasser. Die Lösung darf nur solange benützt werden, bis 3 g Silber aus 100 ccm Lösung abgeschieden wurden; sie soll im Kathodenraum höher stehen als im Anodenraum. An der Kathode soll nicht mehr als 0,1 g Silber pro cm^2 ausgeschieden werden; dann ist der Silberniederschlag von der Kathode zu entfernen. Das Silber fällt sehr grobkristallin aus, so daß beim Waschen des Niederschlages größte Vorsicht geboten ist, um Verluste zu vermeiden. Man wäscht die Kathode mit destilliertem chlorfreien Wasser, bis das Waschwasser keine Silberchloridreaktion gibt; sodann laugt man 10 Minuten bei 80 bis 90^0 mit destilliertem Wasser aus und trocknet bei Temperaturen bis zu 250^0 C.

Festhaftende glatte Silberniederschläge, auch für Mikrobestimmungen bis zu Stromstärken von 10^{-5} A verwendbar, erhält man bei Verwendung einer borfluorwasserstoffsauren Lösung von Silber als Elektrolyt. Die Genauigkeit dieser Bestimmung beträgt $\pm 0{,}1\,\%$[1]. 1,0000 g Silber = 894,46 Coulomb.

Für präparative Zwecke ist das **Kupfercoulometer** (Abb. 46)

[1] H. v. WARTENBERG, H. SCHÜTZA, Heraeus-Festschrift 1930.

von meist genügender Genauigkeit (0,3 bis 0,1 % Fehler). Die Kathode wird aus dünnem Kupferblech in einer der Stromstärke angepaßten Größe geschnitten. Die kathodische Stromdichte soll zwischen 10 und 40 mA/cm² betragen. Die Anoden werden aus etwas dickerem Blech geschnitten. Es ist sehr zweckmäßig, die laschenförmigen Zuleitungen der Elektroden mit Bakelitelack od. dgl. zu schützen. Man verwendet einen gerührten Elektrolyten (Gasrührung CO_2 oder H_2), bestehend aus 150 g kristalliertem Kupfersulfat, 50 g konzentrierter Schwefelsäure, 50 g Alkohol, 1000 g Wasser[1]. Die Kathode wird vor der Messung vorver-

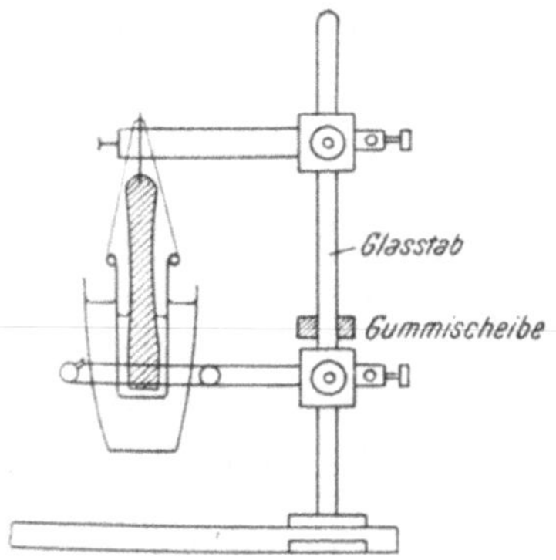

Abb. 45. Silbercoulometer.

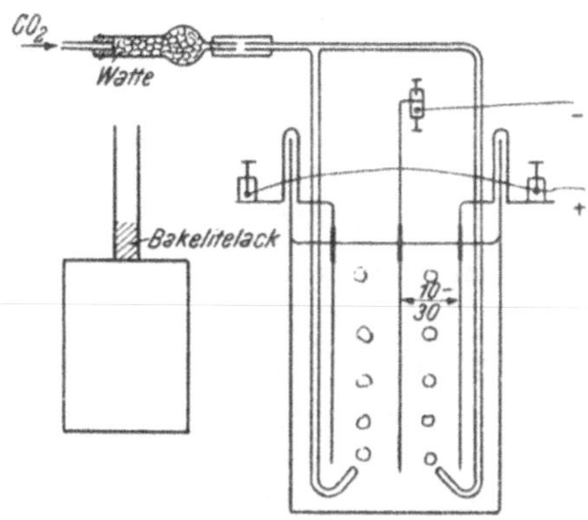

Abb. 46. Kupfercoulometer.

kupfert, mit Wasser und Alkohol gewaschen, hoch über der Flamme (besser über einem heißen Blech oder vor dem Föhn) getrocknet und gewogen; sie darf zwischen den Wägungen nicht stromlos im Elektrolyten bleiben. 1,000 g Kupfer entspricht 3037 Coulomb. Sehr angenehm für gröbere Messungen sind die von Schott und Gen. in den Handel gebrachten *Stia-Zähler*, die auf der Elektrolyse von $K_2 [Hg_2J_4]$ in KJ-Lösung beruhen, wobei das abgeschiedene Quecksilber in einer direkt in Amperestunden geeichten Glaskapillare aufgefangen wird. Durch Umkehren des Apparates nach beendeter Messung fließt das Quecksilber zurück und regeneriert den Elektrolyten. Zur Messung starker Ströme verwendet man mit Vorteil das Knallgas-Gewichtsvoltameter[2].

[1] Oettel, Chem. Ztg. **17** (1893), 543.

[2] H. Riesenfeld, Z. Elektroch. **12** (1906), 621. — Ostwald-Luther, S. 684.

Meßgeräte.

Bei der Verwendung von elektrischen Strom- und Spannungsmeßgeräten sind, um richtig zu messen, eine Reihe von Voraussetzungen zu beachten. Bei elektrischen Strömen unterscheidet man *Gleichstrom, pulsierenden Gleichstrom* und *Wechselstrom*. Gleichstrom besitzt konstante Intensität und Richtung; bei pulsierendem Gleichstrom schwankt die Intensität periodisch, nicht aber die Richtung; bei Wechselstrom schwanken Intensität und Richtung periodisch.

Bei der Messung von pulsierendem Gleichstrom treten *Abweichungen* auf, die zu beachten sind: Die in der Sekunde von einem Strom-i-Ampere erzeugte Wärmemenge beträgt 0,29 i^2r cal, bei pulsierendem Gleichstrom von n-Pulsationen pro Sekunde somit $\frac{0{,}29\,\Sigma_0^n i^2 r}{n}$ cal. Dieser erzeugten Wärmemenge entspricht eine mittlere Stromstärke (= Effektivstrom) $i_F = \sqrt{\frac{\Sigma_0^n i^2}{n}}$ A, die an einem Hitzdrahtinstrument direkt abgelesen werden kann. Die elektrochemische Arbeit ist dagegen dem arithmetischen Mittelwert $\frac{\Sigma_0^n i}{n}$ proportional (= elektrolytischer Mittelwert), der von Drehspulgeräten richtig angezeigt wird. Nur diese sind somit für Messungen bei Elektrolysen unter Verwendung von Gleichrichterströmen zu verwenden. Der effektive Mittelwert (Hitzdrahtinstrument) übersteigt den elektrolytischen Mittelwert (Drehspulinstrument) um so mehr, je höher die Zahl der Pulsationen ist.

Wechselstrom bringt Drehspulgeräte nicht zum Ansprechen, kann diese aber durch Überlastung zerstören.

Nahezu alle Strommeßgeräte beruhen auf der elektromagnetischen oder thermischen Wirkung der sie durchfließenden Ströme. Insofern sind alle Instrumente Strommesser. Da nach dem Ohmschen Gesetz jedem Strom i bei konstantem Widerstand r des Meßgerätes eine bestimmte Klemmspannung $e = i \cdot r$ entspricht, sind die Instrumente ebenso Spannungsmesser.

An sich besitzen die Instrumente meistens geringen Widerstand und dünne Drähte, so daß sich nur kleine Ströme und Spannungen messen lassen: Milliampere-, Millivoltmeter. Zur Messung *höherer Spannung* muß ein Widerstand vorgeschaltet werden, derart, daß der Gesamtwiderstand auf den x-fachen Betrag gebracht wird, wenn man die x-fache Spannung messen will. Zur Messung *höherer Stromstärken* legt man das Instrument als Nebenschluß an einen kleinen Widerstand (Abb. 47). Es sei r der Widerstand des Instrumentes samt Zuleitung bis 1,2; x der gesuchte Nebenschluß, I die Gesamtstromstärke und i die durch den Instrumentenkreis fließende Stromstärke. Dann ist $i \cdot r = (I - i)\,x$, weil die Potentialdifferenz e in 1,2 für beide Kreise gleich groß ist. Demnach ist $x = \frac{i \cdot r}{I - i}$, d. h. man hat als Nebenschluß zu wählen für

I	x
10 i	r/ 9
50 i	r/49
100 i	r/99

Bei kleinen Instrumentwiderständen ist der Widerstand der Zuleitungen keinesfalls vernachlässigbar, da sonst erhebliche Fehler auftreten können. Man unterscheidet folgende Arten von Strommeßgeräten: Weicheiseninstrumente, Hitzdrahtinstrumente, Drehspulinstrumente, Dynamometer. Manche Instrumente kommen „überstromsicher" in den Handel, das heißt, sie werden auch durch kurz andauernde Mehrbelastung nicht geschädigt. Diese sind besonders für Praktikumszwecke sehr empfehlenswert. Man wird die Empfindlichkeit der Instrumente bei jeder Messung möglichst auszunützen trachten, das heißt, die Messungen werden möglichst in das zweite Drittel der Skala verlegt.

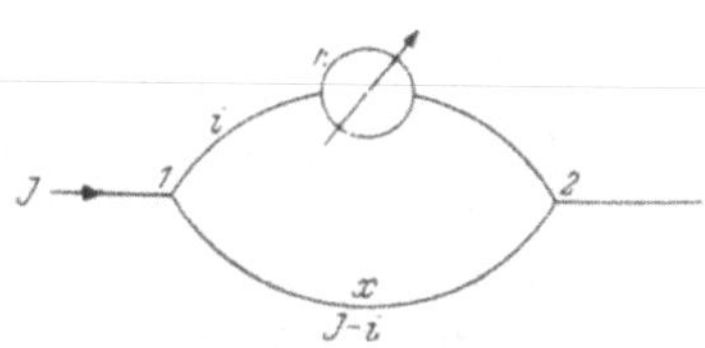

Abb. 47. Erweiterung des Strommeßbereiches durch Nebenschluß.

Die **Weicheiseninstrumente** sind am billigsten und ungenauesten. Ein Weicheisenkern wird gegen eine Federkraft mehr oder weniger tief in eine vom Meßstrom durchflossene Spule hineingezogen und diese Bewegung auf einen Zeiger übertragen. Die Anzeige ist dem Quadrat der Stromstärke proportional; diese Instrumente sind daher für Gleich- und Wechselstrom verwendbar. Die Eichung erfolgt empirisch und ist für beide Stromarten verschieden. Die Instrumente sind gegen äußere Magnetfelder empfindlich.

Die **Hitzdrahtinstrumente** sind wesentlich genauer als Weicheiseninstrumente; sie beruhen auf der Erhitzung eines Drahtes durch den zu messenden Strom; die Verlängerung des Drahtes wird auf einen Zeiger übertragen. Da die vom Strom erzeugte Wärmemenge proportional i^2 ist, sind diese Instrumente mit gleicher Skala für Gleich- und Wechselstrom verwendbar und wie die Weicheiseninstrumente in der Nähe des Nullpunktes der Skala relativ unempfindlich. Hitzdrahtinstrumente sind gegen äußere Magnetfelder völlig unempfindlich.

Drehspulinstrumente sind in ihren besseren Ausführungen Präzisionsinstrumente (Klasse 0,2; das heißt, 0,2 % tolerierte Abweichung der Anzeige vom Endwert), die darauf beruhen, daß zwischen den Polschuhen eines kräftigen permanenten Magneten eine leichte stromdurchflossene Spule drehbar angebracht ist. Federkräfte (Zeigerinstrumente) oder Torsionskräfte (Spiegelgalvanometer) wirken der ablenkenden Kraft des Stromes entgegen. Der Ausschlag ist der Stromstärke proportional. Durch Nacheichen mit einem Silbercoulometer oder Kompensationsapparat läßt sich eine Anzeigegenauigkeit von 0,1 % vom Endwert erreichen. Die empfindlichsten Zeigergalvanometer (Nullinstrumente) haben eine Empfindlichkeit von etwa $5{,}10^{-5}$ A bei zirka 300 Ohm Widerstand.

Wesentlich empfindlicher als die Zeigerinstrumente sind die Spiegelgalvanometer, bei denen man zwei Typen, die Drehspul- und die Nadelgalvanometer, unterscheidet. Bei den *Drehspulgalvanometern* (bis 10^{-10} A/Skt) schwingt eine leichte stromdurchflossene Spule an einem sehr dünnen Aufhängefaden zwischen den Polen eines starken (permanenten) Magneten. Die Stromempfindlichkeit eines Instrumentes ist der Ausschlag, den ein Strom von 1 μA ($= 10^{-6}$ A) bei einer Skalenentfernung von 1000 Skalenteilen hervorruft. Die Empfindlichkeit ist nicht für die erreichbare Genauigkeit ausschlaggebend, die unter anderem auch wesentlich von der *Nullpunktkonstanz* des unbelasteten Systems abhängt. Die Dämpfung des Systems wird so gewählt, daß eine aperiodische Einstellung erreicht wird. Der Gesamtwiderstand R des Schließungskreises heißt in diesem Falle aperiodischer Grenzwiderstand; die Empfindlichkeit der Anordnung ist in diesem Zustand am größten. Ist der äußere Widerstand R kleiner als dem Grenzwiderstand entspricht, so findet die Galvanometereinstellung nur außerordentlich langsam statt; das Galvanometer kriecht; bei größerem Widerstand erfolgt die Einstellung in Form einer mehr oder minder stark gedämpften Schwingung. Strom- und Spannungsempfindlichkeit sind durch das Ohmsche Gesetz miteinander verknüpft, wobei aber der gesamte Widerstand des Schließungskreises zu berücksichtigen ist. (Spannungsempfindlichkeit = Stromempfindlichkeit × Grenzwiderstand.)

Bei den *Nadelgalvanometern*[1] (bis 10^{-11} A/Skt) ist die stromdurchflossene Spule fest, kann also groß sein und entsprechend viele Amperewindungen tragen. In ihrem Magnetfeld sind kleinste Magnetchen drehbar angeordnet. Die Spannungsempfindlichkeit ist in diesem Falle gleich der Stromempfindlichkeit mal dem Widerstand der Spule (nicht des Gesamtwiderstandes!). Die maximale Empfindlichkeit wird erreicht, wenn der äußere Widerstand gleich dem Spulenwiderstand ist. Nadelgalvanometer sind bedeutend schwieriger zu handhaben als Drehspulgalvanometer und besitzen eine schlechtere Nullpunktkonstanz.

Die Fadenaufhängung bedingt bei allen Galvanometern eine genau einjustierte, erschütterungsfreie Aufstellung[2], Arretierung des Systems beim Transport und entsprechend der Richtkraft des tordierten Fadens eine sehr lange Einstellzeit, die bis zu 20 Sekunden und darüber beträgt.

Die größte Ablesegenauigkeit[3] erreicht man mittels Fernrohrablesung einer hellbeleuchteten, im Spiegel des Systems gespiegelten Skala (Abstand bis 4 m). Wesentlich bequemer, aber nicht so genau wie die Fernrohrablesung, welche das Auge sehr anstrengt, ist die objektive Ablesung mittels Lichtzeigers, wobei der im Spiegel (Hohlspiegel, Linse und Planspiegel) reflektierte Glühfaden oder eine Schattenmarke auf eine transparente Skala gespiegelt wird (Abstand bis 1,5 m)[4]. Für genaue Messungen ist zu berücksichtigen, daß Proportionalität zwischen Ablenkungswinkel und Skalenausschlag nur dann besteht, wenn die Skala ein Kreisbogen ist, dessen Mittelpunkt im Galvanometerspiegel liegt. Bei ebener Skala sind bei größeren Ausschlägen Korrekturen anzubringen[5].

Sehr angenehm sind die *Lichtzeiger-Galvanometer*, welche die Vorteile der objektiven Spiegelablesung mit der schnellen Einstellung und leichten Transportierbarkeit der Zeigerinstrumente

---

[1] Über die Aufhängung von Instrumentensystemen, Behandlung und Herstellung von Quarzfäden, Wollaston- und Taylordrähten, Herst. leitender Überzüge usw. siehe L. Walden, J. sci. Instrum. **14** (1937), 257—268, sowie „Angerer".

[2] E. Gehrcke, B. Voigt, Z. Techn. Phys. **12** (1931), 684; **13** (1932), 387. — R. Müller, Z. Instr. **51** (1931), 95. Gorton Bull, Lab. Rec. **17** (1939) 195.

[3] B. Vonnegut, Rev. Sci. Instr. **12** (1941), 335; C. **1943**, II, 1739.

[4] H. Kaiser, Arch. Techn. Mess. **63** (1936), T. 121. Photographische Licht- und Schattenzeiger, Registriervorrichtungen.

[5] F. Kohlrausch, Prakt. Physik. 18. Aufl., Tab. 15.

verbinden. Dieselben kommen als Nullinstrumente, sowie als Strom- und Spannungsmesser, mit einer größeren Anzahl einstellbarer Meßbereiche (Maximalempfindlichkeit zirka 10^{-9} A) in den Handel.

Während die Spiegelgalvanometer sehr lange Einstellzeiten besitzen, ist diese bei den auf ähnlichem Prinzip beruhenden Schleifen- (10^{-9} A) und Saitengalvanometern (bis 10^{-12} A) sehr klein (0,1 bis 0,01 Sekunden), so daß diese Instrumente für Oszillographen Verwendung finden.

Mit den genannten Instrumenten sind bei Verwendung von Thermokreuzumformern oder Trockengleichrichtern auch Wechselströme meßbar (empirisch geeichte, frequenzabhängige Wechselstromskala).

Bei Präzisionsmessungen ist auf die Möglichkeit der Beeinflussung von Drehspulgeräten durch magnetische Felder zu achten; stromführende Drähte dürfen deshalb keine Schleifen bilden; die Zuleitungsdrähte werden möglichst nahe aneinandergelegt, eventuell verdrillt.

In den **Dynamometern** schwingt eine bewegliche Spule in dem Magnetfeld einer festen, von demselben Strom durchflossenen Spule ohne Eisenkern. Die Instrumente werden als Präzisions-Wechselstrommeßgeräte verwendet, da ihre Anzeige dem Quadrat der sie durchfließenden Stromstärke proportional ist. Sie messen auch Gleichstrom richtig, sind dann jedoch gegen äußere Magnetfelder sehr empfindlich. Das Mittel der Ablesung nach Kommutierung der Stromrichtung gibt den richtigen Wert.

Kapillarelektrometer. In der chemischen Laboratoriumspraxis wird sehr häufig als Nullinstrument das Kapillarelektrometer angewendet, das eine sehr robuste Behandlungsweise verträgt, gegen magnetische und elektrische Störungen sehr indifferent ist, selbst leicht hergestellt werden kann und eine Stromempfindlichkeit von zirka 10^{-5} bis 10^{-6} A, eine Spannungsempfindlichkeit von 10^{-4} bis 10^{-5} V erreicht[1]. Das Elektrometer beruht auf der Veränderlichkeit der Oberflächenspannung von Quecksilber in Berührung mit einem $Hg_2^{..}$-Ionen enthaltenden Elektrolyten bei Änderung des angelegten Quecksilberpotentiales. Die Veränderung der Merkuroionenkonzentration ist der Stromdichte an den Elektroden proportional. Man arbeitet daher mit einer großen, praktisch unpolarisierbaren und einer kleinen, stark polarisierbaren Quecksilberelektrode (Abb. 48). Das In-

---

[1] L. ZEHNDER, Z. Instrkde. **30** (1910), 274.

strument wird mit zirka 2n chemisch reiner Schwefelsäure und bestgereinigtem Quecksilber gefüllt, nach dem Füllen evakuiert und abgeschmolzen. Die Kapillare soll nicht enger als 0,3 bis 0,5 mm sein; zur besseren Beobachtung wird ein Deckgläschen mit Kanadabalsam angeklebt. Die kleine Elektrode darf nur kathodisch mit maximal 1 V polarisiert werden. Bei stärkerer anodischer Polarisation (einige hundertstel Volt) scheidet sich Hg_2SO_4 am Meniskus ab und macht ihn unbeweglich. Durch Umgießen des Quecksilbers stellt man in einem solchen Falle eine neue Oberfläche her. Wasserstoffblasen, die bei zu starker kathodischer Polarisation auftreten, entfernt man analog. Der Meniskus wird mittels Ablesemikroskop (30

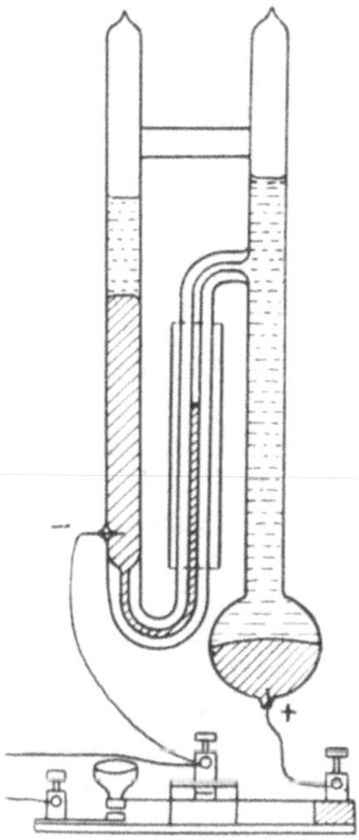

Abb. 48. Kapillarelektrometer.

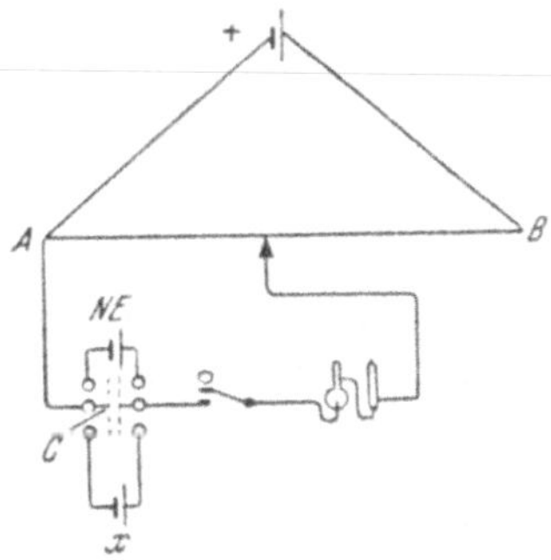

Abb. 49. POGGENDORFsche Kompensationsschaltung.

bis 60mal) und Okularmikrometer, oder bequemer, durch Projektion auf eine mit Millimeterteilung versehene Opalglasscheibe beobachtet. Die Ausschläge sind bis 0,01 V der angelegten Spannung proportional. Bei Nichtgebrauch muß das Elektrometer in sich kurzgeschlossen sein, wozu man einen geeigneten Taster verwendet (Abb. 48). Die Kontakte des Tasters müssen zur einwandfreien Kontaktgebung Platinplättchen tragen.

In manchen Fällen ist es erforderlich, Potentialmessungen möglichst stromlos durchzuführen, um eine Fälschung der Meßergebnisse durch Polarisationserscheinungen oder durch einen Potentialabfall in dem arbeitenden System zu vermeiden. Meist wird dazu die POGGENDORFsche Kompensationsmethode (Abb. 49) angewendet, die darauf beruht, daß der zu messenden EMK der meßbar veränderliche Spannungsabfall längs einem kalibrierten Gefällsdraht AB (Genauigkeit 5.10^{-4}), einer KOHLRAUSCHschen Walzenbrücke (10^{-4}), einer Stöpselmeßbrücke (10^{-4}), eines Kompensationsapparates (Genauigkeit bis 10^{-5} des Gesamtwiderstandes) entgegengeschaltet wird. Die Einstellung wird mit einem empfindlichen Nullinstrument vorgenommen, wobei man eventuell die Ausschläge interpoliert. Sobald das Meßinstrument stromlos ist, haben beide Zweige gleiches Potential. Besitzt die zu messende Anordnung einen hohen Widerstand > 1000 Ohm, so wird das Kapillarelektrometer träge und unempfindlicher. Man muß dann, ebenso bei höheren Ansprüchen an die Genauigkeit der Messung (bei verlängertem Meßdraht, Kompensationsapparat), mit Spiegel- oder Lichtmarkengalvanometern hoher Spannungsempfindlichkeit als Nullinstrument arbeiten. Eine Erhöhung der Empfindlichkeit erreicht man auch, wenn man zwischen die Stromzuführungen eine größere Kapazität C (punktiert) einschaltet, die durch kurzes Niederdrücken des Tasters über das Galvanometer kurzgeschlossen wird. Bei der Verwendung empfindlicher Instrumente schaltet man vor das Galvanometer Widerstände von 100000, 10000, 1000 Ohm, die man in dem Maße ausschaltet, als man sich der richtigen Einstellung nähert. Für extreme Ansprüche an stromloses Messen (stark polarisierte Elektroden, sehr verdünnte Lösungen, sehr dünne Thermoelemente usw.) verwendet man als Nullinstrument ein Quadrantenelektrometer (Mülly-Elektrometer, Einfaden-Elektrometer usw.) oder ein Röhrenvoltmeter[1].

Zur Speisung des Gefällsdrahtes benutzt man einen Akkumulator größerer Kapazität, dessen Spannung mittels eines Normalelementes vor und nach den Messungen kontrolliert wird. Um diese Umschaltungen vornehmen zu können, verwendet man zweckmäßig gute zweipolige Radioumschalter, die man auf eine Pertinaxplatte samt Zuleitungs- (Stecker-) Klemmen montiert. Bei guter Ausführung sind diese den früher verwendeten, infolge ihrer Dämpfe sehr gesundheitsschädlichen Quecksilberwippen mindestens gleichwertig.

[1] F. L. HAHN, Chem. Fabr. **4** (1931), 121. — W. HILTNER, Chem. Fabr. **4** (1931), 369, 398; **6** (1933), 111. — U. ERHARDT, Chem. Fabr. **9** (1936), 509. — F. SPILLNER, Chem. Fabr. **12** (1939), 215, 293. — KOHLRAUSCH, Praktische Physik. — J. SCHINTLMEISTER l. c. S. 64. — F. MÜLLER, Korr. Metallsch. **20** (1944), 81.

Für die *Verbindungen* verwendet man Gummiaderlitze von 1 bis 1,5 mm² Querschnitt und zugabgestützte Starkstrom-Bananenstecker in zwei Farben, um die Leitungen zu kennzeichnen. Um zusätzliche Thermokräfte bei genauen Messungen auszuschließen, achtet man, daß das Anschlußmaterial aus gleichem Metall (Kupfer, Messing) besteht, packt eventuell die Klemmverbindungen in Watte und bedeckt sie mit einem hochglanzvernickelten Deckel.

Als Spannungsnormale verwendet man meist das gesättigte *Kadmium-Normalelement*[1], (Internationales Weston Element) dessen Spannung sich bei Verwendung von chemisch reinen Reagentien auf ± 0,2 mV, bei besonderen Vorsichtsmaßregeln auf ± 0,1 mV reproduzieren läßt und zwischen 15 und 25° C der Formel $E_t = 1{,}01830 - 0{,}00004 \cdot (20 - t^0)$ folgt. Um Temperaturschwankungen möglichst auszuschließen, baut man das Element in ein Holzkästchen mit Thermometer ein.

Widerstände. Neben den Präzisions- und den Schiebewiderständen benötigt man öfter hochbelastbare konstante Widerstände, die man sich aus parallel geschalteten Schniewind-Heizgittern oder aus gewellten Konstantanbändern (die in ein Rahmengestell montiert werden) herstellt. Hohe Belastungen vertragen mit fließendem Wasser betriebene Wasserwiderstände[2]. Über Hochohmwiderstände und Isolatoren findet sich viel Wissenswertes im „ANGERER". Zur Regulierung von Wechselstrom ist ein Regeltransformator oder eine Regulierdrossel mit veränderlichem magnetischem Nebenschluß der Verwendung von Widerständen unbedingt vorzuziehen.

Schalter schraubt man auf eine etwas größere Holzplatte, die man am Arbeitstisch mit Wachs-Kolophonium-Kitt oder mit einer Schraubzwinge befestigt. Für stärkere Ströme sind die doppelpoligen Messerschalter sehr geeignet. Für Meßzwecke eignen sich gute Radioschalter. Man sichert die Leitungen doppelpolig ab. Sehr bequem sind *Sicherungstafeln* mit zwei Serien von parallelgeschalteten 6, 10, 10, 25-A-Automatsicherungen, bei denen man durch geeignetes Ein- und Ausschalten viele Variationsmöglichkeiten hat.

Zur Herstellung von Drahtverbindungen hält man Vollgummilitze von 1,5 mm Durchmesser in Stücken von ½, 1, 1,5 m Länge vorrätig, die an den Enden mit zugentlasteten Kraftbananensteckern versehen sind. Bei Verbindungen mit Kabel-

---

[1] OSTWALD-LUTHER.

[2] F. W. ACKERMANN, Z. Instrkde. **63** (1943), 180.

schuhen werden die Kontaktwiderstände geringer, wenn man vor dem Zusammenpressen der Klemmverbindung einen Tropfen Petroleum zwischen die Berührungsflächen bringt. Wasserstoffgefüllte Quecksilberschalter sind bei Benützung von Platin als Einschmelzdraht thermokraftfrei. Da bei der gewöhnlichen Form bei den selbsthergestellten Quecksilberschaltern häufig eine Verschmutzung des Glases durch den Öffnungsfunken auftritt, hat sich die in Abb. 50 gezeigte Anordnung, mit von oben eingesetzten Kontakten, besser bewährt. Für Relaiszwecke verwendet man Chromeiseneinschmelzdraht.

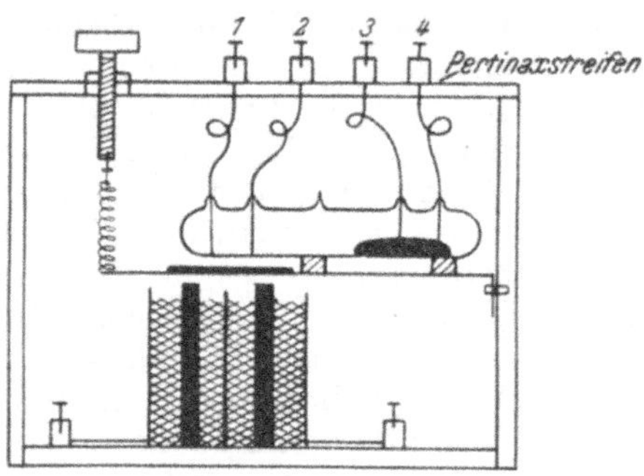

Abb. 50. Quecksilberrelais.

Relais. Unter Relais versteht man eine Vorrichtung zur Steuerung starker Ströme durch schwache Ströme. Im Laboratorium werden Relais vielfältig hauptsächlich zur Temperaturregelung benützt. Man unterscheidet Relais mit Ruhestromkontakten und solche mit Arbeitsstromkontakten. Bei den ersteren wird der zu steuernde Stromkreis durch Öffnen des ständig geschlossenen Schwachstromkreises geschaltet, bei letzteren durch Schließen des ständig offenen Schwachstromkreises. Ein mit Laboratoriumsmitteln leicht herstellbares Quecksilberrelais zeigt Abb. 50. Zur Bewicklung der Spulen verwendet man je 20 bis 30 Lagen gelackten 0,2-mm-Kupferdraht. Gewöhnliche Telegraphenrelais haben Ansprechempfindlichkeiten bis zu 3 mA herab; es sind auch Relais mit weit größerer Ansprechempfindlichkeit (z. B. Ultrarelais von B. LANGE) im Handel. Sehr geringe Steuerströme braucht man bei Verwendung von Elektronenröhren (10^{-5} bis 10^{-6} A)[1] oder Glimmröhren (10^{-8} bis 10^{-10} A)[2] in Verbindung mit Schaltschützen (Quecksilberrelais). Stromtorröhren[3] (Thyratrons) können direkt große Schaltleistungen verarbeiten.

[1] K. H. FISCHER, Z. Instrum. **57** (1937), 167. — C. J. SERFASS, Ind. Eng. Chem. Anal. Ed. **13** (1941), 262, 352.

[2] H. RICHTER, H. GEFFKEN, Z. techn. Phys. **7** (1926), 601.

[3] O. H. A. SCHMIDT, Rev. Scient. Instr. **3** (1932), 467. Vgl. S. 67.

Wartung der Geräte. Alle elektrischen Geräte müssen peinlichst sauber gehalten werden. Kontakte an gröberen Schaltern öle man von Zeit zu Zeit mit einem Tropfen Petroleum. Schadhaft gewordene Leitungsschnüre sind sofort zu erneuern. Bleiakkumulatoren sollen sofort nach der Entladung, sonst alle vier Wochen nach Vorschrift frisch geladen werden, wobei die Säuredichte und der Säurestand zu kontrollieren ist. Nach dem Laden ist die Vergußmasse mit einem feuchten Tuch oder Viskoseschwamm zu reinigen, um Säurespritzer, die vom Laden herrühren, zu entfernen. Sehr bequem sind die bei manchen Fabrikaten angebrachten Schwimmkörper, die es erlauben, den Ladezustand mit einem Blick festzustellen. Auch NIFE-Akkumulatoren danken eine pflegliche Behandlung durch längere Lebensdauer.

VII. Temperaturmessung[1].

Die allgemeine Grundlage der Temperaturmessung ist (abgesehen von den optischen Methoden), den Körper, dessen Temperatur bestimmt werden soll, in Wärmegleichgewicht mit dem Meßkörper zu bringen. Voraussetzung hierfür ist, daß die Wärmekapazität des Meßkörpers verschwindend klein gegen diejenige des zu messenden Körpers ist.

Zur Temperaturmessung benützen wir zwei willkürlich gewählte Temperaturfundamentalpunkte: Die Temperatur des schmelzenden Eises 0,000° C und die Temperatur des bei 760 Torr unter 45° Breite siedenden Wassers = 100° C. Ein Hundertel dieses Intervalls, ausgedrückt z. B. in der prozentuellen Eigenschaftsänderung eines Meßkörpers, ergibt die Einheit der Skala. Zur praktischen Temperaturmessung sind folgende „thermometrische Eigenschaften" geeignet: Ausdehnung, Thermoelektrizität, elektrische Leitfähigkeit, Strahlung.

Von den Ausdehnungsthermometern finden die Gasthermometer, die auf dem BOYLE-MARIOTTE-GAY-LUSSACschen Gesetz beruhen, wegen ihrer umständlichen Handhabung praktisch keine Anwendung. Die gesetzliche Temperaturskala wird auf Messungen mit dem Gasthermometer bezogen, wobei man Helium von —269° C bis Zimmertemperatur, Wasserstoff von —25° C bis + 100° C, Stickstoff von + 80° bis zirka 1680° C (in Iridiumgefäßen) als Thermometergas verwendet.

Dampfdruckthermometer werden zur genauen Messung niederer Temperaturen verwendet und sind, nach der im nachfolgenden

[1] H. MOSER, K. TINGWALDT, Die Physik in regelm. Ber. **6** (1938), 1.

gegebenen Vorschrift von STOCK[1], bei sorgfältigem Arbeiten unschwer selbst herstellbar. Abb. 51 zeigt Gestalt und Abmessungen des Dampfdruckthermometers, die Doppelzahlen bezeichnen inneren und äußeren Durchmesser des Thermometers. A ist das eigentliche Thermometergefäß, in dem sich das Füllgas bei der Temperaturmessung verflüssigt. Es steht durch die u-förmige Glasfeder B (an deren Stelle eine Spiralfeder treten kann) mit der ziemlich starkwandigen Kugel C in Verbindung. Diese soll den Rauminhalt des Thermometers und die zur Füllung dienende Substanzmenge vergrößern und dadurch verhüten, daß die gemessenen Dampfdrucke durch die unvermeidlichen kleinen Verunreinigungen des Füllgases (Spuren von Luft und Feuchtigkeit, die am Glas und am Quecksilber haften) störend beeinflußt werden. Von C führt das kurze Rohrstück D zu dem $3\frac{1}{2}$ mm weiten, etwa 1 m langen Hebermanometer EF. Das Manometer kann oben ganz abgeschlossen werden oder einen Gasfänger G tragen. Oberhalb der Kugel C befindet sich die später abzuschmelzende Apparatur zum Füllen des Thermometers. Bei H geht es zur Luftpumpe und zu der Vakuumapparatur, in welcher die Darstellung und Reinigung des Füllgases erfolgt. I und K sind zwei Verengungen; zwischen ihnen zweigt sich das 1 m hohe Gasableitungsrohr L ab, dessen unteres Ende 25 cm tief in Quecksilber (M) eintaucht.

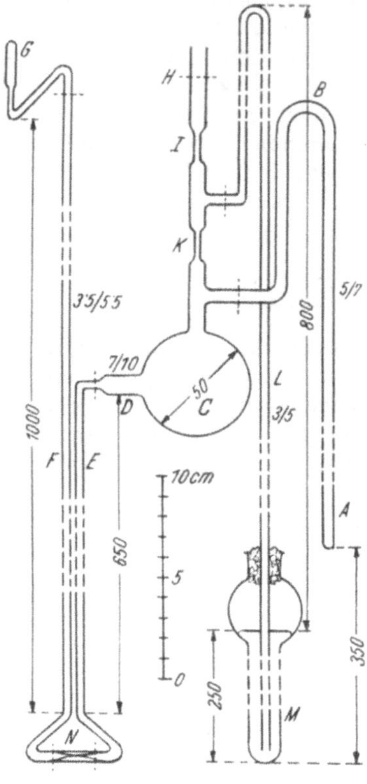

Abb. 51. Dampfdruckthermometer nach STOCK.

Alle Einzelteile des Apparates (ihre ursprüngliche Abgrenzung ist durch punktierte Striche bezeichnet) werden miteinander ver-

[1] A. STOCK, F. HENNING, E. KUSS, Ber. **54** (1921), 1123. — A. STOCK, Z. Elektroch. **29** (1923), 354.

blasen. Zuvor werden sie gründlich gesäubert, mit warmer Chromsäurelösung behandelt, mit Wasser gespült und unter Durchsaugen staubfreier Luft und unter Erwärmen getrocknet. Man erwärmt sie nicht eher, als bis die Wassertropfen in der Kälte verdunstet sind, damit nicht die Glasoberfläche angegriffen und rauh wird. Besonders im Manometer muß das Glas völlig rein und blank sein. Beim Zusammensetzen der Teile achtet man sorgfältig darauf, daß keine Glassplitter oder Stäubchen von den beim Blasen verwendeten Stopfen und Schläuchen und auch keine Feuchtigkeit in die Apparatur gelangen. Man bläst durch ein Chlorkalziumrohr und leitet während des Aneinanderfügens der Stücke trockene Luft durch den Apparat, um ein Eindringen des Wassers der Gebläseflamme zu vermeiden.

Zuerst fügt man zwischen die beiden unten hakenförmig gebogenen Schenkel E und F des Manometers die 1 mm weite Kapillare N ein. Sie ist dazu bestimmt, die Bewegung des Quecksilbers im Manometer zu bremsen und das heftige, den Apparat gefährdende Anstoßen des Quecksilbers gegen das obere Manometerende zu verhindern. E und F sollen möglichst nahe aneinander liegen. Weiter folgen: Umbiegen des Manometerschenkels E an seinem freien Ende, Verblasen dieses Endes mit dem Kugelhals D, Ansetzen des (noch nicht geschlossenen) Thermometergefäßes A. Zuschmelzen von A und Aufblasen des Endes zu einer Halbkugel, Ansetzen des vorläufig oben noch offenen Gasfängers G.

Nun wird reinstes, im Vakuum destilliertes Quecksilber (80 bis 90 g) durch einen engen Trichter von H aus in die Kugel C gefüllt. Um die zur Beschickung des Manometers erforderliche Menge genau abzumessen, führt man das Quecksilber durch Neigen des Apparates aus der Kugel in das Manometer EF über und läßt durch G soviel ausfließen, daß der Rest, während er den Schenkel F des Manometers bis zur oberen Öffnung füllt, im Schenkel E etwa 5 cm über der unteren Biegung endet. Das so abgemessene Quecksilber wird dann durch G ausgegossen und in die Kugel C zurückgefüllt. In N dürfen keine Quecksilbertröpfchen zurückbleiben, weil dadurch das spätere vollständige Evakuieren des Manometerschenkels F erschwert würde.

Weiter: Zuschmelzen und Rundblasen des Gasfängers G. Herstellung der Verbindung bei H mit der Luftpumpe und mit der Apparatur für die Reinigung des Füllgases; Anschmelzen des Gasableitungsrohres L; vollständiges Evakuieren der Apparatur unter möglichst starkem Erwärmen zum Entfernen der letzten Luftreste vom Glas und Quecksilber. Dieses wird dabei durch leichtes Bewegen der Kugel C geschüttelt. Enthält es auch nur Spuren von Beimengungen (andere Metalle, Fett), so gibt sich dies durch Verschmieren zu erkennen. Solches Quecksilber ist nicht zu gebrauchen.

Man kondensiert von der gereinigten Füllsubstanz in A etwa 1 ccm (flüssig); trennt das Thermometer durch Abschmelzen der Verengung I von der übrigen Apparatur ab und läßt A Zimmertemperatur annehmen. Die Füllsubstanz vergast, der Überschuß entweicht durch L und M in die Luft. Im Thermometer bleibt soviel Gas, daß dessen Druck den Atmosphärendruck um etwa 25 cm übersteigt. Wünscht man unter höherem Druck zu füllen, so ist die Quecksilbersäule M entsprechend zu erhöhen und das Manometer EF zu verlängern. Jetzt wird das Gas wieder mit flüssiger Luft in A kondensiert, die Verengung K durchgeschmolzen und das Thermometer, während A weiter gekühlt bleibt, so geneigt, daß das Quecksilber aus der Kugel C in das Manometer fließt. Damit ist die Füllung des Apparates beendet. Nach Wiedererwärmung von A und Verdampfen der Füllsubstanz steigt das Quecksilber im Manometer und füllt den längeren Schenkel einschließlich des Gasfängers bis zum Ende. Bei den mit flüssiger Luft nicht vollständig kondensierbaren Füllgasen Methan und Sauerstoff muß das Füllverfahren etwas abgeändert werden. Man muß das wie sonst abgemessene Quecksilber im Manometerrohr EF lassen, außer H auch G mit der Vakuumapparatur verblasen, das Manometer unter dauerndem Evakuieren auskochen, dabei Luftblasen durch Klopfen entfernen, und dann erst das Ende von G abschmelzen.

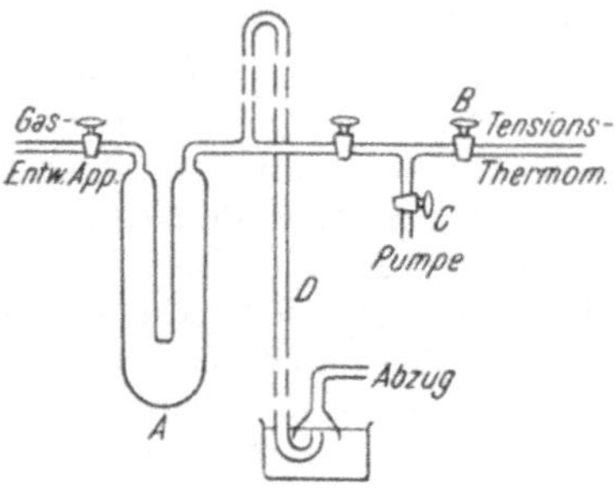

Abb. 52. Füllvorrichtung für Dampfdruckthermometer.

Den Maßstab für das Manometer stellt man sich durch Aufziehen von dickem Millimeterpapier auf ein 100 cm langes, zirka 3 cm breites und einige Millimeter dickes Brettchen mittels dickflüssigen Klebestoffs selbst her. Man vergleicht den Maßstab mit einem geeichten.

Das Thermometer wird an einem Stativ befestigt. Je eine Klammer faßt bei D und am oberen Ende von F. N ruht in der Rille eines auf die Stativplatte aufgeleimten Korkes, der zugleich den mit einigen Drahtschlingen am Manometer befestigten Maßstab trägt. Füllsubstanzen sind u. a.:

CS_2[1]	(+ 25°	bis	— 10°)
SO_2	(— 10°	bis	— 40°)
NH_3	(— 30°	bis	— 77°)
CO_2	(— 75°	bis	—100°)
HCl	(— 85°	bis	—111°)
C_2H_6	(—100°	bis	—150°)
CH_4	(—150°	bis	—185°)
O_2[2]	(—180°	bis	—200°)

Die Füllgase müssen durch fraktionierte Destillation und Kondensation weitestmöglich gereinigt werden. Ein vereinfachtes Füllverfahren zeigt Abb. 52: Die Substanz wird in A mittels flüssiger Luft kondensiert. Sodann wird evakuiert, man schließt B und C, läßt einen Teil der Substanz durch D absieden, kühlt den Rest wieder in flüssiger Luft, pumpt Luftreste nochmals ab und füllt mit dem so gereinigten Gas das Tensionsthermometer. Die Dampfdruckkurven der Füllsubstanzen[3] sind aus den Tabellenwerten zu entnehmen.

Die **Flüssigkeitsthermometer** sind die gebräuchlichsten Temperaturmeßinstrumente. Sie beruhen auf der unmittelbaren volumetrischen Messung der Ausdehnung einer thermometrischen Flüssigkeit (Quecksilber, Alkohol, Toluol, Petroläther, Pentan). Quecksilber hat den besonderen Vorteil einer sehr geringen spezifischen Wärme, ferner, daß seine Ausdehnung mit der theoretischen thermodynamischen Temperaturskala gut übereinstimmt und daher eichfähig ist und daß es Glas nicht benetzt. Quecksilber ist im Vakuum vom —38° bis +300° C, mit Kohlendioxyd- oder Stickstoffüllung in Glas 59 III bis 510° C, in Hartglas bis 575°, in Quarz bis 750° C verwendbar. Zur Messung tiefer Temperaturen verwendet man u. a. Petroläther und Pentan. Letzteres ist bis —200° eichfähig.

Thermometerkorrekturen. Bei der Temperaturmessung mit Flüssigkeitsthermometern sind eine Reihe von Vorsichtsmaßregeln zu beachten, ohne die erhebliche Meßfehler begangen

---

[1] A. Stock, F. Henning, E. Kuss, Ber. **54** (1921), 1119. — F. Henning, A. Stock, Z. f. Phys. **4** (1921), 226; **5** (1921), 264.

[2] A. Stock, C. Nielsen, Ber. **39** (1906), 2066. — H. v. Siemens, Ann. Phys. 4, **42** (1913), 887. — A. Thiel u. E. Caspar, Z. Phys. Chem. **86** (1914), 257.

[3] F. Henning, Z. f. Phys. **40** (1927), 775.

werden können. Gute Thermometer kommen galtert und feingekühlt in den Handel. Die Abweichungen von den Sollwerten werden in einem Eichschein (Korrekturtabelle) zusammengestellt. Infolge der thermischen Nachwirkungserscheinungen des Glases findet nach längerem Erhitzen auf höhere Temperaturen (t^0) eine langsam zurückgehende Volumsvergrößerung des Thermometergefäßes statt, die bei der nachfolgenden Eispunktbestimmung eine „Depression" des Nullpunktes (für Glas 59 III $0{,}0004 \cdot t^0$) ergibt. Der „säkulare Anstieg" der Fixpunkte (durch eine irreversible Volumskontraktion hervorgerufen) kann durch die Eispunktbestimmung ermittelt und in Rechnung gestellt werden. Die Korrekturen wegen Nachwirkungserscheinungen und säkularem Anstieg („Eispunkthebung") haben entgegengesetztes Vorzeichen und liegen bei guten Thermometern unter 0,05°. Wesentlich wichtiger und bei Schmelz- und Siedepunktbestimmungen unbedingt zu berücksichtigen ist die Korrektur des *herausragenden Fadens*. Die einfachste und radikalste Lösung ist die, das ganze Thermometer auf die Meßtemperatur zu bringen, wozu man mit Vorteil „abgekürzte" Thermometer benützt, deren Skalenumfang, in einem Satz zusammengestellt, sich jeweils lückenlos überdeckt. Die besten dieser Instrumente gestatten (durch eingeblasene Erweiterungen in der Thermometerkapillare, Abb. 53) die Fundamentalpunkte 0° und 100° zu bestimmen. (Thermometersätze nach Allihn usw.)

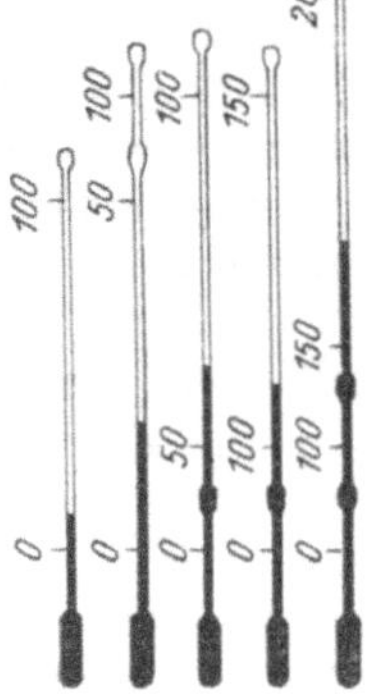

Abb. 53. Satzthermometer, fundamental bestimmbar.

Ist ein Herausragen des Fadens aus dem Bade nicht zu umgehen, so bringt man eine Korrektur k an; $k = (\alpha - \beta) \cdot (t - t_0) \cdot h$, wobei α den Ausdehnungskoeffizienten des Quecksilbers, β denjenigen des Glases, t die abgelesene Temperatur, t_0 die mittlere Temperatur des herausragenden Fadens und h die Länge des herausragenden Fadens, ausgedrückt in Thermometergraden, bedeutet. $(\alpha - \beta)$ hat für Thüringer Thermometerglas und 16 III den Wert 0,000156, für 59 III den Wert 0,000164, für Quarzglas den Wert 0,000179. Der unsichere Teil der Korrektur liegt in der Bestimmung der Temperatur des herausragenden Fadens t_0, die man am besten mittels eines „Fadenthermometers" feststellt. Dabei sind folgende Forderungen zu erfüllen:

1. Haupt- und Fadenthermometer müssen möglichst gleichartig sein (gleiches Glas, beide Stab- oder Einschlußthermometer).

2. Das Gefäß des Fadenthermometers muß möglichst gleichen Durchmesser wie die Kapillare des Hauptthermometers haben.

3. Das Gefäß des Fadenthermometers soll etwas länger sein als der herausragende Faden des Hauptthermometers. Dann ist das Fadenthermometer so anzubringen, daß die beiden Quecksilbermenisken auf gleicher Höhe wären, wenn alles Quecksilber des Fadenthermometers sich in seinem verlängert gedachten Gefäß befände. Eine Hilfsteilung gibt beim Fadenthermometer nach ADAM diese Stellung in Abhängigkeit von der Temperatur an. Zeigt z. B. das Fadenthermometer (Abb. 54) 300°, so muß die Zahl 300 der Hilfsteilung mit dem Qecksilbermeniskus des Hauptthermometers in gleicher Höhe sein. Das Gefäß des Fadenthermometers muß in das Temperaturbad eintauchen; die Eintauchtiefe ist gleichgültig, da sie in Rechnung gestellt wird, indem man als Länge des herausragenden Fadens h die korregierte Gefäßlänge des Fadenthermometers, ausgedrückt in der entsprechenden Anzahl Grade am Hauptthermometer, einsetzt. Die Korrektur für das Beispiel Abb. 54 wäre somit 0,000146 · (507—300) · · (507—415) = 2,78°. Eine vollständige Thermometerkorrektur sieht z. B. folgendermaßen aus:

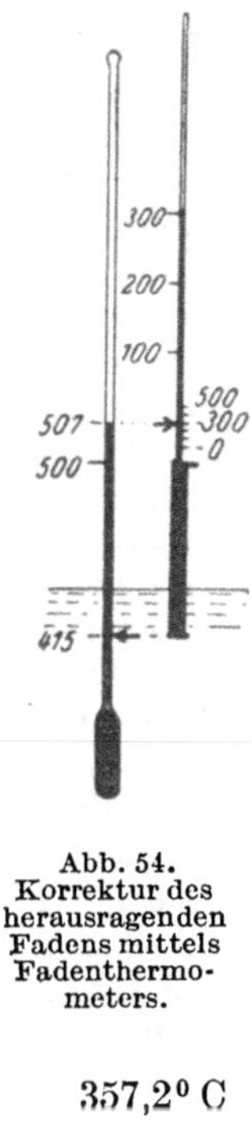

Abb. 54. Korrektur des herausragenden Fadens mittels Fadenthermometers.

a) Temperatur am Thermometer abgelesen		357,2° C
b) Korrektur laut Korrekturtabelle bei 350° 0,3° zu tief		+ 0,3° C
c) Eispunkt laut Korrekturtabelle 0,35° zu hoch	—0,35°	
Eispunktdepression 0,0004 · 357 = 0,14 zu tief........	+ 0,14°	
Eispunkt sollte sein 0,21° zu hoch ..	—0,21°	
Eispunktskontrolle nach Erhitzen auf 357° hat ergeben, 0,3° zu hoch ..	—0,3°	
Somit Eispunkt tatsächlich 0,1° zu hoch		— 0,1° C
d) Korrektur des herausragenden Fadens t_0 = 77°, h = 185°; 0,000164 · ·(357—77) · 185 = ...		+ 7,5° C
Korrigierte Temperatur		364,9° C

Als weitere Fehlerquellen, die eventuell berücksichtigt werden müssen, sind zu nennen: Die Druckabhängigkeit der Anzeige (Senkung im Vakuum um maximal 0,1 bis 0,2° bei Beckmann-Thermometern); der „tote Gang" bei Beckmann- und anderen Thermometern mit sehr dünnen Kapillaren, der durch Klopfen mit einem gummiarmierten Glasstab vor der Ablesung beseitigt werden muß; das Abdestillieren des Quecksilbers (durch Nullpunktskontrolle feststellbar); die Trägheit der Einstellung. Die Halbwertzeiten der Einstellung sind in gerührten Flüssigkeiten 3 bis 10 Sekunden, in ungerührten Flüssigkeiten 15 bis 30 Sekunden, in bewegten Gasen 3 bis 10 Minuten, in ruhenden Gasen 15 bis 30 Minuten. Um eine Temperaturangleichung auf ein Prozent der Temperaturdifferenz zu erzielen, muß man demnach zirka siebenmal so lange als oben angegeben warten. Parallaxenfehler bei der Ablesung vermeidet man bei Lupen- oder Fernrohrablesung.

Bei der Temperaturmessung mittels Beckmann-Thermometer ist außer der Korrektur des herausragenden Fadens bei genauem Arbeiten auch noch eine *Gradwertkorrektur*[1] anzubringen, welche die verschiedene Quecksilbermenge im Gefäß, sowie die Reduktion auf die thermodynamische Temperaturskala berücksichtigt. Werden a Grade abgetrennt, so ist der Gradwert im Verhältnis (1 — 0,00016 a) : 1 kleiner anzunehmen. In den Eichtabellen sind diese Gradwertkorrekturen angegeben. Zur Korrektur des herausragenden Fadens sind Thermometer mit eingebautem Fadenthermometer besonders angenehm.

Elektrische Temperaturmessung.

Infolge der Korrektur des herausragenden Fadens wird die Temperaturmessung mit Quecksilberthermometern bei höheren Temperaturen ungenau. Sehr hohe, sehr niedere Temperaturen und sehr kleine Temperaturdifferenzen mißt man besser mittels elektrischer Meßmethoden, die man ferner überall dort anwendet, wo das Thermometer möglichst kleine Wärmekapazität haben oder die Temperatureinstellung möglichst rasch erfolgen soll.

Thermoelemente. Wird die Verbindungsstelle („heiße Lötstelle") von zwei verschiedenen metallischen Leitern auf eine andere Temperatur gebracht, als diejenige aller übrigen Verbindungsstellen, so entsteht eine elektromotorische Kraft. Bei konstanter Temperatur ist die Summe dieser „Thermokräfte" an

[1] GRÜTZMACHER, Z. Instr. **16** (1896), 171, 202.

allen Verbindungsstellen gleich Null. Bei verschiedenen Temperaturen t_1, t_2... der Verbindungsstellen ab, bc ..., ist die Thermokraft $\vartheta = (E_{ab})^{t_1} + (E_{bc})^{t_2} + (E_{cd})^{t_3} + \ldots$. Sind nur zwei Leiter vorhanden, so ist die gemessene Thermokraft gleich der Differenz der Thermokräfte an den beiden Lötstellen („heiße Lötstelle", „kalte Lötstelle", dieselben können bei gutem Kontakt ebensogut Klemmverbindungen sein).

Die Thermoelementdrähte müssen für genaue Messungen chemisch und physikalisch vollkommen homogen sein. Hartgezogene Drähte sind vor ihrer Verwendung elektrisch weichzuglühen. Die Thermoelemente müssen sorgfältigst vor Verunreinigungen, wie Ofengase, Metalldämpfe, Wasserstoff, Kohlenstoff, geschützt werden. Je nach den zu messenden Temperaturen verwendet man Thermoelementschutzrohre aus Glas, Quarz, Porzellan, Marquardtmasse, Aluminiumoxyd, Berylliumoxyd, Thoriumdioxyd usw. Die beiden Schenkel des Thermoelementes werden durch eine dünne Kapillare, aus gleichem Material wie das Schutzrohr, elektrisch voneinander isoliert. Für Meßzwecke verwendet man im allgemeinen Thermoelementdrähte von 0,3 bis 0,5 mm Durchmesser und 60 cm Länge. Für spezielle Zwecke (auch für Strahlungsmessungen) hat man Thermoelemente mit wenigen hundertstel Millimeter dicken Schenkeln konstruiert[1].

Je nach der zu messenden Temperatur verwendet man verschiedene Thermoelementkonstruktionen, wovon einige in Tabelle 9 angeführt sind[2].

Die Herstellung der Lötstellen erfolgt bei den Edelmetallthermoelementen durch Zusammenschmelzen in der Leuchtgas-Sauerstoff-Flamme, beim Ni-NiCr-Thermoelement unter Zuhilfenahme von Borax; bei den Konstantanthermoelementen in der Bunsenflamme mittels eines Gemenges von Borax und feingefeiltem Hartlot[3]. Andere Lötmethoden siehe bei ANGERER.

Für genaue Messungen bringt man die kalten Lötstellen auf die Temperatur des schmelzenden Eises. Jede Lötstelle kommt

---

[1] Z. B.: A. H. PFUND, Z. Instrkde **59** (1939), 338. — G. ROSENTHAL, Z. Instrkde. **59** (1939), 432, 457.

[2] A. SCHULZE, Metallwirtsch. Metallwiss. Metalltechn. 18 (1939), 249, 271, 315. — A. SCHULZE, Metallische Werkstoffe f. Thermoelemente. II. Aufl. NEM-Verl., 1940. — G. KEINATH, Z. Instrkde **55** (1935), 516. — W. GÖDECKE, Chem. Fabr. **5** (1932), 361. — F. HENNING, Grundlagen, Methoden u. Ergebnisse d. Temperaturmessung. Braunschweig 1915.

[3] G. L. PEARSON, Z. Instrkde. **56** (1936), 479.

Tab. 9. Einige Thermoelementkombinationen.

69%W+30%Mo+1%Fe/W 99% Mo+1% Fe/W	bis 3000° bis 2200°	Nur im Vakuum oder Wasserstoffatmosphäre verwendbar. Schwierige Isolation
Ir / 40 % Ir+60 % Rh.... Ir+Ru / Ir+Rh	bis 2000°	
Pt / 90 % Pt+10 % Rh ..	bis 1600°	Klassisches Thermoelement von LE CHATELIER. Für Präzisionsmessungen allgemein verwendet
Pt+Re / Pd+Au	bis 1300°	Sehr hohe Thermokraft
Ni / 90% Ni+10% Cr	bis 1200°	Für einfache Arbeiten
Fe / Konstantan	von 200 bis 900°	Thermokraftkurve nahezu linear
Cu / Konstantan	von — 250° bis + 600°	Für Präzisionsmessungen von — 200° bis + 400°

in eine mit Eisbrei gefüllte Eprouvette, die, elektrisch voneinander isoliert, in einem mit Eisbrei gefüllten DEWAR-Becher stehen. Erhebliche Fehler (bis zu 4° C) können entstehen, wenn das Eis nicht bis zum Boden der Gefäße reicht, sondern bloß auf dem Wasser schwimmt. Weicht die Temperatur t_0' der kalten Lötstelle von der Eichtemperatur t_0 ab, so hat man eine Korrektur anzubringen, die der Thermokraft der Temperaturdifferenz $t_0 - t_0'$ entspricht. Zur Messung der Thermokraft verwendet man die Ausschlagmethode, bzw. bei größeren Ansprüchen die Kompensationsmethode. Die Eichung des Thermoelementes muß nach derselben Methode und unter gleichen Bedingungen wie die nachfolgenden Messungen erfolgen, da bei der Ausschlagmethode infolge des (temperaturabhängigen!) Spannungsabfalles längs der Thermoelementdrähte und der Zuleitungen eventuell wesentlich niedere Spannungen als nach der Kompensationsmethode gemessen werden: Ist e die Anzeige am Millivoltmeter, ΣR_t der Gesamtwiderstand des Stromkreises bei der Temperatur t und R_m der Widerstand des Millivoltmeters, so ist die EMK im offenen

Stromkreis (oder mittels Kompensationsmethode gemessen) $EMK = e \cdot \frac{\Sigma R_t}{R_m}$. Man wird deshalb bei der Ausschlagmethode möglichst hochohmige Meßinstrumente verwenden.

Für genaue Messungen verwendet man die POGGENDORFsche Kompensationsschaltung oder die LINDECK-ROTHE-Schaltung[1], bei welcher der Schiebewiderstand S (Abb. 55) so lange abgeglichen wird, bis das Galvanometer G in dem über eine Widerstandsbüchse von z. B. R = 0,0100 Ohm kurzgeschlossenen Thermoelementkreis stromlos ist. Die gesuchte Thermokraft E = R · I, wobei I am Milliamperemeter abgelesen wird.

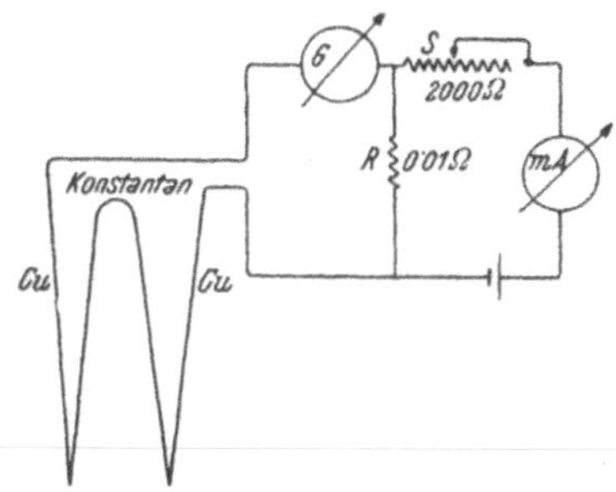

Abb. 55. LINDECK-ROTHE-Schaltung mit Differentialthermoelement.

Zur Messung von kleinen Temperaturdifferenzen benützt man ein Differentialthermoelement, bzw. Thermosäulen, die man durch Hintereinanderschalten von 10, 20 und mehr ausgezeichnet isolierten Thermoelementen herstellt.

Widerstandthermometer beruhen auf der Temperaturabhängigkeit des elektrischen Widerstandes (zirka 0,4 % pro Grad bei Zimmertemperatur bei Platin) und gehören zu den zuverlässigsten und genauesten Temperaturmeßgeräten. Als Widerstandsmaterial[2] dient physikalisch reines Platin im Temperaturbereich von 500 bis —200° C. Für tiefere Temperaturen bis —270° verwendet man Blei. Eine übliche Ausführungsform (Abb. 56)[3] besteht aus einem unten geschlossenen (Glas-, Porzellan-, Quarz-) Rohr, in dessen unterem Ende sich der Widerstandskörper befindet, ein (0,05 bis 0,1 bis 0,2 mm dicker, bifilar auf ein Glimmerkreuz (Abb. 57) *lose* aufgewickelter Platindraht. Von jedem Drahtende führen je zwei dickere Drähte (Pt, Ag oder Cu), die durch Glimmerdistanzscheibchen voneinander isoliert sind, zu vier gegen Temperatureinstrahlung geschützte Anschlußstellen. Der Widerstand des Thermometers beträgt 10 bis 50 (bis 100) Ohm. Für genaueste Messungen ist das Instrument künstlich zu altern, das heißt, so

1 ST. LINDECK, Z. Instr. **19** (1899), 249. — ST. LINDECK, R. ROTHE, Z. Instr. **20** (1900), 285. — Photozellenkompensator zur trägheitslosen Temperaturaufzeichnung: E. WEISSE. Z. Metallk. **33** (1941), 1.

2 A. SCHULZE, Feinmech. u. Präzision **50** (1942), 357.

3 H. L. CALLENDAR, Phil. Mag. **32** (1891), 104.

lange etwa 100° über die höchste Gebrauchstemperatur zu erhitzen, bis keine weitere Widerstandsänderung erfolgt. Von den gebräuchlichen Meßmethoden, WHEATSTONEsche Brücke, Spannungsvergleichung und Differentialgalvanometer sei die WHEATSTONEsche Brückenschaltung beschrieben. Abb. 58, links, zeigt das Grundprinzip der Schaltung: Die Brücke ist stromlos, wenn das Produkt der Widerstände $R_1 \cdot R_3 = R_2 \cdot R_4$ ist. Sind z. B. R_1, R_2, R_4 bekannt, so ist R_3 berechenbar. Bei der Widerstandsbestimmung von Widerstandsthermometern ergibt sich zunächst eine Schwierigkeit: Die Temperatur der Zuleitungen ist undefiniert, so daß dieser Widerstand, ähnlich wie der herausragende Faden, eine Ungenauigkeit in der Messung verursacht. Bei der angegebenen Schaltung (Abb. 58, rechts) wird dieser Fehler dadurch kompensiert, daß die Zuleitungen in verschiedenen Brückenzweigen liegen. Für die Widerstände 1, 2 und 4 verwendet man Manganin oder Konstantan. Man reguliert mit zwei Präzisionswiderständen im Thermometerzweig nach dem Hilfsschema in Abb. 58, rechts unten. Der Gesamtwiderstand im Thermometerzweig ist $U + \frac{V \cdot W}{V + W}$. Die Belastung des Platinthermometers wird man bei 0,1-mm-Instrumenten wegen der Stromwärme nicht über 2 mA steigern.

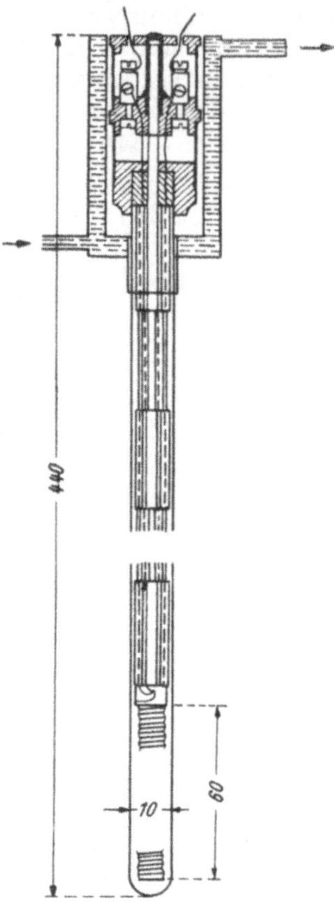

Abb. 56. Widerstandsthermometer.

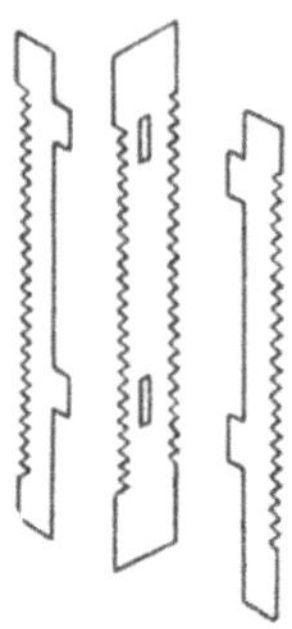

Abb. 57. Glimmerkreuz für Widerstandsthermometer.

Soll z. B. der ganze Brückenzweig konstant auf 30 Ohm gehalten werden und ist der Widerstand des Thermometers $W = 20$ Ohm, $U = 10$ Ohm, so ist $V = \infty$; bei einer Temperaturerhöhung um ein Grad steigt der Widerstand auf $20 \cdot (1 + 0{,}004) = 20{,}08$ Ohm; zur Kompensation auf 30 Ohm muß man V auf 5020 Ohm stöpseln. Da der Präzisionswiderstand V auf 10^{-4}

seines Gesamtwertes genau einstellbar ist, kann man mit dieser Anordnung bei Verwendung eines genügend empfindlichen Nullinstrumentes Temperaturveränderungen auf 0,001° genau messen.

Bei den Messungen ist streng darauf zu achten daß keine thermoelektrischen Kräfte auftreten (einpacken der Klemm-

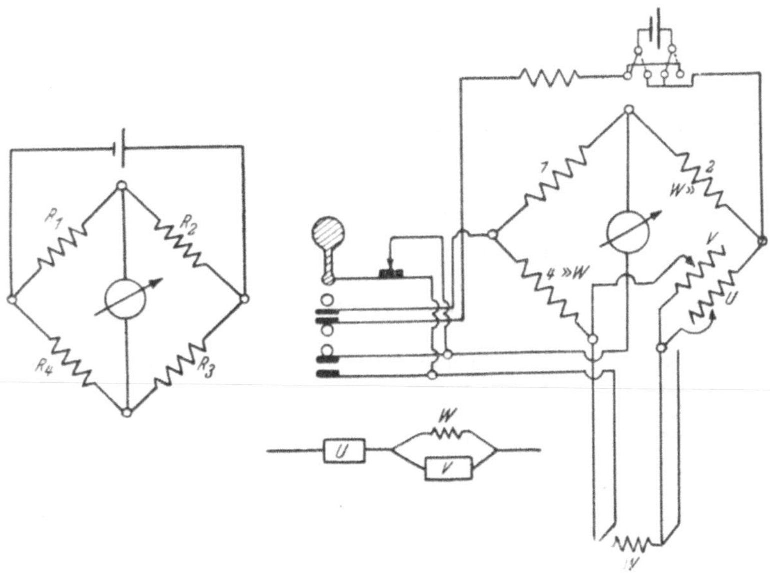

Abb. 58. WHEATSTONEsche Brückenschaltung.

verbindungen in Watte, gleiches Material für Klemmen und Drähte, kommutieren der Stromrichtung). Um thermoelektrische Kräfte im Galvanometerzweig möglichst unschädlich zu machen, läßt man eventuell das Galvanometer bis unmittelbar vor der Messung in sich geschlossen und stellt auf diesen Nullpunkt ein. Um die erforderlichen Umschaltungen durchzuführen, bedient man sich des in Abb. 58 gezeichneten „thermoelektrischen Schlüssels" nach CALLENDAR, der aus isolierenden Knöpfen (Kreise) und Platinkontakten (schwarze Rechtecke) auf federnden Lamellen besteht.

Eichung der Temperaturmeßgeräte.

Alle Temperaturmeßgeräte müssen mit Normalinstrumenten verglichen, bzw. mit genau bekannten Temperaturfixpunkten geeicht werden, wobei neben den Fundamentalpunkten Schmelz-

und Siedetemperaturen von Elementen sowie die phasentheoretisch nonvarianten Umwandlungspunkte von Salzhydraten herangezogen werden. Zum Vergleich von Thermometern werden diese nebeneinander in einen Thermostaten eingebracht. Über die gebräuchlichen Temperaturfixpunkte unterrichtet Tabelle 10.

Tab. 10. Temperaturfixpunkte.

Schmelzpunkte °C	Siedepunkte °C
— 182,97*	K. P. O_2 tp = — 182,97 + 0,026 (p — 760) — — 0,0000065 (p — 760)²
— 78,52	Subl. CO_2 tp = — 78,52 + 0,01595 (p — 760) — — 0,000011 (p — 760)²
— 38,87	F. P. Hg
± 0,000*	F. P. H_2O
100,00*	K. P. H_2O tp = 100,00 + 0,0367 (p — 760) — — 0,000023 (p — 760)²
217,90 ± 0,05	K. P. Naphthalin tp = 217,90 + 0,058 (p — 760)
231,9 ± 0,1	F. P. Sn
320,9 ± 0,1	F. P. Cd
419,4 ± 0,1	F. P. Zn
444,60*	K. P. S tp = 444,60 + 0,0909 (p — 760) — — 0,000048 (p — 760)²
630,5 ± 0,1	F. P. Sb
960,5*	F. P. Ag
1063*	F. P. Au
1084	F. P. Cu
1454,8	F. P. Ni
1535 ± 2	F. P. Pd
1773 ± 1	F. P. Pt
2454 ± 3	F. P. Ir
2600 ± 20	F. P. Mo
3380 ± 20	F. P. W

Die mit einem * bezeichneten Fixpunkte sind gesetzliche Fixpunkte erster Ordnung.

Umwandlungspunkte und Schmelzpunkte von Verbindungen.

$Na_2SO_4 \cdot 10\,H_2O$	32,383° ± 0,001° C
$Na_2CO_3 \cdot 10\,H_2O \rightarrow Na_2CO_3 \cdot 1\,H_2O$	35,2° C
$Na_2S_2O_3 \cdot 5\,H_2O$	47,9° C
$NaBr \cdot 2\,H_2O$	50,674 ± 0,005° C
$MnCl_2 \cdot 4\,H_2O$	58,089 ± 0,005° C
$Na_3PO_4 \cdot 12\,H_2O$	73,3° C

Es werden bei gutem Rühren die scheinbaren Schmelzpunkte und nicht die Erstarrungspunkte beobachtet.

Eichung mittels Schmelz- und Umwandlungspunkten. Bei der Bestimmung von Schmelz-, bzw. Erstarrungspunkten reiner Stoffe bleibt die Temperatur so lange konstant, als die flüssige neben der festen Phase vorhanden ist. Zur Bestimmung des Eispunktes genügt es, feingestoßenes reines Eis mit destilliertem Wasser in einem DEWAR-Gefäß zu einem dicken Brei zu verrühren[1]. (Holzstab oder gummiarmierter Glasstab, um das Gefäß nicht zu beschädigen.) Um eine Fälschung der Angaben durch Wärmeleitung auszuschließen, müssen die Meßinstrumente genügend tief (10 cm) in das Temperaturbad eintauchen.

Bei Metallen sind die *Erstarrungspunkte* besser zu beobachten als die Schmelzpunkte. Bei ersteren ist der scharfe Beginn des Haltepunktes als richtige Temperatur anzusehen, da gegen Ende der Erstarrung Schmelzpunkterniederung durch die fast stets in sehr geringen Mengen vorhandenen Verunreinigungen eintritt. Außerdem verschleift sich das Ende der Erstarrung infolge der zunehmenden Temperaturdifferenz zwischen der temperaturkonstanten Schmelze und dem sich stets weiter abkühlenden Ofen. Manche Metalle, besonders Antimon, zeigen bei der Abkühlung starke Unterkühlungserscheinungen, die man durch Rütteln des Thermoelementes mittels einer mechanischen Rüttelvorrichtung und durch Zugabe von Impfkristallen auszuschalten sucht. Die theoretische Abkühlungskurve ist in Abb. 59 stark ausgezogen, der Abfall gegen Ende der Erstarrung punktiert; der Fall geringer Unterkühlung, bei dem die Schmelzenthalpie noch ausreicht, um die Temperatur wieder auf den Erstarrungspunkt zu heben, strichliert; und der Fall starker Unterkühlung strichpunktiert eingezeichnet. Der Gang der Ofentemperatur ist schwach ausgezogen. Bei der Bestimmung des Schmelzpunktes, also bei der Messung bei steigender Temperatur, sind sowohl der Beginn als auch das Ende des Schmelzvorganges verschliffen, letzteres infolge des stark ansteigenden Gradienten der Wärmezufuhr, welcher von der Temperaturdifferenz zwischen Ofen und Schmelze abhängt. Zur Durchführung der Eichung schmilzt man das Metall in einem elektrischen Ofen in einem (Porzellan-, Kohle-, Al_2O_3-) Tiegel ein, senkt das mit einem Schutzrohr bewehrte Thermcelement oder Widerstandsthermometer nach Vor-

---

[1] Luftgesättigtes Eis schmilzt um 0,007 bis 0,009° höher als luftfreies Eis unter Normaldruck. J. L. THOMAS, Z. Instrkde. **55** (1935), 138.

wärmung (Achtung auf die Temperaturwechselbeständigkeit der Schutzrohre) langsam in die Schmelze ein und läßt dieselbe (eventuell durch entsprechende Regulierung des Ofenwiderstandes) langsam erkalten, wobei man die Temperatur in gleichen Intervallen von je 20 bis 30 Sekunden abliest. Da die Haltezeit unter gleichen Abkühlungsbedingungen proportional der angewendeten Masse ist, arbeitet man mit Mengen von 50 bis 200 g Metall. Das Thermoelement muß mindestens 2 bis 3 cm (besser mehr) tief in die Schmelze eintauchen, um Fehlanzeigen

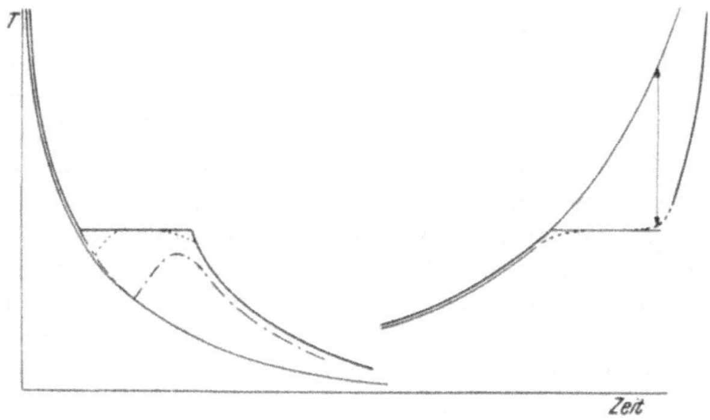

Abb. 59. Abkühlungs- und Erhitzungskurven.

durch die Wärmeableitung der Drähte auszuschließen. Man lasse die Instrumente nie in der Schmelze völlig erkalten, um eine Beschädigung derselben zu vermeiden. Metalle, die sich leicht oxydieren, wie Cd, Zn, Sb, Ag, Cu, schmilzt man in Reinkohletiegeln ein und bedeckt die Schmelze mit reinstem Kohlenstoff. Ohne Beachtung dieser Vorsichtsmaßregeln kann man den Silberschmelzpunkt um 8°, den Kupferschmelzpunkt um 20° zu tief messen (Eutektikum Ag-Ag_2O, bzw. Cu—Cu_2O). Man zeichnet aus den erhaltenen Werten eine Abkühlungskurve, aus der man die genaue Thermokraft (bzw. den Widerstandswert) am Haltepunkt ermittelt.

An Stelle dieser „Tiegelmethode“ wendet man bei der Thermoelementeichung bisweilen die „Drahtmethode“ an[1]: Man schneidet die Schenkel des Thermoelementes an der heißen Lötstelle auseinander und schmilzt ohne Lot ein kurzes Stückchen (etwa 5 mm lang, 0,1 bis 0,5 mm Durchmesser) eines Edelmetalldrahtes

[1] Fr. Hoffmann, Z. f. Phys. 27 (1924), 285.

(Ag, Au, Pd, Pt) dazwischen, erhitzt allmählich im elektrischen Ofen und beobachtet den Augenblick des Durchschmelzens des Eichdrahtes an dem plötzlichen Verschwinden der Thermokraft. Der gesuchte Wert ist der unmittelbar vor dem Durchschmelzen beobachtete.

Eichung mittels Siedepunkten. Man bringt die Meßinstrumente in den beim Sieden entwickelten *Dampf*, da die Temperatur der Flüssigkeit infolge von Überhitzungserscheinungen (besonders bei reinen, gasfreien Flüssigkeiten) stets erhebliche Schwankungen zeigt. Der Dampf darf weder durch zu heiße Wandungen überhitzt, noch durch zu kalte Wände zu rasch kondensiert werden. Abb. 60 zeigt einen nach diesen Gesichtspunkten gebauten Wassersiedeapparat. An dem Manometer ist der Überdruck des strömenden Dampfes abzulesen, der bei der Berechnung des Siedepunktes zu berücksichtigen ist. Abb. 61 zeigt einen Schwefel- (Naphthalin-) Siedeapparat, der aus einem 50 bis 60 cm langen, zirka 5 cm weiten Glasrohr besteht, das mit einem Heizmantel umgeben ist, dessen Temperatur man mittels eines Thermoelementes einige Grade unter dem betreffenden Siedepunkt einstellt. Die siedende Flüssigkeit muß im Rohr höher stehen als die Asbestscheibe S, um eine Wärmeeinstrahlung durch die Flamme auszuschließen. Das zu eichende Meßgerät umgibt man mit einem Strahlungsschutz aus Aluminium oder Eisen, in dem sich einige Löcher befinden. Asbestscheiben verhindern oberhalb der Kondensationszone das Verdampfen der Substanz. Bei richtiger Einstellung muß man das Thermometer vertikal zirka 10 bis 15 cm verschieben können, ohne daß eine Änderung der Temperaturanzeige erfolgen darf. Um ein Zerspringen der Röhre bei neuerlichem Anheizen zu vermeiden, neigt man sie so weit, daß die erstarrende Schmelze nirgends den ganzen Querschnitt erfüllt.

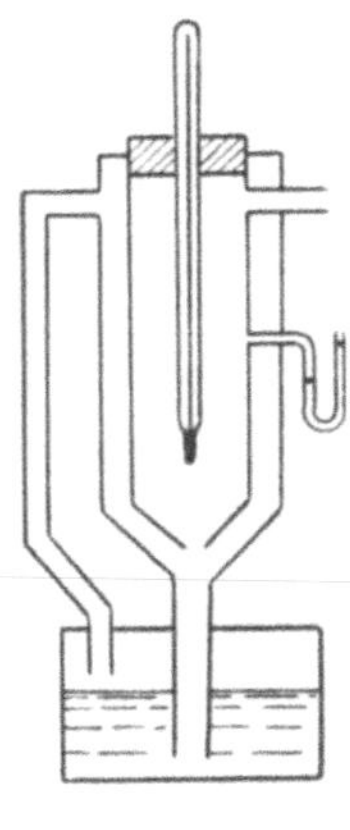

Abb. 60. Dampfmantel zur Bestimmung des Siedepunktes des Wassers.

Aufstellung von Eichkurven. Für Thermoelemente kann man die Formel $\vartheta = at + bt^2 + ct^3$ benützen, wobei man die Konstanten a, b, c durch Bestimmung der Thermokraft ϑ bei drei Eichtemperaturen berechnet. Gewöhnlich stellt man sich aus den Eichdaten eine Eichkurve her, wobei man Zwischenwerte, wie folgt, interpoliert: In einer Hilfskurve stellt man die Funktion $\frac{\vartheta}{t} = \operatorname{tg}\alpha$

in Abhängigkeit von der Temperatur t dar und berechnet Zwischenwerte aus den tgα-Werten dieser (sehr flachen) Kurve nach $\vartheta_x = \mathrm{tg}\alpha_x \cdot t_x$. Mit den so erhaltenen neuen Werten berechnet man am zweckmäßigsten die Abweichungen der Kurve von einer

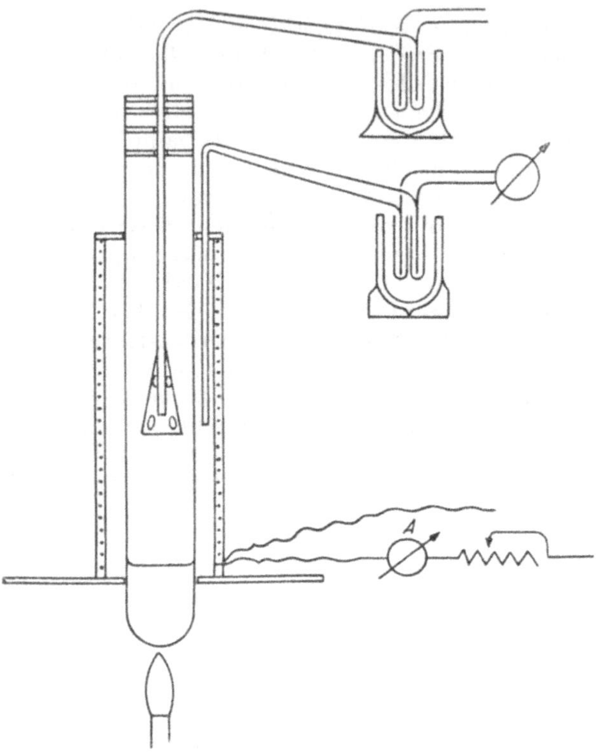

Abb. 61. Schwefel-Siedepunktapparat.

linearen Beziehung und trägt diese in eine „reduzierte Eichkurve" ein. So können wir die Thermokraft durch die Funktion $t = \alpha \cdot \vartheta + \Delta$ darstellen, wobei Δ die Abweichung bedeutet, die für zwei Temperaturen (z. B. 0^0 und dem Höchstwert) gleich Null gesetzt wird. Die Rechnung sei an dem Beispiel der Eichung eines Eisen-Konstantan-Thermoelementes erläutert:

Eisen-Konstantan-Element, POGGENDORFsche Kompensationsschaltung, Temperatur der kalten Lötstelle $0{,}00^0$, Meßgenauigkeit $\pm 1 \cdot 10^{-6}$ V.

Eichpunkte: F. P. Sn 231,9° C = 12,404 ± 0,002 mV
K. P. S 756 Torr, K. P. = 444,24° C =
= 24,029 ± 0,003 mV
F. P. Sb 630.5° C = 34,476 ± 0,005 mV

Mittels dieser Fixpunkte berechnet man die $\frac{\vartheta}{t}$ Werte, mit denen man die Hilfskurve zeichnet:

	$\frac{\vartheta}{t} \cdot 100$
231,9°	5,349
444,24°	5,419
630,5°	5,468

Aus dieser Hilfskurve lassen sich beliebig viele Zwischenpunkte interpolieren, die man zur Anlage einer genauen Eichkurve verwenden kann.

Will man eine reduzierte Eichkurve aufstellen, so setzt man in der Funktion

$$t = \frac{630{\cdot}5}{34{\cdot}476} \cdot \vartheta + \varDelta \quad \text{für } t = 0^0$$

und t = 630,5° $\varDelta = 0$ und berechnet für eine Reihe von Temperaturen die Abweichungen, die in der tieferstehenden Tabelle 11 zusammengefaßt sind und die man am besten in Form einer Kurve (Abb. 62) auswertet.

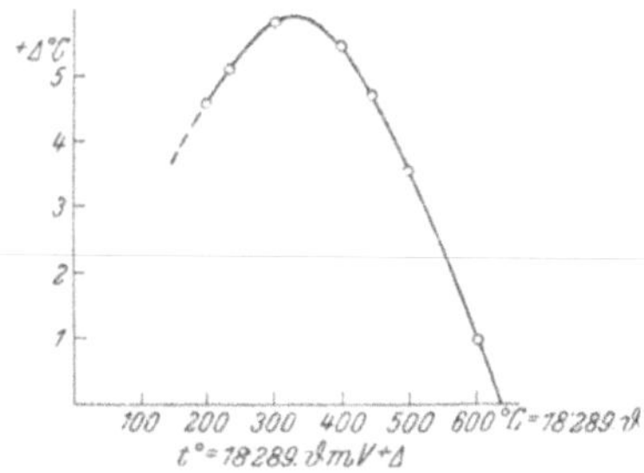

Abb. 62. Reduzierte Eichkurve zu einem Thermoelement.

Tabelle 11.

t^0 C	ϑ mV	$t = \frac{630{\cdot}5}{34{\cdot}476} \cdot \vartheta$	$\varDelta^0$ C
0°	0	0	± 0
200	10,687	195,45	+ 4,55
231,9	12,404	226,85	+ 5,1
300	16,093	294,2	+ 5,8
400	21,579	394,6	+ 5,4
444,24	24,029	439,45	+ 4,79
500	27,141	496,4	+ 3,6
600	32,753	599,0	+ 1,0
630,5	34,476	630,5	+ 0

In ähnlicher Weise kann man bei der Aufstellung von Eichkurven für Widerstandsthermometer[1] vorgehen, wobei man die Funktion $t = \alpha + \beta \cdot W + \Delta$ bildet.

Strahlungspyrometer. Auf Grund der Strahlungsgesetze ergeben sich drei Möglichkeiten der Temperaturmessung. a) Die *Gesamtstrahlungspyrometer* beruhen auf dem STEFAN-BOLTZMANNschen Gesetz $E_T = \sigma \cdot T^4$ und messen die der 4. Potenz der absoluten Temperatur proportionale Gesamtstrahlung E_T mittels eines äußerst dünnen Vakuumthermoelementes. Das Ardometer (Abb. 63a) ist ein bekannter Vertreter dieser Type, die hauptsächlich für standortfesten Einbau mit Fernanzeige Anwendung

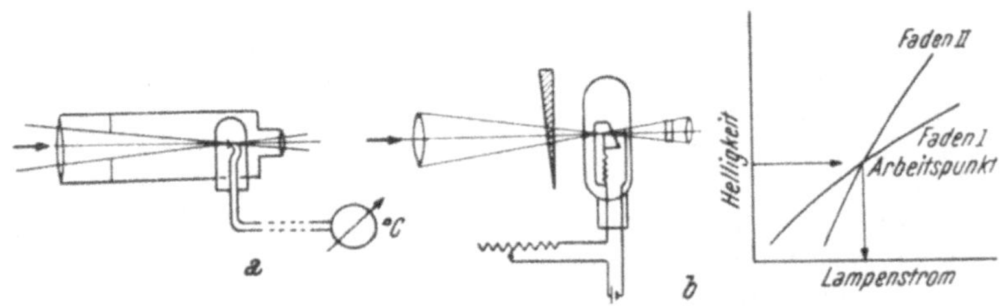

Abb. 63. *a* Schema des Ardometers.
b Schema des Kreuzfadenpyrometers.

findet. Wie die schematische Zeichnung zeigt, fällt die Strahlung, durch eine Linse konzentriert, auf ein Vakuumthermoelement, das zur Absorption der Strahlung eine geschwärzte Platinfolie trägt. Das Instrument ist als Fernrohr gebaut; das Thermoelement befindet sich in der Blendenebene des Okulars, so daß man genau auf das strahlende Objekt einstellen kann (dessen Bild noch allseitig um den Strahlungsempfänger sichtbar sein muß). b) Die *Teilstrahlungspyrometer* beruhen auf dem WIEN-PLANCK-RUBENSschen-Strahlungsgesetz $E_{\lambda,T} = \frac{h c^2}{\lambda^5} \cdot \frac{1}{e^{\frac{h c}{\lambda k T}} - 1}$ wobei $E_{\lambda,T}$ die Teilstrahlungsenergie bei der Wellenlänge λ und der absoluten Temperatur T, h das PLANCKsche Wirkungsquantum, e die Lichtgeschwindigkeit, k die BOLTZMANNsche Konstante bedeuten. Die Temperaturmessung bei den Teilstrahlungspyrometern beruht auf dem photometrischen Vergleich des strahlenden Objektes mit einer

---

[1] Vergl. F. HENNING, Ann. d. Phys. (4) **40** (1913) 635—667. HENNING u. OTTO Phys. Z. **37** (1936) 601, 639, MOSER Ann. Phys. **1** (1929) 341; **6** (1930) 322.

genau definierten Vergleichslichtquelle in einem engbegrenzten Spektralbereich (~ 6600 Å). Mit den Gesamt- und Teilstrahlungspyrometern wird die „schwarze Temperatur“ t_s des Körpers ermittelt; das ist jene Temperatur, bei der ein ideal schwarzer Körper gleiche Strahlungsintensität (im betrachteten Spektralbereich) besitzt wie der Meßkörper. Die wahre Temperatur t_w liegt, je nach dem spektralen Emissionsvermögen e des Meßkörpers[1], unter Umständen wesentlich höher, wie aus dem Diagramm, Abb. 64, hervorgeht. Die spektralen Emissionskoeffizienten einer Reihe von Stoffen sind in Tabelle 12 zusammengestellt.

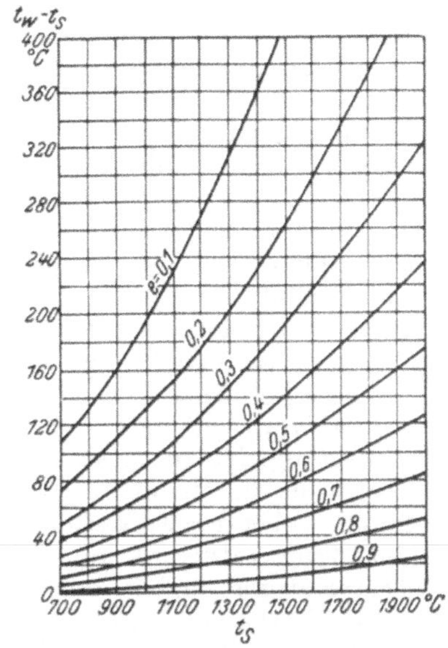

Abb. 64. Strahlungskorrektur ($t_w - t_s$), die zur schwarzen Temperatur t_s zugezählt werden muß, in Abhängigkeit von dem Emissionsvermögen e (6500 Å).

Die bekanntesten Instrumente dieser Art sind das Glühfadenpyrometer von HOLBORN-KURLBAUM und das Kreuzfadenpyrometer. Bei ersterem wird die Heizstromstärke eines geeichten

Tabelle 12.

	Emissionskoeffizienten e_λ für $\lambda = 6500$ Å		
Ag	0,04	flüssiges Eisen	
Cu	0,10	mit Oxydhaut	0,9 bis 0,95
Au	0,14		
Pt	0,33	fließendes Eisen	
Ni	0,36	im Abstich	0,5
Fe	0,37		
W	0,46	feuerfeste Steine	0,6 bis 0,9
TiO_2	0,52		
ThO_2	0,57		
Fe_3O_4	0,88		
C	0,95		

[1] Int. Crit. Tab. Bd. V, S. 242. — K. GUTHMANN, Stahl u. Eisen 56 (1936), 481.

Glühfadens, der sich in der Okularblendenebene eines Fernrohres befindet, so lange verändert, bis das scharfe Fadenbild in dem anvisierten strahlenden Körper gerade verschwindet. Mittels Rotfilters wird im dunklen Rot (~ 6500 Å) gemessen. Die Skala des Heizstrommessers ist direkt in „schwarzer Temperatur" geeicht. Das Kreuzfadenpyrometer[1] vermeidet das teuere Meßinstrument durch folgenden Kunstgriff: Im Gesichtsfeld befinden sich (Abb. 63b) zwei Glühfäden aus verschiedenen Metallen, daher verschiedener Charakteristik. Durch Variation des gemeinsamen Heizwiderstandes kann man den Punkt genau einregulieren, an dem beide Fäden gleich hell glühen; dadurch ist die Glühfadentemperatur genau definiert. Die Strahlung des anvisierten Gegenstandes wird mittels Graukeils soweit geschwächt, daß das Glühfadenbild eben verschwindet. Die Temperatur wird an der Stellung des Graukeils abgelesen.

Das Halbschattenpyrometer von Wanner führt die Photometrierung der zu messenden Strahlung gegen eine Vergleichslichtquelle in einem König-Martensschen-Polarisationsapparat durch, wobei der Einstellungswinkel des Analysators eine eindeutige Temperaturfunktion ist. Einstellwinkel und dazugehörige Temperaturen sind in einer Tabelle zusammengestellt.

Die *Farbpyrometer* beruhen auf dem Wienschen Verschiebungsgesetz $\lambda_{max} \cdot T = \text{const}$; $E_{\lambda\,max} = \text{const} \cdot T^5$, wobei die „Farbtemperatur" eines strahlenden Körpers gemessen wird. Unter „Farbtemperatur" versteht man diejenige Temperatur eines schwarzen Strahlers, bei welcher dieser in derselben *Farbe* erscheint, als der zu messende Körper. Die Farbe ist, unabhängig von der Intensität, durch das Verhältnis der Grundfarben X : Y : Z eindeutig definiert (Joung-Helmholtz-Theorie). Die besonderen Vorteile der Farbpyrometrie liegen in dem Umstand, daß man auch durch gleichmäßig absorbierende Schichten (Dampf, Rauch) richtig messen kann, während die Verfahren, die auf Intensitätsmessung beruhen, versagen. Bei schwarzen und grauen Strahlern ist die

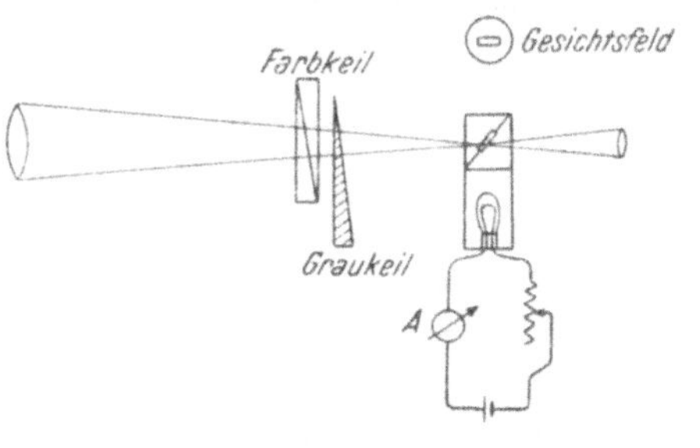

Abb. 65. Schema des Farbpyrometers Bioptix.

[1] Meßtechnik 7 (1931), 113.

Farbtemperatur genau gleich der wahren Temperatur; bei Metallen liegt sie, infolge der Zunahme der spektralen Emission im kurzwelligen Gebiet, etwas über der wahren Temperatur [z. B. Wolfram: wahre Temperatur 2000° C, Farbtemperatur 2033° C, schwarze Temperatur (e = 0,46) 1825° C]. Abb. 65 zeigt schematisch den Aufbau des Farbpyrometers „Bioptix[1]": Die Strahlung des zu messenden Körpers wird mittels eines Komplementärfarbenkeiles in ein rot-grünes Mischlicht zerlegt, das bei bestimmter Keilstellung weiß erscheint. Durch Verschiebung des Farbkeiles läßt sich das Verhältnis der Farbintensitäten rot : grün meßbar ändern. Um die Einstellung besser durchführen zu können, vergleicht man das Mischlicht mit dem Licht einer geeichten, mit vorgeschriebener Heizstromstärke glühenden Vergleichslampe und liest die Farbtemperatur an der Stellung des Farbkeiles ab. Mittels Graukeils ist ferner die Bestimmung der schwarzenTemperatur möglich. (Einstellen des anvisierten Strahlers auf gleiche Helligkeit mit der Vergleichslichtquelle; die schwarze Temperatur wird an der Einstellung des Graukeiles abgelesen.)

Eine primitive Art der Farbpyrometrie ist die Schätzung von Glühtemperaturen nach Tabelle 13.

Tabelle 13.

Beginnende Rotglut	525
Dunkelrotglut	700
Kirschrotglut	800
Hellrotglut	900—950
Gelbglut	1100
Weißglut	1300
Strahlende Weißglut	> 1500

Flammentemperaturen lassen sich bei nichtleuchtenden Flammen mittels der Methode der Umkehr der Spektrallinien bestimmen[2]. Temperaturen an Maschinen, Apparaten usw. lassen sich mittels photographischer Infrarot-Temperaturmessung[3] sowie mittels der Thermokolormethode[4] annähernd bestimmen.

---

[1] Pyrowerk Hannover; K. Guthmann, Arch. techn. Mess. V, 217—7. Vgl. H. Schmidt, Z. techn. Phys. **23** (1942), 88.

[2] Vgl. G. Rosenthal, Arch. Techn. Mess. V (1942), 2163—2.

[3] P. Neubert, Arch. Techn. Mess. **63** (1936), T 114—5.

[4] F. Penzig, Z. V. D. I. **83** (1939), 69.

VIII. Vakuumtechnik[1].

Die Verwendung niederer Drucke ist ein oft angewendetes Verfahren, um z. B. Umsetzungen unter möglichst reinen Versuchsbedingungen durchzuführen. Neben der Wasserstrahlpumpe, die von BUNSEN erfunden wurde, bedient man sich zur Erzeugung höherer Vakua der rotierenden Ölpumpen, der Dampfstrahlpumpen, Diffusionspumpen sowie zur Erzeugung höchster Vakua der Adsorption der Gasreste an großoberflächige Stoffe bei der Temperatur der flüssigen Luft. Speziell zum Auffangen abgesaugter Gase verwendet man

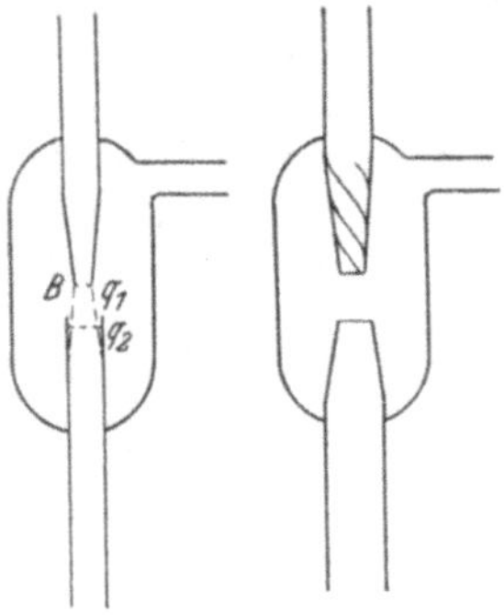

Abb. 66. Wasserstrahlpumpen.

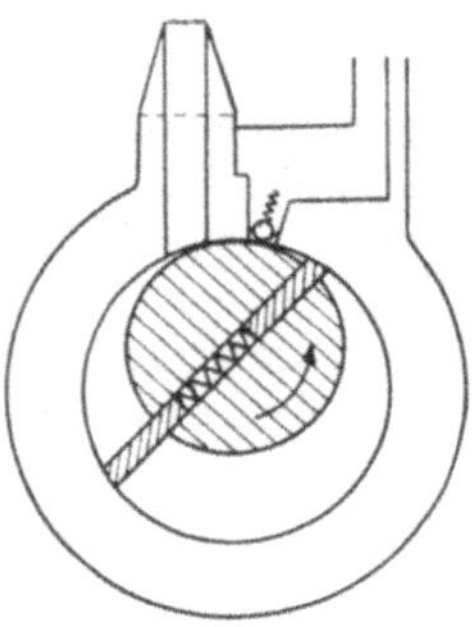

Abb. 67. Rotierende Ölluftpumpe.

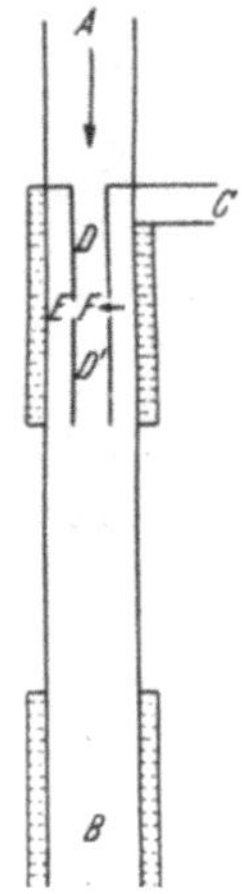

Abb. 68. Prinzip der Diffusionsluftpumpe.

die TÖPLER-Pumpe oder deren Abarten. Die theoretisch interessante Molekularluftpumpe von GAEDE hat keine praktische Bedeutung erlangt.

Die Wirkungsweise der *Wasserstrahlpumpe* beruht auf dem Staudruck des Wasserstrahles bei B (Abb. 66); im Inneren des freien Strahles wird dadurch ein Unterdruck erzeugt, der auf die

[1] A. GOETZ, Physik u. Technik des Hochvakuums. Braunschweig 1926. — WIEN-HARMS, Handb. der Experimentalphysik, Bd. IV (W. GAEDE). — GEIGER-SCHEEL, Handb. d. Physik, Bd. II (H. Ebert). — G. MÖNCH, Vakuumtechnik im Laboratorium. Weimar 1937. — E. JUSTI, Elektrotechn. Z. **64** (1943), 285; Glas u. Apparat **25** (1944), 1. — H. EBERT, Die Physik in regelm. Berichten **8** (1940), 11—16. — W. ESPE u. M. KNOLL, Werkstoffkunde der Hochvakuumtechnik. Berlin 1936. — J. STRONG, Procedures in experimental Physics, New York 1938.

umgebende Luft eine Saugwirkung[1] ausübt. Besonders gute Saugwirkung wird durch gutes Aufspalten des Strahles mittels einer schraubig gedrehten Staudüse erreicht. Da das Verhältnis der Querschnitte $q_2 : q_1$ dem Betriebsdruck numerisch ungefähr gleich sein soll, kann man automatisch regulierende, bei sinkendem Betriebsdruck nicht zurückschlagende Pumpen durch Einbau eines sich nach oben konisch verjüngenden Ausflußrohres herstellen. In die Saugleitung schaltet man zweckmäßig ein Rückschlagventil ein. Wasserstrahlpumpen haben in guter Ausführung eine Saugleistung von 0,5 bis 2 m^3/h und geben ein Vakuum von zirka 10 bis 16 Torr, entsprechend der Tension des Pumpenwassers.

Bei den *Dampfstrahlpumpen*[2] strömt der Dampf mit großer Geschwindigkeit aus einer Düse aus und stürzt samt dem mitgerissenen Gas in eine zweite „Staudüse". Die Güte des Vakuums wird durch die Wucht, mit welcher der Dampf in die Staudüse eintritt, und damit durch die Größe der Kompression bedingt. Sehr bequem ist die von der Firma E. Leybolds Nachf. in den Handel gebrachte *Wasserdampfstrahlpumpe*, die in Verbindung mit einer gewöhnlichen Wasserstrahlpumpe zur Erzeugung des Vorvakuums, ein Vakuum von zwei Torr erreicht. Dieselbe hat sich besonders dort ausgezeichnet bewährt, wo aggressive Gase und Dämpfe angesaugt oder Lösungen schonend eingedampft werden müssen und die Wasserstrahlpumpe wegen ihres zu geringen Vakuums nicht ausreicht. Die von der gleichen Firma vertriebene Chemikerpumpe sowie die „Gasballastpumpe" (rotierende Ölluftpumpen), die ebenfalls für die genannten Zwecke Anwendung finden, sind im Betrieb teurer und nicht so unempfindlich.

Zur Erreichung höherer Vakua verwendet man meist „*Diffusionspumpen*", die ein Vorvakuum benötigen, das man zweckmäßig mit einer rotierenden *Ölluftpumpe* herstellt. Das Prinzip dieser Ölpumpen ist aus Abb. 67 ersichtlich: In einem runden Gehäuse dreht sich eine Walze, in der zwei Stahlschieber radial verschiebbar durch eine Feder an die Innenwand des Gehäuses gedrückt werden. Beim Rotieren der Walze wird die Luft aus dem Rezipienten angesaugt und über ein Ventil nach außen befördert. Das erreichbare Vakuum beträgt bei einstufigen Pumpen 0,1 bis 0,01 Torr; bei zweistufigen Pumpen bis zu 10^{-5} Torr (z. B. Röntgen-Ölluftpumpe von A. Pfeiffer, Wetzlar). Die Saugleistung beträgt bei den einstufigen Pumpen 2 bis 100 m^3/h,

[1] L. Ostermeier, Chem. Ztg. **67** (1943), 36, Drucklufterzeugung mittels Wasserstrahlpumpe.

[2] W. Gaede, Z. Techn. Phys. **4** (1923), 368.

bei den zweistufigen 2 bis 5 m^3/h, je nach der Größe. Bei dem Betrieb der rotierenden Ölluftpumpen ist sorgfältigst darauf zu achten, daß das Öl nicht durch Wasser, Säuredämpfe, Lösungsmitteldämpfe oder feste Partikelchen (Glassplitter bei zu Bruch gehenden Apparaturen) verunreinigt wird. Sind feste Teilchen in die Pumpe gelangt, so muß sie sofort auseinander genommen, gründlich gereinigt, und das Öl filtriert werden. Die Saugleistung der rotierenden Ölluftpumpen nimmt bei abnehmendem Druck sehr stark ab; die der Diffusionspumpen zu, so daß man gewöhnlich mit der Kombination Diffusionspumpe — rotierende Ölpumpe arbeitet.

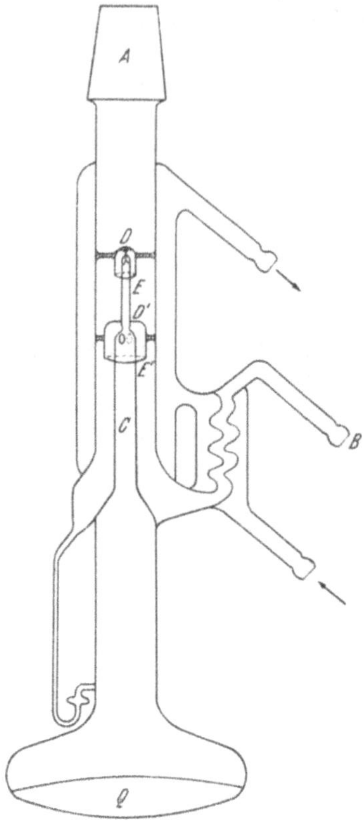

Abb. 69. Volmer-Pumpe.

Die Arbeitsweise der Diffusionsluftpumpen ist aus Abb. 68 ersichtlich; der Dampf wird bei *A* zugeleitet, strömt über *F* nach *B*, wo er an der gekühlten Wand kondensiert wird. Das bei *C* eintretende, zu evakuierende Gas diffundiert gegen den schweren Quecksilberdampf bei *F* und wird in das Vorvakuum mitgerissen. Die Dampfrohre *D D'* stehen sich so eng gegenüber, daß der Austritt des Dampfes durch den Spalt *F* gegen die gekühlte Wand *E* ausreichend gesperrt ist. Abb. 69 zeigt die Ausführungsform einer zweistufigen Quecksilberdiffusionspumpe nach Volmer. *A* führt zum Hauptvakuum, *B* zum Vorvakuum; die Pfeile bezeichnen den Kühlwasserzu- und -abfluß. Der bei *Q* entwickelte Dampf strömt im Rohr *C* hoch und tritt unter den Glocken *D* und *D'* nach abwärts aus, nimmt dabei bei *E* und *E'* das in *A* befindliche Gas mit. Die Unterteilung des Pumpaktes in mehrere Stufen (*Stufenstrahlpumpe*) ermöglicht die Anwendung höherer Drucke in Vorvakuum. So kann das beschriebene Modell bereits mit dem Vorvakuum, das eine gute Wasserstrahlpumpe liefert, betrieben werden. In diesem Falle empfiehlt es sich — da die

Diffusionspumpen um so besser arbeiten, je geringer das Vorvakuum ist —, ein größeres Vorvakuumgefäß aus Glas oder besser aus Metall so anzuschalten, daß dieses durch entsprechende Hahnstellungen mit der Wasserstrahlpumpe, bzw. mit der Diffusionspumpe evakuiert werden kann. Der so erreichte niedere Druck dient durch Umschalten als Vorvakuum, das durch ein kleines abgekürztes Manometer kontrolliert wird (Abb. 69).

An Stelle der Quecksilberdiffusionspumpen treten im Laboratorium in steigendem Maße *Öldiffusionspumpen*, die vor jenen eine Reihe von Vorteilen haben: Die Pumpenöle stoßen beim Sieden nicht[1]. Das Endvakuum ist *ohne* flüssige Luftkühlung besser als dasjenige der Quecksilberpumpen *mit* flüssiger Luftkühlung; mit in flüssiger Luft gekühlter A-Kohle erreicht man Vakua bis $5 \cdot 10^{-8}$ Torr. Schließlich ist der Vorteil nicht zu unterschätzen, daß die Verwendung des sehr giftigen Quecksilbers vermieden wird, welches beim Zubruchgehen der heißen Pumpe oder beim Reinigen derselben Anlaß zu Vergiftungen geben kann. Da die heißen Pumpenöle oxydationsempfindlich sind, hat man mit höherem Vorvakuum (0,05 bis max. 0,1 Torr) zu arbeiten. Die Öldiffusionspumpen benötigen eine genau einzuhaltende Heiztemperatur (bei zu geringer Heizung schwache Saugleistung, bei zu starker Heizung Zersetzung des Pumpenöles unter Gasabgabe) und werden deshalb nur mit elektrischer Heizung ausgestattet. Hervorragende Eigenschaften als Pumpenöle haben die Silicone[2] (vgl. S. 117) der Dow Corning Corp., die thermisch sehr resistent und bei der Arbeitstemperatur der Pumpe sauerstoff- und wasserunempfindlich sind. Man erreicht ohne Flüssigeluft-Falle Vakua von $5 \cdot 10^{-8}$ Torr.

Falls man Gasproben absaugen und quantitativ weiter zu verarbeiten hat, bedient man sich der nach STOCK modifizierten TÖPLER-Pumpe[3] oder der Pumpenanordnung nach PETERS[4], die in Abb. 70 dargestellt ist, und deren Funktion näher erläutert werden soll: Die dreistufige Quecksilberdiffusionspumpe a ist mittels Normalschliff 1 und mindestens 18 bis 15 mm weiten Glasröhren an die

[1] Nach N. K. ADAM u. E. W. BALSON, J. chem. Soc. (London), 1941, 620, vermeidet man das Stoßen von sehr reinem Quecksilber, wenn man bei Zimmertemperatur einige hundert ml Schwefelwasserstoff durch die Pumpe leitet.

[2] GORDON P. BROWN Rev. Sci. Instr. **16** (1945) 316.

[3] A. STOCK, Z. Elektroch. **23** (1917), 36; Ber. **53** (1920), 753.

[4] K. PETERS, Chem. Fabr. **10** (1937), 292, Z. angew. Ch. **41** (1928), 510.

Vakuumapparatur angeschlossen. In folgendem sollen in Klammern jeweils die *geöffneten* Hähne angegeben werden: 1. Zum Evakuieren eines Apparates ohne Ansammlung der abgepumpten Gase wird bei Hahn 4 (Vorvakuum VV) eine Ölkapsel- (oder

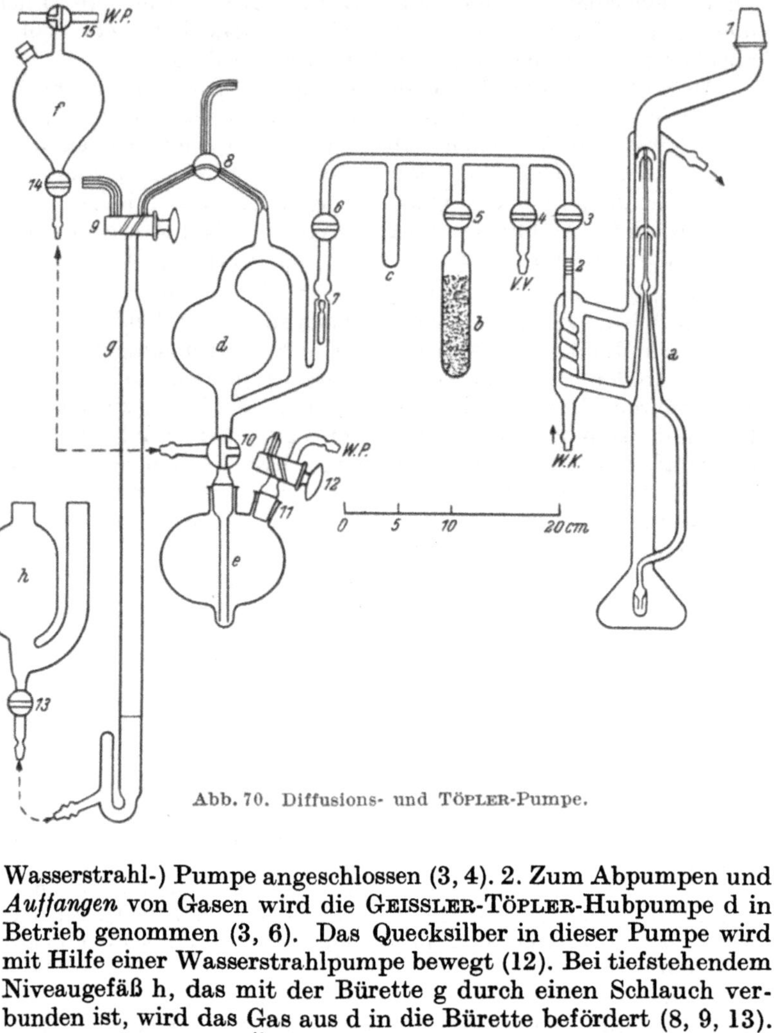

Abb. 70. Diffusions- und TÖPLER-Pumpe.

Wasserstrahl-) Pumpe angeschlossen (3, 4). 2. Zum Abpumpen und *Auffangen* von Gasen wird die GEISSLER-TÖPLER-Hubpumpe d in Betrieb genommen (3, 6). Das Quecksilber in dieser Pumpe wird mit Hilfe einer Wasserstrahlpumpe bewegt (12). Bei tiefstehendem Niveaugefäß h, das mit der Bürette g durch einen Schlauch verbunden ist, wird das Gas aus d in die Bürette befördert (8, 9, 13). Es kann dabei unter Überdruck gebracht werden, indem man die Verbindung mit dem quecksilbergefüllten Niveaugefäß f herstellt

(10⊥, 14, 15⊣). Mit Hilfe des Wasserstrahlvakuums wird von Zeit zu Zeit ein Quecksilbervorrat von e nach f hochgesaugt (10⊤, 14, 15⊢). In der Bürette g wird das Gas gemessen und kann durch Umstellen von 9 und Hochheben von h zu weiterer Verwendung entnommen werden. 3. Das mit Aktivkohle gefüllte Rohr b, das vorher bei Ölpumpenvakuum (5, 4) einige Zeit auf 400° erhitzt wurde, wird mit flüssiger Luft gekühlt. Feuchtigkeit oder sonstige kondensierbare Dämpfe, die in irgendeinem Teil der Apparatur einschließlich Pumpe d und Bürette j vorhanden sind, werden durch die gekühlte Aktivkohle adsorbiert. An Stelle der Ölpumpe, als Vorvakuum für die Diffusionspumpe benützt, bewirkt die Aktivkohle eine wesentliche Abkürzung der Zeit, die zum Auspumpen eines Apparates bis zum äußersten Hochvakuum erforderlich ist. 4. Sollen nur *kondensierbare* Gase gesammelt werden, so wird das mit flüssiger Luft gekühlte Röhrchen C als Vorvakuum benützt. Nach Erwärmen auf Zimmertemperatur können die gasförmigen Bestandteile des Kondensates über d nach g gebracht werden (6, 8, 9). 5. Sollen Gase im *Kreislauf* (bis maximal 30 Torr) durch Apparaturen gepumpt werden, so sind diese bei 8 und l anzuschließen. Durch Umstellen von 8 und Betätigen der Pumpe cd können jederzeit Gasproben entnommen werden. Weitere Anwendungsmöglichkeiten des Pumpenaggregats sind in der genannten Arbeit nachzulesen. Die Diffusions- und Dampfstrahlpumpen benötigen zur Kondensation der Dämpfe *Kühlwasser*, dessen Durchflußgeschwindigkeit so zu regeln ist, daß die Austrittstemperatur nur unwesentlich über der Eintrittstemperatur liegt. Bei lange andauernden Versuchen ist es empfehlenswert, die Vakuumanlage gegen ein Versagen der Kühlwasserzufuhr zu sichern. Abb. 71 zeigt ein Wasserstrom-Minimumrelais für Gas und bei sinngemäßer Abänderung für elektrische Heizung: Das Kühlwasser strömt durch eine kleine

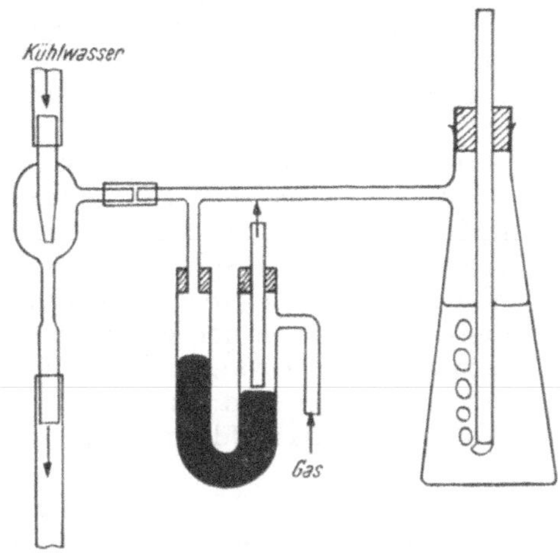

Abb. 71. Wasserstrom-Minimumrelais für Gasheizung.

Wasserstrahlpumpe; ein bestimmter Unterdruck wird durch die Eintauchtiefe des Glasrohres in einer Art MARIOTTEschen Flasche aufrechterhalten; dieser hält den Gasdurchgang durch das Quecksilber-Gasrelais offen[1]. Bleibt die Wasserzufuhr aus, so schließt sich das Relais. Eine andere einfache Einrichtung für elektrische Heizung beschreibt SEILER[2]. Dieselbe besteht aus einem Wassergefäß (mit einem Loch am Boden), das an einem Waagebalken aufgehängt ist. Das Gefäß wird vom Kühlwasser gespeist und ist bei normalem Wasserstrom voll. Bleibt der Wasserzufluß aus, so entleert es sich, der Waagebalken kippt um und schaltet über einen Quecksilberschalter den Heizstrom aus und ein Alarmsignal ein. Ein Fritten-Rückschlag- und -Sicherheitsventil beschreibt HEIN[3].

Ausfriertaschen und Trockengefäße. In den meisten Fällen wird man den Quecksilberdampf bei Hochvakuumarbeiten durch Ausfrieren mit flüssiger Luft (oder für geringere Ansprüche mit Kohlensäureschnee-Spiritus) entfernen. Da man nach ANGERER beim Ausfrieren auch mit flüssiger Luft(!) bei Anwesenheit von Spuren von Eis in der Ausfriertasche ein unzureichendes Hochvakuum erhält, wird man die Kühlung erst nach erfolgter Evakuierung vornehmen und für gute Trocknung der Apparatur Sorge tragen. Die Dampfdrucke sind in Tab. 14 zusammengestellt[4].

Tabelle 14.

	Hg	H_2O	CO_2
+ 20°	$1{,}2 \cdot 10^{-3}$ Torr	17,53	—
0°	$1{,}9 \cdot 10^{-4}$	4,56	—
— 80°	$2 \cdot 10^{-9}$	10^{-9}	—
— 190°	(10^{-27}?)	10^{-16}	10^{-2}

Bei der Kühlung mit Kohlensäureschnee treten Kondensationsverzüge auf, die aufgehoben werden, sobald sich im Ausfriergefäß ein feiner Quecksilberbelag gebildet hat. Die „Ausfriertasche" (Abb. 72a mit Innenkühlung, b mit Außenkühlung) muß so angebracht werden, daß in die zu evakuierende Apparatur keine Queck-

[1] W. BURSTYN, Z. techn. Phys. 16 (1935), 82.

[2] K. SEILER, Z. techn. Phys. 19 (1938), 283. Siehe auch M. R. ASWATHNARAYANA RAO u. BASRUR SANJIVA RAO. Industr. Engng. Chem. Analyt. Edit. 7 (1935), 377.

[3] F. HEIN, Z. angew. Ch. 40 (1927), 864.

[4] Tabelle bei ANGERER, ergänzt.

silberdämpfe eindringen können. Mit Schliffen auswechselbare Ausfriertaschen aus Duranglas haben sich ausgezeichnet bewährt. In der in Abb. 72 b angedeuteten Ausführung lassen sich die Ausfriertaschen auch bei einer starren Apparatur leicht entfernen und reinigen. Die Schliffe werden mit Picein oder Apiezonwachs eingekittet. Zur *Trocknung* der Apparatur verwendet man Phosphorpentoxyd in einem Trockengefäß nach Abb. 72 c. Stellt man, wie angedeutet, die Schliffachse horizontal, so kann man durch Einlegen einiger Glaskugeln und Drehen des Trockengefäßes um seinen Schliff eine stets reine, nicht verschmierte Oberfläche des Trockenmittels herstellen.

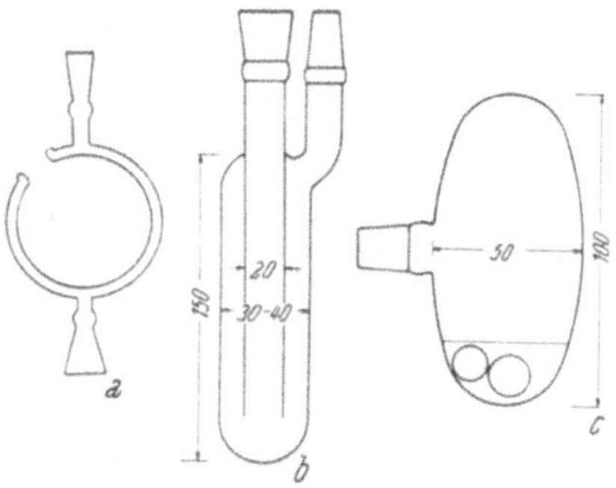

Abb. 72. Ausfrier- und Trockengefäße.

Evakuieren durch Adsorption. Höchste Vakua erhält man durch Adsorption der Gasreste an aktive Kohle oder Silikagel, die vorher entgast und ausgeheizt, nach Verbindung mit dem zu evakuierenden Gefäß auf die Temperatur der flüssigen Luft abgekühlt werden (DEWAR, 1904). Man kann sich bei diesem Verfahren viele, das Vakuum stets verschlechternde Schliffverbindungen ersparen. Man heizt die Kohle (Silikagel) zunächst in einem U-Rohr o. dgl. bei etwa 200° in einem Stickstoffstrom aus, um die erheblichen Mengen von okkludiertem Wasser zu entfernen. Dann füllt man zirka 10 bis 15 gr. in ein an die Vakuumapparatur angesetztes, 20 bis 30 mm weites und etwa 20 cm langes Glasrohr und heizt im Vakuum nochmals 1 bis 2 Stunden bei 300 bis 350° C in einem kleinen elektrischen Ofen aus. Man verwendet A-Kohle oder Silikagel auch in der beschriebenen Weise, um ein, sich in der Apparatur entwickelndes, aggressives Gas zu adsorbieren und so die Pumpe zu schützen. In einem solchen Falle füllt man am besten ein Ausfriergefäß mit dem oberflächenaktiven Stoff. Damit die Saugwirkung der Pumpe die Körnchen der Kohle nicht mitreißt, muß man zwischen Pumpe und Kohlegefäß einen Hahn mit weiter Bohrung anbringen, den man zu Beginn des Evakuierens ganz vorsichtig öffnet. Explosionen beim Springen der in flüssiger Luft (Sauerstoff) gekühlten Kohlegefäße sind nach STEINER[1] darauf

[1] ANGERER, S. 216, Anm. 17.

zurückzuführen, daß die Kohle pyrophores Eisen enthalten kann, das die flüssige Luft-Kohle-Mischung (Oxyliquit!) zur Entzündung bringt. Diese Gefahr wird bei Verwendung von Silikagel vermieden. Die Sorption der Kohle gegenüber verschiedenen Gasen ist selektiv und temperaturabhängig, wie aus Tab. 15 hervorgeht.

Tabelle 15.

Von einer bestimmten Kohle wird das Vielfache ihres Eigenvolumens absorbiert bei	0° C	—183° C
Wasserstoff	4	135
Stickstoff	15	155
Sauerstoff	18	230
Argon	12	175
Helium (Neon)	2	15
Kohlendioxyd	21	190

Vakuumleitungen, Hähne und Schliffe. Die Vakuumleitungen seien so kurz und so weit als möglich. Bei Hochvakuumarbeiten (10^{-6} Torr) soll man nicht unter eine lichte Weite der Rohre von

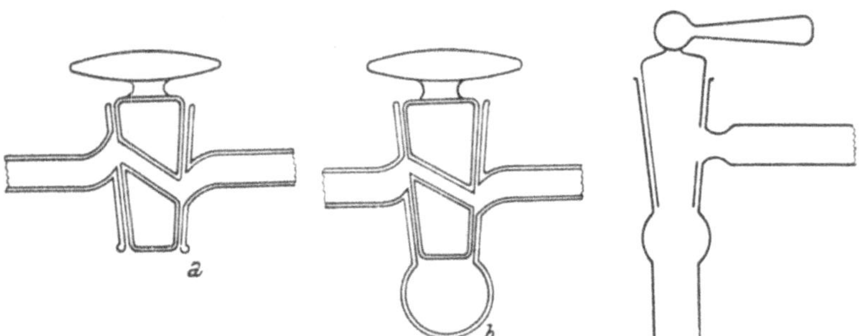

Abb. 73. Vakuumschliffe.

20 bis 15 mm heruntergehen, weil sonst die Saugleistung der Pumpe stark abfällt. Aus dem gleichen Grunde müssen die Bohrungen der Hähne möglichst weit (ca. 10 mm) sein.

Glashähne mit gerader Bohrung werden durch „Rillenleitung" im Schmiermittel leicht undicht, man verwendet besser Glashähne mit schräger Bohrung (Abb. 73 a). Geblasene Hahnküken springen weniger leicht beim Anwärmen, als Küken aus einem vollen Glaskörper. Nach Bergius[1] sind Hähne aus Glassorten verschiedener Härte (Küken aus Jenaer Glas oder Porzellan) dicht; jedenfalls lassen sie sich besser einschleifen und sind, wenn festgebacken, durch Erwärmen leichter zu öffnen. Das Festsetzen von Glasschliffen ist nach FRIEDRICHS[2] auf mechanisches Verklemmen, Verquellen durch Wasserdampf-, Alkali-, Phosphorsäureeinwirkung usw., schließlich auf mechanisches Verkitten zurückzuführen. Im ersten Falle genügt meist ein kurzes Erwärmen der Schliffhülse. In den anderen Fällen führt gewöhnliches Erwärmen meist nicht zum Erfolg; man läßt auf den festsitzenden Schliff kapillaraktive Flüssigkeiten, wie Petroleum oder eine Lösung[3] von 10 Teilen Chloralhydrat, 5 Teilen Glyzerin, 5 Teilen H_2O, 3 Teilen 25%ige HCl, Stunden bis Tage einwirken und versucht, den Schliff durch vorsichtiges Klopfen mit einem Holzstück zu lösen. Festgebackene Schliffe an Kolben lassen sich in hartnäckigen Fällen dadurch lockern, daß man im Kolben Eisessig zum Sieden erhitzt[4].

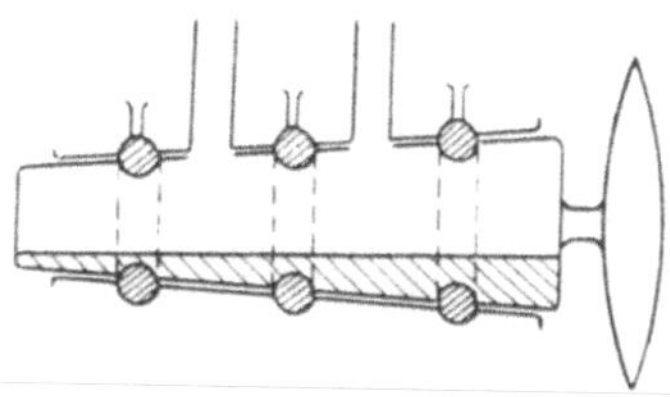

Abb. 74. Hahn mit Quecksilberdichtungen nach CHATTOCK.

Hähne aus Quarzglas halten hohe Temperaturen aus. Sehr empfehlenswert sind Vakuumhähne der Formen Abb. 73b und c, deren Küken allerdings durch den Atmosphärendruck allmählich festgepreßt werden. Hähne mit Quecksilberdichtung[5] (Abb. 74) sollen die Rillenleitung vollkommen verhindern. Diese sowie die STOCKschen *Quecksilberdoppelventile*[6], Abb. 75 (Angaben in Millimetern, Bruchzahlen bedeuten l. W. und äußeren Durchmesser), die mit ungefetteten, eingeschliffenen Glasschwimmern arbeiten, sind dort unerläßlich, wo selbst Spuren von Kohlenwasserstoffen vermieden werden müssen. Die Zuführungsleitungen, Abb. 75, nimmt man vorteilhaft länger und mit kugeligen Erweiterungen, um zu verhindern, daß etwa durchlaufendes Quecksilber unmittelbar in andere Apparatteile gelangt. Beim Schließen des Ventils

---

[1] F. BERGIUS, Z. phys. Chem. 72 (1910), 343.

[2] FRIEDRICHS, Chem. Fabr. 6 (1933), 40.

[3] KINZEL, Chem. Ztg. 50 (1926), 383.

[4] W. SIEDEL, Chem. Techn. 16 (1943), 3.

[5] THIELE u. ECKARDT, Ann. Phys. 4, 6 (1901), 129. — M. BODENSTEIN, Ber. 51 (1918), 1640.

[6] A. STOCK, Z. Elektroch. 23 (1917), 33, Ber. 50 (1917), 993.

durch vorsichtiges Lufteinlassen mittels der Hähne D und F steigt das Quecksilber in dem evakuierten Gefäß hoch und nimmt die Schwimmer mit. Man klopft mit einem gummiarmierten Glasstab auf das Ventil, um die Schwimmer zum richtigen Sitzen zu bringen. Durch Evakuieren bei H (Wasserstrahlpumpe) öffnet man bei gleicher Arbeitsweise das Ventil, welches durch Anwendung von Druckluft (bei G) auch für Arbeiten bei Normaldruck verwendet werden kann.

Dort, wo der größere Strömungswiderstand von Glasfritten (Schott G4)

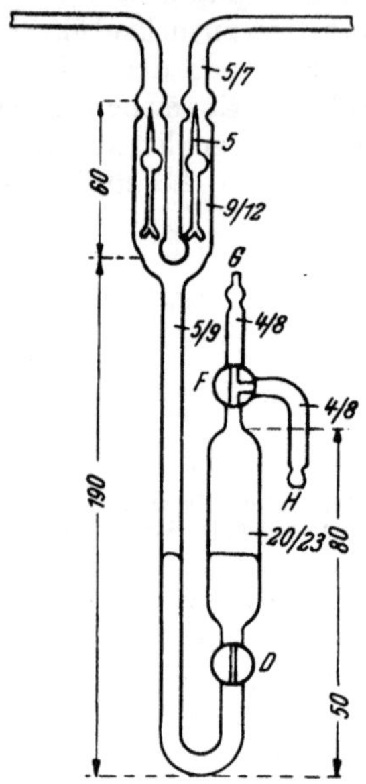

Abb. 75. Quecksilber-Schwimmerventil nach A. STOCK.

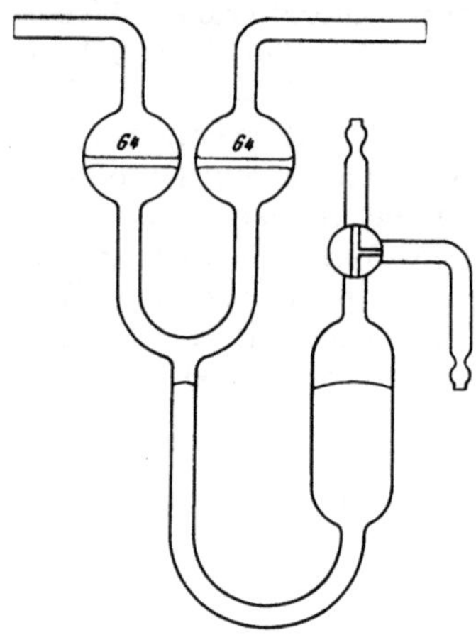

Abb. 76. Frittenventil.

nicht schadet, kann man auch Ventile, etwa in der in Abb. 76 angegebenen Form, benützen. Das Prinzip derartiger Anordnungen geht auf PRYTZ[1] zurück. Ein *Platin*ventil[2] sowie ein fettfreies Glasventil[3] wurden von BODENSTEIN, ein AgCl- Silberventil mit Glasdichtung von CHRIST und BROWN[4] angegeben. MORLEY schließt Glasröhren mittels eines leichtschmelzbaren

[1] K. PRYTZ, Ann. Phys. 4, 18 (1905), 617.

[2] M. BODENSTEIN u. W. DUX, Z. phys. Ch. 85 (1913), 305.

[3] M. BODENSTEIN, Z. phys. Ch. (B) 7 (1930), 387.

[4] H. R. CRIST, F. B. BROWN, Ind. Engng. Chem. Analyt. Edit. 11 (1939), 516.

Metalles (Wood, Rose), das in einer kugelförmigen Erweiterung (Abb. 77d) zum Schmelzen gebracht, und durch Neigen des Rohres in der kapillaren Verengung erstarren gelassen wird.

Müssen Apparaturteile öfter auseinander genommen werden, so verbindet man dieselben mit *Schliffen.* Bei Konusschliffen wird man, wo erhältlich, Normalschliffe verwenden, bei denen

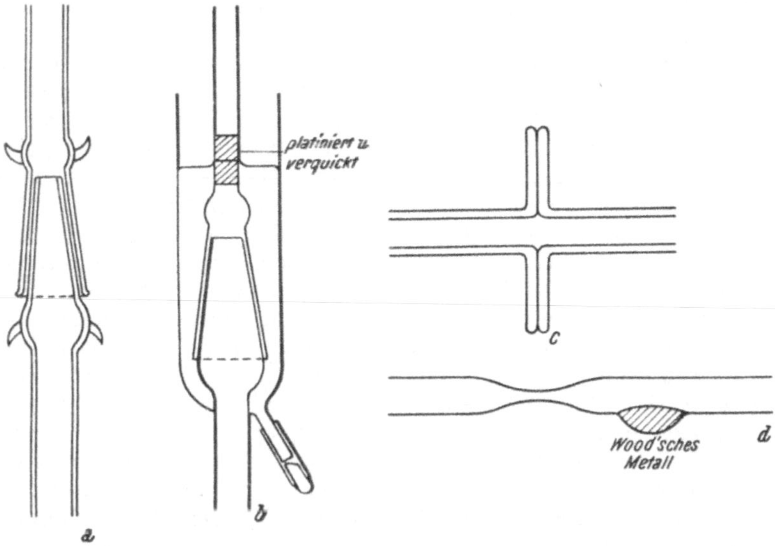

Abb. 77. *a* Kegelschliff, *b* Quecksilberschliff, *c* Tellerschliff, *d* Metallventil.

Hülsen und Kerne der einzelnen Größen vertauschbar aufeinander passen. Waagrechte und hängende Schliffe sichert man durch Spiralfedern (Stahldraht 0,5 mm oder Messingdraht 0,8 mm), die man gespannt in die Glashäkchen, Abb. 77a, einhängt, oder man verwendet zum Befestigen der Federn Schellen, die um die beiden Schliffhälften gelegt werden. Müssen Kohlenwasserstoffe in der Apparatur völlig vermieden werden, so verwendet man Quecksilberschliffe, Abb. 77b, die möglichst hoch gefüllt werden, um ein Hindurchdiffundieren von Luft zwischen dem Quecksilber und dem Glase zu verhindern, oder man platiniert und verquickt die Glasteile, wie in der Abbildung angedeutet. Ein Überschichten des Quecksilbers mit konzentrierter Schwefelsäure usw. unterlasse man, da es beim Reinigen der Apparatur zu Unzuträglichkeiten führt. Um ein Verdampfen des Quecksilbers hintanzuhalten, überschichtet man dasselbe mit Jodkohle, die man vor dem Reinigen, mit einem Glasrohr, das in einen Absaugkolben führt, mittels der Wasserstrahlpumpe absaugt.

Dort, wo Teile einer Apparatur gegeneinander möglichst wenig verschoben werden sollen, sind die von BABO angegebenen Tellerschliffe, Abb. 77 c, sehr angenehm, die man mit Picein oder Siegellack kittet. Über Kugelschliffe berichten RUBENS und HENDERSON[1].

Schmiermittel und Kitte[2]. Hähne und Schliffe müssen mit einem Schmiermittel (Schliffe eventuell mit Schmelzkitt) gedichtet werden. Für Vakuumarbeiten muß der Dampfdruck dieser Substanzen, über den Tab. 16 Auskunft gibt, möglichst gering sein. Für einfachere Arbeiten hat sich RAMSAY-Fett, das durch Zusammenschmelzen von Paraffin, Vaseline und Kautschuk (1:3:7 bis 1 : 8 : 16) hergestellt wird und in den Sorten „weich" und „hart" in den Handel kommt, gut bewährt. Nach ANGERER stellt man RAMSAY-Fett nach folgender Vorschrift her: „Man besorgt einen entsandeten, nicht vulkanisierten Rohgummi (Parafell, Palecrep-Gummi), den man in kleine Schnitzel schneidet. Ein Becherglas wird mit 300 bis 400 g (weißer) Vaseline gefüllt, auf die Dampfheizung gestellt, eine „Handvoll" Schnitzel hineingeworfen und das Glas zugedeckt. Nach zwei bis drei Tagen hat sich der Gummi aufgelöst. Man läßt erkalten und prüft die Konsistenz des Fettes. Wenn es noch zu weich ist, löst man in derselben Weise noch mehr Gummi auf." Längere Zeit in Vakuum im Rundkolben geschmolzen, erniedrigt sich der Dampfdruck von 10^{-4} auf 10^{-5} Torr. Eine andere Vorschrift für ein Hahnfett geben ZINTL und GOUBEAU[3]. Den höchsten Ansprüchen entsprechen die Apiezonfette L, M, N der Apiezon Products Co. DC High Vacuum Grease ist in einem Temperaturbereich von -40^0 C bis $+250^0$ C anwendbar.

Besonders vorteilhaft erweisen sich Picein-Lanolin[4] und für höchste Ansprüche Apiezonwachs M-Apiezonfett-W-Mischungen[5].

---

[1] RUBENS u. HENDERSON, Referat Feinmechanik u. Präzision **48** (1940), 12.

[2] K. MIKSCH, Taschenbuch der Kitte u. Klebestoffe, II. Aufl. 1941. — G. WAGNER, Österr. Chem. Z. **43** (1940), 229. — E. PETZOLD, Chem. Fabr. **1** (1928), 667, 692.

[3] E. ZINTL u. J. GOUBEAU, Z. anorg. Ch. **163** (1927), 112.

[4] ANGERER, l. c.

[5] M. RENNINGER, Z. Instrumkd. (1938), 286.

Tabelle 16.

		Torr	
		20° C	90° C
Hahn- und Schliff-fette	Ramsayfett[1]	10^{-4}—10^{-5}	—
	Apiezonfett N[1]	unmeßbar	—
	Apiezonfett M[1]	10^{-5}	—
	Apiezonfett M, entgast[1]	unmeßbar	$6 \cdot 10^{-6}$
	Apiezonfett L[1]	$5 \cdot 10^{-6}$	—
	Apiezonfett L, entgast[1]	unmeßbar	10^{-7}
	D. C. High Vakuum Grease	10^{-6}	—
Kitt-dichtungen	Weißer Siegellack[1, 2]	10^{-4}—10^{-5}	—
	Picein[1, 2]	3—$4 \cdot 10^{-4}$	—
	Khotinsky-Wax, weich[2]	$20 \cdot 10^{-4}$	—
	Khotinsky-Wax, hart[2]	$12 \cdot 10^{-4}$	—
	Apiezonwachs M[3]	$5 \cdot 10^{-7}$	—
	Apiezonwachs Q[1, 3]	10^{-4}	—
Öle für Dif-fusions-pumpen	Apiezonöl A[1]	10^{-5}	—
	Apiezonöl B[1]	10^{-7}	—
	Phthalsäure n-Amylester (Amoil[1])	$2{,}5 \cdot 10^{-5}$	—
	Phthalsäure-Diäthylhexylester (Octoil)[1]	$2{,}5 \cdot 10^{-7}$	—
	Sebacinsäure-Diäthylester (Octoil S[1])	$5 \cdot 10^{-8}$	—
	Silicone D. C. 703[4]	$5 \cdot 10^{-8}$	

Durch Mischung der beiden Komponenten kann man die Konsistenz in weiten Grenzen ändern und hat die Möglichkeit des Abdichtens auch größerer Metallteile gegeneinander, *ohne vorheriges Anwärmen* derselben, durch einfaches Auftragen des kalten Kittes auf die Dichtungsfuge und nachheriges flüchtiges Überstreichen mit einem kleinen Flämmchen. Die beiden Kitte haften auf Metall,

[1] Nach D'ANS-LAX, Taschenbuch, S. 1501, 1503.
[2] R. M. ZAHEL, Rev. scient. Instr. **4** (1933), 233.
[3] G. SEYDEL, Z. techn. Phys. **16** (1935), 107.
[4] Dow Corning Silicone Notebook Fluid Series Nr. 2, 1946.

ohne daß letzteres wesentlich erwärmt werden muß, im Gegensatz zu reinem Picein, Siegellack, Apiezonwachs M.

Schliffverbindungen und Kittungen müssen nach jedem Auseinandernehmen mit Benzol (Tetrachlorkohlenstoff, Chloroform) völlig gereingt werden. Man fettet die leicht angewärmten Küken (Föhn) am besten mit der Fingerbeere ober und unter der Bohrung ein und dreht sie im Hahn mehrmals (in einer Richtung) herum, bis der Schliff glasklar („optisch") erscheint. Rillen, undurchsichtige Streifen oder verästelte Figuren (zuviel Schmiermittel) dürfen nicht auftreten. Bei Konusschliffen läßt man die inneren 5 bis 10 mm ungefettet. Schliffe müssen stets zusammengesteckt (Seidenpapier dazwischen) aufbewahrt werden; sie sind vor Staub und Glaspulver sorgfältigst zu schützen. Falls die Schliffe nicht klar bleiben, schleift man sie unter ständigem Auseinanderziehen, Zusammenstecken und Drehen mit einem Brei von Polierschmirgel und Wasser nach. Bei fettlösenden Lösungsmitteln, wie Äther, Azeton, Tetrachlorkohlenstoff, Schwefelkohlenstoff und ähnliche, verwendet man die *ätherfeste Schmiere* von KAPSENBERG[1], die man nach folgender Vorschrift herstellt: 25 bis 30 g Dextrin puriss. werden in einer Porzellanschale mit 35 ccm konzentriertem Glyzerin (das allmählich zugegeben wird) verrieben. Man erwärmt kräftig unter Umrühren, kocht zweimal bis zum kräftigen Schäumen auf, filtriert heiß durch Watte und bewahrt das hygroskopische Produkt, das nach dem Erkalten zäher als Vaseline ist, in einer Glaskappenflasche (Kanadabalsamflasche) auf.

Falls man fetthältige Schmiermittel nicht verwenden kann, eignet sich manchmal eine Lösung von geschmolzenem Zucker in Glyzerin[2]. Für Halogene und Stickoxyde schlägt WOURTZEL[3] ein Schmiermittel vor, das man durch mehrstündiges Behandeln eines Stearin-Paraffin-Gemisches 3 : 2 mit Chlor bei 150° C, sodann mit NOCl und schließlichem Erhitzen im Vakuum herstellt. Auch mit sirupöser Phosphorsäure (eindrehen des Schliffes in P_2O_5 und anhauchen) oder mit konzentrierter Schwefelsäure kann man Schliffe schmieren. Für höhere Temperaturen soll sich nach OSTWALD-LUTHER Perchlornaphthalin als Schmiermittel eignen.

Schliffe, die selten gelöst werden müssen, dichtet man mit Schmelzkitten. Man erhitzt die Schliffteile mit dem Föhn, (oder sehr vorsichtig mit der flatternden Flamme eines leuchtenden

[1] G. KAPSENBERG, Chem. Weekblad **34** (1937), 403.
[2] D. TYRER, J. Chem. Soc. London **99** (1911), 1633.
[3] E. WOURTZEL, J. Chem. Phys. **11** (1913), 31.

Bunsenbrenners) bis das darangehaltene bleistiftdicke Kittstäbchen schmilzt. Nun beschmiert man gleichmäßig den Schliffkern (läßt am unteren Rand 10 bis 15 mm frei), erhitzt, wenn nötig, nochmals Hülse und Kern, und setzt den Schliff zusammen. Den am Schliff außen austretenden Kitt verflüssigt man mit einem kleinen Flämmchen, um eine schöne, am Glase anliegende Hohlkehle zu erhalten.

Zur Verbindung verschiedenen Materials bedient man sich der Schliffverbindungen (Porzellan-, SiO_2-, Al_2O_3-, TiO_2-, BeO-Kern und

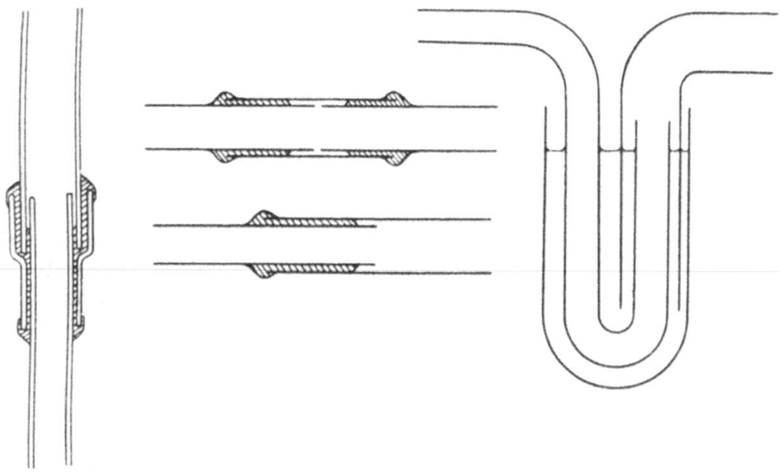

Abb. 78. Kittverbindungen.

Glas- oder Metallhülse), der Quarz-Glas-Übergangsstücke (SCHOTT, CORNING) und der Kittungen. Quarz-Glas-Übergangsstücke bestehen aus einer großen Zahl aneinandergesetzter Ringe von stets kleinerem Ausdehnungskoeffizient, die einerseits in Glas, anderseits in Quarz auslaufen, jedoch sehr temperaturwechselempfindlich sind. An Stelle von Schliffverbindungen verwendet man in manchen Fällen Kittungen, von denen Abb. 78 einige oft angewendete Ausführungsformen zeigt. Kittungen sind weiters dort am Platze, wo Verbindungen von Apparateteilen mit verschiedenen Ausdehnungskoeffizienten *hitzebeständig* miteinander verbunden werden müssen. Hiezu verwendet man, je nach den Anforderungen, die irreversiblen Glyzerin-Bleiglätte-Kitte (bis 270° C), Wasserglas-Talkum- oder Kaolin-Borax-Kitte, die allerdings nicht hochvakuumdicht sind und mit einem anderen Schmelzkitt überzogen werden müssen.

Schliffverbindungen, auch wenn sie sorgfältig zusammengesetzt sind, können niemals eine Anschmelzstelle Glas-an-Glas ersetzen, deren Herstellung bei genügender Übung mit dem Handgebläse nicht viel mehr Zeit als das sorgfältige Reinigen und Zusammensetzen des Schliffes beansprucht. Man wird deshalb trachten, für exakte Arbeiten mit so wenig Schliffverbindungen als möglich das Auslangen zu finden.

Biegsame Verbindungen. Der handelsübliche Vakuumschlauch ist für Arbeiten unter 10^{-3} Torr nicht brauchbar. Das Poröswerden der Schläuche läßt sich durch Bestreichen mit Rizinusöl verhindern. Am besten sind die möglichst schwefelarmen Sorten, die man durch Auskochen in Sodalösung, dann in destilliertem Wasser und Trocknen im Vakuum über P_2O_5 verbessern kann[1]. Für höchste Ansprüche vorzüglich geeignet sind die biegsamen Metallschläuche (z. B. DWM-Tombakschlauch), die man mit Metallschliffkonussen verlötet. Vor ihrer Verwendung muß das von der Fabrikation im Innern befindliche Fett durch Erhitzen und Luftdurchblasen entfernt werden. (Nicht glühen!)

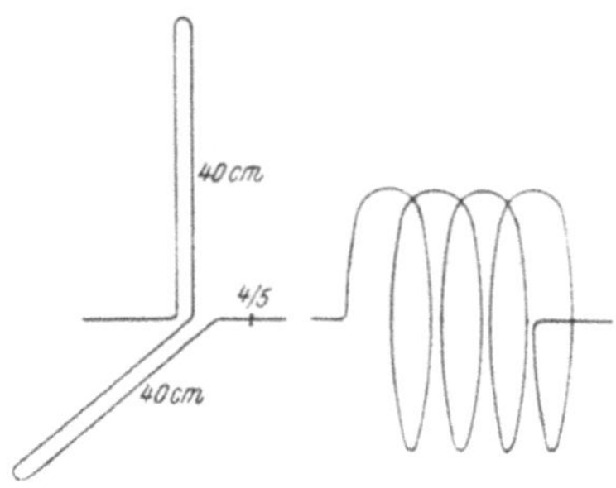

Abb. 79. KUNDsche Glasfeder und Glasspirale.

Sehr bequem ist eine vakuumdichte, allseitig bewegliche „Schliffkette", die man durch Zusammenstecken von mit 4 Federn gesicherten 90°-Winkelstücken herstellt, deren jedes eine Schliffhülse und einen Schliffkonus trägt. Für Arbeiten mit Gasen sind die Glasfedern nach KUND und WARBURG oder Glasspiralen aus 4 bis 6 mm Glasröhren, Abb. 79, gut brauchbar. Für Hochvakuumarbeiten haben sie meist zuviel Widerstand.

Einlaßvorrichtungen und Manostaten. Um in eine evakuierte Apparatur Gase, Flüssigkeiten oder feste Körper einzubringen, bedient man sich neben Hähnen folgender Vorrichtungen: Gase und Flüssigkeiten lassen sich am reinlichsten mittels eines Zerschlageventils[2] einführen: Der mit Glas umschmolzene eiserne

[1] L. DUNOYER, La Technique du vide (1924).

[2] M. BODENSTEIN u. C. G. FINK, Z. phys. Ch. **60** (1907), 23. — M. BODENSTEIN u. F. CRAMER, Z. Elektroch. **22** (1916), 985. — M. BODENSTEIN u. F. SCHUBART, Z. Elektroch. **23** (1917), 114.

Fallkörper, Abb. 80a, wird magnetisch gehoben und zertrümmert beim Niederfallen eine dünnwandige Kugel oder Kapillare, welche die Vakuumseite von der Gasseite trennt. Kondensierbare Gase und Flüssigkeiten wird man vorher ausfrieren, damit durch den sonst erfolgenden Druckstoß kein Schaden in der Apparatur entstehen kann.

Bringt man zwei plangeschliffene Glasfritten (G 4), die sich unter Quecksilber befinden, Abb. 80b, miteinander in Kontakt,

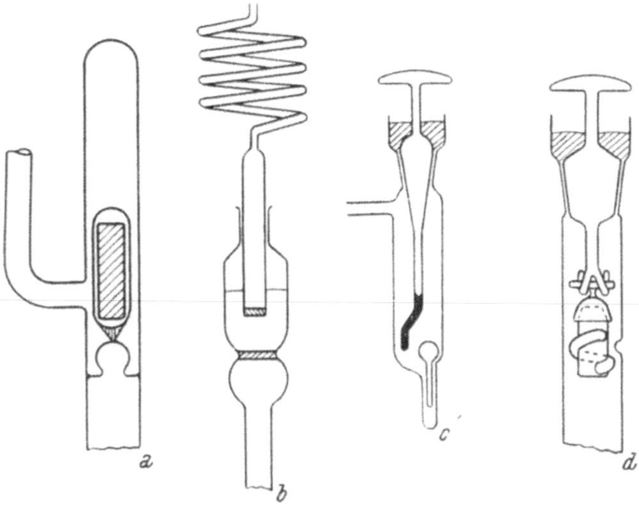

Abb. 80. *a* Zerschlagventil, *b* Stock-Ventil, *c* Einführungsvorrichtung für Flüssigkeiten, *d* desgl. für feste Substanzen.

so gelingt eine sehr ruhige, stoßfreie Einführung von Gasen in ein Vakuum. Abb. 80c zeigt eine Einführungsvorrichtung für Flüssigkeiten nach A. Stock[1]. Um feste Substanzen in ein Vakuum einzuführen, bedient man sich der in Abb. 80d gezeichneten Vorrichtung[2]: Die Substanz befindet sich in einem Wägegläschen, auf dem sich eine dicke Schraubenwindung geringer Steighöhe aufgeschmolzen befindet. Der Deckel des Wägegläschens trägt ein T-förmiges Kapillarrohr, welches in eine Gabel eingehängt ist, die mittels eines Schliffes drehbar ist. Beim Drehen greift ein Glasdorn in die Schraubenwindung ein und öffnet das Wägegläschen, das mit der Substanz nach unten fällt. Hat man ein-

[1] A. Stock, Ber. **51** (1918), 985. — A. Stock u. F. Zeidler, Ber. **54** (1921), 533.

[2] H. Grubitsch u. N. Skalla, Z. analyt. Ch. **95** (1933), 163.

gewogene Substanzen nach dem Entwässern oder Behandeln in einem Gasstrom im Vakuum zur Wägung zu bringen, so bedient man sich des „Bottling apparatus“ von RICHARDS[1], der häufig bei

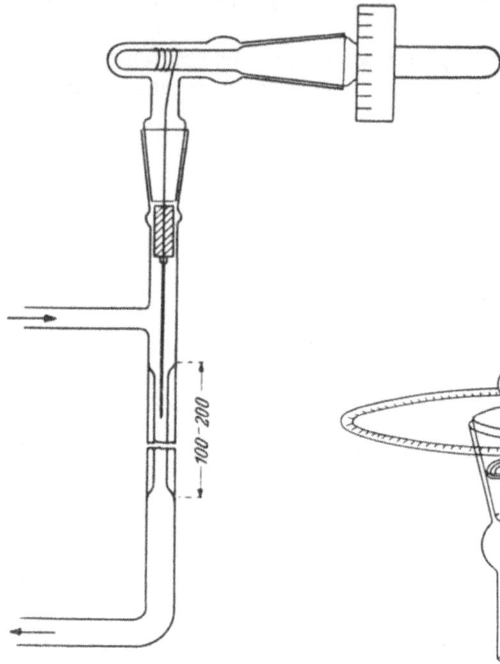

Abb. 81. Regelung schwacher Gasströme.

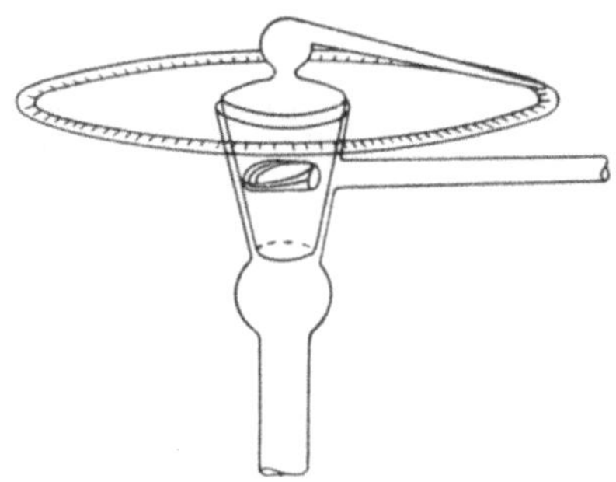

Abb. 82. WOHLscher Hahn.

Präzisionsbestimmungen (Atomgewicht) Anwendung findet. Um Reaktionen oder Messungen bei bestimmtem Gasdruck durchzuführen, muß man die Apparatur zunächst stets auf Hochvakuum evakuieren und ausheizen, um die okkludierten Gase zu entfernen. Dann läßt man die Gase durch geeignete *Einlaßvorrichtungen* in das Vakuum eintreten und kann so, bei laufender Pumpe, im strömenden Gas bei beliebig einstellbaren Drucken, arbeiten. Von den vielen vorgeschlagenen Anordnungen seien nachfolgende erwähnt:

[1] T. W. RICHARDS, Experimentelle Untersuchungen über Atomgewichte, Vop 1909, S. 14, 605. STÄHLER III/2, 1239. — T. W. RICHARDS, P. KÖTHNER, E. TIEDE, Z. anorg. Ch. **61** (1909), 328.

Zur Begrenzung der Strömungsgeschwindigkeit kann man Kapillaren geeigneter Weite und Länge verwenden und die Strömungsgeschwindigkeit durch Einführen eines Drahtes in die Kapillare in weiten Grenzen verändern. Der Draht hängt, z. B. durch ein Gewicht beschwert, an einem Faden, dessen Länge man durch Drehen des Schliffes, Abb. 81 (Aufspulen auf einen Glaskern), im Vakuum verändern kann[1]. Feilt man nach WOHL[2] eine tiefe, flachverlaufende Nut in ein Hahnküken, Abb. 82, so lassen sich Strömungsgeschwindigkeiten mit dieser Vorrichtung recht gut regeln und reproduzierbar einstellen. Der Schliff darf nur ober und unter der Nut gefettet sein. Dort, wo Quecksilberdämpfe nicht schaden, kann man nach dem Vorgang von PRYTZ einen Tonkegel (Filterkerze, Glasfritte) mehr oder minder tief in Quecksilber eintauchen lassen[3], bzw. dieses Prinzip zur selbsttätigen Vakuumregelung, verwenden[4, 5]. Die Anordnung, Abb. 83, arbeitet auf ± 2 bis 3 Torr

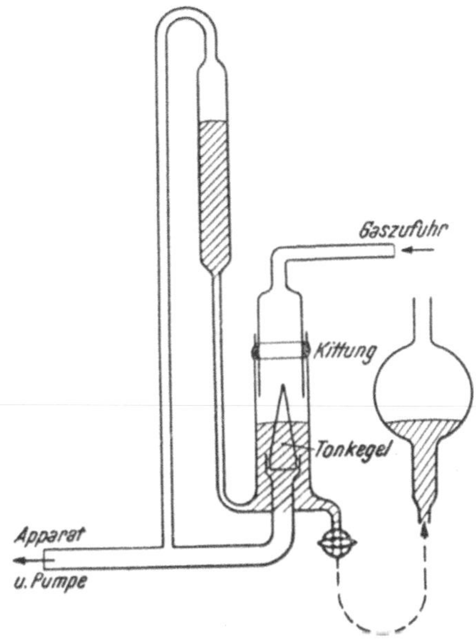

Abb. 83. Manostat.

[1] J. W. HIBY, Phys. Z. **39** (1938), 167.

[2] A. WOHL, Ber. **35** (1902), 3495. — E. BLECHSCHMIDT, Phys. Z. **29** (1928), 441. — O. KRIEG, Z. techn. Phys. **23** (1942), 314.

[3] L. WOLF, S. REICHEL, Z. Elektroch. **39** (1933), 143. — A. STOCK, Z. Elektroch. **39** (1933), 256.

[4] T. W. RICHARDS, Rev. sci. Instruments **2** (1931), 49. — A. ROLLETT, Ber. **73** (1940), 1023.

[5] Manostaten: G. B. BACHMAN, Ind. Engng. Chem. Analyt Edit. **7** (1935), 301. — S. PALKIN u. O. A. NELSON, Ind. Engng. Chem. Analyt. Edit. **6** (1934), 386. — G. F. LIEBIG, Chem. Fabr. **7** (1934), 243. — K. BECKER u. M. PIRANI, Z. Techn. Phys. **13** (1932), 216. — R. H. W. BULBY, Ind. Engng. Chem. Analyt. Edit. **10** (1938), 512. — A. A. SMITH, Rev. sci. Instruments **11** (1940), 120.

genau. Von den vielen in der Literatur beschriebenen Manostaten sei eine Anordnung, Abb. 84, erwähnt[1], die für Vakuum und Druck anwendbar, eine Druckregelung auf ± 0,15 Torr zuläßt und mit einfachen Mitteln aufzubauen ist.

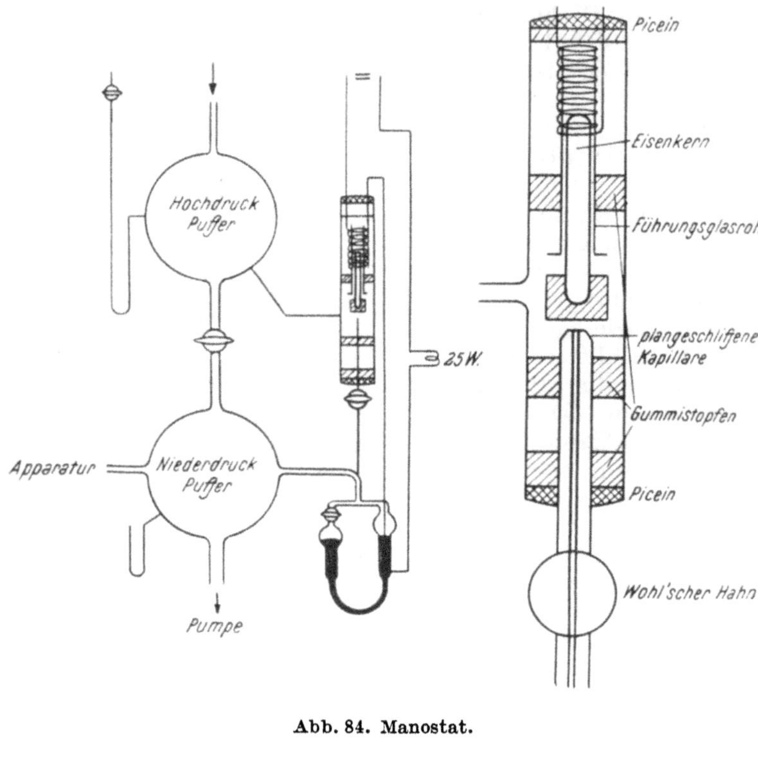

Abb. 84. Manostat.

Ausheizen von Vakuumapparaturen, Abschmelzen von Glasverbindungen im Hochvakuum. — Glas und Metalle halten hartnäckig Gase, besonders Wasser und CO_2 okkludiert, die durch mehrstündiges Erhitzen auf 300 bis 400° C im Hochvakuum (bei arbeitender Pumpe) entfernt werden müssen. Dieses „Ausheizen" ist für den einwandfreien Verlauf von Arbeiten, die im Hochvakuum durchzuführen sind, unerläßlich. Hierzu eignen sich sehr gut die elektrischen Heizgitter, z. B. jene von Schniewindt (Neuenrade, Westfalen).

[1] G. W. Jakobs, Ind. Engng. Chem. Analyt. Edit. **5** (1933), 344.

Die Abschmelzstellen selbst müssen auf zirka 2 bis 3 mm Lumen dickwandig verengt sein, damit sie beim Abschmelzen nicht eingedrückt werden. Man erhitzt dieselben bei arbeitender Pumpe mehrmals fast bis zum Erweichen, schließlich mit einer etwa 2 bis 3 cm langen Flamme (Handgebläse) möglichst langsam,

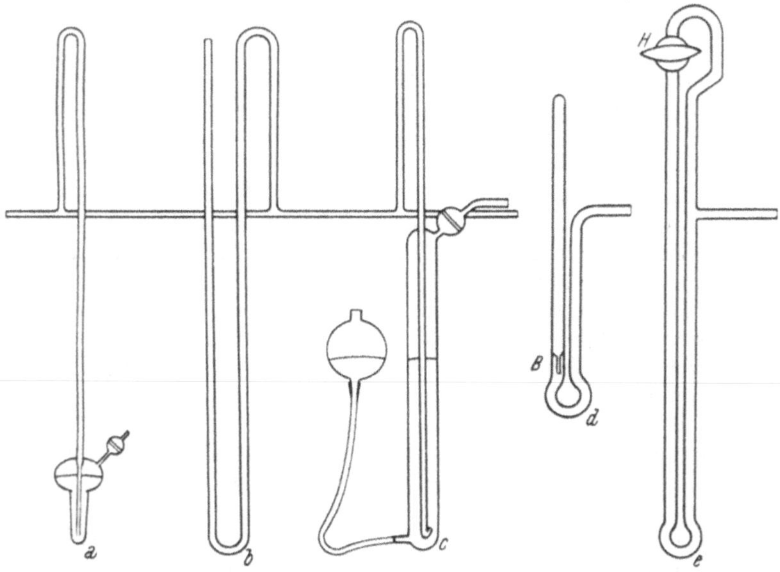

Abb. 85. Quecksilbermanometer.

bis sich in der verdickten Abschmelzstelle das Lumen schließt. Sodann zieht man das Rohr ab und erhitzt die Spitze mit kleiner Flamme, so daß sich an der Abschmelzstelle ein kleines Glaskügelchen bildet. Keinesfalls darf die Abschmelzstelle nach innen eingedrückt sein, da sie sonst leicht springt.

Messung niederer Drucke[1]. An jeder Apparatur, in der mit Unterdruck, Überdruck oder mit strömenden Gasen gearbeitet wird, muß sich ein Manometer zur Druckkontrolle befinden. Für Arbeiten mit Unterdruck, zum Entwickeln von Gasen usw., eignet sich sehr gut das Quecksilbermanometer, Abb. 85 a, mit einer Gesamthöhe von etwa 80 cm und einem Durchmesser des

[1] A. Etzrodt, Chem. App. **25** (1938), 321. — H. Wächter, Chem. App. **28** (1941), 289. — H. Ebert, Die Physik in regelm. Ber. 8 (1940), 88; Glas u. Apparat **24** (1943), 31. — Ostwald-Luther.

Glasrohres von 4 bis 5 mm. Um ein Verspritzen von Quecksilber zu vermeiden, bedient man sich des in der Abbildung angedeuteten Sicherheitsverschlusses mit Glasfritte G 3. Man wird sich eine Anzahl solcher Sicherheitsverschlüsse anfertigen lassen, die man bei Bedarf an die Apparatur anschließt.

Die Manometerform, Abb. 85b, ist für Messung von Über- und Unterdruck geeignet; sollen Gase unter einem bestimmten Überdruck entwickelt werden, so kombiniert man diese Form mit einem Manometer nach Abb. 85c, bei dem man den gewünschten Überdruck mittels einer Niveaukugel einstellen kann. Weitere Formen von Manometern sind in den speziellen Beispielen im zweiten Teil dieses Buches beschrieben.

Für genaue Messungen bedient man sich eines Manometers, Abb. 85e, das man vor der Messung bei geöffnetem Vakuumhahn H auf Hochvakuum evakuiert. Die lichte Weite der Manometerrohre soll für genaue Meßzwecke nicht unter 12 mm, für genaueste Messungen nicht unter 20 mm betragen, um Fehler durch die Kapillardepression zu vermeiden. In manchen Fällen bedient man sich der abgekürzten Manometer, Abb. 85d, die in der Krümmung eine kapillare Verengung besitzen, damit die Glaskuppe bei zu raschem Lufteinlassen nicht zertrümmert wird. Gegen das Mitreißen von Luft schützt die „Bunsenspitze“ B. Man füllt die peinlichst gereinigten und im Hochvakuum durch Erhitzen auf 350 bis 400° C entgasten Manometerrohre am reinlichsten durch Eindestillieren von Quecksilber in Hochvakuum aus einem angeblasenen Destilliergefäß bei arbeitender Diffusionspumpe.

Mit Spiegelablesung und Lupe erreicht man eine Ablesegenauigkeit von 0,05 bis 0,1 Torr. Sehr empfehlenswert ist die „Visierablesung“, die parallaktische Fehler vollkommen vermeidet und mit einer Noniusablesung kombiniert werden kann: An den Manometerrohren sind zwei Metallklötze mit genau horizontalen, geschwärzten Bodenflächen federnd verschiebbar angebracht. Man verschiebt diese Visiere gegen die Quecksilberkuppen, bis ein helles Licht, das sich in der Spiegelskala spiegelt, zwischen Kuppe und Bodenfläche eben verschwindet. — Bei noch höheren Ansprüchen wird man mit Kathetometerablesung mit zwei Ablesefernrohren und mit einem Vergleichsmaßstab eine Ablesegenauigkeit von $\pm 0{,}001$ Torr erreichen können. Für genaue Messungen sind folgende Korrekturen anzubringen: Reduktion der Druckablesung auf 0°; Korrektur auf mittlere Erdschwere, Meniskuskorrektur. Zur Reduktion auf 0° C ist von der beobachteten Druckhöhe h der Wert $(0{,}000182-\beta) \cdot h \cdot t$ abzuziehen, wobei β der Ausdehnungskoeffizient des Materials des Maßstabes und t die Temperatur (^{0}C) bedeutet. Zur Korrektur auf mittlere Erdschwere ist der auf 0^0 reduzierte Stand mit g_x/g_{45}, dem Verhältnis der Gravitationskonstanten, zu multiplizieren. Die Meniskuskorrektur ist bei Rohrdurchmessern von 20 mm zu vernachlässigen.

Bei Arbeiten mit aggressiven Gasen verwendet man als Manometerflüssigkeit Paraffinöl, konzentrierte Schwefelsäure, Glyzerin, bzw. überschichtet das Quecksilber mit diesen Flüssigkeiten. Für genaue Messungen wird die Ablesegenauigkeit zu gering; man verwendet dann Membran- oder Spiralmanometer aus Glas oder Quarz als Zwischen- (Null-) Manometer.

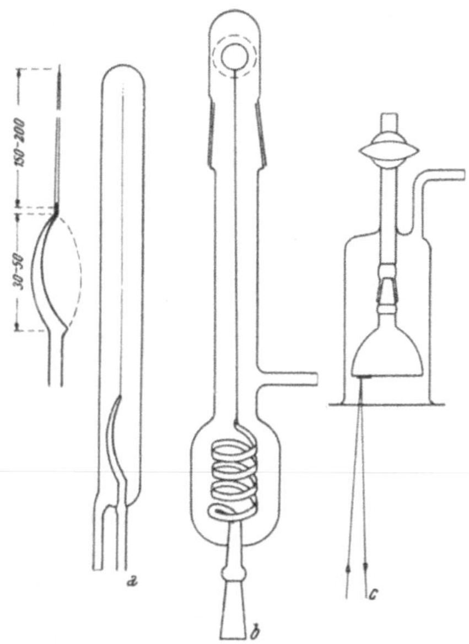

Abb. 86. Glas- und Quarzmanometer.

Von den verschiedenen in der Literatur beschriebenen Konstruktionen ist das Glasmanometer von SCHEFFER und TREUB[1] sehr empfindlich, und einfach herzustellen. Man bläst ein (4 bis 5 mm) Glasrohr zu einem dünnwandigen Rotationsellipsoid (langgezogene Kugel) auf, und läßt dasselbe in der matten Gebläseflamme zu einem löffelartigen Gebilde, Abb. 86a, einfallen. Als Zeiger verwendet man eine etwa 15 bis 20 cm lange dünnwandige Glaskapillare von etwa 1 bis 1,5 mm Durchmesser, die viel stabiler als ein gleichdicker Glasfaden ist[2]. Man zieht die Kapillare an ihrem Ende zu einer haarfeinen Spitze aus, die man mit Tusche schwarz färbt, oder klebt mit Schellacklösung ein Pinselhaar oder einen Wollastondraht an. Bei Lupenablesung markiert man die Nullage der Spitze durch Tuschepünktchen auf der Vorder- und Rückwand des Glasrohres, die man auf Deckung anvisiert. Jede Abweichung ist auf diese Weise ausgezeichnet feststellbar. Die

---

[1] F. E. C. SCHEFFER u. J. P. TREUB, Z. Phys. Ch. **81** (1913), 313.— E. LADENBURG u. E. LEHMANN, Ber. d. D. phys. Ges. **4** (1906), 20.

[2] R. MIELICH, Z. techn. Phys. **17** (1936), 27.

empfindlichsten Instrumente dieser Art lassen mit Lupenablesung noch Druckdifferenzen von einigen Zehntel Torr, mit Mikroskopablesung einige Hundertstel Torr erkennen, halten aber nur Druckdifferenzen von zirka 100 bis 200 Torr aus, so daß man mit derartigen Instrumenten sehr vorsichtig arbeiten muß. Etwas un-

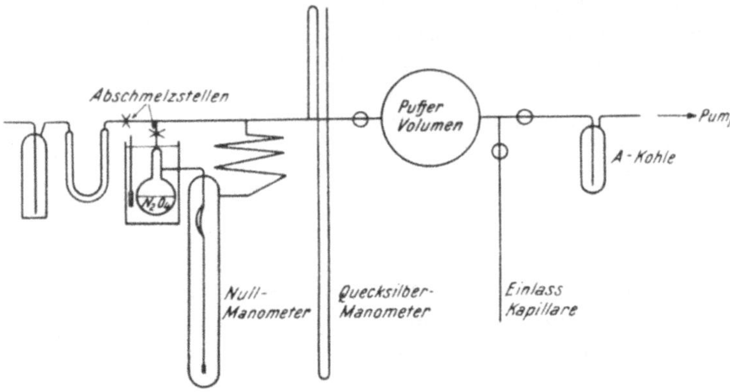

Abb. 87. Meßanordnung mit Nullmanometer.

empfindlichere Ausführungen (0,5 Torr bei Lupen-, 0,05 Torr bei Mikroskopablesung) halten Atmosphärendruck aus.

Als Anwendungsbeispiel zeigt Abb. 87 die Dampfdruckmessung von N_2O_4 mit einem derartigen Instrument. Die Substanz wird in das Kölbchen eindestilliert, mit flüssiger Luft tiefgekühlt und die Apparatur auf Hochvakuum evakuiert. Sodann wird an den bezeichneten Stellen abgeschmolzen, das Kölbchen in einen Thermostaten gebracht und der sich einstellende Dampfdruck durch Lufteinlassen in den Mantelteil des Nullmanometers kompensiert, wobei der Druck an dem Quecksilbermanometer abgelesen wird.

Eine andere Konstruktion, Abb. 86c, eines Membranmanometers[1] erreicht mit Spiegelablesung zwischen 0,1 und 20 Torr eine Meßgenauigkeit von 2 bis 3 % bei 2 m Skalenabstand. Selbstverständlich muß man bei Spiegelablesung für eine unverrückbare Fixierung von Manometer, Lichtquelle und Skala Sorge tragen.

Da Glasmanometer thermische und elastische Nachwirkungserscheinungen zeigen, verwendet man dieselben meist als Nullinstrumente. Bei Messungen bei verschiedenen Temperaturen

[1] R. Grigorovici, Z. techn. Phys. 20 (1939), 102.

muß man eine Temperatur-Nullpunktkorrektur (eventuell bei verschiedenen Drucken) aufstellen, die man empirisch feststellt. Quarzmanometer zeigen derartige Nachwirkungserscheinungen nicht und können in Form des Spiralmanometers von BODENSTEIN[1], Abb. 86b, auch für direkte Druckmessungen bis zu hohen Drucken verwendet werden. Ein selbstherstellbares Membranmanometer aus Glas oder Quarz beschreibt FISCHER[2]. Vgl. S. 138.

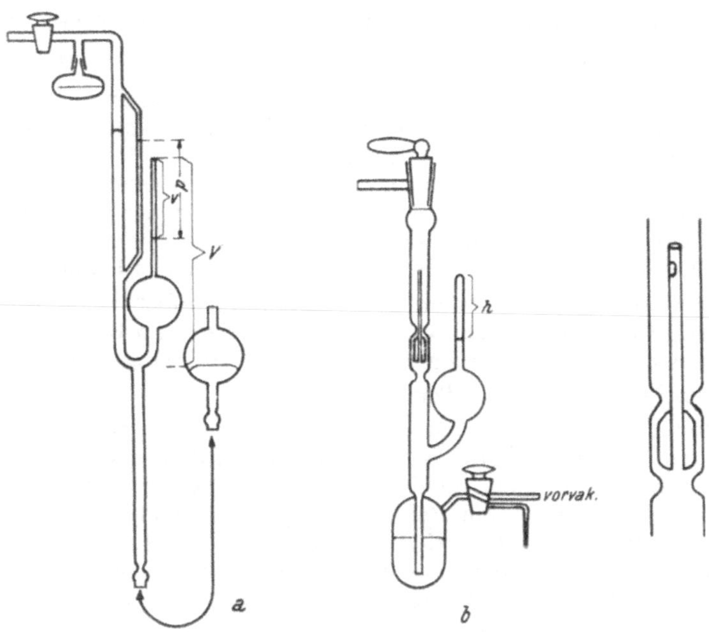

Abb. 88. MACLEOD-Manometer.

Messung sehr kleiner Drucke. Von der Vielfalt der angegebenen Konstruktionen sollen nur einige näher besprochen werden. Am bekanntesten ist das Manometer von MACLEOD, das auf der Anwendung des BOYLEschen Gesetzes beruht und deshalb als Kompressionsmanometer zur Druckmessung von Dämpfen nur mit Vorsicht anwendbar ist. Bei der Benutzung dieses Instrumentes ist peinlichst darauf zu achten, daß Feuchtigkeitsspuren durch

[1] M. BODENSTEIN, Z. Elektroch. **14** (1908), 544. — M. BODENSTEIN u. M. KATAYAMA, Z. phys. Ch. **69** (1909), 26.
[2] J. FISCHER, Chem. Fabr. **6** (1933), 377.

längeres Trocknen der Apparatur im Hochvakuum vollkommen entfernt werden. Abb. 88a zeigt eine ältere Form, die infolge ihrer Länge (etwa 110 cm) sehr unhandlich ist. Ist V das Gesamtvolumen der Kompressionsbirne, v das Volumen im Meßrohr, so ist $p_x \cdot V = p \cdot v$; $p_x = p \cdot v/V$. Wird durch eine automatische Nullpunkteinstellung[1], Abb. 88b, stets so weit komprimiert, daß die Quecksilberkuppe mit dem Ende der Meßkapillare in gleicher Höhe ist und sei a das Volumen der Meßkapillare pro Längeneinheit, h die Druckhöhe (= Länge der nicht mit Quecksilber gefüllten Kapillare), so ist $p_x = \frac{V}{a} \cdot h^2$, das heißt, die Kapillare ist in Drucken eichbar. Die obenbeschriebene Ausführung nach BOLDINGH ist sehr handlich, da die Quecksilberbewegung mittels eines Hilfsvakuums erfolgt. Ein MACLEOD-Manometer für drei sich überschneidende Meßbereiche beschreibt MOSER[2]. HAASE[3] berichtet über eine Verbesserung der Benutzung der MACLEOD-Kapillare durch Behandeln mit Fluorwasserstoff. PEARSON[4] gibt ein Manometer zur Messung niederer Drucke leicht kondensierbarer Gase (Empfindlichkeit 10^{-3} Torr) an. Ähnlich ist die Ausführungsform eines Ölmanometers[5]. Das horizontale HUYGHENS-Manometer[6] gestattet eine einfache Druckablesung mit einer Genauigkeit von $5 \cdot 10^{-3}$ Torr durchzuführen.

Zur Messung niederer Drucke bis 10^{-5} Torr, auch von Dampfdrucken, eignet sich unter anderen das von HABER und KERSCHBAUM[7] angegebene Quarzfadenmanometer, das auf der Druckabhängigkeit der inneren Reibung der Gase beruht: Ein schwingender, beleuchteter Quarzfaden wird mittels Fernrohrs (Okularmikrometer) beobachtet und die Zeit t gemessen, bei der die Schwingungsweite auf die Hälfte zurückgegangen ist. Dann ist $p \cdot \sqrt{M} = \frac{b}{t} - a$, wobei M das (mittlere) Molekulargewicht des Gases, b und a Konstanten sind, die von den Abmessungen des

---

[1] W. H. BOLDINGH, Physica **3** (1923), 176 (Bez. Hanff u. Buest).

[2] H. MOSER, Phys. Z. **36** (1935), 1, Z. Instrumkde. **56** (1936), 174.

[3] G. Haase, Z. techn. Phys. **24** (1943), 27, 53.

[4] T. G. PEARSON, Z. phys. Ch. A. **156** (1931), 86. — H. SCHULTES, K. NEUMANN, Chem. Fabr. **8** (1935), 197.

[5] O. BEECK, Z. Instrumkde. **56** (1936), 252, Rev. Sci. Instr. **6** (1936), 399. Vgl. auch T. C. CHADWICK, S. PALKIN, Chem. Fabr. **11** (1938), 479.

[6] C. DRUCKER, E. IRMÉNO, W. KANGRO, Z. physik. Chem. **90** (1915), 513.

[7] F. HABER, F. KERSCHBAUM, Z. Elektroch. **20** (1914), 296.

Quarzfadens abhängen. Zur Vermeidung von LISSAJOUSschen Schwingungen verwendet WETTERER[1] einen gegenseitig verspannten Doppelfaden, Abb. 89.

Wie die innere Reibung, ist auch die Wärmeleitung eines Gases unter ein Torr druckabhängig. Wird ein elektrisch geheizter Körper (Bolometerstreifen, Thermoelement, dünner Draht) in ein Vakuum eingebracht, so ist seine Temperatur vom Gasdruck abhängig. Als Beispiel für diese Art Druckmessung, die Drucke bis zu 10^{-5} (bis 10^{-7}) Torr zu messen gestattet, sei das Manometer von PIRANI[2] genannt, dessen Prinzip aus Abb. 90 zu entnehmen ist: Ein in dem zu messenden Vakuum ausgespannter dünner Draht (Wollastondraht; 15-μ-Nickeldraht, 20 cm lang, 1-V-Heizspannung; für robustere Instrumente eignet sich sehr gut eine alte 16-Kerzen-Metallfadenlampe mit gestreckten

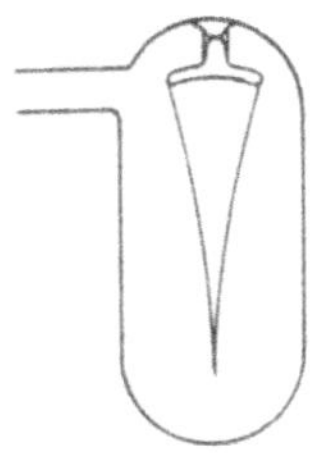

Abb. 89. Quarzfadenmanometer.

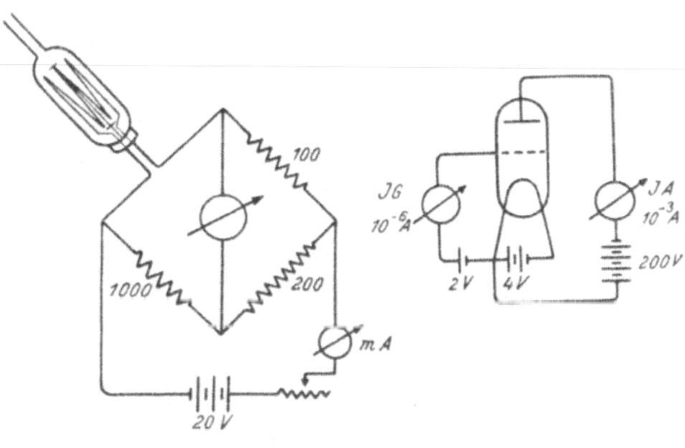

Abb. 90. PIRANI- und Ionisationsmanometer.

Drähten) wird über eine Brückenschaltung mit einem kleinen Heizstrom bei konstanter Spannung geheizt. Die am Nullgalvanometer abgelesenen Ausschläge werden empirisch mit

---

[1] G. WETTERER, Z. techn. Phys. **20** (1939), 281; Wiss. Veröff. Siemens W. **19** (1940), 68.

[2] M. v. PIRANI, Verh. d. D. Phys. Ges. 8 (1906), 680. — F. KNAUER, O. STERN, Z. Phys. **53** (1929), 766. — H. G. TANNER, Journ. Phys. Chem. **34** (1930), 1113. — H. MURMANN, Z. Phys. **86** (1933), **14**—**20**. — M. SCHERER, C. r. 208 (1939), 426. — A. MURA, Ric. sci. Progr. techn. Econ. naz. **11** (1940), 541.

bekannten Drucken geeicht. Infolge des verschiedenen Wärmeleitvermögens gilt für jedes Gas eine besondere Eichkurve.

Ähnlich arbeiten Thermokreuzmanometer[1], die zwischen Drucken von 1 bis 10^{-3} Torr anwendbar sind. Auch bei diesen Instrumenten ist für jedes Gas eine empirische Eichung erforderlich. Bei Verwendung derartiger Geräte ist die Heizstromstärke so zu wählen, daß an den heißen Drähten bei Anwesenheit organischer Dämpfe keinesfalls Krackvorgänge auftreten können!!

Zur Messung von Drucken von 10^{-3} bis etwa 10^{-9} Torr dient das Ionisationsmanometer[2], bei welchem der „Vakuumfaktor" $V = I_G/I_A$ (der Quotient aus der Gitterstromstärke I_G durch die Anodenstromstärke I_A) ein Maß für das Vakuum darstellt. In Abb. 90 ist die Schaltung mit den ungefähren Empfindlichkeiten der Meßinstrumente angegeben. Vor jeder Benutzung des Instrumentes müssen die Metallteile der Elektronenröhre durch Hochfrequenzerhitzung entgast werden. Schließlich sei das auf dem Radiometerprinzip beruhende Knudsen-Manometer[3] erwähnt, welches infolge seines komplizierten Aufbaues selten verwendet wird.

Bei Vakuumdestillationen usw. findet oft eine Druckkontrolle Anwendung, die auf der Form und Farbe von Gasentladungen beruht. Die erforderliche Spannung wird von einem Funkeninduktor mit einigen Zentimetern Schlagweite geliefert. Man verwendet Entladungsröhren (Abb. 126, S. 173) mit plattenförmigen Aluminiumelektroden (Platinelektroden zerstäuben), die sorgfältig vor Quecksilberdampf zu hüten sind, da sonst das Aluminium durch Amalgambildung auch mit Spuren von Wasserdampf unter Al_2O_3-Bildung reagiert und allmählich zerstört wird („Elektrodenkrankheit"). Aus nebenstehender Tab. 17 ist der Zusammenhang zwischen dem Druck und der Entladungsform zu entnehmen[4].

---

[1] E. Rumpf, Z. techn. Phys. **7** (1926), 224. — C. Weiss, G. Westmeyer, Z. Instrumkde. **60** (1940), 53. — H. Moll, H. C. Burger, Z. techn. Phys. **21** (1940), 199.

[2] J. B. Hoag, N. M. Smith, Rev. sci. Instr. (N. S.) **7** (1936), 497. — R. Sewig, Z. techn. Phys. **12** (1931), 218; Bez.: E. Leybolds Nachf., Köln.

[3] M. Knudsen, Ann. d. Phys. **32** (1910), 809. — H. Riegger, Z. techn. Phys. **1** (1920), 16. — W. Gaede, Z. techn. Phys. **15** (1934), 664. — S. Werner, Z. techn. Phys. **20** (1939), 13. — A. E. Lockenvitz, Rev. sci. Instrum. **9** (1938), 417.

[4] H. Stintzing, Z. phys. Ch. **58** (1923), 70.

Tabelle 17.

Größenordnung Druck Torr	Entladungserscheinung	
	Form	Farbe
10^1	Faden	rot
10^0	Faden	rot
10^{-1}	Schichten	violettweißlich
	Schichten	bläulichweißlich
10^{-2}	ohne Schichtung	bläulichweißlich
	ohne Schichtung	alle Räder grün
10^{-3}	Entladung stoßweise	fast alles grün oder blaugrün
	Entladung stoßweise	blaugrün
10^{-4}	Entladung nur bei Stromkommutierung	fahlgrau
	auch bei Kommutierung keine Entladung	

Zum Abschluß ist in Abb. 91 eine komplette Hochvakuumapparatur schematisch wiedergegeben, die aus einer Ölpumpe (*1*), Diffusionspumpe (*2*) mit Vorvakuumkolben (*3*), Töpler-Pumpe (*6*)

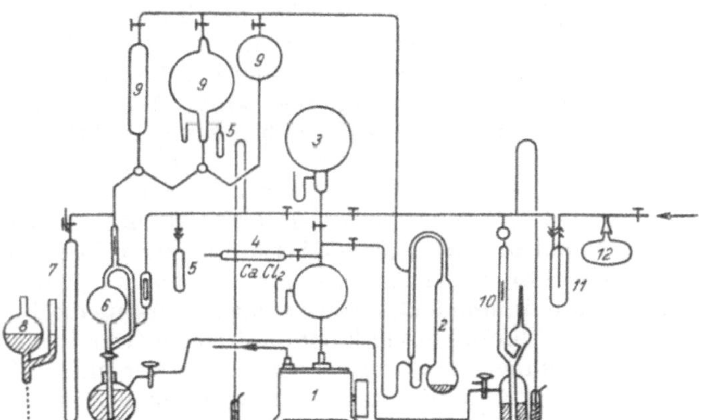

Abb. 91. Vakuumpumpenanordnung.

1 = Ölpumpe, *2* = Diffusionspumpe, *3* = Vorvakuumkolben, *4* = Lufteinlaß, *5* = Ausfriergefäß, *6* = Töpler-Pumpe, *7* = Gasbürette, *8* = Niveaugefäß, *9* = Vorratsgefäße, *10* = MacLeod, *11* = Ausfriertasche, *12* = P_2O_5-Trockengefäß.

und Nebengeräten besteht. Mit dieser Anordnung kann man die abgesaugten Gase in dem vorher auf Hochvakuum evakuierten

Vorvakuumkolben (*3*) auffangen und mittels der Töplerpumpe (*6*) in die Bürette (*7*) oder in die ebenfalls evakuierten Vorratsgefäße (*9*) bringen. Die Funktionen der übrigen Apparateteile sind aus der Legende der Abb. 91 zu entnehmen.

IX. Arbeiten bei hohen Drucken[1].

Bei Arbeiten unter hohen Drucken kann der Druck thermisch (Dampfdruck, Autoklav, Bombenrohr) oder mechanisch mit Flüssigkeiten oder Gasen als Drucküberträger erzeugt werden.

Flüssigkeiten werden mittels der CAILLETETschen Pumpe komprimiert; Gase durch Verdrängen aus einem gasgefüllten druckfesten Verdrängungsgefäß durch hydraulisches Einpressen von Wasser, Öl oder Quecksilber[2]. Benötigt man strömende Gase oder Flüssigkeiten bei hohen Drucken, so verwendet man Kolbenkompressoren geeigneter Bauart[3].

In manchen Fällen führt man Reaktionen bei Temperaturen über dem Siedepunkt eines der Reaktionspartner in zugeschmolzenen Bombenrohren durch, die man in einem „Schießofen" auf die gewünschte Temperatur erhitzt. Dabei treten erhebliche Drucke auf. Als Glasmaterial für die Bombenrohre verwendet man Jenaer Felsenglas, Duranglas, welches der Einwirkung von neutralen oder schwachsauren wässerigen Lösungen bis zu etwa 350^0 C gut widersteht, jedoch von alkalischen Lösungen bei dieser Temperatur bereits stark angegriffen wird. Als Schießofen bewährt sich sehr gut ein Aluminiumblock von 8×12 cm Querschnitt, in dem sich zwei Bohrungen zur Aufnahme von Mannesmann-Rohren sowie eine Bohrung zur Aufnahme eines Thermometers befinden. Die Mannesmann-Rohre sind auf der einen Seite verschraubt und auf der anderen Seite mit einem lose sitzenden Bajonettverschluß versehen; sie passen streng in die Bohrungen des Aluminiumblockes und nehmen ihrerseits die Bombenrohre auf. Der Aluminiumblock wird mit einem Gasreihenbrenner geheizt; die Temperaturverteilung ist infolge der guten Wärmeleitfähigkeit des Aluminiums eine ausgezeichnet gleichmäßige. Wegen der Explosionsgefahr der Bombenrohre wird man diese

[1] F. KOHLRAUSCH, Praktische Physik, 18. Aufl., 193ff.

[2] L. HOLBORN, SCHULTZE, Ann. d. Phys. (4) **47** (1915), 1089.

[3] H. VOLLBRECHT, Chem. Fabr. **11** (1938), 159, 549; **13** (1940), 360. — L. v. SZESZICH, H. VOLLBRECHT, Chem. Fabr. **6** (1933), 469. — E. BERL, R. BEMMANN, Angew. Ch. **44** (1931), 34.

in der beschriebenen Weise kaum höher als auf 180 bis 220° C erhitzen können. Höhere Temperaturen kann man mittels des in Abb. 92a dargestellten Kunstgriffes anwenden: Man erhitzt das gläserne Bombenrohr in einer gut gedichteten Stahlbombe[1] (Dichtungsmaterial ist ausgeglühtes Kupfer), die ihrerseits mit demselben Lösungsmittel beschickt ist wie die Glasbombe und erreicht damit eine weitgehende Druckentlastung der letzteren. ALLEN und Mitarbeiter verwendeten diese Anordnung bei hydrothermalen Sulfidsynthesen. Über Glasautoklaven berichten HILPERT und SCHORNING[2].

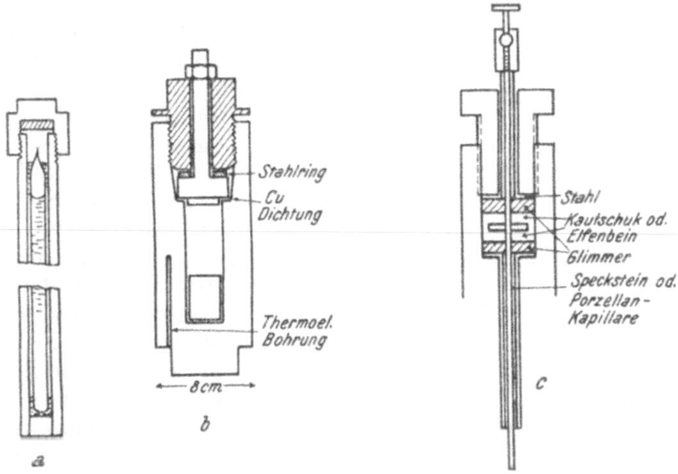

Abb. 92. *a*, *b* Hochdruckgefäße, *c* elektrische Durchführung.

Bei Temperaturen über 350° verwendet man als Gefäßmaterial Gold oder Platin und erhitzt die Gefäße z. B. in der Hydrothermalbombe von MOREY[3], Abb. 92b, die in einem passenden Widerstandofen elektrisch geheizt wird. Hat man Reaktionen, bzw. Messungen unter Druckkontrolle durchzuführen, oder hat man hochkomprimierte Gase oder Flüssigkeiten unter Druck umzusetzen, so bedient man sich meist stählerner (18/8 Cr-Ni-Stahl)

[1] E. T. ALLEN, J. L. CREMSHAW (J. JOHNSTON, E. S. LARSEN), Z. anorg. Ch. **76** (1912), 204; **79** (1913), 136; **90** (1914), 107.

[2] S. HILPERT, H. HOFMEIER, Chem. Fabr. **6** (1935), 5. — P. SCHORNING, Chem. Techn. **15** (1942), 46.

[3] G. W. MOREY, Z. anorg. Ch. **86** (1914), 308.

Autoklaven, wobei man unter anderem folgende Bauprinzipien beachtet[1]:

Als Druckleitungen verwendet man bis zu 500 Atmosphären Kupferkapillaren (1 mm lichte Weite, 3 mm Durchmesser), für höhere Drucke Stahlkapillaren, die man besser auch dort anwendet, wo Quecksilberdampf auftritt. Diese Leitungen setzt man mit Hochdruckkuppelungen zusammen. Abb. 181, S. 302, zeigt eine Ausführungsform, bei der die konkaven Kupplungsstücke aus hartem Stahl, die konvexen Teile von etwas kleinerem Krümmungsradius aus weichem Stahl bestehen. Die Kapillaren sind in die Kupplungsstücke eingeschraubt und hart verlötet.

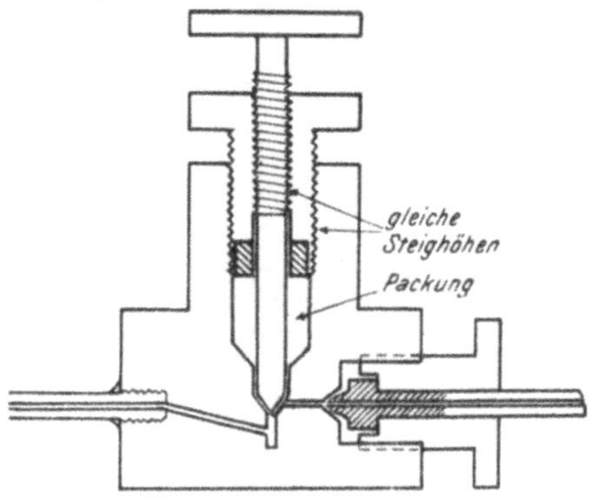

Abb. 93. Hochdruckventil.

Abb. 93 zeigt die Ausführungsform eines Hochdruckventils[2]. Um die Stopfbüchse auch bei geschlossenem Ventil nachziehen zu können, besitzen die Schrauben der Spindel und der Stopfbüchse gleiche Steighöhe. In ihrem unteren Teil ist die Spindel einsatzgehärtet und hochglanzpoliert. Der Kegel der Spindel besitzt einen etwas kleineren Winkel als die Gegenbohrung. Nach dem gleichen Prinzip erfolgt der Anschluß der rechts befindlichen Kapillare.

Zur Dichtung von Autoklaven usw. verwendet man bis zu Drucken von einigen hundert Atmosphären geschliffene Dichtungsflächen mit einer 0,1 bis 0,2 mm tief eingedrehten oder erhabenen Rille und als Dichtungsmaterial einen geglühten und sodann feingeschliffenen und polierten Kupferring, Abb. 92b. Die Dichtungsflächen werden mittels Überwurfmutter oder mittels gleichmäßig am Umfang verteilten schmiedeeisernen Schrauben zusammengepreßt. Beim Festziehen ist ein Gleiten (direktes

---

[1] P. W. Bridgman, The physics of high pressures, New York 1931. Proc. Amer. Acad. **49** (1914), 625. — H. Adkins, Ind. Engin. Chem. Anal. Ed. **4** (1932), 342: Apparat f. Reaktionen bis 400 atü und 250° C.

[2] Ähnlich die „Desaga-Ventile", R. Le Rossignol, Chem. Ztg. **32** (1908), 820.

Aufeinanderschrauben) der Dichtungsflächen zu vermeiden. Abb. 181 zeigt eine Dichtungsform, die nach BRIDGMAN bis zu den höchsten Drucken angewendet werden kann und auf dem bereits mehrfach erwähnten Prinzip beruht, daß ein weicher Stahlkonus in eine konische Bohrung mit etwas größerem Öffnungswinkel aus härterem Material, ohne irgendein anderes Dichtungsmittel, eingepreßt wird.

Die Durchführung isolierter Stromzuführungen wird mittels Glimmer-Kautschuk oder Elfenbeinpackungen nach Abb. 92c hergestellt. Soll die Bombe höheren Temperaturen ausgesetzt werden, so führt man die Isolierung nach außen, wo sie leicht gekühlt werden kann. RUFF[1] und P. W. BRIDGMAN berichten ausführlich über die Maßnahmen, die beim Arbeiten mit hohen Drucken bei höheren Temperaturen zu treffen sind. Glaskapillaren von 1 mm lichter Weite und 6 mm Durchmesser halten Drucke bis zu 500 Atmosphären aus, wenn man sie nach HULETT[2] einkittet. Einen einfachen automatischen Hochdruckregler beschreibt BRENDLEIN[3].

Messung hoher Drucke[4]. Die Absolutmessung hoher Drucke erfolgt mittels der AMAGATschen Druckwaage[5], die im Prinzip darauf beruht, daß der auf einen sorgfältig eingeschliffenen Stahlkolben (von genau bekanntem Querschnitt Q) lastende Druck durch eine entsprechende Gewichtsauflage P ausgelastet wird. Ist G das Eigengewicht des Kolbens, so berechnet sich der Druck p zu $p = \frac{P+G}{Q}$.

Mittels sehr hoher, bzw. unterteilter Quecksilberbarometer hat man absolute Druckmessungen bis zu 100 Atmosphären durchgeführt[6].

Im Laboratorium wird man meist indirekte Methoden der Druckmessung anwenden. Bei den Gasmanometern, die am häufigsten für genaue Druckmessungen bis zu einigen hundert Atmosphären angewendet werden, wird, wie bei dem MACLEOD-

---

[1] O. RUFF, Z. anorg. Ch. **99** (1917), 73.

[2] A. HULETT, Z. phys. Ch. **28** (1899), 629, Stähler II/2, 1295.

[3] H. BRENDLEIN, Chem. Fabr. **11** (1938), 440.

[4] W. WUEST, Arch. techn. Mess. **141** (1943), T. 25—26 (V 1343—1); **142** (1943), T. 37—38 (V 1343—2); **143** (1943), T. 53—54 (V 1343—3).

[5] AMAGAT, Notices sur les Traveaux scientifiques de M. E. H. AMAGAT, Paris 1896. — L. HOLBORN, Ann. d. Phys. **54** (1917), 503; **47** (1915), 1089. — A. BEATTIE u. O. C. BRIDGEMAN, Ann. Phys. (5) **12** (1932), 127.

[6] KAMERLINGH-ONNES, Comm. Lab. Leiden, Nr. 146 c (1915).

Manometer, das MARIOTTEsche Gesetz angewendet. Bei hohen Drucken sind Korrekturen erforderlich[1]. Da die Meßgenauigkeit bei ein und demselben Instrument proportional mit dem Druck abnimmt, benötigt man eine Anzahl von Instrumenten, um über ein größeres Druckgebiet mit einer halbwegs gleichbleibenden Genauigkeit messen zu können.

Membranmanometer[2] werden bis zu Maximaldrucken von etwa 50 Atmosphären, Röhrenfedermanometer bis zu den höchsten Drucken gebaut. Diese Instrumente leiden im allgemeinen unter Temperatureinflüssen und elastischen Nachwirkungserscheinungen und müssen für hohe Genauigkeitsansprüche öfter mittels der Druckwaage überprüft werden. Ein Quarzmembranmanometer für Drucke von 10 Torr bis 50 Atmosphären, das bis 800° C verwendbar ist und einen kleinen toten Raum besitzt, beschreibt KENTY[3]. Bei den Widerstandsmanometern verwendet man zur Druckmessung den Druckkoeffizienten des elektrischen Widerstandes von Manganin ($+2$ bis $2{,}5 \cdot 10^{-6}$ pro Atmosphäre). BRIDGMAN hat dieses Verfahren zur Messung der höchsten Drucke (bis 40000 Atmosphären) angewendet; strenge Proportionalität zwischen Druck und Widerstandserhöhung wurde bis zu 30000 Atmosphären festgestellt[4].

Zur Messung sehr rasch verlaufender Druckschwankungen von Explosionsdrucken usw. verwendet man den piezoelektrischen Effekt[5].

X. Phasentrennungen.

Um Substanzen zu *isolieren*, muß man sie von ihren Begleitstoffen trennen. Diese Trennungen können ohne oder mit Phasenumwandlungen durchgeführt werden und sollen im einzelnen kurz besprochen werden.

---

[1] OSTWALD-LUTHER. — L. HOLBORN, J. OTTO, Z. phys. **33** (1925), 1.

[2] Präzisionsinstrumente bei Scheffer & Budenberg, Magdeburg.

[3] C. KENTY, Rev. sci. Instr. **11** (1940), 377; Physic. Rev. 2, **56** (1939), 215.

[4] H. EBERT, Die Phys. in regelm. Ber. 8 (1940), 88. — A. SCHULZE, Arch. techn. Mess. **137** (1942), T. 120—121 (J. 136—9). — A. MICHELS, M. LENSSEN, Journ. Scient. Instr. **11** (1934), 345. — A. MICHELS, Ann. Phys. (4) **85** (1928), 770.

[5] KLUGE u. LINCKH, Z. v. D. J. **73** (1929), 1311; **74** (1930), 887; Forsch. Ing. Wes. **2** (1931), 153. — S. MEURER, Forsch. Ing. Wes. **8** (1937), 249.

A. Trennungen ohne Phasenumwandlungen.

Trennung fest-fest. In der präparativen Praxis wird die Trennung fester von festen Phasen sehr selten durchgeführt, da vollständige Trennungen meist nicht möglich sind. Voraussetzung ist, daß die Teilchen, die z. B. bei Mineralen verwachsen oder durchwachsen sind, mechanisch getrennt vorliegen müssen. Das bedingt unter Umständen ein feines Zerkleinern des Materials, wobei man dasselbe durch Schlämmen oder Sieben in einzelne Fraktionen zerlegt. Diese können durch *schwere Flüssigkeiten*, wie sie in der Mineralanalyse angewendet werden, in spezifisch leichtere, aufschwimmende, und spezifisch schwerere, zu Boden sinkende Anteile zerlegt werden. Weitere präparativ kaum angewendete Trennungsmöglichkeiten beruhen auf dem verschiedenen magnetischen, elektrostatisch-dielektrischen und Oberflächenverhalten der Stoffe (Magnetscheidung, elektrostatische Scheidung, Flotation, Pickscheidung).

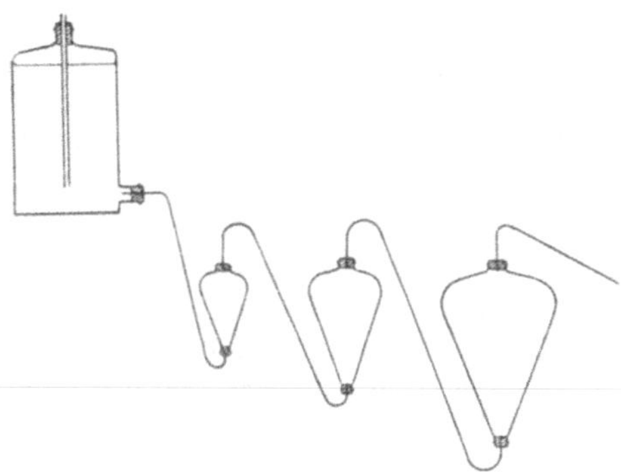

Abb. 94. Schlämmapparat von NOEBEL.

Das Schlämmen wird angewendet, um einen Stoff nach verschiedenen Korngrößen zu trennen, bzw. um aus einem (eventuell gleichteiligen, gesiebten) Gemisch die spezifisch leichteren von den spezifisch schwereren Anteilen zu trennen. Ein Wasserstrom nimmt die leichteren Anteile mit, während die schwereren zurückbleiben. Sehr primitiv und mit beträchtlichem Substanzverlust wird das Schlämmen durch kräftiges Zufließenlassen eines Wasserstrahles in ein hohes Becherglas durchgeführt. Die feinen und leichteren Anteile werden unter ständigem Schütteln des Becherglases weggespült; es bleiben die großen, spezifisch schweren Stücke zurück (Anwendung z. B. bei der Darstellung von kristallisiertem Silizium, kristallisiertem Bor). Benötigt man umgekehrt das feinstgemahlene Produkt oder will man Substanzverluste vermeiden, so verwendet man Schlämmapparate, etwa nach Abb. 94: Die Substanz wird in das kleinste Schlämmgefäß eingebracht und Wasser mit konstanter Durchflußgeschwindigkeit durch den Apparat laufengelassen, wobei die Trennung entsprechend den verschiedenen Strömungsgeschwindigkeiten erfolgt. Auch mittels fraktionierter Sedimentation[1] in einem hohen Zylinder läßt sich eine Trennung nach Korngrößen durchführen, indem man die Substanz aufschlämmt und nach ruhigem Abstehen, z. B. nach 60 Minuten, vorsichtig abhebert, wieder aufschlämmt und die Trübe nun nach 20 Minuten abhebert usf.

Das *Zerkleinern*[2] der Stoffe wird mittels Stahlmörser, Reibschalen (Achatreibschalen, besser Hartmetallreibschalen[3], die geringeren Abrieb geben), von Hand oder mittels mechanischer Antriebsvorrichtungen vorgenommen. Für größere Substanzmengen verwendet man Kugelmühlen aus Porzellan oder besonders abriebfesten keramischen Sonderwerkstoffen[4], die mittels kleiner Elektromotoren angetrieben werden (60 bis 250 Umdr./min.). Feinste Pulver erhält man durch „Beuteln" des Mahlgutes durch feinste Seidengaze oder durch Schlämmen (Sedimentieren).

Trennung flüssig-flüssig. Die Trennung flüssiger von flüssigen, ineinander unlöslichen Phasen ist theoretisch der Trennungsart flüssig-fest vorzuziehen, weil alle mit der letzteren Trennungsart verbundenen Schwierigkeiten (Adsorptionserscheinungen, Isomorphie- und Mischkristallbildung, Inklusionen, Mitfällen) fortfallen. Erst in letzter Zeit hat man bei präparativen Arbeiten stärker auf diese, so einfach durchzuführende Trennungsart im Scheidetrichter und ähnlichen Geräten zurückgegriffen[5]. Bei Bildung von Emulsionen sucht man eine Trennung in zwei Schichten durch Erwärmen, Zugabe von Salzen, die sich in der einen Phase lösen, oder durch Zentrifugieren, zu bewerkstelligen.

Nach dem NERNSTschen Verteilungsgesetz (1891) ist das Verhältnis der Konzentration eines Stoffes A in mehreren Phasen („Verteilungskoeffizient") konstant (wenn der Lösungszustand des Stoffes A in diesen Phasen gleich ist, also keine chemische Beeinflussung, Assoziation, Ionenbildung, eintritt). Auf diesem Gesetz beruht das „Ausschütteln", das zur präparativen Reinigung und Trennung von Substanzen oft angewendet wird. Dabei wird

---

[1] H. GROHN, Chem. Fabr. 5 (1932), 325.

[2] E. PODZUS, Arch. Metallk. 1 (1947), 318. Nutzwirkungsgrad beim Zerkleinern stets unter 1%.

[3] C. AGTE, Chem. Fabr. 6 (1933), 5.

[4] Sehr gut die BLOCH-ROSETTI-Mühle der Fa. Hormuth & Vetter, Heidelberg; Kugelmühlen der Berliner Porzellanmanufaktur; Haldenwanger, Rosenthal usw.

[5] W. FISCHER, W. DIETZ, O. HUBERMANN, Naturwiss. 25 (1937), 348.

man, um einen möglichst günstigen Trenneffekt zu erzielen, das Ausschütteln besser öfter mit kleinen Anteilen der Gesamtmenge des Lösungsmittels vornehmen, als umgekehrt, wie aus folgender Überlegung hervorgeht:

Ist L die Menge der auszuschüttelnden Lösung mit dem Stoff A der Konzentration c_0, so befindet sich insgesamt $A_0 = L \cdot c_0$ des Stoffes A in der Lösung. l sei die Menge des bei jedem Ausschüttelungsvorgang angewendeten Lösungsmittels, $\alpha = \frac{C_2}{C_1}$ der Verteilungskoeffizient, A_1, A_2, ... die jeweils zurückbleibende Menge des Stoffes, der in den Konzentrationen c_1, c_2, ... vorliegt, so ist nach dem ersten Ausschüttelungsvorgang

$$A_1 = Lc_0 - lc_2 = Lc_0 - l\frac{\alpha Lc_0}{L + \alpha l}$$

$$= Lc_0\left(1 - \frac{\alpha l}{L + \alpha l}\right) = Lc_1$$

$$A_2 = Lc_1 - lc_2' = Lc_1 - \frac{l\alpha Lc_1}{L + \alpha l}$$

$$= Lc_1\left(1 - \frac{l\alpha}{L + \alpha l}\right) = Lc_2$$

$$= Lc_0\left(1 - \frac{l\alpha}{L + \alpha l}\right)^2$$

$$A_n = Lc_0\left(1 - \frac{l\alpha}{L + \alpha l}\right)^n = Lc_n = Lc_0\left(\frac{L}{L + \alpha l}\right)^n$$

Der Ausschüttelungsvorgang verläuft somit in einer geometrischen Reihe; kennt man den Verteilungskoeffizienten α, so kann man leicht berechnen, mit wievielen Ausschüttelschritten man das Auslangen bei bestimmten Forderungen findet. Eine Mechanisierung des Vorganges wird in den *Perforatoren* erreicht, die nach dem Prinzip des SOXLETH-Apparates arbeiten und S. 179 beschrieben sind.

Trennung gasförmig-gasförmig. Dort, wo die chemischen Trennungsverfahren der selektiven Absorption und die physikalischen der selektiven Adsorption (an oberflächenaktive Stoffe, chromatographische Methoden) versagen, wie bei der Trennung von Isotopen, sind folgende Wege gangbar, auf die nur hingewiesen werden soll. α) Fraktionierte Destillation, Sublimation und Kondensation[1]; β) fraktionierte Diffusion[2];

[1] G. N. LEWIS u. R. E. CORNISH, J. Am. chem. Soc. **55** (1933), 2616. — J. N. BRÖNSTED u. G. HEVESY, Philos. Magaz. J. Sci. VI, **43** (1922), 31.

[2] W. D. HARKINS, J. Am. Chem. Soc. **43** (1921), 1803. — G. HERTZ, Z. Phys. **79** (1932), 108; **81** (1934), 810.

γ) Thermodiffusion[1]; δ) Anregung eines Isotops durch streng monochromatische Strahlung und dadurch Überführung der angeregten Atome in eine Verbindung, bzw. Spaltung der Verbindung mittels streng monochromatischen Lichts[2]; ε) Austauschreaktionen[3], die auf geringen Unterschieden in den Gleichgewichtskonstanten beruhen und zu Anreicherungen eines Isotops in einer Phase führen, z. B. $(^{15}NH_4)_2\,SO_4+2\,^{14}NH_3 \rightleftarrows (^{14}NH_4)_2\,SO_4+2\,^{15}NH_3$.

Phasentrennung fest-flüssig. *Dekantieren, Zentrifugieren, Filtrieren.* Diese Phasentrennung wird bei chemischen Arbeiten am häufigsten angewendet, obwohl ihr, wie früher erwähnt, eine ganze

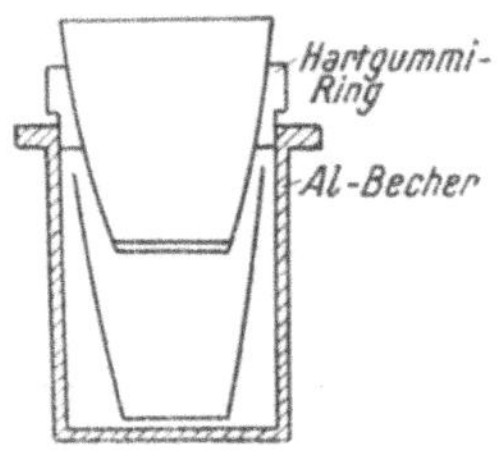

Abb. 95. Filtrierzentrifuge.

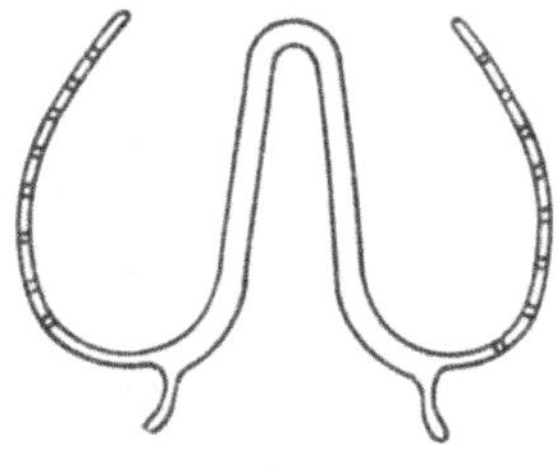
Abb. 96. Einsatz einer Korbzentrifuge aus Porzellan.

Reihe von Unzulänglichkeiten anhaftet. Neben der rohen Form des Dekantierens wird das *Zentrifugieren*, besonders beim präparativen Arbeiten, mit Vorteil, z. B. beim Umkristallisieren, angewendet. Durch das Zentrifugieren kann eine *beträchtlich* größere Menge von Mutterlauge entfernt werden, als durch ein noch so vollständiges *Absaugen* eines Kristallbreies an der Pumpe. Man kombiniert das Zentrifugieren mit mehrmaligem Auswaschen der Substanz mit einer tunlichst kleinen Menge von Waschflüssigkeit. Die Arbeitsweise ist in gleicher Weise für mikrochemische Arbeiten, wie in großem Stil anwendbar. Mittlere Substanzmengen zentrifugiert man in Porzellanfiltertiegeln, Abb. 95, wobei der Aluminiumbecher direkt in den Halter einer Zentrifuge eingehängt wird, und sämtliche Zentrifugengefäße selbstverständlich genau auszuwuchten sind. (Wasser eingießen, bis alle Gefäße gleiches

[1] K. CLUSIUS, G. DICKEL, Z. phys. Chem. (B) **44** (1939), 397, 451.

[2] W. KUHN, H. MARTIN, Z. phys. Ch. (B) **21** (1933), 93.

[3] H. C. UREY u. Mitarb., J. Am. Chem. Soc. **57** (1935), 321; **59** (1937), 1407. — L. A. WEBSTER, M. H. WAHL, H. C. UREY, J. Chem. Physics **3** (1935), 129.

Gewicht haben.) Für größere Substanzmengen verwendet man Korbzentrifugen mit einem Einsatz nach Abb. 96. Ein Beispiel soll die *Zeit-* und *Materialersparnis* durch Zentrifugieren erläutern: Bei gewöhnlichem Filtrieren erhält man aus 1 kg $NaNO_3$ nach neunmaligem Umkristallisieren *2 g* reines $NaNO_5$. Nach bloß zweimaligem Umkristallisieren von 1 kg $NaNO_3$, Abschleudern und Waschen mit je 50 ccm Wasser in der Zentrifuge erhält man ein Produkt gleicher Reinheit, die Ausbeute beträgt jedoch beim Zentrifugieren *183 g*[1]!

Das *Filtrieren* setzt voraus, daß die maximale Porengröße des Filters unter der Minimalgröße der zu filtrierenden Substanz liegt. Als Filter verwendet man Papier, Asbest, ferner Platin-, Glas- und Porzellanfritten, sowie organische Membranen. Starke Säuren und Alkalien filtriert man am besten durch Frittenfilter. Die Filtrationsgeschwindigkeit wird durch Temperaturerhöhung (Verringerung der Viskosität der Lösung), durch Vergrößerung der Filterfläche und durch Anwendung von Über-, bzw. Unterdruck vergrößert. Bei präparativen Filtrationen wird man eine Verunreinigung des Präparates mit Filterfasern sorgfältig vermeiden und gehärtete Filter verwenden. Gröbere Kristalle zentrifugiert man ab oder filtriert durch ein Glas-[2] oder Porzellanfrittengerät ab. Jedenfalls ist die Filterfläche stets im Hinblick auf die Substanzmenge und nicht nach der Flüssigkeitsmenge zu bemessen. Schwierige Filtrationen von Kolloiden lassen sich oft verblüffend schnell mit Membranfiltern (Ultrafeinfilter, Cellafilter[3]) in einem im Handel befindlichen Filtrationsapparat[4] aus Porzellan oder Glas, Abb. 97, durchführen. Membranfilter lassen sich oftmalig verwenden. Sie müssen unter Wasser mit einem Desinfiziens zur Verhütung von Schimmelbildung (blankes Kupferblech oder Thymol) am besten in einem entsprechend gefüllten Exsikkator (der die Verdunstung des Wassers verhindert) aufbewahrt werden. Der Filtrationsapparat, Abb. 97, besteht aus Trichter-, Siebplatten- und Aufsatzteil. Auf die Siebplatte wird ein feuchtes Filtrierpapier, auf dieses das Membranfilter aufgelegt, die Teile unter Zwischenlegen von Kautschukringen zusammengestellt,

---

[1] T. W. Richards, J. Am. Chem. Soc. **27** (1905), 194.

[2] Selbstherstellung von Frittenfiltern aus Geräteglas. W. F. Bruse, H. E. Bent, J. Am. Chem. Soc. **53** (1931), 990; Ref. Chem. Fabr. **5** (1932), 6. — R. D. Cool, J. D. Graham, Ind. Engng. Chem. Analyt. Edit. 6 (1934), 479; Ref. Chem. Fabr. **8** (1935), 15. — F. E. Holmes, J. chem. Educat. **18** (1941), 311.

[3] Stähler, II/2, 928. G. Jander, Die chem. Analyse unter Verwendung von Membranfiltern.

[4] Bez.: Phywe A. G. Göttingen.

sodann wird kurz gesaugt, worauf sich die Filter faltenlos an die gewölbte Siebplatte anlegen und der ganze Apparat mittels zwei Ringen und drei Schrauben zusammengeschraubt. Abb. 97 zeigt ferner einige zweckmäßige Neuerungen beim Filtrieren; die Vorschaltflasche mit Rückschlagventil[1], bei welcher Kondensate usw.

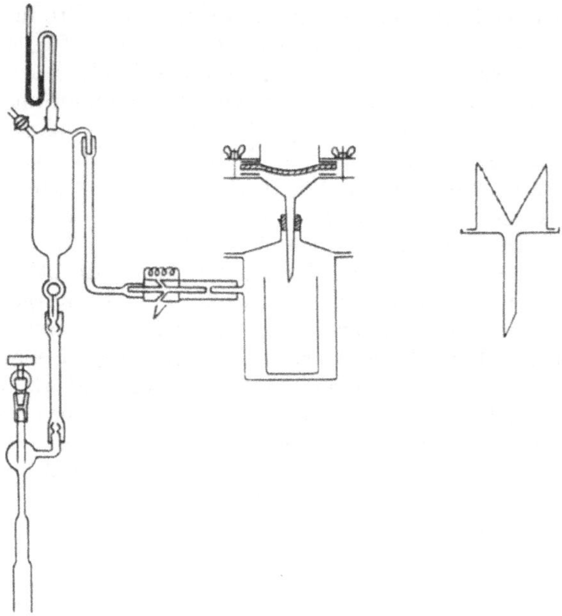

Abb. 97. Vakuumfiltration.

gleich in die Pumpe abfließen; das Vakuumkupplungsstück aus Aluminium[2] V ermöglicht ein bequemes An- und Abschalten der Sauggefäße. Der Filtrationsapparat der Berliner Porzellanmanufaktur ist besonders beim quantitativen Arbeiten ein ausgezeichnetes Hilfsmittel. Weiters sei auf die Ultrafiltrationsgeräte nach BECHHOLD-KÖNIG der Berliner Porzellanmanufaktur hingewiesen, die man sich vor Gebrauch durch kürzeres oder längeres Ausschwenken mit einer (eventuell angewärmten, wenn zu viskos)

---

[1] H. SLOTTA, Chem. Fabr. 3 (1930), 183.

[2] KAPSENBERG, Chem. Weekblad 34 (1937), 403. Bez.: Schott u. Gen.. Jena.

1- bis 6%igen Kollodiumlösung (DAB, mit Äther-Alkohol 7+1 verdünnt) oder Eisessig-Kollodium-Lösung, Ausgießen, Abtropfenlassen der Lösung und ruckartiges Untertauchen des Gefäßes unter Wasser präpariert. Die so hergestellten Ultrafilter sind nach kurzem Auswaschen an der Pumpe verwendbar. Vgl. S. 360.

Für *Heißfiltrationen* verwendet man Heißwassertrichter oder einen Al-Apparat[1], Abb. 98, der elektrisch geheizt, bzw. durch Eintropfenlassen von flüssiger Luft in eine eingegossene Kupferspirale gekühlt werden kann und verschiedene Einsätze hat,

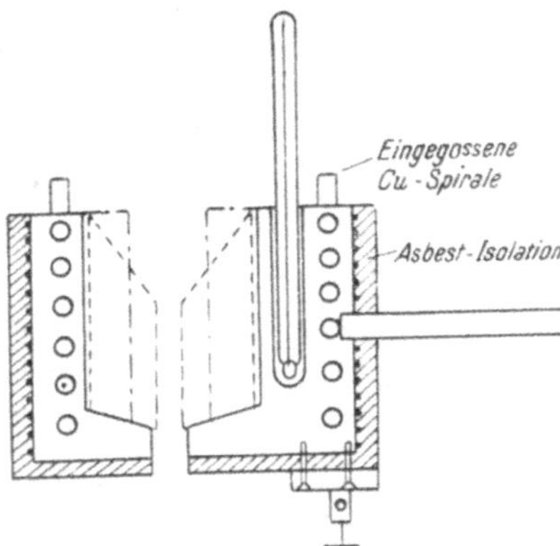

Abb. 98. Al-Block für Heiß- und Kaltfiltration.

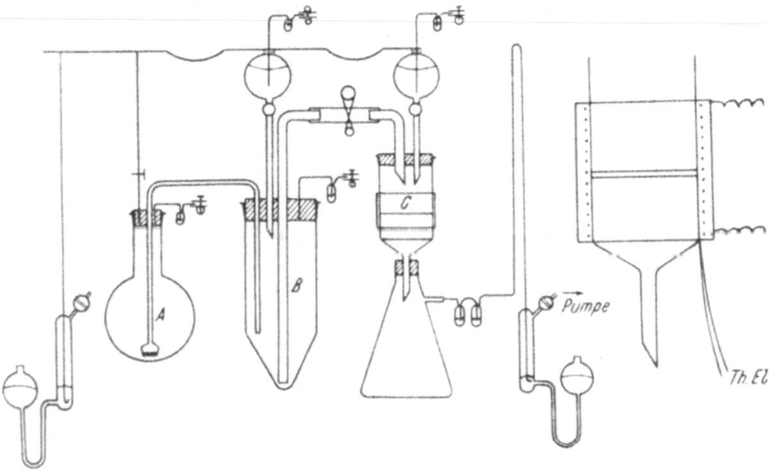

Abb. 99. Filtriervorrichtung zum Filtrieren unter Luftabschluß.

um mit Trichtern, Nutschen oder ALLIHNschen Rohren arbeiten zu können.

Filtration unter Ausschluß von Luft. Für Filtrationen in indifferenter Gasatmosphäre eignen sich die von KAPSENBERG ange-

[1] Vgl. B. G. SIMEK, A. STADLER, Mitt. Kohleforsch.-Inst. Prag (1931), 74, Ref. Chem. Fabr. **5** (1932), 270.

gebenen Geräte[1]. Abb. 99 zeigt eine bewährte Apparatur, in der im Gefäß A eine Lösung hergestellt, durch „umgekehrte Filtration" (Glasfritte, Filterstäbchen nach EMICH, PUKALLsches Tonfilter) nach B gebracht, dort eine Fällung durchgeführt und der Niederschlag in C filtriert, gewaschen und getrocknet werden kann. Alle Operationen werden in inerter Gasatmosphäre durchgeführt. Zwei Manometer kontrollieren die Druckverhältnisse in der Apparatur. In ähnlicher Weise erlaubt eine Apparatur von UHLICH[2], Abb. 100, Fällungen und Umkristallisationen unter Luftabschluß vorzunehmen. Über eine Apparatur zur Fällung, Reinigung, Trocknung und Abfüllung von luftempfindlichen Substanzen unter Sauerstoffabschluß berichten RIHL und FRICKE[3].

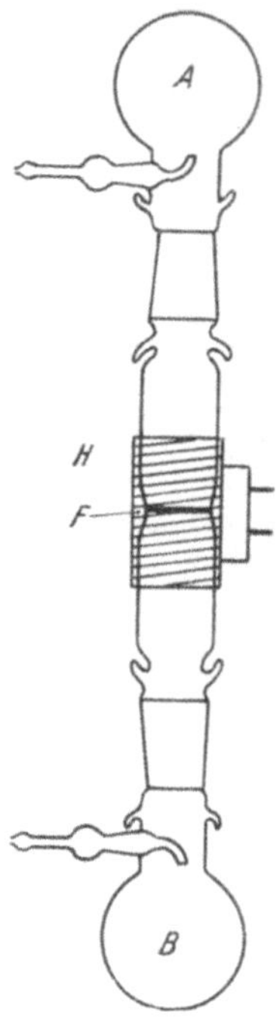

Abb. 100. Apparatur zum Umkristallisieren in inerter Atmosphäre nach UHLICH. *F* Frittenplatte, *H* Heizmanschette.

Hat man sehr große Flüssigkeitsmengen zu filtrieren, so bedient man sich bisweilen automatischer Filtrier- (Auswasch-) Vorrichtungen, von denen Abb. 101 eine Ausführungsform nach KAPSENBERG mit Luftpolster und MARIOTTEscher Flasche zeigt. Zur Filtration sehr *kleiner Substanzmengen* verwendet man die von HIRSCHWALD angegebene Vorrichtung, Abb. 102a; zwischen die Schliffe wird ein Papierfilterchen eingeklemmt. Sehr *kleine Flüssigkeitsmengen* filtriert man nach mikrochemischen Methoden[4], z. B. durch Zentrifugieren durch ein kleines Trichterchen nach STRZYGOWSKI, Abb. 102b, c. Man kann auf diese Weise selbst Flüssigkeitsmengen von 5 mm^3 filtrieren, wobei die vom Filter zurückgehaltene Flüssigkeitsmenge nur etwa 10% beträgt.

Auswaschen. Nach jeder Filtration befreit man die Substanz von der anhaftenden Mutterlauge durch „Auswaschen". Auch hier gilt, wie beim Ausschütteln, eine geometrische Verdünnungsprogression, so daß es sich empfiehlt (wo dies bei der auszuwaschenden Substanz angängig ist), das Waschwasser jedesmal ganz ab-

[1] Bez.: G. Schott u. Gen., Jena.

[2] H. UHLICH, Chem. Fabr. 4 (1931), 278.

[3] S. RIHL u. R. FRICKE, Z. anorg. Chem. 251 (1943), 405.

[4] F. EMICH, Methoden der Mikrochemie; Abderhalden, Handbuch d. Biolog. Arbeitsmethoden.

laufen zu lassen, ehe man neu aufgießt, und bei einer gegebenen Menge von Waschflüssigkeit mehrmals mit kleinen Anteilen zu waschen. Natürlich darf die Substanz dabei nicht teilweise trocken bleiben, sondern muß bei jedem Auswaschvorgang völlig von Waschflüssigkeit durchfeuchtet werden. Bei sehr leicht löslichen Substanzen wird man diese mittels der Mutterlauge

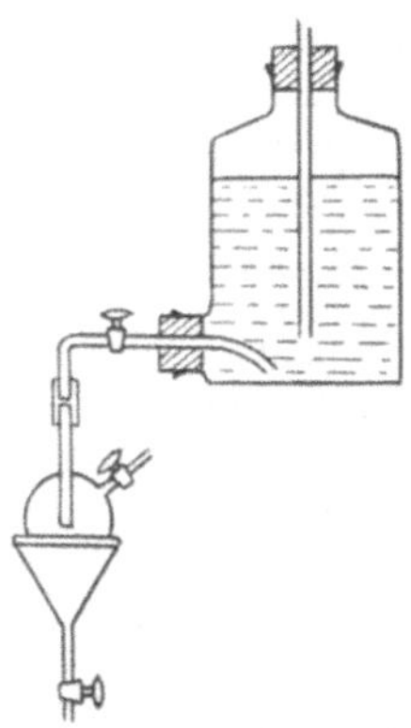

Abb. 101. Automatische Filtration nach KAPSENBERG.

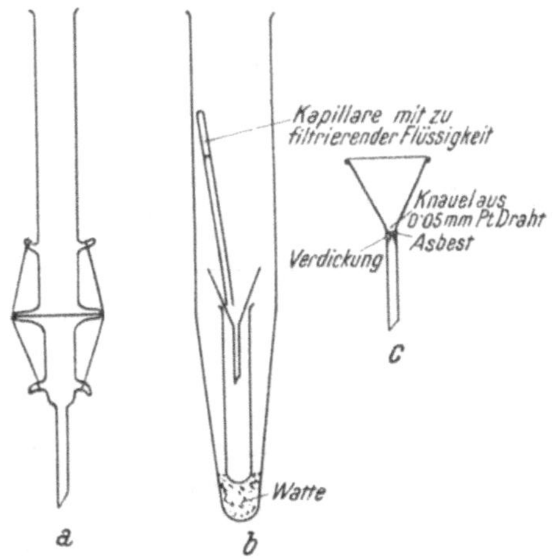

Abb. 102. Mikrofiltration.

auf das Filter bringen und sowenig als möglich waschen, bzw. mit Flüssigkeiten waschen, die mit der Mutterlauge mischbar sind, in denen aber die Substanz unlöslich ist. (Vergl. $Sb_2(SO_4)_3$, S. 329.)

Chromatographische Verfahren[1]. Diese beruhen auf der selektiven Adsorption gelöster Substanzen (Ionen, Molekülverbindungen) an oberflächenaktive Stoffe, z. B. an standardisiertes Aluminiumoxyd nach BROCKMANN. Filtriert man eine Lösung durch eine Säule von Aluminiumoxyd, so entsteht in dieser, entsprechend der verschiedenen Adsorptionsfähigkeit des Aluminiumoxydes für die gelösten Stoffe ein „Adsorptionsspektrum". Durch anschließendes Auswaschen mit dem reinen Lösungsmittel (selektive Desorption) läßt sich der Trennungseffekt noch wesentlich ver-

[1] H. BROCKMANN, Angew. Ch. 53 (1940), 384. — L. ZECHMEISTER, L. v. CHOLNOCKY, Die chromatographische Adsorptionsmethode. Springer, Wien 1937.

bessern. Durch Abteilen der Säule in die einzelnen Adsorptionszonen und nachheriges Eluieren kann man die Substanzen trennen und rein gewinnen. Die selektive Adsorptionsfähigkeit eines Adsorptivs ist um so schärfer ausgeprägt, je geringer das allgemeine Adsorptionsvermögen desselben ist. Die beschriebene Methode ist nicht nur für verschiedenfarbige, sondern auch für verschiedenfarbig im UV fluoreszierende Stoffe anwendbar und hat besonders in der Chemie der Naturstoffe Hervorragendes geleistet.

Trennung fest-gasförmig. Im allgemeinen ist die Trennung einer gasförmigen Phase von festen Phasen durch Abpumpen im Hochvakuum, unter Erhitzen auf höhere Temperaturen, leicht durchführbar. Die Gase werden von festen Körpern (proportional ihrer Oberfläche) nach der Adsorptionsisotherme von Langmuir $n = \varkappa \frac{K \cdot p}{1 + K \cdot p}$ sorbiert. Dabei bedeutet n die von einem Mol Sorbens sorbierte Menge in Millimol; $\varkappa$ und K sind individuelle Konstanten, wobei $\varkappa$ ein Maß für die Oberfläche des Sorbens, K ein Maß für die Affinität des Adsorptionsvorganges zwischen den Molekeln des Adsorbens und des Adsorptivs bedeuten; p ist der Partialdruck des sorbierten Gases oder Dampfes. Die Formel gilt für kleine Partialdrucke, bei welchen die Voraussetzung einer monomolekularen Adsorptionsschicht gegeben ist. Die Gasadsorption an A-Kohle oder Silikagel (vgl. S. 111) wird zur Erreichung höchster Vakua, ferner analytisch und präparativ zur selektiven Adsorption und Trennung von Kohlenwasserstoffen[1] angewendet.

Trennung flüssig-gasförmig. Gase lösen sich in Flüssigkeiten (wenn keine chemische Reaktion bei dem Auflösungsvorgang erfolgt) proportional ihrem Partialdruck auf (Henry 1803). Durch Abpumpen, bzw. Durchleiten eines inerten Gases (Erniedrigung des Partialdruckes in der Gasphase) kann man, eventuell bei erhöhter Temperatur (negativer Temperaturgradient), die in einer Flüssigkeit gelösten Gase entfernen. Findet beim Auflösungsvorgang eine chemische Reaktion statt, so ist das Henrysche Gesetz nicht mehr gültig. Die Reinigung von Gasen auf chemischem Wege, das Sättigen von Flüssigkeiten mit Gasen, Adsorbieren usw. wird S. 185 zusammenhängend behandelt.

---

[1] K. Peters u. K. Weil, Z. phys. Ch. (A) **148** (1930), 1; Z. angew. Ch. **43** (1930), 608. — K. Peters u. W. Lohmer, Angew. Ch. **50** (1937), 40. — E. Ferber u. H. Luther, Angew. Ch. **53** (1940), 31. — G. Hesse u. B. Tschachotin, Naturwiss. **30** (1942), 387. — A. Guyer u. Mitarb., Chem. Fabr. **7** (1934), 145, 265; **9** (1936), 5.

B. Phasentrennungen mit Phasenumwandlungen.

Die hierher gehörigen Operationen des Kristallisierens, Extrahierens, Destillierens und Sublimierens gehören zu den wirksamsten Methoden der Reinigung von Substanzen. Sie beruhen durchwegs auf Phasenumwandlungen, die im einzelnen besprochen werden sollen.

Kristallisieren und Saigern. Bei Gemengen von leicht und schwer schmelzbaren Substanzen, sowie bei binären Systemen mit Eutektikum läßt sich eine gewisse Trennung durch Saigern er-

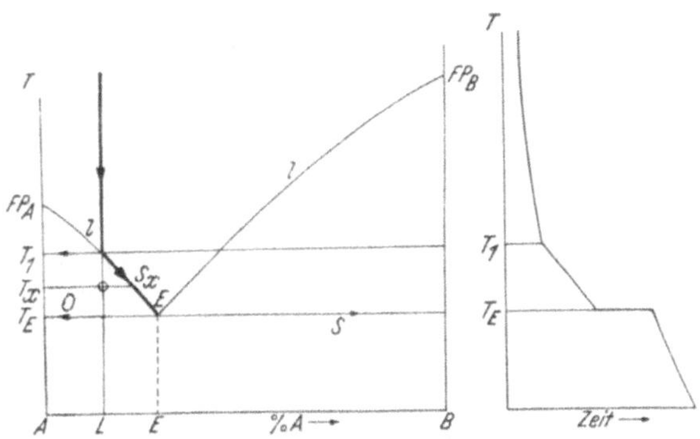

Abb. 103. Zustandsdiagramm und Abkühlungskurve eines Zweistoffsystems mit Eutektikum.

reichen; das heißt, man erwärmt vorsichtig bis zum Schmelzpunkt des niedriger schmelzenden Bestandteiles, bzw. des Eutektikums, wobei die Schmelze austropft, „aussaigert". Geht man umgekehrt von der Schmelze eines binären Zweistoffsystems mit Eutektikum aus, so läßt sich ein Teil eines der Komponenten in reinem Zustand gewinnen: Bei der Abkühlung der Schmelze L, Abb. 103 (Zusammensetzung auf der Abszisse), beginnt bei der Temperatur T_1 die Abscheidung von reinen Kristallen A, während sich die Zusammensetzung der Schmelze mit sinkender Temperatur längs der Liquiduslinie l in einem monovarianten Gleichgewicht bis zur eutektischen Konzentration E verschiebt. Die Menge der ausgeschiedenen Kristalle bei der Temperatur T_x verhält sich zur Menge der Mutterlauge wie die Strecken $\overline{S_xO} : \overline{T_xO}$ (Hebelbeziehung). Durch Zentrifugieren usw. läßt sich somit ein gewisser Anteil des Stoffes A (bzw. B, sobald sich die Zusammensetzung der Schmelze L auf der anderen Seite der eutektischen Konzentration befindet) rein gewinnen. Dieser Anteil ist um so kleiner, je näher die ursprüngliche Konzentration L bei der eutektischen Zusammensetzung lag. Bei der eutektischen Temperatur T_E erstarrt die Restschmelze in einem nonvarianten Gleichgewicht unter gleichzeitiger Ausscheidung von A und B in einem charakteristischen Gefüge.

Diese Verfahren werden öfter in der Metallurgie angewendet und haben auch präparativ beim Reinigen von Substanzen durch Ausfrieren (Benzol, Salpetersäure, reinstes Wasser) eine gewisse Bedeutung. Stoffgemische, die miteinander Mischkristalle bilden, lassen sich auf diese Weise nicht reinigen.

Verwendet man als zweite Komponente eines Zweistoffsystems ein Lösungsmittel, wie Wasser, Alkohol, Äther, Pyridin usw., so spricht man von „*Umkristallisieren*", einem Vorgang, der in der präparativen Praxis weitestgehende Anwendung zur Reinigung von Substanzen findet. Ganz allgemein wird der Kristallisationsvorgang nach TAMMANN von den Faktoren Kristallisationsgeschwindigkeit KG und Keimzahl KZ beherrscht, Abb. 104, die von der Unterkühlungstemperatur der Schmelze, bzw. der gesättigten Lösung abhängig sind. Im allgemeinen überwiegt bei kleiner Unterkühlung die Kristallisationsgeschwindigkeit: Es werden wenige große Kristalle entstehen; Gebiet der Kristallzüchtung. Bei stärkerer Unterkühlung überwiegt die Keimzahl, man erhält ein kleinkristallines Kristallisat; Gebiet der „gestörten Kristallisation".

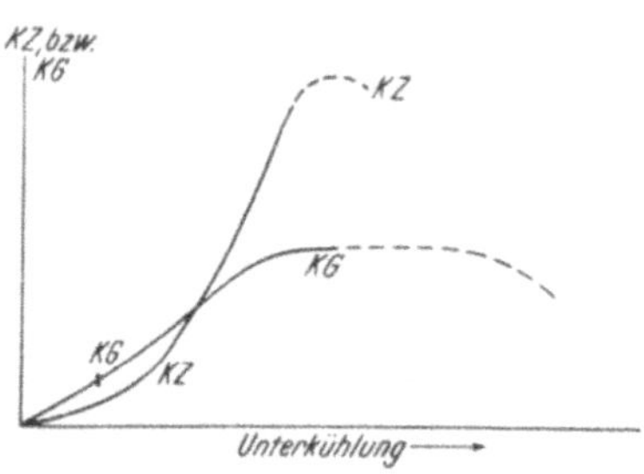

Abb. 104. Keimzahl und Kristallisationsgeschwindigkeit.

Folgende Komplikationen können die Reinigung einer Substanz durch Umkristallisieren in Frage stellen: 1. Mischkristallbildung, 2. Einschlüsse von Mutterlauge. Diese sind um so größer, je größer die Kristalle anfallen. Oft gelingt eine Entfernung durch nachheriges feines Pulvern und Trocknen oder Schmelzen, falls das Lösungsmittel mit der Substanz bei höheren Temperaturen nicht reagiert. Anhaftende Mutterlauge zentrifugiert man am besten ab. 3. Mitkristallisieren von Verunreinigungen gleicher Löslichkeit. Abhilfe durch Wechseln des Lösungsmittels.

Die Wahl des geeigneten Lösungsmittels ist für den Erfolg des Reinigungsvorganges von ausschlaggebender Bedeutung. Kristallisiert die Substanz mit dem Lösungsmittel aus (Kristallwasser, Kristallalkohol usw.), so muß man letzters unter Umständen durch neuerliches Umkristallisieren aus einem anderen Lösungsmittel entfernen.

Man unterscheidet folgende *Kristallisationsmethoden*: 1. Kristallisation durch Abkühlung einer heißgesättigten Lösung; sie ist bei einem hohen Temperaturkoeffizienten der Löslichkeit anwendbar. Man soll bei einer Umkristallisation möglichst die Hälfte der angewendeten Substanzmenge in Kristallen rückgewinnen können. 2. Kristallisation durch isotherme Verdampfung des Lösungsmittels; das „Abdunstenlassen" in der bedeckten Kristallisierschale ersetzt man besser durch die Adsorption der Lösungsmitteldämpfe mittels geeigneter Substanzen in einem Vakuumexsikkator. Der Verdampfungsvorgang wird durch Evakuieren wesentlich beschleunigt und ist z. B. bei Wasser, bei einem Partialdruck der Luft unter ein Torr mindestens zehnmal schneller als bei zehn Torr (RICHARDS). 3. Kristallisation durch Löslichkeitsbeeinflussung: a) nach dem Massenwirkungsgesetz durch Zugabe einer gleichionigen Substanz. (Z. B. gesättigte Kochsalzlösung + konz. Salzsäure), b) durch Zusatz eines zweiten, mit dem ersten mischbaren Lösungsmittels, in dem die Substanz wesentlich weniger löslich ist (z. B. in vielen Fällen Alkohol).

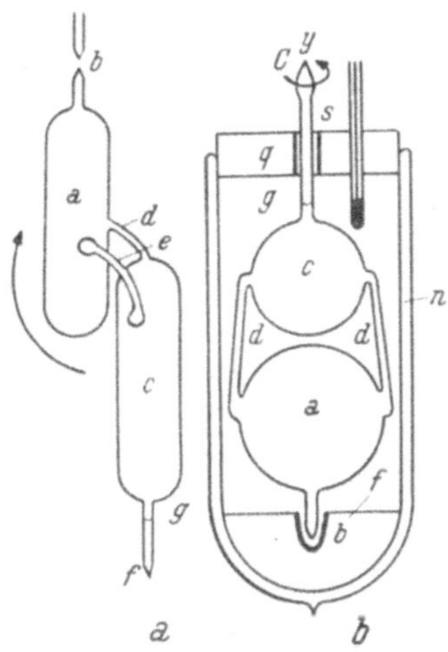

Abb. 105. Kristallisationsapparate.

Bei allen Kristallisationsmethoden kann, besonders bei organischen Substanzen, eine Übersättigung der Lösung, eintreten, die man durch Impfen mit Impfkriställchen (0,1 mg genügt) auslöst. Hat man solche nicht zur Verfügung, so kann man ein wenig der übersättigten Lösung auf einem Uhrglas mit einem Kriställchen einer isomorphen Substanz impfen, um sodann die Hauptimpfung mit arteigenen Kristallen durchzuführen. (Z. B. $Na_2CrO_4 \cdot 10\ H_2O$; $Na_2SO_4 \cdot 10\ H_2O$). Womöglich wird man die Abkühlungskristallisation anwenden. Abb. 105 zeigt zwei Kristallisationsapparate[1], die mehrfaches Umkristallisieren eventuell im Vakuum oder in inerter Gasatmosphäre gestatten. Bei dem links gezeichneten Apparat wird die Substanz und das Lösungsmittel

[1] J. D. PIPER, N. A. KERSTEIN, Ind. Engng. Chem. Analyt. Edit. 9 (1937), 403; Ref. Chem. Fabr. 11 (1938), 30.

bei b eingefüllt und nach dem Evakuieren abgeschmolzen. Man löst die Substanz in a auf, führt die Lösung durch Drehen des Apparates nach c über und läßt im Thermostaten kristallisieren. Durch neuerliches Umdrehen trennt man die Kristalle von der Mutterlauge, die sich in a sammelt, und kann nun das Lösungsmittel nach c destillieren, neuerlich umkristallisieren usw. Die gereinigten Kristalle entnimmt man durch Absprengen des Ansatzes bei g. Im Apparat, Abb. 105, rechts, wird in c umkristallisiert und die Mutterlauge durch Rotierenlassen des Apparates abzentrifugiert

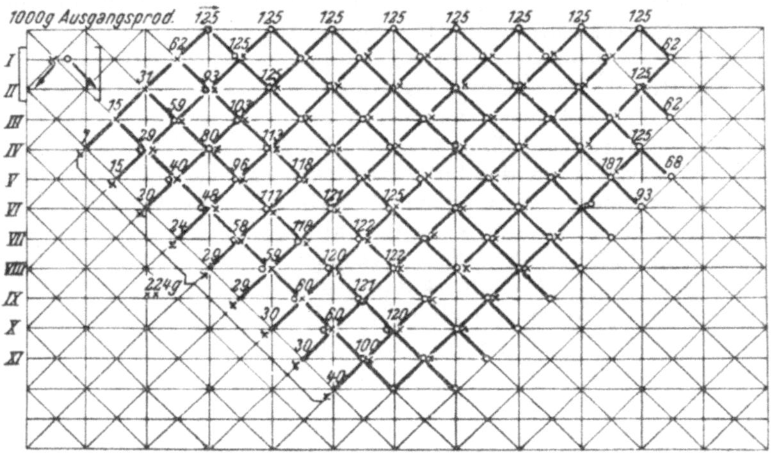

Abb. 106. Schema einer fraktionierten Kristallisation. o Mutterlauge, × Kristalle.

und nach a gebracht, von wo das reine Lösungsmittel wieder nach c destilliert werden kann. Der Apparat wird im Thermostaten auf die gewünschte Temperatur gebracht und in einem Dewar-Becher erkalten gelassen.

Fraktionierte Kristallisation. Dort, wo die Substanz sehr kostbar oder die Ausbeute beim Umkristallisieren gering ist, sowie in den Fällen des Isomorphismus, wendet man die Methode der fraktionierten Kristallisation an, die besonders bei der Trennung der Seltenen Erden Hervorragendes leistete. Allerdings ist diese Arbeitsmethode außerordentlich zeitraubend. Abb. 106 zeigt ein Fraktionierungsschema. Die zu kristallisierende Substanz wird in einer Anzahl von Kolben zur Kristallisation gebracht, und bei den nachfolgenden Kristallisationen jeweils die Mutterlauge des linken Kolbens mit dem Kristallisat des weiter rechts stehenden Kolbens vereinigt. Auf diese Weise sammeln sich die schwerstlöslichen Anteile in den linken Kopffraktionen an, während die leichtest löslichen Anteile nach rechts in die Mutterlauge wandern.

Kristallzüchtung. Zur kristallographischen Untersuchung benötigt man möglichst vollkommene Kristalle, die man aus ruhender oder bewegter Lösung züchten kann. Bei der Kristallzüchtung

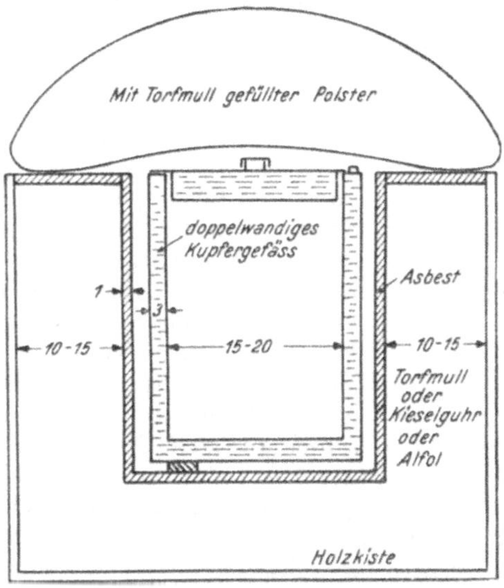

Abb. 107. Kochkiste.

aus ruhender Lösung entstehen infolge der freiwerdenden Lösungswärme Konzentrationsverschiebungen, die zur Ausbildung von verzerrten Kristallen führen können. Bei der Verdunstungskristallisation in Ruhe ist auf möglichste Temperaturkonstanz zu achten, da die Kristallflächen sonst mit Ätzfiguren bedeckt werden. Sehr schöne Kristalle kann man mittels Abkühlungskristallisation in der „Kochkiste", Abb. 107, herstellen. Das doppelwandige Gefäß wird mit siedendem Wasser gefüllt. Die Abkühlung erfolgt in drei bis vier Tagen. Man darf nicht mit zu kleinen Flüssigkeitsmengen arbeiten. Um die günstigste Konzentration einzustellen, klebt man einen Papierstreifen auf die Kristallisierschale (mit flachem Boden). An diesem Papierstreifen stellt man die günstigste Flüssigkeitshöhe durch Markierung ein. Oft erhält man sehr schöne Kristalle, wenn man kristallisieren läßt, bis die Temperatur knapp ober Raumtemperatur liegt, die Mutterlauge abgießt und nun zur Kristallisation abstellt. Sehr schöne, allseitig gut ausgebildete Kristalle erhält man durch Einhängen von Wergfäden in die kristallisierende Lösung: man prüft die sich an den Wergfäden ausscheidenden Kristalle mit der Lupe auf ihre Vollkommenheit, schneidet den Faden knapp unter dem schönsten Kristall ab, entfernt die übrigen und hängt den so vorbereiteten Zuchtkristall in die Mutterlauge, wobei man die sich von Zeit zu Zeit an dem Wergfaden frisch ansetzenden Kristalle entfernt.

Diffusionsverfahren. Sehr schöne Kristalle von sonst nur schwierig kristallisierbaren Stoffen erhält man nach dem Diffusionsverfahren[1]: Man überschichtet eine gesättigte Lösung des zu kristallisierenden Stoffes mit reinem Lösungsmittel; dieses mit einer spezifisch leichteren Flüssigkeit, die sich mit dem Lösungsmittel mischt und die Substanz weniger leicht löst. Zur Verhinderung der mechanischen Vermischung kann man Pergamentpapier oder Cellophanscheiben auf die Grenzschichten legen. Die Lösungen diffundieren gegeneinander und scheiden in der Zwischenschicht an eingehängten Wergfäden schöne Kristalle ab. Abb. 108 zeigt diese Anordnung zur Kristallisation von Schwefel aus gesättigter Schwefelkohlenstofflösung.

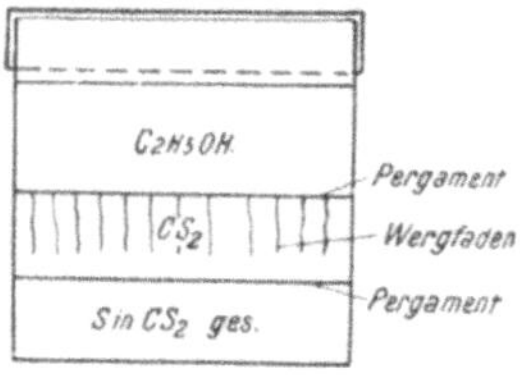

Abb. 108. Kristallisation nach der Diffusionsmethode.

Kristallisation aus bewegter Lösung. L. WULFF hat darauf hingewiesen, daß der früher angenommene Grundsatz der Kristallisation in vollkommener Ruhe nicht zurecht besteht, sondern daß man aus bewegter Lösung sehr schöne, allseitig gut ausgebildete Kristalle erhalten kann. Von den vorgeschlagenen Vorrichtungen sei jene nach Abb. 109 erwähnt. Die Drehung des Kolbens erfolgt am einfachsten durch Anschließen einer biegsamen Welle an die Minutenzeigerachse einer starken Weckeruhr. Man löst die Substanz bei Thermostatentemperatur mit einem Rührwerk zu einer gesättigten Lösung, filtriert diese mittels umgekehrter Filtration in das Kristallisiergefäß, das sich ebenfalls im Thermostaten befindet, setzt Zuchtkristalle zu, die man sich durch Abkühlen einer gesättigten Lösung im Reagensglas herstellt und mit der Lupe aussucht, und läßt den Thermostaten langsam ab-

[1] GUIGNET, C. r. **103** (1886), 873. — L. WULFF, Z. Krist. **4** (1880), 155; **11** (1886), 120.

kühlen. Zur langsamen Temperatursenkung eignen sich ausgezeichnet die Kontaktthermometer mit magnetischer Schraubspindelverstellung. Man dreht den Magneten langsam mittels eines Uhrwerks (biegsame Welle) und senkt so die Temperatur.

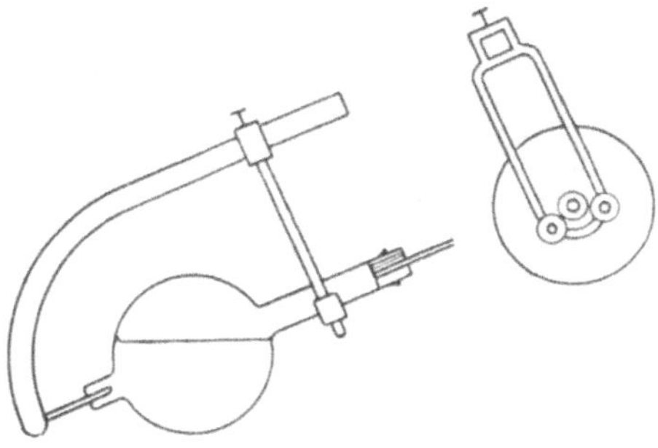

Abb. 109. Rotationsapparat zur Kristallisation aus bewegter Lösung.

Lösen. Unter Lösen versteht man die homogene Verteilung eines Stoffes in einem meist flüssigen Medium, dem *Lösungsmittel*. Man unterscheidet physikalische Lösung, bei welcher der Stoff nach Entfernung des Lösungsmittels unverändert zurückbleibt und chemische Lösung, die mit einer Stoffumwandlung verbunden ist. Lösungsvorgänge zur Isolierung von Substanzen aus Stoff-

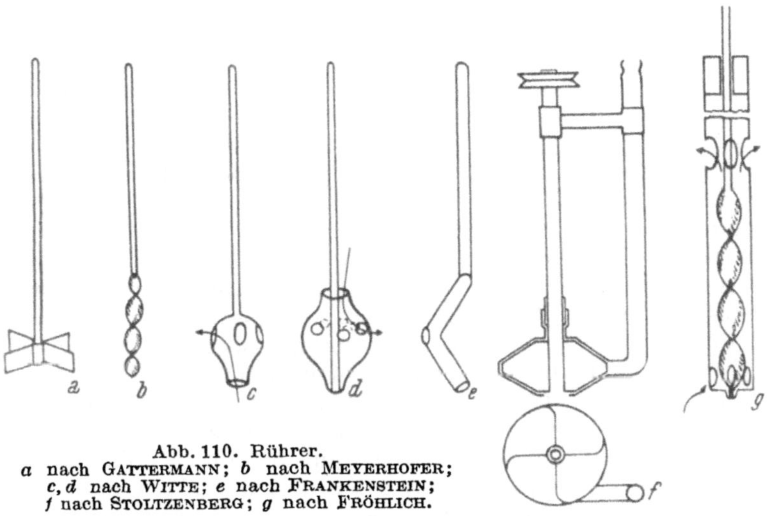

Abb. 110. Rührer.
a nach GATTERMANN; *b* nach MEYERHOFER; *c, d* nach WITTE; *e* nach FRANKENSTEIN; *f* nach STOLTZENBERG; *g* nach FRÖHLICH.

gemischen sind das Extrahieren (fest-flüssig) und Ausschütteln, Perkolieren (flüssig-flüssig).

Jeder Lösungsvorgang ist nach NERNST, BRUNNER und TOLLOCZKO ein Diffusionsvorgang, dessen Geschwindigkeit durch das FICKsche Gesetz $\frac{dc}{dt} = -\frac{D \cdot F}{V} \cdot \frac{c_0 - c}{\delta}$ gegeben ist. D ist die Diffusionskonstante, F die Fläche, c_0 die Sättigungskonzentration, c die jeweilige Konzentration der Lösung, V ihr Volumen und δ die Dicke der Diffusionsschicht. Die Integration dieser Formel $\ln \frac{c_0 - c}{c_0} = -\frac{D \cdot F \cdot t}{V \cdot \delta}$ stammt von NERNST: Um eine Substanz möglichst rasch in Lösung zu bringen, wird man sie fein pulverisieren (Vergrößerung von F), sowie dafür Sorge tragen, daß die Konzentrationsdifferenz $c_0 - c$ möglichst groß ist, was man durch intensives Rühren oder Einbringen der Substanz in den oberen Teil des Lösungsmittels, z. B. mittels eines Trichters, aus dem die spezifisch schwerere Lösung abfließt, erreichen kann. Löst man unter gleichzeitigem Erwärmen Stoffe mit negativer Lösungsenthalpie, so muß man sehr gut rühren, damit sich keine Kristallschichte am Boden des Gefäßes absetzt; andernfalls springt das Glas sehr leicht. Abb. 110 zeigt eine Reihe von *Rührerformen*. Der unten offene Zentrifugalrührer nach WITT (c) sowie der Rührer nach FRANKENSTEIN (e) saugen schwere Flüssigkeiten und Niederschläge an und rühren diese gut um, während der oben offene WITTsche Rührer (d) leichte, auf der Oberfläche schwimmende Flüssigkeiten und Stoffe ansaugt und durchrührt. Der Rührer nach STOLTZENBERG (f) wird auch als Flüssigkeitszirkulationspumpe benützt. Der Rührer nach FRÖHLICH (g) wälzt die Flüssigkeit sehr intensiv um und eignet sich sehr gut zur Thermostatenrührung. Zum Rühren und Mischen von festen Körpern in Flüssigkeiten soll sich ein Kettenrührer, den man sich durch Ineinanderschlingen von Drahtringen aus geeignetem Material (CrNi, Ag, Pt) herstellt, gut bewähren[1]. Ein Pastenrührwerk wird von MAUDE[2] beschrieben. Zum Rühren unter Luftabschluß, in beliebiger Gasatmosphäre, sowie im Vakuum ver-

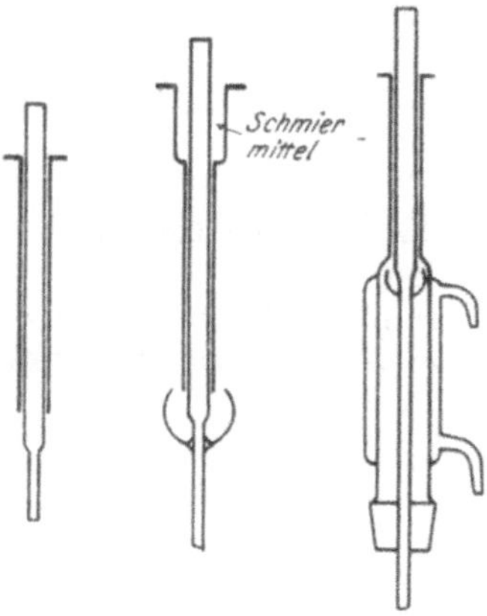

Abb. 111. KPG-Lagerhülsen für Rührwerke.

[1] E. B. HERSHBERG, Ind. Engng. Chem. Analyt. Edit. 8 (1936), 387; Chem. Fabr. 10 (1937), 28. — L. S. POWELL, Ind. Engng. Chem. Analyt. Edit. 8 (1936), 488; Chem. Fabr. 10 (1937), 323.

[2] H. A. MAUDE, Ind. Engng. Chem. Analyt. Edit. 9 (1937), 196.

wendet man an Stelle der alten unhandlichen Quecksilberverschlüsse KPG-Rührer, die bei guter Schmierung vakuumdicht sind. Abb. 111 zeigt einige Ausführungsformen. Die mitrotierende Glocke fängt bei höherer Temperatur durchfließendes Schmiermittel auf. Hat man bei höheren Temperaturen mit Unterdruck zu arbeiten, so kühlt man die PKG-Hülse. Eine andere Ausführungsform beschreibt RUDBACH[1]. Eine ganz

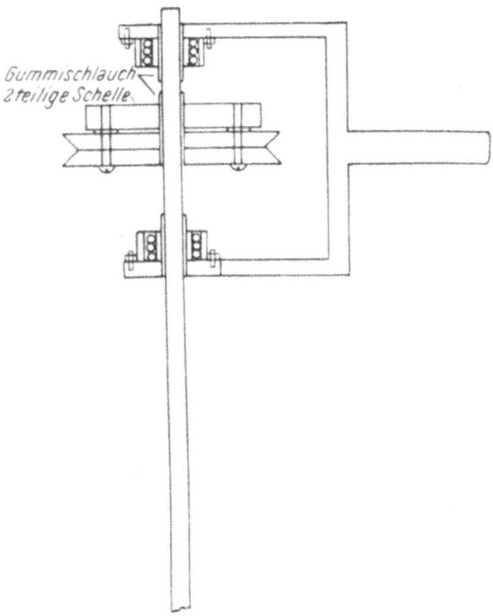

Abb. 112. Lagerung von Rührerwellen.

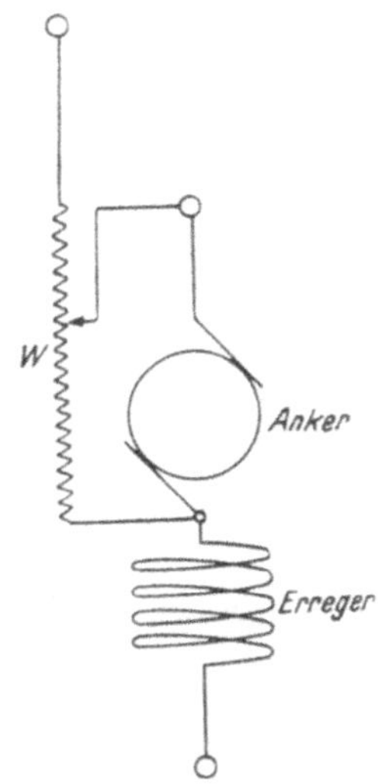

Abb. 113. BARKHAUSEN-Schaltung zur Regelung der Tourenzahl kleiner Hauptschlußmotoren.

aus Glas bestehende Flüssigkeitsumwälzungspumpe beschreibt ALBRECHT[2], eine Dosierpumpe für kleine Flüssigkeitsmengen stammt von WACHTER[3].

Der Antrieb der Rührer erfolgt am einfachsten durch direktes Einspannen der Rührerwelle in das Spannfutter eines kleinen Motors. Um ein Schlagen der Welle zu verhindern, führt man sie zirka 10 bis 15 cm tiefer in einem (Kunstharz-) Führungslager

[1] W. RUDBACH, Chem. Ztg. **58** (1934), 552.
[2] W. H. ALBRECHT, Chem. Fabr. **10** (1937), 470.
[3] H. WACHTER, Chem. Ztg. 1942, 318.

Muß man mit Transmissionsantrieb (vgl. S. 62) arbeiten, so empfiehlt sich eine Lagerung nach Abb. 112 mittels zweier Kugel-

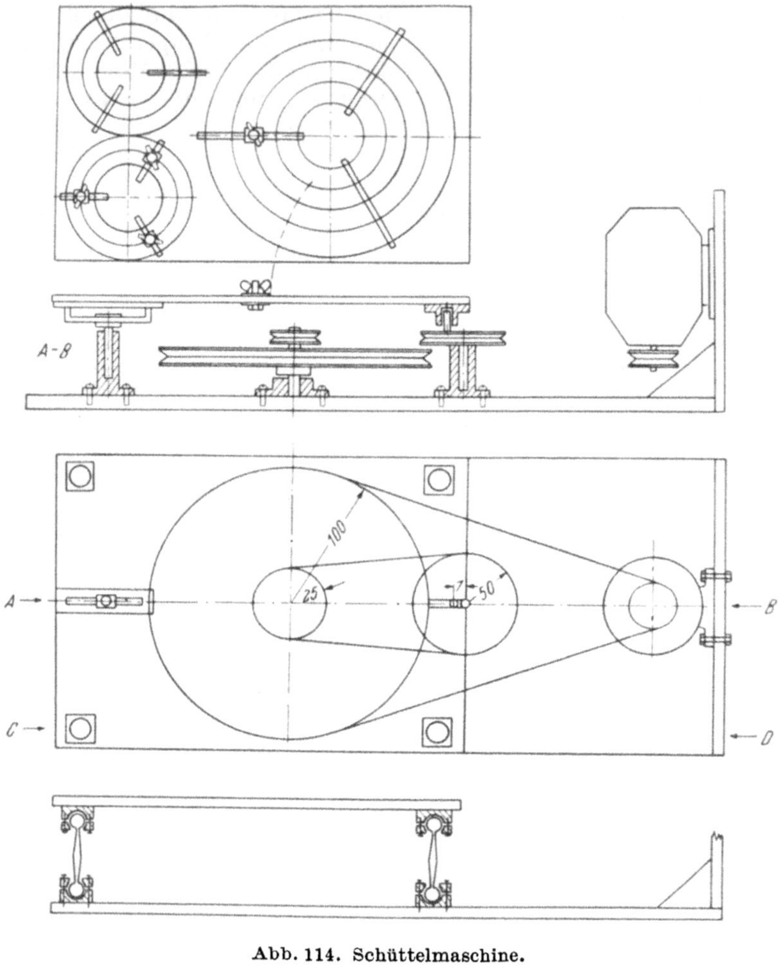

Abb. 114. Schüttelmaschine.

lager, in welche die Welle mit Gummischlauchstücken festsitzend eingepaßt wird. An Stelle der Regulierung der *Tourenzahl* des (Hauptschluß-) Motors mittels eines großen Vorschaltwiderstandes, ist die von BARKHAUSEN[1] angegebene Regelung, Abb. 113,

[1] H. BARKHAUSEN, Phys. Z. **13** (1912), 1131.

viel wirksamer, weil das Drehmoment des Motors auch bei niederen Tourenzahlen nur wenig absinkt. Die optimale Größe des Widerstandes W ist durch den Quotienten Netzspannung: Volllast-Stromstärke des Motors gegeben.

In vielen Fällen empfiehlt es sich, Lösungen und Fällungen unter Schütteln herzustellen. Die von DICKENS[1] angegebene *Schüttelmaschine* hat sich in der Abänderung, Abb. 114, sehr gut bewährt. Verstellbare Klemmen gestatten das feste Einspannen der zu schüttelnden Geräte. Eine Laboratoriums-Emulgiermaschine beschreibt K. FISCHER[2].

Abdampfen. Unter Abdampfen versteht man die Entfernung einer flüssigen Phase durch deren Überführung in die Gasphase, wobei der Hauptwert auf die Gewinnung des Rückstandes gelegt wird. Verdampft man unter der Siedetemperatur, so erfolgt der Verdampfungsvorgang nur von der Oberfläche der Flüssigkeit

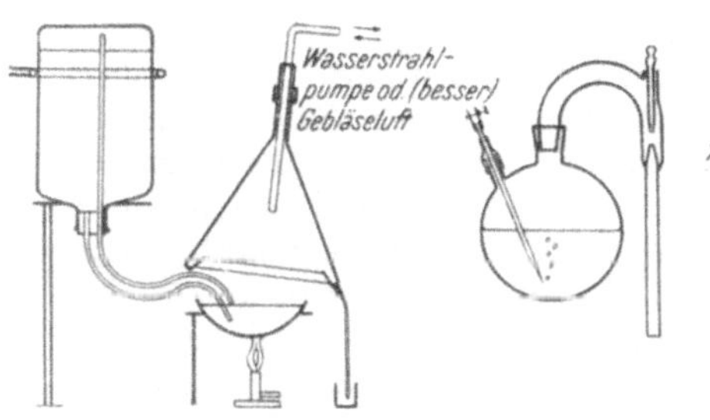

Abb. 115. Automatisches Abdampfen großer Flüssigkeitsmengen. Vakuumverdampfer.

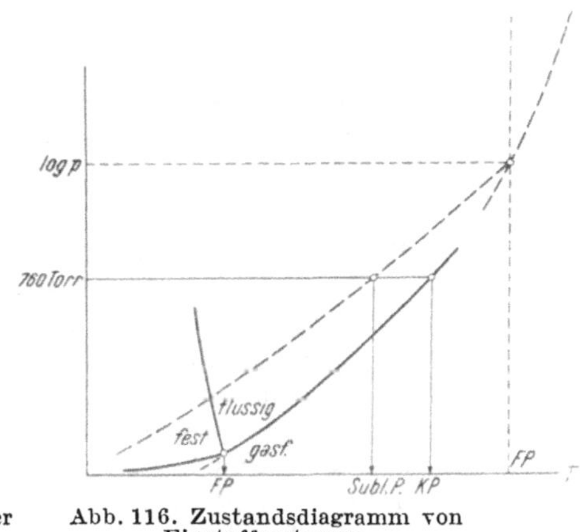

Abb. 116. Zustandsdiagramm von Einstoffsystemen.

aus. Man wird das Abdampfen daher, wenn möglich, in Schalen mit möglichst großer Oberfläche vornehmen, nicht aber in großen Bechergläsern, deren Wände als Rückflußkühler wirken. Durch Luftaufblasen (Erniedrigung des Partialdruckes) läßt sich eine bedeutende Steigerung der Abdampfungsgeschwindigkeit erzielen. Selbstverständlich muß man durch Schutzvorrichtungen (Schutztrichter nach V. MEYER, Abb. 115, links, schräggestellte Glas-

[1] P. DICKENS, Chem. Fabr. 4 (1931), 61. Vgl. auch E. BERL, A. SCHMIDT, Chem. Fabr. 3 (1930), 302.

[2] K. FISCHER, Koll. Z. 75 (1936), 285.

platte usw.) dafür sorgen, daß keine Staubteilchen in die Flüssigkeit fallen. Gegen das Kriechen von Ammonsalzen hilft das Eindampfen mittels Oberflächenverdampfung durch strahlende Wärme, das auch bei stark schäumenden Stoffen[1] angezeigt ist. Elektrische Oberflächenverdampfer aus Quarz[2] sind im Handel erhältlich. Beim Absieden von Flüssigkeiten ist stets die Gefahr des Siedeverzugs vorhanden, besonders bei hohen Flüssigkeitssäulen, sowie wenn Salze ausfallen. Als Siedeerleichterer verwendet man Siedekapillaren oder Bimssteinstückchen, die man an einen dünnen Glasstab anschmilzt. Auch kleine Filtrierpapierstückchen, die man unter einen Glasstab klemmt, bewähren sich gut. Ein besonders schonendes Eindampfen erfolgt im Vakuum; bei ein Torr ist die Verdampfungsgeschwindigkeit ein Vielfaches von derjenigen bei Wasserstrahlvakuum. Wie bei Vakuumdestillationen leitet man bei dieser Art von Eindampfen einen Luftstrom durch eine haarfeine Kapillare durch die Flüssigkeit, um ein Stoßen desselben zu vermeiden; Abb. 115, rechts[3]. Sehr große Flüssigkeitsmengen dampft man automatisch mit einer Vorrichtung, etwa nach Abb. 115, links, ein, oder man verwendet die Anordnungen von KAPSENBERG.

Destillieren und Sublimieren. Der Übergang aus dem flüssigen (bzw. festen) in den gasförmigen Zustand wird in ausgedehntem Maße zur Stofftrennung herangezogen. Der Siedepunkt ist durch jene Temperatur bestimmt, bei welcher der Partialdruck der Flüssigkeit gleich einer Atmosphäre ist. Sublimation findet stets dann statt, wenn der Dampfdruck des Tripelpunktes über Atmosphärendruck liegt, Abb. 116; als Sublimationspunkt bezeichnet man sinngemäß jene Temperatur, bei welcher der Partialdruck der festen Substanz eine Atmosphäre beträgt. Durch Anwendung entsprechend höherer Drucke kann man auch sublimierende Stoffe zum Schmelzen und Sieden bringen. Beim Destillieren einer Flüssigkeit unter vermindertem Druck, bzw. im Hochvakuum, stellt sich jeweils eine genau definierte Siedetemperatur ein, die von dem zu überwindenden Druck abhängig ist. Bei Hochvakuumdestillationen ist aus diesem Grunde die Siedetemperatur der Flüssigkeit beträchtlich von der Höhe der auf ihr lastenden eigenen Dampfsäule abhängig.

---

[1] Siehe auch Chem. Fabr. **11** (1938), 499; **12** (1939), 506. — O. PANKRATH, Chem. Fabr. **4** (1931), 209. — E. JANTZEN, H. SCHMALFUSS, Chem. Fabr. **7** (1934), 61.

[2] FR. HEINRICH, F. PETZOLD, Chem. Ztg. **61** (1937), 568.

[3] Vgl. H. HÄUSSLER, Chem. App. **29** (1942), 240.

Wesentlich verwickelter liegen die Verhältnisse bei Mehrstoffsystemen. Der einfachste Fall eines binären Systems wird durch Abb. 117 in einem p, x-Diagramm dargestellt. Auf den Ordinaten werden die Partialdrucke p_a, p_b, sowie der Gesamtdruck P des Systems, auf der Abszisse die Zusammensetzung x in Molenbrüchen oder Molprozenten aufgetragen. Sind x_a, bzw. $x_b = 1 - x_a$ die Molenbrüche eines binären, homogenen flüssigen Substanzgemisches A, B, mit den Dampfdrucken p_A^0, p_B^0 der reinen Komponenten, so ist nach dem RAOULTschen Gesetz

1. $p_A = p_A^0 \cdot x_A$;
2. $p_B = p_B^0 \cdot x_B = p_B^0 (1 - x_A)$;
3. $P = p_A + p_B = p_A^0 x_A + p_B^0 x_B = p_A^0 + p_B^0 (1 - x_A) = p_B^0 + x_A (p_A^0 - p_B^0)$.

Die letztere Gleichung ist die Gleichung der *Flüssigkeitskurve*. Zu jedem Punkt der Flüssigkeitskurve gehört eine, gewöhnlich von dieser verschiedene Zusammensetzung der im Gleichgewicht befindlichen Dampfphase. Bezeichnen wir mit x_A', x_B' die Molenbrüche der Komponenten in der *Gasphase*, so ist

4. $p_A/p_B = \frac{x_A \cdot p_A^0}{(1 - x_A)\, p_B^0} = \frac{x_A'}{1 - x_A'} = x_A'/x_B'$, da sich in der Gasphase die Partialdrucke wie die Molenbrüche verhalten. Führt man die Beziehung 4 in die Formel der Flüssigkeitskurve 3 ein, so erhält man die Gleichung der Gaskurve

5. $P = \frac{p_A^0 \cdot p_B^0}{p_A^0 (1 - x_A') + p_B^0 \cdot x_A'}$.

Aus 4. folgt die Formel von F. D. BROWN

6. $\frac{x_A'}{x_B'} = \frac{p_A^0 \cdot x_A}{p_B^0 \cdot x_B} = K \cdot \frac{x_A}{x_B}$.

7. $K = \frac{p_A^0}{p_B^0}$,

die besagt, daß das Verhältnis der Partialdrucke bei idealem Verhalten der Gasphase von dem Quotienten aus den Dampfdrucken der reinen Komponenten, sowie den Quotienten aus den Molenbrüchen der Komponenten in der flüssigen Phase abhängig ist.

Auf Grund dieser Überlegungen ergeben sich drei Arten von Fraktionierungsmethoden:

a) die fraktionierte Verdampfung,
b) die fraktionierte Destillation,
c) die fraktionierte Kondensation.

Fraktionierte Verdampfung und fraktionierte Destillation werden oft nicht streng voneinander unterschieden.

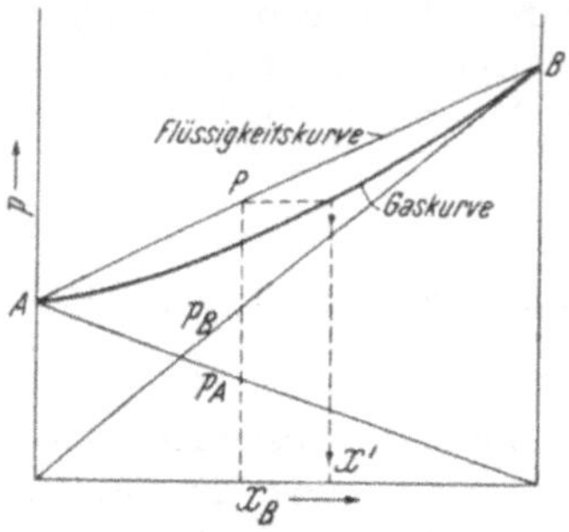

Abb. 117. p-x-Diagramm.

Liegen für den Fall der *fraktionierten Verdampfung* zwei Stoffe, A und B, in einem heterogenen Gemenge der reinen Komponenten vor (Fall des Eutektikums), so ist eine Trennung der Komponenten *in einem Zuge* möglich, wenn man die Verdampfung bei einer Temperatur vornimmt, bei welcher der Dampfdruck der zweiten Komponente verschwindend klein geworden ist. Aus der Clausius-Clapeyronschen Formel folgt

8. $\frac{d \ln p}{dt} = \frac{L}{RT^2}$. Die Integration dieser Formel ergibt die bekannte Dampfdruckformel:

$$9.\ \log p = -\frac{L}{4{\cdot}574 \cdot T} + \frac{S}{4{\cdot}574}\,.$$

Dabei ist L die molare Verdampfungsenthalpie, S die Entropie, beide bei der Temperatur T. In erster Näherung kann man hiefür die Werte bei 25° C einsetzen. Aus 9. folgt

$$10.\ \frac{p_A{}^0}{p_B{}^0} = 10^{\frac{L_B - L_A}{4{\cdot}574 \cdot T} + \frac{S_A - S_B}{4{\cdot}574}}\,.$$

Je tiefer die fraktionierte Verdampfungstemperatur gewählt wird, desto günstiger ist demnach das Verhältnis der Partialdrucke zur Trennung.

Die fraktionierte Verdampfung (Sublimation) aus dem festen System darf nur *sehr langsam* durchgeführt werden, da sonst viel von dem festen System mitgerissen wird (siehe C_3O_2, S. 337). In manchen Fällen empfiehlt sich eine nachfolgende Dephlegmation des Dampfes, derart, daß man ein kleines U-Rohr so kühlt, daß sich das entweichende Gas in ihm kondensiert und die weiteren Anteile gezwungen werden, durch dieses Kondensat hindurchzustreichen.

Formel 10 gilt auch für den Fall der homogenen Lösungen, wobei an Stelle von $p_A{}^0$, $p_B{}^0$ die Partialdrucke p_A, p_B zu setzen sind. L_A und L_B haben in diesem Falle die Bedeutung der molaren

Lösungswärmen der Dämpfe in der Lösung und S_A, S_B die entsprechenden Grundreaktionsentropien. Auch hier gilt somit, daß der Trennungseffekt um so günstiger verläuft, je tiefer die Verdampfungstemperatur gewählt wird. Der Vorteil der Methode der fraktionierten Verdampfung liegt darin, daß man eine Trennung mit einer oder wenigen Operationen, auch mit sehr kleinen Substanzmengen, durchführen kann. Die Methode wurde von A. STOCK apparativ auf das feinste durchgebildet (siehe S. 194), wobei die Trennungen bei Dampfdrucken von 2 bis 3 Torr durchgeführt wurden.

Als Beispiel sei die Trennung Äthylen-Propylen angeführt.

C_2H_4 KP — 103,9° C, FP — 169,5° C
C_3H_6 KP — 46,4° C, FP — 122,8° C

Das Verhältnis der Dampfdrucke $\frac{p^0_{C_2H_4}}{p^0_{C_3H_6}}$ bei —103° beträgt etwa 32, bei —160° etwa 170.

Bei einem Kondensat, das z. B. 10 Mol-% C_2H_4 und 90 Mol-% C_3H_6 enthält, ist nach Gleichung 6. und 7. in der Gasphase enthalten:

$$\text{Bei } -130^0\text{C}\ \frac{x_A'}{x_B'} = K \cdot \frac{x_{C_2H_4}}{x_{C_3H_6}} = 32 \cdot \frac{10}{90} = 3{,}56 = \frac{x_{C_2'H_4}}{1 - x_{C_2'H_4}};$$

$x' = 78$ Mol-% C_2H_4 in der Gasphase.
bei — 160° C $x' = 95$ Mol-% C_2H_4 in der Gasphase.

Beim *Sieden* eines binären Systems des einfachsten Typus, Abb. 118, treten folgende Erscheinungen auf: Die Flüssigkeit der Zusammensetzung L beginnt bei der Temperatur T_u zu sieden und steht dabei mit einer Dampfphase B_{Du} im Gleichgewicht, die wesentlich A-reicher ist als L. Bei weiterem Sieden verändern sich bei steigender Siedetemperatur die Zusammensetzungen, sowohl der Dampfphase wie der Flüssigkeit, stetig längs den stark ausgezogenen Kurven. Bei der Temperatur T_x befindet sich die Dampfphase der Zusammensetzung B_{Dx} mit der flüssigen Phase B_{Fx} im Gleichgewicht. Die Menge der Dampfphase verhält sich zur restlichen Flüssigkeitsmenge nach der bekannten Hebelbeziehung, wie $\overline{OF_x} : \overline{OD_x}$. Bei der Temperatur T_0 ist alles verdampft, wobei die gesamte Dampfmenge nun wieder die ursprüngliche Zusammensetzung L erreicht hat. Aus dem unteren Diagramm der Abb. 118 ist die Zusammensetzung der flüssigen und der Gasphase bei der Temperatur T^0 (X, x-Diagramm) zu entnehmen. Aus den beschriebenen Vorgängen ergibt sich folgende Trennungsmöglichkeit:

Destilliert man z. B. jedesmal die Hälfte der Flüssigkeit, bzw. des anfallenden Destillates (Abb. 119, oben), so kann man bereits in einer dreistufigen Destillation erhebliche Trennwirkungen erreichen, wobei man allerdings bloß $2^{-3} = {}^1/_8$ der ursprünglichen Menge im angereicherten Zustand erhält. Wesentlich schneller, jedoch mit schlechterer Ausbeute, erreicht man das Ziel, wenn man jeweils nur einen kleineren Anteil weiterver-

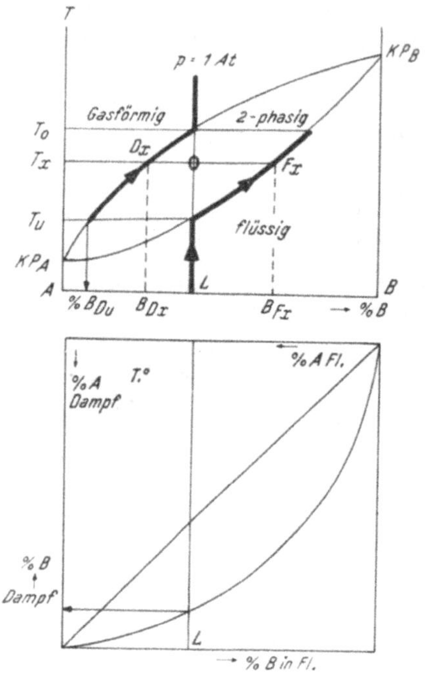

Abb. 118. Siedediagramm.

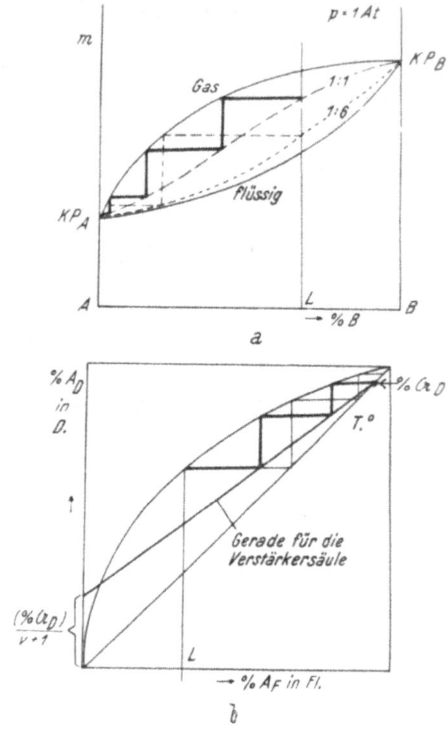

Abb. 119. Trennung von Substanzen durch Destillation. *a* diskontinuierlich, *b* kontinuierlich.

arbeitet. Setzt man z. B. die weiterzuverarbeitende Menge auf jeweils ${}^1/_6$ fest (Abb. 119, oben, strichlierte Kurve), so erreicht man die gewünschte Anreicherung bereits in zwei Destillationsstufen, allerdings nur mit einer Ausbeute von 6^{-2} der ursprünglichen Menge. Um bei einer isothermen Destillation möglichst rasch weitauseinanderliegende Fraktionen zu erhalten, sind nach Backhuis-Roozeboom folgende Bedingungen einzuhalten:

1. der freie Dampfraum soll möglichst klein sein,

2. die Diffusion des entweichenden Dampfes in den schon vorhandenen soll möglichst vermieden werden,

3. die Dämpfe sollen möglichst rasch abgeführt werden.

Bei jeder Destillation findet eine derartige Trennwirkung statt, deren Ausmaß von dem *Verhältnis des Dephlegmates zum Destillat* (= Rücklaufverhältnis v) abhängt, wie aus den oben angestellten Überlegungen hervorgeht. Je größer dieses Rücklaufverhältnis ist (bzw. je länger die Dampfsäule über der siedenden Flüssigkeit ist), desto größer ist die Trennwirkung, desto länger dauert aber auch die Destillation.

Wir haben bisher nur von dem einfachsten Fall gesprochen, bei welchem die Molekeln von A und B in der Lösung aufeinander

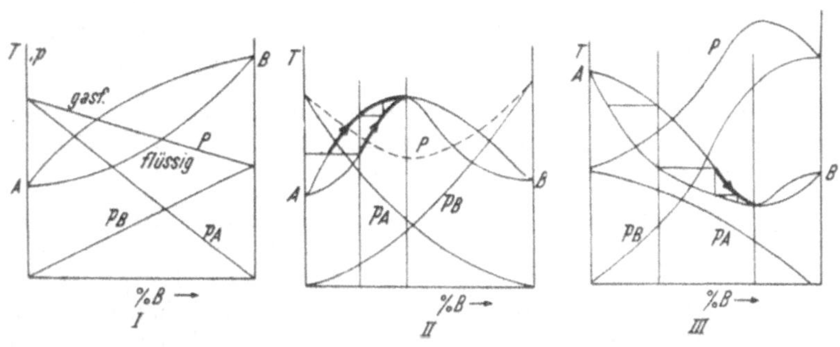

Abb. 120. Siedediagramme und Dampfdruckkurven.

keine Kräfte ausüben. Treten VAN DER WAALSsche Kräfte auf, so sind die Partialdrucke der Komponenten nicht mehr linear von ihren Molkonzentrationen abhängig. Es können dann die in Abb. 120 II und III dargestellten Fälle auftreten:

Bei Systemen mit Siedepunktmaximum, bzw. Dampfdruckminimum, Abb. 120 II, destilliert unter Dephlegmation das leichter Siedende zuerst ab, wobei sich die Zusammensetzung der Flüssigkeit so verändert, daß schließlich das Konstantsiedegemisch im Siedepunktmaximum bei gleichbleibender Temperatur destilliert.

Bei Systemen mit Siedepunktminimum, bzw. Dampfdruckmaximum, Abb. 120 III, destilliert unter Dephlegmation zuerst dieses ausgezeichnete Gemisch bei konstanter Temperatur ab.

Da diese Konstantsiedegemische („Azeotropischen Gemische") bei ihrer Verdampfung *keine Zerlegung* erfahren, ist eine Reindarstellung des zweiten Bestandteiles (unter Überschreitung der azeotropischen Zusammensetzung) durch Destillation allein nicht möglich.

In den Destillationskolonnen hat man den oben beschriebenen diskontinuierlichen, in mehreren Stufen verlaufenden Destillationsvorgang dadurch kontinuierlich gestaltet, daß man dem aufströmenden Dampf das Dephlegmat entgegenströmen läßt, wobei man trachtet, möglichst im Gleichgewichtszustand zwischen Flüssigkeit und Gasphase zu arbeiten. Der Anzahl der diskontinuierlichen Destillationsstufen entspricht bei der Destillierkolonne die Anzahl der „theoretischen Böden", die somit ein Maß für die Trennwirkung der Kolonne darstellt, das allerdings sehr stark vom Rücklaufverhältnis abhängig ist. Bei der Destillation in einer Kolonne wird die Konstante von BROWN $K = p_A^0/p_B^0 = 1 + \frac{p_A^0 - p_B^0}{p_B^0}$ um einen Faktor C vergrößert; $K' = 1 + C\,\frac{p_A^0 - p_B^0}{p_B^0}$, wobei C von dem Rücklaufverhältnis abhängig ist, mit der theoretischen Bodenzahl in Zusammenhang steht und ein Maß für die Trennwirkung der Kolonne ist[1].

In Abb. 119b ist in einem X — x-Diagramm die Abhängigkeit der Zusammensetzung der Dampfphase A_D von der flüssigen Phase der Zusammensetzung A_F bei konstanter Temperatur T^0 schematisch wiedergegeben. Bei einem Rücklaufverhältnis von ∞, das der Diagonale entspricht, wären zwei bis drei theoretische Böden erforderlich, um zur Anreicherung $\mathfrak{A}_D$ zu gelangen. Bei einem Rücklaufverhältnis v ist die Anzahl der theoretischen Böden für eine bestimmte Trennwirkung wie folgt zu ermitteln: Man zeichnet sich im X — x-Diagramm die „Gerade für den Rücklauf" $A_D = A_F \cdot \frac{v}{v+1} + \frac{\mathfrak{A}_D}{v+1}$, die demnach durch den Punkt $\mathfrak{A}_D$ geht und auf der Ordinatenachse den Abschnitt $\frac{\mathfrak{A}_D}{v+1}$ abschneidet. Die dick ausgezogenen Stufen geben dann die Anzahl theoretischer Böden an, die zu dem gewünschten Anreicherungsverhältnis führen. Nähere Details müssen in der einschlägigen Literatur nachgelesen werden[1].

---

[1] H. G. GRIMM, Z. physik. Ch. **140** (1929), 321. — K. THORMANN, Destillieren und Rektifizieren. Spamer, Leipzig 1928. S. 38. — E. KIRCHBAUM, Chem. Fabr. **4** (1931), 40, 51, 63; **6** (1933), 431; **7** (1934) 109; **12** (1939), 121; **13** (1940), 272; **14** (1941), 96.

Man unterscheidet Füllkörpersäulen und Glockenbodenkolonnen. Bei der Konstruktion der Kolonnen sind folgende Richtlinien zu beachten:

1. Dampf und Rücklauf sollen in allen Teilen der thermisch gut isolierten Kolonne miteinander im Gleichgewicht stehen.
2. Die Dampfstauung in der Kolonne soll möglichst gering sein.
3. Rücklaufstauungen dürfen nicht auftreten.

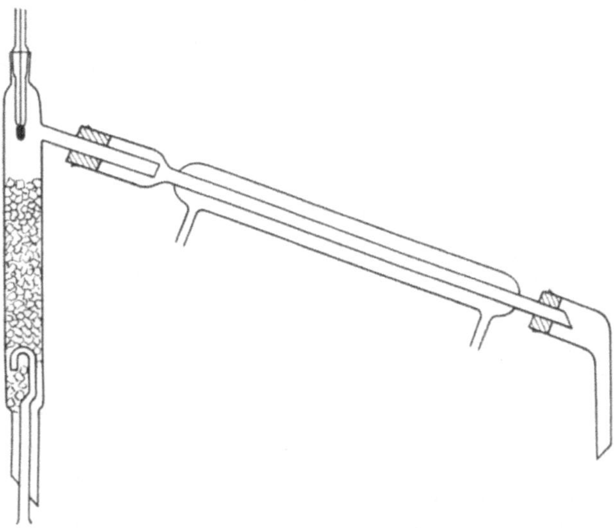

Abb. 121. Fraktionieraufsatz, Kühler und Vorstoß.

4. Der hold up (Substanzmenge in der arbeitenden Kolonne) soll möglichst klein sein.

Bei anorganischen Arbeiten werden gewöhnlich leere oder mit RASCHIG-Ringen (Glasringe 4×4 bis 8×8 mm; Höhe ist gleich Durchmesser) gefüllte Kolonnen verwendet. Um einen ungestauten Rücklauf zu erzielen, empfiehlt REYLING[1] den Einbau eines Glasrohres nach Abb. 121. Die Messung der Destillationstemperatur hat stets an der Abführungsstelle des Dampfes zu erfolgen. An Stelle von RASCHIG-Ringen soll man eine bessere Trennwirkung bei geringerem hold up durch eine Glasspiralenfüllung er-

[1] G. F. REYLING, Ind. Engng. Chem. Analyt. Ed. **11** (1939), 419; Ref. Chem. Fabr. **13** (1940), 77.

zielen, deren Herstellung genau beschrieben wird[1]. Eine Reihe von Kolonnen für verschiedene Zwecke, die aber sämtlich großen hold up haben, sind in Fußnote[2] angeführt.

Eine wesentliche Verbesserung der Trennwirkung bei viel kleinerem hold up wurde durch die Einführung rotierender Füllkörper[3] erreicht: So konnte in einer Kolonne von 10,7 m Höhe mit kegelförmigen rotierenden Blechen und Fangblechen bei der Destillation von Wasser eine wesentliche Anreicherung des Sauerstoffisotops ^{18}O, entsprechend der Trennwirkung von 500 theoretischen Böden erzielt werden[4]. LESESNE und LOCHTER[5] verwendeten lediglich ein rotierendes Metallband als Füllkörper. Eine Destillierkolonne, die nach diesem Prinzip mit außerordentlich kleinem hold up arbeitet, und bei einer wirksamen Länge von nur 37,5 cm bei einem Rücklaufverhältnis von 60 eine Trennwirkung von 15 theoretischen Böden (zu 4 theoretischen Böden ohne rotierendes Band) aufweist, zeigt Abb. 122[6].

---

[1] Nach C. D. WILSON, G. T. PARKER, K. C. LAUGHLIN, Journ. Am. Chem. Soc. **55** (1933), 2795, hat eine 44-cm-Kolonne von 1,4 Durchmesser, mit Raschig-Ringen 5×5 mm gefüllt, eine Trennwirkung von vier theoretischen Böden; mit Glasspiralen gefüllt eine Trennwirkung von acht bis neun theoretischen Böden. Die Herstellung der Spiralen wird in der genannten Arbeit sowie von W. G. JOUNG, Z. JASAITIS, J. Am. Chem. Soc. **58** (1936), 377, beschrieben.

[2] Mikrokolonne für 1 cm^3: L. C. CRAIG, Ind. Engng. Chem. Analyt. Edit. **9** (1937), 441. — Für tiefsiedende Stoffe: J. H. SIMONS, Ind. Engng. Chem. Analyt. Edit. **10** (1938), 648. — Für hochsiedende Stoffe: S. A. SHRADER, J. E. RITZER, Ind. Engng. Chem. Analyt. Edit. **11** (1939), 54. — Für 10 cm^3: C. M. COOPER, E. V. FASCE, Ind. Engng. Chem. **20** (1928), 420; P. E. WESTEN, Ind. Engng. Chem. Analyt. Edit. **5** (1933), 179. — Für größere Flüssigkeitsmengen: J. H. BRUUN, W. B. M. FAULCONER, Chem. Fabr. **10** (1937), 323 (Kolonne mit 70 bis 84 theoretischen Böden. Trennung von C_6H_6 KP 80,12° und CH_3Cl KP 83,7° C). E. PFEIL, Angew. Ch. **54** (1941), 161 (100 theoretische Böden). F. R. STÄHLIN, Chem. Fabr. **10** (1937), 315. — E. JANTZEN, W. HAKER, Chem. Fabr. **12** (1939), 329. — G. R. SCHULTZE, H. STAGE, Z. Elektroch. **47** (1941), 848.

[3] J. E. MYERS, W. E. JONES, J. chem. Soc. (London) **127** (1925), 4.

[4] G. B. PEGRAM, H. C. UREY, J. R. HUFFMAN, Physic. Rev. **49** (1936), 883; Ind. Engng. Chem. **29** (1937), 531.

[5] S. D. LESESNE, H. L. LOCHTER, Ind. Engng. Chem. Analyt. Edit. **10** (1938), 450.

[6] H. KOCH, F. HILBERATH, F. WEINRÖTTER, Chem. Techn. **14** (1941), 387.

Eine viel schonendere Verdampfung ohne Siedeverzug erfolgt bei intensiver Rührung. Dieses „KRAFFTsche Prinzip“ wurde von amerikanischen Forschern angewendet, indem sie z. B. den

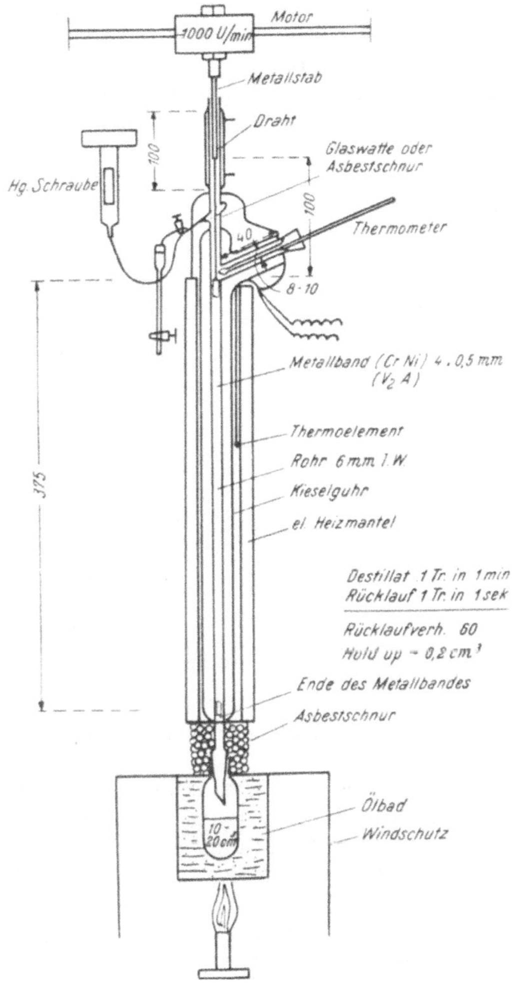

Abb. 122. Destillierkolonne mit rotierendem Füllkörper.

Destillationskolben um seinen Schliff in rasche Rotation versetzten, oder einen durch ein elektrisches Drehfeld angetriebenen Rührer einbauten.

An den Destillierkolben, bzw. an die Kolonne wird, womöglich mit Schliff, ein Kühler zur Kondensation der Dämpfe angeschlossen, der über einen „Vorstoß“ zur Vorlage führt. Als *Destillierkühler* besitzen neben dem LIEBIG-Kühler mit engem Kühlmantel besonders der WEST-, der DIMROTH- und der Schraubenkühler den besten Wirkungsgrad[1].

In manchen Fällen muß die Anwesenheit von Schmiermitteln in der Apparatur peinlichst vermieden werden; dann bläst man

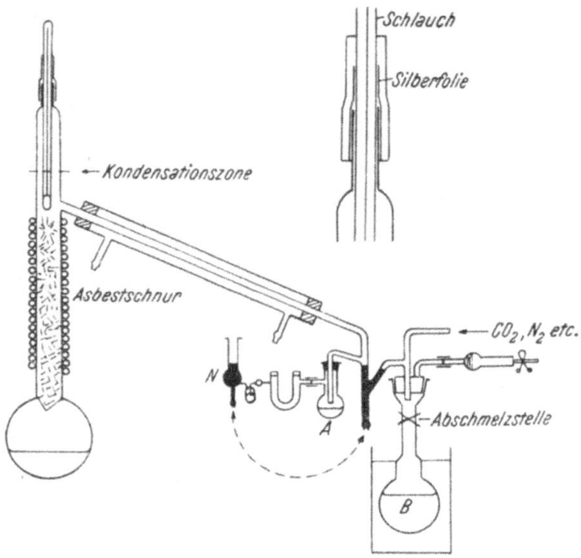

Abb. 123. Destillation luftempfindlicher Substanzen.

die Destillationsapparatur zusammen und wechselt Vorlauf und Hauptfraktion durch Betätigung eines Quecksilberverschlusses nach Abb. 123[2]; die Anordnung hat sich zur Destillation luftempfindlicher Substanzen sehr gut bewährt. — Das Thermometer setzt man bei aggressiven Substanzen, wie angedeutet, mittels einer LUDWIGschen Dichtung in die Kolonne ein. Bei hochsiedenden Stoffen umwickelt man die Kolonne mit einer Asbestschnur oder verwendet Kolonnen mit Vakuummantel. Vor der Destillation muß der ganze Apparat durch Durchleiten von

[1] H. WALTHER, Chem. Techn. **15** (1942), 218. — J. FRIEDRICHS, H. v. KRUSKA, Chem. Fabr. **7** (1934), 284.

[2] A. STÄHLER u. H. GOERGES, Ber. **42** (1909), 3202.

trockenem Stickstoff oder Kohlendioxyd und öfteres Abfächeln mit der Flamme getrocknet werden. Sodann wird die wasserempfindliche Substanz, eventuell durch umgekehrte Filtration gereinigt, eingebracht, das Thermometer aufgesetzt und langsam erhitzt. In der gezeichneten Stellung des Quecksilberniveaurohres, Abb. 123, fließt der Vorlauf in das linke Kölbchen A; durch Senken des Niveaugefäßes N fängt man die reine Substanz in dem Abschmelzgefäß B auf, das man nach Beendigung der Destillation in einem trockenen Kohlensäure- oder Stickstoffstrom abschmilzt.

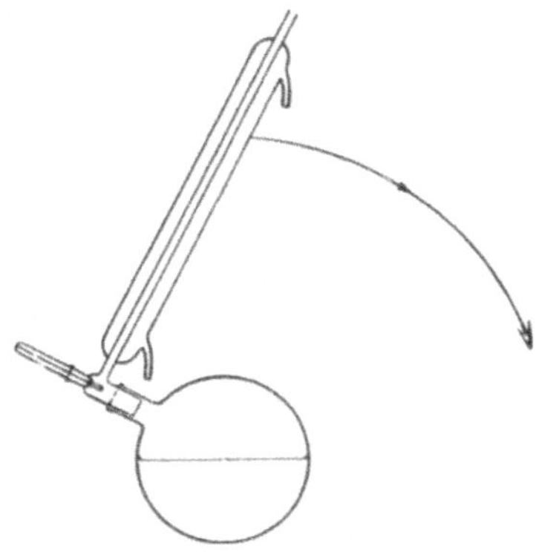

Abb. 124. Vorrichtung zum Erhitzen am Rückflußkühler und nachfolgendem Destillieren.

Hat man luftempfindliche Substanzen zunächst durch Erhitzen am Rückflußkühler zur Reaktion zu bringen, um dann die Reaktionsprodukte durch Destillation zu trennen, so ist eine Anordnung nach Abb. 124 angezeigt. Durch Drehen des Apparates in der Pfeilrichtung wird der Rückflußkühler zu einem absteigenden Kühler. Falls die Schliffe nicht gefettet werden dürfen, kittet man sie mit geschmolzenem Chlorsilber ein.

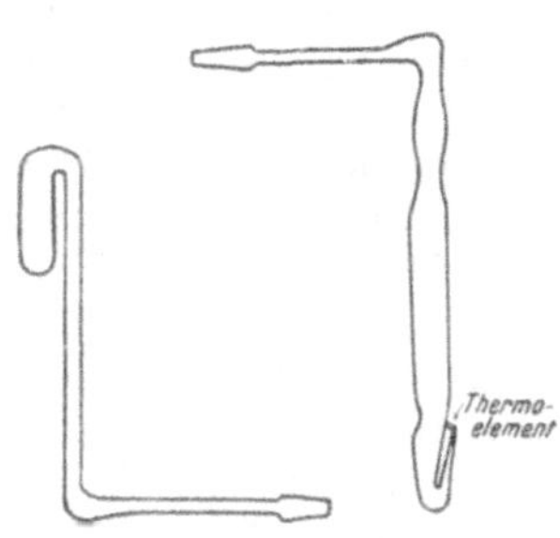

Abb. 125. Vorrichtungen zum Destillieren von Metallen im Hochvakuum.

Vakuumdestillation. Man unterscheidet die Minderdruckdestillation beim Vakuum der Wasserstrahlpumpe und darüber (oft auch Vakuumdestillation genannt), von der Hochvakuumdestillation im Vakuum des grünen Kathodenlichtes und darunter. Vakuumdestillationen werden infolge der bedeutenden Herabsetzung des Siedepunktes dort angewendet, wo sich die Substanzen bei der höheren Temperatur der gewöhnlichen Destillation zersetzen oder mit den Bestandteilen der Luft reagieren. Oft ist auch das Verhältnis der Dampftensionen eines bei Minderdruck siedenden Stoffgemisches für die Trennung wesentlich günstiger als bei Atmosphärendruck. Die Destillation hochsiedender Substanzen, sowie vieler Metalle ist im allgemeinen einfach durchzuführen, da die Siedepunkte der zu trennenden Substanzen gewöhnlich weit auseinander liegen. Zur Destillation von Metallen, Abb. 125, verwendet man bis zirka 650° C Apparate aus Supremaxglas, bis 1200 (bis 1400°) Quarzglas. In der Destillationsvorrichtung, Abb. 125, rechts, kann man sehr scharf Siedetemperaturen unter Rückfluß bestimmen. Dabei ist zu beachten, daß die Temperatur der im leeren Raum siedenden Flüssigkeit in hohem Maße von dem Druck (der Höhe) der über ihr lagernden Dampfsäule abhängig ist.

Eine besonders schonende Form der Hochvakuumdestillation komplizierter organischer Substanzen ist die *Molekulardestillation*[1], bei welcher die Substanz in einem dünnen Film über einen Heizkörper fließt (thermisch schonende kurzzeitige Beanspruchung), dem eine Kühlfläche in zirka 1 bis 1,5 cm Entfernung gegenübersteht. Die mittlere freie Weglänge der Molekeln, bei einem Druck von 10^{-3} bis 10^{-4} Torr, der mittels Öldampfstrahlpumpen aufrechterhalten wird, beträgt 2 bis 5 cm, so daß Krackerscheinungen durch gegenseitigen Zusammenstoß der Molekeln weitestgehend vermieden werden. Mittels Vakuumrapidverdampfern[2] lassen sich große Flüssigkeitsmengen bei niederster Temperatur des Destillationsgutes schonend eindampfen; z. B. zur schonenden Konzentrierung von Kolloiden.

Bei Vakuumdestillationen halten nur runde oder birnenförmige Gefäße dem Atmosphärendruck stand. Wesentlich ist das Vermeiden von Siedeverzügen, die zu einer Zertrümmerung der Apparatur führen können. Neben Siedekapillaren und Platintetraedern verwendet man eine eingesetzte Kapillare (feine Thermometerkapillare, mit deren Hilfe man einen äußerst feinen, perlschnurartigen Luft- oder Gasstrom in die siedende Flüssigkeit eintreten läßt und dadurch sehr wirksam Siedeverzüge vermeidet). Mit einer guten Pumpe läßt sich trotzdem das Vakuum des grünen Kathodenlichtes aufrechterhalten. Auch das Einschmelzen eines dicken, kurzen Wolfram- oder Platinstiftes in den Boden des Destillierkolbens (bestens kühlen!) ist sehr empfehlenswert. Durch die hohe Wärmeleitfähigkeit des Metalles findet an diesem das Sieden statt. Das Übertreten von Lösungsmitteldämpfen in die Pumpe verhindert man durch eine mit flüssiger Luft (oder Kohlensäureschnee-Spiritus) gekühlte Gasfalle. Den Druck mißt man

---

[1] E. W. Fawcett, Koll. Zeitschr. **86** (1939), 34. — F. Wittka, Angew. Chem. **53** (1940), 557. — G. E. Utzinger, Chem. Techn. **16** (1943), 61.

[2] E. Jantzen, H. Schmalfuss, Chem. Fabr. **1** (1928), 373, 390, 701. — H. Prausnitz, Koll. Z. **86** (1939), 63.

mittels eines abgekürzten Manometers, einer kleinen Gasentladungsröhre mit Aluminiumplattenelektroden (siehe Abb. 126) oder mittels eines MACLEOD, wobei dieses oder die Entladungsröhre zwischen Pumpe und Flüssigeluft-Falle, eventuell zwischen zwei Flüssigeluft-Fallen, geschaltet wird. Zur Ausführung von fraktionierten Vakuumdestillationen bedient man sich der bekannten auswechselbaren Destilliervorlagen, wobei Normalschliffgeräte sehr zeitsparend und viel ökonomischer sind. Die Schliffe fettet man mit gutem Hahnfett, Ramsay-Fett, bei fettlösenden Lösungs-

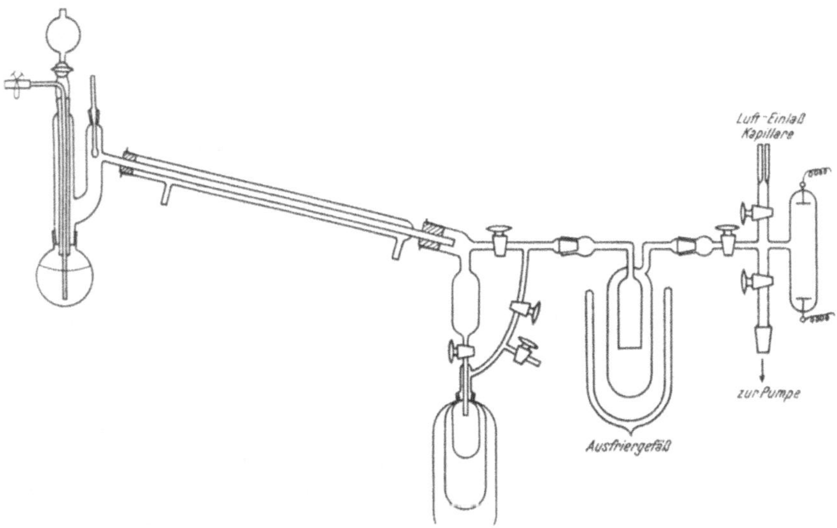

Abb. 126. Vakuumdestillation größerer Flüssigkeitsmengen.

mitteln (Äther, Tetrachlorkohlenstoff, Benzin usw.) mit der „ätherfesten Schmiere" von KAPSENBERG. Bei Verbindungen mit Kautschukstopfen kann man diese mit Cellitlösung (IG) dichten, die empfehlenswerter ist als das leicht abspringende Kollodium. Tritt während der Destillation starkes Schäumen auf, so verwendet man Schaumfänger[1].

Abb. 126 zeigt eine Vorrichtung, mittels welcher man größere Lösungsmittelmengen kontinuierlich abdestillieren und die Vorlage, ohne die Destillation zu unterbrechen und das Vakuum aufzuheben, wechseln kann. Muß die Destillation bei einem bestimmten

[1] C. W. EDDY, Ind. Eng. Chem. Analyt. Edit. 4 (1932), 198; Chem. Fabr. 5 (1932), 359; ferner Chem. Fabr. 14 (1941), 240.

Minderdruck durchgeführt werden, so bedient man sich hiezu eines Manostaten.

Für schwieriger zu trennende Substanzgemische bedient man sich der Kolonnendestillation, die man in steigendem Maße in der anorganischen Laboratoriumstechnik einführt. An Stelle der gewöhnlichen fraktionierten Destillation von verflüssigten Gasen nach GUYE (S. 192) verwendet man z. B. die Fraktionierkolonne nach DAVIS-PODBIELNIAK, Abb. 127[1], die näher beschrieben sei: Die Kolonne besteht aus einem Rohr R, das von einem versilberten Vakuummantel mit Sichtstreifen umgeben ist. In dem Rohr R befinden sich zwei Glasstäbe mit enger Neusilber- oder Platindrahtwicklung. Die thermische Ausdehnung des Rohres R wird durch die Glasspirale S aufgefangen. Der Vakuummantel bildet oben ein DEWAR-Gefäß, welches eine Kühlflüssigkeit aufnimmt. Die Wärmeübertragung der Kühlflüssigkeit wird durch Variation des Wasserstoffdruckes im Raume a bewirkt, wobei zur besseren Regulierung der Kühlwirkung der obere Teil der Wand W versilbert ist. Um die Kühlflüssigkeit, in der sich das Destillationsgefäß g befindet, möglichst wenig in Mitleidenschaft zu ziehen, ist die elektrische Heizung in einen Hochvakuummantel b eingeschmolzen. Die Destillation wird durch Regeln der Heizung sowie der Rückflußkühlung bewirkt. Sobald das Thermoelement konstante Temperatur an-

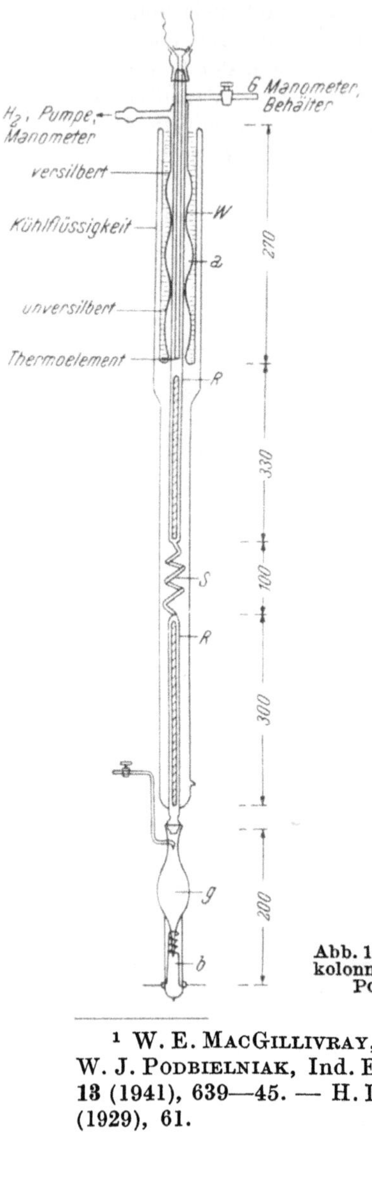

Abb. 127. Fraktionierkolonne nach DAVIS-PODBIELNIAK.

[1] W. E. MACGILLIVRAY, J. Chem. Soc. London (1932), 941. — W. J. PODBIELNIAK, Ind. Engng. Chem. Analyt. Edit. **5** (1933), 119; **13** (1941), 639—45. — H. DAVIS, Ind. Engng. Chem. Analyt. Edit. **1** (1929), 61.

zeigt, kann Gas durch G entnommen werden. 1941 beschrieb PODBIELNIAK eine Destillierkolonne mit 75 theoretischen Böden, die bloß 35 cm (!!) lang ist.

Zur Trennung relativ kleiner Gasmengen hat sich die Fraktionierkolonne der Leidener Schule[1], Abb. 128 I, besonders wertvoll erwiesen und gestattet eine wesentlich bessere Trennung als die gewöhnlichen Methoden der fraktionierten Kondensation, bzw. fraktionierten Verdampfung. Die ganze Vorrichtung ist in ein durchsichtiges DEWAR-Gefäß eingeschmolzen, das bei a mit einem zugeschärften Chromeisenring (2 cm Durchmesser, 1,8 cm Höhe, 0,25 mm Wandstärke) fest verblasen ist. Die Kolonne R besteht aus einer eng in das Gefäß passenden Kupferschraube, deren Kopf Cu vakuumdicht in den Ring eingelötet ist[2]. Am Boden des Gefäßes befindet sich eine Heizspirale S, deren Stromzuführung durch die Kupferkolonne, bzw. durch einen isoliert durch die Neusilberröhre n geführten Draht erfolgt. Der ganze Apparat steht in einem größeren, mit einem entsprechenden Kältebad gefüllten DEWAR-Gefäß und wird durch die (lange) Neusilberröhre n gehalten. Der Dampf kondensiert in den Windungen der Schraube und rinnt längs der Schraubenwindungen zurück, dem aufsteigenden Gasstrom entgegen. Die

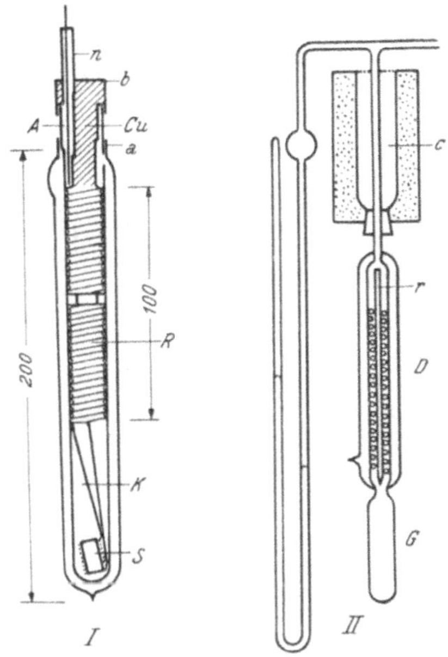

Abb. 128. Fraktionierkolonnen zur Trennung kleiner Gasmengen.

[1] W. H. KEESON, H. VAN DIJK, J. HAANTJES, Comm. Leiden, 224a. — H. VAN DIJK, J. MAZUR, W. H. KEESOM, Comm. Leiden, 228a.

[2] Die Verlötung ist schwierig; sie läßt sich mittels eines Zwischenmaterials (Philips Glühlampenfabrik Eindhoven, Holland) oder nach elektrolytischem Verkupfern und Lötverzinnen des Chromeisenringes herstellen. Auf dem Kupferkopf wird ein Kupferring hart aufgelötet, auf 0,2 mm abgedreht, verzinnt und mit dem verkupfertverzinnten Chromeisenring verlötet.

Kondensationswärme wird durch die Metallteile an die äußere Kühlflüssigkeit abgegeben. Die richtige Wärmezufuhr kann durch Beobachtung des Rektifikationsvorganges kontrolliert und entsprechend geregelt werden.

Eine einfachere Destilliervorrichtung nach dem gleichen Prinzip, die leicht selbst hergestellt werden kann und gute Trennwirkung besitzt, zeigt Abb. 128 II[1]. Der Doppelmantel D der

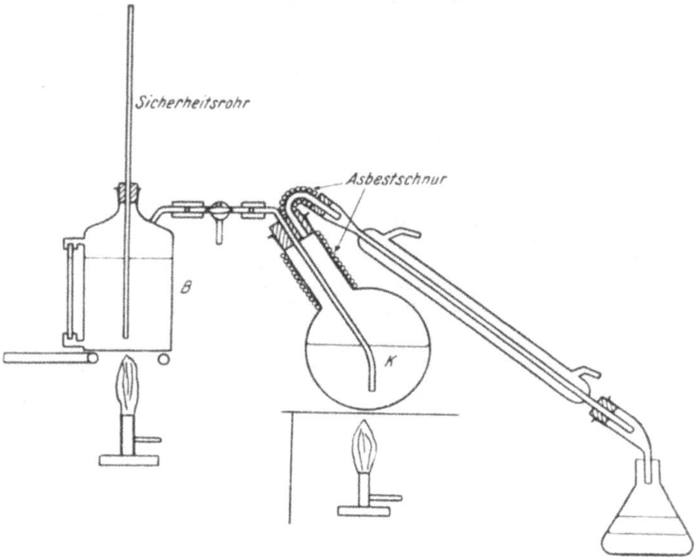

Abb. 129. Wasserdampfdestillation.

Destillierkolonne ist hoch evakuiert und bis auf einen Sichtstreifen versilbert. Die Kolonne besteht aus einem Glasstab, auf den möglichst eng ein dicker Draht (geringer Wärmeleitzahl wie V_2A, Pt usw.) gewickelt ist, so daß die Anordnung ganz dicht im Destillationsrohr sitzt. Der Teil C wird mit einer geeigneten Kältemischung umgeben.

Jede Vakuumapparatur ist vor Beginn der Destillation auf ihre Dichtigkeit zu prüfen. Bei der Vakuumdestillation höher siedender Stoffe erhitzt man den Destillationskolben in der Regel durch Fächeln mit der freien Flamme; bei sorgfältigerem Arbeiten sowie bei explosiblen Substanzen, welche Über-

[1] H. S. Booth u. C. F. Swineheardt, J. Am. Chem. Soc. 57 (1935), 1334.

hitzung nicht vertragen, durch Einstellen in ein entsprechend temperiertes Bad. Es ist empfehlenswert, bei Vakuumdestillationen stets eine Schutzbrille zu tragen.

Die Wasserdampfdestillation[1] wird zur schonenden Reinigung von wasserunlöslichen Substanzen mit hohem Siedepunkt angewendet. Sieden tritt in einem System von ineinander unlöslichen Komponenten dann ein, wenn die Summe der Partialdrucke den Atmosphärendruck erreicht; die übergegangenen Mengen verhalten sich wie die jeweiligen Produkte aus Dampfdruck (bei der gemeinsamen Siedetemperatur) und Molekulargewicht, so daß auch bei verhältnismäßig geringen Partialdrucken bei hohem Molekulargewicht gute Destillationsausbeuten zu erzielen sind. Abb. 129 zeigt den Aufbau einer Wasserdampfdestillation. Der Kolben K muß zuerst zum Sieden erhitzt werden, bevor man den Wasserdampf aus der Kupferblase B einleitet. Mittels des (Duranglas-) Dreiweghahnes läßt sich die Destillation jederzeit unterbrechen. Bei Verwendung von Leitungsdampf muß man einen Wasserabscheider vor den Destillierkoben schalten. Beim Destillieren hochschmelzender Substanzen stellt man zeitweilig die Kühlwasserzufuhr ab und schmilzt dadurch die Substanz in die Vorlage. HEIN[2] empfiehlt die Verwendung eines leicht lösbaren Metallkugelschliffes zwischen Destillierkolben und Dampfblase.

Sublimation. Man unterscheidet Sublimation in einem inerten Gasstrom (entsprechend der Wasserdampfdestillation) und im Vakuum. Das Sublimieren ist in der anorganisch präparativen Technik ein öfter angewendetes Verfahren zur Reinigung von Substanzen. Voraussetzung ist, daß die zu sublimierenden Substanzen bestens getrocknet und fein gepulvert sind. Im allgemeinen wird man trachten, Überhitzungen zu vermeiden und daher mit möglichst geringen Steighöhen des Dampfes zu arbeiten. Bei den analytischen Methoden der Mikrosublimation verwendet man Steighöhen von 0,1 bis 0,01 mm* und kann damit eine große Zahl von Substanzen sublimieren, die sich bei größeren Steighöhen zersetzen, bzw. nur im höchsten Vakuum sublimierbar sind.

Neben der in der präparativen Technik oft üblichen Sublimation aus Retorten, Abb. 130a, ist der Sublimierapparat, Abb. 130b,

[1] K. THORMANN, Chem. Fabr. **13** (1940), 3—9 (Theorie der Wasserdampfdestillation). — N. SCHOORL, Rec. Trav. chim. Pays-Bas **62** (1943), 341—379.

[2] F. HEIN, H. SCHWEDLER, Chem. Fabr. **9** (1936), 26.

* R. KEMPF, Z. analyt. Chem. **62** (1922), 284.

sehr zweckmäßig[1]. Derselbe besteht aus einem Jena-Einkochglas passender Größe, in dessen doppelt durchbohrtem Deckel ein Glaskühler mit *rundem* Boden (kein ERLENMEYER-Kolben, der das Evakuieren nicht aushält) und ein Hahnrohr zum Evakuieren angebracht sind. Der Apparat läßt sich sowohl bei Atmosphären-

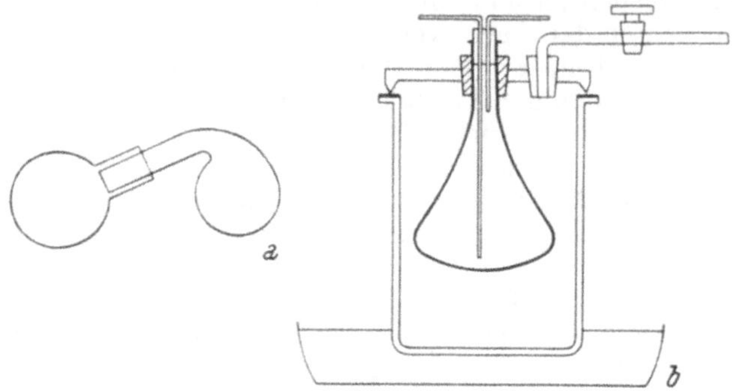

Abb. 130. Sublimiervorrichtungen.
a aus der Retorte, *b* Vakuumsublimationsapparat.

druck als auch zur Vakuumsublimation verwenden. Durch Verbinden des Kühlers mit einem HÖPPLERschen Ultrathermostaten o. dgl. kann man die Aufwachsfläche beliebig temperieren, muß dann allerdings den Apparat mit einer Asbesthaube umgeben, damit die Außenwandungen wärmer sind als der Kühler.

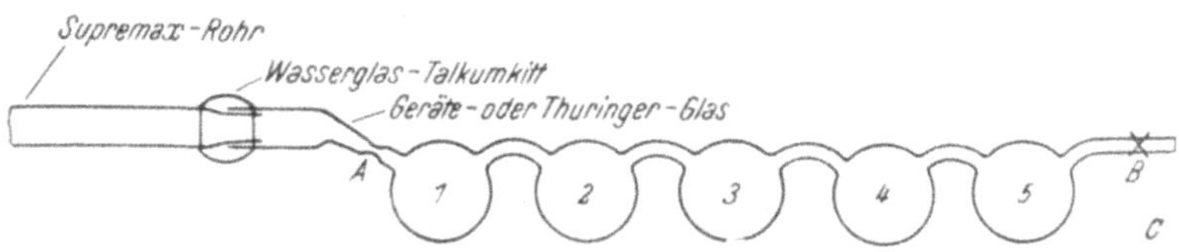

Abb. 130 c. Sublimiervorrichtung für luft- und feuchtigkeitsempfindliche Substanzen.

Zur fraktionierten Sublimation befindet sich die Substanz in einem Schiffchen in einem evakuierten Glasrohr. Durch stufenweises Erhitzen auf steigende Temperaturen, wobei man jedesmal das Glasrohr ein Stück aus dem (elektrischen) Ofen herauszieht, erhält man eine Reihe scharf abgegrenzter Sublimationsringe, die nach dem Zerschneiden des Rohres weiterverarbeitet werden. Wasserfreie hygroskopische Substanzen, die durch Um-

[1] Vgl. E. TIEDEMANN, Wiss. Veröff. Siemens-Konz. **5** (1926), 229.

sublimieren gereinigt werden ($AlCl_3$, $FeCl_3$ usw.), stellt man in einer verblasenen Apparatur, z. B. Abb. 130 c, her, die man nach Überführung der Substanz in die erste Sublimationskugel bei A abschmilzt, nach dem Evakuieren bei B ebenfalls abschmilzt, und die Substanz durch Überschieben eines Ofens sublimiert. Die zuerst übergehenden Anteile sublimiert man nach Kugel 5, schmilzt diese ab und erhält die Substanz durch Umsublimieren von 1 in 2, von 2 in 3 und von 3 in 4 völlig rein. Erfolgt die Darstellung der Substanz bei höherer Temperatur, so verwendet man eine Kittverbindung zum Verbinden des schwer schmelzbaren Darstellungsgefäßes mit dem Sublimationsgefäß, welches aus leicht schmelzbarem Glase hergestellt sein kann. HÖNIGSCHMID beschreibt einen Sublimationsapparat für Atomgewichtsarbeiten[1].

Wünscht man größere Kristalle auf dem Sublimationswege herzustellen, so muß man, entsprechend den TAMMANNschen Regeln von Kristallisationsgeschwindigkeit und Keimzahl, die Unterkühlung des Dampfes klein halten, indem man das Sublimationsgefäß durch einen heizbaren Asbestkasten oder dergleichen entsprechend warm hält.

Extrahieren[2]. Um mit einer beschränkten Lösungsmittelmenge eine erschöpfende Extraktion eines Stoffgemisches durchzuführen, kombiniert man das Prinzip des Ausschüttelns, bzw. Auswaschens mit der Destillation des Lösungsmittels unter Rückfluß.

Abb. 131 zeigt Extraktionsapparate für Flüssigkeiten (Perforatoren[3]), die zur feinen Verteilung des Extraktionsmittels mit Glassinterplatten ausgestattet sind[4]. Die Ausführungsformen a und b sind für spezifisch leichtere, c für spezifisch schwerere Extraktionsflüssigkeiten bestimmt. Das Extrahieren fester (am besten kleinkörniger, nicht staubfein gemahlener) Substanzen kann mit kaltem oder heißem Extraktionsmittel erfolgen. Abb. 131 d und e zeigen zwei Kaltextraktionsapparate; d nach dem Soxhlethprinzip, e für kontinuierlichen Durchfluß durch die Substanz, die sich zwischen einer eingeschmolzenen und einer lose aufgelegten Frittenplatte befindet. An Stelle der teueren Filtrierpapierextraktionshülsen verwendet man besser Kerzen aus Glassintermasse, Glasfiltertiegel (d) oder schmilzt eine Sinterplatte direkt

---

1 O. HÖNIGSCHMID, L. BIRKENBACH, Ber. **54** (1921), 1889.

2 K. THORMANN, Chem. Fabr. **14** (1941), 1 (Theorie der Extraktion f. Flüssigk.).

3 H. SUIDA, G. WAGNER, Chem. Techn. **16** (1943), 245.

4 W. SCHÖBEL, Pharmaz. Ztg. **75** (1930), 56. — P. H. PRAUSNITZ, Arch. Pharm. **268** (1930), 170.

in den Extraktor ein (e). Einen Heißextraktionsapparat nach dem Durchflußprinzip hat SCHMALFUSS[1], einen Extraktionsapparat für große Substanzmengen hat unter anderem SANDERMANN[2] beschrieben.

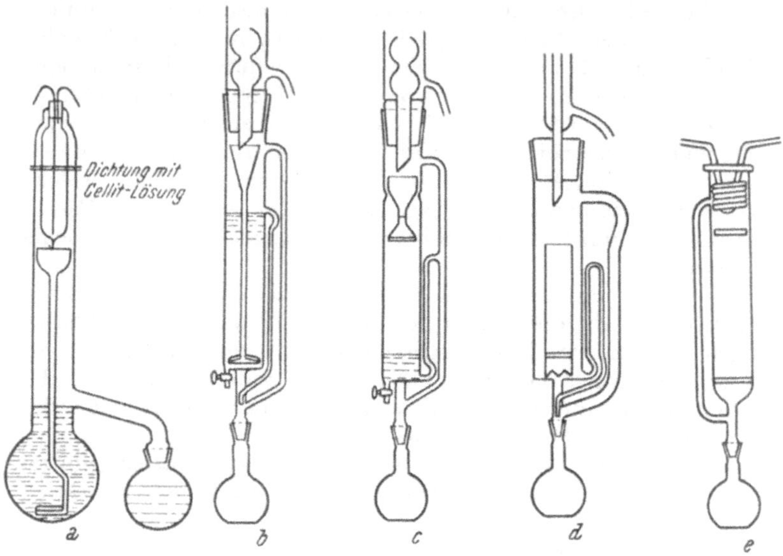

Abb. 131. Perforatoren und Extraktionsapparate.

Bei der Destillation unter Rückfluß haben nach FRIEDRICHS und KRUSKA[3] folgende Kühlerkonstruktionen den besten Wirkungsgrad (absteigend geordnet): WEST-Kühler, DIMROTH-Kühler mit Doppelspirale, Schraubenkühler, LIEBIG-Kühler.

Das Arbeiten mit Gasen[4].

Darstellung von Gasen. Die wichtigsten Darstellungsmethoden für Gase sind folgende:

---

[1] K. SCHMALFUSS, Chem. Fabr. **9** (1936), 161.
[2] W. SANDERMANN, Chem. Techn. **16** (1943), 86.
[3] J. FRIEDRICHS, H. v. KRUSKA, Chem. Fabr. **7** (1934), 284.
[4] Siehe L. Moser, Die Reindarstellung von Gasen, Enke, Stuttgart 1920. — A. KLEMENC, Die Behandlung und Reindarstellung von Gasen, II, Aufl. Springer, Wien 1948 — M. W. TRAVERS, Experimentelle Untersuchung von Gasen, deutsch von T. ESTREICHER, Braunschweig 1905.

1. Durch thermische Dissoziation, z. B. $2\,HgO \rightleftharpoons 2\,Hg + O_2$, $PtCl_4 \rightleftharpoons PtCl_2 + Cl_2$, $MgCO_3 \rightleftharpoons MgO + CO_2$, $2\,KClO_3 \rightarrow 2\,KCl + 3\,O_2$, $2\,NaN_3 \rightleftharpoons 2\,Na + 3\,N_2$.

2. Durch Austreibung von Gasen aus ihren Lösungen bei höherer Temperatur, entsprechend dem höheren Partialdruck, z. B. NH_3 aus Salmiakgeist, HCl aus rauchender Salzsäure, NO aus $Fe(NO)SO_4$.

3. Durch Einwirkung fester Substanzen aufeinander, z. B. $2\,NH_4Cl + Ca(OH)_2 = CaCl_2 + 2\,H_2O + 2\,NH_3$, $CH_3COONa + Ba(OH)_2 = CH_4 + BaCO_3 + NaOH$.

4. Einwirkung von Flüssigkeiten aufeinander, z. B. $NaHSO_3 + H_2SO_4 = NaHSO_4 + H_2O + SO_2$, $HCl_{aq} + H_2SO_4 = HCl_{gasf} + (H_2SO_4 + H_2O)$, $HCOOH + H_2SO_4 = CO + (H_2SO_4 + H_2O)$.

5. Einwirkung von Gasen aufeinander, z. B. $2\,NO + O_2 = 2\,NO_2$, $2\,NO + Cl_2 = 2\,NOCl$, $SO_2 + Cl_2 = SO_2Cl_2$, $2\,CO + Cl_2 = 2\,COCl$.

6. Einwirkung von Gasen auf feste Stoffe, z. B. $HgO + 2\,Cl_2 = HgCl_2 + Cl_2O$.

7. Einwirkung von Flüssigkeiten auf feste Stoffe, z. B. $Zn + H_2SO_4 = ZnSO_4 + H_2$, $CaCO_3 + 2\,HCl = CaCl_2 + CO_2 + H_2O$, $NH_4Cl + H_2SO_4 = NH_4HSO_4 + HCl$, $CaClOCl + 2\,HCl = CaCl_2 + H_2O + Cl_2$.

8. Durch Elektrolyse, Darstellung von F_2, H_2, O_2 usw.

Zur Darstellung der Gase nach obigen Methoden bedient man sich verschiedener Apparaturen, die nachstehend kurz beschrieben werden sollen:

Bei der Darstellung durch *thermische Dissoziation*, sowie bei der *Reaktion fester* gepulverter *Stoffe* miteinander, bedient man sich einseitig geschlossener, mit Substanz gefüllter horizontaler Glasröhren, die in einem elektrisch geheizten Ofen oder in sonst geeigneter Weise erhitzt werden. In den Rohren muß oberhalb der Substanz ein kleiner Kanal freigelassen werden, damit keine Verstopfungen auftreten können. Zur Darstellung größerer Mengen von Gasen schmilzt man mehrere Röhren nebeneinander an ein gemeinsames Gasableitungsrohr. Der entwickelte Staub wird durch ein Schottsches Gasfilter, ein Glaswollefilter oder ein Wattefilter zurückgehalten. Schmilzt die Substanz unter Zersetzung ($KClO_3$), so verwendet man Glas- oder Metallretorten.

Die *Austreibung von Gasen* wird im Kochkolben vorgenommen, auf dem zur Kondensation des Lösungsmittels ein Rückflußkühler aufgesetzt ist. Zur Darstellung von Gasen durch *Ein-*

wirkung von Flüssigkeiten aufeinander verwendet man Vorrichtungen nach Abb. 132. Durch öfteres Schütteln des Entwicklungskolbens ist eine Schichtenbildung zu verhindern, die bei einer plötzlichen Reaktionsauslösung zur Zertrümmerung des Gefäßes führen kann. Bringt man die spezifisch leichtere Flüssigkeit am Boden des Entwicklungskolbens ein, so wird dieser Übelstand, z. B. bei den Apparaten Abb. 132b und c zum größten Teil vermieden. Hat das entwickelte Gas einen größeren Druck zu überwinden (mehrere Waschflaschen), so hilft eine Verbindung des Tropftrichters mit dem Gasentwicklungsraum nach Abb. 132b.

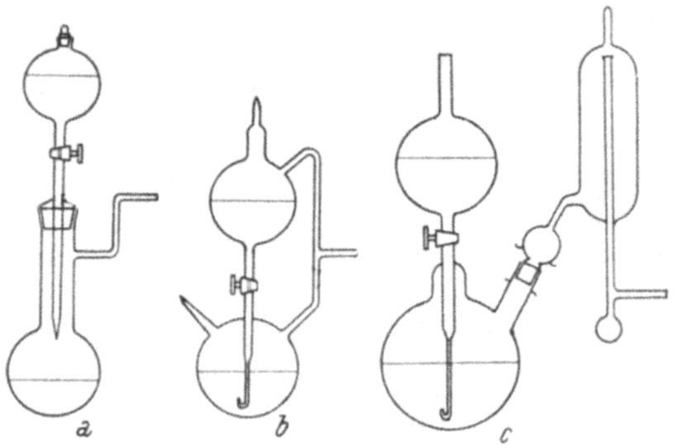

Abb. 132. Gasentwicklungsgefäße.
für im Vakuum entgaste Flüssigkeiten, *c* für stark schäumende Flüssigkeiten.

Bei dieser Ausführungsform kann man die Flüssigkeiten durch Evakuieren von den gelösten Gasen (Luft) befreien. Einen höheren Gasdruck kann man auch dadurch erzielen, daß man den Tropftrichter entsprechend hoch anbringt, oder in diesen ein langes Steigrohr gasdicht einsetzt.

Durch gleichzeitiges Zutropfenlassen beider Flüssigkeiten auf eine Füllkörpersäule läßt sich die Gasentwicklung kontinuierlich vornehmen, wobei die verbrauchten Reagenzien über einen Heber stetig abgezogen werden[1].

Gasreaktionen führt man meist nicht statisch, sondern dynamisch durch, wobei man die gemischten Gase über Katalysatoren leitet und die Reaktionswärme durch Kühlung abführt. Abb. 133 zeigt den schematischen Aufbau einer Versuchsanordnung zur Darstellung von Sulfurylchlorid. Die Strömungsgeschwindigkeit des SO_2 wird nach dem PRYTZschen Prinzip, jene des Cl_2 mittels

[1] W. SEIDEL, Chem. Fabr. **11** (1938), 408.

eines Wohlschen Rillenhahnes geregelt und mit Strömungsmanometern nach Sander-Lütry mit auswechselbaren Kapillaren konstant gehalten. Die Gase werden in einer Mischdüse gemischt und gelangen in das mit einem Doppelmantel umgebene Reaktionsgefäß, in dem sich in dem speziellen Falle körnige A-Kohle als Kontaktmasse befindet.

Zur Durchführung von *Reaktionen von Gasen mit festen Stoffen* bedient man sich langer, horizontaler Glasröhren, in denen das

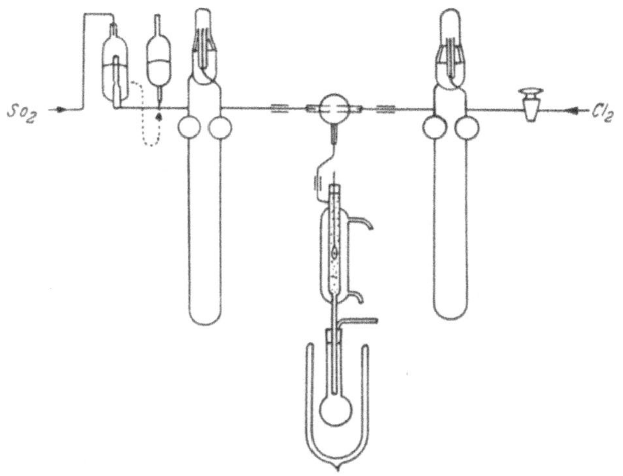

Abb. 133. Reaktionen von Gasen miteinander; Darstellung von Sulfurylchlorid.

Gas über die — nicht zu fein gepulverte — Substanz streicht. Das Rohr befindet sich in einem entsprechenden Temperaturbad. Die Reaktionsgeschwindigkeit kann durch Schütteln des Rohres (Erneuerung der Oberfläche der Substanz) wesentlich beschleunigt werden.

Bei der *Einwirkung von Flüssigkeiten auf feste Körper* bedient man sich einer großen Zahl von Apparaten. Die einfachste Vorrichtung für Reaktionen mit nicht zu großer Reaktionsgeschwindigkeit besteht in einem Kolben, in dem sich die zu zersetzende grobgepulverte bis stückige Substanz befindet. Die Flüssigkeit wird mittels eines Tropftrichters oder eines Weltherschen Sicherheitsrohres, das bis auf den Boden des Gefäßes reicht, zugegeben, Abb. 134a, so daß im zweiten Falle ein hydrostatischer Sicherheitsverschluß geschaffen ist. Letztere Darstellungsweise wird meist dort angewendet, wo man die Gasentwicklung erst durch Erwärmen in Gang bringt. Selbstverständlich wird man die Größe des Kolbens den umzusetzenden Substanzmengen anpassen, um mit möglichst wenig totem Raum zu arbeiten.

Zur Entwicklung der gebräuchlichsten Gase, wie CO_2, H_2S, H_2, HCl, verwendet man automatische Vorrichtungen, von denen der KIPPsche Apparat die bekannteste ist. Das Prinzip aller dieser Apparate ist, den Zutritt der Flüssigkeit beim Abstellen des Gasstromes durch den entstehenden Gasdruck selbsttätig zu

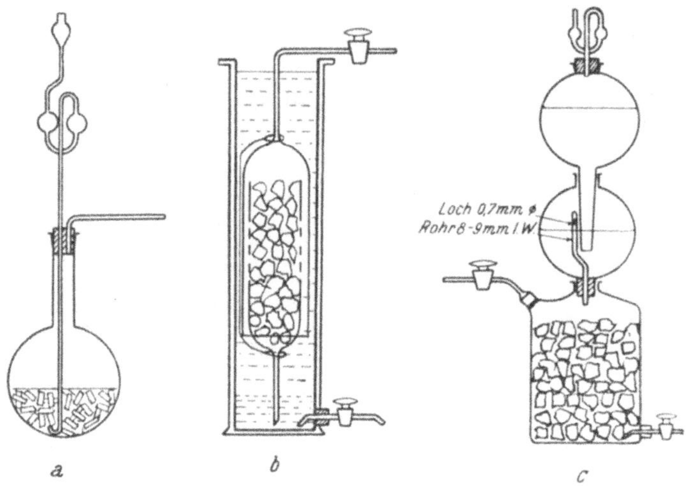

Abb. 134. Gasentwicklungsapparate.
b nach RICHARDS, *c* nach MACCOY.

sperren und damit die weitere Gasentwicklung zu verhindern. Man muß bei allen diesen Apparaten darauf sehen, daß die oberste Kugel so groß ist, daß sie die ganze, von dem Gas verdrängte Flüssigkeit aufnehmen kann, ohne überzulaufen, bzw. daß überschüssig entwickeltes Gas eventuell durch den Mitteltubus entweichen kann. Der KIPPsche Apparat hat den Nachteil, daß sich die verbrauchte Säure mit der frischen mischt und letztere schlecht ausgenützt wird. Von den vielen Vorschlägen zur Abhilfe von diesem Übelstand sei der Apparat von RICHARDS[1], Abb. 134b, erwähnt: Die verbrauchte, spezifisch schwerere Flüssigkeit fließt durch das Mittelrohr in den unteren Raum ab und kann von Zeit zu Zeit abgelassen werden. Die beiden Glasglocken, von denen die innere durchlöchert ist, werden durch einen Platindraht zusammen-

[1] T. W. RICHARDS, Am. Chem. Journ. 20 (1898), 190.

gehalten und dürfen nicht zu eng passen, da sonst die Säure durch die kapillare Saugwirkung zur Substanz zutritt. (Distanzknöpfe aus Glas.)

Die Apparate mit zutropfender Flüssigkeit lassen eine bessere Ausnützung der Säure zu. Der Nachteil dieser Apparate, die in letzter Zeit in verschiedenen, meist zu komplizierten Formen auf den Markt kamen, besteht darin, daß bei kleiner Reaktionsgeschwindigkeit zu Beginn der Gasentnahme meist zuviel Säure zugegeben wird. In diese Kategorie gehören die großen Gasentwicklungsapparate für Institute[1] sowie der von MacCoy modifizierte Kippsche Apparat, Abb. 134c, dessen Funktion aus der Zeichnung ohne weiteres verständlich ist.

Leicht zersetzliche Gase stellt man durch allmähliches Eintragen von gepulvertem Material in einen Überschuß gekühlter Säure[2] her. Zum Eintragen größerer Mengen verwendete Stock[3] eine Vorrichtung nach dem Prinzip der Kaffeemühle.

Bei der elektrolytischen Darstellung von Gasen ist möglichst Sorge zu tragen, daß sich Katholyt und Anolyt nicht vermischen. Sehr gut haben sich Zellen mit eingeschmolzenen Glasfritten bewährt, die bei größerer Leistung mit Wasser gekühlt werden. Zellen mit Spülelektroden[4] werden kaum angewendet. Über Fortschritte in der präparativen Mikrotechnik berichten Pfeil[5] und Dadieu[6].

Reinigung der Gase. Zur Reinigung der Rohgase bedient man sich chemischer und physikalischer Methoden. Die chemischen Methoden beruhen auf der selektiven Absorption der Verunreinigungen durch Verbindungsbildung mit geeigneten Reagenzien, die in flüssiger oder fester Form zur Anwendung gelangen. Die physikalischen Reinigungsverfahren bedienen sich der fraktionierten Verdampfung, fraktionierten Kondensation, der fraktionierten Destillation, sowie fraktionierter Adsorptions- und Desorptionsverfahren, wobei spezielle Arbeitsmethoden entwickelt wurden, über die weiter unten berichtet wird.

Zur Reinigung mittels chemischer Methoden mittels Absorptions- (Wasch-) Flüssigkeiten verwendet man *Waschflaschen*

---

[1] Z. B. F. W. Küster, J. pr. Ch. (2), **48**, (1893), 595.

[2] A. Stock u. E. Kuss, Ber. **50** (1917), 159.

[3] A. Stock u. Mitarb., Ber. **37** (1904), 885; **45** (1912), 3350; **46** (1913), 1960, **47** (1914), 316, 811; **49** (1916), 111.

[4] W. Gaede, Ann. Phys. 4, **41** (1913), 302.

[5] E. Pfeil, Angew. Chemie **54** (1941), 161.

[6] A. Dadieu u. H. Kopper, Angew. Chemie **50** (1937), 367.

und *Rieseltürme*. Bei den Waschflaschen unterscheidet man solche mit Schliff (diese lassen sich leichter reinigen) und die „verblasenen" Waschflaschen ohne Schliff. Beim Arbeiten mit Schliffwaschflaschen vermeidet man das Aufgehen der Schliffe (bei höherem Gasdruck durch Zugkräfte bei nicht ganz genau ausgerichteten Apparaturen) am besten durch Einkitten derselben mit weißem Siegellack. Ein Zurücksteigen der Waschflüssigkeiten bei aussetzendem Gasdruck kann zu großen Unzuträglichkeiten führen; man verwendet deshalb rücksteigsichere Waschflaschen oder man muß an Stellen, wo ein Zurücksteigen schaden kann, eine leere Waschflasche verkehrt einschalten.

Die Reinigungswirkung ist etwa der Berührungsdauer des Gases mit der Flüssigkeit (Länge des Gasweges in der Flüssigkeit)

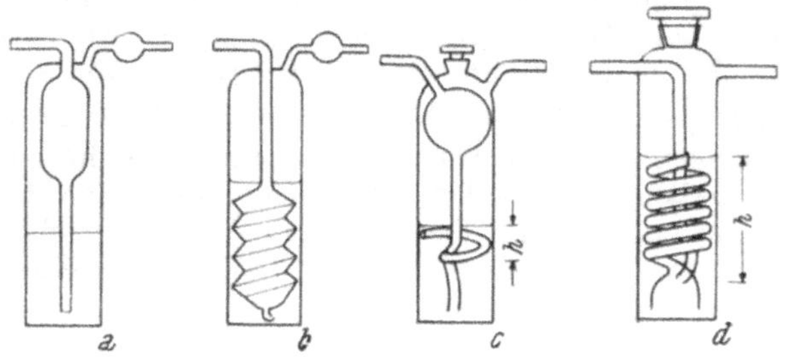

Abb. 135. Waschflaschen.

direkt und dem Durchmesser der Gasblasen verkehrt proportional, so daß sich zwei Wege zur Intensivierung der Waschwirkung ergeben: durch Erhöhung der Berührungsdauer, bzw. durch Verkleinerung der Blasengröße.

Die Waschflasche nach DRECHSEL, Abb. 135a, besitzt den ungünstigsten Wirkungsgrad, der durch Füllung mit Raschig-Ringen aus Glas (6 mm Höhe, 6 mm Durchmesser) wesentlich verbessert werden kann. Noch besser wirken die *Schraubenwaschflaschen*, Abb. 135b, und die *Spiralwaschflaschen*, Abb. 135c, d, wobei der geringe Druckbedarf der Waschflasche (c) (Modell des KWI für Eisenforschung) besonders hervorgehoben sei. Die Waschflaschen a, b, c sind rücksteigsicher gebaut. Auf dem gleichen Prinzip des langen Gasweges beruht die WINKLERsche Spirale, Abb. 136a, die mit einer sehr geringen Flüssigkeitsfüllung arbeitet, sowie das Zehnkugelrohr, Abb. 136b. Die beiden letzteren Apparate sind auch besonders zum Sättigen von Flüssigkeiten mit strömenden Gasen geeignet.

Die zweite Möglichkeit einer Intensivierung der Waschwirkung beruht auf der Verkleinerung der Blasengröße, die sich durch Anwendung von Glas- und Porzellanfritten als Verteilungskörper ermöglichen läßt. Allerdings ist der Druckbedarf derartiger Waschflaschen ein wesentlich höherer und hängt von der Oberflächenspannung σ der Flüssigkeit nach $p = \frac{4\sigma}{2r}$ ab[1]. Tab. 18 gibt

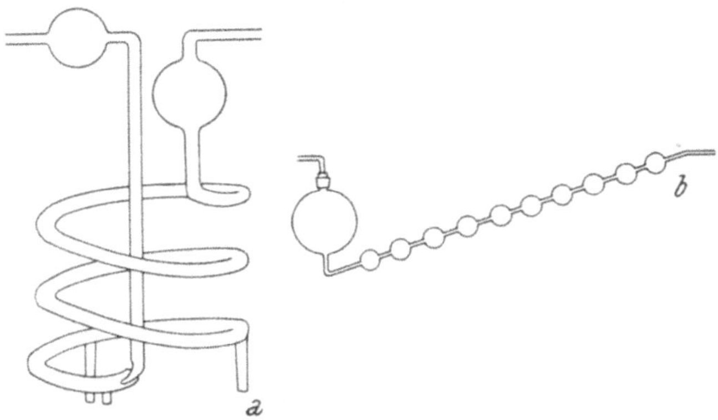

Abb. 136. *a* WINKLER-Spirale, *b* Zahnkugelrohr.

den Druckbedarf für die verschiedenen SCHOTTschen Glasfritten in Wasser an. Frittenwaschflaschen reinigen ausgezeichnet und um so besser, je größer die Fritte und je kleiner die Porenweite derselben ist[2]. Wegen des hohen Druckbedarfes verwendet man

Tabelle 18.

Fritte Schott	Poren-Durchmesser 2 r cm	Druckbedarf cm WS	Druckbedarf mm Hg
G 1	0,01	30	22
G 2	0,005	60	44
G 3	0,0025	120	88
G 4	0,0010	300	220
G 5	0,0001	3000	2,9 atü.

[1] H. BECHHOLD, Z. phys. Ch. **60** (1907), 257; **64** (1908), 328. — A. EINSTEIN, H. MÜHSAM, D. med. Wochenschr. **49** (1923), 1012.

[2] S. HALBERSTADT, P. H. PRAUSSNITZ, Z. angew. Ch. **43** (1093), 970. — R. A. KOLLIKER, Chem. Fabr. **6** (1933), 299.

im allgemeinen Fritten der Körnung G 1 oder G 2. In *alkalischem* Milieu ist infolge kolloidchemischer Erscheinungen die Gaszerteilung an Porzellanfritten viel besser als an Glasfritten[1], die in saurem Milieu besser anzuwenden sind. Abb. 137a zeigt eine Frittenwaschflasche von Schott und Gen., Abb. 137b und c zeigt zwei Waschvorrichtungen mit ausgezeichneter Reinigungswirkung bei Verwendung von Fritten G 3 oder G 4, bzw. eines Berliner Porzellanfiltertigels der Körnung 1, die bei der Reinigung von Gasen aus Stahlflaschen angezeigt sind. Die Vorrichtung c wälzt

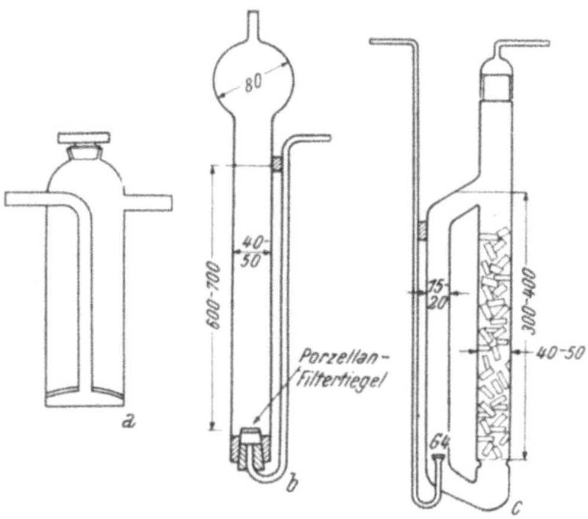

Abb. 137. Frittenwaschflaschen.

gleichzeitig die Waschflüssigkeit um und regeneriert diese. Es sei vor Waschflaschen mit eingekitteten Fritten ausdrücklich gewarnt, da die Kitte einer stärkeren Säurebeanspruchung nicht standhalten. Man verwende deshalb nur Waschflaschen mit *eingeschmolzenen* Fritten.

Den geringsten Druckbedarf benötigen Rieseltürme, bei denen das Gas dem über Raschig-Ringen oder Glasperlen herabrinnenden Waschmittel entgegenströmt[2].

Feste Reinigungsmittel verwendet man in Trockentürmen, Abb. 190, S. 338, senkrecht stehenden Trockenrohren (15 bis 30 mm Durchmesser, 60 bis 80 cm Länge), Abb. 162, S. 255, U-Rohren, Abb. 176, S. 284, wobei man die Gase *durch* die *körnige* Substanz durchtreten läßt. Pulverige Substanzen verteilt man auf Glaskugeln oder auf Glaswolle (Abb. 172, S. 272).

---

[1] H. Kautzky, H. Thiele, Z. anorg. Ch. **152** (1926), 342.
[2] Zoltan Veres, Chem. Fabr. **3** (1930), 13.

Um das Mitreißen von Staub und Flüssigkeitsnebeln zu verhindern, bzw. um Nebel und Stäube auf Gasen abzuscheiden, schaltet man in den Gasweg ein etwa 10 cm langes, mit Watte gestopftes Filter ein (das allerdings einen beträchtlichen Widerstand besitzt) oder man verwendet ein SCHOTTsches Glasfrittengasfilter, Abb. 156, S. 246, der Körnung G 3 oder G 4. Auch die elektrische Entstaubung[1] läßt sich laboratoriumsmäßig anwenden, indem man das Gas durch ein Quarz- oder Glasrohr leitet, in welchem zentral ein Draht ausgespannt ist. Die Außenseite des Rohres wird mit einer Metallfolie umwickelt; die beiden Belegungen werden mit den Polen eines Funkeninduktors verbunden, zu denen man eine Leidener Flaschenbatterie parallel schaltet (COTTRELL-MÖLLER-Prinzip).

Nebel und Stäube in feuchten Gasen entfernt man nach REMY[2], indem man die Gase durch siedendes Wasser streichen läßt und sodann in einem Kühler abkühlt, wobei die Nebel und Stäube als Kondensationskerne wirken und mit dem Wasser niedergeschlagen werden.

Die Trocknung der Gase. Die Gase sind meistens von der Darstellung, bzw. von den Waschflüssigkeiten feucht. Der Wasserdampf muß durch chemische oder physikalische Mittel entfernt werden. Bei der Trocknung wird man stets eine Reihe von Trocknungsmittel mit zunehmender Trocknungswirkung, z. B. $CaCl_2$, H_2SO_4, P_2O_5 anwenden. Es ist zu beachten, daß die Auswahl der Trocknungsmittel wesentlich von den chemischen Eigenschaften des Gases abhängig ist.

In Tab. 19 ist der Wasserrückstand in mg H_2O/l Gas bei Zimmertemperatur für verschiedene Trockenmittel angegeben.

Das *Chlorkalzium* kommt in gekörnten, porösen Formen und geschmolzen in den Handel. Die Trocknungsgeschwindigkeit des gekörnten, porösen Produktes ist wegen seiner größeren Oberfläche wesentlich größer als beim geschmolzenen Salz. Da das gekörnte Chlorkalzium des Handels meist beträchtliche Mengen von Feuchtigkeit enthält, empfiehlt es sich, dasselbe in einem größeren Eisentiegel scharf zu entwässern, zu sieben und, vom Staub befreit, in Glasstopfenflaschen aufzubewahren.

Das *Blaugel* verändert seine Farbe bei der Wasseraufnahme nach rosa. Seine Verwendung ist sehr angenehm, weil man stets den Erschöpfungszustand des Trockenmittels unmittelbar ver-

---

[1] G. JANDER, F. BAUER, W. BROESSE, Z. angew. Ch. **40** (1927), 488; **41** (1928), 702. — A. FISCHER, Chem. Fabr. **2** (1929), 101.

[2] H. REMY, H. FINNERN, Z. anorg. Ch. **159** (1927), 241.

Tabelle 19.

	mg H_2Oe^{-1}
$ZnCl_2$	$8 \cdot 10^{-1}$
$CaCl_2 \rightarrow CaCl_2 \cdot H_2O$	$1{,}4 - 2{,}5 \cdot 10^{-1}$
Silikagel (Blaugel)[1]	$2 - 3 \cdot 10^{-1}$
$CaO \rightarrow Ca(OH)_2$	$2 \cdot 10^{-1}$
$CaBr_2$	$2 \cdot 10^{-1}$
H_2SO_4, d 1,84	$2 - 3 \cdot 10^{-3}$
$Na + NaCl$	$5 \cdot 10^{-2}$
Al_2O_3-Gel	$3 \cdot 10^{-3}$
KOH geschmolzen	$2 \cdot 10^{-3}$
$Mg(ClO_4)_2$ „Dehydrite"[2]	$5 \cdot 10^{-4}$
$P_2O_5 \rightarrow 2\,HPO_3$	$2 \cdot 10^{-5}$
— 79° C (Kohlensäureschnee-Spiritus)[3]	10^{-9}
— 90° C[3]	$7 \cdot 10^{-5}$
Flüssige Luft[4]	10^{-16}

folgen kann. Zur Regeneration wird es einige Zeit bei 200° in einem Trockenschrank belassen, bis es wieder dunkelblau ist und noch heiß in einen Exsikkator gebracht.

Bei der Trocknung von Gasen mit konzentrierter *Schwefelsäure* enthält das Gas nach MORLEY[5] 0,4 γ SO_3/l bei Zimmertemperatur.

Geschmolzenes *Kaliumhydroxyd* (Plätzchen) ist ein sehr gutes Trocknungsmittel, das die Wirkung von Natriumhydroxyd um eine Zehnerpotenz übertrifft.

Phosphorpentoxyd ist überall dort, wo seine Verwendung möglich ist, das beste Trockenmittel. Über seine Verwendung zur „absoluten Trocknung" berichten SMITS und Mitarbeiter[6]. Das Handelsprodukt ist oft unrein und enthält niedere Oxyde des Phosphors. Reines Phosphorpentoxyd darf in wässeriger

[1] H. WACHTER, Chem. Fabr. **14** (1941), 376.
[2] G. F. SMITH, R. HARDY, Z. anorg. Ch. **223** (1935), 1.
[3] Nach ANGERER, Techn. Kunstgriffe, 5. Aufl., S. 80.
[4] A. KLEMENC, Behandlung u. Reindarstellung von Gasen, 1938, S. 39.
[5] E. W. MORLEY, J. Am. Chem. Soc. **26** (1904), 1171. — J. Chim, Phys. **8** (1907), 241.
[6] A. SMITS, W. DE LIEFDE, E. SWART, A. CLAASSEN, J. Chem. Soc. London 1926, 2657.

Lösung weder Silbernitrat noch Merkurichlorid beim Erwärmen reduzieren. Unreine Produkte kann man nach TRAVERS[1] durch Eintragen in eine rotglühende Porzellanschale und Umrühren in einem zugeleiteten Sauerstoffstrom oder durch Sublimieren in einem O_2-Strom über einen Pt-Kontakt frei von niederen Oxyden erhalten. Man verteilt das P_2O_5 zur Trocknung auf Glaswolle oder auf Glaskugeln und füllt das so vorbereitete Trocknungsmittel in die bestens ausgeheizte Apparatur ein, und schmilzt sodann die Trockenröhren mit dem Handgebläse zu, z. B. Abb. 176, S. 284, wobei man einen trockenen Luftstrom durch die Apparatur leitet, um zu verhindern, daß feuchte Verbrennungsgase hineinschlagen. Für höchste Ansprüche sublimiert man das P_2O_5 bei Rotglut in einem Sauerstoffstrom in mit Glaswolle gefüllte Glasröhren, und bedient sich hierzu der in

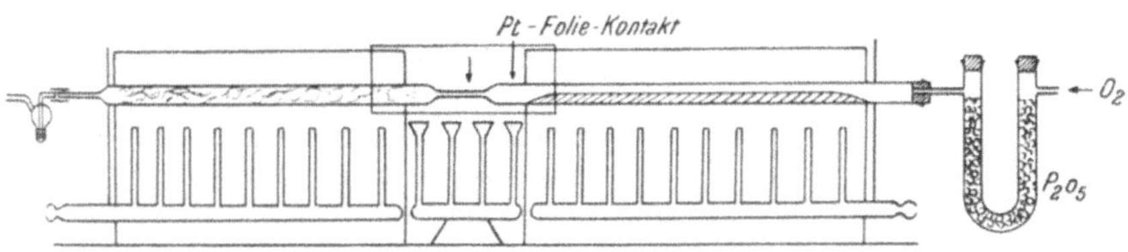

Abb. 138. Herstellung von Phosphorpentoxydrohren.

Abb. 138 dargestellten Apparatur. Ein gut gereinigtes Glasrohr wird, wie aus der Abb. 138 ersichtlich, in der Mitte ausgezogen, sodann der linke, etwa 75 cm lange Teil mit Glaswolle locker gefüllt und ebenfalls ausgezogen. Das so vorbereitete Rohr wird bei 300 bis 350° C in einem trockenen Luftstrom ausgeheizt, in diesem erkalten gelassen und sodann der rechte Teil mit Phosphorpentoxyd so gefüllt, daß ein Kanal freibleibt. In einem lebhaften Sauerstoffstrom sublimiert man das P_2O_5 in das anfänglich auf etwa 300° C erwärmte, mit Glaswolle gefüllte Rohr, wobei man durch entsprechendes Abstellen der Brenner, von links nach rechts fortschreitend, dafür sorgt, daß das Phosphorpentoxyd möglichst gleichmäßig in das Trockenrohr sublimiert. Enthält das P_2O_5 niedere Oxyde, so empfiehlt es sich, die Sublimation über eine etwas zusammengeknäuelte Platinfolie durchzuführen. Es bedarf einer gewissen Geschicklichkeit, um auf diese

[1] M. W. TRAVERS, Experimentelle Untersuchung von Gasen, deutsch von T. ESTREICHER, Braunschweig 1905, S. 40.

Weise schöne Phosphorpentoxydrohre herzustellen. Ein Teil des Pentoxyds in dem rechten Rohrteil schmilzt zu einer glasigen Modifikation und geht verloren. Nach Fertigstellung wird das Rohr an der bezeichneten Stelle abgesprengt und sofort mittels Kittverbindungen in die Apparatur eingebaut. Ein Aneinanderschmelzen der Rohre ist infolge des nicht vermeidbaren Hineinschlagens der feuchten Verbrennungsgase nicht zweckmäßig.

Bei der Trocknung durch Ausfrieren sei auf den „Schneesturmeffekt" hingewiesen, durch den Feuchtigkeit in Form feinster Eiskristalle durch den Gasstrom mitgerissen werden kann.

Beladen von Gasen mit Dämpfen, Sättigen von Flüssigkeiten mit Gas. Um z. B. in Gasen eine bestimmte Wasserdampftension konstant zu halten, schickt man das betreffende Gas durch Spiral- oder Frittenwaschflaschen, die mit verdünnter Schwefelsäure von genau bekanntem Wasserdampfpartialdruck beschickt sind und in einem Thermostaten stehen. Dabei ist es zweckmäßig, in der ersten Waschflasche einen etwas höheren Partialdruck einzustellen, um in zwei weiteren Waschflaschen die richtige Einstellung von höheren Konzentrationen her vorzunehmen. Eventuelle Temperatur- und damit Partialdruckänderungen durch die Verdampfungswärme werden so leichter vermieden.

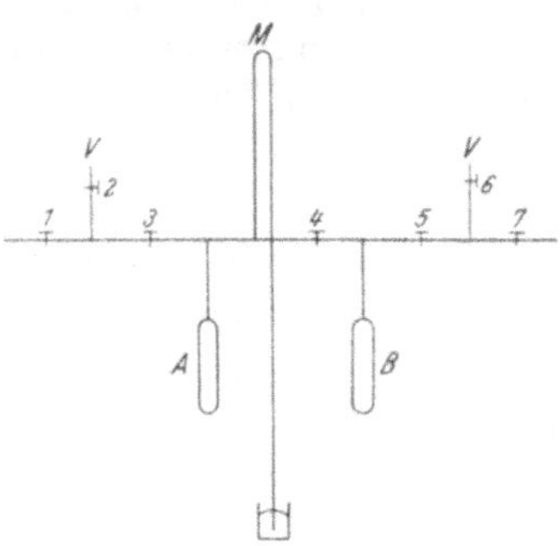

Abb. 139. Schema für fraktionierte Verdampfung von Gasen nach GUYE.

Um Flüssigkeiten mit Gasen zu sättigen (Absorptionen, Reaktionen von Lösungen mit Gasen), bedient man sich vorzugsweise des Zehnkugelrohres, der WINKLERschen Spirale, der Spiral-, Schrauben- oder Frittenwaschflaschen oder eventuell einer elektrisch heizbaren Hydrierente, die auf einem Schüttelapparat montiert ist. Beim Arbeiten mit letzterer verdrängt man zunächst die Luft mit dem zu absorbierenden Gas und schüttelt sodann, unter geringem Überdruck, bis zur Sättigung, die man manometrisch feststellt oder daran erkennt, daß durch eine vorgeschaltete Waschflasche keine Gasblasen mehr durchtreten.

Physikalische Reinigung von Gasen. Selbst sehr geringe Mengen von Gasgemischen können durch Fraktionierungsmethoden getrennt werden, soferne keine Konstantsiedegemische vorliegen. Der Reinigungsvorgang bei der *fraktionierten Verdampfung* sei an

Hand eines von GUYE[1] angegebenen Schemas, Abb. 139, erläutert, wobei die jeweils offenen Hähne in Klammern angeführt werden.

Das zu reinigende Gas tritt durch (1, 3) in die vorher evakuierte Apparatur ein und wird in A mittels einer geeigneten Kühlflüssigkeit kondensiert. Durch Senken des Kältebades wird der am leichtesten flüchtige Anteil *unter stetem Schütteln* (um Konzentrationsänderungen auf der Flüssigkeitsoberfläche auszugleichen[2]) von A abdestilliert (2, 3), sodann die Hauptfraktion nach B (4) gebracht und die am schwersten flüchtigen Anteile durch (2, 3) entfernt. Man wiederholt diesen Fraktionierungsvorgang mehrere Male und erhält meist nach 3 bis 4 Fraktionierungen ein sehr reines Gas. Wesentlich ist, daß nach A. STOCK bei der Verdampfung keine festen Anteile vorhanden sein dürfen, weil sonst unverhältnismäßig große Mengen des weniger flüchtigen Anteiles mitgehen. In solchen Fällen empfiehlt sich die Anwendung einer fraktionierten Kondensation, bzw. die Verdampfung unter Dephlegmation eines Teiles des Dampfes in einem U-Rohr, wobei die später entweichenden Dampfanteile durch dieses Kondensat hindurchstreichen. Man kühlt das Verdampfungsgefäß und die Vorlage derart, daß die Verdampfung bei einem Druckunterschied von wenigen Millimetern Quecksilbersäule vonstatten geht und vermeidet jedes Aufkochen der verdampfenden Substanz. Wie aus den Ausführungen, S. 163, hervorgeht, ist der Trennungseffekt um so günstiger, je tiefer man die Verdampfungstemperatur wählt. Das Fortschreiten des Reinigungsvorganges kann am einfachsten durch Tensionsmessungen verfolgt werden, die auf Verunreinigungen am empfindlichsten ansprechen (vergl. S. 213). Als Bezugstemperatur verwendet man gewöhnlich 0° oder arbeitet in einem Thermostaten. In diesem Falle muß die Temperaturmessung sehr genau durchgeführt werden, da im allgemeinen die Fehlerquellen bei Tensionsmessungen in der Temperaturmessung zu suchen sind. Man verwendet zweckmäßig das STOCKsche Dampfdruckthermometer und wählt die Temperatur so, daß die Tension etwa 30 bis 400 Torr beträgt. Auch die Bestimmung der Tripelpunkttension ist eine sehr empfindliche Reinheitsprüfung, die den Vorteil besitzt, daß man auf eine exakte Temperaturmessung verzichten kann (vergl. S. 214). Gasdichtebestimmungen lassen sich mit der Schwebewaage (S. 216) sehr exakt

[1] PH. A. GUYE, Z. anorg. Ch. **64** (1909), 25; Z. phys. Ch. **69** (1909), 322.

[2] A. STOCK, Ber. **53** (1920), 752 (elektromagnetische Schüttelvorrichtung).

und einfach durchführen, während Schmelzpunktbestimmungen auf Verunreinigungen weniger empfindlich ansprechen.

A. STOCK hat unter Benützung seiner Quecksilberventile eine spezielle Arbeitsweise entwickelt, die es gestattet, in einer Vakuumapparatur Fraktionierungen, Tensions-, Gasdichte- und Schmelzpunktbestimmungen vollkommen verlustfrei durchzuführen[1]. Das Prinzip dieser Arbeitsweise sei an Hand der vereinfachten Apparaturskizze, Abb. 140, erläutert.

Liegt z. B. ein Gas mit unbekannten Verunreinigungen vor, so wird zunächst eine orientierende Fraktionierung vorgenommen.

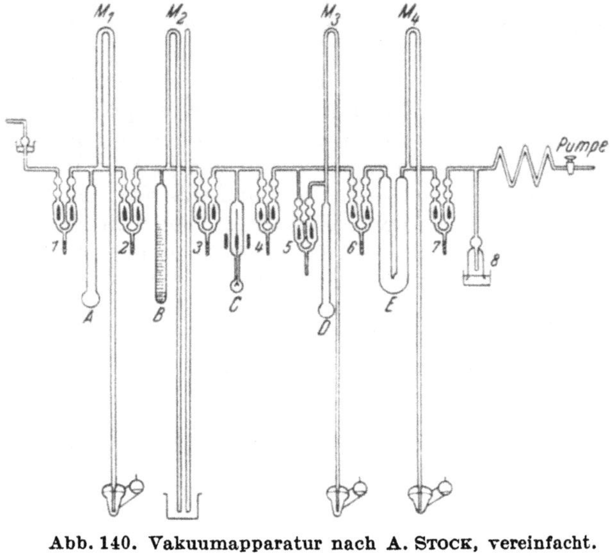

Abb. 140. Vakuumapparatur nach A. STOCK, vereinfacht.

Das in A mittels flüssiger Luft kondensierte Gas wird durch allmähliches Senken des Kühlgefäßes erwärmt und der flüchtigste Anteil unter ständigem Schütteln in dem Eudiometerrohr B kondensiert. Der Partialdruck der verdampfenden Substanz soll 2 bis 3 Torr nicht übersteigen. Nach Schließen von Ventil 2 stellt man die Tension dieser Fraktion, z. B. bei der Temperatur des schmelzenden Eises, fest. Die solcherart untersuchte Fraktion wird nach D destilliert und dort aufbewahrt. Nun wird eine weitere Fraktion von A nach B gebracht und gemessen usw.,

[1] A. STOCK, Ber. **50** (1917), 989; **53** (1920), 751; **54** (1921), 142.

bis die ganze Gasmenge durchanalysiert ist. Sind die Tensionen in dem üblichen Temperaturgebiet (bis 0° C) zu klein, so führt man Schmelzpunktbestimmungen in dem Apparaturteil C (S. 205) durch. Durch Vervielfachung der Konstruktionselemente ergibt sich die STOCKsche Vakuumapparatur, über deren genauere Details in den Originalarbeiten nachzulesen ist.

Wie schon früher erwähnt, erreicht man bei größeren Substanzmengen durch fraktionierte Destillation in Kolonnenaufsätzen rascher bessere Trennwirkungen. Man wird die früher beschriebenen Apparate (S. 175) mit der verlustfreien Arbeitsweise nach STOCK kombinieren.

Bei festen Substanzen und solchen, die sich in ihrer Flüch-

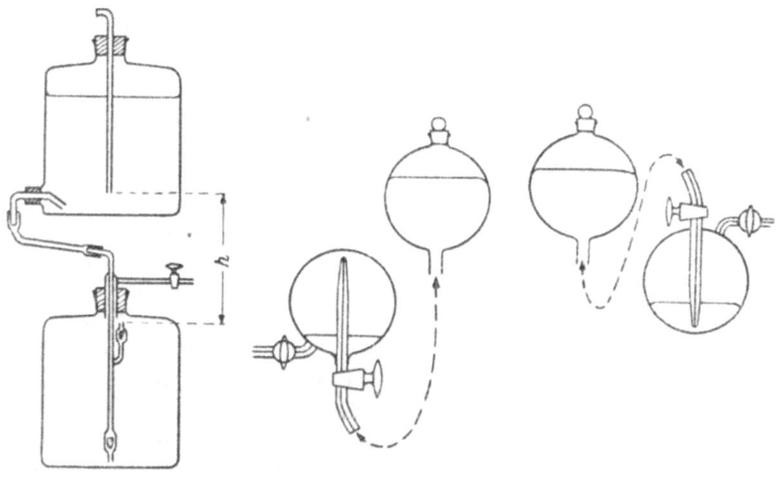

Abb. 141. Gasometer und Pipette.

tigkeit wenig unterscheiden, ist es vorteilhafter, die Trennung mittels *fraktionierter Kondensation*[1] durchzuführen. Entsprechend den Überlegungen, S. 163, wird man das zu fraktionierende Gemisch bei einer möglichst niederen Temperatur verdampfen, bei welcher die Tension etwa 1 bis 2 mm beträgt und das Partialdruckverhältnis sehr günstig liegt. Man leitet die Dämpfe sodann durch eine Reihe von U-Rohren, die in konstanten, stets tiefer temperierten Kältebädern gekühlt werden. Der Rest der Gase wird, soweit sie kondensierbar sind, mit flüssiger Luft ausgefroren. Zur Charakterisierung einer fraktionierten Kondensation sind

[1] A. STOCK, K. SOMIESKI, Ber. 54 (1921), 745.

somit die Temperatur des Vorratsgefäßes und die Temperaturen der Kondensationsvorlagen anzugeben. Die Zeitdauer einer Fraktionierung erstreckt sich, auch bei geringen Substanzmengen, über 24 bis 36 Stunden, bei ständig laufender Pumpe.

Auf die Methoden der Gastrennung mittels selektiver Adsorption und Desorption, sowie mittels Thermodiffusion wurde bereits früher hingewiesen.

Aufbewahren von Gasen. Für gewöhnliche Zwecke werden Gase in Gasometern über Wasser oder gesättigter Kochsalzlösung aufbewahrt. Für stark wasserlösliche Gase wurde Paraffinöl als Sperrflüssigkeit vorgeschlagen. Eine selbst herzustellende Form eines Gasometers mit zwei Glasventilen, bei welchen das Gas unter stets gleichem Druck ausströmt, zeigt Abb. 141. Für exakte Arbeiten, sowie für jene Gase, die sich in Berührung mit Wasser zersetzen, verwendet man Quecksilber als Sperrflüssigkeit (Gasometer von BODENSTEIN[1]), bzw. man bewahrt die Gase in großen kugel- oder zylinderförmigen Glasgefäßen (bis 35 l Inhalt) auf, die mit einem Manometer und STOCKschen Quecksilberventilen ausgestattet sind. Abb. 142[2]. Läßt sich das Gas leicht kondensieren, so kann man es auch in einem Bombenrohr eingeschmolzen aufbewahren. Rohre von 10 mm Durchmesser und 1,2 mm Wandstärke, bzw. von 20 mm Durchmesser und 2 mm Wandstärke, halten Drucke bis zu 60 atü aus[3]. Boden und Kapillare müssen möglichst gleichmäßig in der Wandstärke sein. — Größere Mengen verflüssigbarer Gase kann man nach Abb. 143 in kleinen Stahlflaschen aufbewahren. Man friert das Gas in dem Stahlgefäß A aus und läßt dasselbe nach Schließen des hochvakuumdichten Nadelventils N in die vorher evakuierte Stahlflasche einströmen.

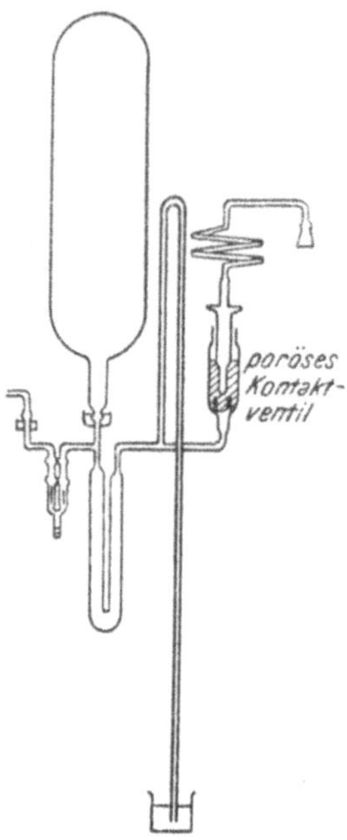

Abb. 142. Gasbehälter nach A. STOCK.

[1] M. BODENSTEIN, Ber. 51 (1918), 1642.

[2] A. STOCK, Ber. 51 (1918), 983; Z. Elektroch. 23 (1917), 34; Ber. 50 (1917), 1006. — Z. v. MAIKOVSZKY, Chem. Fabr. 9 (1936), 448.

[3] A. STOCK u. B. HOFFMANN, Ber. 36 (1903), 895.

Am Manometer M ist der jeweilige Druck abzulesen. Für die Verbindungen verwendet man Kupfer- oder Stahlkapillaren.

Kreislauf von Gasen. Um Gase in einer geschlossenen Apparatur im Kreislauf herumzuführen, bedient man sich bis zu Drucken von 40 Torr am bequemsten einer drei- bis vierstufigen Quecksilberdiffusionspumpe. Für höhere Drucke verwendet man das Prinzip des „Quecksilberkolbens". Die nach diesem Prinzip arbeitende Gasumwälzpumpe von F. FISCHER[1] hat den Nachteil, daß das Steuerventil zur Bewegung des Quecksilberkolbens sehr heikel ist. Einen zweckmäßigeren Steuermechanismus beschreibt BAER. In Abb. 144 ist eine Gasumwälzpumpe mit mechanischem Antrieb wiedergegeben, die sich gut bewährt hat. Eine elektromagnetische Gasumlaufpumpe beschreibt LEHRER[2]. Eine sehr gute elektromagnetische Membranpumpe bringt die Phywe[3] in den Handel.

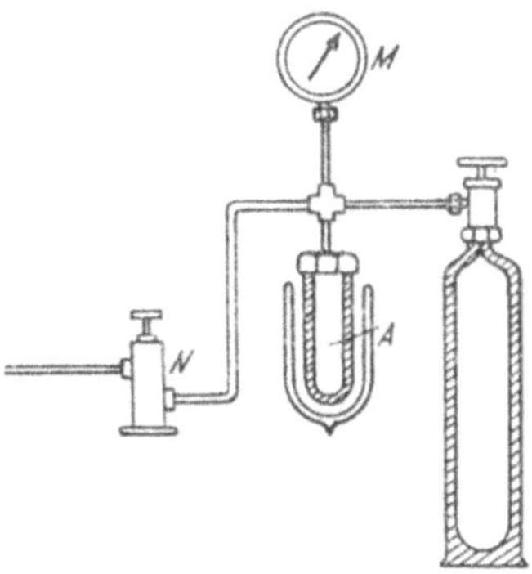

Abb. 143. Überführung von Gasen in Stahlflaschen.

Einstellung und Messung der Strömungsgeschwindigkeit von Gasen. Die Strömungsgeschwindigkeit von Gasen wird mittels der auf S. 123 beschriebenen Vorrichtungen (Kapillare nach HIBY, Nadelventil[4], PRYTZ-STOCK-Ventil[5], WOHLscher Hahn usw.) geregelt und mittels eines Gasmessers, eines Strömungsmanometers[6], oder eines Rotamessers gemessen. Während die Anzeige eines Gasmessers von der Gasdichte unabhängig ist, und nur Temperatur, Barometerstand und Partialdruck der Gasmesserflüssigkeit zu berücksichtigen sind, sind die Anzeigen von Strömungsmanometern und Rotamessern dichteabhängig. Diese Instrumente müssen daher für jedes Gas und jeden Druckbereich besonders geeicht werden. Abb. 133, S. 183, zeigt Differentialmanometer

---

[1] F. FISCHER, Ber. **41** (1908), 2233. — G. BAER, J. Chem. Soc. (London) 1928, 3293, Chem. Techn. **3** (1930), 30. — G. BURR, Z. Instrmkde. **57** (1937), 347.

[2] E. LEHRER, Chem. Fabr. **5** (1933), 33. Bez.: E. Leybolds Nachf.; Chem. Fabr. **3** (1930) 30.

[3] Phywe A. G., Göttingen.

[4] W. v. MEYEREN, Z. techn. Phys. **18** (1937), 28.

[5] A. STOCK, Z. Elektroch. **23** (1917) 34; **39** (1933), 617.

[6] P. NASHAN, Chem. Fabr. **13** (1940), 471.

nach SANDER-LÜTRY mit auswechselbaren Kapillaren. Im allgemeinen wird man sich eine einfache Form eines Strömungsmanometers selbst herstellen und der benötigten Strömungsgeschwindigkeit anpassen. Falls man die Strömungsgeschwindigkeit nicht messen, sondern lediglich konstant zu halten wünscht, bewährt sich sehr ein WOHLscher Hahn in der Kapillare.

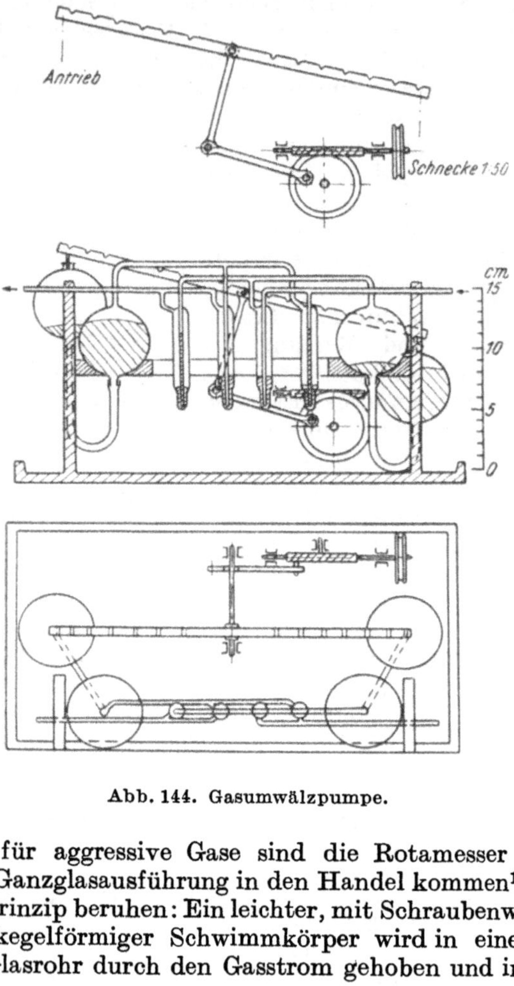

Abb. 144. Gasumwälzpumpe.

Speziell für aggressive Gase sind die Rotamesser geeignet, die auch in Ganzglasausführung in den Handel kommen[1], und auf folgendem Prinzip beruhen: Ein leichter, mit Schraubenwindungen versehener kegelförmiger Schwimmkörper wird in einem etwas konischen Glasrohr durch den Gasstrom gehoben und in schnelle

[1] HARDEBECK, Chem. Fabr. 1 (1928), 32.

Rotation versetzt. Die Stellung dieses Schwimmkörpers entspricht der Strömungsgeschwindigkeit des Gases.

Werden die Gase durch Waschflaschen geleitet, so treten starke periodische Druckschwankungen auf, die eine genaue Messung der Strömungsgeschwindigkeit sehr erschweren. Durch Einschalten einer *Beruhigungskapillare*, sowie eines größeren Puffervolumens kann man die Druckschwankungen glätten.

XII. Über den Zusammenbau von Apparaturen, kleine technische Hilfsmittel, Protokollführung.

Bei dem Aufbau einer Apparatur hat man zu überlegen, welchen Reinheitsgrad des Präparates, bzw. welche Meßgenauigkeit bei der Messung physikalisch-chemischer Größen man anstrebt. Es zeigt von mangelndem physikalischem Verständnis, Messungen an unreinen oder schlecht definierten Präparaten durchzuführen oder bei der Bestimmung eines Funktionswertes eine extreme Meßgenauigkeit anzustreben, während die anderen Variablen schlecht definiert sind: Man muß sich durch kritische Überlegungen ein Bild über die zulässigen Schwankungsbreiten der verschiedenen Variabeln machen und die Apparatur dementsprechend aufbauen.

Es ist z. B. sinnlos, Dampfdruckmessungen mit allen Schikanen der Druckmessung durchzuführen, wenn die Temperaturkonstanz so schlecht definiert ist, daß die dadurch bedingten Druckschwankungen ein Vielfaches der theoretischen Meßgenauigkeit betragen.

Man überlege die Dimension jedes einzelnen Gefäßes, den Meßbereich jedes Meßinstrumentes, die Konzentrationen der anzuwendenden Lösungen usw. Kleine stöchiometrische Rechnungen erleichtern wesentlich die Auswahl der Größen. Verbindungsleitungen nehme man so kurz als möglich, vermeide tote Räume und verwende nicht mehr Schliffverbindungen und Hähne, als unbedingt erforderlich sind. Die Höhe von Ausfriertaschen, zu kühlenden U-Rohren u. dgl. über dem Arbeitstisch sei so bemessen, daß man das Gefäß mit dem Kühlmittel bequem und ohne es zu neigen, entfernen kann. Holzklötze verschiedener Höhe müssen zum Aufbau von Apparaturen vorrätig sein.

Die Enden von Rohren, die in Öfen erhitzt werden, sind mittels durchbohrter Asbestplatten (vergl. Abb. 138) zu schützen und müssen mindestens 5 bis 6 cm aus dem Ofen herausragen. Bei hohen Ofentemperaturen schützt man die Stopfen vor dem

Anbrennen durch eine Lage von feuchtem Filtrierpapier, ein um das Rohr herumgewundenes wasserdurchflossenes Bleirohr, Abb. 169, S. 266, oder mittels der Vorrichtungen, Abb. 145: Am elegantesten ist die Anwendung von Kühlschliffen, die sich auch an Porzellan-, Korund-, Quarzrohren usw. anbringen lassen. Der Hempelstopfen besteht aus einem wassergekühlten Messingstopfen, der mittels eines Schlauches in das Rohr eingesetzt wird[1].

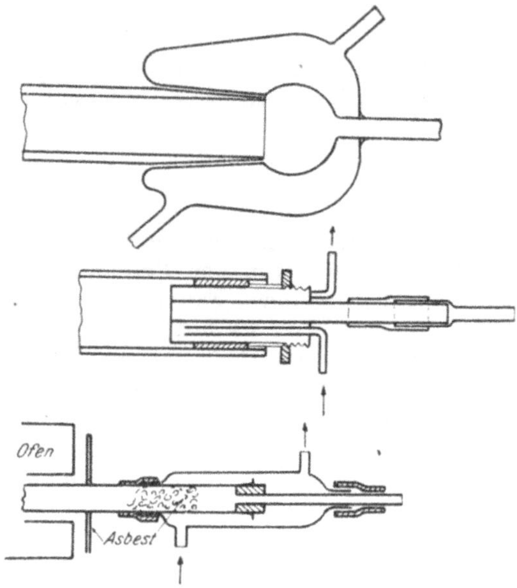

Abb. 145. Kühlschliff, Hempelstopfen, Stopfenkühlung.

Bei sehr exaktem Arbeiten mit Gasen, besonders bei Hochvakuumarbeiten, wird man die Apparaturteile tunlichst miteinander verblasen, bzw. die Verbindungen mit (Normal-) Schliffen herstellen. Man verbläst Apparaturteile mittels eines Handgebläses. Um keine Feuchtigkeit in die Apparatur zu bekommen, läßt man eventuell einen langsamen, getrockneten Luftstrom durch die zu verblasenden Teile streichen, um die Feuchtigkeit aus der Flamme abzuhalten und bläst durch ein Chlorkalziumrohr mit nachgeschaltetem Wattefilter. Eine verblasene Apparaturstelle ist jeder noch so schönen Schliffverbindung bei Hochvakuumarbeiten vorzuziehen. Schliffe, die selten gelöst werden

[1] A. Sieverts, Z. phys. Ch. **60** (1907), 188.

müssen, wird man mit weißem Siegellack, Picein oder Apiezonwachs, solche, die höheren Temperaturen ausgesetzt sind, mit geschmolzenem AgCl dichten. Dort, wo die Gase mit organischen Substanzen nicht in Berührung kommen dürfen, verwendet man konzentrierte Schwefelsäure oder Metaphosphorsäure als Schmiermittel (vergl. S. 116), bzw. man verwendet fettfreie Ventile.

Bei weniger strengen Versuchsbedingungen verwendet man Gummischlauchverbindungen, die jedoch — auch Vakuumschlauch — nie absolut dicht sind und Kohlenwasserstoffe in das Vakuum abgeben. Manche Gase, besonders CO_2, diffundieren beträchtlich durch Kautschuk. Die zu verbindenden, stets rundgeschmolzenen Glasrohre müssen Glas an Glas aneinanderstoßen. Schlauchverbindungen, die einen höheren Druck aushalten müssen oder Wasser führen, sichere man mittels Drahtligaturen über einem Stück Isolierband. Bei aggressiven Gasen schützt man Gummischlauch und Gummistopfen mittels einer Silber- oder Platinfolie (LUDWIGsche Dichtung[1]) nach Abb. 146. Mit Paraffin imprägnierte Gummischläuche und Korkstopfen sind gegen Chlor recht beständig. Das Paraffin muß in flüssigem Zustand von den imprägnierten Gegenständen durch sorgfältiges Abwischen von der Oberfläche entfernt werden. Imprägnierte Korkstopfen müssen noch heiß in die vorgesehenen Öffnungen eingepaßt werden.

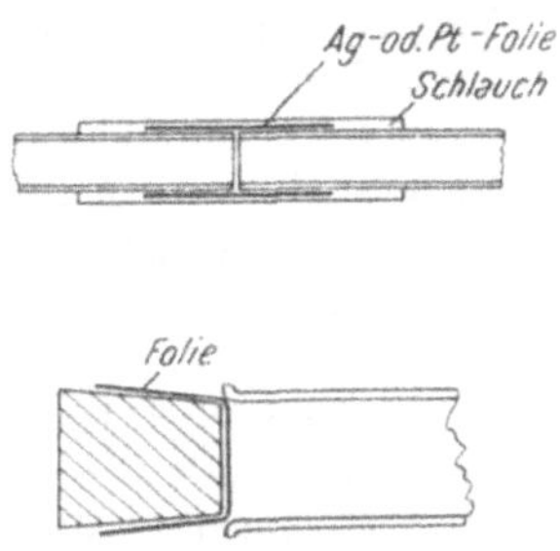

Abb. 146. LUDWIGsche Dichtungen.

Korkstopfen werden vor ihrer Verwendung dort, wo Feuchtigkeit nicht schadet, durch Auskochen, sonst (vor dem Bohren) durch Walgen unter einem Brettchen oder in einer Stopfenpresse geschmeidig gemacht. Beim Korkbohren verwende man stets eine Korkplatte als Unterlage, da die Stopfen sonst leicht ausbrechen. Die Bohrer müssen stets gut geschärft sein. Beim Bohren von Gummistopfen befeuchtet man den Bohrer mit starker Lauge oder mit Glyzerin. Wenn man Sorge trägt, daß der Bohrer stets benetzt bleibt, indem man ihn öfter aus dem Bohrloch herauszieht, erhält man sehr gleichmäßige Löcher. Will man mehrere Löcher in einen Gummistopfen bohren, so steckt man die Bohrkerne in die bereits gebohrten Löcher, damit sich der Stopfen beim Bohren nicht verzieht. Sehr kleine Löcher brennt man mit einem

[1] E. LUDWIG, Ber. 1 (1867), 232.

glühenden Draht durch den Stopfen und säubert das Loch mit Benzol. Zum Ablösen festsitzender Gummistopfen von Thermometern und Glasröhren wird empfohlen, einen genau passenden, mit Glyzerin befeuchteten Korkbohrer mit sanftem Druck in den Stopfen einzupressen[1]. Zum Dichten von Stopfen eignet sich Cellitlösung besser als das leicht abspringende Kollodium.

Material von verschiedenen Ausdehnungskoeffizienten verbindet man mittels Schliffen; falls die Verbindung hohen Temperaturen ausgesetzt ist, mittels geeigneter Kittungen. Jede Apparatur, in welcher mit Gasen gearbeitet wird, muß ein offenes Manometer haben, damit bei stoßweiser Gasentwicklung oder Verstopfung keine Explosion stattfinden kann. Jede Apparatur ist auf ihre Dichtigkeit mittels des Manometers zu prüfen. Bei Hochvakuumarbeiten müssen die Glasgeräte durch Evakuieren über P_2O_5 und Ausheizen getrocknet und entgast werden.

Jedes Verspritzen von Quecksilber ist peinlichst zu vermeiden; ist trotzdem ein Malheur passiert, so muß das verspritzte Quecksilber quantitativ gesammelt werden.

Stative, Schalter u. dgl. fixiert man am Arbeitstisch mittels Wachs-Kolophonium-Kitt. Die Verwendung guten Stativmaterials[2] (Klemmen, Muffen) erspart viel Ärger. Sehr empfehlenswert ist das Laborstativ mit Wandschiene[3], da der Arbeitstisch völlig frei bleibt. Man trachte mit einem Minimum an Stativen und Klemmen das Auslangen zu finden; das soll aber nicht heißen, daß man einzelne Apparaturteile an ihren Schlauchverbindungen hängen lassen darf. Schliffgeräte dürfen niemals an den empfindlichen Schliffen selbst eingespannt werden.

Bei der Verwendung nicht rücksteigsicherer Waschflaschen schaltet man an geeigneten Stellen leere Waschflaschen verkehrt ein.

Ist mit einer Explosion zu rechnen, so beobachte man die Reaktion hinter einer mindestens 1 cm dicken Glasscheibe (60 × 90 cm), die sich in einem standfesten Holzgestell befindet und verwende Schutzbrillen, eventuell eine Gesichtsmaske. Ein Vorhang von eng nebeneinanderhängenden Seilstücken schützt sehr wirksam vor Splittern. Explosive Substanzen stelle man,

---

[1] Ind. Engng. Chem. Analyt. Edit. **12** (1940), 224.
D. C. Stopcock Grease (vgl. S. 14) verhindert das Festbacken von Glas an Kautschuk auch bei höheren Temperaturen.

[2] Bez. E. Leyrbolds Nachf., Köln-Bayenthal.

[3] Chem. Fabr. **1** (1928), 609.

wenn nicht unbedingt erforderlich, nie in größeren Mengen her und vernichtet sie, sobald sie nicht mehr benötigt werden.

Sollen einzelne Apparaturteile auf bestimmte Temperaturen gehalten werden, so ist es zweckmäßiger, sie mit einem Wassermantel zu umgeben und die Thermostatenflüssigkeit hindurchzupumpen (Ultrathermostat nach HÖPPLER), als den Apparat in den Thermostaten einzusenken.

Um Flüssigkeiten im Kreislauf zirkulieren zu lassen, bedient man sich der Konstruktionen von STOLTZENBERG (Abb. 110, S. 155) und von ALBRECHT[1], die nach dem Prinzip der LUTHERschen Zentrifugalpumpe arbeiten. Die Pumpe von ALBRECHT ist eine Ganzglaskonstruktion mit einem KPG-Lager. Ferner sei auf die Konstruktionen von BERL und anderen hingewiesen[2]. Eine mit dem Vakuum einer Wasserstrahlpumpe zu betreibende Umlaufvorrichtung beschreibt HAASE[3].

Bei der Verwendung von Gasöfen schütze man die Tischplatte durch eine hohlgelegte Asbestschieferplatte. Stahlflaschen für komprimierte Gase müssen mittels einer Schelle oder Kette standsicher am Arbeitstisch befestigt werden. Die Reduzierventile für brennbare Gase tragen Linksgewinde; die anderen Rechtsgewinde. Sauerstoffreduzierventile dürfen keinesfalls gefettet werden. Reduzierventile sollen nicht unter Druck nachgezogen werden; nach Beendigung des Versuches sind die Ventile stets zu entlasten. Bei Arbeiten mit hohen Drucken sind die Gefäße und Leitungen auf ihre Druckfestigkeit durch hydraulisches Abpressen zu prüfen, wobei besonders auf den sehr erheblichen Festigkeitsabfall der meisten gebräuchlichen Werkstoffe bei tiefen und hohen Temperaturen hingewiesen sei.

Beim Arbeiten mit größeren Mengen von feuergefährlichen Substanzen stelle man die Apparatur so auf, daß man bei Feuerausbruch ungehindert zur Türe kann. Kleinere Brände lassen sich sehr gut mittels Tetra- oder Schaumlöschern bekämpfen.

Bei elektrischen Anschlüssen sichere man diese entsprechend ab. Beim Arbeiten mit Hochspannung schalte man in den Primärkreis des Transformators eine rote Signallampe. Die Leitungen bezeichne man durch verschiedenfarbige Bananenstecker oder verschiedenfarbige Vollgummikabel.

Zum Trocknen von Gefäßen, Erhitzen von Schliffen ist ein

---

[1] H. ALBRECHT, Chem. Fabr. **10** (1937), 470.

[2] E. BERL, W. ALTHOFF, Chem. Fabr. **3** (1930), 220. — A. ROLLETT, Chem. Techn. **16** (1943), 255.

[3] L. W. HAASE, Chem. Fabr. **5** (1932), 189.

Föhn-Heißluftgebläse sehr bequem. Für Mikroflammen stellt man sich eine Reihe von Glas- (besser Quarz-) Rohren mit steilen Verengungen für Flammenlängen von 5 bis 30 mm her. Empfehlenswert ist der Mikrobrenner von HAACK[1]. Um dünne Drähte und Bleche sicher angreifen zu können, schleift man sich eine (V_2A)-Pinzette am Ölstein so zu, daß sie exakt an der Spitze klemmt. (Kontrolle mit der Binokularlupe.) An Stelle von Feilkloben eignen sich sehr gut chirurgische Arterienklemmen und „Schieber" zum Halten kleiner Gegenstände (ANGERER).

Bevor man eine Apparatur zusammenbaut, wird man sich eine maßstäbliche Apparaturskizze anfertigen. Das Laboratoriumsjournal kann nicht ausführlich genug gehalten werden! Es hat alle Beobachtungen, Messungen, Wägungen, die elektrischen Daten der Meßinstrumente, deren Inventarnummern, alle Rechnungen usw. zu enthalten, so daß jederzeit eine genaue Nachprüfung der Ergebnisse möglich ist. Auch die Ursachen von Fehlschlägen sind genau zu protokollieren.

Jedes hergestellte Präparat ist durch Analysen oder mittels physikalischer Reinheitsprüfungen zu charakterisieren und die Ausbeute durch Ausbeuterechnung festzustellen.

XIII. Reinheitsprüfungen.

Beim Umkristallisieren, bei den Methoden der fraktionierten Destillation und Kondensation usw. muß man den Fortschritt des Reinigungsverfahrens fortlaufend prüfen. Neben den chemischen Methoden eignen sich hiezu vorzugsweise physikalische Mikrobestimmungen charakteristischer Materialkonstanten, wie des Schmelzpunktes, des Siedepunktes, der Dampftension, der Dichte, des Brechungsindex usw. Nach der Fertigstellung des Präparates wird erforderlichenfalls noch eine vollständige Analyse durchzuführen sein, um das Atomverhältnis in der Verbindung festzustellen.

Bei den obengenannten Materialkonstanten interessiert besonders die Empfindlichkeit, mit der Verunreinigungen erkannt werden können. Diese hängt wesentlich von den individuellen Stoffeigenschaften ab. Tensionsmessungen sowie die Schlierenmethode sind außerordentlich empfindlich und sprechen günstigstenfalls noch auf 0,01 % Verunreinigungen an. Auch die Gasdichtebestimmung mittels der STOCKschen elektromagnetischen Schwebewaage ist eine Präzisionsmethode, die eine Genauigkeit

[1] Bez.: Paul Haack, Wien IX/3, Garelligasse 4.

von 0,04% erreicht. Schmelzpunkt- und Dichtebestimmungen sind, obwohl am häufigsten zur Charakterisierung herangezogen, für Verunreinigungen weniger empfindlich als die erstgenannten Methoden. Schmelzpunkt und Dichte sind oft schlecht definierte Größen.

Bestimmung des Schmelzpunktes. Zur Bestimmung von Schmelzpunkten bei *tiefen Temperaturen* verwendet man zweckmäßig die von A. STOCK[1] angegebene Vorrichtung, Abb. 147, die von diesem Forscher besonders zur Charakterisierung von Substanzen mit geringem Dampfdruck herangezogen wurde. An die Vakuumapparatur, Abb. 140, S. 194, ist ein dünnwandiges Rohr C angeblasen, das unten zu einer dickwandigeren Kugel erweitert ist. In C, Abb. 147, befindet sich ein 2 mm dicker Glasstab B, der etwas über seinem unteren Ende vier ein Kreuz bildende Ansätze A trägt (die eine reibungslose Führung von B ermöglichen). In der Mitte befindet sich ein Eisenzylinder in ein dünnwandiges Glasrohr eingeschmolzen, das in einen zirka 10 cm langen Glasfaden (besser Kapillare, siehe S. 127) ausläuft. Durch drei um 120° versetzte Glasknöpfchen wird die Führung des Glaskörpers sichergestellt. Eisenzylinder samt Glaskörper lassen sich durch einen, über das Außenrohr A geschobenen, kleinen Elektromagneten auf und ab bewegen.

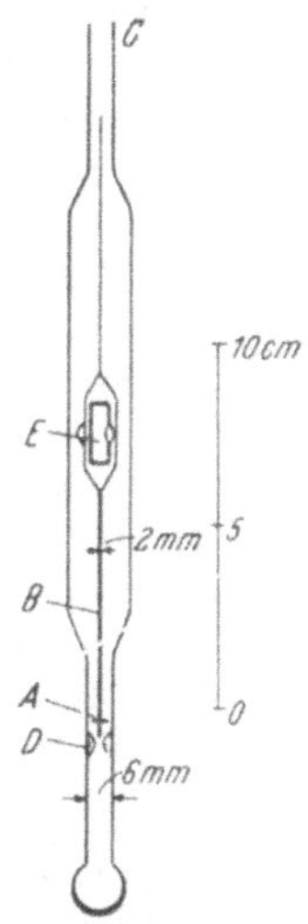

Abb. 147. Schmelzpunktapparat nach A. STOCK für tiefe Temperaturen.

„Vor einer Schmelzpunktbestimmung hebt man B mittels des Elektromagneten so hoch, daß sich das Glaskreuz von A mindestens 8 cm über dem Boden von C befindet. Man destilliert nun bei evakuierter Apparatur eine passende Menge der zu untersuchenden Substanz derart in C hinein, daß sie sich in fester Form als Ring D einige Zentimeter unterhalb des Endes von B ansetzt. Zu diesem Zweck taucht man das Rohr C etwa 5 cm tief in flüssige Luft, welche einen kleinen Vakuumbecher bis dicht zum Rande füllt; die unvermittelte Kühlung bewirkt die Bildung eines ziemlich scharf begrenzten dicken Ringes. Nach Beendigung des Destillierens hebt man das Luftkühlbad so weit, daß sich auch der untere Teil von B abkühlt, und senkt durch Bewegen des Magneten den

[1] A. STOCK, Ber. **50** (1917), 157. — G. WICK, E. BARCHFELD, Chem. Fabr. **1** (1928), 281.

Glaskörper, bis er mit dem Kreuz auf dem Substanzring ruht. In diesem Zustand ist der Apparat, Abb. 147, dargestellt. Der Glaskörper darf nicht zu warm und nicht zu kalt sein, wenn man ihn auf den Ring der erstarrten Substanz sinken läßt. Im ersten Falle kann er sich durch die Substanz hindurchschmelzen, ehe deren Schmelzpunkt erreicht ist, im zweiten den Beginn des Schmelzens verzögern[1]. Man bezeichnet auf Rohr C die Stellung der Zeigerspitze. Nach Entfernen des Magneten wird die flüssige Luft durch ein anderes geeignetes Kältebad ersetzt, dessen Temperatur mindestens mehrere Grade unter dem Schmelzpunkt der Substanz liegen muß. Unter *dauerndem* Rühren steigert man die Temperatur des Kühlbades möglichst langsam. Ist die Badflüssigkeit zähe, so halten sich beim Ansteigen der Temperatur leicht kältere Teile zwischen Schmelzpunkt- und Thermometerrohr, falls diese zu dicht beieinander stehen. Sobald die Schmelztemperatur erreicht ist, schmilzt die dem dünnwandigen Rohr C anhängende Substanzschicht, und Substanzring und Glaskörper B gleiten nach unten. Der Augenblick, in welchem dies geschieht, ist durch Beobachten des aus dem Kühlbad herausragenden Zeigerendes bequem und scharf zu erkennen; man liest die Temperatur ab, sobald sich der Zeiger in Bewegung setzt. Das Verfahren gestattet bis auf $0{,}1^0$ genaue Bestimmungen durchzuführen. Beim Wiederverdampfen der Substanz im Vakuum ist darauf zu achten, daß B nicht von den Dämpfen hochgeschleudert und zerbrochen wird.

Zur Präzisionsbestimmung von Schmelzpunkten verwendet man auch bei den tiefen Temperaturen eine entsprechend modifizierte Tiegelmethode[2], wobei man die Temperaturmessung mittels Widerstandsthermometer[3] oder mittels eines Kupfer-Konstantan-Thermoelementes durchführt.

Zur Bestimmung des Schmelzpunktes von Substanzen, die *über Zimmertemperatur* schmelzen, verwendet man im allgemeinen die Kapillarröhrchenmethode: Die Substanz wird fein gepulvert in ein unten geschlossenes Kapillarröhrchen eingebracht, langsam erhitzt und das Schmelzen beobachtet. Als Schmelzpunkt wird jene Temperatur angenommen, bei der die Substanz nach der Meniskusbildung vollkommen klar und durchsichtig erscheint.

---

[1] A. Stock, P. Stiebeler, F. Zeidler, Ber. **56** (1923), 1699.

[2] O. Ruff, W. Menzel, Z. anorg. Ch. **217** (1934), 87.

[3] A. Eucken, Physik. Z. **10** (1909), 586. — W. F. Giauque, H. L. Johnston, J. Am. Chem. Soc. **51** (1929), 2301. — K. Clusius, E. Bartholome, Z. physik. Ch. (B) **30** (1935), 237.

Die Erhitzungsgeschwindigkeit sei im allgemeinen gering (einige Zehntelgrade pro Minute), sobald man in die Nähe des Schmelzpunktes kommt. Bei zersetzlichen Substanzen wird man dagegen rascher erhitzen müssen, um vergleichbare Ergebnisse zu erhalten. Es ist daher geboten, die Erhitzungsgeschwindigkeit in der Nähe des Schmelzpunktes zu notieren. Ein unscharfer Schmelzpunkt deutet oft, aber nicht immer, auf das Vorliegen eines Substanzgemisches. In solchen Fällen ist es angezeigt, die auf Reinheit zu prüfende Substanz mit der betreffenden reinen Substanz zu vermengen, um den Mischschmelzpunkt[1] zu bestimmen, der bei verschiedenen Substanzen im allgemeinen wesentlich tiefer liegt (Eutektikum). Bei isomorphen Substanzen kann diese Methode versagen. Kristallisiert eine Substanz mit Kristallwasser, Alkohol usw., so kommt es oft vor, daß die kristallwasserhältige, wie die wasserfreie Substanz ihren besonderen charakteristischen Schmelzpunkt besitzen.

Die dünnwandigen Kapillarröhrchen von $^{3}/_{4}$ bis 1 mm l. W. stellt man sich durch Ausziehen von *sorgfältig gereinigtem* und *getrocknetem* Glasrohr von etwa 5 mm Durchmesser (für manche organische Substanzen aus Resistenzglas[2]) her, zerschneidet in 2 bis 5 cm lange Stücke (gerade Schnittflächen), schmilzt an einem Ende zu und stellt sich zum „Stopfen“ der Substanz hiezu passende Glasfäden her, denen man die scharfe Schnittfläche beläßt. Die feingepulverte Substanz (Achatschale) wird mittels des Glasfadens auf den Grund des Röhrchens geschoben und zirka 2 bis 3 mm hoch festgestampft. Als Badflüssigkeiten verwendet man:

Paraffinöl bis 200° C,
Phthalsäure-Diäthylhexylester bis gegen 300°,
Schwefelsäure d 1.84 + einige Körnchen KNO_3 (hält die Säure klar) bis 300° C.

An Stelle des üblichen dickwandigen Reagensrohres verwendet man besser den THIELEschen Schmelzpunktapparat[3], Abb. 148a, der eine sehr günstige Zirkulation der Badflüssigkeit bewirkt, die Fehlmessungen vermeidet. Die Schmelzpunktkapillare wird mittels der Badflüssigkeit oder eines Gummiringleins (Schlauchabschnitt) an dem geeichten Thermometer befestigt. Thermometerkugel und Substanz müssen in gleicher Höhe sein. Man

[1] R. WEGSCHEIDER, Chem. Ztg. 29 (1905), 1224.
[2] W. DIECKMANN, Ber. 49 (1916), 2203.
[3] J. THIELE, Ber. 40 (1907), 996.

beleuchtet das Röhrchen von rückwärts mittels eines Spiegels und beobachtet mit freiem Auge oder besser mittels einer binokularen Fernrohrlupe und liest bei der Meniskusbildung das Thermometer ab. Man erhält so den unkorregierten Schmelzpunkt; der korregierte Schmelzpunkt ergibt sich nach Korrektur des herausragenden Fadens und ist deshalb bei höheren Temperaturen mit einer gewissen Unsicherheit behaftet, die es zweckmäßig erscheinen läßt, Schmelzpunkte über 250° C mittels Thermoelement zu bestimmen.

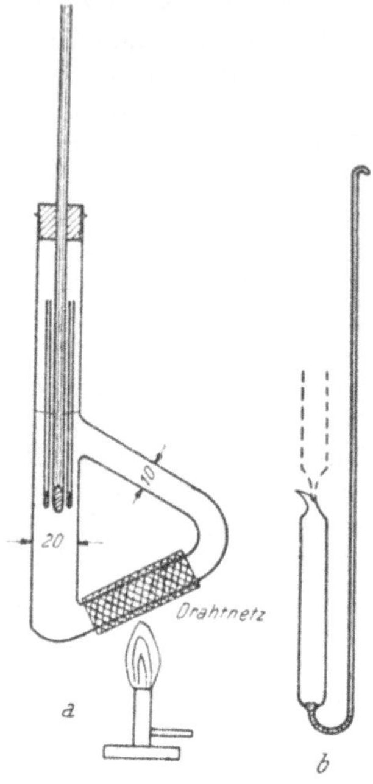

Abb. 148. Schmelzpunktapparate. *a* nach THIELE, *b* nach PICCARD.

Farbige und undurchsichtige Substanzen lassen den Schmelzpunkt schwer erkennen, so daß leicht große Fehler (10 bis 20°) entstehen können. PICCARD verfährt wie folgt: Eine Glasröhre wird an einem Ende trichterförmig verengt, weiter unten kapillar ausgezogen und u-förmig gebogen, Abb. 148b. Man bringt etwas Substanz am kapillaren Teil zum Schmelzen, so daß sich die Schmelze in die Kapillare hineinzieht. Darauf kommt ein Tropfen Quecksilber, sodann wird der weite Schenkel an der vorher verengten Stelle abgeschmolzen, während das kapillare Ende offen bleibt. Das Kapillarrohr wird mittels eines Kautschukringes in der üblichen Weise am Thermometer des Schmelzpunktapparates befestigt, in das Bad eingesenkt und erhitzt. Sobald die Substanz schmilzt, wird sie durch den im Luftbehälter herrschenden Überdruck in die Kapillare hinaufgeschnellt.

Zur Schmelzpunktbestimmung bei *höheren Temperaturen* verwendet man nach RASSOW[1] einen elektrisch geheizten THIELEschen Block aus Kupfer, dessen Abmessungen aus Abb. 149 zu entnehmen sind. Der Kupferblock wird mit einer Lage Glimmer (0,05 mm) und einer Lage Asbestpapier, das mit Wasserglaslösung aufgeklebt ist, isoliert. Darauf kommt eine dünne Schicht MgO-Al_2O_3-Paste (S. 43), auf diese die Heizwicklung (0,5 mm²

[1] H. RASSOW, Z. anorg. Ch. **114** (1920), 117.

Heizleiterband), die in Paste eingebettet und mit einer 2 cm dicken Lage von Asbestpappe isoliert wird. Die Stirnwände werden mit 3 cm Asbest isoliert und der ganze Apparat mit einem Mantel von blankem 0,5-mm-Aluminiumblech umgeben. Die Öffnungen des horizontalen Beobachtungsrohres kann man mit

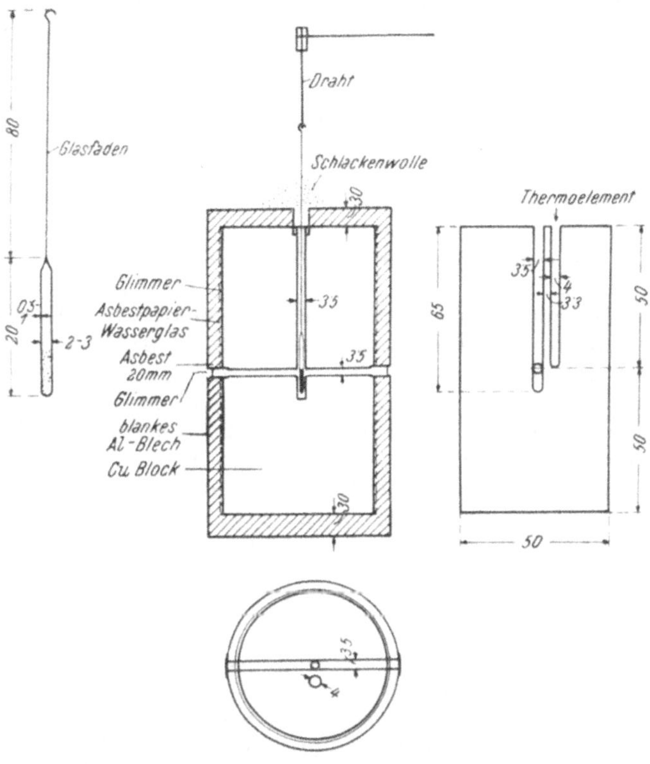

Abb. 149. RASSOWscher Kupferblock.

klaren Glimmerscheiben verschließen. Der Apparat wird auf einen hohlgelegten Ziegel gestellt. Der Schmelzvorgang wird mittels einer Fernrohrlupe aus zirka 25 cm Abstand beobachtet. Das Schmelzpunktröhrchen, Abb. 149, links, wird von rückwärts mit einer kräftigen, regulierbaren Lichtquelle (Nernstlampe) beleuchtet. Je eine Spiegelglasscheibe vor und hinter dem Apparat schützen Lupe und Lichtquelle vor den Splittern eventuell explodierender Röhrchen. Bei Schmelzpunktbestimmungen bis

500^0 C verwendet man gewöhnliches Glas; bis 800^0 C Supremaxglas, darüber Quarzglas. Durch Messungen mittels eines Differentialthermoelementes ist der Temperaturunterschied zwischen der Thermoelementbohrung und der Beobachtungsbohrung in Abhängigkeit von der Erhitzungsgeschwindigkeit festzustellen. Bei Erhitzungsgeschwindigkeiten unter 1 bis 2^0/min sind diese Differenzen gewöhnlich zu vernachlässigen. Das Beginnen des Schmelzens ist an dem Durchsichtigwerden kleiner Kristalle, die kreisrund werden, zu erkennen. Sodann verschwinden die Konturen größerer Kristalle; in der von rückwärts beleuchteten dunklen Substanz beginnen einzelne Lichtpünktchen aufzublitzen; die Masse wird durchsichtig, wobei sich der Meniskus bildet. Man erhitzt zur ungefähren Schmelzpunktbestimmung zunächst mit zirka 5 bis 10^0/min bis zum Schmelzen und führt sodann mit neuen Schmelzungsröhrchen eine Beobachtungsreihe mit einer Erhitzungsgeschwindigkeit von $0{,}5^0$/min oder weniger durch. Bei 800^0 kann man den Schmelzpunkt mittels Kompensationsschaltung des Thermoelementes auf $\pm$ $0{,}5^0$ C reproduzierbar bestimmen. Bei höheren Temperaturen (Schmiedeeisenblock) empfiehlt sich außerdem eine seitliche Beleuchtung des Schmelzpunktröhrchens mittels Bogenlampe und Kondensator, da man in dem hellglühenden Block sonst nicht mehr beobachten kann.

Für genaueste Schmelzpunktsbestimmungen bedient man sich auch hier der Tiegelmethode, die bei Verwendung eines sehr dünnen Thermoelementes (0,05 bis 0,01 mm) in Kompensationsschaltung mit Substanzmengen von 1 bis 2 g durchgeführt werden kann.

An sehr kleinen Substanzmengen (100 γ und weniger) läßt sich eine Schmelzpunktsbestimmung mittels des heizbaren Objekttisches von Kofler[1], bzw. für hohe Temperaturen mittels des Mikropyrometers von Burgess[2] durchführen.

Über die Schmelzpunktdepression durch Verunreinigungen (und damit über die Empfindlichkeit des Schmelzpunktes als Reinheitskriterium) unterrichtet die Ableitung der Clausius-Clapeyronschen Formel

$$\ln x_A = -\frac{L_A}{R} \cdot \frac{T_A - T}{T_A \cdot T}, \text{ bzw. } \log x_A = -\frac{L_A}{4{,}574} \cdot \frac{T_A - T}{T_A \cdot T}$$

wobei x_A den Molenbruch, L_A die Schmelzenthalpie pro Mol, T_A den Schmelzpunkt des Stoffes A in ^{0} Kelvin, T den erniedrigten

[1] L. Kofler, Angew. Chem. **53** (1940), 434; Beiheft Nr. 36 (1940) zur angew. Chemie.

[2] G. K. Burgess, Phys. Zeitschr. **14** (1913), 158.

Schmelzpunkt bedeutet. In einigen Fällen hat man den Schmelzpunkt von reinen Substanzen aus dem beobachteten Schmelzpunkt der geringfügig verunreinigten Präparate extrapoliert.

Dampfdruck- und Siedepunktbestimmung. Zu jeder Temperatur gehört bei einem Einstoffsystem ein genau definierter Dampfdruck, welcher durch die Anzahl der pro Zeit- und Flächeneinheit verdampfenden, bzw. wieder kondensierenden Molekel gegeben ist. Im Gleichgewichtszustand sind diese Zahlen gleich. Die Anzahl der verdampfenden Molekeln hängt von der kinetischen Energie und damit von der Temperatur ab, die ausreichen muß, die Oberflächenkräfte an der Phasengrenzfläche zu überwinden. Die Anzahl der kondensierenden Molekeln ist dem Partialdruck der Substanz in der Gasphase proportional. Aus der CLAUSIUS-CLAPEYRONschen Formel folgt die Temperaturabhängigkeit des Dampfdruckes p; $\frac{d \ln p}{dT} = \frac{L}{RT^2}$, wobei L wieder die molare Verdampfungsenthalpie bedeutet. Da diese im allgemeinen temperaturabhängig ist, gilt die Integralform $\ln \frac{p_2}{p_1} = \frac{L}{R} \cdot \frac{T_2 - T_1}{T_2 \cdot T_1}$, bzw. $\log \frac{p_2}{p_1} = \frac{L}{4{,}574} \cdot \frac{T_2 - T_1}{T_2 \cdot T_1}$ nur für kleine Temperaturintervalle. Andererseits läßt sich diese Formel zur sehr genauen Bestimmung der molaren Verdampfungsenthalpie L verwenden, wenn man die Dampfdrucke p_1 und p_2 bei den (wenig differierenden) Temperaturen T_1 und T_2 bestimmt. Aus der Integralform folgt, unter Einbeziehung des zweiten Hauptsatzes, die Näherungsformel $\log p_T = -\frac{L}{4{,}574 \cdot T} + \frac{S}{4{,}574}$, wobei S die Grundentropie bei konstantem Druck, L die Verdampfungsenthalpie, beide bei Zimmertemperatur, bedeuten. Aus dieser Näherungsformel geht hervor, daß log p in Abhängigkeit von $\frac{1}{T}$ dargestellt, eine Gerade sein muß, solange L und S temperaturunabhängig sind. Von dieser Eigenschaft macht man oft Gebrauch, um aus Tensionsmessungen den Siedepunkt graphisch zu extrapolieren.

Setzt man die Werte L und S aus der TROUTONschen Regel $S = \frac{L_{T_S}}{T_S} \approx 21$ cal. Grad $^{-1}$ in die Näherungsformel ein, so erhält man eine „Faustformel", die bei der überschlagweisen Berechnung von Tensionen nicht assoziierter Flüssigkeiten gute Dienste leisten kann. Dieselbe lautet $\log p_T = -4{\cdot}59 \frac{T_S}{T} + 4{,}6$, wobei T_S den Siedepunkt der Substanz in ^{0}K bedeutet.

Sieden tritt ein, wenn der Dampfdruck der Flüssigkeit den auf ihr lastenden Druck überwinden kann. Infolgedessen ist das Sieden einer Flüssigkeit druckabhängig; bei jeder Präzisionsbestimmung muß der Barometerstand angegeben werden, bei dem die Bestimmung durchgeführt wurde. Der *Siedepunkt* ist jene Temperatur, bei welcher der Partialdruck der Flüssigkeit 760 Torr beträgt. Die Genauigkeit der Siedepunktbestimmung ist im wesentlichen durch die Definition der Substanz und die Genauigkeit der Temperaturmessung (herausragender Faden) bedingt und beträgt maximal etwa 0,01° C. Für Präzisionsbestimmungen wird man elektrische Temperaturmeßgeräte verwenden. Bei kräftigem und konstantem Sieden unter Anwendung von Siedeerleichterern, wie Platintetraeder, eingeschmolzene Platinstifte, ausgeglühte Bimssteinstücke, Glasschrott, Siedekapillaren, ist es gleichgültig, ob sich das Thermometergefäß bei *einheitlichen* Stoffen in der Dampf- oder flüssigen Phase befindet. Meist bevorzugt man die Messung in der Dampfphase, da die Temperatureinstellung in der Flüssigkeit infolge geringer Siedeverzüge meist schwankend ist.

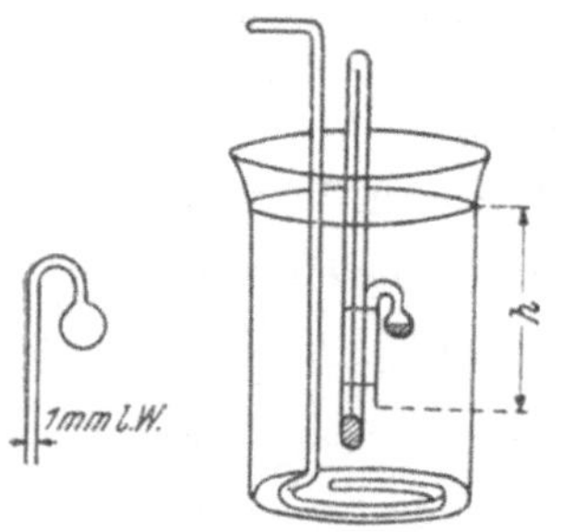

Abb. 150. Siedepunktbestimmung nach SMITH und MENZIES.

Siedepunktbestimmungen werden gewöhnlich im Zusammenhang mit fraktionierten Destillationen durchgeführt oder erfolgen im Rückfluß. Die apparativen Einrichtungen hierfür wurden bereits S. 160 ff besprochen.

Für *kleine Substanzmengen* ist die Siedepunktbestimmung nach SMITH und MENZIES[1] sehr geeignet: Man saugt die zu untersuchende Substanz in der üblichen Weise durch Erwärmen in ein kleines Kölbchen der in Abb. 150 gezeigten Form, das mittels zwei Schlauchabschnitten an dem Thermometer befestigt und in ein geeignetes Temperaturbad (Paraffinöl, Wasser) eingesenkt wird, in dem sich der Dampf der Substanz nicht löst. Unter ständigem Rühren wird langsam erhitzt, bis aus der Kapillare ein perlschnurartiger Strom von Gasbläschen austritt, der beim Abkühlen um Bruchteile eines Grades aufhört. Hiermit ist der Siedepunkt der Substanz erreicht. Mit dieser Methode läßt sich auch eine Fraktionierung durchführen, indem man Anteile der

[1] A. SMITH, A. W. C. MENZIES, Z. phys. Ch. **75** (1911), 494.

Substanz absieden läßt und neuerlich den Siedepunkt bestimmt. Zum korrigierten Barometerstand ist eine Druckkorrektur $\frac{h \cdot d}{13{,}595}$ hinzuzuzählen, wobei h die Eintauchtiefe in Millimetern (siehe Abb. 150) und d die Dichte der Badflüssigkeit bei der Siedetemperatur der untersuchten Substanz bedeuten. Korrekturen wegen Oberflächenspannung usw. sind vernachlässigbar.

Andere Mikromethoden der Siedepunktbestimmung stammen von SCHLEIERMACHER-JONES[1] und EMICH[2].

Tensionsmessung. Bei Dampfdruckmessungen ist der größte Wert auf eine einwandfreie und exakte Temperaturmessung zu legen, wobei man sich zur Konstanthaltung der Temperatur geeigneter Thermostaten bedient. Jedenfalls dürfen Apparaturteile, die, mit Dampf gefüllt, aus dem Thermostaten herausragen, wärmer, jedoch keinesfalls kälter als die Thermostatentemperatur sein. Bei Messungen unter Zimmertemperatur bedient man sich der STOCKschen Vakuumapparatur oder einer ähnlichen Meßanordnung; bei Messungen über Zimmertemperatur eines Zwischenmanometers als Nullinstrument, das meist mit in das Temperaturbad eingesenkt wird. An einem Hauptmanometer wird der Druck abgelesen. Voraussetzung bei Tensionsmessungen ist, daß Fremdgase (die man durch mehrmaliges Ausfrieren und Evakuieren der Substanz entfernt) abwesend sind und daß die Substanz und die Manometerflüssigkeit nicht miteinander reagieren (oder ineinander löslich sind). Bei aggressiven Gasen verwendet man Glas- oder Quarzmembranmanometer als Zwischenmanometer. Die Empfindlichkeit der Tensionsmessung gegenüber Verunreinigungen ergibt sich sinngemäß aus den Ausführungen S. 210.

Eine sinnreiche Bestimmungsmethode der Dampftension stammt von SMITH und MENZIES[3], bei der die Substanz selbst als Manometerflüssigkeit verwendet wird. Der „Isoteniskop" genannte Apparat ist in Abb. 151 dargestellt. Die Substanz wird in die Kugel eingebracht; sie soll bei der Messung den Manometerteil halbhoch ausfüllen. Man bringt den Apparat mit gefüllter Kugel auf die gewünschte Temperatur, pumpt mehrmals ab, um Luft und leichtflüchtige Verunreinigungen zu entfernen, bringt die Substanz durch Neigen des Apparates in das Manometerrohr und reguliert den Druck nun so ein, daß die Flüssigkeit in den beiden Manometerschenkeln gleich hoch steht. Der Dampf-

---

1 SCHLEIERMACHER-JONES, Ber. **24** (1891), 944; 2251.

2 F. EMICH, Monatsh. f. Ch. **38** (1917), 219.

3 A. SMITH, A. W. C. MENZIES, Ann. Phys. **33** (1910), 971.

druck wird sodann am Quecksilbermanometer M abgelesen. P ist ein Puffervolumen, K eine Kapillare zum Regeln des Druckes.

Auch die Anordnung zur Siedepunktbestimmung nach SMITH und MENZIES läßt sich nach Abb. 152 für Tensionsmessungen verwenden.

Bei der Bestimmung des *Tripelpunktdruckes* fällt die Forderung

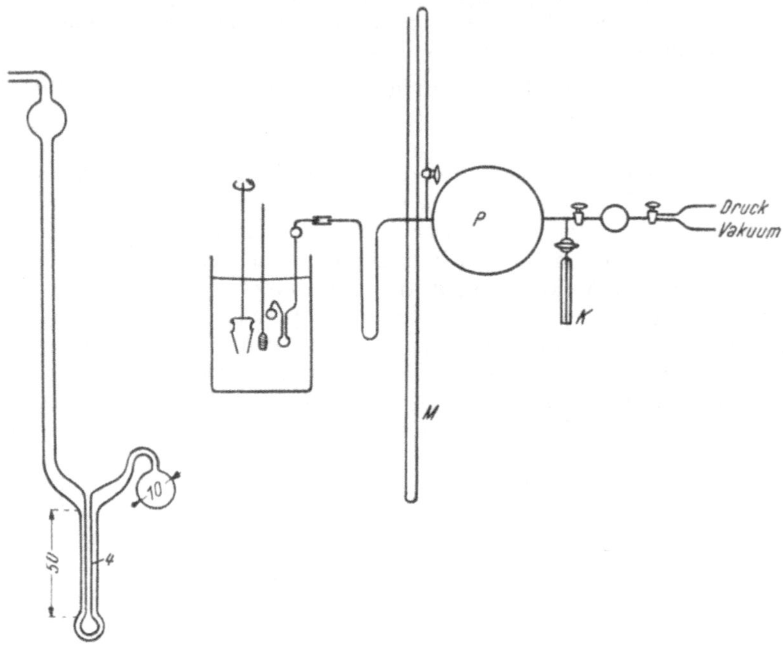

Abb. 151. Tensionsmessung mittels des Isoteniskops von SMITH und MENZIES.

der exakten Temperaturmessung weg, da ein Einstoffsystem im Dreiphasengebiet nonvariant ist; es genügt daher die Tension festzustellen, sobald eine flüssige neben der festen Phase der zu untersuchenden Substanz nebeneinander vorhanden sind. Die Bestimmung des Tripelpunktdruckes ist ein scharfes Reinheitskriterium, das zur Bestimmung der Schmelzpunktschärfe[1] ΔT nicht ganz reiner Gase herangezogen werden kann. Ist T der FP in °K, $\Delta p = p_2 - p_1$ die beobachtete Änderung des Druckes

[1] K. CLUSIUS, A. FRANCK, Z. phys. Ch. (B) **34** (1936), 420. — A. KRUIS, K. CLUSIUS, Z. phys. Ch. (B), (1937).

beim Schmelzen (p_2 der fast völlig geschmolzenen Substanz minus p_1 der fast völlig erstarrten Substanz), p der Tripelpunktdruck in Torr, so ist $\Delta T \approx \frac{\Delta p . T}{12 . p}$.

PICTET[1] und EMICH[2] haben vorgeschlagen, die *kritische Temperatur* als Reinheitskriterium zu verwenden. Die Bestimmung

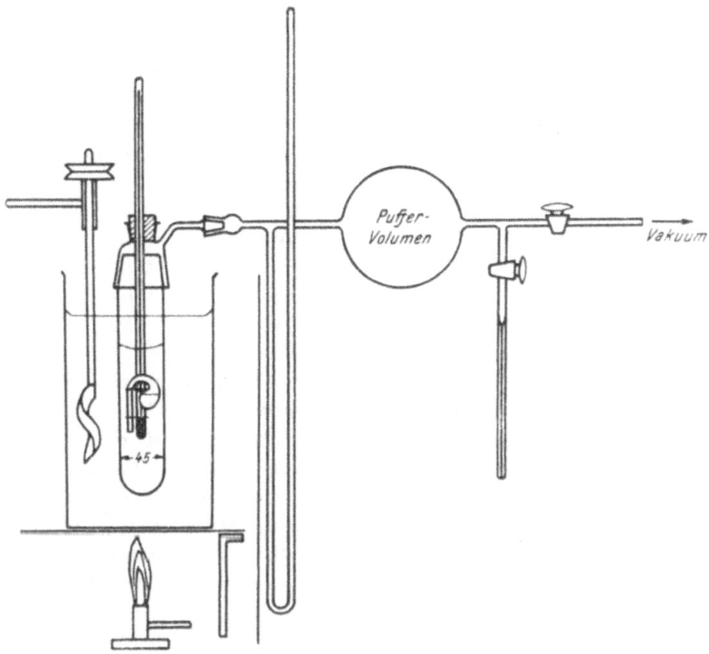

Abb. 152. Tensionsmessung.

läßt sich gefahrlos als Mikromethode in einem Apparat durchführen, der dem Schmelzpunktblock von RASSOW ähnelt, wobei die Beobachtung des Meniskus der, in einer Kapillare eingeschmolzenen Flüssigkeit mittels eines Schlierenmikroskops erfolgt. Allerdings sind die molaren Erhöhungen der kritischen Temperatur sehr gering (zirka 1 bis 3°), so daß diese Bestimmung für den gedachten Zweck nicht in Frage kommt.

Außerordentlich geringe Unterschiede im Brechungsindex

---

[1] R. P. PICTET, Z. phys. Ch. **16** (1895), 731.

[2] J. HARAND, Monatsh. f. Ch. **65** (1935), 153.

von Flüssigkeiten lassen sich mittels der EMICHschen *Schlierenmethode*[1] nachweisen, die in Verbindung mit einer fraktionierten Mikrodestillation oder Mikrokristallisation zur scharfen Reinheitsprüfung von Substanzen herangezogen werden kann.

Während die *Dichte* fester Körper meist nicht gut definiert ist (3 bis 5% Unterschiede) und bei verschiedenen Herstellungsbedingungen noch stärker schwanken kann, ist die Dichtebestimmung flüssiger und gasförmiger Stoffe einer großen Präzision (bis $5 \cdot 10^{-6}$ bei Flüssigkeiten; $3 \cdot 10^{-4}$ bei Gasen) fähig. Zur schnellen Dichtebestimmung von Flüssigkeiten bedient man sich der Aräometer (bis 1‰ genau) oder wägt den Inhalt einer geeichten Pipette in einem tarierten Wägegläschen (1‰). Für Präzisionsbestimmungen der Dichte fester oder flüssiger Stoffe wird man sich der Pyknometermethode bedienen. Zur *Gasdichtebestimmung* verwendet man eine Reihe verschiedener Vorrichtungen, die zum großen Teil von A. STOCK entwickelt wurden. Die direkte Wägung liefert die genauesten Werte[2]. Das Gas wird z. B. in einen evakuierten Kolben mit Manometer und Kondensationsansatz geleitet. Das Volumen des mittels Hähnen oder Schwimmerventilen absperrbaren Kolbens sowie des Barometerrohres muß bekannt sein. (Z. B. Füllen mit Luft, Ablesen von Druck und Temperatur, Abpumpen der Luft mit einer Töplerpumpe und Auffangen in einer graduierten Meßröhre über Quecksilber.) In diese Vorrichtung wird das Gas eingelassen, Druck- und Temperatur gemessen, das Gas in dem Kondensationsansatz mit flüssiger Luft ausgefroren, abgeschmolzen und das Gasgewicht durch Rückwägung bestimmt. Vgl. Gasdichtebestimmung nach REGNAULT, S. 298.

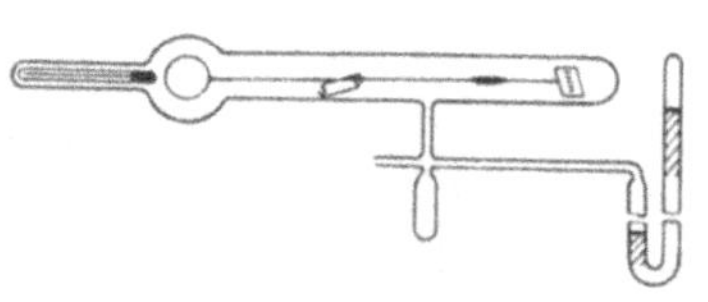

Abb. 153. Gaswaage nach A. STOCK.

Zur laufenden Reinheitskontrolle, Gasdichte-, bzw. Molekulargewichtsbestimmung eignet sich die STOCKsche elektromagnetische Gaswaage[3], die in Präzisionsausführung[4] eine Genauigkeit von

[1] F. EMICH, Monatsh. f. Ch. **50** (1928), 269; **53** (1929), 312.

[2] A. STOCK, C. MASSENEZ, Ber. **45** (1912), 3651. — A. STOCK, Ber. **50** (1917), 1003. — E. MOLES, Z. anorg. Ch. **167** (1927), 45.

[3] F. W. ASTON, Isotopes, London 1923, S. 35. — A. STOCK, G. RITTER, Z. phys. Ch. **119** (1926), 333. — A. STOCK, Z. phys. Ch. **139** (1928), 47.

[4] Chem. Techn. **16** (1943), 54.

1 bis $3 \cdot 10^{-4}$, in einfacher Ausführung eine solche von 1% erreicht. Das Prinzip der Methode ist aus Abb. 153 ersichtlich: Der Gasdruck des zu messenden Gases wird in dem Waagegehäuse aus Glas solange variiert, bis sich der Auftriebskörper der Gaswaage genau im Gleichgewicht befindet. Bei der Eichung mit einem Gas bekannter Gasdichte verhalten sich die Gasdichten verkehrt proportional wie die Drucke. Mittels der elektromagnetischen Gaswaage von STOCK, deren Bauvorschrift in der Literatur genau beschrieben wird, kann man die Gasdichten bei verschiedenen Drucken und damit den Kompressionskoeffizienten, sowie mittels graphischer Extrapolation für den Druck Null, mit großer Genauigkeit das Molekulargewicht bestimmen.

XIV. Unfallverhütung, Giftgefahren und Vergiftungen im Laboratorium[1].

Beim Arbeiten in einem chemischen Laboratorium können, selbst bei größter Vorsicht, unvorhergesehene Ereignisse, wie Explosionen, Brände, Vergiftungen und Verletzungen, eintreten.

Eine Reihe von Vorsichtsmaßregeln wurden bereits im 12. Kapitel besprochen. Dieselben seien im nachstehenden ergänzt:

Undichte Gasleitungen dürfen nicht mit einer offenen Flamme abgeleuchtet werden. Zur Feststellung der undichten Stelle bestreicht man die Leitungen usw. mit einer Seifenlösung. Man lasse alle zwei Jahre eine Druckprobe des gesamten Gasleitungsnetzes des Institutes durchführen und lasse sofort undichte Hähne erneuern. Auch nur *spurenweise* ausströmendes Leuchtgas kann zu *chronischen Kohlenoxydvergiftungen* führen, die sich u. a. in einer steten Müdigkeit und Arbeitsunlust der Betroffenen äußert. Durch eine strenge Laboratoriumsordnung und Kontrolle lassen sich Unfälle durch Leuchtgas vermeiden. Bei Flammen, die über Nacht brennen, verwende man Metallschläuche. Beim Glasblasen wurde bereits darauf hingewiesen, daß durch gebrauchte Glasapparate vor ihrer Reparatur mit der Wasserstrahlpumpe Luft durchgesaugt werden soll, um einen eventuell explosiven Gasinhalt zu entfernen.

Vakuum und Druck. Beim Arbeiten mit größeren Vakuumkolben usw. umhülle man diese mit einem Drahtnetz zum Schutze

[1] ABDERHALDEN, Handbuch der biolog. Arbeitsmethoden I, 1. — F. FLURY, Verhütung von Laboratoriumsunfällen; J. 543 ff.
E. RÜST, A. EBERT, Unfälle beim chemischen Arbeiten, II. Aufl. 1948, Rascher-Verl. Zürich.

vor Verletzungen bei Implosionen. Beim Umfüllen von flüssiger Luft usw. in Vakuummantelgefäße trage man Schutzbrillen. — Stahlflaschen zum Aufbewahren komprimierter Gase müssen frostfrei, stehend und mit Schellen o. dgl. gegen Umfallen gesichert aufbewahrt werden. Druckminderventile sind nach dem Gebrauch stets zu entlasten. Das Nachziehen undichter Ventile darf nur im *entlasteten* Zustand, nicht unter Druck erfolgen. Sauerstoffventile dürfen wegen der Explosionsgefahr nicht gefettet werden. Sind *Explosionen* beim Arbeiten möglich, so schütze man die Augen durch Schutzbrillen und führe die Versuche hinter einer dicken Glasschutzscheibe durch.

Leicht entzündliche Stoffe dürfen am Arbeitsplatz nicht in größeren Vorratsgefäßen stehen. Man *destilliert* derartige Stoffe durch Erhitzen mittels elektrischer Heizgeräte. Offene Flammen dürfen nicht in der Nähe brennen. Beim Umfüllen (CS_2!) verwende man Trichter mit kurzem, weitem Stiel, da sonst Entzündungsgefahr durch Funkenbildung infolge elektrostatischer Aufladung möglich ist.

Beim Arbeiten mit *giftigen, ätzenden Stoffen* verwende man eine Schutzbrille, eventuell Gasmaske, schütze die Hände mittels Gummihandschuhen und arbeite unter einem gutziehenden Digestorium. Beim Arbeiten mit Hautgiften ist größte Sauberkeit und Reinlichkeit unbedingt erforderlich. Man esse nie am Arbeitsplatz. — Die Gasmasken müssen an einem leicht zugänglichen Ort (mit eingeschraubtem Universaleinsatz) *verwendungsbereit* aufbewahrt sein. Die Atmungsventile müssen jeden Monat kontrolliert werden. Ebenso müssen Spezialeinsätze zur Hand sein.

Ätherrückstände dürfen nicht in den Ausguß gegossen werden, da die Dämpfe in tieferliegenden Stockwerken bei zufälliger Zündung schwere Explosionen verursachen können, wie überhaupt dem *sachgemäßen Vernichten* von Abfällen (K, Na, P, Mg-Staub, Ca usw.) sowie von nicht mehr benötigten explosiblen, feuergefährlichen oder hochgiftigen Präparaten größte Aufmerksamkeit und Sorgfalt zugewendet werden muß. Viele Laboratoriumsbrände und Vergiftungen beruhen auf der zu sorglosen Behandlung der Abfälle und Rückstände.

Allgemeine Sicherheitsmaßnahmen.

Handfeuerlöschgeräte müssen an leicht zugänglichen Stellen angebracht sein. Eine Dusche befindet sich zweckmäßig am Eingang des Laboratoriums. Die Brause sei durch einen in Brusthöhe angebrachten Hebel mit *einem* Griff zu öffnen. Eine

Decke zum Löschen von Bränden, eine Kautschukmatte und ein Paar Gummi- (Isolier-) Handschuhe sollen an einem hierfür bestimmten Platz aufbewahrt sein.

In einem **Sanitätskasten** sind vorrätig zu halten:

Mullbinden verschiedener Breite (4, 8, 10, 20 cm breit), hydrophyle sterile Gaze, Watte, Leukoplast, elastischer Schnellverband in verschiedenen Breiten, Heftpflaster, eine Pinzette mit spitzen Enden, eine Pinzette mit flachen Enden, eine Hautschere, eine chirurgische Schere, eine Injektionsspritze mit Nadeln, eine Gummibinde, Borvaseline, Tebege-Brandgelee, ein Salbenspatel, 1 Liter 0,5%ige Essigsäurelösung für Laugeverätzungen, 1 Liter 0,5%ige Natriumbikarbonatlösung für Säureverätzungen, 1 Liter 2%ige Borsäurelösung für Laugeverätzungen des Auges, 1 Liter 2%ige Boraxlösung für Säureverätzungen des Auges, eine Augenspülwanne, alkalische Augensalbe, 1 Liter 5%ige Kupfersulfatlösung gegen Phosphorbrandwunden, Jodtinktur, Eisenchloridwatte, 500 ccm reiner Alkohol, Baldriantropfen, Mentholspiritus, Brechweinstein, Kupfersulfat, Tierkohle, Magnesia usta, Calcium lacticum, Calcium sandoz, 1 ccm in Ampullen, Lobelin 0,005 in Ampullen, Milchpulver, Apomorphin 0,005 in Ampullen.

Erste Hilfe bei Unfällen.

Laboratoriumsbrände. Brennen kleine Lösungsmittelmengen in einem Gefäß, so erstickt man das Feuer durch Abdecken mit einer Porzellanschale, einer Asbestschieferplatte o. dgl. Größere Brände bekämpft man mit Feuerlöschapparaten (Tetra-Feuerlöscher, Schaumfeuerlöscher) oder mit Sand. Bei Phosphorbränden übergieße man die Brandstelle nach Ablöschen des Feuers durch Sand mit einer 5- bis 10%igen Kupfersulfatlösung, wodurch das Wiederaufflammen des Brandes durch Phosphorrückstände, die sich in Bodenritzen u. dgl. befinden, vermieden wird. Haben Kleider Feuer gefangen, so ist es durch Wälzen am Boden, Einhüllen in eine Decke oder mittels der Wasserbrause abzulöschen. Arbeiten mit sehr feuergefährlichen Substanzen trachte man stets so vorzunehmen, daß man eine freie Rückzugsmöglichkeit zur Türe hat.

Beim Ausbruch eines Brandes schließe man sofort die Gashähne und entferne alle Behälter mit entzündlichen und explosiven Substanzen, sowie alle Stahlflaschen mit komprimierten Gasen. *Die Haupthähne für Gas und Wasser und die elektrischen Hauptschalter müssen, gut markiert, an einer leicht zugänglichen Stelle angebracht sein.*

Verletzungen. Kleine *Hautwunden* wasche man mit Alkohol,

desinfiziere die Wunde mit Jodtinktur und verschließe dieselbe mit einem Heftpflaster oder einem elastischen Schnellverband. Verletzungen an den Ohren, Lippen, der Nase und den Wangen bluten sehr stark. Man stille die Blutung mit Eisenchloridwatte und lege sodann ein entsprechendes Pflaster auf. *Größere Fleischwunden* bedecke man, ohne dieselben im allgemeinen zu waschen, mit steriler Gaze, darüber mit Watte und Binde und begebe sich sofort in ärztliche Behandlung. Spritzt das Blut stoßweise hellrot aus der Wunde, so ist eine Arterie verletzt; man binde die Arterie zwischen der Wunde und dem Herzen mit einer Gummibinde ab. Sofortige ärztliche Behandlung ist geboten, da abgebundene Körperteile nicht längere Zeit abgebunden bleiben dürfen. — Fließt aus der Wunde gleichmäßig dunkles venöses Blut, so verbindet man die Wunde (nach Hochheben des verletzten Gliedes) mit einem Druckverband. *Säure- und Laugeverätzungen* spült man mit Wasser, dann mit einer großen Menge von Bikarbonat, bzw. verdünnter Essigsäurelösung ab und verbindet mit Tebege-Brandgelee. Bei *Brandwunden* streicht man reichlich Tebege-Brandgelee auf hydrophile Gaze, bedeckt damit die Wundfläche und wechselt täglich den Verband. Bei Phosphorbrandwunden macht man Kompressen mit 5%iger Kupfersulfatlösung, wodurch die in der Haut festsitzenden Phosphorpartikelchen in ungiftiges Phosphorkupfer übergeführt werden.

Bei *Augenverätzungen* spült man zunächst längere Zeit mit destilliertem Wasser aus der Augenspülwanne, sodann mit der entsprechenden Spülflüssigkeit und ruft sofort den Arzt. Bei *elektrischen Unfällen* trachte man den Verunglückten sofort aus dem Stromkreis zu entfernen. (Abschalten des Stromes, Entfernen des Drahtes mit einem nichtleitenden Gegenstand, wobei man sich auf eine Gummimatte stellt und die Hände mit Gummihandschuhen oder notfalls mit trockenen Tüchern schützt.) Man bringe den Verunglückten sofort an die frische Luft, künstliche Atmung ist stundenlang fortzusetzen. In schweren Fällen ist eine sofortige intramuskuläre Injektion von 0,005 g Lobelin empfehlenswert. Ärztlicher Beistand ist sofort anzufordern.

Vergiftungen[1].

Gifte können in toxischen Mengen 1. durch die Lungen (Atemgifte), 2. durch Resorption durch die Haut, 3. durch den Verdauungskanal in den menschlichen Organismus gelangen.

---

[1] F. Flury, H. Zangger, Lehrbuch der Toxikologie, Springer, Berlin 1928. — d'Ans Lax, 1807 ff.

Im Laboratorium ist besondere Aufmerksamkeit den Vergiftungsgefahren durch Atemgifte und durch perkutan wirkende Gifte zuzuwenden, die neben akuten Erscheinungen auch zu chronischen Vergiftungen (Hg, Pb, Cr^{VI}, organische Lösungsmittel u. a.) führen können.

Gasvergiftete sind sofort an die frische Luft zu bringen. Alle beengenden sowie eventuell mit Giftstoff getränkten Kleidungsstücke sind zu entfernen. Sehr wichtig ist, dem Verunglückten bis zum Eintreffen des Arztes durch Einhüllen in eine Decke, mittels Heizkissen u. dgl. warm zu halten. Sauerstoffinhalationen durch 10 bis 15 Minuten mit dazwischenliegenden Pausen von je 10 Minuten können stets angewendet werden. Durch Hautreize, wie Gesicht kalt waschen, mit Alkohol abreiben, Schlagen mit einem nassen Tuch oder mit einer Bürste, Riechenlassen an Äther, Eisessig, Salmiakgeist, verhindere man das Einschlafen des Vergifteten. Man gebe keine Narkotika, keinen Alkohol. Bei drohender Atemlähmung darf man bei Reizgasvergifteten keine künstliche Atmung anwenden. Ist ein Arzt nicht erreichbar, so kann man notfalls eine intramuskuläre Injektion von 0,005 bis 0,01 g Lobelin versuchen.

Bei den Reizgasen hat man in dem Tödlichkeitsprodukt (Haber) $c \cdot t$ ein Maß der Toxizität. In dieser Formel bedeutet c die Konzentration des Giftstoffes in mg/m^3 und t die Einatmungsdauer in Minuten. Die Vergiftung führt zu letalem Ausgang, wenn das Tödlichkeitsprodukt überschritten wird. Bei resorptiv wirkenden Gasen, wie HCN, CO, Inhalationsnarkotika ist dieses Produkt $c \cdot t$ nicht konstant, da ein Teil des Giftstoffes wieder ausgeschieden wird, so daß bei entsprechend niedrigen Konzentrationen große Gasmengen ohne schwere Schädigung vertragen werden können. Als weitere physiologische Kennzahlen — besonders bei Kampfstoffen — sind die untere Reizgrenze und die Unerträglichkeitsgrenze zu nennen. Die Schwankungsbreite der physiologischen Werte beträgt etwa 20 %.

Man teilt die Atemgifte in die Reiz- und Ätzgase einerseits, in die Gruppe der resorptiv wirkenden Giftgase anderseits ein.

Die *Ätz- und Reizgase* wirken hauptsächlich durch Schädigung der Schleimhäute der Atmungsorgane, oft auch der Nasen- und Augenschleimhaut. Bei geringerer Wasserlöslichkeit der Gase ($COCl_2$, Stickoxyde) werden die tieferen Atemwege betroffen, wobei lebensgefährliche entzündliche Lungenödeme auftreten können.

Meist tritt nach der Vergiftung sofort heftiger Krampfhusten, Erstickungsgefühl, Brechreiz, später Atemnot, Stechen in der

Brust, blutiger Auswurf auf. Bei Ätzgasen mit Tiefenwirkung, wie Phosgen, nitrosen Gasen, Dimethylsulfat, auch Chlor in geringen Konzentrationen, tritt, nach geringer Primärwirkung und nach eventuell stundenlanger, ziemlich beschwerdefreier Latenzzeit, plötzlich höchste Atemnot, schaumig weißgelber Auswurf und Erstickungsgefahr durch Lungenödem auf.

Die *allgemeinen Maßnahmen* bestehen in absoluter Körperruhe, liegendem Transport in das Krankenhaus, auch bei Fehlen erheblicher Beschwerden, wenn eine Phosgen-, Stickoxyd- oder Dimetylsulfatvergiftung vorliegt. Eine wesentliche Erleichterung gewährt das Einatmen von Alkohol- oder Mentholspiritusdampf oder folgender Mischung[1]: Alkohol 40,0, Chloroform 40,0, Äther 50,0, Ammoniak 5,0. Man gießt den Alkohol usw. auf einen Gazepausch und atmet durch diesen hindurch. Bei Reizgasen vom Typus der Blaukreuzkampfstoffe schafft das Trinken von Milch, sowie das Aufschnupfen von Trockenmilchstaub Erleichterung.

In diese Gruppe der Reizgase gehören u. a. die Halogene, die Halogenwasserstoffsäuren, NH_3, SO_2, SO_3, Chlorsulfonsäure, nitrose Gase, die Halogenide des B, Si, As, P; CrO_2Cl_2, $COCl_2$, $SOCl_2$, SO_2Cl_2, HCHO, $(CH_3)_2SO_4$, HN_3, N_2H_4, NH_2OH. In der Tab. 20 sind die gefährlichen Konzentrationen einer Reihe von giftigen Gasen nach ZANGGER[2] wiedergegeben und zum Teil ergänzt.

Bei *Chlor* und *Brom* können Konzentrationen von 0,01 mg/l, die noch ohne Belästigung ertragen werden (untere Reizgrenze), bei länger dauerndem Einatmen zu schweren Erkrankungen führen, wobei eine Latenzzeit bis zu 6 Stunden auftreten kann. Da man sich außerdem an den Chlorgeruch gewöhnt, soll man bei länger dauerndem Arbeiten in einer chlorhaltigen Atmosphäre prinzipiell eine Gasmaske tragen. Leichtere Verätzungen der oberen Atemwege durch Chlorwasserstoffsäure, HBr, HJ bewirken heftige Bronchialkatarrhe mit sehr starkem Hustenreiz. Sehr gefährlich sind Verätzungen durch Fluor und Fluorwasserstoff, da das verätzte Gewebe zu eitrigem Zerfall neigt. *Phosgen* ist ein außerordentlich gefährliches Atemgift. Die letale Dosis beträgt bloß 4,5 bis 9 mg. Die untere Reizgrenze beträgt 0,005 mg/l. Bereits längeres Einatmen derartiger Konzentrationen führt zu lebensbedrohenden Vergiftungen ohne erhebliche Reizwirkung der

---

[1] MUNTSCH, Leitfaden der Pathologie und Therapie der Kampfstofferkrankungen, 1932, S. 75.

[2] F. FLURY, H. ZANGGER, Lehrbuch der Toxikologie, Springer, Berlin 1928, S. 256.

Tabelle 20.

	Sofort tödlich	In $^1/_2$–1^h sofort oder später tödlich	In $^1/_2$–1^h lebensgefährliche Erkrankung (nach Heß)	$^1/_2$–1^h erträglich ohne sofortige oder spätere Folgen	Mehrstündige Einwirkung wirkt minimal (nach Heß)	6 Stunden ohne wesentliche Symptome	Tödlichkeitsprodukt
	mg/l	mg/l	mg/l	mg/l	mg/l	mg/l	$mg \cdot m^{-3} \cdot min.$
Chlor	2,5	0,1—0,15	0,04—0,06 0,0018 Vol.-%	0,01	0,001	0,003 bis 0,005	7500
Brom	2,5	0,22	0,04—0,06	0,022	0,001	0,005	
HCl	—	1,84—2,6 ∼ 0,2 Vol.-%	1,5—2,0	0,6—0,13	0,01	0,013	
SO_2	—	1,4—1,7	0,4—0.5 ∼ 0,015 Vol.-%	0,17—0,64	0,02—0,03	0,06—0,1	
NH_3	—	1,5—2,7	2,5—4,5 ∼ 0,5 Vol.-%	0,18	0,1	0,06	
SH_2	1,2—2,8	0,6—0,84	0,5—0,7	0,24—0,36	0,1—0,15	0,12—0,18	
Salpetersäure Nitrose Gase	—	0,6—1,0 ∼ 0,3 Vol.-%	—	0,2—0,4	—	(0,2)	
HCN	0,3	0,12—0,15	0,12—0,15	0,05—0,06	0,02—0,04	0,02 (0,04)	1000—4000
AsH_3	5,0	0,05	0,02	0,02	0,01	0,01 ? Giftigk.-Grenze 0,001 %	
PH_3, (PCl_3)	—	0,56 0,81 (1 ?)	0,4—0,6	0,14—0,26	0,01 in 6^h tödlich	—	
OsO_4	—	—	—	0,001	0,000001	—	
CO_2	—	90—120 ∼ 6—7 Vol.-%	60—80	60—70	20—30	10	
CO	—	2—3 ∼ 0,2 Vol.-%	2—3	0,5—1,0	0,2; > 0,08 Vol.-% tödlich	0,1	70000
$COCl_2$	—	0,02—0,1	0,05 0,001 Vol.-%	—	—	—	450—900
Benzin	—	30—40	25—30	10—20	5—10	10	
$CHCl_3$	—	200	—	30—40	—	20—30	
CCl_4	—	400—500	150—200	60—80	10	—	
CS_2	—	15	10—12 0,15 dauernd	3—5	1—1,2	—	
Anilin Toluidin usw.	—	—	—	0,5	—	0,15—0,2	
Nitrobenzol	—	—	—	1,0—1,5	—	0,3—0,5	

oberen Atemwege. Auch hier kommt die Vergiftung erst nach einer Latenzzeit bis zu 6 Stunden zum Ausbruch. *Nitrose Gase* besitzen die gleiche heimtückische Wirkung wie Phosgen. Die Gefährlichkeit der nitrosen Gase wird dadurch gesteigert, daß die Empfindlichkeit der Geruchsnerven durch Stickoxyde sehr stark herabgesetzt wird. Der Ausbruch der Vergiftung erfolgt nach einer durch subjektives Wohlbefinden gekennzeichneten Latenzzeit von 2 bis 12 Stunden. Sofortige Sauerstoffinhalationen in Perioden von 10 bis 15 Minuten Dauer und absolute Ruhe scheinen das Eintreten des Lungenödems zu verhindern. Auch die Gabe von je 5 bis 7 Tropfen Chloroform in Wasser, bis zu sechsmal in Abständen von je einer halben Stunde, wird empfohlen. *Osmiumtetroxyd* in Dampfform reizt bereits in sehr geringen Konzentrationen außerordentlich hartnäckig die Augen und die Atmungsorgane.

Resorptiv wirkende Giftgase. Die meisten dieser Verbindungen (ausgenommen CO_2) wirken durch Zerstörung der roten Blutkörperchen (AsH_3, SbH_3), Methämoglobinbildung (Stickoxyde, SH_2, SeH_2), Bildung einer festen Anlagerungsverbindung an das Hämoglobin (CO), Blockierung des Atmungsfermentes [HCN, $Ni(CO)_4$], sowie als ausgesprochene Nerven- und Stoffwechselgifte (PH_3, AsH_3, $AsCl_3$, SH_2, CS_2), wobei in fast allen Fällen nervöse Dauerschäden und Nachkrankheiten nach einer überstandenen Vergiftung auftreten. Bei akuten Vergiftungen mit Lösungsmitteldämpfen (Benzin, Benzol und Homologe, Halogenkohlenwasserstoffe, Alkohole, Äther, Aldehyde und Ketone, Ester) treten neben den typischen narkotischen Bewußtseinsstörungen und Lähmungserscheinungen schwere Blut- und Knochenmarkserkrankungen (Benzol), Leber-, Nieren- und Herzmuskelschädigungen (C_2Cl_4, CCl_4, C_6H_6) und Nervenschädigungen (CH_3Br, CCl_4, CS_2) auf.

Beim Arbeiten mit SH_2, SeH_2, S_2Cl_2, SO_2, $COCl_2$, HCN können Geruchs- und Geschmacksstörungen auftreten, so daß die gefährlichen Gase überhaupt nicht mehr wahrgenommen werden. Durch diese Gewöhnung fällt dann auch die Geruchswarnung vor der Gefahr weg. Am gefährlichsten sind die fast geruchlosen Gase, so vor allem CO, Hg-Dämpfe, $SO_4(CH_3)_2$, $S(C_2H_4Cl)_2$ sowie metallorganische Hg-, Pb-, Tl-, As-Verbindungen. Chemisch reiner AsH_3 und PH_3 sind nahezu geruchlos.

Im Laboratorium sind Kohlenoxyd, Schwefelwasserstoff und Quecksilberdämpfe eine häufige Ursache chronischer Vergiftungen:

Bei *Kohlenoxyd* können bereits Konzentrationen von 0,1‰

nach Stunden akute Vergiftungserscheinungen, wie starker Druck in den Schläfen, Schwindel, Schwäche, speziell in den Beinen, so daß der Betroffene nicht mehr in der Lage ist, sich zu retten, Ohrensausen, Herzklopfen, Brechreiz verursachen. Hohe CO-Konzentrationen wirken blitzartig. Gegenmittel sind sofortiges Verbringen an die frische Luft, Entfernung aller beengenden Kleidungsstücke, Einhüllen in eine Decke, damit kein Absinken der Körpertemperatur eintritt. Sauerstoffinhalation (Großen Trichter über das Gesicht, Trichterhals an Sauerstoffbombe anschließen) 10 Minuten lang, dann 10 Minuten Pause; durch einige Stunden fortgesetzt. Bei Bewußtseinstrübung Hautreizmittel. Keine Narkotika. Bei drohendem Atemstillstand künstliche Atmung, womöglich mit Sauerstoff + 4 bis 5 % CO_2; wenn ein Arzt nicht erreichbar, 0,005 g Lobelin intramuskulär. Meist treten nach überstandener Vergiftung schwere Nachkrankheiten auf. Sehr gefährlich sind subakute CO-Vergiftungen, die zu nervösen Reizzuständen, Herzklopfen, Arrhythmien des Herzens, Appetitlosigkeit, schlechten Schlaf, Anämie, Verfall der Willenskraft und Arbeitsunlust führen.

Schwefelwasserstoff (SeH_2) gehören mit zu den gefährlichsten Atemgiften. Bei akuten, schweren Vergiftungen erfolgt der Tod infolge Atemlähmung. Auch bei SH_2 sind subakute Vergiftungen bei unachtsamem Arbeiten häufig und geben folgendes Krankheitsbild: Übelkeit, Schwindel, Brechreiz, Ängstlichkeit, Bewußtseinsstörungen, Aufregungszustände, Flucht mit Verkennung der Umgebung. Bei wiederholten subakuten Vergiftungen treten nervöse Störungen, Gedächtnisschwäche, unmotivierte Diarrhöen, Katarrhe, Konjunktivitis auf. Die Therapie bei akuten Vergiftungen ist dieselbe wie bei Kohlenoxyd.

Schon sehr geringe Mengen von resorbierten Se- und Te-Verbindungen bewirken eine charakteristische Ausdünstung des Betroffenen.

Besonders gefährlich, weil in außerordentlich kleinen Dosen zu chronischen Vergiftungen führend, sind *Quecksilberdämpfe*. Nach STOCK genügt je nach der Disposition des Betroffenen eine dauernde Zufuhr von 5 bis 100 γ Hg pro Tag, um schwere Schädigungen zu bewirken. Dabei treten schwere nervöse Störungen, verbunden mit einem charakteristischen Zittern, Gedächtnisschwäche, erhöhte Erregbarkeit, Haarausfall, Speichelfluß, Zahnfleischentzündung, Durchfälle und Arbeitsunlust auf. Bei Arbeiten mit Quecksilber muß man deshalb mit besonderer Vorsicht verfahren. Bei chronischen Vergiftungen wirken viel Milch, Gaben von $Na_2S_2O_3$, Schwefelbäder günstig. Bei akuten Vergiftungen treten Erbrechen, schwere Durchfälle, Entzündungen der Mundschleimhaut und des Zahnfleisches, Wadenkrämpfe und schwere Nierenschädigungen bis zum völligen Versagen der Harnbildung auf.

Bei Vergiftungen per os ist möglichst rasch eine künstliche Entleerung des Magens erforderlich. Kann man wenige Minuten nach der Aufnahme des Giftes große Mengen von Eiweiß — frische, mit Wasser geschlagene Eier, Milch — geben, so besteht Heilungsaussicht. Weiters Milchdiät. Die übrigen Mittel gehören in die Hände des Arztes.

Schwebestoffe aller giftigen Substanzen können zu schweren Allgemeinerkrankungen (Pb, Chromate, MnO_2) und heftigen Reizungen der Atmungsorgane (V_2O_5) führen, so daß auf diese Gefahrenquelle bei der Verarbeitung feinster Pulver zu achten ist. Bekannt ist die Silikose der Quarzarbeiter, die Asbestose sowie das, von kolloidalem ZnO hervorgerufene Gießereifieber. Letztere Erkrankung ist relativ harmlos, da sie, allerdings unter hohem Fieber und reißenden Kopf- und Muskelschmerzen, meist innerhalb von 24 Stunden zur vollkommenen Genesung führt. — In die tieferen Atemwege können nur Teilchen unter 0,005 mm Durchmesser eindringen.

Berührungs- und Magengifte. Neben Vergiftungsfällen durch giftige Gase (Explosionen, Undichtwerden von Apparaturen usw.) sind Vergiftungen durch perkutan wirkende Stoffe (Berührungsgifte) im Laboratorium häufig, während die Vergiftungen durch Magengifte recht selten sind. Größte Reinlichkeit und Vorsicht sind die besten Vorbeugungsmaßnahmen. Häufig genügt schon die Kenntnis der Giftigkeit einer Substanz, um ein vorsichtigeres Arbeiten zu veranlassen, obwohl gerade der ständige Umgang mit hochgiftigen Substanzen zu einer oft sträflichen Leichtfertigkeit verführt.

Hierher gehört zunächst die große Zahl der ätzenden Chemikalien. *Säuren* bilden auf der Haut und auf den Schleimhäuten harte, trockene Schorfe ohne Neigung zum Weiterfressen. Hierher gehören konzentrierte H_2SO_4, $H_2S_2O_7$, SO_3, Chlorsulfonsäure, H_3PO_4, die man durch Abtupfen mit Zellstoff, einem Tuch o. dgl. raschest von der Haut entfernt, ohne dabei noch gesunde Hautpartien zu verätzen. Dann spült man mit viel Wasser oder mit $NaHCO_3$-Lösung und legt einen Tebege-Brandgeleeverband an, der sich bei Säure- und Laugeverätzungen sehr gut bewährt. Bei Verätzungen mit *Fluorwasserstoffsäure* hilft *sofortiges* subkutanes Unterspritzen der verätzten Stellen mit Calcium sandoz und Anlegen eines Dauerverbandes mit einer Glyzerin-Magnesiumoxyd-Paste (vgl. S. 31). Verätzungen mit Brom wischt man mit Petroleum ab. Weiters wirken stark ätzend HNO_3, H_2CrO_4 (CrO_3), $HClO_3$, $HClO_4$, Eisessig, Ameisensäure, Trichloressigsäure, Phenole. Salzsäure ist verhältnismäßig harmlos. Auch Schwermetallsalze, wie $AgNO_3$, $HgCl_2$, $ZnCl_2$, Os-Salze u. a., wirken stark ätzend. Ebenso die P-, As-, Sb-Halogenide und H_2O_2.

Bei innerlichen Verätzungen mit Säuren versuche man raschest Erbrechen hervorzurufen und gebe 100 bis 200 g Magnesia usta in Milch, Eiweißwasser (geschlagene Eier in Wasser) oder Haferschleim. Bei Augenverätzungen spüle man mit 2%iger Boraxlösung; dann alkalische Augensalbe; in allen Fällen ist der Arzt sofort zu holen.

Ätzalkalien bilden tiefgreifende, nässende, weiche und weiterfressende Gewebeverätzungen. Bei Hautverätzungen nach gründlichem Spülen mit 0,5%iger Essigsäurelösung Tebege-Verband, der zweimal täglich zu wechseln ist. Bei innerlichen Verätzungen mit KOH, NaOH, NH_4OH, Soda, Pottasche, $Ca(OH)_2$, K_2S usw. Erbrechen *sofort* hervorrufen, da später die Gefahr der Magenzerreißung besteht. Neutralisierende Getränke: Zitronensaft, Essigwasser, ferner Milch, Haferschleim.

Bei Augenverätzungen spüle man mit viel Wasser oder mit 2%iger Borsäurelösung.

Perkutan wirkende Gifte. Hierher gehören neben den P-, As-, Sb-Halogeniden die metallorganischen Verbindungen des As, Hg, Pb und anderer Schwermetalle. Die Resorptionsfähigkeit der Haut ist außerordentlich groß, so daß z. B. Arsentrichlorid, auf die Haut gebracht und so schnell wie möglich abgewaschen, trotzdem bereits zu einer lebensbedrohenden Arsenvergiftung führt. Weiter gehören hierher die organischen Lösungsmittel sowie besonders aromatische Amine und Nitroverbindungen: NH_2OH, $C_6H_5NHNH_2$, $C_6H_5NH_2$, Toluidin, Xylidin, Diamine, Diazoverbindungen, Nitroverbindungen, besonders $C_6H_4(NO_2)_2$ und Homologe, sowie deren Halogenderivate, $SO_4(CH_3)_2$, $O(CH_2Cl)_2$, $S(C_2H_4Cl)_2$ u. a.

Alle genannten Stoffe sind schwere Blut- und Nervengifte, Phenylendiamin, Toluylendiamin, Dinitrobezol, Trinitrotoluol sind außerdem chronische Lebergifte. Aromatische Basen, wie Anilin und Homologe, Benzidin, β-Naphthylamin rufen gewerblichen Blasenkrebs hervor.

Neben den akuten Vergiftungen sind die chronischen Vergiftungen durch dauernde Zufuhr auch geringer Mengen besonders gefürchtet. Bei akuten und chronischen Vergiftungen tritt eine nach Blaugrau gehende Verfärbung der Haut und der Schleimhäute (Lippe, Zunge) infolge Methämoglobinbildung auf. Daneben rauschartige Zustände, Benommenheit; bei chronischen Vergiftungen schwere Leberschädigungen, Gelbsucht, Blutarmut, Nerven- und Augenschädigungen. Bei Arbeiten mit solchen Stoffen ist größte Reinlichkeit geboten. Öfteres Händewaschen mit nachherigem Einfetten der Hände mit Lanolin. Metallorganische Verbindungen extrahiert man durch Tupfer mit Benzin oder Petroleum aus der Haut, wobei man Sorge trägt, die vergiftete Fläche nicht zu vergrößern. $S(C_2H_4Cl)_2$ läßt sich durch sofortiges Auftragen einer Chlorkalkpaste auf die infizierte Hautstelle entgiften. Infizierte Kleider sind sofort zu entfernen, notfalls aufzuschneiden.

Magengifte. Alle flüssigen und festen, früher beschriebenen Giftstoffe wirken auch per os. Weiters sollen eine Reihe typischer Magengifte aufgezählt werden:

Gelber Phosphor. Letale Dosis 0,2 bis 0,4 g; Leberschädigung, Knochennekrosen. Gegenmittel: Brechmittel: 0,1 g Kupfersulfat in 100 ccm Wasser, mehrmals, oder Apomorphin 0,005 g subkutan. 1%ige $KMnO_4$-Lösung trinken. Keine Milch (Fettlöslichkeit des P!).

Säuren, Laugen. Brechmittel sofort anwenden, dann 100 bis 200 g Magnesia usta in Milch, Eiweißwasser (Eier in Wasser geschlagen), Haferschleim. Bei Alkalien: Zitronensaft, Essigwasser mit Milch oder Haferschleim.

Fluoride. Letale Dosis 1 bis 10 g. Gegenmittel: Eingeben von großen Dosen von Calcium lacticum.

Jodide. Sehr wechselnde Empfindlichkeit; bei Jod-Idiosynkrasie Schlaflosigkeit, Erregung, hoher schwacher Puls, Angstzustände; Todesfälle auch bei kleinen Dosen möglich.

Cyanide, HCN. Letale Dosis 0,2 bis 0,3 g, bzw. 0,06 g (120 bis 150 mg/m^{-3} . h). Lähmung des Atmungsfermentes und Aufhebung der oxydativen Prozesse der lebenden Zelle und der Gewebsatmung. Tod durch „innere Erstickung". Zyanotisches Aussehen. Gegenmittel: *Sofort* $Na_2S_2O_3$ 0,1 g mehrfach intravenös; Methylenblau intravenös. Magenspülung kommt meist zu spät. Eingeben einer 1- bis 3%igen Lösung von H_2O_2 oder 1- bis 2‰igen Lösung von $KMnO_4$ oder 1% Eisensulfatlösung mit Magnesia usta. Sauerstoffinhalation.

Chlorate. Letale Dosis 5 bis 15 g. Methämoglobinbildung. Zerstörung der roten Blutzellen. Gegenmittel: Erbrechen, Tierkohle, Magnesia usta. Keine saueren Getränke.

Nitrite. Blutgifte. Blutdrucksenkung durch Erschlaffung und Erweiterung des Blutgefäßsystems. Sehstörungen. Unfähigkeit zu gehen; zyanotisches Aussehen.

Oxalate. Letale Dosis über 1 g. Senkung des Ca-Spiegels im Blut. Schweres Allgemein- und Herzgift. Gegenmittel: Magenentleerung, große Mengen von Calcium lacticum oder verdünnter Calciumchloridlösung.

Arsen, As_2O_3, As_2O_5 und deren Salze. Letale Dosis etwa 0,1 g (Arsenikesser vertragen bis zu 12 g As_2O_3 täglich!). Chronisch: Schmerzhafte Nervenentzündungen, Lähmung der Extremitäten, Haarausfall, Verfärbungen und Ernährungsstörungen der Haut. Akut: Choleraartige Durchfälle, Wadenkrämpfe, Lähmungen. Gegenmittel: Magenentleerung, Apomorphin 0,005 subkutan, Tierkohle oder ferrum hydrooxydatum dialysatum und Magnesia usta, je 2 Eßlöffel von beiden in Abständen von 10 Minuten mehrere Male. Reichlich Milch oder Haferschleim.

Antimon, Antimonverbindungen. Letale Dosis 1 bis 2 g; wirkt ähnlich wie Arsen, jedoch schwächer. Gegenmittel: Magenentleerung, Tierkohle.

Blei und Bleiverbindungen. Schweres Blut- und Nervengift. Leberschädigungen. Chronisch: Blutarmut, Blässe, Stuhlverstopfung, schmerzhafte Koliken. Bleisaum am Zahnfleisch, Nervenlähmungen, Gliederschmerzen. Akut: Magen- und Darmkrämpfe, Koliken, Erbrechen, Herzbeklemmungen. Gegenmittel: 50 g Na_2SO_4 in einem halben Liter Wasser, Milch.

Thalliumsalze wirken ähnlich wie Bleisalze, nur schwächer.

Chromsäure, Chromate, Dichromate. Letale Dosis 0,5 bis 1 g CrO_3. Chronische Schädigungen durch Staub, Hautwirkung, Exzeme, schwer heilende Hautgeschwüre. Bei Einatmung von Chromatstaub entstehen tiefe, oft die Nasenscheidewand durchbrechende schmerzlose (!) Geschwüre der Nasenschleimhaut. Gegenmittel: Staubmaske, Hände fetten und oft säubern. Bei Vergiftungen per os: Brechen erregen, Magenspülung, Magnesia usta.

Uransalze. Wirkungen sind denen des Chroms analog, nur stärker. Sehr starkes Gift.

Mangandioxyd. Bewirkt ausschließlich chronische Gehirnwirkungen mit schweren nervösen Erscheinungen: Lähmungen, Schreib-, Sprech-, Bewegungsstörungen, seelische Veränderungen. Neigung zu schweren Lungenentzündungen.

Kupfersalze. Letale Dosis 10 g Kupfersulfat, 12 bis 20 g Kupferazetat. Unstillbares Brechen. Daneben die typische Schwermetallwirkung auf Eiweiß. Gegenmittel: Milch, in Wasser geschlagene Eier, Tierkohle.

Quecksilbersalze. Letale Dosis 0,5 g $HgCl_2$. Schweres Nerven- und Zellgift. Nierenschädigungen. Bei akuten Vergiftungen per os treten Erbrechen, Durchfälle, Entzündung der Mundschleimhaut, Zahnfleischentzündung, Wadenkrämpfe und schwere Nierenschädigungen bis zum völligen Versagen der Harnbildung auf. Gegenmittel: Magenentleerung, viel Milch, Tierkohle, NaJ.

Silbersalze. Schwermetallwirkung. Gegenmittel: 3%ige Kochsalzlösung.

Schwermetallsalze haben eiweißfällende Eigenschaften. Gegenmittel: Milch, Eier in Wasser geschlagen, Tierkohle, Gerbsäure.

Kaliumsalze wirken in großen Dosen lähmend auf das Mittelhirn und das Herz.

Ammoniumsalze wirken stark erregend auf das Zentralnervensystem; bei großen Dosen $>$ 20 g unter Krämpfen tödlich.

Bariumsalze. Letale Dosis 2 bis 5 g. Herzgift. Gegenmittel: Magenentleerung 20 bis 25 g $Na_2SO_4 \cdot 10\,H_2O$ in einem Liter Wasser, Tierkohle, Milch.

Schließlich sei noch auf die Möglichkeit von *Strahlenschädigungen* (UV, Röntgenstrahlen, radioaktive Strahlungen) hingewiesen. Sehr eingehende Unfallverhütungsvorschriften von seiten der Industrie lassen eine Besprechung, die über den Rahmen des Buches hinausgehen würde, entbehrlich erscheinen.

Spezieller Teil.

Über die Stabilität chemischer Verbindungen.

Bei dem Versuche, bekannte oder unbekannte Verbindungen zu synthetisieren, ist die Frage nach der Beständigkeit, dem Existenzbereich und der Möglichkeit ihrer Darstellung von besonderem Interesse. Über diese Fragen gibt die Affinitätsberechnung der in Frage kommenden Reaktion als „Maß der chemischen Triebkraft" Auskunft. Unter Affinität einer chemischen Reaktion versteht man seit VAN'T HOFF, 1883, die maximale Nutzarbeit (Reaktionsarbeit) A, die bei einem Formelumsatz auftritt.

In einem Gleichgewichtssystem ist A definitionsgemäß Null. Reaktionen verlaufen nur dann freiwillig, wenn A negativ ist (Energie*abgabe* des Systems); ist A positiv, so kann die Reaktion nur unter Energiezufuhr erzwungen werden. Die Reaktionsarbeit als Maß der chemischen Triebkraft einer Reaktion sagt nichts über die Reaktionsgeschwindigkeit aus. So befindet sich z. B. ein Gemisch von $2\,H_2 + O_2$ bei Zimmertemperatur in einem metastabilen Zustand, der beliebig lang aufrechterhalten werden kann. Der Reaktionsablauf ist durch die hohe Potentialschwelle der Aktivierungsenergie gehemmt (siehe S. 287), sowohl die Reaktionsarbeit der Reaktion $2\,H_2 + O_2 \rightleftharpoons 2\,H_2O$ bei 18^0 C — 113 350 cal beträgt. Im Gegensatz hiezu läuft die Reaktion $2\,NO + O_2 \rightleftharpoons 2\,NO_2$ unaufhaltsam von links nach rechts auch bei sehr tiefen Temperaturen ab, obwohl die Reaktionsarbeit bei Zimmertemperatur nur — 16770 cal beträgt.

Die Reaktionsarbeit kann nach verschiedenen Methoden berechnet werden[1].

[1] H. ULICH, Chem. Thermodynamik, Dresden 1930. — G. N. LEWIS, M. RANDALL, Thermodynamik, deutsch von O. REDLICH, Wien 1927. — H. ULICH, Z. Elektroch. **45** (1939), 521. — F. MÜLLER, Angew. Ch. **54** (1941), 334.

A. Aus den elektromotorischen Kräften.

Kann man eine Reaktion elektrochemisch in Form einer galvanischen Kette zum Ablauf bringen, dann ist die Klemmenspannung E des Elementes im stromlosen Zustand mit der Reaktionsarbeit A nach

$$(1) \qquad A\ (\text{Joule}) = -zFE$$

verknüpft, wobei z die Ladungsänderung der Ionen, F die FARADAYsche Konstante bedeuten. Zur Umrechnung auf das gebräuchliche Energiemaß der Kalorie hat man mit dem Faktor 0,2390 zu multiplizieren und erhält die Reaktionsarbeit in cal/g-Ion.

$$(2) \qquad A\ (\text{cal}) = -z \,.\, 23\,062 \,.\, E\ (\text{Volt}).$$

B. Aus dem chemischen Gleichgewicht.

Die Reaktionsarbeit A einer Reaktion $pA + qB \rightleftharpoons rU + sV$ ist durch die Gleichung

$$(3) \qquad A = RT\left(\ln \frac{[U]^r \cdot [V]^s}{[A]^p \cdot [B]^q} - \ln K\right)$$

gegeben, wobei R die allgemeine Gaskonstante (1,986 cal $\text{Grad}^{-1}\text{Mol}^{-1}$), T die absolute Temperatur und K die Massenwirkungskonstante bedeutet. Die in den eckigen Klammern stehenden Symbole bedeuten die Konzentrationen (genauer Aktivitäten) der Reaktionsprodukte U und V nach, bzw. der Ausgangsstoffe A und B vor dem Ablauf der Reaktion. Bei der Berechnung der Gleichgewichtskonstante verfährt man zweckmäßig so, daß die gebildeten Stoffe im Zähler, die verschwindenden im Nenner stehen. Eine Vergrößerung des Wertes der Gleichgewichtskonstanten bedeutet dann stets eine Zunahme der Menge der Reaktionsprodukte.

Wie aus Gleichung (3) ersichtlich, hängt die Affinität einer Reaktion von den Konzentrationen der beteiligten Stoffe ab. Sind die Konzentrationen (Aktivitäten) der entstehenden sowie der verschwindenden Stoffe gleich der Einheit, so erhält man die *Grundreaktionsarbeit* der Reaktion, deren Wert von der Wahl der Konzentrationseinheit (Molenbruch, Mol/l, Partialdruck) abhängig ist.

C. Aus dem dritten Hauptsatz der Thermodynamik.

(Näherungsmethode von H. ULICH). Die Reaktionsarbeit A hängt mit der Reaktionswärme H und der Reaktionsentropie S (beide bei konstantem Druck) nach

(4) $$A = H - T \, . \, S$$

zusammen. Die partielle Differentiation von Gleichung (4) nach der Temperatur ergibt die Temperaturabhängigkeit der Reaktionsarbeit:

(5) $$\frac{\partial A}{\partial T} = \frac{\partial H}{\partial T} - S - T \frac{\partial S}{\partial T}.$$

(6) Da $\frac{\partial H}{\partial T} = C_{p2} - C_{p1} = \Sigma \nu_i C_{pi}$ (KIRCHHOFFsche Gleichung)

(7) $\frac{\partial S}{\partial T} = \frac{\Sigma \nu_i C_{pi}}{T}$ ist, folgt aus (5), (6), (7)

(8) $\frac{\partial A}{\partial T} = - S$. Aus (8) und (4) folgt weiter

(9) $\frac{\partial A}{\partial T} = \frac{A - H}{T}$. Die Gleichungen (8) und (9) sind als die GIBBS-HELMHOLTZschen Gleichungen bekannt.

Um die Reaktionsarbeit A bei beliebigen Temperaturen berechnen zu können, muß man Gleichung (8) integrieren. Die Integration hängt wesentlich von der Temperaturabhängigkeit der Reaktionsentropie S ab.

Je nachdem wie sich $\Sigma \nu_i C_{pi}$ mit der Temperatur ändert, lassen sich drei Näherungsformeln ableiten.

1. Näherung: Ist $\Sigma \nu_i C_{pi} = 0$, so ist $S = \text{konst} = S_\vartheta$

(10) $A_T - A_\vartheta = - \int_\vartheta^T S \, dT = - S_\vartheta \, (T - \vartheta)$. Da nach (3)

$A_\vartheta = H_\vartheta - \vartheta \, . \, S_\vartheta$ ist, folgt aus (10)

(11) $$A_T = H_\vartheta - T \cdot S_\vartheta \, .$$

Dabei bedeutet A_T die Grundreaktionsarbeit bei der Temperatur T in cal, $H_\vartheta = \Sigma \nu_i H^0_i$ die Grundreaktionswärme und $S_\vartheta = \Sigma \nu_i S_i$ die Grundreaktionsentropie bei der Bezugstemperatur ϑ (gewöhnlich 298^0 K = 25^0 C) und der Konzentration 1 · H_ϑ und S_ϑ werden, wie aus den Formeln hervorgeht, als Summe der Produkte der

Bildungswärmen H^0 (bei konstantem Druck) der einzelnen Stoffe i mit ihren Molzahlen ν_i berechnet, wobei man die Molzahlen der verschwindenden Stoffe negativ, jene der entstehenden Stoffe positiv rechnet. Die Molzahlen ν_i ergeben sich aus der Reaktionsgleichung.

2. Näherung: Ist $\Sigma \nu_i C_{pi}$ = konst = a (annähernd temperaturunabhängig), so ist

(12) $$A_T - A_\vartheta = -\int_\vartheta^T \left(S_\vartheta + \int_\vartheta^T \frac{\Sigma \nu_i C_{pi}}{T} dT\right) dT,$$ daraus folgt

(13) $$A_T = H_\vartheta - T \cdot S_\vartheta - a T \left(\ln \frac{T}{\vartheta} + \frac{\vartheta}{T} - 1\right).$$

Die Werte der Funktion $\left(\ln \frac{T}{\vartheta} + \frac{\vartheta}{T} - 1\right)$ sind aus Tab. 21 zu entnehmen.

Tabelle 21.

Werte der Funktion	$\left(\ln \frac{T}{\vartheta} + \frac{\vartheta}{T} - 1\right) = F\left(\frac{T}{\vartheta}\right)$		
T^0 K		T^0 K	
400	0,039	1500	0,814
500	0,113	1600	$0{,}866_5$
600	0,196	1700	0,916
700	0,297	1800	$0{,}963_5$
800	0,369	1900	1,009
900	0,436	2000	$1{,}052_5$
1000	0,508	2500	1,246
1100	$0{,}576_5$	3000	1,408
1200	0,641	3500	1,549
1300	0,702		
1400	$0{,}759_5$		

Für $\vartheta = 298{,}15^0$ kann man die Gleichung (1) durch den einfacheren Ausdruck

(14) $$A_T = H_{298} - T \cdot S_{298} - a T (0{,}0007 \cdot T - 0{,}20)$$

ersetzen, der bis zu 1600^0 K brauchbar ist, ohne daß der Fehler — unter der Voraussetzung $\Sigma \nu_i c_{pi}$ = konst = a — wenige Prozente übersteigt.

3. Näherung: Ist $\Sigma \nu_i C_{pi}$ stark temperaturveränderlich, so läßt sich Gleichung (13) nach einem Näherungsverfahren verwenden, wenn man den a-Wert dem jeweiligen Temperaturintervall $\vartheta \rightarrow T$ anpaßt. Hiezu bildet man folgende Mittelwerte:

bis 600° K	$\overline{\Sigma\, \nu_i\, C_{pi}}^{\,300,\,600}$
von 600 bis 1200° K	$\overline{\Sigma\, \nu\, C_p}^{\,600,\,1200}$
von 1200 bis 2400° K	$\overline{\Sigma\, \nu\, C_p}^{\,1200,\,2400}$,

wobei man am besten die Mittelwerte $\frac{1}{3}\,(\Sigma\,\nu\,C_p^{\,300} + \Sigma\,\nu\,C_p^{\,450} + \Sigma\,\nu\,C_p^{\,600})$ usf. in Rechnung setzt. Weiters berechnet man

$$a_{300,\,600} = \overline{\Sigma\,\nu\,C_p}^{\,300,\,600}$$
$$a_{300,\,1200} = \frac{1}{2}\left(\overline{\Sigma\,\nu\,C_p}^{\,300,\,600} + \overline{\Sigma\,\nu\,C_p}^{\,600,\,1200}\right)$$
$$a_{300,\,2400} = \frac{1}{3}\left(\overline{\Sigma\,\nu\,C_p}^{\,300,\,600} + \overline{\Sigma\,\nu\,C_p}^{\,600,\,1200} + \overline{\Sigma\,\nu\,C_p}^{\,1200,\,1400}\right)$$

und setzt entsprechend der Berechnungstemperatur T in Formel (13) folgende a-Werte ein:

T = 300 bis 450° K	a_{300}
450 bis 550° K	$\frac{1}{2}\,(a_{300} + a_{300,\,600})$
550 bis 1100° K	$a_{300,\,600}$
1100 bis 1500° K	$\frac{1}{2}\,(a_{300,\,600} + a_{300,\,1200})$
1500 bis 2600° K	$a_{300,\,1200}$
2600 bis 3400° K	$\frac{1}{2}\,(a_{300,\,1200} + a_{300,\,2400})$
> 3400° K	$a_{300,\,2400}$

Erleidet der Reaktionsteilnehmer i bei der Temperatur T_i ($\vartheta < T_i < T$) eine Umwandlung (Modifikationsänderung, Schmelzen, Verdampfen, Sublimieren usw.), bei welcher die Umwandlungswärme q_i verbraucht wird, so muß man bei Temperaturen ober T_i in den Formeln (13) und (14) anstatt

(15) $$H_\vartheta : H_\vartheta + \nu_i\, q_i$$
$$S_\vartheta : S_\vartheta + \frac{\nu_i\, q_i}{T} \text{ einsetzen.}$$

Beispiele für die Berechnung von Affinitäten, bzw. von Gleichgewichtskonstanten finden sich S. 279, 303.

Da die Gleichgewichtskonstante K_p mit der Reaktionsarbeit A nach

(16) $$A = -RT \ln K_p$$

verknüpft ist, ergeben sich für die Temperaturabhängigkeit und Berechnung der Gleichgewichtskonstante aus thermischen Daten folgende Formeln:

(17) *1. Näherung:* $\log K_p = -\frac{H_\vartheta}{4{,}574 \cdot T} + \frac{S_\vartheta}{4{,}574}$

(18) *2. und 3. Näherung:* $\log K_p = -\frac{H_\vartheta}{4{,}574 \cdot T} + \frac{S_\vartheta}{4{,}574} + \frac{a}{4{,}574}\left(F\frac{T}{\vartheta}\right)$,

wobei für diese Formeln die früher erwähnten Einschränkungen gelten.

D. Berechnung der Reaktionsarbeit aus spektroskopischen Daten[1]. Born-Haber*scher Kreisprozeß.*

Aus spektroskopischen Daten lassen sich Ionisierungsarbeiten und Dissoziationsarbeiten sehr exakt bestimmen. Die erhaltenen Daten gelten für $T = 0^0$ K. Mit Hilfe dieser Werte, sowie der einer exakten Berechnung zugänglichen Werte der Gitterenergie von Ionenkristallen, läßt sich der Born-Habersche Kreisprozeß auswerten, wobei die Berechnung von Reaktionsarbeiten Aussagen über die Existenzmöglichkeit chemischer Verbindungen ermöglicht. Der Born-Habersche Kreisprozeß sei an Hand eines allgemeinen Schemas erläutert:

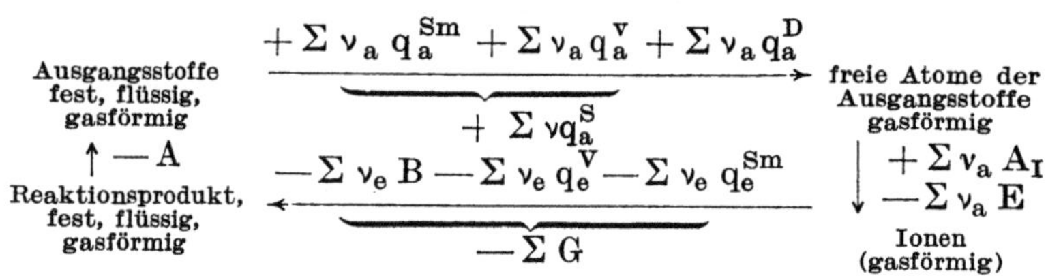

In diesem Schema bedeutet

q^{Sm}	die molare Schmelzenthalpie	der Ausgangsstoffe a, bzw. der Endprodukte e
q^V	die molare Verdampfungsenthalpie	
q^S	die molare Sublimationsenthalpie	
q^D	die molare Dissoziationsarbeit in Atome	
ν	die Molzahlen	
A_I	die Ionisierungsarbeit für die Bildung eines g-Ions positiver Ionen	

[1] Vgl. H. Sponer, Molekülspektren und ihre Anwendung auf chemische Probleme, Berlin 1935/36. — L. Kronig, Bandspektra and Molekular Structure, Cambridge 1930. — F. R. Bichowsky, F. D. Rossini, The Thermochemistry of the Chemical Substances, New York 1936.

E die Elektronenaffinität für die Bildung eines g-Ions negativer Ionen
B die Bildungsenergie von 1 Mol Gasmolekeln aus den Ionen
G die molare Gitterenergie (Bildung aus dem Ionengas)
A die Reaktionsarbeit

Die in dem Schema angeschriebenen Summen werden aus den Produkten der entsprechenden Werte mit ihren, aus der Reaktionsgleichung zu entnehmenden Molzahlen ν gebildet.

Für den Kreisprozeß gilt:

$$(19)\quad \Sigma\, \nu_a\, q_a^{Sm} + \Sigma\, \nu_a\, q_a^{V} + \Sigma\, \nu_a\, q_a^{D} + \Sigma\, \nu_a\, A_I - \Sigma\, \nu_a\, E - \Sigma\, G - A = 0.$$

Da die Größen A_I, E und G für $T = 0^0$ K gelten, müssen die bei höheren Temperaturen gemessenen Bildungs-, Dissoziationsenthalpien usw. mittels der KIRCHHOFFschen Gleichung (6) auf $T = 0^0$ K umgerechnet werden.

Unter der Annahme von Ionenkristallen von einem bestimmten Gittertyp und unter Vernachlässigung der Ionendeformation im Gitter ergibt sich die Gitterenergie eines Mols eines Salzes vom Typus AB bei der Bildung aus den freien Ionen nach BORN zu

$$(20)\qquad G = -N \cdot \frac{e^2}{a} \cdot C,$$

wobei N die Loschmidtsche Zahl ($6{,}022 \cdot 10^{23}$ Mol^{-1}), e die elektrische Elementarladung ($4{,}803 \cdot 10^{-10}$ e. st. E), a den Abstand der beiden Atomkerne (= Summe der Ionenradien) und C einen Zahlenfaktor bedeutet, dessen Wert vom Gittertyp abhängt. (C für NaCl-Gitter 1,748.)

Der BORN-HABERsche Kreisprozeß bietet die Möglichkeit der annähernden Berechnung der Reaktionsarbeit hypothetischer Verbindungen. So würde z. B. die Bildungsenergie eines salzartigen, in einem Ionengitter vom NaCl-Typus kristallisierenden NeCl nach $A = -0 + 28 + 496 - 87 - 181 = +255$ kcal Mol^{-1} betragen. (Die Reihenfolge der Zahlen entspricht sinngemäß der Gleichung 19.) Diese Verbindung wäre nach der Rechnung so hochgradig endotherm, daß ihre Bildung nur bei außergewöhnlich hoher Energiezufuhr erzwungen werden könnte. Verbindungen, die auf der Wirkung VAN DER WAALSscher Kräfte beruhen (Helide), fallen nicht in den Kreis dieser Betrachtungen. — In gleicher Weise kann man z. B. berechnen, daß eine Verbindung CaF mit einer Bildungsarbeit von -59 kcal Mol^{-1} gegenüber CaF_2 mit $A = -288$ kcal Mol^{-1} instabil sein und nach $2\,CaF \rightarrow CaF_2 + Ca$ zerfallen muß. Die Berechnung der Temperaturabhängigkeit der Reaktionsarbeit ohne Kenntnis der spezifischen Wärmen und Entropiewerte ist derzeit nicht möglich. Bei der Diskussion der Beständigkeit von Verbindungen wie CaF besteht die Möglichkeit, daß sich die Affinitäten mit steigender Temperatur derart verschieben, daß CaF neben CaF_2 und Ca beständig sein kann. Experimentell ist die Existenz der Erdalkalimonohalogenide nicht einwandfrei bewiesen.

Darstellung der Elemente.

Zur Darstellung jener Elemente, die nicht frei in der Natur vorkommen, bedient man sich zweier Methoden, der Zerfalls- und der Verdrängungsmethode. Voraussetzung ist, daß der Reaktionsablauf mit einer Abnahme der freien Energie des Systems verbunden ist; das heißt, die Reaktionsarbeit A, die sich aus der Grundreaktionswärme H und der Grundreaktionsentropie S (beide bei konstantem Druck) nach $A = H - T \cdot S$ in erster Näherung berechnen läßt, muß negativ sein.

Die *Zerfallsmethode* beruht auf der thermischen Dissoziation von Verbindungen. Sind die dabei entstehenden kondensierten Phasen ineinander unlöslich, so besitzt die gasförmige Phase für jede Temperatur einen genau definierten Zersetzungsdruck. Ist dieser größer als 1 Atm., so erfolgt die Zersetzung spontan; bei kleineren Zersetzungsdrucken kann man die Reaktion durch Abpumpen oder durch Temperaturerhöhung quantitativ gestalten.

Man muß jeder Verbindung prinzipiell einen, wenn auch unmeßbar kleinen, Dissoziationsdruck in ihre Komponenten zuordnen. Bei so geringen Partialdrucken versagt die beste physikalische Luftpumpe; bietet man jedoch dem zu zerlegenden Stoff einen Reaktionspartner an, welcher mit einer Komponente eine Verbindung von noch geringerem Partialdruck bildet, so findet die Umsetzung statt. Dies ist das Prinzip der *Verdrängungsmethode*, die sich somit als Spezialfall der Zerfallsmethode erweist und sozusagen mit einer „chemischen Luftpumpe" arbeitet.

Für die Beurteilung des Eintretens einer Reaktion überhaupt ist die Lage der Gleichgewichtskonstanten maßgebend, die mit der Reaktionsarbeit A nach $A = -RT \ln K_p$ zusammenhängt. Abb. 154 zeigt die Abhängigkeit der Gleichgewichtskonstanten von der Temperatur für exotherme und endotherme Reaktionen, dargestellt nach der ersten Näherungsformel $\ln K_p = -\frac{H}{RT} + \frac{S}{R}$, wobei R die allgemeine Gaskonstante und T die absolute Temperatur bedeuten. Aus der Abbildung ist zunächst das „Prinzip des beweglichen Gleichgewichtes" von LE CHATELIER und BRAUN zu entnehmen: Bei exothermen Reaktionen wird die Gleichgewichtskonstante und damit die Ausbeute mit Temperaturerniedrigung größer; bei endothermen Reaktionen steigt die Gleichgewichtskonstante mit der Temperaturerhöhung. Unbeeinflußt hievon ist die Reaktionsgeschwindigkeit, die mit zunehmender Temperatur stark ansteigt. Aus diesem Grunde arbeitet man auch bei exothermen Reaktionen meist bei höheren Temperaturen, um eine genügende Reaktionsgeschwindigkeit zu erzielen, und nimmt die etwas geringere Ausbeute in Kauf.

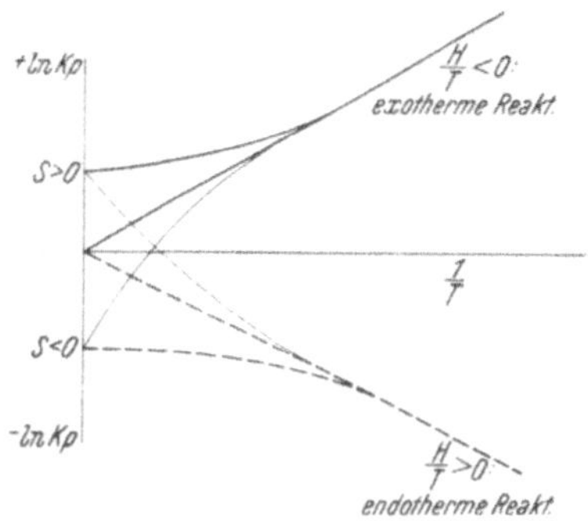

Abb. 154. Abhängigkeit der Gleichgewichtskonstante von der Temperatur für exotherme und endotherme Reaktionen.

Weiter folgt aus Abbildung 154 für stark exotherme Reaktionen (bei welchen der Einfluß der Entropie klein gegenüber der Reaktionswärme ist) das Grenzprinzip von THOMSEN und BERTHELOT, welches die Reaktionswärme als Maß der chemischen Triebkraft annimmt. Der zunehmende Einfluß der Entropie mit steigender Temperatur, der bei hohen Temperaturen bestimmend für den Verlauf der Gleichgewichtskonstanten wird, ist deutlich erkennbar. Bei positiver Reaktionsentropie können auch endotherme Reaktionen bei hohen Temperaturen günstige Gleichgewichtskonstanten aufweisen. Bei diesen in der Technik sehr wichtigen Darstellungsverfahren hat man durch möglichst rasches Abkühlen der Umsetzungsprodukte dafür Sorge zu tragen, daß keine Rückzersetzung der gebildeten endothermen Verbindung eintritt. Man spricht von einem „Einfrieren des Gleichgewichtes", das heißt, man kühlt rasch auf Temperaturen ab, bei welchen die Reaktionsgeschwindigkeit unmeßbar klein wird, und erhält das Reaktionsprodukt in einem metastabilen Gleichgewicht.

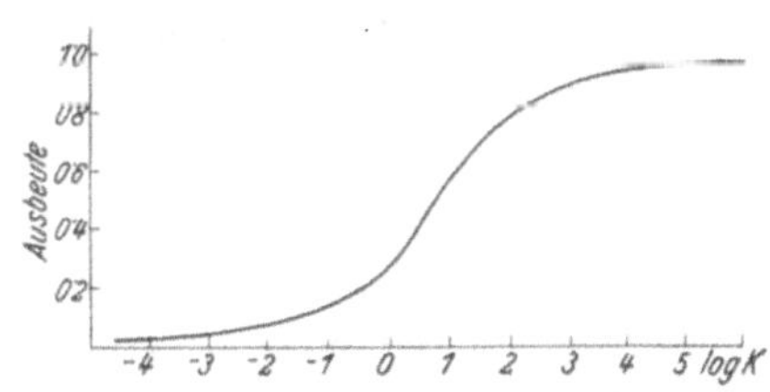

Abb. 155 a. Abhängigkeit der Ausbeute von der Gleichgewichtskonstante.

Die Abhängigkeit der Ausbeute von der Gleichgewichtskonstanten hängt von der Reaktionsgleichung ab, zeigt jedoch stets die, in Abb. 155 wiedergegebene, allgemeine Kurvenform. Die Zusammenhänge werden S. 279, 304 an Hand von praktischen Beispielen besprochen.

Bei den rein chemischen Darstellungsweisen von Elementen und Verbindungen muß man nach Abb. 154 trachten, durch die Wahl der Reaktionstemperatur eine möglichst günstige Ausbeute (bei genügender Reaktionsgeschwindigkeit) zu erzielen.

Als Beispiele für die Darstellung der Elemente seien einige typische Reaktionen in Tab. 22 zusammengefaßt.

Tabelle 22.

a) Nach der Zerfallsmethode:

$2\,NH_3 \rightleftharpoons N_2 + 3\,H_2 + 11{,}00$ kcal.
$2\,MnF_3 \rightleftharpoons 2\,MnF_2 + F_2$
$MnCl_4 \rightleftharpoons MnCl_2 + Cl_2$
$PtCl_4 \rightleftharpoons Pt + 2\,Cl_2 + 62$ kcal
$2\,Ag_2O \rightleftharpoons 4\,Ag + O_2 + 2 \cdot 6{,}95$ kcal
$2\,BBr_3 \rightleftharpoons 2\,B + 3\,Br_2$
$2\,KClO_3 \rightleftharpoons 2\,KCl + 3\,O_2 - 2 \cdot 13{,}03$ kcal
$FeS_2 \rightleftharpoons FeS + S$
$2\,NaN_3 \rightleftharpoons 2\,Na + 3\,N_2$
$ZrJ_4 \rightleftharpoons Zr + 2\,J_2$
$Ni(CO)_4 \rightleftharpoons Ni + 4\,CO$

b) Nach der Verdrängungsmethode:

$2\,Ag^{\cdot} + Zn = 2\,Ag + Zn^{\cdot\cdot}$	Zementation
$Cu^{\cdot\cdot} + Fe = Cu + Fe^{\cdot\cdot}$	
$H^{\cdot} + Na = Na^{\cdot} + {}^1/_2\,H_2$	
$2\,Au^{\cdot\cdot\cdot} + 6\,Fe^{\cdot\cdot} = 2\,Au + 6\,Fe^{\cdot\cdot\cdot}$	Reduktion in wässeriger Lösung
$MeO + H_2 = Me + H_2O$	Reduktionen in heterogenen Systemen
$MeO + CO = Me + CO_2$	
$MeO + C = Me + CO$	
$SnO_2 + 2\,KCN = Sn + 2\,KCNO$	Reduktion in der Schmelze
$CuS + 2\,Cu_2O = 5\,Cu + SO_2$	„Röstreaktion“
$Fe_2O_3 + 2\,Al = 2\,Fe + Al_2O_3 - 185{,}5$ kcal	Thermitreaktionen
$SiO_2 + 2\,Mg = Si + 2\,MgO - 88{,}9$ kcal	
$ZrCl_4 + 4\,Na = Zr + 4\,NaCl - 124{,}4$ kcal	

Wie aus thermodynamischen Rechnungen hervorgeht, ist der Wasserstoff bis etwa 1000° C das bessere Reduktionsmittel; bei höheren Temperaturen ist das CO besseres Reduktionsmittel, da die Gleichgewichtskonstante der Reaktion $CO_2 + H_2 \rightleftharpoons CO + H_2O$ bei etwa 1000° C gleich eins ist.

Da die CO_2-Dissoziation nach $2\,CO_2 \rightleftharpoons 2\,CO + O_2$ bei Temperaturen über 2500° K bereits namhafte Beträge erreicht, muß man für Reduktionen bei Temperaturen über 2000° K besser Kohlenstoff verwenden, falls keine Karbidbildung mit dem Metall zu befürchten ist. Mittels der Thermitreaktionen (S. 342) lassen sich eine ganze Reihe von schwer reduzierbaren Metallen darstellen, die mit Kohlenstoff Karbide geben.

Wir haben früher gesehen, daß bei endothermen Reaktionen eine Steigerung der Ausbeute nach dem Prinzip des kleinsten Zwanges durch Anwendung hoher Temperaturen erzwungen werden kann. An Stelle der Energiezufuhr durch thermische Energie kann man die Energie bei tiefen oder normalen Temperaturen auch durch Strahlung (UV, Röntgenstrahlung, Korpuskularstrahlen) oder mittels stiller elektrischer Entladungen (S. 261) zuführen. Bei nichtthermischer Energiezufuhr lassen sich weder das Massenwirkungsgesetz noch die FARADAYschen Gesetze anwenden.

Schließlich kann die Energiezufuhr (auch bei normalen Temperaturen) durch Koppelung einer stark exothermen mit einer endothermen Reaktion, wie z. B. $F_2 + H_2O = 2\,HF + OiO +$ $+ O_2 = O_3$ erfolgen.

Jedes Element besitzt ein ganz bestimmtes Streben, in seinen Ionenzustand überzugehen, das mit der Reaktionsarbeit A durch die Formel A (Joule) = — z. F. E, bzw. A (cal) = — z. 23062·E Volt verknüpft ist (S. 232). Aus diesem Ausdruck lassen sich — bei berechenbarem A — die Potentiale E oft genauer rechnerisch als experimentell ermitteln.

Die „Spannungsreihe der Elemente" gibt die Potentiale der Elemente gegenüber ihren Lösungen mit der Aktivität 1 an („Normalpotentiale ε_0") wobei das Potential der Normalwasserstoffelektrode willkürlich mit $\varepsilon_{0H} = \pm\, 0{,}000$ festgesetzt wird.

Jede Reduktion eines positiven Ions zum Element beruht auf der Zufuhr von Elektronen; jede Oxydation eines negativen Ions zum Element auf der Entfernung von Elektronen. Beide Vorgänge treten naturgemäß immer miteinander gekoppelt auf. Die zur Darstellung von Elementen erforderlichen Reduktions-, bzw. Oxydationsvorgänge können elektrochemisch oder rein chemisch durchgeführt werden. Der Unterschied besteht darin, daß die Orte des Elektronenüberganges bei den elektrochemisch verlaufenden Vorgängen räumlich weit voneinander entfernt sein können, während der Elektronenübergang bei den rein chemischen Verfahren in molekularen Dimensionen liegt.

Tabelle 23.

Normalpotentiale der Elemente in Volt.			
$Li / Li^{\cdot}$	$-2{,}96$	$H_2 / H^{\cdot}$	$\mp 0{,}000$
$K / K^{\cdot}$	$-2{,}92$	$Sb / Sb^{\cdot\cdot\cdot}$	$+0{,}2$
$Ca / Ca_2^{\cdot\cdot}$	$-2{,}87$	$Bi / Bi^{\cdot\cdot\cdot}$	$+0{,}2$
$Na^{\cdot} / Na^{\cdot}$	$-2{,}71$	$As / As^{\cdot\cdot\cdot}$	$+0{,}3$
$Mg / Mg^{\cdot\cdot}$	$-1{,}55$	$Cu / Cu^{\cdot\cdot}$	$+0{,}34$
$Al / Al^{\cdot\cdot\cdot}$	$-1{,}28$	$Cu / Cu^{\cdot}$	$+0{,}51$
$Mn / Mn^{\cdot\cdot}$	$-1{,}05$	$Ag / Ag^{\cdot}$	$+0{,}799$
$Zn / Zn^{\cdot\cdot}$	$-0{,}76$	$Hg / Hg^{\cdot\cdot}$	$+0{,}854$
$Ga / Ga^{\cdot\cdot\cdot}$	$-0{,}52$	$Au / Au^{\cdot\cdot\cdot}$	$+1{,}30$
$Cr / Cr^{\cdot\cdot\cdot}$	$-0{,}51$	$Au / Au^{\cdot}$	$+1{,}5$
$Fe / Fe^{\cdot\cdot}$	$-0{,}44$		
$Cd / Cd^{\cdot\cdot}$	$-0{,}40$	$2\,F' / F_2$	$+1{,}90$
$Tl / Tl^{\cdot}$	$-0{,}34$	$2\,Cl' / Cl_2$	$+1{,}36$
$Co / Co^{\cdot\cdot}$	$-0{,}29$	$2\,Br' / Br_2$	$+1{,}07$
$Ni / Ni^{\cdot\cdot}$	$-0{,}24$	$2\,J' / J_2$	$+0{,}54$
$Sn / Sn^{\cdot\cdot}$	$-0{,}14$	$4\,OH' / O_2$	$+0{,}40$
$Pb / Pb^{\cdot\cdot}$	$-0{,}12$	S'' / S_{fest}	$-0{,}508$

Aus der elektrochemischen Spannungsreihe folgt, daß jedes Ion von einem in der Spannungsreihe höherstehenden Element ausgefällt, „zementiert“ wird; das unedlere Element geht dabei in Ionenform in Lösung, wobei die Triebkraft der Reaktion (Reaktionsarbeit A) der Differenz der Potentiale an den beiden Elektroden proportional ist. Taucht z. B. ein Eisenstab in eine ionennormale $Cu^{\cdot\cdot}$-Lösung, so findet die Reaktion $Fe + Cu^{\cdot\cdot} \rightleftharpoons Cu + Fe^{\cdot\cdot}$ statt. Das Eisen lädt sich negativ gegen das Kupfer auf. Die Auflösung unedler, in der Spannungsreihe über dem Wasserstoff stehender Metalle in Säuren ist ein Spezialfall dieser allgemein gültigen Erscheinung. Legen wir umgekehrt ein Potential an zwei unangreifbare Elektroden, die sich in der Lösung eines Metallsalzes befinden, so wird dann eine Abscheidung des Metalles eintreten, wenn die Zersetzungsspannung $(\varepsilon_1 - \varepsilon_2)$ überschritten wird; in einer 1n - $CuCl_2$-Lösung z. B. bei $\varepsilon_{Cu} - \varepsilon_{Cl_2}$ $0{,}34 - 1{,}36 = 1{,}02$ V. Dabei soll von allen Komplikationen, wie Polarisationserscheinungen, sekundären Reaktionen, abgesehen werden. Bei Konzentrationsänderungen verschiebt sich das Potential nach der Formel $\varepsilon = \varepsilon_0 + \frac{RT}{nF} \ln c$ für Kationen, bzw. $\varepsilon = \varepsilon_0 - \frac{RT}{nF} \ln c$ für Anionen (Nernst). Daraus folgt, daß die Zersetzungsspannung mit abnehmender Ionenkonzentration ansteigt. Sind in einer Lösung mehrere Ionen anwesend, so werden stets jene mit dem niedrigsten Potential zuerst abgeschieden werden.

Während die elektrolytische Abscheidung der Edelmetalle aus ihren wässerigen Lösungen im allgemeinen ohne Komplikationen verläuft, lassen sich die Elemente bis zum Zink nur dadurch aus ihren wässerigen Lösungen abscheiden, daß man die Konzentration der Wasserstoffionen soweit erniedrigt, daß das Metallpotential edler (positiver) wird als das Wasserstoffpotential. Auch die Überspannung des Wasserstoffes wird bei manchen Metallabscheidungen (Zn) ausgenützt.

Zur Abscheidung der sehr unedlen Metalle, etwa ab dem Aluminium, kann man dieses Prinzip nicht mehr anwenden, da diese Metalle bereits das Wasser in starkem Maße zersetzen. Man ist gezwungen, die Elektrolyse in nichtwässerigen Lösungsmitteln oder im *Schmelzfluß* durchzuführen. Tab. 24 bringt eine Reihe elektrolytischer Darstellungsweisen.

Tabelle 24.

Einige elektrolytische Darstellungsweisen von Elementen.

$Ag^{\cdot} + e = Ag$	in NO_3'-Lösung
$Cu^{\cdot\cdot} + 2e = Cu$	in SO_4''-, NO_3'-, Cl'-Lösung
$H^{\cdot} + e = {}^1/_2 H_2$	
$4 OH' = O_2 + 2 H_2O + 4 e$	
$Ni^{\cdot\cdot} + 2e = Ni$	in NH_4OH-Lösung
$Al^{\cdot\cdot\cdot} + 3e = Al$	Al_2O_3 in Na_3AlF_6-Schmelze
$Li^{\cdot} + e = Li$	in LiCl — LiBr-Schmelze
$Cl' = {}^1/_2 Cl_2 + e$	HCl-Elektrolyse
$F' = {}^1/_2 F_2 + e$	HF in KHF_2-Schmelze

Nach den FARADAYschen Gesetzen wird je ein Grammäquivalent an der Kathode und an der Anode abgeschieden, wenn ein Strom von einem Faraday durch die Zelle fließt. Die Stromausbeute berechnet sich aus dem Quotienten $100 \cdot \frac{\text{praktische Ausbeute}}{\text{theoretische Ausbeute}}$, wobei sich die theoretische Ausbeute aus der aufgewendeten Strommenge und der Reaktionsgleichung ergibt.

Argon Ar A = 39,944, F.P. — 187,9° C, Tripelp. — 189,30° C (516 Torr), K.P. — 185,8° C, Litergewicht 1,7839 g.

Bombensauerstoff enthält meist erhebliche Mengen (bis 3%) Argon. Nach einem Patent von Griesheim-Elektron[1] stellt man daraus Argon durch Verbrennen des Sauerstoffes mit einer äqui-

[1] DRP 295572 (1913).

valenten Menge Wasserstoff her, wobei man sich der, von BODENSTEIN[1] angegebenen Apparatur bedient. Die Einstellung auf ein

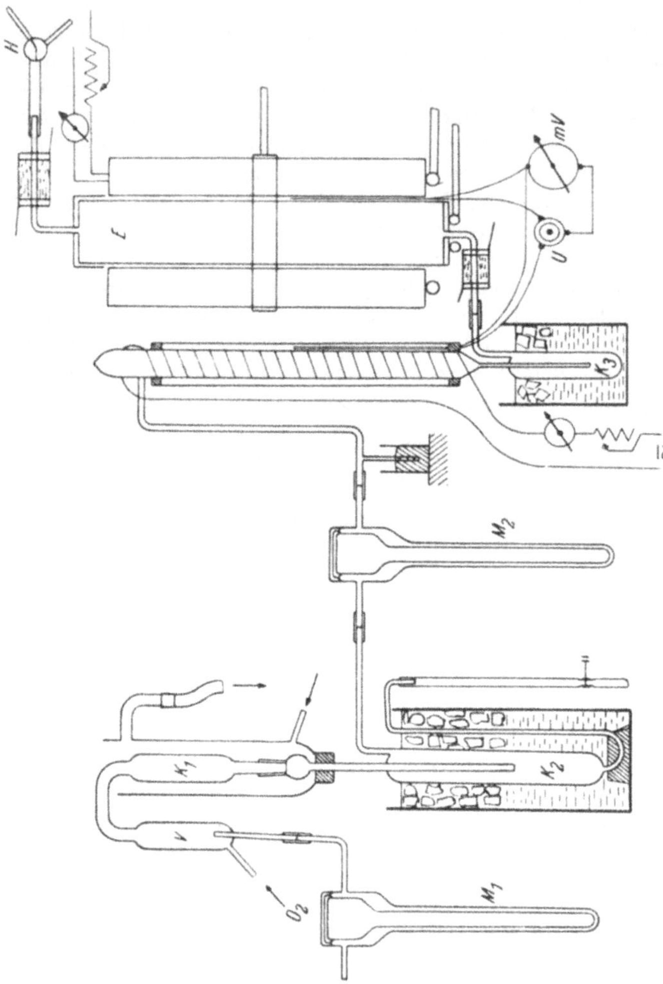

Abb. 155 b. Darstellung von Argon.

äquivalentes Verbrennungsgemisch wird nach BODENSTEIN mittels eines Strömungsmanometers vorgenommen, welches hinter der

[1] M. BODENSTEIN, L. WACHENHEIM, Ber. **51** (1918), 265.

Kondensation des Wassers geschaltet, auf das Minimum des Ausschlages eingestellt wird. — Wasserstoff und Sauerstoff werden Stahlflaschen entnommen; die Strömungsgeschwindigkeiten der Gase werden mittels ROSSIGNOL-Ventilen fein geregelt. Die beiden Gasströme passieren zunächst je ein Strömungsmanometer, Abb. 155b (M_1,), deren Kapillaren so abgepaßt sind, daß die Steighöhen beim Durchgang äquivalenter Gasmengen etwa gleich sind. Die Verbrennung findet in Form einer 4 bis 5 cm langen Wasserstoffflamme in der Kammer V-K_1 aus Quarzglas statt. Zur Zündung füllt man den ganzen Apparat zunächst mit Wasserstoff, erhitzt den unteren Teil von V mit einem Handgebläse und öffnet nunmehr langsam den Sauerstoffhahn (Schutzbrille!). Die Flamme entzündet sich dann und man bringt sie durch abwechselnde Vermehrung der beiden Gasströme auf die angegebene Größe. Das gebildete Wasser kondensiert in dem wassergekühlten Kondenstopf K_1 aus Quarzglas, sowie in der eisgekühlten Falle K2 aus Thüringer Glas, aus der es von Zeit zu Zeit mittels des Hebers entfernt werden kann. Die Gase passieren nun ein drittes Strömungsmanometer M_2, welches etwa 15mal empfindlicher als das Sauerstoff-Strömungsmanometer ist. Die Gasströme werden so geregelt, daß M_2 den geringstmöglichen Ausschlag zeigt. Auf M_2 folgt ein T-Stück, dessen abwärtsgerichteter Schenkel durch ein untergestelltes Gläschen mit Quecksilber verschließbar ist. Die Gase gehen zunächst ins Freie; erst wenn die Flamme richtig brennt, wird der Ausgang verschlossen. Der Gasstrom wird nun durch ein Glasrohr (25 mm Durchmesser, 25 cm lang, auf 300° C erhitzt,) geleitet, welches mit Kupferoxyd und Kupfer gefüllt ist, um einen geringfügigen Überschuß eines der beiden Gase zu entfernen. Das gebildete Wasser wird in der eisgekühlten Falle K3 kondensiert; das Argon, welches noch mit Stickstoff und sehr geringen Mengen anderer Edelgase verunreinigt ist, gelangt zur Stickstoffabsorption in das Eisenrohr E, welches mit Kalziumdrehspänen oder nach RUFF[1] mit Drehspänen einer Kalzium-Kalziumnitrid-Legierung mit etwa 3 % N_2 beschickt und auf 600° (bzw. bei der Nitridlegierung auf 400° C) erhitzt wird. Reinstes Kalzium ist nach RUFF bis zu seinem Schmelzpunkt gegenüber Stickstoff inert, während nitridhaltiges Kalzium bereits bei 400° lebhaft Stickstoff absorbiert. Man erhält das nitridhaltige Kalzium leicht durch Umschmelzen in einem Eisentiegel unter einer Deckschicht von Kalziumoxyd.

---

[1] O. RUFF, H. HARTMANN, Z. anorg. Ch. **121** (1922), 167. — O. RUFF, E. FOERSTER, Z. anorg. Ch. **131** (1923), 321.

Das Eisenrohr, in dem die Absorption durchgeführt wird, ist etwa 5 cm weit, 30 cm lang, mit angeschweißtem Boden und dicht aufschraubbarer Kappe. Die Zu- und Ableitungen sind ebenfalls eingeschweißt und werden wassergekühlt, um die Schlauch-, bzw. Kittverbindungen zu schützen. Erst wenn die Anordnung einwandfrei arbeitet, schaltet man den Dreiweghahn H auf ein (Quecksilber-) Gasometer um. Das so erhaltene Rohargon ist 99,7 bis 99,8 %ig. Zur Feinreinigung setzt man das Gas bei Gegenwart von Kaliumdampf bei 200° C einer Glimmentladung aus[1] und trennt das Argon von den übrigen Edelgasen durch Absorption an im Hochvakuum entgaste A-Kohle bei der Temperatur der flüssigen Luft[2]. Dabei werden alle Gase mit Ausnahme von He und Ne adsorbiert. Bringt man die A-Kohlefalle nun in ein DEYAR-Gefäß mit Kohlensäureschneespiritus, so wird völlig reines Argon desorbiert, während Kr und X adsorbiert bleiben.

Wasserstoff H_2 A = 1,008; Tripelp. — 259,24° C (54 Torr); K.P. —252,78 + 0,001° C; Krit.Temp.—239,9° C; Krit. Druck 12,8 Atm; Lit. Gew. 0,08995 g.

Die bequemste Darstellung von Wasserstoff beruht auf der Einwirkung von verdünnter Salzsäure (1 + 1) auf Zink im KIPPschen Apparat[3] nach $Zn + 2\,HCl = ZnCl_2 + H_2$. Nach diesem

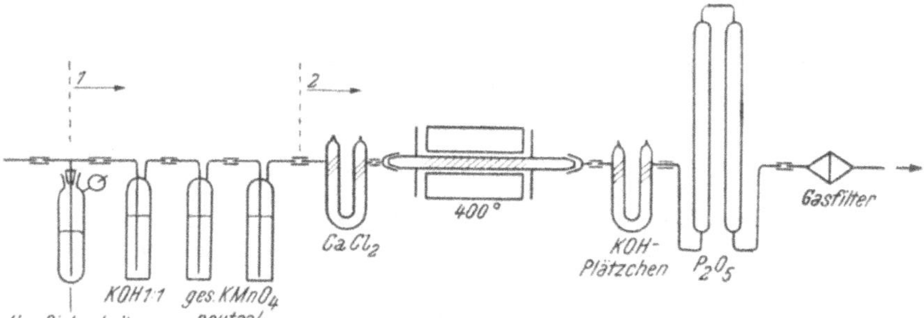

Abb. 156. Reinigungsschema
1 für Kipp-, 2 für Elektrolytwasserstoff.

Verfahren erhält man nur bei Verwendung reinster Reagenzien (Zink Kahlbaum) reinen Wasserstoff. Die sehr träge Wasser-

[1] GEHLHOFF, Verh. Phys. Ges. **13** (1911), 271.
[2] VALENTINER, R. SCHMIDT, Ann. Phys. 4, **18** (1905), 192.
[3] Vgl. M. DOLCH, Chem. Ztg. **44** (1920), 378.

stoffentwicklung am reinsten Zink beschleunigt man elektrochemisch durch Zugabe von Kupfer- oder Kobaltchlorid (-Sulfat) zur Säure. Ist das Zink nicht ganz rein (As-, sulfid-, karbidhaltig), so ist der Wasserstoff mit AsH_3, Phosphorwasserstoffen, SH_2, Kohlenwasserstoffen, ferner mit Spuren N_2, O_2, CO_2 verunreinigt

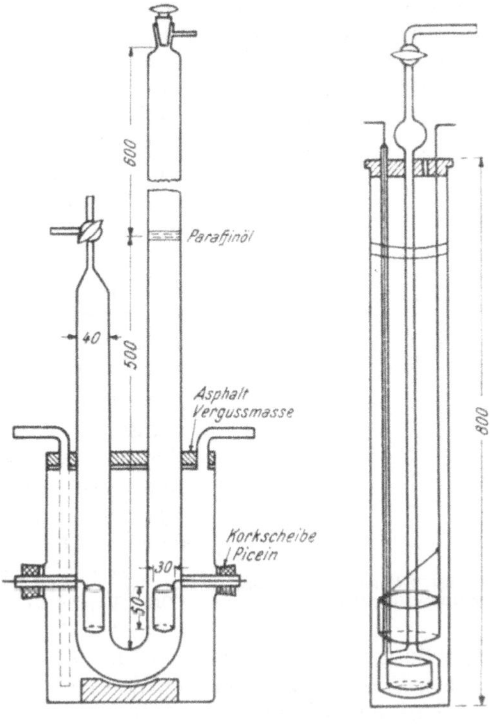

Abb. 157. Elektrolytische Zellen.

und muß chemisch gereinigt werden. Man leitet das Gas zur Absorption des CO_2 durch zwei Waschflaschen, die mit KOH (1 + 1) gefüllt sind. Die Absorption der Kohlenwasserstoffe usw. erfolgt in Waschflaschen, die mit einer neutralen, gesättigten $KMnO_4$-Lösung beschickt sind. Der Sauerstoff wird schließlich an einem Palladiumasbestkontakt (30 cm Kontaktlänge) bei 300° verbrannt[1] und das Gas schließlich mit KOH (Plätzchen) und P_2O_5 getrocknet. Das Reinigungsschema ist in Abb. 156

[1] Vgl. Ofen von FRICKE u. MEYER, S. 45.

wiedergegeben. Spuren von Stickstoff werden im allgemeinen nicht schaden. Nach MILBAUER[1] wird konzentrierte Schwefelsäure durch Wasserstoff spurenweise reduziert, so daß man dieses Trocknungsmittel für sehr exakte Arbeiten besser nicht verwendet.

Sehr reinen Wasserstoff erhält man durch Elektrolyse einer 15 %igen Kalilauge (oder gesättigter Barytlauge) an Rein-Nickel- oder Platinelektroden in einer Zelle, Abb. 157[2]. Diese Zellen haben den Vorteil, daß man den Wasserstoff unter höherem Druck entnehmen kann. Der Anolyt wird zur Verhinderung der CO_2-Aufnahme mit Paraffinöl überschichtet. Bei Verwendung reinster Reagenzien enthält der Wasserstoff nur geringe Mengen O_2 und N_2. Über die Belastung der Zellen siehe S. 254. Der Sauerstoff wird an einem Pd-Asbest-Kontakt verbrannt; das Gas sodann über fester KOH und P_2O_5 getrocknet. In gleicher Weise reinigt man Elektrolyt-Bombenwasserstoff. Linde-Bombenwasserstoff aus Koksofengas ist nach MOSER[3] für feinere Arbeiten nicht verwendbar. Über die Darstellung von p_H-reinem Wasserstoff berichtet LUX[4].

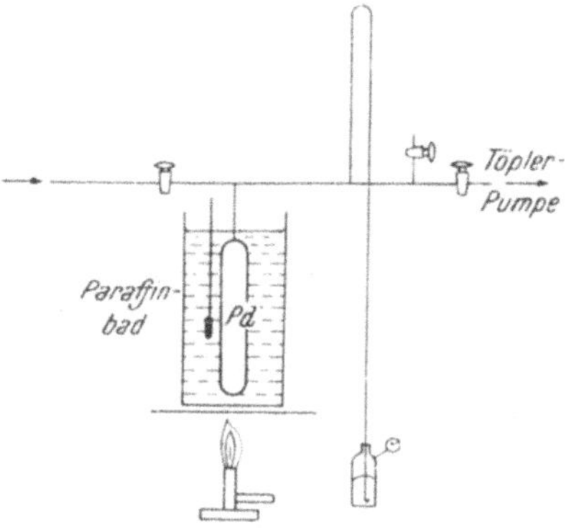

Abb. 158. Reinster Wasserstoff aus Palladiumwasserstoff.

Zur Darstellung *reinsten* Wasserstoffs absorbiert man den nach dem obigen Verfahren gereinigten Wasserstoff an Palladium[5], der das zirka 850fache seines Volumens aufnimmt und verwendet hierzu die in Abb. 158 dargestellte Apparatur.

Palladiumschwamm wird in Vakuum bei etwa 300° entgast; bei etwa 80 bis 120° C läßt man Wasserstoff bis zu Atmosphärendruck zutreten und in der Wasserstoffatmosphäre erkalten. Die Absorption erfolgt anfänglich unter Erglühen. Nach neuerlichem

[1] J. MILBAUER, Z. phys. Ch. **47** (1907), 649.
[2] M. VEZES, J. LABATUT, Z. anorg. Ch. **32** (1902), 464. — F. PANETH, K. PETERS, Z. phys. Ch. **134** (1928), 360 (H_2 mit $4 \cdot 10^{-6}$ % Luft). — M. BODENSTEIN, LIND, Z. phys. Ch. **57** (1906), 168.
[3] L. MOSER, Die Reindarstellung von Gasen, S. 42.
[4] H. LUX, Z. Elektroch. **48** (1942), 210.
[5] E. W. MORLEY, Z. phys. Ch. **20** (1896), 242.

Evakuieren kann man durch Erhitzen auf 200° C und geringes Saugen (TÖPLER-Pumpe) einen gleichmäßigen Wasserstoffstrom entbinden, der höchstens $5 \cdot 10^{-4}\%$ N_2 enthält. Der Palladiumschwamm wird durch Reduktion einer Lösung von Palladiumchlorür mit Natriumformiat bei Wasserbadtemperatur hergestellt und mit heißem Wasser alkalifrei gewaschen, getrocknet und am Gebläse geglüht.

Wie bekannt, bildet Wasserstoff mit Luft oder Sauerstoff sehr explosible Mischungen. Man muß deshalb *stets* beim Arbeiten mit Wasserstoff darauf achten, daß die Luft aus den Apparaten völlig verdrängt ist. Um das festzustellen, bedient man sich der *Eprouvettenprobe,* indem man den aus der Apparatur ausströmenden Gasstrom unter eine mit der Öffnung nach unten gehaltene Eprouvette ausströmen läßt. Sobald man annimmt, daß die Eprouvette mit dem leichten Gas gefüllt ist, verschließt man dieselbe mit dem Daumen und entzündet das Gas an einer Flamme. Brennt der Wasserstoff langsam und ruhig ab, so ist die Luft genügend verdrängt und es besteht beim Anzünden des Gases usw. keine Explosionsgefahr. Verbrennt das Gas dagegen mit einem pfeifenden Geräusch und schnell hineinschlagender Flamme oder explosionsartig, so ist noch Gefahr vorhanden.

Atomarer Wasserstoff.

Die Reaktion $H_2 \rightleftharpoons 2\,H + 103{,}8$ kcal ist stark endotherm und kann thermisch oder mittels stiller elektrischer Entladungen (Glimmentladungen) erzwungen werden. Die thermische Dissoziation findet besonders an glühendem Wolfram statt. LANGMUIR[1] bläst in einer Wasserstoffatmosphäre einen Wasserstoffstrahl durch einen elektrischen Lichtbogen, der mit etwa 20 A bei 300 V zwischen Wolframelektroden brennt. Die Rekombinationswärme des gebildeten atomaren Wasserstoffes wird im „Arcatom-Verfahren“ technisch für Schweißzwecke ausgenützt („LANGMUIR-Fackel“). Selbst die schwerst schmelzbaren Substanzen, wie W, Ta, ThO_2, schmelzen im atomaren Wasserstoff.

Bei Drucken von 0,1 bis 1 Torr dissoziiert Wasserstoff in Atome, wenn man Glimmentladungen durch das Gas schickt[2]. Der atomare Wasserstoff ist im Gasraum etwa $^1/_3$ bis $^1/_2$ Sekunde beständig, da der Zusammenstoß von zwei H-Atomen nicht zur Molekelbildung führt. Erst wenn die freiwerdende Energie in

[1] I. LANGMUIR, Gen. electr. Rev. **29** (1926), 153, Science **62** (1925), 463.

[2] R. W. WOOD, Phil. Mag. J. Sci. [VI] **44** (1922), 538.

einem *Dreierstoß* (Wandreaktion) abgegeben werden kann, ist die Rekombination zur Molekel energetisch möglich. Die Vereinigung wird in absteigender Reihenfolge durch die Metalle Pt, Pd, W, Fe, Cr, Ag, Cu, Pb katalysiert. Die relativ lange Lebensdauer des atomaren Wasserstoffes genügt, um diesen in einem raschen Gasstrom aus dem Entladungsgefäß wegzuführen und auf Substanzen zur Einwirkung zu bringen.

Die Apparatur zur Darstellung von atomarem Wasserstoff ist in Abb. 159 schematisch dargestellt[1, 2, 3]. Der Wasserstoff wird elektrolytisch entwickelt, mit KOH und H_2SO_4 gewaschen und

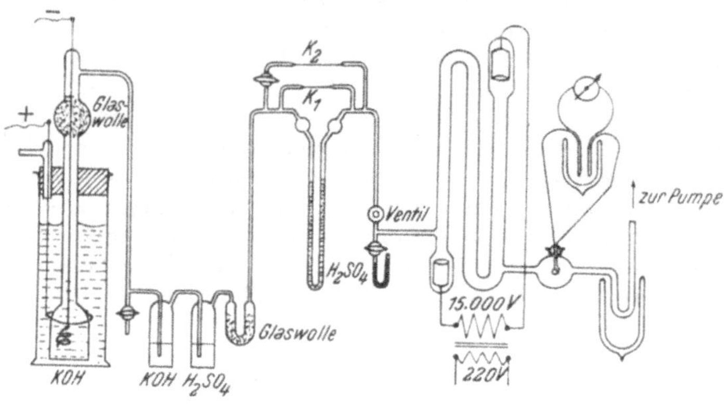

Abb. 159. Darstellung von atomarem Wasserstoff.

getrocknet (oder die Feuchtigkeit mit flüssiger Luft in einem U-Rohr ausgefroren) und gelangt über ein Strömungsmanometer zu einem Metallventil, das man so einreguliert, daß bei arbeitender (Diffusions-) Pumpe im Entladungsrohr ein Wasserstoffdruck von 0,1 bis 1 Torr herrscht. Über das Entladungsrohr (2 cm Durchmesser, 2 m lang, Al-Blechelektroden; 3000 bis 15000 V; 0,4 bis 0,1 A) gelangt der atomare Wasserstoff zu einem Reaktionsgefäß, in welchem thermische Effekte mittels eines Thermoelementes meßbar sind. Die Reaktionsprodukte werden mittels flüssiger Luft ausgefroren.

---

[1] Bonhoeffer, Ergebn. d. Exakt. Naturwiss. **6** (1927), 219. — L. Farkas, Ergebn. d. exakt. Naturwiss. **12** (1933) 176.

[2] Pietsch, Z. Elektroch. **39** (1933), 577. — G. Schultze, E. Müller, Z. phys. Ch. (B) **6** (1930), 267. — P. W. Schenk, Angew. Ch. **50** (1937), 535.

[3] P. Harteck, Z. Elektroch. **42** (1936), 536.

Mittels atomaren Wasserstoffes lassen sich eine Anzahl von Metallhydriden[1] darstellen; bei der Temperatur des flüssigen Wasserstoffes entsteht mit molekularem Sauerstoff quantitativ H_2O_2 in einer allotropen Modifikation, die sich bei -80^0 in die gewöhnliche Form umsetzt[2]. Die Halogene sowie Schwefel werden durch atomaren Wasserstoff in ihre Hydride verwandelt. Auf nähere Einzelheiten kann hier nicht eingegangen werden.

Parawasserstoff. p-H_2 F.P. $-259{,}32^0$ C; Tripelpunkt $-259{,}03^0$ C 53,0 Torr; K.P. $-252{,}87^0$ C.

Wasserstoff tritt in zwei Modifikationen, dem Ortho- und dem Parawasserstoff auf, die sich lediglich physikalisch voneinander unterscheiden[3]. Die Verschiedenheit der beiden Modifikationen, die in einem temperaturabhängigen Gleichgewicht zueinander stehen, rührt davon her, daß o-H_2 einen gleichgerichteten Spin seiner beiden Protonen besitzt, während die Spins im p-H_2 entgegengesetzt gerichtet sind (Spinisomerie). Das magnetische Moment der p-H_2-Molekel ist Null, da sich die Spinmomente aufheben. o-H_2 und p-H_2 unterscheiden sich in ihrer inneren Molekularenergie; die Umwandlungsenthalpie beträgt beim absoluten Nullpunkt n-$H_2 \rightarrow$ p-H_2 — 0,337 kcal. Dementsprechend hat p-H_2 einen tieferen Schmelzpunkt und Tripelpunktdruck, höheren Siedepunkt und Dampfdruck als n-H_2, wie aus Tab. 25 hervorgeht.

Tabelle 25.

°K	Dampfdruck in Torr	
	n-H_2	p-H_2
13,95	53,9 (Tripelp.)	57,0
20,39	760,0 (K. P.)	787,0

Gewöhnlicher Wasserstoff (n-H_2) besteht bei Zimmertemperatur aus drei Teilen o-H_2 und einem Teil p-H_2; mit tieferen Temperaturen verschiebt sich die Gleichgewichtseinstellung zugunsten des p-H_2 und ist bei der Temperatur des flüssigen Wasserstoffes praktisch vollkommen, wie aus Tab. 26 ersichtlich ist.

---

[1] S. 250, Fußnote 2.

[2] GEIB u. HARTECK, Ber. **65** (1932), 1550.

[3] K. F. BONHOEFFER, P. HARTEK, Z. phys. Ch. (B) **4** (1929), 113; **5** (1929), 292. — L. FARKAS, Ergebn. d. exakt. Naturwiss. **12** (1933), 163. — G. M. SCHWAB, Handbuch der Katalyse, Springer, 1941, I, E. CREMER, S. 325.

Tab. 26. Parawasserstoffgleichgewichte.

°K	20	40	60	70	80	84	90	100	273	≫ 273
% p-H_2	99,82	88,61	65,4	55,8	48,4	46,0	42,8	38,5	25,13	25,00

Das Gleichgewichtsverhältnis zwischen o- und p-H_2 stellt sich bei einer Temperaturänderung nicht spontan ein; die Einstellung muß katalysiert werden. Als Katalysator eignet sich für tiefe Temperaturen A-Kohle, die bei gewöhnlicher Temperatur unwirksam ist; die Rückverwandlung des p-H_2 wird z. B. von Pt katalysiert, welches bei Zimmertemperatur wirksam, bei tiefer Temperatur unwirksam ist. Bei Abwesenheit von Katalysatoren ist p-H_2 bei Zimmertemperatur metastabil. Die Rückumwandlung wird außer durch Pt und Fe auch durch paramagnetische Gase wie O_2, NO, NO_2, durch Zusatz von atomarem Wasserstoff, sowie durch Erhitzen auf Temperaturen über 800° C bewirkt.

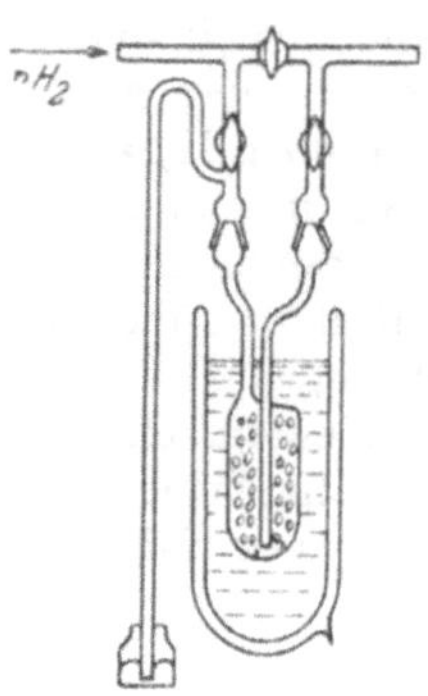

Abb. 160. Darstellung von p-H_2 nach BENHOEFFER und HARTECK.

Die Darstellung erfolgt in einem Apparat nach Abb. 160: Ein 50 bis 100 ccm fassendes Gefäß aus Quarz oder Jenaer Glas wird mit A-Kohle beschickt. Die Kohle wird bei Rotglut im Vakuum ausgeglüht bis die anfangs starke Gasabgabe nachgelassen hat ($^1/_4$ bis $^1/_2$ h). Nach dem Erkalten läßt man reinen Wasserstoff von Atmosphärendruck einströmen, kühlt dann das Adsorptionsgefäß mit flüssiger Luft und läßt soviel Wasserstoff nachströmen, bis die Kohle bei Atmosphärendruck gesättigt ist. Zur Erreichung höherer p-H_2-Konzentrationen erniedrigt man die Temperatur durch Abpumpen der flüssigen Luft oder ersetzt dieselbe durch ein Bad von flüssigem Wasserstoff und läßt weiter Wasserstoff nachströmen, bis die Kohle gesättigt ist. Man läßt noch etwa 10 Minuten stehen und saugt sodann den p-H_2 durch Öffnen des Adsorptionsgefäßes gegen einen evakuierten Kolben ab. Die Adsorption von etwa 0,2 ccm O_2/l g Kohle hat sich zur Katalyse der p-H_2-Umwandlung als vorteilhaft erwiesen. Der Sauerstoff ist so fest adsorbtiv gebunden, daß keine Spur bei tiefer Temperatur an den Wasserstoff abgegeben wird. In reinen Glasgefäßen ist p-H_2 bei gewöhnlicher Temperatur sehr lange haltbar.

Die Bestimmung des p-H_2 beruht fast ausschließlich auf der Verschiedenheit des Wärmeleitvermögens der beiden Wasserstoffarten (λ p-H_2 : λ o-H_2 = 1,3 : 1 bei 140° K). Zur Messung bedient man sich einer Anordnung, die einem PIRANI-Manometer gleicht. Man heizt den Meßdraht mit konstanter Energie und bestimmt den mit der Temperatur veränderlichen Widerstand des Meßdrahtes mittels einer Brückenschaltung. Dabei haben sich Drucke von 40 bis 60 Torr (die auf 0,1 Torr genau eingehalten werden müssen) als besonders günstig erwiesen, da bei höheren Drucken die Konvektion, bei niederen Drucken die Druckabhängigkeit der Wärmeleitfähigkeit störend in Erscheinung tritt. Als Wider-

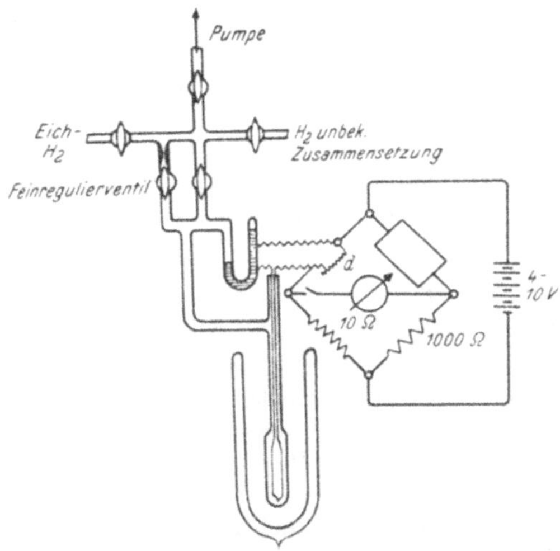

Abb. 161. Anordnung zur Bestimmung der Konzentration des p-H_2.

standsdraht verwendet man 4 bis 20 μ starken, abgeätzten Wollastondraht, auch Draht aus Ni oder W. Zur Messung wird das Meßgefäß in flüssigen Wasserstoff getaucht (wodurch alle anderen Verunreinigungen, die das Meßergebnis beeinflussen könnten, ausgefroren werden; weniger gut ist flüssiger Stickstoff oder Sauerstoff; flüssige Luft darf wegen ihrer Temperaturinkonstanz nicht verwendet werden). Der Meßdraht wird auf etwa 150 bis 200° K aufgeheizt. Die Anordnung der Apparatur ist aus Abb. 161 zu entnehmen. Man mißt die Wärmeleitfähigkeit als Funktion der Kompensationsohm in der WHEATSTONEschen Brücke und interpoliert linear, wobei man den Wasserstoff unbekannter Zusammensetzung mit Eichwasserstoff bekannter Zusammensetzung vergleicht. Die Meßgenauigkeit beträgt ± 0,1 %. Zwischen zwei Messungen läßt man den Heizstrom durch einen gleich großen

Widerstand d, wie ihn der Meßdraht besitzt, fließen, um die Batterie stets gleichmäßig zu belasten. Keinesfalls darf der Draht beim Auspumpen der Apparatur weitergeheizt werden, da er durchbrennen würde. In der gezeichneten Anordnung unterbricht der in das Manometer eingebaute Kontakt selbsttätig den Strom in der Meßzelle, sobald der Druck von 20 Torr unterschritten wird.

Deuterium D_2 A = 2,0147; F. P. —254,5° C; K. P. —249,6° C; Tripelp. Dr. 121 Torr.

Zur Darstellung von Deuterium geht man am zweckmäßigsten vom schweren Wasser D_2O aus, welches man mit Na[1], glühendem Fe[2] oder glühendem W[3], bzw. durch Elektrolyse[4] zersetzt. Zur Darstellung kleiner Mengen von D_2 ist besonders die Zersetzung an einem bei 1000° C glühenden Wolframdraht geeignet, da man den Draht durch Glühen im Hochvakuum bei 2000° C restlos entgasen kann. Mit einem 20 cm langen, 0,2 mm starken W-Draht erhält man 20 ccm D_2.

Sauerstoff O_2 A = 16,000; Tripelp. —218,92 ± 0,04° C (1,2 Torr); K.P. —182,962 ± 0,001° C; Lit. Gew. $1{,}4289_5 \pm 0{,}00001$ g.

Sehr reinen Sauerstoff[5] erhält man durch Elektrolyse von gesättigter Barytlauge an Platinelektroden, Abb. 157; die Barytlauge füllt man karbonatfrei durch umgekehrte Filtration in die Zelle ein und schützt den offenen Schenkel durch eine Schicht von Paraffinöl vor CO_2-Zutritt. Sobald der Elektrolyt zu konzentriert wird, muß er mit ausgekochtem, destilliertem Wasser verdünnt werden. Die Stromdichte betrage zirka 0,3 A cm^{-2} (0,5 A cm^{-2} bei Füllung mit 15 %iger KOH), so daß man bei guter Kühlung mit dem Abb. 157, links, gezeichneten Apparat bei einer Stromstärke von 15 A (Spannung 60 bis 75 V) etwa 3 l O_2/h, bzw. 6 l H_2/h erhalten kann. Auf jeden Fall muß man die Gasentwicklung mittels eines Widerstandes regulieren und mittels eines Amperemeters kontrollieren können. Das Anodengas leitet man bei 300 bis 400° C über Platin- oder Palladiumasbest, um es von Spuren von Wasserstoff zu befreien und um das bei

---

[1] G. N. LEWIS, T. W. HANSON jr., J. Am. chem. Soc. **56** (1934), 1001, 1687.

[2] E. ZINTL, A. HARDER, Z. phys. Ch. (B) **28** (1935), 480.

[3] A. FARKAS, L. FARKAS, Proc. Roy. Soc. **144** (1934), 469.

[4] K. H. GEIB, E. W. R. STEACIE, Z. phys. Ch. (B) **29** (1935), 215. — K. WIRTZ, Z. phys. Ch. (B) **31** (1936) 309. — K. CLUSIUS, E. BARTHOLOME, Z. phys. Ch. (B) **29** (1935), 162.

[5] E. MOLES, F. GONZALES, J. CHIM, Phys. **19** (1921), 310.

der Elektrolyse gebildete O_3 zu zersetzen. Sind die letzten Luftreste durch genügend langes Elektrolysieren aus dem Elektrolyten vertrieben, so ist der Sauerstoff nach der genannten Reinigung und Trocknung über KOH und P_2O_5 rein.

In Stahlflaschen komprimierter Elektrolytsauerstoff hat einen Gehalt von etwa 99% O_2, Rest CO_2, N_2, Edelgase, H_2, H_2O (MOSER).

Reinsten Sauerstoff erhält man ferner durch thermische Zersetzung von reinstem $KMnO_4$[1] bei 200 bis 240° C nach $10\,KMnO_4 = 3\,K_2MnO_4 + 2\,K_2O + 7\,MnO_2 + 6\,O_2$, Abb. 162; von reinstem $KClO_3$ *ohne Katalysator* bei zirka 400° C nach $2\,KClO_3 =$

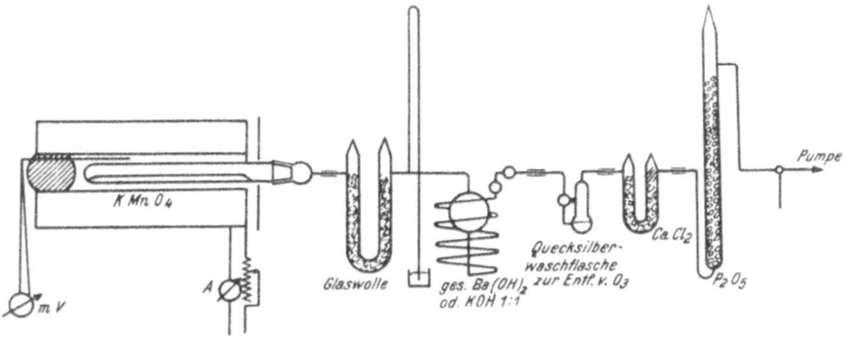

Abb. 162. Darstellung von Sauerstoff aus $KMnO_4$[2].

$= KClO_4 + KCl + O_2$. Der nach diesem Verfahren hergestellte Sauerstoff ist nur durch Spuren von CO_2 (von organischen Substanzen herrührend) verunreinigt und kann durch fraktionierte Destillation extrem gereinigt werden (Vorkühlung bei —150° C; Verflüssigung durch Kühlung mit *frischer* flüssiger Luft; fraktionierte Destillation unter Siedepunktkontrolle, wobei die Temperaturdifferenz zwischen Siedegefäß und Vorlage 3° C nicht übersteigen soll).

Absorptionsmittel für Sauerstoff.

In vielen Fällen ist man gezwungen, Gase, die mit Sauerstoff verunreinigt sind, von letzterem zu befreien. Die anzuwendenden Absorptionsmittel sind nach den chemischen Eigenschaften des zu reinigenden Gases auszuwählen.

[1] K. CLUSIUS, Z. phys. Ch. [B] 3 (1929), 52.

Von flüssigen Absorptionsmitteln verwendet man:

a) *Alkalische Pyrogallollösung*[1]: Man vermischt eine Lösung von 40 g Pyrogallol in 90 ccm Wasser mit 70 g (45 ccm) einer KOH-Lösung der Dichte 1,55 (38 g KOH + 32 g H_2O). Die Kalilauge darf nicht mit Alkohol gereinigt sein, da sonst die Absorptionsgeschwindigkeit negativ katalysiert wird.

b) *Ammoniakalische Kupferchlorürlösung*[2]: Man verwendet Röllchen von blankem Kupferdrahtnetz in einer Mischung gleicher Volume einer kalt gesättigten Ammoniumchloridlösung und einer 10- bis 18%igen Ammoniaklösung (d 0,96 bis 0,93) am zweckmäßigsten in einer Umwälzwaschflasche mit *Porzellanfritte*. Abb. 137 c.

c) *Salzsaure Zinnchlorürlösung* in einer Umwälzwaschflasche; Regeneration mit Zinngranalien. Die Säurekonzentration stelle man so ein, daß noch keine Metazinnsäureausscheidung erfolgt.

d) 15%ige salzsauere *Titantrichloridlösung*[3].

e) Cr(II)-Salzlösungen[3,4] haben eine 25mal größere Absorptionsgeschwindigkeit als b, f; eine 50mal größere als a. Das Gas kann durch Spuren von Wasserstoff, welcher nach $Cr^{\cdot\cdot} + H^{\cdot} = Cr^{\cdot\cdot\cdot} + {}^1/_2\, H_2$ um so leichter entsteht, je sauerer die Lösung ist, verunreinigt werden.

f) Alkalische *Dithionitlösung*[5]. Man stellt die Absorptionsflüssigkeit her, indem man in einer Einliterflasche zu 0,6 l frisch ausgekochtem, im Stickstoffstrom erkaltetem Wasser wenig KOH, sodann 200 g $Na_2S_2O_4$ in kleinen Anteilen unter Umschütteln zusetzt. Wenn das meiste gelöst ist, setzt man eine kalte Lösung von 100 g KOH in wenig Wasser zu, schüttelt gut um, verschließt die Flasche mit einem Gummistopfen und läßt über Nacht zur Klärung in fließendem Wasser stehen. Die beschriebenen Operationen führt man unter Einleitung von Bombenstickstoff in die Lösung durch. Die Verunreinigungen setzen sich beim Abstellen ab; die klare Lösung drückt man (eventuell verbunden mit einer umgekehrten Filteration) in die mit Stickstoff gefüllten Absorptionsgefäße. Abb. 137 b, S. 188. Dithionitlösungen zersetzen sich bei längerem Stehen, besonders bei etwas höheren Temperaturen, wie sie im Sommer aufzutreten pflegen.

---

[1] F. Hoffmann, Z. anorg. Ch. **35** (1922), 325.

[2] W. Haehnel, M. Mugdan, Z. anorg. Ch. **33** (1920), 35.

[3] L. Moser, Die Reindarstellung von Gasen.

[4] Berl-Lunge, Chem. techn. Unters.-Methoden, 8. Aufl., I, 655.

[5] H. Kautzky, H. Thiele, Z. anorg. Ch. **152** (1926), 342. — H. Brückner, A. Bloch, G. W. F. **78** (1935), 645.

g) Die Absorption des O_2 mittels feuchten gelben Phosphors ist für präparative Zwecke nicht empfehlenswert, da die bei der Absorption entstehenden Nebel nur schwierig entfernt werden können.

h) Wesentlich einfacher ist in vielen Fällen die Reinigung mittels glühenden Kupfers oder Eisens bei 500 bis 600° C durchzuführen. Da der O_2-Partialdruck des CuO bei diesen Temperaturen bereits merkbar ist, verwendet man für höchste Ansprüche die tieferstehend angegebene Vorrichtung zur Absorption des Sauerstoffes mittels aktiven Kupfers bei einer Temperatur von 200° C, wobei man die in Abb. 163 dargestellte Apparatur verwendet[1]. Das Absorptionsmittel wird in einem 75 cm langen, 4 cm weiten Glasrohr untergebracht, das mit 10 m Widerstandsdraht (6,4Ω m^{-1}) umwickelt und von einem weiteren Glasrohr als Wärmeschutzmantel umgeben wird. An seinem oberen Ende hat das innere Rohr einen weiten Schliff, durch den das Absorptionsmittel eingefüllt und das Gas eingeleitet wird. Eine birnenförmige Erweiterung am unteren Ende nimmt das bei der Regeneration entstehende Wasser auf, das durch einen Glashahn abgelassen werden kann. Das gereinigte Gas wird bei B abgeleitet. Zur Inbetriebnahme läßt man das zu reinigende Gas durch den Turm strömen und bei A austreten. Sobald der Turm heiß ist (Temperaturmessung mittels des eingebauten Thermoelementes), ist das Gas rein und wird durch Umschalten der Hähne A—B entnommen. Der Verbrauch des Kontaktmittels ist an einer ziemlich scharfen gelben Trennungsschicht, die sich zwischen dem unverbrauchten dunkelvioletten Kupfer und dem braunen Oxyd befindet, zu verfolgen. Die Strömungsgeschwindigkeit darf nicht zu groß sein. Sind etwa zwei Drittel des Absorptionsmittels verbraucht, so wird dieses bei 200° C durch Bombenwasserstoff, der mittels $CaCl_2$ getrocknet und mit A-Kohle

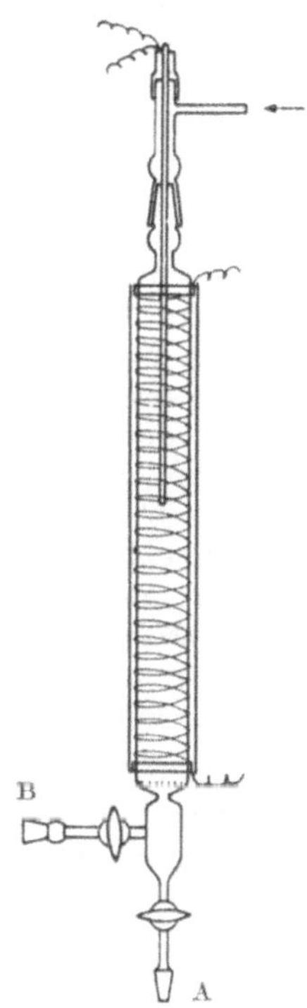

Abb. 163. Absorption von Sauerstoff aus Gasen mittels aktiven Kupfers.

[1] F. R. Mayer, G. Ronge, Angew. Ch. **52** (1939), **637**.

gereinigt wird, regeneriert. Hahn B ist bei der Regeneration geschlossen; der Wasserstoff entweicht mit dem entstehenden Wasser durch Hahn A. Stickstoff, so gereinigt, enthält weniger als $4 \cdot 10^{-5}$ % O_2.

Herstellung des Absorptionsmittels: 120 g $CuCO_3 \cdot Cu(OH)_2$ werden in 2 l konzentriertem NH_3 gelöst und die Lösung mit 420 g gereinigter Infusorienerde (MERCK) auf dem Wasserbade eingedampft. Der noch feuchte Kuchen wird mit dem Spatel auf mindestens 5 mm zerkleinert, im Trockenschrank bei 150 bis 180° getrocknet, durch Sieben vom Staub befreit und in den Absorptionsturm eingefüllt. Man verdrängt die Luft durch Wasserstoff und reduziert bei 200° bis zum Aufhören der Wasserbildung. Oder: 250 g $CuCl_2 \cdot 2\,H_2O$ werden in 2 l Wasser gelöst, 250 g Infusorienerde dazugegeben und unter starkem Rühren mit einer Lösung von 200 g NaOH in 500 ccm Wasser bei 60° gefällt. Nach 10 Minuten wird die Masse in 10 l destilliertes Wasser gegossen und die überstehende Flüssigkeit nach Absetzen des Niederschlages abgehebert. Die Oxydmischung wird auf einer großen Nutsche abgesaugt, gewaschen, getrocknet und, wie oben beschrieben, weiter behandelt.

Schließlich ist noch eine Reinigungsmethode zu erwähnen, die dort ausgezeichnete Dienste leistet, wo geringe Mengen von Wasserstoff in dem Gas nicht schaden: Man mischt dem zu reinigenden Gas einen geringen Überschuß an Wasserstoff zu (bezogen auf die Menge des vorhandenen Sauerstoffes) und verbrennt den Sauerstoff an einem Palladiumasbestkontakt bei 300° C.

Ozon O_3 M. = 48,000; F.P. —251,4° C; K.P. —111,5° C.

Ozon entsteht durch Anlagerung von atomarem Sauerstoff an die Sauerstoffmolekel. Die hiefür erforderliche Spaltung der Sauerstoffmolekel kann thermisch, durch Kathodenstrahlen, Röntgenstrahlen, UV, stille elektrische Entladungen, Funkenentladungen, bei der Elektrolyse verdünnter Schwefelsäure an Au- oder Pt-Elektroden bei hohen anodischen Stromdichten, bei der thermischen Zersetzung von $KMnO_4$, bei der Zersetzung von BaO_2 mit Schwefelsäure, sowie bei der Reaktion $F_2 + H_2O \rightarrow \rightarrow 2\,HF + O$ erfolgen. Zur *Darstellung* von Ozon kommt praktisch nur das Verfahren mit stillen elektrischen Entladungen in Anwendung, das bei gewöhnlichem Druck und Zimmertemperatur 8- bis 15%ige Ozon-Sauerstoff-Gemische herzustellen gestattet. Die Darstellung besitzt bei 0,5 bis 1 Atm. ein Optimum; die Ausbeute steigt bei niederen Temperaturen stark an[1].

[1] E. BRINER u. E. L. DURAND, J. Chim. Phys. 7 (1909), 13.

Ozon neigt in allen Aggregatzuständen, auch bei Kühlung mit flüssiger Luft, zu Explosionen. Um diese zu vermeiden, muß man selbst Spuren von organischen Substanzen in der Apparatur ausschließen. Die Verbindungen sind möglichst zu verblasen, Schliffverbindungen und Hähne werden mit Metaphosphorsäure geschmiert. Die Oberfläche des Glases vom Ozonisator soll vollkommen glatt, die Glasdicke möglichst gleichmäßig sein. Die mit Ozon in Berührung kommenden Apparateteile müssen mit Chromschwefelsäure peinlichst gereinigt und vor Staub bestens geschützt werden. Es empfiehlt sich, die Ausfrierfallen mit einer niedrigprozentigen kondensierten Ozon - Sauerstofflösung auszuwaschen[1].

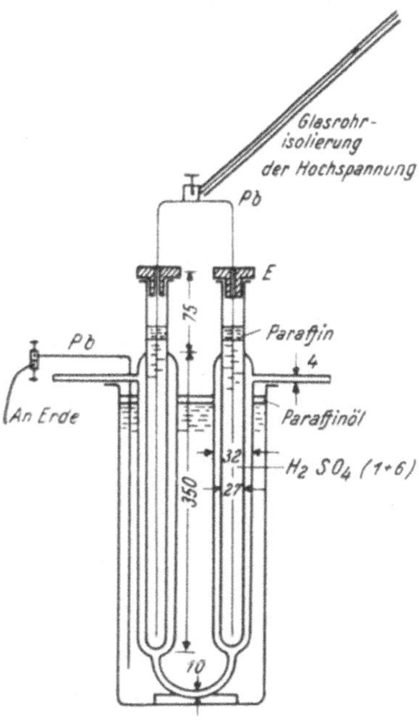

Abb. 164. Ozonisator.

Der zur Ozondarstellung benötigte Sauerstoff wird am besten elektrolytisch entwickelt; er muß stickstofffrei sein, da sich sonst unter dem Einfluß der stillen elektrischen Entladungen Stickoxyde bilden, welche den Ozonzerfall katalysieren[2]. Abb. 164 zeigt die Ausführungsform eines Ozonisators[3], dessen Belegungen gestleitende Schwefelsäure (2 Gew.-T. H_2SO_4 + 3 Gew.-T. H_2O) bilden. Die Zuleitungen bestehen aus dickem Blei- oder Kupferdraht, der durch lose Ebonitstopfen E hindurchgeführt wird. Die Innenbelegungen sind mit einer 3 bis 4 cm hohen Schicht von Paraffinöl überschichtet, um eine bessere Isolation gegen Kriechströme zu bewirken. Der Ozonisator wird mit einem 2-kW-Transformator für 10000 Volt betrieben; ein Pol wird geerdet.

[1] V. Rothmund u. A. Burgstaller, Monatsh. **34** (1913), 665.

[2] H. J. Schumacher, G. Sprenger, Z. phys. Ch. B **2** (1929), 267; Z. angew. Ch. **42** (1929), 697. — G. Sprenger, Z. Elektroch. **37** (1931), 674.

[3] L. Moser, Die Reindarstellung von Gasen, S. 66. — E. H. Riesenfeld, Z. Elektroch. **17** (1911), 725.

Die Versuchsanordnung[1] ist aus Abb. 165 ersichtlich. Der Sauerstoff wird elektrolytisch dargestellt, in einem Chlorkalziumrohr getrocknet und durch ein Wattefilter filtriert. Er gelangt über ein Vorrats- und Ausgleichsgefäß V in einen auf 300° erhitzten Palladiumkontakt. Nach der Vortrocknung in einem Chlorkalziumrohr wird die Strömungsgeschwindigkeit mittels eines Differentialmanometers D oder eines Rotamessers gemessen; der Gasstrom wird in einem U-Rohr über Kaliumhydroxyd-

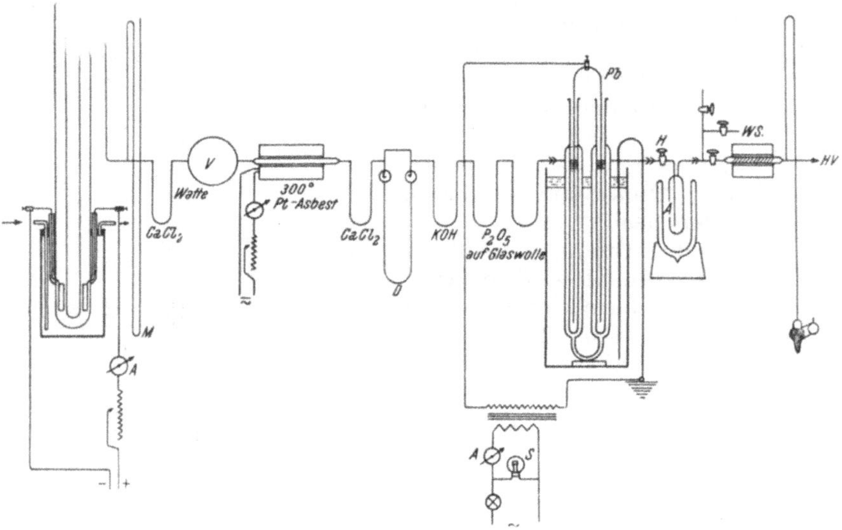

Abb. 165. Darstellung von Ozon.

plätzchen, in zwei U-Rohren mit Phosphorpentoxyd, das auf Glaskugeln verteilt wurde, getrocknet und gelangt über eine Schliffverbindung in den Ozonisator. Zur Erhöhung der Ausbeute kann man eine Reihe von Ozonisatoren hintereinander schalten, die in demselben Standgefäß stehen. Man kühlt die Schwefelsäure des Standgefäßes mit einer Bleischlange, mit der man gleichzeitig die Erdung vornimmt. Das Ozon-Sauerstoff-Gemisch gelangt über einen zweiten Schliff in das Ausfriergefäß A, das mit einer Wasserstrahlpumpe, bzw. mit einer Diffusionspumpe evakuiert werden kann. Ein auf Rotglut erhitztes,

[1] E. H. Riesenfeld u. G. M. Schwab, B. **55** (1922), 2088. — E. H. Riesenfeld u. M. Beja, Z. anorg. Ch. **132** (1924), 179. — E. H. Riesenfeld u. W. Bonholzer, Z. phys. Ch. **130** (1927), 241.

schwer schmelzbares Glasrohr, das vollkommen mit fettfreien (!) Eisenspänen gefüllt ist, schützt die Pumpe vor dem Ozon. Vor Inbetriebnahme des Ozonisators muß die Luft aus der Apparatur durch reinen Sauerstoff vollkommen verdrängt sein. Man evakuiert mehrmals unter Nachströmenlassen von Sauerstoff, wobei man das Manometer M beobachtet. S ist eine Signallampe, die anzeigt, daß der Hochspannungstransformator unter Strom steht.

Man kann die Strömungsgeschwindigkeit des Sauerstoffes bis auf einige Zehntel Liter pro Minute steigern, muß dann jedoch mehrere Elektrolysöre parallel schalten.

Das Ozon wird mittels flüssiger Luft in dem Ausfriergefäß A kondensiert. Je dunkler die violette Färbung des Kondensates ist, desto ozonreicher ist es. Durch Abpumpen mittels der Wasserstrahlpumpe (WS) wird das Ozon im Ausfriergefäß bei geschlossenem Hahn H angereichert. Schließlich schaltet man die Hochvakuumpumpe ein. Sinkt die Tension unter ein Torr, so befindet sich in A etwa 70%iges Ozon. Durch Abpumpen von weiteren zwei Dritteln des Inhaltes erhält man nahezu 100%iges Ozon.

Infolge der Explosionsgefahr ist beim Arbeiten mit Ozon *höchste Vorsicht* geboten; man stelle nur geringe Mengen dar. Die oxydierende Wirkung und Explosionsfähigkeit von Ozon läßt sich gefahrlos demonstrieren, wenn man eine flüssige Sauerstoff-Ozon-Mischung auf einem Teller absieden läßt: Der durch das Leidenfrostsche Phänomen herumrollende Flüssigkeitstropfen wird immer dunkler blau; richtet man einen Leuchtgasstrahl auf diesen, so entflammt das Leuchtgas. — Schüttet man zu etwas Kolophonium oder Terpentinöl, das sich in einem Eisentiegel befindet, eine Ozon-Sauerstoff-Lösung, wie man sie aus dem Ozonisator direkt erhält, so erfolgt eine heftige Explosion, sobald sich das Ozon durch das Absieden des Sauerstoffes genügend angereichert hat.

Stille elektrische Entladungen. Die Energiezufuhr zur Durchführung endothermer Gasreaktionen kann auf verschiedene Weise, z. B. durch Erwärmung, durch Strahlung, durch elektrische Energie erfolgen. Für präparative Zwecke ist die Energiezufuhr durch elektrische Entladungen von besonderem Interesse. Vom physikalischen Standpunkt unterscheidet man drei typische Entladungsformen der Elektrizität in Gasen: Die „stille elektrische Entladung", die Glimmentladung und die Bogenentladung. Während bei den letztgenannten Entladungsformen thermische Effekte vorherrschen, spielen bei der „stillen elektrischen Entladung“ elektrische Vorgänge die Hauptrolle. Dieselbe ist durch hohe Spannungen und niedere Stromstärken, Abb. 166, bzw. durch den kleinsten Leitwert $\left(=\frac{\text{Stromstärke}}{\text{Spannung}}\right)$ gekennzeichnet. Auch die als Spitzen- und Büschelentladung bekannten Entladungserscheinungen in Gasen, bei Drucken über ein Drittel Atmosphäre, gehören unter den Begriff der stillen elektrischen Entladungen. Die Entladungen setzen erst ober einem bestimmten Minimumpotential ein, das eine Funktion der Ionisierungsspannung der positiven Ionen des betreffenden Gases ist. Die Bezeichnung „stille elektrische Entladung“ ist unglücklich gewählt, da die Entladung z. B. im SIEMENSrohr unter bestimmten Bedingungen von einem knatternden Geräusch begleitet ist. Noch unglücklicher ist die Bezeichnung „dunkle“ elektrische Entladung, da die chemische Wirkung besonders in den leuchtenden Teilen der Strombahn liegt.

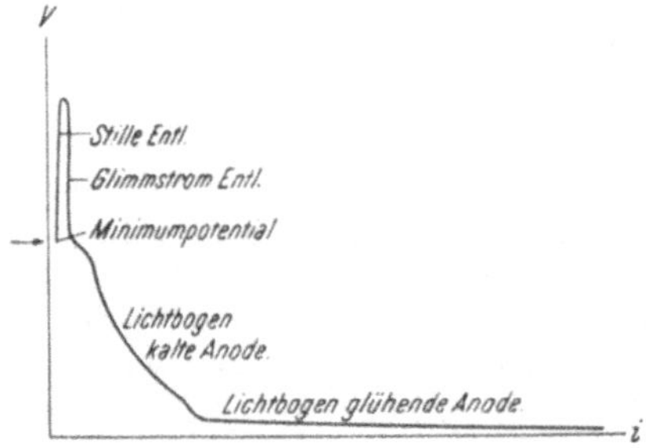

Abb. 166. Formen der elektrischen Entladung in Gasen.

Beim Überschreiten gewisser Grenzwerte der Spannung tritt bei steigendem Leitwert die Glimmstrom-, sodann die Lichtbogen- (Funken-) Entladung mit kalter Anode, schließlich bei stark ansteigender Stromstärke die Lichtbogenentladung mit glühender Anode auf. Auf diese Entladungsformen sind weder das OHMsche Gesetz noch die FARADAYschen Gesetze in bezug auf die Stromausbeute, noch das MWG in bezug auf die sich einstellenden Gleichgewichte anwendbar.

Fluor F_2 A = 19,00; F.P. — 223° C; K.P. — 188° C; Litergew. 1,71.

MOISSAN[1] elektrolysierte eine Lösung von trockenem KHF_2 in wasserfreier HF bei — 22° C am Platinelektroden. Der Elektrolyt befand sich in einem U-förmigen Pt- oder Cu-Rohr. Diese sehr teure und schwierig durchzuführende Methode wird heute nicht mehr angewendet.

Für präparative Zwecke empfiehlt sich die Anordnung von

[1] H. MOISSAN, Le Fluor et ses composés. — O. RUFF, Die Chemie des Fluors, Springer, Berlin 1920.

H. v. WARTENBERG[1], bei welcher völlig trockenes, saures Kaliumbifluorid bei etwa 100° C elektrolysiert wird. Die Zelle, Abb. 167, besteht aus einem hartgelöteten Kupfertopf von 2 mm Wandstärke; der Deckel ruht auf drei Flußspatstücken (je 120° versetzt), die in der Rille mit einem Gemenge von CaF_2 und Stärke eingekittet sind. Die Anode besteht aus einem 3 mm dicken, unten zu einer Spirale gewickelten Reinnickeldraht. Da die Schmelze bei der Elektrolyse stark spritzt und kriecht, ist die Isolation hoch oben angebracht und besteht aus einem derben, durchbohrten Flußspatstopfen, der mit Bleiglätte-Glyzerinkitt in den Kupferaufsatz eingekittet ist, der seinerseits mit dem gleichen Kitt in das obere Rohr eingedichtet ist. Nach Erschöpfung des Elektrolyten wird dieser Aufsatz mit einer kräftigen Zange herausgedreht und die Apparatur gereinigt. Das die Anode umgebende Kupferrohr R trägt unten zum Schutze gegen den aufsteigenden Wasserstoff eine Kupferplatte P, welche unter Freilassung eines Ringspaltes mittels dreier Schlaufen und Kupferkeile an dem Rohr R befestigt ist. Die Ableitungsröhren müssen wegen der Verstopfungsgefahr mindestens 6 mm l. W. haben. Zur Füllung der Zelle dienen 1,2 kg reinstes, sorgfältig getrocknetes KHF_2 (siehe S. 264) und 300 g frisch destillierter, wasserfreier HF, der tiefgekühlt zugesetzt wird. Der Apparat steht auf einer elektrischen Heizplatte, diese auf einer großen Tafelwaage, so daß man aus der Gewichtsabnahme (300 g!) feststellen kann, wann eine Neufüllung erforderlich ist. Zu Beginn des Versuches wird mit einer horizontalgehaltenen Bunsenflamme nachgeholfen; in etwa einer halben Stunde ist das Salz geschmolzen und auf

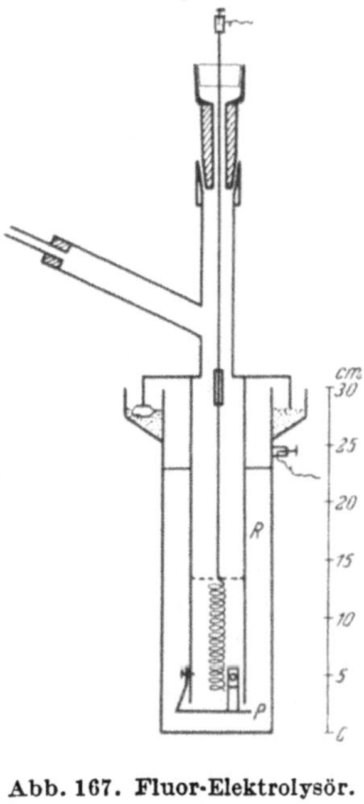

Abb. 167. Fluor-Elektrolysör.

[1] H. v. WARTENBERG, G. KLINKOTT, Z. anorg. Ch. **193** (1930), 409. Eine sehr genaue Beschreibung einer etwas abgeänderten Anordnung von J. H. SIMONS und W. C. JOHNSON in Inorganic Syntheses Vol. I von HARALD SIMMONS BOOTH, S. 138. MC GRAW-HILL 1939, dort auch eine einfache Bereitung des Elektrolyten aus KF und Flußsäure.

70 bis 80° C erwärmt. Während der Elektrolyse hält die Stromwärme (4 bis 5 A) den Apparat auf der richtigen Temperatur; während der Versuchspausen wird mittels der Heizplatte geheizt. Nach Beendigung des Versuches entleert man das Bifluorid auf eine kalte Kupferplatte, zerkleinert den Schmelzkuchen — Gasmaske! — und bewahrt die Stücke in einem dicht verschließbaren Kupfergefäß auf.

Fluor entweicht erst, wenn alle Feuchtigkeit in der Apparatur umgesetzt ist; das kann unter Umständen 1 bis 2 Stunden dauern. Das dann entweichende Fluor ist durch Sauerstoff, Ozon und HF verunreinigt. Falls der Elektrolyt sulfathaltig war, ist das entweichende Fluor auch schwefelhaltig. Man leitet es durch eine auf —50° gekühlte kupferne Waschflasche, sodann zur Absorption der HF durch ein langes, horizontales, zur Hälfte mit wasserfreiem NaF beschicktes Kupferrohr, schließlich durch eine leere kupferne Waschflasche, die als Staubfänger dient. Die Entfernung des Sauerstoffes gelingt, wenn Glimmentladungen bei der Temperatur der fl. Luft durch das Gas geschickt werden[1]. (Quarzgefäße.) Die Kupferröhren, die zur Leitung des Fluors dienen, werden mittels Überwurfmuttern, Abb. 169, und weichen Kupferringdichtungen (ausgeglüht und blank geschmirgelt) miteinander verbunden. Trockenes Fluor greift auch Glas nicht an.

Da Fluor und Fluorwasserstoff die Schleimhäute heftig angreifen und schwerste Entzündungen hervorrufen, sind die Arbeiten mit *größter Vorsicht*, stets mit Schutzbrille und nur unter einem gut ziehenden Abzug durchzuführen. (Vgl. S. 226.)

Fluorwasserstoff HF M = 40,02; F. P. — 85° C; K. P. + 19,5° C.

Wasserfreien Fluorwasserstoff stellt man durch Erhitzen von wasserfreiem KHF_2 auf 400 bis 500° C her[2]. Die Trocknung des KHF_2 führt man in Kupferretorten, Abb. 168, mit gewölbtem Kupferdeckel, weichgeglühter Kupferdichtung (8 cm Durchmesser, 10 cm l. H., Fassungsraum 650 g KHF_2) durch, die in einem

---

[1] O. Ruff, W. Menzel, Z. anorg. Ch. **198** (1931), 49; **211** (1933), 204. — O. Ruff, Z. angew. Ch. **46** (1933), 738.

[2] K. Fredenhagen, G. Cadenbach, Z. anorg. Ch. **178** (1929), 289. J. H. Simons J. Am. Chem. Soc. **46** (1924) 2179 entwässert das Salz durch Elektrolyse (Kupferkessel als Kathode, Bündel von Graphitstäben als Anode, 100°, 5—10 A). Der Elektrolyt ist wasserfrei, sobald die Temperatur auf 210° C steigt und Fluor gebildet wird (krachendes Geräusch durch die Vereinigung des Fluors mit dem Wasserstoff). Vgl. H. S. Booth. Inorganic Syntheses Vol I McGraw Hill 1939. S. 133, 140.

Sandbad auf höchstens 150° C erhitzt werden[1]. Durch das Salz wird trockene Luft (H_2SO_4, P_2O_5, 1 bis 2 Blasen pro Sekunde) hindurchgeleitet; die Abgase führt man ins Freie. Die Trocknung erstreckt sich auf 3 bis 4 Tage, wobei das erkaltete Salz nach je 12 Stunden in einer Kugelmühle stets von neuem gemahlen wird. (Gasmaske!) Abb. 169 zeigt die Destillationsapparatur. Die Größe der zu zwei Dritteln zu füllenden Kupferretorte (Höhe etwa 25 cm ohne Hals) ist so bemessen, daß 1500 g Salz (entsprechend 300 g HF) auf einmal destilliert werden können. Helm

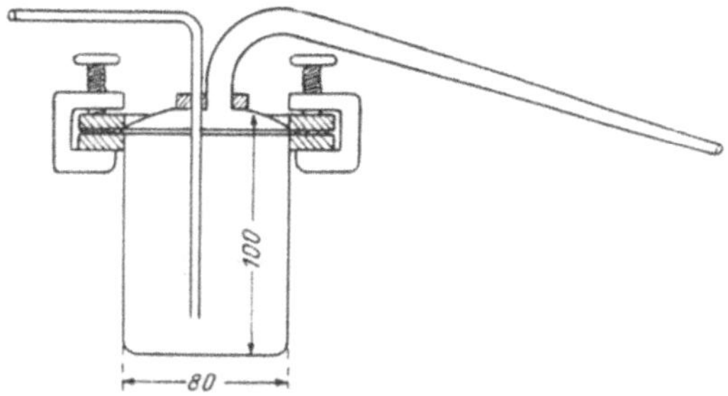

Abb. 168. Kupferretorte.

und Kühlerrohr sind aus einem Stück hergestellt und an der Retorte zirka 30 mm weit, um Verstopfungen zu vermeiden, die sonst gefährliche Explosionen zur Folge haben können. Der Helm ist in die am oberen Rand stark verdickte Retorte eingeschliffen und wird durch Flügelmuttern angezogen, bis er dicht schließt. Über das Kühlerrohr ist ein Glaskühlmantel geschoben, der mit Gummischlauch befestigt wird. Das Kühlwasser läuft vom Kühler durch ein Bleirohr ab, welches den Gummischlauch in der angedeuteten Weise vor Überhitzung schützt. Das untere Ende des konisch verjüngten Kühlerrohres trägt eine hart aufgelötete Schraubverbindung, die bei allen Apparaten die gleichen Maße hat. Vorlage C und Sicherheitsflasche D sind ebenfalls aus Kupfer. Alle Apparate sind vor dem Gebrauch *sorgfältig* zu reinigen und im Wasserstoffstrom zu trocknen. Vor dem Versuch notiert man das Gewicht des Vorratsgefäßes C samt Verschraubungen und montiert die Apparatur so auf, daß man das Gefäß C samt seinem Kübel bequem abnehmen kann. Man schraubt das Vorratsgefäß wieder ab, kühlt es in einer Eis-Kochsalz-Kältemischung ein, wobei man den Eintritt von Feuchtigkeit in das

[1] O. Ruff, Die Chemie des Fluors, S. 44.

Gefäß mittels eines vorgeschalteten Chlorkalziumrohres verhindert. Gleichzeitig beginnt man mit dem Erhitzen der Retorte und stellt einen Platintiegel unter das Kühlerende. Zu Beginn der Destillation zeigen sich zunächst Dämpfe, dann folgen Tropfen einer rasch immer stärker werdenden wasserhaltigen Flußsäure. Jetzt stellt man das Wasser des Kühlers an und prüft die abtropfende Säure mit einem Stückchen Filtrierpapier

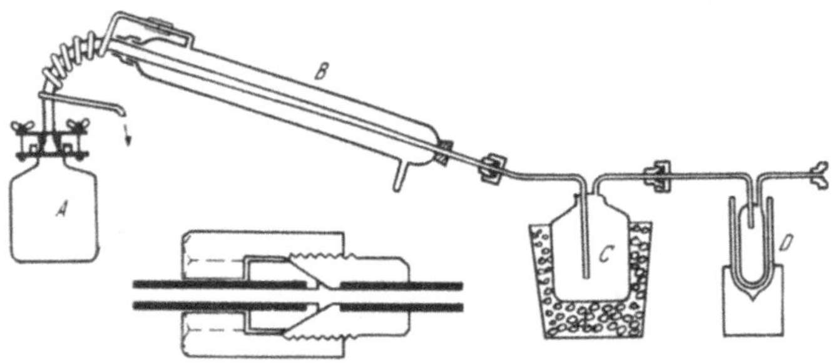

Abb. 169. Darstellung von Fluorwasserstoff.

auf ihre Stärke. Wenn das Papier von der Säure *sofort* gelatiniert und dann verkohlt wird (nach 5 bis 10 ccm Destillat), fängt man im Platintiegel noch weitere 10 ccm dieser Säure auf und schraubt dann das gekühlte Vorratsgefäß an. Man hat den Brenner so zu regulieren, daß das Tropfen der destillierenden Säure keinesfalls in ein Fließen übergeht, da dann alsbald Ströme von Fluorwasserstoff unverdichtet entweichen würden.

Um das Vorratsgefäß ohne Gefahr aufschrauben zu können, stellt man die Heizung der Retorte vorübergehend ein und wischt die noch am Kühler hängenden Säuretropfen mit Filtrierpapier ab. Die ersten Drehungen der sauberen Mutter des Vorratsgefäßes über das Gewinde des Kühlerrohres führt man mit der Hand aus; zum Festziehen benützt man die Schraubenschlüssel. Nun schraubt man Gefäß D an, das man in Kohlensäureschnee-Spiritus kühlt, um ein Zurücksteigen von Feuchtigkeit zu verhindern.

Nach etwa einer halben Stunde umstellt man die Retorte mit Asbestplatten, um die Wärme besser zusammenzuhalten; nach einer weiteren Stunde prüft man, ob die Destillation zu Ende ist: Bei gedrosselter Heizung wird die Verbindung zwischen Kühler und Vorratsgefäß gelöst (Vorsicht, Schutzbrille!), dann wieder angeheizt und beobachtet, ob noch ein gleichmäßiges Abtropfen der Säure stattfindet. Ist dies nicht mehr der Fall, so wird das Vorratsgefäß mit seinen Verschraubungen verschlossen und nach Abspülen und Trocknen zwecks Feststellung der Ausbeute gewogen. Das gefüllte Vorratsgefäß darf nur in eingekühltem Zustand geöffnet werden. Die übrige Apparatur läßt man erkalten, löst Helm und Kühler von der Retorte (Klopfen mit einem Holzhammer) und reinigt und trocknet alles sofort. Das in der Retorte befindliche Fluorid wird wieder zur Darstellung von Bifluorid verwendet. (Die Säure enthält mitgerissenes Kaliumbifluorid und kann durch nochmalige Destillation in ein zweites, gleiches Vorratsgefäß vollkommen gereinigt werden.) Bei den Arbeiten mit Fluorwasserstoff ist größte Vorsicht zu beobachten. Über die Behandlung von Flußsäureverätzungen siehe S. 226.

Chlor Cl_2 A = 35,457; F.P. —103 ± 0,5° C; K.P. —34,1° C; Litergew. 3,220 g.

Von den vielen Darstellungsweisen liefert die Reaktion $MnO_2 + 4\,HCl = MnCl_2 + Cl_2 + 2\,H_2O$ bei Verwendung von gefälltem, gekörntem Mangandioxyd und konzentrierter, luftfreier Salzsäure ein sehr reines Gas[1]. Bei hohen Reinheitsansprüchen kocht man das MnO_2 kurze Zeit mit verdünnter Salpetersäure, um allfällig vorhandene Sulfide und Karbonate zu zersetzen, wäscht sodann mit siedendem Wasser bis zum Ausbleiben der Diphenylamin-H_2SO_4-Reaktion und trocknet bei 120°. Die Gasentwicklung wird durch gelindes Erwärmen reguliert; hat man den Entwicklungsapparat vorher evakuiert, so ist das Gas sehr rein. Man leitet es zur Absorption von HCl-Dampf durch zwei Waschflaschen mit Wasser und trocknet mit konzentrierter Schwefelsäure und P_2O_5, wobei man eine Apparatur analog Abb. 193 verwendet. Das Hg-Manometer wird durch Überschichten mit konzentrierter H_2SO_4 vor der Einwirkung des Chlors geschützt. (Vgl. $SiCl_4$, S. 347.)

Die Reaktion von Chlorkalk mit Salzsäure im KIPPschen Apparat liefert ein sehr unreines Gas und ist nicht zu empfehlen. Bei größerem Chloratgehalt des Chlorkalks können Explosionen eintreten; in einem Falle wurde dabei ein KIPPscher Apparat völlig zertrümmert. Völlig reines Chlor erhält man durch thermische Zersetzung von $AuCl_3$[2], bzw. von $CuCl_2$[3].

---

[1] L. WÖHLER, S. STREICHER, Ber. **46** (1913), 1596.

[2] A. COEHN, G. JUNG, Z. phys. Ch. **110** (1924) 705. — H. v. WARTENBERG, F. A. HENGLEIN, Ber. **55** (1924), 1003.

[3] G. K. ROLLEFSON, J. Am. Chem. Soc. **51** (1929), 770. — L. B. LOEB, Physic. Rev. **35** (1930), 184.

Bombenchlor ist fast durchwegs Elektrolytchlor und enthält geringe Verunreinigungen von O_2, N_2, CO, CO_2, HCl, H_2O[1]. Man absorbiert die HCl an frischgebranntes CaO, trocknet über H_2SO_4 und P_2O_5 und reinigt das trockene Gas bei höchsten Ansprüchen durch fraktionierte Destillation.

Bei Arbeiten mit Chlor werden die Verbindungen durch Aneinanderschmelzen der Glasröhren mittels Schliffverbindungen (Schmiermittel nach WOURTZEL, S. 118) oder mittels LUDWIGscher Dichtungen hergestellt. Für einfachere Arbeiten kann man auch in Paraffin imprägnierte Schläuche und paraffinierte Korkstopfen verwenden.

Verflüssigung von Chlor in der FARADAYschen Röhre.

Man stellt das Chlorhydrat $Cl_2 \cdot 8\,H_2O$[2] durch Einleiten von Chlor in auf 0° gekühltes Wasser her, filtriert die blaßgrünlichen Kristalle rasch auf einer eisgekühlten Nutsche ab, preßt zwischen Filterpapier, um die anhaftende Mutterlauge zu entfernen und füllt das Hydrat in den halbkugelförmig geschlossenen (gekühlten) Schenkel eines U-förmig gebogenen Glasrohres (10 mm Durchmesser, 1,5 mm Wandstärke), das man sodann zuschmilzt. Durch Erwärmen des Schenkels mit dem Chlorhydrat auf 30 bis 40° C und Kühlen des anderen Schenkels in Eiswasser kondensiert sich in diesem flüssiges Chlor.

Hydride. Die Verbindungen des Wasserstoffs mit den Elementen lassen sich in mehrere voneinander zum Teil gut differenzierte Gruppen einteilen.

1. Die Elemente der 1. und 2. Hauptgruppe des periodischen Systems (Alkalien, Ca, Sr, Ba) bilden *salzartige Hydride* mit stöchiometrischer Zusammensetzung. Diese Hydride besitzen Elektrovalenzbindung, bilden Ionenschmelzen, in welchen der Wasserstoff, wie bei LiH, CaH_2, *anodisch* abgeschieden wird, und haben hohe Schmelz- und Siedepunkte, sowie größere Dichte als die betreffenden Metalle selbst. Die Hydride dieser Gruppe sind außerordentlich reaktionsfähig und gehören zu den stärksten Reduktionsmitteln.

2. Die Hydride des La, Ce, Pr, Ti, Zr, V, Ta, Pd u. a. besitzen keine stöchiometrische Zusammensetzung; ihre Dichte ist geringer als diejenige des Metalles. Röntgenstrukturuntersuchungen ergaben Aufweitungen des Metallgitters, so daß es sich bei dieser Gruppe offenbar um Einlagerungsverbindungen handelt, bei welchen die Hydride der Seltenen Erden Übergangsglieder zu der

[1] L. MOSER, Z. anorg. Ch. 110 (1920), 125.
[2] J. HARRIS, Nature 151 (1943), 309; C. 43, II, 607.

Gruppe der salzartigen Hydride darstellen. Die Darstellung der Hydride dieser beiden Gruppen erfolgt durch Einwirkung von reinem, trockenem Wasserstoff auf das Metall bei höheren Temperaturen.

3. Die Gruppe der *flüchtigen Hydride* weist große Analogie zu der Gruppe der kovalenten Halogenide auf. Die Glieder dieser Gruppe besitzen Kovalenzbindung und umfassen das Bor sowie die Elemente der 4., 5., 6. und 7. Hauptgruppe des periodischen Systems. Sie besitzen sehr niedrige Schmelz- und Siedepunkte, geringere Dichte als die entsprechenden Elemente und eine sehr geringe elektrische Leitfähigkeit.

Ihre Darstellung erfolgt meist durch Säurezersetzung der entsprechenden Verbindungen mit einem elektropositiveren Metall (meist dem Magnesium). Die verschiedenen Germane, Silane und Phosphine scheinen sich von homologen Reihen von Germaniden, Siliziden und Phosphiden abzuleiten.

4. Die Einordnung einer weiteren Reihe von Hydriden, wie des CuH, NiH_2, CoH_2, FeH_2, FeH_6, CrH_3, ist noch zweifelhaft. Diese Hydride können in ätherischer Lösung nach folgenden Reaktionen dargestellt werden:

$$NiCl_2 + 2\,C_6H_5MgBr = Ni\,(C_6H_5)_2 + MgBr_2 + MgCl_2,$$
$$Ni(C_6H_5)_2 + 2\,H_2 = NiH_2 + 2\,C_6H_6.$$

Auch die Natur der Hydride des Ag, Au, Zn, Hg, die durch Einwirkung von atomarem Wasserstoff auf diese Metalle entstehen, ist nicht bekannt; sie dürften der 1. oder 2. Gruppe zuzuordnen sein.

Chlorwasserstoff HCl M = 36,47; F.P. —113° C; K.P. —85,09° C.

Stellt man keine besonderen Anforderungen an die Sauerstofffreiheit des Gases, so läßt sich Chlorwasserstoff sehr bequem aus groben NH_4Cl-Stücken und konzentrierter H_2SO_4[1] im KIPPschen Apparat entwickeln, wobei man eventuell einen Schaumfänger nach Abb. 132c verwendet.

Bei großen Reinheitsansprüchen läßt man konzentrierte Salzsäure zu konzentrierter H_2SO_4 zutropfen[2], Abb. 170, und schüttelt öfter den Entwicklungskolben, um Schichtbildung zu verhüten. Sehr zweckmäßig ist, das Zuführungsrohr der Salzsäure bis zum Boden des Kolbens zu führen und dort umzubiegen. Das Gas wird in vollkommen trockenem Zustand gewonnen. Evakuiert

[1] K. CLUSIUS, Z. phys. Ch. (B) **3** (1929), 52.
[2] O. R. SWEENEY, Z. angew. Ch. **31** (1918), 247.

man vorher, so enthält der Chlorwasserstoff höchstens Spuren von Luft. Der Sauerstoff kann durch Waschen mit 15%iger $TiCl_3$-Lösung (rücksteigsichere Waschflaschen!) absorbiert werden. Getrocknet wird mit konzentrierter H_2SO_4, nicht mit P_2O_5, das eine flüchtige Phosphorverbindung bildet[1].

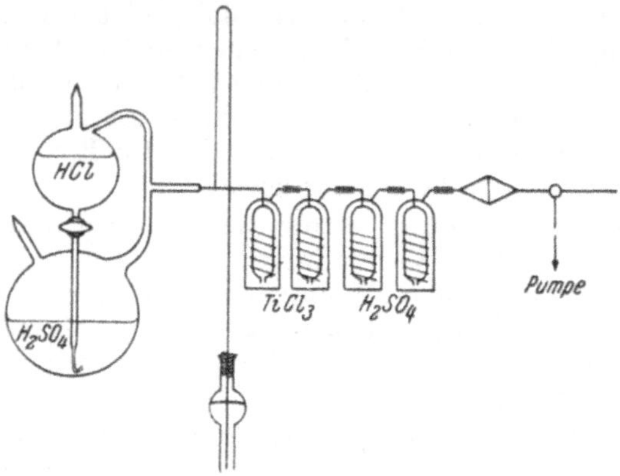

Abb. 170. Darstellung von Chlorwasserstoff.

Chlormonoxyd Cl_2O M = 86,91; F. P. —116° C; K. P. + 2° C.

Man leitet nach der Reaktionsgleichung $HgO + 2\,Cl_2 = HgCl_2 + Cl_2O$ Chlor über gelbes Quecksilberoxyd und reinigt das erhaltene Produkt durch *vorsichtige* fraktionierte Destillation. Ein besonders günstiges Verhältnis $Cl_2O : Cl_2$ erhält man, wenn man mit konzentrierter H_2SO_4 getrocknetes Bombenchlor mit trockener Luft (H_2SO_4) im Verhältnis 1 : 2 bis 3 verdünnt[2]. Das Mischungsverhältnis kontrolliert man mittels Strömungsmanometer und leitet das Gasgemisch über eine Glasfeder zu zwei horizontal gelagerten, hintereinander geschalteten Röhren von etwa 25 cm Länge und 25 mm Durchmesser, welche so angeordnet sind, daß sie zur Temperaturkonstanthaltung bei 20° C unter Wasser heftig geschüttelt werden können, Abb. 171. Die Röhren sind mit gelbem HgO beschickt, welches vorher bei 110° C getrocknet und dann zur Verringerung der Reaktionsfähigkeit

---

[1] BAILEY u. FOWLER, Chem. News **58** (1888), 22. — F. FAIRBROTHER, J. Chem. Soc. **1933**, 1539.

[2] M. BODENSTEIN, G. KISTIAKOWSKY, Z. phys. Ch. **116** (1925), 372, Ch. F. GOODEVE, Journ. Chem. Soc. **1930**, **2733**.

etwa 10 Minuten auf 200 bis 250° C erhitzt wurde[1]. An das Reaktionsrohr (4) schließen sich über eine Glasfeder (3) ein Phosphorpentoxydrohr (5), die Fraktioniereinrichtung (6 bis 9) und die Pumpen an. Das austretende Gas wird in 6 mit Kohlensäureschnee-Spiritus kondensiert und zweimal fraktioniert. Es wurde auch empfohlen, das kondensierte Gas über P_2O_5 und *nichterhitztes*, frischgefälltes, lediglich bei 110° getrocknetes HgO zu leiten, um es von Chlor zu befreien und anschließend zu fraktionieren[2]. Zur Schmierung der Hähne empfiehlt BODENSTEIN ein Gemisch von hochgechlorter Vaseline und Naphthalin, WALLACE gechlorte Vaseline.

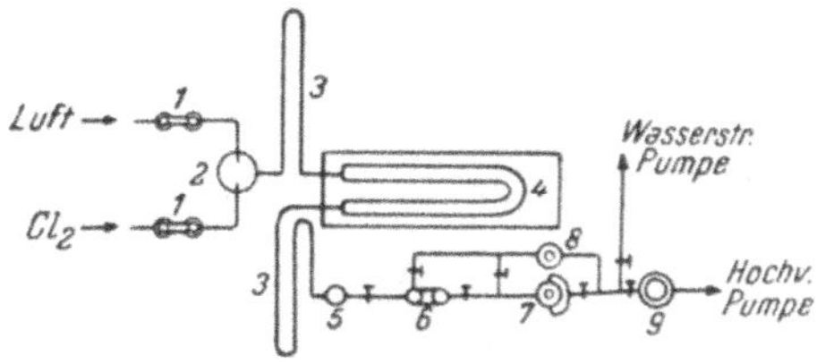

Abb. 171. Apparatur zur Darstellung von Cl_2O. Aufsicht. *1* Differentialmanometer, *2* Mischdüse, *3* KUNDsche Glasfedern, *4* Reaktionsgefäß, *5* P_2O_5-Rohr, *6*, *7* Kondensations-U-Rohre, F mit Thermometer, *8*, *9* Ausfriertaschen.

Chlormonoxyd kann nur bei Temperaturen unter —80° aufbewahrt werden und ist bei dieser Temperatur eine tiefbraune Flüssigkeit, die bei *vorsichtigem Arbeiten* nicht explodiert.

Chlordioxyd ClO_2 M = 86,91; F.P. —59° C[3]; K.P. + 10,8° C; Tripelp.-Druck 10 Torr.

Bei der Darstellung des *sehr explosiblen* Gases muß man Tageslicht und organische Stoffe ausschließen und in einer peinlich gereinigten, völlig verschmolzenen Apparatur arbeiten. Größte Vorsicht, Schutzbrillen, Schutzscheibe!

Man läßt nach BODENSTEIN[4] in ein eisgekühltes Gemenge von $KClO_3$ mit etwa der dreifachen Menge reinen, ausgeglühten Sand langsam kalte konzentrierte H_2SO_4 einfließen und kondensiert das gebildete ClO_2 nach dem Durchleiten durch ein P_2O_5-Rohr in dem ersten der drei Kondensationsgefäße, Abb. 172. Durch Fraktionieren vom ersten ins zweite, von diesem in das dritte Kondensationsgefäß erhält man praktisch reines Chlor-

[1] ST. GOLDSCHMIDT, H. SCHÜSSLER, Ber. 58 (1925), 569. Darst. des HgO.

[2] I. I. WALLACE, CH. F. GOODEVE, Trans. Faraday Soc. 27 (1931), 649.

[3] F. E. KING, J. R. PARTINGTON, J. Chem. Soc. 1926, 929.

[4] M. BODENSTEIN, P. HARTECK, E. PADLET, Z. anorg. Ch. 147 (1925), 235.

dioxyd. Die Gasentwicklung und die Fraktionierung führt man im Vakuum der Wasserstrahlpumpe durch. Die Substanz kann im Vakuum bei Kühlung mit flüssiger Luft gefahrlos abgeschmolzen werden.

Beim Belichten von ClO_2-Dampf bilden sich tiefrote ölige

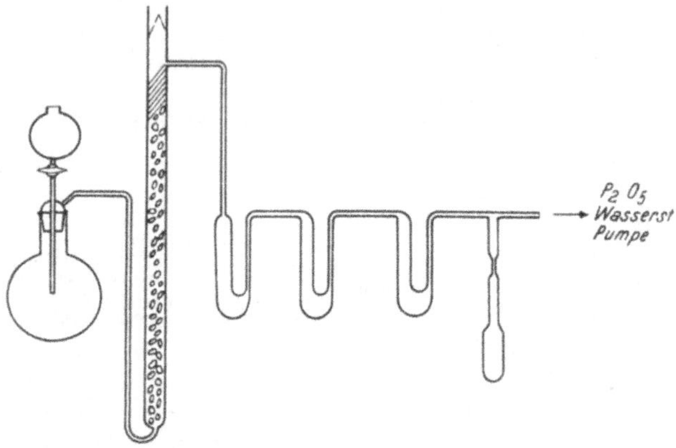

Abb. 172. Darstellung von Chlordioxyd.

Tropfen von Chlorhexoxyd Cl_2O_6, das auch bei Belichtung eines Gemisches von Chlor und Ozon entsteht, wobei die *roten* Strahlen wirksam sind, die vom Ozon absorbiert werden, nicht die blauen Strahlen, die das Chlor absorbiert. Chlordioxyd bildet ein sehr schön kristallisiertes Hydrat.

Dichlorhexoxyd Cl_2O_6 M = 166,91; F.P. + 3,50 ± 0,05° C; K.P. + 203° C (extrapol).

Bereits MILLON[1] stellte fest, daß sich bei der Einwirkung von Sonnenlicht auf ClO_2 unter 20° C an den Gefäßwänden eine rote, nicht explodierende Flüssigkeit niederschlug, die sich bei fortdauernder Belichtung in farbloses Cl_2O_7 umwandelte. BOOTH und BOVEN[2] wiesen nach, daß die Existenz dieser roten Verbindung nicht mit den damals bekannten Chloroxyden Cl_2O, ClO_2 und Cl_2O_7 erklärt werden kann. BODENSTEIN und Mitarbeiter[3] zeigten, daß das Atomverhältnis dieser Verbindung O : Cl sich wie 3 : 1 verhält und daß die Schmelzpunktserniedrigung in

[1] MILLON, Ann. **46** (1843), 510.

[2] BOOTH, BOWEN, J. chem. Soc. **127** (1925), 510.

[3] M. BODENSTEIN, P. HARTECK, E. PODELT, Z. anorg. Ch. **147** (1925), 233.

CCl_4 ein Molekulargewicht von 153 bis 156 ergab, das ungefähr in Übereinstimmung mit der Formel Cl_2O_6 steht. GOODEVE und RICHARDSON[1] bestimmten die wichtigsten physikalischen Konstanten dieser Verbindung, deren Darstellung nach den Angaben dieser Forscher beschrieben wird.

Cl_2O_6 wird nach SCHUMACHER und STIEGER[2] durch Mischen eines Gasstromes von ozonisiertem Sauerstoff mit einem Strom

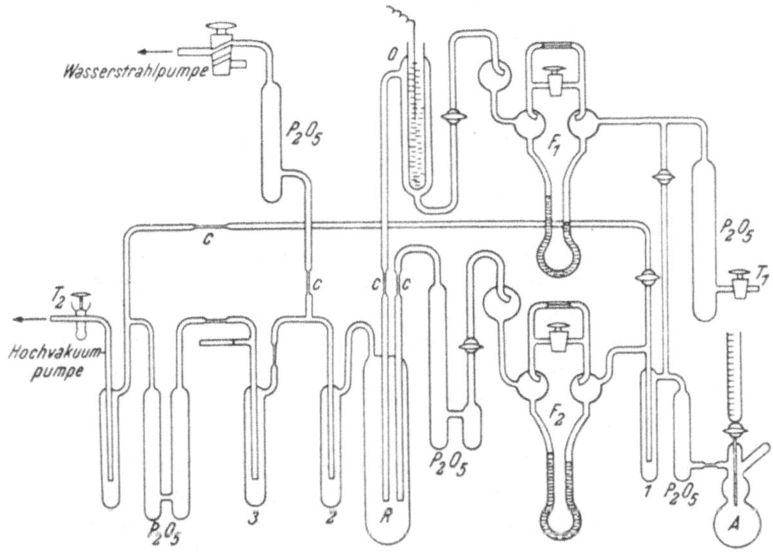

Abb. 173. Darstellung von Chlorhexoxyd.

von sauerstoffhaltigem ClO_2 hergestellt. Der dazu verwendete Apparat ist in Abb. 173 dargestellt. Hähne, welche nicht mit ClO_2 in Berührung kommen, werden mit Apiezon-L-Fett, die anderen mit entsprechend viskoser Metaphosphorsäure geschmiert. Da das Hexoxyd mit allen bekannten Schmiermitteln reagiert und sich in Metaphosphorsäure auflöst und zersetzt, werden nach dem Mischgefäß R, in welchem sich das Cl_2O_6 bildet, keine Hähne verwendet.

ClO_2 wird durch Zutropfen von konzentrierter H_2SO_4 zu

[1] Ch. F. GOOEEVE, F. D. RICHARDSON, J. chem. Soc. 1937, 294.

[2] H. J. SCHUHMACHER, G. STIEGER, Z. anorg. Ch. 184 (1929), 272.

gepulvertem, auf -78^{0} C gekühltem $KClO_3$ im Gefäß A hergestellt. Nachdem die ganze Säure zugefügt worden ist, wird der Apparat auf Hochvakuum evakuiert. Das Gemisch wird langsam sich erwärmen gelassen, so daß die Reaktion ruhig vor sich geht. Das ClO_2 wird in der Falle 1 mit flüssiger Luft ausgefroren. Sodann wird Gefäß A abgeschmolzen. Der vertikale SIEMENS-Ozonisator O (aus Pyrexglas) ist innen mit einer Kupfersulfatlösung gefüllt. Den äußeren Belag bildet ein Anstrich von kolloidalem Graphit. Der Ozonisator wird mit 10000 V, 350 Perioden betrieben.

Bombensauerstoff tritt mit Atmosphärendruck bei T 1 in den Apparat ein und teilt sich in zwei Teilströme; der eine geht durch den Ozonisator, der andere über das ClO_2, welches nun mit schmelzendem Eis gekühlt wird. Die O_3-, bzw. ClO_2-Konzentrationen betrugen ungefähr 7, bzw. 20 Vol.-%. Die Strömungsgeschwindigkeiten werden in F 1 und F 2 gemessen und so reguliert, daß sie etwa 20 l/h für den Ozonstrom und 2 l/h für den ClO_2-O_2-Strom betragen. Die beiden Gasströme werden in dem Reaktionsgefäß R gemischt, welches mit Eis gekühlt wird. Es kondensiert eine braune Flüssigkeit an den Wandungen des Reaktionsgefäßes und in den folgenden Röhren. Die Abgase werden durch die Wasserstrahlpumpe abgesaugt. Hahn T 2 ist geschlossen.

Während eines Arbeitsganges wurden nach SCHUMACHER und STIEGER drei Zersetzungen von $KClO_3$ durchgeführt, da es nicht ratsam schien, mehr als 5 ccm ClO_2 auf einmal darzustellen. Nach Beendigung der Darstellung wurden das Reaktionsgefäß R und die Fraktionieranordnung durch Abschmelzen der Verengungen C von der übrigen Apparatur getrennt.

Zur Reinigung wurde das Reaktionsprodukt im Hochvakuum fraktioniert destilliert, indem R auf $+6^{0}$ C, Falle 3 auf -20^{0} C gekühlt wurde. Die leichter flüchtigen Verunreinigungen wurden in der Falle 4 mit flüssiger Luft ausgefroren. Schließlich konnte man die Falle 3 an ihren Verengungen abschmelzen und mittels des Ansatzes (Zerschlagventil) an jeden gewünschten Apparat anschmelzen, ohne das Cl_2O_6 an die Luft bringen zu müssen.

Cl_2O_6 zersetzt sich ober -20^{0} C in O_2, Cl_2, ClO_2, Cl_2O_7. In reinem Zustand hat es bei -78^{0} eine leuchtend orangerote Farbe; bei -180^{0} ist es blaßgelb. Unreine Substanzen zeigten bei tiefen Temperaturen eine dunkelbraune Farbe.

Bromwasserstoff[1] **HBr** M = 80,93; F.P. —87° C; K.P.—66,9° C; Tripelpunktdruck 224 Torr.
1 Vol. H_2O löst 580 Vol. bei 10°, 345 Vol. bei 100° C.

In einem Gasentwicklungskolben mit eingeschliffenem Tropftrichter überschichtet man z. B. 25 g reinen ausgeglühten Sand mit einem Gemisch von 25 g rotem Phosphor und 100 g Sand und feuchtet das Ganze mit 45 ccm Wasser an. Der rote Phosphor wird vorher mit CS_2 am Soxleth extrahiert und gut mit Wasser ausgewaschen. Aus dem Tropftrichter läßt man tropfenweise Brom zufließen, wobei man zu Anfang durch Kühlung des Entwicklungskolbens dafür sorgt, daß die Gasentwicklung nicht zu stürmisch verläuft. Der Hahn des Tropftrichters wird mit zerflossenem Phosphorpentoxyd geschmiert.

Beim Einfallen jedes Bromtropfens ist eine Chemilumineszenzerscheinung sichtbar. Die Reaktion geht nach

$$P_2 + 3\,Br_2 = 2\,PBr_3$$
$$PBr_3 + 3\,H_2O = H_3PO_3 + 3\,HBr$$

vor sich. Man leitet das entweichende, mit Brom verunreinigte Gas durch eine auf —21° C gekühlte Ausfriertasche, sodann durch zwei große U-Rohre, die mit feuchtem rotem Phosphor auf Glaskugeln gefüllt sind und trocknet mit $CaBr_2$ und P_2O_5.

Für höchste Ansprüche kondensiert man das Gas durch Kühlung mit Kohlensäureschnee-Spiritus und schließt eine fraktionierte Vakuumdestillation an, wie z. B. bei SO_2 beschrieben, wobei man nur die Mittelfraktionen weiter verarbeitet.

Zur Darstellung *wässeriger* Bromwasserstoffsäure ist es nicht nötig, das Gas zu trocknen; man absorbiert es in Wasser, wobei man zweckmäßig eine rücksteigsichere Absorbtionsvorlage verwendet, und kühlt diese mit Eis.

Jod aus Jodrückständen J A = 126,92; F.P[2]. 113,7[2]; K.P. 183°, d 4,93; L. 0,022.

Bei der Aufarbeitung von Jodrückständen verwendet man nach F. ARNDT[3] am zweckmäßigsten und billigsten gasförmigen Sauerstoff unter Vermittlung der katalytischen Wirkung von Stickoxyden als Oxydationsmittel. Die Stickoxyde werden durch Zugabe von etwas Nitritlösung zu der mit konzentrierter Schwefelsäure angesäuerten Jodlösung erzeugt.

---

[1] M. FILETI u. F. CROSA, Gazz. Chim. Ital. **21** (1891), 64.

[2] F. C. KRACEK, Journ. physic. Chem. **35** (1931), 417.

[3] F. ARNDT, Ber. **52** (1919), 113; Chem. Ztg. **47** (1922), 16.

Es spielen sich hiebei folgende Reaktionen ab:

1. $HJ + HNO_2 = {}^1/_2\,J_2 + NO + H_2O$.
2. $NO + {}^1/_2\,O_2 = NO_2$.
3. $2\,HJ + NO_2 = J_2 + NO + H_2O$.
4. $2\,NO_2 + {}^1/_2\,O_2 + H_2O = 2\,HNO_3$.

Die Reaktionsgeschwindigkeit der Vorgänge 1, 2, 3 ist wesentlich größer als jene vom Vorgang 4, so daß kein *wesentlicher* Verbrauch der Stickoxyde eintritt, so lange noch Jodid vorhanden ist. Man erkennt das Ende der Jodoxydation daran, daß der Gasraum nicht mehr vom Stickoxyden rot, sondern nur durch etwas Joddampf schwach violett gefärbt ist. Man verfährt wie folgt:

Eine große Flasche ist mit einem durchbohrten Gummistopfen verschließbar, durch den bis fast auf den Boden ein Gaseinleitungsrohr führt, welches mit dem *Einleitungsrohr* einer leeren Waschflasche durch einen nicht zu kurzen Schlauch verbunden wird; das andere Rohr der Waschflasche wird an einen mit Bombensauerstoff gefüllten *Gasometer* angeschlossen. Die durch Eindampfen konzentrierte alkalische Lösung der Jodrückstände wird in die Flasche gebracht, welche sie nicht mehr als zur Hälfte füllen soll, mit roher *konzentrierter* Schwefelsäure angesäuert, der Gasraum der Flasche bei locker aufliegendem Stopfen mit Sauerstoff gefüllt, dann der Gasometerhahn geschlossen und Nitritlösung in die Flasche gegossen, bis der Gasraum intensiv rot gefärbt ist. Dann drückt man den Stopfen fest ein und öffnet den Gasometerhahn. Sofort, oder nach ganz leichtem Umschwenken, tritt der Sauerstoff lebhaft in die geschlossene Flasche ein. Man schüttelt nun, zunächst vorsichtig, dann kräftig und dauernd. Dabei fühlt man, wie der Sauerstoff weiterhin stürmisch eingesogen wird. Von Zeit zu Zeit unterbricht man das Schütteln und überzeugt sich, ob noch Sauerstoff lebhaft eintritt und der Gasraum noch rot gefärbt ist. Ist das nicht der Fall, so kann dies an der Ansammlung indifferenter Gase liegen (herrührend vom Stickstoffgehalt des angewandten Sauerstoffs oder von weitgehender Reduktion eines kleinen Teiles der Stickoxyde zu N_2O oder N_2). Man lüftet dann den Stopfen einen Augenblick. Wird hierdurch die NO_2-Bildung und Sauerstoffaufnahme nicht wieder hergestellt, so fügt man nach Schließung des Hahnes noch etwas Nitritlösung zu und verfährt wie vorher. Bei zu plötzlichem Beginnen oder Aufhören des Schüttelns kann, infolge einer vorübergehenden Drucksteigerung, etwas Flüssigkeit in die Waschflasche zurücksteigen; der gleich wieder einsetzende Sauerstoffstrom treibt sie dann wieder zurück.

Die Beendigung der Oxydation erkennt man am Aufhören der Sauerstoffaufnahme und am Farbloswerden der Gasphase. Nach Absetzen des kristallinen, schwarzen Jodniederschlages überzeugt man sich durch Zusatz einiger Tropfen Nitritlösung von der Vollständigkeit der Jodausscheidung. Dann dekantiert man die Mutterlauge (die pro Liter nur etwa 0,5 g Jod enthält) und bringt den Jodniederschlag zur Wasserdampfdestillation in einen Rundkolben. Man verwendet keinen Kühler, sondern leitet das Dampfgemisch durch ein weites Rohr (10 bis 15 mm) direkt in die Mitte eines großen, mit einem paraffinierten Korkstopfen verschlossenen (2-l-) ERLENMEYER-Kolbens, der durch Bindfaden niedergehalten, in einem wasserdurchflossenen Topf steht. Eine zweite Bohrung des Korkstopfens trägt ein etwa $^1/_2$ m langes, 1 cm weites Steigrohr. Das Jod scheidet sich als kompakte Masse an den Wänden ab, von denen es sich beim Schütteln und Kühlen leicht ablöst. Es wird mit einem Glasstab zerbrochen und unter Abpressen abgesaugt.

Enthalten die Jodrückstände größere Mengen *Eisen*, so muß man die Oxydation in der Hitze vornehmen. *Man hüte sich, Ammonsalze zu den alkalischen Jodrückständen zu bringen, da sonst durch Jodstickstoffbildung heftige Explosionen hervorgerufen werden können.* Eine derartige Explosion zerriß dem Verfasser ein 10-Liter-Standgefäß zu ganz kleinen Stückchen. Das abgesaugte Jod wird über Chlorkalzium oder konzentrierter Schwefelsäure im ungefetteten Exsikkator vorgetrocknet und aus dem S. 178 beschriebenen Sublimationsapparat sublimiert. Zur Entfernung der Feuchtigkeit stellt man auf das Einsiedeglas zunächst einen mit kaltem Wasser gefüllten Rundkolben. Dieser beschlägt sich mit Feuchtigkeit und Jod und wird gegen einen zweiten Kolben ausgewechselt, bevor das kondensierte Wasser zurücktropfen kann, usf. Solange noch Feuchtigkeit vorhanden ist, sitzt das sublimierte Jod nicht fest am Glase, sondern läßt sich leicht mit der Spritzflasche abspritzen. Sobald das Jod fest aufwächst, läßt man erkalten und zerreibt das nunmehr trockene Jod mit etwas Kaliumjodid (zur Zersetzung von JCl_3 usw.) und sublimiert. Für sehr hohe Ansprüche wird man das sublimierte Jod nochmals mit BaO verreiben und neuerlich, schließlich ein drittes Mal, ohne Zusätze sublimieren[1]. Über ein Reinigungsverfahren für Atomgewichtsbestimmungen berichtet HÖNIGSCHMID[2].

[1] W. A. PLOTNIKOW u. W. E. ROKOTJAN, Z. phys. Ch. 84 (1913), 365.

[2] O. HÖNIGSCHMID u. W. STRIEBEL, Z. phys. Ch. 1931, BODENSTEIN-Festband, S. 286.

Jodwasserstoff HJ M = 127,93; F.P. —50,9° C; K.P. —35,5° C; Tripelpunktdruck 383,7 Torr.

Jodwasserstoff läßt sich durch Einwirkung der Elemente bei Verwendung von Platinasbest oder Platinquarz als Katalysator nach $H_2 + J_2 \rightleftharpoons 2\,HJ + 2{,}59$ kcal synthetisieren[1]. Man verwendet hiezu die in Abb. 174 gezeichnete Apparatur. Bombenwasserstoff wird über einen auf 300° C angeheizten Palladiumasbestkontakt geleitet und passiert sodann eine Trockenröhre,

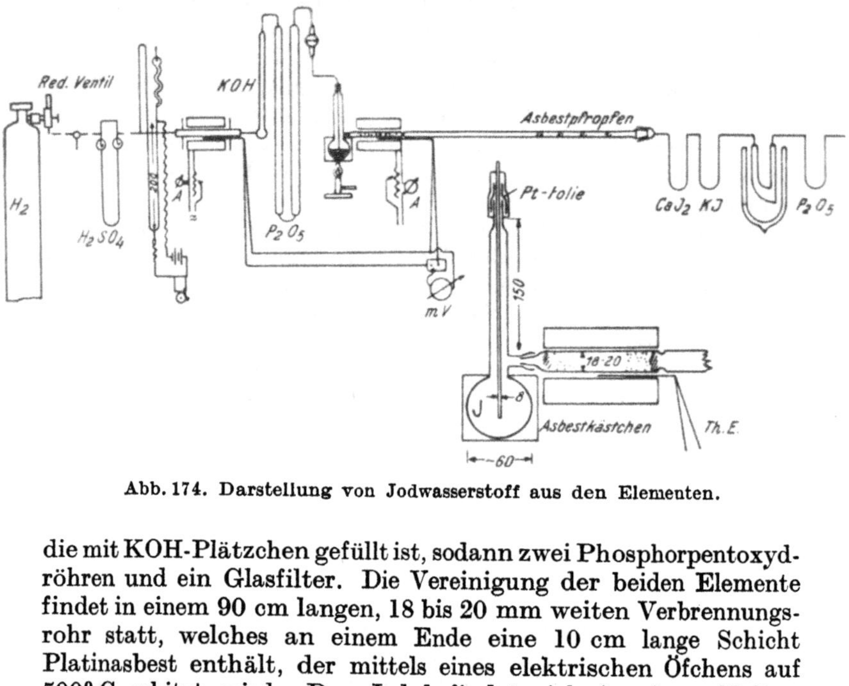

Abb. 174. Darstellung von Jodwasserstoff aus den Elementen.

die mit KOH-Plätzchen gefüllt ist, sodann zwei Phosphorpentoxydröhren und ein Glasfilter. Die Vereinigung der beiden Elemente findet in einem 90 cm langen, 18 bis 20 mm weiten Verbrennungsrohr statt, welches an einem Ende eine 10 cm lange Schicht Platinasbest enthält, der mittels eines elektrischen Öfchens auf 500° C erhitzt wird. Das Jod befindet sich in einem Kolben (Duranglas), der mittels eines Schliffes, welcher mit Asbestwasserglas *außen* gedichtet wird, mit dem Reaktionsrohr verbunden ist. Der Jodwasserstoff wird in einem U-Rohr mit pfefferkorngroßem CaJ_2 getrocknet, die Joddämpfe in einem U-Rohr mit KJ absorbiert und das Gas eventuell durch Kühlung mit Kohlensäureschnee-Spiritus ausgefroren.

[1] F. Bodenstein u. F. Lieneweg, Z. phys. Ch. **119** (1926), 124. — H. R. Ogg jr., J. Am. Chem. Soc. **56** (1934), 526.

Der Jodkolben wird mit vollkommen trockenem Jod (Trocknung im Vakuumexsikkator über P_2O_5 — *nicht* über Schwefelsäure, da diese reduziert wird) beschickt, die Apparatur mit reinem Wasserstoff gefüllt, der Kontakt geheizt und nun der Jodkolben so angewärmt, daß nur ganz geringe Jodmengen durch den Kontakt hindurchgehen, was dann der Fall ist, wenn sich die Kondensationszone im Jodkolben etwas höher als der Ansatz befindet. Jodwasserstoff ist lichtempfindlich.

Da sich das Reaktionsrohr leicht verstopft, versieht man das Manometer, wie in der Apparaturskizze angedeutet, eventuell mit einer Alarmanlage. Die Apparatur wird dort, wo Jod zutreten kann, möglichst aneinandergeschmolzen; Stopfen und Schlauchverbindungen mit LUDWIGschen Platindichtungen (S. 201) versehen. Hähne werden am besten mit Vaseline geschmiert.

Zur Herstellung *wässeriger Jodwasserstoffsäure* absorbiert man das Gas unter guter Kühlung in Wasser. (Bei 0° lösen sich 90 g HJ in 10 g H_2O.)

Berechnung der Gleichgewichtskonstanten der Reaktion $H_2 + J_2 = 2\,HJ$ und Ausbeuteberechnung. Wie auf S. 233 ausgeführt ist, kann man auf Grund der Kenntnis bestimmter thermochemischer Daten die Gleichgewichtskonstante einer Reaktion berechnen. Falls der $\Sigma\nu_i\, C_{pi}$-Wert klein ist, kann man sich mit der Anwendung der ersten Näherungsformel $\log K_p = -\frac{H}{4{,}574 \cdot T} + \frac{S}{4574}$ begnügen. Die zur Berechnung notwendigen Werte sind in Tab. 27 zusammengestellt.

Tabelle 27.

	C_p cal mol^{-1} (300° K)	H^0 cal (298° K)	S cal $Grad^{-1}$ (298° K)
H_2	6,90	0	31,23
J_2 (gasf.)	6,62	+ 14900	62,29
HJ (gasf.)	6,96	+ 6200	49,36

$$\Sigma\nu_i\, C_{pi} = -C_{pH_2} - C_{pJ_2} + 2\,C_{pHJ} = -6{,}90 - 6{,}62 + 2\cdot 6{,}96 = + 0{,}40 \text{ cal}$$

$$H = -H^0_{H_2} - H^0_{J_2} + 2\,H^0_{HJ} = -0 - 14900 + 2\cdot 6200 = -2500 \text{ cal}$$

$$S = -S_{H_2} - S_{J_2} + 2\,S_{HJ} = -31{,}23 - 62{,}29 + 2\cdot 49{,}36 = +5{,}20 \text{ Cl.}$$

Die Rechnung ergibt für eine Reihe von Temperaturen die in Tab. 28 zusammengestellten Werte.

Tabelle 28.

	673° K 400° C	773° K 500° C	873° K 600° C	973° K 700° C
log K_p	1,966	1,844	1,763	1,699
K_p	92	70	58	50

Bei bekannter Massenwirkungskonstante lassen sich die Gleichgewichtsmengen und damit die Ausbeute einer Reaktion berechnen, wenn die Ausgangsmengen bekannt sind. Haben sich nach $H_2 + J_2 \rightleftharpoons 2\,HJ$ im Gleichgewicht n_{HJ} Mol HJ aus den Anfangsmengen $n^0_{H_2}$, bzw. $n^0_{J_2}$ Mole H_2, bzw. J_2 gebildet, so sind noch vorhanden $n^0_{H_2} - \frac{n_{HJ}}{2}$, bzw. $n^0_{J_2} - \frac{n_{HJ}}{2}$ Mol der Ausgangsstoffe, da aus je einem Mol der Ausgangsstoffe 2 Mol HJ entstehen. Setzt man diese Werte in die Formel der Gleichgewichtskonstante ein, so erhält man

$$K = \frac{[HJ]^2}{[H_2]\cdot[J_2]} = \frac{n^2_{HJ}}{\left(n^0_{H_2} - \frac{n_{HJ}}{2}\right)\cdot\left(n^0_{J_2} - \frac{n_{HJ}}{2}\right)},$$

wobei die Wahl der Konzentrationsbezeichnung frei steht, da der numerische Wert der Gleichgewichtskonstante bei Reaktionen ohne Molzahländerung von der Wahl des Maßsystems unabhängig ist. Wie mathematisch abzuleiten ist, bekommt man den größtmöglichen Stoffumsatz bei Anwendung stöchiometrischer Mischungen. Will man dagegen einen möglichst vollständigen Umsatz eines der Reaktionspartner erzielen, so muß man nach dem MWG die Menge des zweiten Reaktionspartners möglichst erhöhen. Man erhält dann eine Umsatzkurve, die sich asymptotisch dem Werte 1 nähert, wenn man auf der Ordinate den Quotienten $\frac{n_{HJ}}{2n_{J_2}}$ als Maß für den Umsatz aufträgt.

Nehmen wir zur Vereinfachung an, daß die Reaktionsteilnehmer in einem stöchiometrischen Verhältnis vorlagen, so ist $n^0_{H_2} = n^0_{J_2} = n^0$. Hat sich davon y zu HJ umgesetzt, so ist $n_{HJ} = 2\,y\,n^0$; im Gleichgewicht gilt

$$K = \frac{4\,y^2}{(1-y)^2}.$$

Aus dieser Gleichung läßt sich y berechnen, oder man wertet die logarithmierte Gleichung graphisch aus.

Eine einfachere Darstellungsweise des Jodwasserstoffes stammt von L. MEYER[1] und beruht auf der Reaktion $P + 5\,J + 4\,H_2O = H_3PO_4 + 5\,HJ$:

Man bringt 100 g Jod mit 10 g Wasser in einen Gasentwicklungskolben und läßt zunächst unter Kühlung *tropfenweise* einen Brei von 5 g rotem Phosphor in 10 g Wasser zutreten. Der Tropftrichter soll einen weiten Hals und statt des Hahnes einen eingeschliffenen Glasstab eingesetzt haben, dessen Lüftung die Zugabe des Phosphorbreies ermöglicht. Die Gasentbindung geht gleichmäßig vor sich; nach dem vollständigen Eintragen des Phosphors erwärmt man schwach, um die Reaktion zu Ende zu führen. Das Gas ist mit Joddampf, Phosphoniumjodid und Wasser verunreinigt. Man reinigt vom Joddampf mittels dreier U-Rohre mit schwach feuchtem, roten Phosphor (mit CS_2 extrahiert und mehrmals mit Wasser ausgekocht), den man in der Reibschale auf reinen Asbest aufbringt; das PH_4J wird in einem, mit ausgeglühtem reinen Asbest gefüllten Schlangenrohr zurückgehalten, das sich in einer Eis-Kochsalz-Kältemischung befindet. Die letzten Spuren von Jod absorbiert man in einem mit KJ beschickten U-Rohr und absorbiert das so gereinigte Gas in Wasser, bzw. trocknet mit P_2O_5 und kondensiert.

Läßt man hochkonzentrierte Jodwasserstoffsäure zu Phosphorpentoxyd unter Kühlung[2] zutropfen, bzw. leitet man unter mäßigem Erwärmen einen Wasserstoffstrom durch die wässerige Säure, so erhält man einen Jodwasserstoffstrom, der, wie oben angegeben, zu reinigen ist. Nach der Phosphormethode hergestellter Jodwasserstoff enthält stets Spuren von Phosphorverbindungen.

Schwefelwasserstoff H_2S M = 34,08; F.P. — 85,6° C; K.P. — 60,7° C; Tripelpunktdruck 173,7 Torr.

Der aus technischem Schwefeleisen und verdünnter Salzsäure (HCl d 1,15 + H_2O 1 + 1), bzw. verdünnter Schwefelsäure (1 + 6) im KIPPschen Apparat entwickelte Schwefelwasserstoff ist sehr unrein und enthält H_2, AsH_3, SiH_4, PH_3, O_2, N_2, CH_4, HCl, CO_2.

Verwendet man Schwefeleisen pro Analysi, so ist der Schwefelwasserstoff lediglich mit H_2, O_2, N_2 und Cl_2 verunreinigt.

Sehr reinen Schwefelwasserstoff erhält man durch Erwärmen

---

[1] L. MEYER, Ber. **20** (1887), 3381.

[2] K. F. BANHOEFFER u. W. STEINER, Z. phys. Ch. **122** (1926), 288. — G. K. ROLLEFSON u. S. E. BOOHER, J. Am. chem. Soc. **53** (1931), 1728.

eines wässerigen Gemisches von Kalziumsulfid und Magnesiumchlorid[1]; das Verfahren beruht auf folgenden Reaktionen:

$$MgCl_2 + 2\ H_2O = Mg(OH)_2 + 2\ HCl$$
$$CaS + 2\ HCl = CaCl_2 + H_2S$$

In einen Rundkolben bringt man 1 Gewichtsteil CaS und 2 Gewichtsteile $MgCl_2 \cdot 6\ H_2O$ sowie soviel ausgekochtes Wasser, daß ein dünner Brei entsteht. Der Schliff des Kolbens trägt das Gasableitungsrohr, welches zu einer, mit Wasser beschickten, rücksteigsicheren Waschflasche führt. CO_2 und HCl werden mit festem Kaliumsulfhydrat absorbiert, die Trocknung erfolgt mit Kalziumchlorid und Phosphorpentoxyd. Schwefelsäure wird reduziert und darf daher nicht verwendet werden. Dann folgt das Quecksilbermanometer, das von trockenem Schwefelwasserstoff nicht angegriffen wird, und eventuell die Ausfriergefäße und die Pumpe. Durch abwechselndes Gasentwickeln und Abpumpen läßt sich das Gas völlig frei von Sauerstoff und Stickstoff erhalten. Auch durch Erhitzen von Paraffin mit Schwefelpulver in einer Retorte, und Absorption der organischen Dämpfe mittels A-Kohle, läßt sich sehr reiner Schwefelwasserstoff herstellen[2].

Völlig reinen Schwefelwasserstoff erhält man durch Synthese aus den Elementen und nachfolgender Fraktionierung[3].

Schwefeldioxyd SO_2 M = 64,06; F.P. —72,7° C; K.P. —10,0° C.

Man zersetzt eine konzentrierte Natriumbisulfitlösung mit konzentrierter Schwefelsäure in einem Entwicklungskolben und trocknet das Gas mit konzentrierter Schwefelsäure (und Phosphorpentoxyd). Durch mehrmaliges Fraktionieren (Achtung auf Siedeverzüge!) erhält man das SO_2 völlig rein. Auch hier wird man die Apparatur mehrmals abwechselnd mit der Wasserstrahlpumpe evakuieren und Gas entwickeln, bevor man zur Kondensation schreitet. Flüssiges SO_2 läßt sich in Glasröhren eingeschmolzen aufbewahren. Abb. 175 zeigt eine Apparatur zur Darstellung und Fraktionierung von SO_2 unter Siedepunktskontrolle. Das Präparat wird schließlich in V eingeschmolzen. Die Gasfalle rechts wird mit Kohlensäureschnee-Spiritus gekühlt, um vor Geruchsbelästigung sicher zu sein. Die Kondensation führt man mit Eis-Kochsalz-Kältemischung durch. Man achte

---

1 HABERMANN, Verh. d. naturf. Vereins, Brünn 27 (1890). — RANDALL und BICHOWSKY J. Am. Chem. Soc. 40 (1918) 373.

2 L. PALASCIANO, Z. analyt. Ch. 111 (1937), 263.

3 A. KLEMENC, O. BANKOWSKI, Z. anorg. Ch. 208 (1932), 348.

darauf, die Apparatur so hoch aufzubauen, daß man leicht mit den Kältebädern arbeiten kann.

Bomben-SO_2 läßt sich nach Trocknen mit Schwefelsäure durch mehrmaliges Fraktionieren völlig rein erhalten[1].

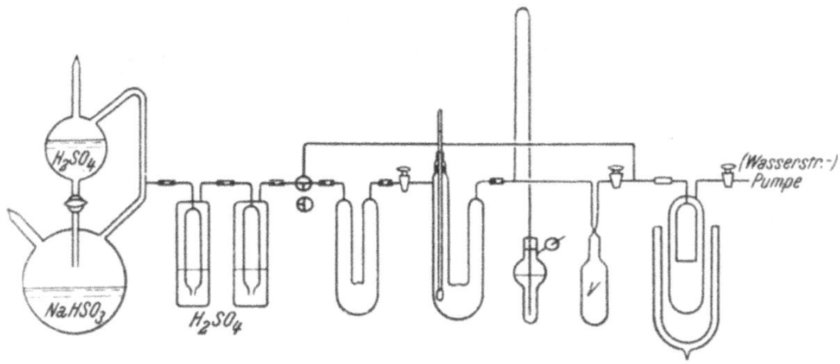

Abb. 175. Darstellung von SO_2.

Auch durch Einwirkung von konzentrierter Schwefelsäure auf fettfreie Kupferspäne in der Hitze entsteht nach $Cu + 2\,H_2SO_4 = CuSO_4 + 2\,H_2O + SO_2$ Schwefeldioxyd. Infolge der Verdünnung der Schwefelsäure durch das bei der Reaktion entstehende Wasser, sowie infolge der Nebenreaktion $4\,Cu + 4\,SO_3 = CuS + 3\,CuSO_4$ verlangsamt sich die Entwicklung nach einiger Zeit.

Schwefeltrioxyd SO_3 M = 80,06; F. P. 16,85° C; K. P. 44,8° C; d 2,75.

Die katalytische Oxydation von SO_2 mit Sauerstoff bei Gegenwart von Platin, $NaVO_3$, $AgVO_3$, Fe_2O_3 usw., nach $2\,SO_2 + O_2 \rightleftharpoons 2\,SO_3 - 2 \cdot 35{,}1$ kcal, ist für die chemische Großindustrie von überragender Bedeutung.

Schwefeltrioxyd tritt in mehreren Modifikationen auf. Die monomere eisartige Form mit dem F. P. 16,85° C geht bei Anwesenheit von Spuren von Feuchtigkeit in asbestartige Formen über, die als Pyroschwefelsäuren mit kettenförmiger Verknüpfung der SO_3-Molekeln aufzufassen sind. Bereits 1 Molekel H_2O auf 1 Million Molekeln SO_3 soll diese Umwandlung hervorrufen[2]. In der Literatur sind mehrere asbestartige Formen beschrieben,

---

[1] U. Moser, T. anorg. Ch. **110** (1920), 125.

[2] A. Berthoud, Helv. chim. acta **5** (1924), 513.

deren Existenz jedoch zweifelhaft ist[1], da sie auch keinen scharfen Schmelzpunkt besitzen. Das eisartige Schwefeltrioxyd kann man nur bei peinlichster Trocknung der Apparatur, bzw. durch öfteres Umsublimieren der asbestartigen Form über P_2O_5 erhalten.

Zur Darstellung von SO_3, Abb. 176, leitet man Bombensauerstoff, den man in zwei Waschflaschen mit konzentrierter Schwefelsäure trocknet, und SO_2, das man durch Erhitzen von 100 g Kupferspänen und 200 ccm konzentrierter Schwefelsäure

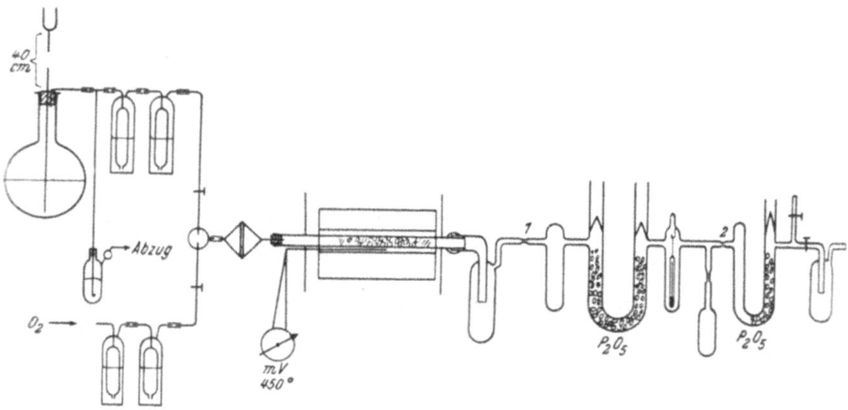

Abb. 176. Darstellung von SO_3.

in einem 500-ccm-Rundkolben entwickelt und in zwei Waschflaschen mit konzentrierter Schwefelsäure trocknet, nach Filtrieren der vereinigten Gasströme (durch Watte oder ein SCHOTTsches Gasfilter) über einen 15 bis 20 cm langen Platinquarzkontakt, der sich in einem schwer schmelzbaren Glasrohr (~18 mm l. W.) befindet und in einem Ofen auf 470 bis 490° C (Kontrolle mittels Thermoelement) erhitzt wird. An Stelle von Platin als Kontaktsubstanz kann man auch mit $NaVO_3$ oder $AgVO_3$ imprägnierte und dann ausgeglühte Tonscherben verwenden. Wesentlich bequemer ist die Verwendung von Bomben-SO_2, das man, wie oben, trocknet.

An das Glasrohr, in welchem sich der Kontakt befindet, ist eine Kondensationsvorlage mit sehr weitem Einleitungsrohr

[1] R. GRAU u. W. A. ROTH, Z. anorg. Chem. **188** (1930), 173. — Vgl. die Arbeiten von SMITS. — Kinetik der Kontakt-H_2SO_4. M. BODENSTEIN, FINK, Z. physik. Chem. **60** (1907), 1.

mittels Bleiglätte-Glyzerinkitt angekittet. Die Vorlage wird mit Eiswasser gekühlt. Zur Darstellung von *eisartigem* SO_3 dient die weitere, in Abb. 176 dargestellte, zusammengeblasene Apparatur. Sie besteht aus Ausfriergefäß, Phosphorpentoxydrohr, Ausfriergefäß mit ANSCHÜTZ-Thermometer zur Schmelzpunktkontrolle, Abschmelzgefäß und Phosphorpentoxydrohr zur Verhinderung des Zurücksteigens von Feuchtigkeit. Ein Manometer im SO_2-Zweig ist nötig, um Verstopfungen sogleich feststellen zu können. Die ganze Apparatur wird auf Dichtigkeit geprüft, sodann unter Luftdurchleiten peinlichst getrocknet (Kittstelle!), wobei der Kontakt auf 500° anzuheizen ist und die Vorlagen öfter abzufächeln sind. Sodann wird Phosphorpentoxyd auf Glaskugeln in die Phosphorpentoxydrohre eingefüllt, während ein langsamer Luftstrom durch die Apparatur streicht, um das Eindringen von Feuchtigkeit beim Zuschmelzen der Phosphorpentoxydrohre zu verhindern. Zur weiteren Trocknung läßt man die Apparatur über Nacht unter Vakuum stehen und beginnt am folgenden Tag mit der Darstellung des SO_3. Man arbeitet mit mäßig raschen Gasströmen und etwas Sauerstoffüberschuß. Die Entwicklungsgeschwindigkeit des SO_2 regelt man durch Erhitzen, bzw. Zugießen von etwas kalter Schwefelsäure.

Das in der ersten Vorlage kondensierte SO_3 wird, nach Beendigung der Darstellung, in einem langsamen Sauerstoffstrom (1 Blase in 2 bis 3 Sekunden) in die nächste Vorlage sublimiert, die mit Kohlensäureschnee-Spiritus gekühlt wird. Um Explosionen beim eventuellen Springen des Gefäßes zu vermeiden, wird dieses in eine dünne Messingblechhülse gesteckt[1]. Sodann wird die Abschmelzstelle 1 abgeschmolzen, der Fraktionierteil unter Kühlung des SO_3 (vor der Pumpe eine Falle mit flüssiger Luft) auf Hochvakuum evakuiert, bei 2 abgeschmolzen und das SO_3 bis zum richtigen Schmelzpunkt über das Phosphorpentoxyd hin und her sublimiert. Schließlich wird das SO_3 in das Abschmelzgefäß destilliert und abgeschmolzen.

Katalyse.

Katalysierte Reaktionen nehmen in der anorganischen und in der organischen Technik einen breiten Raum ein. Im nachfolgenden soll versucht werden, einen kurzen Überblick über das Wesen der Katalyse zu geben. Zunächst seien einige historische Definitionen gegeben, die, je nach dem Gesichtspunkte, unter welchem man die Reaktionen betrachtet, das Hauptgewicht auf

---

[1] W. BILTZ u. O. HULEMANN, Z. anorg. Chem. **207** (1932), 379.

die Begriffsbestimmungen „hervorrufen (verursachen), beschleunigen (erleichtern) und lenken (auswählen)“ legen.

a) Katalysatoren sind Körper, die durch ihre bloße Gegenwart chemische Tätigkeiten hervorrufen, die ohne sie nicht stattfinden (BERZELIUS 1835).

b) Ein Katalysator ist jeder Stoff, der, ohne im Endpunkt einer chemischen Reaktion zu erscheinen, ihre Geschwindigkeit verändert (W. OSTWALD 1901). Katalyse ist die Beschleunigung eines langsam verlaufenden chemischen Vorganges durch die Gegenwart eines fremden Stoffes (W. OSTWALD 1899). Katalysatoren sind Stoffgebilde, die aus einem System von Simultanreaktionen eine oder wenige durch Beschleunigung oder Ermöglichung herausheben (A. SKRABAL).

c) Ein Katalysator ist ein Stoff oder Körper, der scheinbar durch bloße Gegenwart eine chemische Reaktion oder Reaktionsfolge nach Richtung und Geschwindigkeit bestimmt, und zwar in der Regel auf dem Wege neuer Elementarakte und damit gewisser mehr oder weniger gut erkennbarer Zwischenstoffe und Zwischenzustände (A. MITTASCH 1933, 1936).

Demnach ist für eine katalytische Reaktion die Änderung der *Reaktionsgeschwindigkeit* durch Zusatz von Stoffen, die bei der Reaktion nicht verbraucht werden, also scheinbar nur durch ihre Gegenwart wirken, charakteristisch. Das Gleichgewicht eines Systems wird durch den Katalysator *nicht* verschoben. Die katalytische Wirksamkeit ist (für Systeme, die nicht weit vom Gleichgewichtszustand entfernt sind) von der Reaktionsrichtung unabhängig. Je nachdem, ob eine Katalyse in einem homogenen oder in einem heterogenen System erfolgt, spricht man von homogener oder von heterogener Katalyse. Bei heterogenen Katalysen bezeichnet man den Katalysator auch als Kontaktstoff. Das zu katalysierende System bezeichnet man als Substrat.

Da der Katalysator mit den Molekeln, deren Reaktion er beschleunigen soll, in Berührung kommen muß, um wirksam zu werden, ist die katalytische Reaktionsbeschleunigung von der Konzentration des Katalysators bei Homogenkatalysen, von der Größe der Oberfläche, die mit dem Substrat pro Zeiteinheit in Berührung kommt, bei heterogener Katalyse abhängig. In einzelnen Fällen konnten katalytische Reaktionsbeschleunigungen noch in außerordentlich kleinen Konzentrationen (katalytische Beschleunigung der Hämolyse durch $Ag^{\cdot}$ in einer Konzentration von $1:10^{-15}$) beobachtet werden (Spurenkatalyse).

Die Änderung der Reaktionsgeschwindigkeit durch Katalysatoren führt man auf die Bildung intermediärer *Zwischenver-*

bindungen zwischen dem Substrat A+B und dem Katalysator K zurück. Wenn die unkatalysierte Reaktion nach A+B=AB verläuft, so setzt sich die katalysierte Reaktion aus mindestens zwei Folgereaktionen nach

$$\begin{aligned} A+K &= AK \\ AK+B &= AB+K \end{aligned}$$

zusammen. Die Zwischenverbindung AK kann alle Stufen zwischen einer Adsorption, einer aktivierten Adsorption, in stabilen Zwischenverbindungen im Sinne HÜTTIGS und HEDVALLS bis zu wenig stabilen stöchiometrischen Verbindungen umfassen.

Können sich in einem System verschiedene Reaktionen abspielen, so kann, je nach der Wahl des Katalysators, die eine oder die andere Reaktion so beschleunigt werden, daß diese *praktisch allein* stattfindet (Reaktionslenkung).

In vielen Fällen hat sich gezeigt, daß der Verlauf chemischer Reaktionen wesentlich komplizierter vor sich geht, als den Reaktionsgleichungen entspricht, die meist nur Beginn und Ende des chemischen Geschehens erfassen. Nach den Ergebnissen der Reaktionskinetik setzt sich eine Reaktion meist aus einer Folge von mehreren „Elementarreaktionen" zusammen, wobei letztere den Mechanismus des Reaktionsablaufes zum Ausdruck bringen und nullter bis höchstens dritter Ordnung sind, wobei die langsamste Teilreaktion für die Reaktionsgeschwindigkeit des ganzen Systems bestimmend ist.

Die Abhängigkeit der Reaktionsgeschwindigkeit von der Temperatur ist in einem weiten Temperaturbereich durch die von ARRHENIUS empirisch gefundene Gleichung

$$\frac{d \ln k}{dT} = \frac{A}{RT^2} \tag{1}$$

gegeben, wobei k die Geschwindigkeitskonstante der Reaktion, T die absolute Temperatur, R die allgemeine Gaskonstante und A die „Aktivierungsenergie" bedeutet. Die Aktivierungsenergie ist jene Energie, die man einem „gehemmten" System zuführen muß, um die Reaktion auszulösen. Anfangs- und Endzustand eines Systems sind durch eine Potentialschwelle voneinander getrennt, auf die das System durch Zufuhr der Aktivierungsenergie emporgehoben werden muß, ehe der unter Energieabgabe verlaufende Prozeß einsetzen kann.

Vergleicht man die Stoßzahl einer Gasmolekel, die sich aus der kinetischen Gastheorie berechnen läßt und die bei 1 Atm. und 0^0 etwa $5 \cdot 10^9$ sec^{-1} beträgt, mit dem tatsächlichen Stoffumsatz, so ergibt sich, daß nur jeder 10^{10} bis 10^{12}te Zusammenstoß zu einer Umsetzung führt. Der Bruchteil α der Gesamtzahl der Molekeln eines Gases, deren thermische Energie die Aktivierungsenergie A übertrifft, läßt sich aus der kinetischen Gastheorie berechnen und beträgt

$$\alpha = e^{-\frac{A}{RT}} \tag{2}$$

α ist somit jener Bruchteil von Molekeln, die bei ihrem Zusammenstoß günstigstenfalls miteinander reagieren können. Aus den α-Werten lassen sich die Geschwindigkeiten von z. B. homogenen bimolekularen Reaktionen unter der Annahme berechnen, daß alle Zusammenstöße, deren Stoßenergie größer ist als die Aktivierungsenergie, zu Umsetzungen führen.

Bei einer bimolekularen Reaktion ist die Reaktionsgeschwindigkeit doppelt so groß wie die Anzahl der zu Umsetzungen führenden Zusammenstöße, die selbst wieder halb so groß ist wie die Stoßzahl Z; daraus ergibt sich

$$-\frac{dn}{dt} = 2\alpha \cdot \frac{n \cdot Z}{2} \tag{3}$$

$$Z = \sqrt{2} \cdot \pi \sigma^2 \bar{u} \cdot n \text{ (aus der kinetischen Gastheorie);} \tag{4}$$

σ ist der Durchmesser der Gasmolekeln, $\bar{u}$ ihre mittlere Geschwindigkeit und n die Anzahl der Molekeln pro Kubikzentimeter. Aus (3) und (4) folgt

$$-\frac{dn}{dt} = \alpha \cdot \sqrt{2} \pi \sigma^2 \bar{u}\, n^2. \text{ Die Integration ergibt} \tag{5}$$

$$\frac{1}{n_t} - \frac{1}{n_o} = \alpha \sqrt{2} \cdot \pi \sigma^2 \bar{u}\, t$$

Ist die Aktivierungsenergie bekannt, so läßt sich die Reaktionsgeschwindigkeit bei dem Übergang auf das normale Konzentrationsmaß c (Mol-Liter^{-1}) aus (2) und (5) berechnen:

$$-\frac{dc}{dt} = \frac{\sqrt{2}}{1000} \cdot N \pi \sigma^2 \bar{u} \cdot e^{-\frac{A}{RT}} \cdot c^2; \tag{6}$$

dabei bedeutet N die LOSCHMIDTsche Zahl. Da sich $\bar{u}$ nach kinetischen Überlegungen nur mit $\sqrt{T}$ ändert, kann man für den Ausdruck $\frac{\sqrt{2}}{1000} \cdot N \pi \sigma^2 \bar{u}$ in erster Näherung eine Konstante C einsetzen, so daß man erhält:

$$-\frac{dc}{dt} = C \cdot e^{-\frac{A}{RT}} \cdot c^2; \tag{7}$$

dieser Ausdruck ist mit dem Ausdrucke der Reaktionsgeschwindigkeit einer bimolekularen Reaktion

(8) $-\frac{dc}{dt} = K \cdot c^2$ identisch; die Geschwindigkeitskonstante

(9) $k = C \cdot e^{-\frac{A}{RT}}$; daraus folgt weiter

(10) $\ln k = \ln C - \frac{A}{RT}$, bzw. differenziert

(1) $\frac{d \ln k}{dt} = \frac{A}{R T^2}$ in Übereinstimmung mit Gleichung (1).

In BRIGGSschen Logarithmen lautet (10)

(11) $\log k = H - \frac{A}{4{,}574 \cdot T}$.

wobei H = ln C den „*Häufigkeitsexponenten*“ bedeutet, welcher die Reaktionswahrscheinlichkeit in Abhängigkeit von der Molekel*form* als Bruchteil der Stoßzahl Z zum Ausdruck bringt. Bei Berücksichtigung der Temperaturabhängigkeit von H ergibt sich die genauere Formulierung

(12) $\log k = H - \frac{A}{4{,}574 \cdot T} + 1{,}151 \log T$.

Mittels Gleichung (11) läßt sich die Aktivierungsenergie einer Reaktion berechnen, wenn man die Reaktionsgeschwindigkeiten bei zwei verschiedenen Temperaturen bestimmt. Trägt man log k in Abhängigkeit von 1/T in ein Koordinatensystem ein, so erhält man eine Gerade, aus deren Neigung man A bestimmen kann.

Die vorstehenden Überlegungen gelten nicht nur für gasförmige Systeme, sondern sind auch auf flüssige und heterogene Systeme anwendbar. Bei letzteren wird die Reaktionsgeschwindigkeit von der Diffusionsgeschwindigkeit des Substrates zur, bzw. der Reaktionsprodukte von der Grenzfläche dann bestimmt, wenn dieser Vorgang der langsamste ist. Sonst ist die Reaktionsgeschwindigkeit auch bei heterogenen Reaktionen durch Gleichung (11), bzw.(12) eindeutig festgelegt.

Da ein Katalysator definitionsgemäß wieder unverändert von dem System, dessen Reaktion er ausgelöst hat, abgetrennt werden kann, kann er auch keine Energie an das System abgegeben haben, wenn man lediglich den Anfangs- und den Endzustand des Reaktionsgeschehens betrachtet. Seine Wirkung beruht auf einer Veränderung der Faktoren α und Z in Formel 3. Dazu kommt ein weiterer Faktor, der die *Reaktionswahrscheinlichkeit* berücksichtigt, die in Formel (3) mit 1 angenommen wurde, bei komplizierter gebauten Molekeln jedoch erheblich kleiner sein kann. Diese Reaktionswahrscheinlichkeit ist in dem empirisch bestimmten Häufigkeitsexponenten H der Formel (11) und (12) bereits enthalten. Durch die Veränderung dieser drei Faktoren wird die Reaktionsgeschwindigkeit bestimmend beeinflußt: Die Stoßzahl Z kann durch Adsorption und Kapillarkondensation bei heterogenen Katalysen erheblich ansteigen; der dadurch verursachte Effekt ist jedoch selbst bei stark oberflächenaktiven Katalysatoren meist nur von untergeordneter Bedeutung gegenüber dem Einfluß, den der Katalysator auf α, das heißt nach Formel (2) auf die Aktivierungsenergie A ausübt. Während die Reaktionswärme einer Reaktion vom Reaktionswege unabhängig ist, ist die Aktivierungswärme A vom Reaktionswege abhängig und kann durch Katalysatoren beeinflußt werden. Diese Tatsache ist für die Erklärung der Erscheinungen der Katalyse von grundlegender Bedeutung.

Die Wirkung eines Katalysators beruht überwiegend auf einer Verringerung der Aktivierungsenergie dadurch, daß in Gegenwart eines Katalysators ein anderer Reaktions*weg* eingeschlagen wird, wobei der Katalysator *vorübergehend* an der Reaktion beteiligt ist. Dabei braucht die katalysierte Elementarreaktion nicht zu Anfang des Reaktionsweges liegen; wesentlich ist nur, daß durch die Mitwirkung des Katalysators eine im Reaktionsweg liegende hohe Potentialschwelle durch einen Umweg über einen „bequemeren Energiepaß" (Schwab) umgangen wird. In manchen Fällen werden katalytisch Kettenreaktionen ausgelöst, obwohl dieselben an sich selbständige Erscheinungen sind. Ebenso können Kettenreaktionen katalytisch abgebrochen werden.

Heterogene Katalyse. Die Reaktion findet an der Grenzfläche zweier Phasen statt und beruht hauptsächlich auf der Herabsetzung der Aktivierungswärme. Dabei ist die Oberflächenentwicklung des Katalysators und damit verbunden die Anzahl „aktiver Zentren" (Taylor, Langmuir) besonders wirksam, da an diesen, bzw. unter der Wirkung von freien Valenzen und Oberflächenkräften eine Deformation der Molekeln oder eine Lockerung oder Aufspaltung von Bindungen möglich ist, die zu einer Herabsetzung der Aktivierungswärme führt. („Aktivierte Adsorption"; aktive Zwischenzustände (H. S. Taylor, Hüttig, Hedvall, Fricke u. a.). Weiters kann eine feste Phase als dritter Stoßpartner für die Abfuhr von Energie wirken (Rekombination von atomarem Wasserstoff, Sauerstoff). Durch eine mit der Adsorption verbundene Orientierung der Molekeln kann die Reaktionswahrscheinlichkeit größer werden; auch die bloße Verdichtung durch Adsorption und Kapillarkondensation führt zu einer Erhöhung der Reaktionsgeschwindigkeit durch Erhöhung der Stoßzahl. Allerdings sind diese Effekte gegenüber dem Einfluß der Aktivierungswärme oft gering, wie BODENSTEIN am Beispiel der Knallgaskatalyse an Porzellan nachwies.

Die katalytische Wirkung eines Gemisches von zwei oder mehreren Katalysatoren ist gewöhnlich nicht gleich der Summe der katalytischen Wirkungen der Bestandteile. Selbst geringe Zusätze an „Aktivatoren", „Promotoren" können die Wirksamkeit eines Katalysators erheblich steigern und die Alterung des Katalysators verhindern. Durch Niederschlagen des Kontaktmittels auf Stoffe mit stark entwickelter Oberfläche (Asbest, Kieselgur, Silikagel), „Träger", kann ebenfalls eine erhebliche Steigerung der Wirksamkeit erzielt werden, wobei verschiedene Träger bei gleicher Oberflächenentwicklung die Wirksamkeit der, auf ihnen niedergeschlagenen Katalysatoren verschiedenartig beeinflussen können (Reaktionslenkung).

Bei Mehrstoffkatalysatoren, deren Erforschung vor allem A. MITTASCH zu verdanken ist, kann die Steigerung der Wirksamkeit durch eine Erhöhung der Anzahl der aktiven Zentren, deren Isolierung und Stabilisierung durch Erhöhung der „Fehlordnungsstellen", durch Veränderung der Oberflächenkräfte sowie schließlich durch Herabsetzung der Aktivierungsenergie von *beiden* Reaktionspartnern bewirkt werden. Bei der Reaktionslenkung kann man mittels verschiedener Katalysatoren verschiedene Reaktionen zum Ablauf bringen, derart, daß von einer Anzahl von verschiedenen Reaktionsmöglichkeiten diejenige eintritt, deren Aktivierungsenergie durch die Wahl des entsprechenden Katalysators jeweils am geringsten ist.

Gerade bei der heterogenen Katalyse hatte man in der Technik oft mit einer *Vergiftung* des Katalysators (BREDIG, KNIETSCH) zu kämpfen, wobei mehrere Fälle zu unterscheiden sind: Das Katalysatorgift kann vom Katalysator bevorzugt adsorbiert werden und dadurch die aktiven Zentren für das Substrat blokkieren. Bei *reversibler* Adsorption schafft eine höhere Strömungsgeschwindigkeit bei Gasreaktionen oft dann Abhilfe, wenn das Reaktionsprodukt diese Blockierung verursacht (SO_3 am Pt-Kontakt). Wird das Katalysatorgift irreversibel adsorbiert, so wird der Katalysator dauernd unbrauchbar (S, As am Pt-Kontakt der SO_3-Synthese). Von der Vergiftung eines Katalysators ist die *negative* Katalyse begrifflich streng zu unterscheiden. Letztere bewirkt z. B. einen vorzeitigen Kettenabbruch bei Kettenreaktionen und führt damit zu einer Verringerung der Reaktionsgeschwindigkeit, die im Falle der „Antiklopfmittel" bei den Verbrennungsmotoren von größter praktischer Bedeutung ist. Es ist oft sehr schwierig zu entscheiden, ob es sich um Vergiftung eines Katalysators oder um negative Katalyse handelt, weil angesichts der Möglichkeit der Spurenkatalyse nie mit voller Sicherheit behauptet werden kann, daß wirklich keine Molekeln eines auslösenden Fremdstoffes zugegen sind („Allgegenwart der Elemente", NODDACK). So sind viele „negative Katalysen" später als Hemmung positiver Katalysen erkannt worden.

In manchen Fällen wird eine Reaktion durch die während der Reaktion gebildeten Produkte katalysiert. Die Reaktionsgeschwindigkeit steigt anfänglich an, um gegen das Ende der Reaktion wieder abzufallen. Bei dieser unter dem Namen *Autokatalyse* bekannten Katalyseform versagt die übliche Begriffsbestimmung des Katalysators „im Endprodukt nicht vorhanden zu sein". Die Erscheinung ist insoferne besonders eigentümlich, als ein Produkt oder Zwischenprodukt der Reaktion, welches in homogenen Systemen *gleichgewichtsmäßig* der stattfindenden Reaktion *entgegenwirkt*, die Reaktionsgeschwindigkeit dieser Reaktionen *erhöht*. Autokatalysen können durch dauernde Steigerung der Reaktionsgeschwindigkeit (gewöhnlich unter Beteiligung von Kettenreaktionen) explosive Heftigkeit erlangen („Katastrophenreaktionen" z. B. NO + Schießbaumwolle).

Die Wirksamkeit eines Katalysators ist durch das Verhältnis der Geschwindigkeitskoeffizienten der katalysierten zu der unkatalysierten Reaktion gegeben, die natürlich auf dieselbe Temperatur bezogen sein müssen. Bei homogenen Katalysen muß man den Geschwindigkeitskoeffizienten der Reaktion auf eine bestimmte Konzentration, bei heterogenen Katalysen auf eine bestimmte Oberfläche des Katalysators beziehen. Bei heterogener Katalyse läßt sich die katalytische Wirksamkeit eines Kontaktes exakter durch die Bestimmung der Aktivierungsenergie (Bestimmung der Reaktionsgeschwindigkeit bei zwei verschiedenen Temperaturen) festlegen, da hierbei die unbekannte Oberfläche des Katalysators bei der Rechnung herausfällt, soferne man nur mit demselben Kontakt und bei konstanter Strömungsgeschwindigkeit arbeitet. In vielen Fällen lassen sich nur die relativen Wirksamkeiten verschiedener Katalysatoren bestimmen, wenn die Aktivierungsenergie der unkatalysierten Reaktion nicht bekannt ist, bzw. wenn die Reaktion ohne Katalysator in einem anderen Sinne verlauft.

Schwefelmonobromid (Dischwefeldibromid) S_2Br_2

M = 223,95; K.P. 57° C bei 0,22 Torr; 52,5° C bei 0,14 Torr; F.P. —46° C; d 2,635.

In ein trockenes Bombenrohr bringt man 24 g reinen, aus CS_2 umkristallisierten Schwefel und führt sodann ein Gläschen ein, das mit 19 ccm reinem Brom beschickt ist. Nach dem Zuschmelzen wird das Rohr zwei Stunden im Wasserbadschießofen erhitzt. Es entsteht eine granatrote, die Glaswandungen nicht benetzende, gegen Luftfeuchtigkeit äußerst empfindliche Flüssigkeit, die in absolut trockenen Glasgefäßen im *Hochvakuum* destilliert[1] und sofort eingeschmolzen werden muß.

Thionylchlorid $SOCl_2$ M = 118,97; K.P. 77° C[2], F.P. — 104,5° C[3].

Man läßt nach $SO_2 + PCl_5 = SOCl_2 + POCl_3$ auf Phosphorpentachlorid trockenes SO_2 einwirken und trennt die Reaktionsprodukte durch fraktionierte Destillation.

Ein Einliter-Rundkolben wird mit 500 g PCl_5 (nicht weniger!) beschickt und mit einem gut paraffinierten (und wieder heiß völlig abgewischten) Stopfen verschlossen, in dem eine Bohrung ein bis zum Boden des Kolbens führendes Gaseinleitungsrohr, die zweite Bohrung einen Rückflußkühler aufnimmt. Man leitet *trockenes* SO_2 (zwei Waschflaschen mit konzentrierter Schwefelsäure, Wattefilter) bis zur völligen Verflüssigung, zum Schluß unter gelinder Erwärmung ein. Die Reaktionsprodukte trennt man durch mehrmalige sorgfältige fraktionierte Destillation aus einem Kolben mit einem zirka 40 cm hohen, mit RASCHIG-Ringen gefüllten Destillieraufsatz oder einer anderen guten Kolonne und fängt die Fraktionen bis 82°, 82 bis 92°, 92 bis 102°, 102 bis 112° gesondert auf. Diese vier Fraktionen destilliert man mit demselben Aufsatz und entsprechend kleineren Kolben und fängt wieder die gleichsiedenden Fraktionen in je vier Kölbchen auf. Bei einer nochmaligen Destillation werden die Mittelfraktionen immer kleiner.

---

[1] O. RUFF u. G. WINTERFELD, Ber. **36** (1903), 2438.

[2] S. SUGDEN, J. B. REED, H. WILKINS, J. chem. Soc. **127** (1925), 1539. — H. u. W. BILTZ, Übungsbeispiele aus der unorganischen Experimentalchemie.

[3] H. A. MAYES, J. R. PARTINGTON, J. Chem. Soc. 1926, 2594. — Die von ARII veröffentlichten Werte K. P. $SOCl_2$ 75,6° C, K. P. $POCl_3$ 105° C; Sci Rep. Tôhoku Univ. (1), **22** (1933), 182, sind offenbar unrichtig.

Nun erhitzt man die *Anfangsfraktion* längere Zeit am Rückflußkühler ($^1/_2$ Stunde), um das gelöste SO_2 möglichst zu entfernen und destilliert aus dem gereinigten Fraktionieraufsatz in zwei weiteren Destillationen die konstant siedende Fraktion des Thionylchlorides bei 77—78° C heraus. Die Ausbeute beträgt zirka 50% der berechneten. Das Präparat ist nicht ganz frei von Phosphorverbindungen; es wurde als Schulbeispiel einer Trennung durch fraktionierte Destillation hier aufgenommen. Aus der höchstsiedenden Fraktion kann man analog das Phosphoroxychlorid (K. P. 108,7[1, 2]) herausdestillieren. Thionylchlorid ist eine erstickend riechende, farblose, wasserklare, stark lichtbrechende Flüssigkeit, die mit Wasser, noch schneller mit Alkalien, zu HCl und SO_2 hydrolisiert.

Sulfurylchlorid SO_2Cl_2 M = 134,97, K. P. 695° C, F. P. —54,1 d 1,67[3].

Man stellt Sulfurylchlorid durch katalytische Vereinigung von SO_2 und Cl_2 nach $SO_2 + Cl_2 = SO_2Cl_2 - 22$ kcal an einem gekühlten (+30 bis +40° C) etwa 20 cm langen A-Kohlekontakt her. Die A-Kohle wird vorher bei 150 bis 200° im Vakuum getrocknet und im Vakuum erkalten gelassen. Man verwendet eine der Abb. 133, S. 183, entsprechende Apparatur, die man wesentlich vereinfachen kann. Die beiden Gasströme stellt man am zweckmäßigsten durch Absiedenlassen der kondensierten, trockenen Gase her, die sich in Ausfrierfallen befinden, welche in STOCKschen Al-Blöcken stehen.

Die Reinigung erfolgt durch fraktionierte Destillation im Wasserstrahlvakuum in der üblichen Weise, wobei man das eventuell verwendete Manometer vor dem Angriff des Chlors durch konzentrierte Schwefelsäure schützen muß. (Vgl. Abb. 183 [N_2O_4], 175 [SO_2].)

Sulfurylchlorid ist eine wasserklare, farblose, an der Luft schwach rauchende, sehr stechend riechende Flüssigkeit, die sich mit Wasser und Alkalien langsam in Schwefelsäure und Salzsäure zersetzt. Es ist demnach das Säurechlorid der Schwefelsäure.

In vollkommen analoger Weise läßt sich *Nitrosylchlorid*[4] an

---

[1] Siehe vorige Seite, Fußnote 2.

[2] W. BLITZ, A. SAPPER, E. WÜNNENBERG, Z. anorg. Ch. **203** (1932), 277.

[3] DANNEEL Z. ang. Ch. **39** (1926) 1553.

[4] L. FRANCESCONI u. G. BRESCIANI, Gazz. chim. ital. **34**, II (1904), 13.

einem A-Kohlekontakt nach $NO + \frac{1}{2} Cl_2 = NOCl - 8{\cdot}8$ kcal bei 40 bis 50° C herstellen (vgl. S. 310 (NOCl). Verflüssigt man das NOCl bei —6°, so bleiben die Verunreinigungen gasförmig und gehen weg.

Schwefelhexafluorid SF_6 M = 146,06, F.P. unter Druck —50,2 ± 0,5° C, Subl. P. —63,8° C, K.P. —68,2°.

Man leitet von Fluorwasserstoff befreites Fluor über reinen, umkristallisierten Schwefel, wobei sofort die Bildung von SF_6 einsetzt[1]. (Die Darstellung von SeF_6, TeF_6, CF_4 ist analog.) Die Reaktion kann in (Jena-) Glasgefäßen durchgeführt werden. Abb. 177 zeigt die Apparatur. Das Rohprodukt wird in B mit

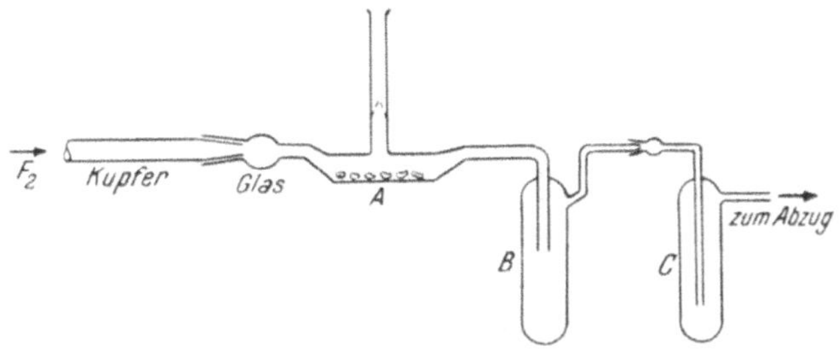

Abb. 177. Darstellung von SF_6.

flüssiger Luft ausgefroren, das Gefäß C wird mit Kohlensäureschnee-Spiritus gekühlt, um ein Eindringen von Feuchtigkeit zu verhindern. Die Schliffe sind mit wenig Fett und Picein gedichtet. Das Reaktionsrohr wird durch Umwickeln mit einem feuchten Stoffstreifen gekühlt, da die Bildungsenthalpie mit —262 kcal mol^{-1} sehr beträchtlich ist. Das Rohprodukt läßt man zur Reinigung von CO_2, SiF_4, SO_2, F_2 in einem mit 3n-KOH beschickten Gasometer absieden. Nach mehreren Tagen Stehens über der 3n-Lauge leitet man das Gas über ein Chlorkalziumrohr in eine auf —78° (Kohlensäureschnee-Spiritus) gekühlte Falle und fraktioniert in einer angeschlossenen, mit gewöhnlichen Hähnen ausgestatteten Vakuumapparatur, bis mehrere Fraktionen bei —78,5° C den gleichen Sublimationsdruck haben, wobei man mehrere Male bei Kühlung mit flüssiger Luft gut abpumpt.

[1] W. Klemm u. P. Henkel, Z. anorg. allg. Ch. **207** (1932), 73. — A. Eucken u. H. Ahrens, Z. phys. Chem. B. **26** (1934), 300.

Stickstoff N_2 M = 14,008; F.P. — 210°; K.P. —195,8° C; Litergewicht 1,2508 g; Luftstickstoff mit Edelgasen 1,2567 g.

Falls die Beimengung der Edelgase bei der Verwendung des Stickstoffes nicht stört, geht man von dem etwa 99%igen Bombenstickstoff aus und entfernt den Sauerstoff durch Überleiten über feinverteiltes Kupfer bei 200° C[1]. Kohlendioxyd absorbiert man mittels Natronkalk und trocknet mit konzentrierter H_2SO_4 (besser mit fester KOH) und, falls erforderlich, mit P_2O_5.

Völlig reinen Stickstoff stellt man durch Zersetzen der Azide im Hochvakuum her[2]. Der Boden des Zersetzungsrohres A,

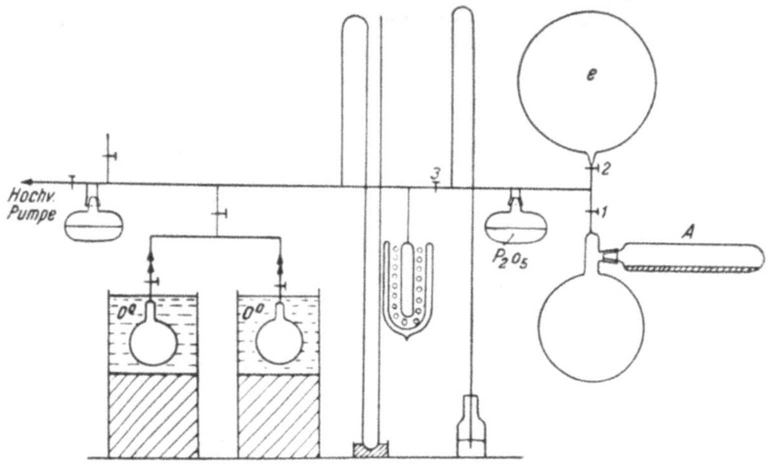

Abb. 178. Bestimmung des Litergewichtes von Stickstoff, hergestellt aus Natriumacid.

Abb. 178, aus dünnwandigem Glas (40 cm lang, 2 cm Durchmesser), wird 1 bis 2 mm hoch mit einer gleichmäßigen Schicht von NaN_3 bedeckt. Nach längerem Evakuieren der Apparatur und Stehenlassen über P_2O_5 wird das Zersetzungsrohr in einem elektrischen Ofen vorsichtig auf maximal 250° C erhitzt und auf Hochvakuum evakuiert. Dann erhitzt man bei offenem Hahn 1 und geschlossenem Hahn 3 vorsichtig eine Stelle des Zersetzungsrohres, nahe dem Schliff, von unten mit dem Handgebläse. Der Schliff wird mittels eines nassen Tuchstreifens vor Überhitzung geschützt. Sobald die Zersetzungstemperatur des NaN_3 bei

[1] F. R. Meyer, G. Ronge, Angew. Ch. **52** (1939), 637. — Vgl. H. Kautsky, H. Thiele, Z. anorg. Ch. **152** (1926), 342.

[2] E. Justi, Ann. Phys. [5], **10** (1931), 985.

280^0 C[1] erreicht ist, setzt die Gasentwicklung unter Aufstauben von metallischem Natrium ein. Man entfernt die Flamme, wartet bis die Gasentwicklung nachläßt und erhitzt nun weiter, von links nach rechts fortschreitend, wobei man den Stickstoff von Zeit zu Zeit in den Vorratskolben e abläßt. Eine Explosionsgefahr besteht nicht, da das Zersetzungsrohr bei plötzlichem Überdruck einfach aus seinem Schliff herausfliegen würde.

Entfernung von Stickstoffverunreinigungen aus Gasen. Die Entfernung von geringen Mengen von Stickstoff aus Gasen wird am besten mittels physikalischer Reinigungsverfahren (fraktionierter Destillation, Kondensation usw.) durchgeführt.

Von chemischen Absorbtionsverfahren bedient man sich der Absorption mit Magnesium und Kalzium bei etwa 600^0 C. Nach RUFF[2] ist die Absorptionsgeschwindigkeit von Kalzium-Stickstoff-(3%-) oder Kalzium-Kalium-(5%-)Legierungen bereits bei 400^0 wesentlich größer als diejenige des reinen Metalles, auch bei höheren Temperaturen. Reinstes Kalzium ist nach RUFF bis zu seinem Schmelzpunkt gegenüber Stickstoff inert. Die Mischung von Polzenius[3] — Kalziumkarbid mit 10% $CaCl_2$ — verlangt Temperaturen von 800 bis 1000^0 und wird deshalb selten angewendet.

Aktiver Stickstoff[4].

Bei der Einwirkung kondensierter elektrischer Funkenentladungen auf Stickstoff bei Drucken von 0,1 bis 20 Torr findet eine Aufspaltung der Stickstoffmolekel in Atome statt[5]. Die Konzentration dieses aktiven Stickstoffes beträgt je nach der Art und Stärke der Entladung 2 bis 40% und hat bei einem Druck von etwa 2 Torr ein Optimum[6]. Auch durch elektrodenlose hochfrequente Ringentladungen läßt sich Stickstoff aktivieren.

Das für den aktiven Stickstoff charakteristische gelbe Nachleuchten scheint bei reinstem Stickstoff nicht aufzutreten; es tritt dagegen bei minimalen Verunreinigungen mit Fremdgasen, so bei einer Sauerstoffkonzentration von etwa $1{,}5 \cdot 10^{-3}$% auf[7]. Dieses Leuchten wird katalytisch bei Anwesenheit von Cu, Fe,

---

[1] E. TIEDE, Ber. **49** (1916), 1745.

[2] O. RUFF, H. HARTMANN, Z. anorg. Ch. **121** (1922), 167. — M. BODENSTEIN, L. WACHENHEIM, Ber. **51** (1918), 265. — SIEVERTS, Z. anorg. Ch. **29** (1916), 402.

[3] DRP. 163320.

[4] H. O. KNESER, Ergebn. d. exakt. Naturwiss. **8** (1929), 229.

[5] R. J. STRUTT, Proc. Roy. Soc. (A) **85** (1911), 219; **88** (1913), 539.

[6] E. WREDE, Z. phys. **54** (1929), 65.

[7] H. B. BAKER, R. J. STRUTT, Ber. **47** (1914), 2283.

Zn, Ag, Pt, W, Mo (Reihe abnehmender Wirksamkeit) ausgeschaltet[1], ohne daß dadurch die für den aktiven Stickstoff charakteristische Reaktionsfähigkeit verlorengeht[2]. Diese Reaktionsfähigkeit gestattet Reaktionen durchzuführen, deren Aktivierungswärme 45 kcal mol^{-1} nicht übersteigt[3]. So bilden eine ganze Reihe von Metalldämpfen mit aktivem Stickstoff Nitride, mit CS_2, S_2Cl_2, SH_2 bildet sich eine blaue, feste Substanz, die für $(NS)_x$ angesprochen wurde usw. Dagegen reicht die Energie des aktiven Stickstoffes nicht zur NH_3-Bildung aus[3]. Die Umsetzungen sind meist nur qualitativ untersucht worden.

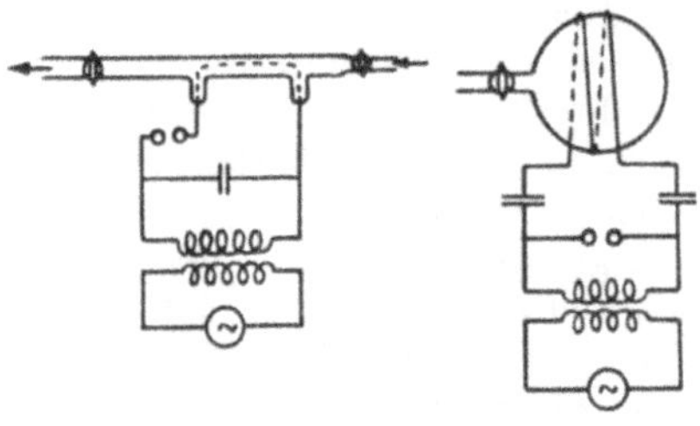

Abb. 179. Darstellung von aktivem Stickstoff.

Die meistbenutzten experimentellen Anordnungen zur Darstellung von aktivem Stickstoff sind in Abb. 179 wiedergegeben.

Gasdichtebestimmung[4] (Regnault). An diesem klassischen Beispiel der Gasdichtebestimmung, die zur Auffindung der Edelgase durch Rayleigh und Ramsay führte, soll die Methode der Gasdichtebestimmung nach Regnault näher besprochen und auch die zu einer Präzisionsbestimmung notwendigen Korrekturen erläutert werden. Das Prinzip der Methode ist außerordentlich einfach; bei der experimentellen Durchführung treten jedoch mannigfache Schwierigkeiten auf.

Ein Glaskolben von zirka 250 bis 300 ml Inhalt mit hochvakuumdichtem Kapillarhahn und Schliffansatz wird zunächst (durch Auskochen und Einsaugenlassen) mit Wasser gefüllt (inklusive Hahnbohrung, Ansatzrohr leer), bei 0^0 temperiert und nach Einstellung des Temperaturgleichgewichtes im Waagekasten gewogen (G_1, 0^0), sodann entleert, evakuiert, ausgeheizt und gewogen (G_2, t_2), schließlich mit dem Gas bei 0^0 gefüllt und bei $t_3{}^0$ unter Beobachtung des Druckes b gewogen (G_3, 0^0, b).

---

[1] H. B. Baker, E. Tiede, R. J. Strutt, E. Domke, Ber. **47** (1914), 2283. — E. J. B. Willey, J. Chem. Soc. 1927, 2188. — E. Tiede, E. Domcke, Ber. **47** (1914), 420.

[2] E. J. B. Willey, J. Chem. Soc. (1927), 2831; (1928), 2840.

[3] E. Tiede, H. Chomse, Ber. **63** (1930), 1839.

[4] Vgl. Stähler III/1, S. 57, 77 f. — A. Klemenc, Z. anorg. Ch. **208** (1932), 348.

Aus den Wägungen ergibt sich das Volumen $v = (G_1 - G_2)$ und das Gewicht $g = G_3 - G_2$ des Gases.

Um genaue Ergebnisse zu erhalten, sind folgende Korrekturen anzubringen:

1. Berücksichtigung der Dichte (g/ml)[1] des Wassers. $V_0 = (G_1 - G_2) \dfrac{d_{4^0}^{H_2O}}{d_{0^0}^{H_2O}}$.

2. Korrektur des Barometerstandes auf $0^0 = b_0$.

3. Berücksichtigung des Luftauftriebes des Gewichtes g. $g_0 = (G_3 - G_2)\left(1 - \dfrac{d\ \text{Luft}}{d\ \text{Gewichte}}\right)$.

4. Berücksichtigung der Volumenkontraktion des Kolbens bei der Wägung G_2 und Korrektion des Luftauftriebes, der dieser Kontraktion entspricht. Man bestimmt die Volumenkontraktion durch hydrostatische Wägung des fast völlig mit Wasser gefüllten, vollkommen unter Wasser tauchenden Kolbens bei der Temperatur t_4^0: a) im evakuierten Zustand, b) nach Einströmenlassen von Luft unter gewöhnlichem Druck. Die Differenz dieser beiden Wägungen, multipliziert mit dem Faktor $\dfrac{d_{t_2}^{Luft}}{d_{t_4}^{Luft}} \cdot \dfrac{d_{4^0}^{H_2O}}{d_{t_0^0}^{H_2O}}$ gibt den Luftauftrieb $\triangle$ an, der zu G_2 zuzuzählen ist.

5. Infolge der Abweichung des Verhaltens der Gase von den idealen Gasgesetzen ist das Gewicht des Gases, bezogen auf 760 Torr, nicht $\frac{g_0}{b_0} \cdot 760$, sondern $\frac{g_0}{b_0} \cdot 760\,[1 - K\,(760 - b_0)]$, wobei K den Kompressionskoeffizient (für Stickstoff $K = -6 \cdot 10^{-7}\ \text{Torr}^{-1}$), das ist die Abweichung vom BOYLE-MARIOTTEschen Gesetz, darstellt.

6. Das Gewicht eines Normalliters Gas (= Gasdichte) wird auf 0^0 C, 760 Torr, Meeresniveau und 45^0 Breite bezogen. Das gefundene Gewicht ist daher mit dem Quotienten der Gravitationskonstanten von 45^0 Breite, Meeresniveau ($= 980{,}665\ \text{cm sec}^{-2}$) und vom Beobachtungsort (= $\mathfrak{G}$) zu multiplizieren.

Die Wägungen werden mittels eines gleichgroßen Kolbens (aus gleichem Glase) als Gegengewicht nach der Methode der Doppelwägungen (oder einfacher nach der Substitutionsmethode) durchgeführt (Schwingungsmethode). Vor jeder Wägung werden Kolben und Gegengewicht mit feuchtem Flanell, sodann mit trockenem Rehleder abgewischt, bis man das Gefühl sanften

---

[1] $1\ \text{ml} = 1{,}000027\ \text{cm}^3$.

Darübergleitens hat, und einige Stunden zum Temperaturausgleich im Waagekasten stehengelassen. Da das Volumen der Glasballons gleich groß ist, fällt der Luftauftrieb heraus und man hat nur die Auftriebskorrektur für das Gewicht g anzubringen. Die Berechnung des Ergebnisses sieht folgendermaßen aus:

$$L_N = \frac{760\,[G_3 - (G_2 + \triangle)] \cdot d^{H_2O}_{0^\circ}}{[G_1 - (G_2 + \triangle)]} \cdot \left(1 - \frac{d^{t_3}_{Luft}}{d_{Gewichte}}\right) \cdot [1 - K(760 - b_0)] \cdot \frac{980 \cdot 665}{\mathfrak{G}}$$

oder umgeformt, unter Vernachlässigung der Fehler II. Größe:

$$L_N = 760\,\frac{g - \triangle}{v - \triangle}\,d_0^{H_2O}\left[1 - \frac{d^{t_3}_{Luft}}{d_{Gewichte}} - K\,(760 - b_0)\right]\frac{980{,}665}{\mathfrak{G}}\,.$$

Man bestimme das Litergewicht (= „Wichte") von Stickstoff aus Luft, bzw. von Stickstoff aus Natriumazid. Die hierzu erforderliche Apparatur ist in Abb. 178 schematisch wiedergegeben. Um den Stickstoff unter dem notwendigen Überdruck zur Verfügung zu haben, wird man ihn mittels im Vakuum siedender flüssiger Luft im Kondensationsgefäß K kondensieren und von dort bei geschlossenem Hahn 3 absieden lassen.

Ammoniak NH_3 M = 17,03; F. P. —77,8° C; K. P. —33,5°; Tripelpunktdruck 44,9 Torr; Litergewicht 0,7719 g.

Zur Darstellung von Ammoniak geht man von Ammoniumchlorid oder Ammoniumnitrat oder von Salmiakgeist aus. Ammoniak aus der Kokerei enthält immer schwer zu entfernende organische Stickstoffbasen; man wird deshalb womöglich vom *synthetischen Ammoniak* und dessen Salzen ausgehen. Bei der Verwendung von Steinkohle-Ammoniumchlorid entfernt man die organischen Begleitstoffe nach MOSER[1], indem man die gesättigte Lösung von reinem umkristallisierten Ammoniumchlorid mit etwa einem Zehntel ihres Volumens an konzentrierter Salpetersäure versetzt und so lange kocht, bis der Geruch nach Chlor vollkommen verschwunden ist. Die nach Erkalten der Mutterlauge abgesaugten Ammoniumnitratkristalle werden nochmals in gleicher Weise behandelt und der entstandene Kristallbrei abgesaugt und über KOH getrocknet.

Zur Darstellung von Ammoniak erhitzt man in einem Kolben am Sandbad eine innige Mischung von feingepulvertem Ammoniumnitrat (siehe oben) oder -chlorid mit frischgebranntem und gemahlenem (Kugelmühle-) Kalziumoxyd (1 : 2).

[1] L. MOSER, Die Reindarstellung von Gasen, S. 82.

Aus einer wässerigen konzentrierten Ammoniaklösung stellt man Ammoniakgas durch Auftropfen auf frischgebrannten, stückigen Kalk her. Um die Luft aus dem Kalk zu entfernen, evakuiert man vor dem Zutropfenlassen des Ammoniaks. Den Rückfluß-kühler kühlt man mit Eis-Kochsalz-Kältemischung und trocknet

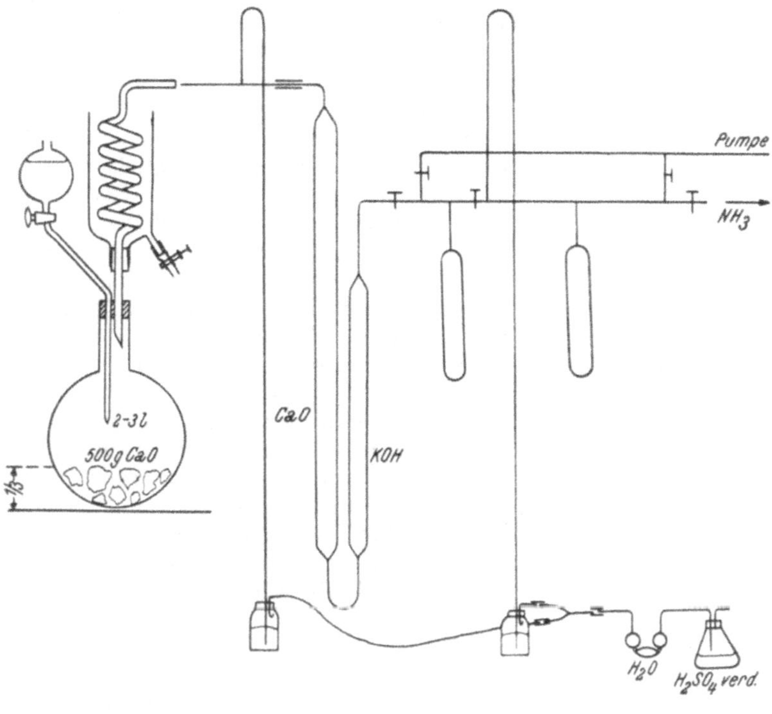

Abb. 180. Darstellung von Ammoniakgas.

das Gas über frischgebranntem Calciumoxyd und Kaliumhydroxyd in Plätzchenform[1]. Sauerstoff kann man in mehreren Waschflaschen absorbieren, die mit ammoniakalischer Kupferchlorürlösung und blankem Kupfer beschickt sind, oder man leitet das Gas dort, wo Wasserstoff und Stickstoff nicht schadet, durch einen auf zirka 400° angeheizten, 30 cm langen Platinkontakt. Ein

[1] Vgl. auch A. Smits, E. Swart, P. Bruin, J. chem. Soc., London 1929, 2712. — C. Matignon, Bull. soc. Chim. 4, **3** (1908), 353, empfiehlt, Natrium mit trockenem Kochsalz zu einer grauen Masse zu verreiben und diese als Trockenmittel anzuwenden.

Teil des Ammoniaks zerfällt in Stickstoff und Wasserstoff, wobei letzterer mit dem Sauerstoff am Kontakt Wasser bildet. Wesentlich einfacher ist die Reinigung durch fraktionierte Destillation im Vakuum. Abb. 180 zeigt ein entsprechendes Apparaturschema.

Die *Ammoniaksynthese*[1] nach HABER-BOSCH war die erste großindustriell durchgeführte Hochdrucksynthese, die auf der Fortführung der Arbeiten von F. HABER und R. LE ROSSIGNOL beruhte. Die grundlegenden Versuche sind laboratoriumsmäßig unschwer durchzuführen: Stickstoff und Wasserstoff, den man in einer Stahlflasche in dem stöchiometrischen Verhältnis 1 : 3 (z. B. 50 atü Stickstoff, dazu Wasserstoff bis 200 atü) mischt (vgl. S. 151), wird bei Drucken von zirka 100 atü in einem Drucköfchen, Abb. 181, über 2 bis 3 g metallischem Osmonium bei zirka 450 bis 550° katalysiert. Das Drucköfchen besteht aus warmfestem (18-8 CrNi-) Stahl; die Dichtung erfolgt durch Anziehen einer Überwurfmutter ohne Dichtungsscheiben und Schliffflächen, indem man den Kopfkonus etwas steiler (16°) als am Zylinder (20°) macht. Zur Leitung verwendet man Stahlkapillaren von 1 mm Wandstärke und 1 mm lichter Weite, die Drucke bis 500 atü aushalten. Abb. 181, rechts, zeigt die Konstruktion der Kupplungsstücke, die alle mit gleichem Gewinde ausgestattet sind. Die Kapillaren sind in die Kupplungsstücke eingeschraubt und hart eingelötet. Die konvexe Kugelkalotte hat einen etwas kleineren Radius als der konkave Teil der Kupplung. Abb. 182 zeigt den Zusammenbau der Apparatur. Die Druckregelung und Entspannung wird mittels LE-ROSSIGNOL- (DESAGA-) Ventilen vorgenommen; die Drucke werden mit Membranmanometern gemessen. Der in

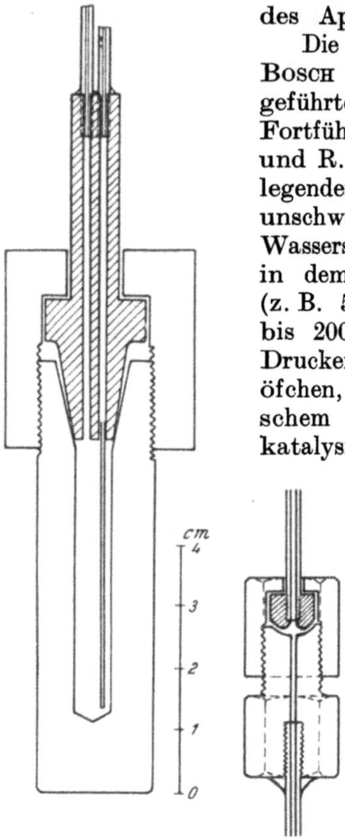

Abb. 181. Hochdrucköfchen und Hochdruckkupplung.

[1] F. HABER, R. LE ROSSIGNOL, Z. Elektroch. 19 (1913), 53.

dem Gasgemisch vorhandene Sauerstoff wird in einem ähnlich Abb. 181 gebauten Öfchen bei 300° am Palladiumasbest verbrannt und das Wasser, sowie Spuren von CO_2 in einem mit KOH-Plätzchen beschickten Druckgefäß (Weichkupferdichtung) absorbiert. Das gereinigte Gasgemisch gelangt über ein DESAGA-Ventil in das früher beschriebene Drucköfchen, das in einem Salpeterbad erhitzt wird. Der Oberteil des Kopfes ist, wie aus der Abbildung ersichtlich, mittels einer wasserdurchflossenen Bleischlange gekühlt. Man füllt den ganzen Apparat nach vorhergehendem Evakuieren mit dem Stickstoff-Wasserstoff-Gemisch, reguliert

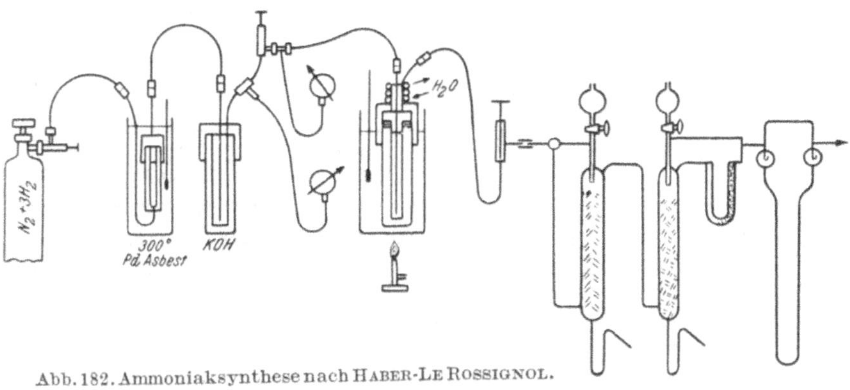

Abb. 182. Ammoniaksynthese nach HABER-LE ROSSIGNOL.

die Ofentemperaturen und stellt durch Regulierung der DESAGA-Ventile auf die gewünschte Strömungsgeschwindigkeit und den gewünschten Druck ein. Sobald ein stationärer Zustand erreicht ist, entnimmt man durch Drehen des Dreiweghahnes Gasproben, die man in einer Quecksilberbürette zur Analyse bringt, oder man friert das Ammoniak mit flüssiger Luft aus.

Die Reaktionsarbeit, bzw. die Gleichgewichtskonstante der Reaktion $3\,H_2 + N_2 \rightleftarrows 2\,NH_3$ sei nach Formel (13), S. 234, bzw. (18), S. 236, in dritter Näherung berechnet. Die notwendigen Daten sind in Tab. 29 zusammengestellt.

Tabelle 29.

	C_p cal Grad^{-1} Mol^{-1}				H^0_{298} cal	S_{298} Cl
	300°	450°	600°	900° K		
H_2	6,90	6,99	7,01	7,14	0	31,23
N_2	6,96	7,02	7,20	7,68	0	45,79
NH_3	8,5	9,5	10,6	12,8	— 11040	46,03

$H_{298} = -22080$ cal

$S_{298} = -3 \cdot 31{,}23 - 45{,}79 + 2 \cdot 46{,}03 = -47{,}42$ Cl

$\Sigma \nu_i c_{pi}^{\,300^\circ} = -3 \cdot 6{,}90 - 6{,}96 + 2 \cdot 8{,}5 = -10{,}66$ cal Grad^{-1} = $= a_{300}$

$\Sigma \nu_i c_{pi}^{\,450^\circ} = -3 \cdot 6{,}99 - 7{,}02 + 2 \cdot 9{,}5 = -9{,}0$ cal Grad^{-1}

$\Sigma \nu_i c_{pi}^{\,600^\circ} = -3 \cdot 7{,}01 - 7{,}20 + 2 \cdot 10{,}6 = -7{,}0$ cal Grad^{-1}

$\Sigma \nu_i c_{pi}^{\,300,\,600} = (-10{,}66 - 9{,}0 - 7{,}0) = -8{,}9$ cal Grad^{-1} = $= a_{300,\,600}$

$a_{300-450} = -10{,}7$ cal Grad^{-1}

$a_{450-550} = {}^1/_2 \cdot (a_{300} + a_{300,\,600}) = \frac{1}{2} (-10{,}66 - 8{,}9) =$ $= -9{,}8$ cal Grad

$a_{550-1000} = -8{,}9$ cal Grad^{-1}

	300°	600	673 400° C	723 450° C	773 500° C	873° K 600° C
— S_{298} . T (kcal) .	14,23	28,45	31,91	34,28	36,65	41,40
— aT F (I) (kcal)	0	1,05	1,54	1,91	2,33	3,23
A (kcal)	— 7,85	+ 7,42	+11,37	+14,11	+16,90	+22,55
log Kp (Atm.)	+ 5,72	— 2,70	— 3,69	— 4,26	— 4,78	— 5,64
log K_p experimentell, bzw. mit genaueren Formeln	—	—	— 3,74	— 4,33	— 4,83	— 5,67

Wie die beiden letzten Reihen der Tabelle zeigen, stimmen die nach der dritten Näherung berechneten Werte mit den experimentell, bzw. mit komplizierteren Formeln erhaltenen Werte sehr gut überein. Bei der kleinen Gleichgewichtskonstante ist die Berechnung der theoretisch möglichen Ausbeute aus dem Massenwirkungsgesetz von besonderem Interesse:

Im Falle eines *stöchiometrischen* Ausgangsgemisches aus n^0 Mol N_2 und $3\,n^0$ Mol H_2 sei y der Bruchteil des Stickstoffs, der sich nach dem Ablauf der Reaktion in NH_3 umgewandelt hat. Dann sind im Gleichgewichtsgemisch vorhanden:

$2\,y\,n^0$ Mol NH_3, $n^0\,(1-y)$ Mol N_2, $3\,n^0\,(1-y)$ Mol H_2. In Summe sind $n^0\,(2\,y + 1 - y + 3 - 3\,y) = n^0\,(4 - 2\,y)$ Mole im Gleichgewichtsgemisch vorhanden, so daß die Molenbrüche lauten:

$$x_{NH_3} = \frac{2\,y}{4-2\,y}; \quad x_{N_2} = \frac{1-y}{4-2\,y}; \quad x_{H_2} = 3 \cdot \frac{1-y}{4-2\,y}.$$

Daraus berechnet sich die Massenwirkungskonstante $K_p = \frac{1}{p^2} \cdot K_x$.

$$(1) \qquad K_p = \frac{1}{p^2} \cdot \frac{x^2_{NH_3}}{x_{N_2} \cdot x^3_{H_2}} = \frac{1}{p^2} \cdot \frac{4\,y^2 (4-2\,y)^2}{27\,(1-y)^4}.$$

Aus der letzteren Formel läßt sich die Ausbeute y und daraus der Ammoniakmolenbruch x_{NH_3} (graphisch) bestimmen, falls p und K_p bekannt sind. Ist $y \ll 1$, so läßt sich eine wesentlich vereinfachte Näherungsformel verwenden:

$$(2) \qquad K_p = \frac{1}{p^2} \cdot \frac{64\,y^2}{27} = 2 \cdot 37 \cdot \frac{y^2}{p^2}.$$

Bei 400^0 C berechnet sich die NH_3-Konzentration für p = = 1 Atm. wie folgt:

$$\log K_{p\,400} = -3{,}74;\ K_p = 1{,}82 \cdot 10^{-4};\ y = \sqrt{\frac{1{,}82 \cdot 10^{-4}}{2 \cdot 37}} = 0{,}87.10^{-2};$$

$$x_{NH_3} = \frac{2\,y}{4-2\,y} = 0{,}0044 = 0{,}44\,\%.$$

Bei Drucksteigerung erhöht sich die Ammoniakausbeute proportional dem Druck $\left(y = p \cdot \sqrt{\frac{K_p}{2 \cdot 37}}\right)$. Darauf beruht die Bedeutung der Hochdrucksynthese, die es ermöglicht, bei Temperaturen zu arbeiten, bei welchen die Reaktionsgeschwindigkeit genügend groß, die Gleichgewichtskonstante aber schon recht klein ist. Die Ausbeutesteigerung mit zunehmendem Druck ist aus Tab. 30 ersichtlich.

Tabelle 30.

°C	log K_p	% NH_3 im Gleichgewicht			
		1 Atm.	100 Atm.	300 Atm.	600 Atm.
400°	— 3,74	0,44%	24,8%	42,9%	54,6%
500°	— 4,83	0,12	10,1	22,5	33,4

Selbstverständlich ist die Näherungsformel (2) bei den hohen Drucken nicht mehr anwendbar, da die Voraussetzung $y \ll 1$ nicht mehr zutrifft.

Lithiumnitrid Li_3N M = 34,83; F. P. 840 bis 845^0 C[1].

Lithiumnitrid entsteht als amorphes, schwarzbraunes Produkt bei der Einwirkung von reinem, trockenen Stickstoff auf Lithium (Eisenschiffchen) bei Zimmertemperatur. Das Lithium wird von

[1] Guntz, C. r. 121 (1895), 945.

anhaftendem Paraffinöl durch mehrmaliges Abspülen in Äther befreit und letzterer im Vakuum entfernt. Stickstoff-Sauerstoff- oder Stickstoff-Wasserstoff-Gemische geben bei Zimmertemperatur kein Nitrid[1].

Erhitzt man das Lithium in einem reinen, trockenen Stickstoffstrom in einem Elektrolyteisenschiffchen auf 450 bis 460° [1], [2], so verbindet sich der Stickstoff mit dem Lithium unter Feuererscheinung. Das so erhaltene Produkt ist schwarz bis stahlgrau gefärbt, kristallinisch, aber stark eisenhältig.

Lithiumnitrid wird durch feuchte Luft und Wasser unter Bildung von Lithiumhydroxyd und Ammoniak zersetzt.

Magnesiumnitrid Mg_3N_2 M = 100,98; d. 2,705[2]; Zers. 1500° C.

Man bringt reines Magnesium*feilicht* (*nicht* Pulver) in einigen großen, unglasierten Porzellanschiffchen (oder besser Schiffchen aus MgO) in ein schwer schmelzbares Glasrohr, das in einem guten Verbrennungsofen liegt. Das Verbrennungsrohr wird mit einer Apparatur zur Entwicklung von trockenem Ammoniak verbunden. Ein T-Rohr erlaubt das Ammoniak nach dem Versuch mit *trockener* Luft zu verdrängen. An das andere Ende des Rohres schließt man ein halb und halb mit CaO- und KOH-Plätzchen gefülltes U-Rohr an und leitet die Abgase in eine Absorptionsvorrichtung, bestehend aus zwei Erlenmeyer-Kolben, die mit verdünnter Schwefelsäure beschickt sind. Im ersten Kolben taucht das Gaseinleitungsrohr nicht in die Absorptionsflüssigkeit ein (Oberflächenabsorption).

Man erkennt, daß die Luft *vollkommen* aus dem Apparat verdrängt ist, daran, daß keine Luftblasen aus dem Tauchabsorptionsgefäß austreten, und erhitzt sodann das Magnesium auf 850°, wobei die Nitridbildung unter Erglühen einsetzt und Wasserstoff aus den Absorptionsgefäßen austritt. Während dieser Hauptreaktion muß ein *rascher* Ammoniakstrom zugeleitet werden, damit die Absorptionsflüssigkeit nicht zurückgesaugt wird und Luft von rückwärts eintreten kann. Nach der Hauptreaktion wird noch eine halbe Stunde in einem langsamen Ammoniakstrom erhitzt, sodann erkalten gelassen, das Ammoniak durch trockene Luft verdrängt und das Magnesiumnitrid, eine hellgrüngelbliche poröse, feuchtigkeitsempfindliche Masse, sofort eingeschmolzen. Mit Wasser zersetzt es sich schnell nach $Mg_3N_2 + 6\,H_2O = 3\,Mg(OH)_2 + 2NH_3$.

---

[1] F. W. Dafert u. R. Miklauz, Monatsh. **31** (1910), 985.

[2] W. Biltz, A. Sapper, E. Wünnenberg, Z. anorg. Ch. **203** (1932), 277.

Chromnitrid[1] CrN M = 66,02, Zers. 1500° C.

Man stellt in gleicher Weise, wie bei Magnesiumnitrid beschrieben, aus violettem wasserfreien Chromchlorid das Nitrid her, wobei man das Verbrennungsrohr genügend lang und die Ableitung genügend weit macht, um durch das absublimierende NH_4Cl nicht verstopft zu werden. In dem Ammoniakweg ist aus diesem Grunde ein Manometer anzubringen. Das Ende der Reaktion erkennt man daran, daß kein Ammoniumchlorid mehr sublimiert. Man läßt im Ammoniakstrom erkalten, pulverisiert das dunkle Reaktionsprodukt, erhitzt nochmals im Ammoniakstrom und extrahiert schließlich die letzten Spuren von Chromchlorid mit konzentrierter Salzsäure und etwas Zinn. Nach völliger Auflösung des Zinns wird abfiltriert, mit verdünnter Salzsäure, dann mit destilliertem Wasser säurefrei gewaschen und bei 100 bis 120° getrocknet.

Chromnitrid ist ein schwarzer, gegen Chemikalien sehr resistenter Körper, der beim Erhitzen an der Luft bei Gebläsetemperatur zu Chromoxyd verglimmt.

Stickoxydul, Distickstoffoxyd N_2O M = 44,016; F. P. —91,7° C[2]; K. P. — 88,7° C; Tripelpunktdruck 658,9 Torr. Litergewicht 1,9780 g.

Man erhitzt reinstes Ammoniumnitrat (vgl. S. 300) bis zum Schmelzpunkt, jedoch nicht darüber, gießt die Schmelze auf ein blankes Eisen- oder Nickelblech aus, zerschlägt sie in kleine Stücke und läßt im Exsikkator erkalten. Man füllt damit eine Retorte zu einem Drittel; der Hals ist abwärts geneigt, damit kondensierendes Wasser nicht zurückfließen kann. Ein Thermometer im Retortentubus gestattet die Temperaturkontrolle der Schmelze. Man erhitzt vorsichtig am Drahtnetz; bei 169,5° C schmilzt das Ammoniumnitrat und beginnt sich bald darauf zu zersetzen: $NH_4NO_3 \rightarrow N_2O + 2\ H_2O$. Um ein Springen der Retorte durch kondensierendes Wasser zu verhindern, bedeckt man sie mit einem Asbestkästchen. Das reinste Stickoxyd entweicht bei höchstens 248° C[3]. Man schließt an den Retortenhals ein mit Eis gekühltes U-Rohr zur Kondensation des Wassers an und leitet das Gas, um es von seinen Verunreinigungen (NO, NO_2, CO_2, O_2) zu befreien, durch zwei Waschflaschen mit kon-

---

[1] E. Baur u. G. L. Voermann, Z. phys. Ch. **52** (1905), 473.

[2] W. Biltz, W. Fischer, E. Wünnenberg, Z. anorg. Ch. **193** (1930), 351.

[3] H. Gehlen, Ber. **65** (1932) 1130.

zentrierter $FeSO_4$-Lösung, zwei Waschflaschen mit KOH (1 : 1), zwei Waschflaschen mit alkalischer $Na_2S_2O_4$-Lösung (S. 256) und trocknet mit konzentrierter Schwefelsäure und eventuell P_2O_5. Das so gereinigte Gas enthält 1 % N_2. Zur Feinfraktionierung destillierten BLUE und GIAUQUE[1] das mit flüssiger Luft ausgefrorene Gas im Hochvakuum in der DAVIS-PODBIELNIAK-Kolonne (S. 134). Sperrflüssigkeit ist ges. Kochsalzlösung oder Quecksilber.

Stickoxyd, Stickstoffmonoxyd NO M = 30,008; F.P. —163,7° C; K.P. — 151,8° C; Tripelpunktdruck 164,4 Torr; Litergewicht 1,3402 g.

Die gewöhnlich angewendete Reaktion, Einwirkung von Salpetersäure d 1,1 bis 1,2 auf fettfreie Kupferspäne, führt zu einem sehr unreinen Gas, das 15 bis 17 % N_2O und etwa 11% N_2 enthält[2].

Zur Darstellung kleiner Mengen von reinem NO bedient man sich der, von EMICH[3] angegebenen Einwirkung von salpetersäurehältiger Schwefelsäure auf Quecksilber nach $2\,HNO_3 + 3\,H_2SO_4 + 6\,Hg = 2\,NO + 3\,Hg_2SO_4 + 4\,H_2O$: Ein ERLENMEYER-Kolben (250 ccm bis 1 l Inhalt) mit eingeschliffenem Glasstopfen, Hahntrichter und Gasentbindungsrohr wird bis auf einige Kubikzentimeter mit konzentrierter Schwefelsäure gefüllt, der man etwa 2 Gew.-% $NaNO_2$ zugesetzt hat. Durch das Trichterrohr gießt man so viel Quecksilber, daß der Boden des ERLENMEYER-Kolbens eben bedeckt ist. Es entsteht eine gleichmäßige, ruhige, mehrere Stunden andauernde Gasentwicklung. Das Gas wird durch Waschen mit 5 n-NaOH (e-Natrio, frei von organischen Substanzen, sonst Reduktion des NO zu N_2O!) von geringen Beimengungen höherer Stickoxyde befreit und mit konzentrierter H_2SO_4 (in dieser ist NO etwas löslich; MOSER empfiehlt deshalb die Verwendung 90%iger Schwefelsäure) und P_2O_5 getrocknet.

Zur Herstellung größerer Mengen ist die von WINKLER[4] angegebene Reduktion der salpetrigen Säure mit Jodwasserstoffsäure nach $HNO_2 + HJ = NO + H_2O + {}^1/_2\,J_2$ besonders geeignet.

Man läßt Schwefelsäure 1 : 1 zu einer Lösung von 1 Gewichtsteil KJ, 2 Gewichtsteilen KNO_2 (karbonatfrei!) in 4 bis 5 Gewichtsteilen ausgekochtem, luftfreien H_2O unter gutem Umschwenken

---

[1] R. W. BLUE, W. F. GIAUQUE, J. Am. Chem. Soc. **57** (1935) 992.
[2] L. MOSER, Z. analyt. Ch. **50** (1911), 401.
[3] F. EMICH, Monatsh. **13** (1892), 73.
[4] L. W. WINKLER, Ber. **34** (1901), 1408. — H. L. JOHNSTON, W. F. GIAUQUE, J. Am. Chem. Soc. **51** (1929), 3194.

des Kolbens zutropfen. Da die Gasentwicklung nicht stürmisch verläuft, kann man zwei Drittel des Entwicklungsgefäßes mit der Salzlösung füllen und bedient sich einer evakuierbaren Anordnung, ähnlich der Darstellung von SO_2, Abb. 170 (jedoch ohne die Fraktioniereinrichtung). Das Gas wird wie oben gereinigt und getrocknet. Man evakuiert die Apparatur mehrmals unter dazwischenliegendem kurzem Entwickeln des Gases. Der Ausschluß von Luft ist wegen der großen Reaktionsgeschwindigkeit zwischen NO und Sauerstoff unerläßlich[1]. NO kann nicht über Wasser aufbewahrt werden[2].

Stickstoffdioxyd NO_2 M = 92,016; F. P. —10,8° C; K.P. + 21,2° C; Litergewicht 4,1098 g; Tripelpunktdruck 146 Torr.

Man läßt konzentrierte oder rote rauchende Salpetersäure in einem Schliffkolben auf grieß- bis erbsengroße Stücke von glasigem Arsenik unter Erwärmen einwirken und leitet das aus NO_2 und NO bestehende Gas in ein Kondensationsgefäß, wo es sich zu einer dunkelgrünen Flüssigkeit verdichtet. Leitet man trockenen Sauer-

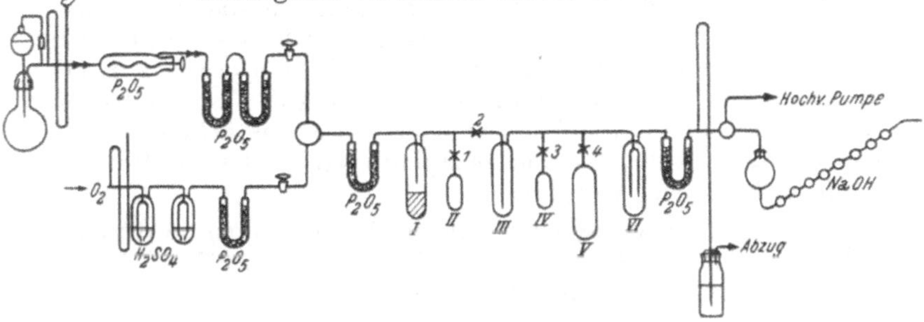

Abb. 183. Darstellung von Stickstoffdioxyd.

stoff durch diese Flüssigkeit, so oxydiert sie sich vollkommen zu farblosem Stickstofftetroxyd, das durch Destillation über Phosphorpentoxyd zu trocknen und zu reinigen ist.

Größere Mengen lassen sich leicht aus Stickoxyden und Sauerstoff herstellen[3], indem man eine 35- bis 40%ige Natriumnitritlösung durch Zutropfen von 20%iger Schwefelsäure zersetzt und die entstehenden Stickoxyde mittels (Bomben-) Sauerstoff oxydiert.

---

[1] M. Bodenstein, Z. angew. Ch. **31** (1918), 145.

[2] L. Moser, Z. analyt. Ch. **50** (1911), 401 — 33.

[3] Ph. A. Guye u. G. Druginin, J. Chim. physique 8 (1910), 489. — F. E. C. Scheffer u. J. P. Treub, Z. phys. Ch. **81** (1913), 308.

Man benutzt zweckmäßig eine Apparatur nach Abb. 183. Die Gase werden mit P_2O_5, das sich in Röhren auf Glaskugeln befindet, getrocknet und gelangen über eine Mischdüse in den Fraktionierteil, wo sie in Vorlage I über P_2O_5 mit Kohlensäureschnee-Spiritus (oder Eis-Kochsalz-Kältemischung) kondensiert werden. Die Flüssigkeit oxydiert man durch Einleiten von Sauerstoff, bis sie farblos geworden ist, läßt über P_2O_5 über Nacht stehen, kühlt sodann I mit flüssiger Luft und evakuiert mit der Hochvakuumpumpe, wobei letztere durch Kühlung von VI mit flüssiger Luft zu schützen ist. Man destilliert einen kleinen Vorlauf nach II, schmilzt bei 1 ab, destilliert die Hauptfraktion nach III, sättigt nochmals durch Nachströmenlassen von Sauerstoff, schmilzt bei 2 ab, kühlt III tief ein, evakuiert auf Hochvakuum, destilliert einen Vorlauf nach IV, den man bei 3 abschmilzt und destilliert schließlich die reine Hauptfraktion in das Vorratsgefäß V, das man bei 4 abschmilzt.

Vor Beginn des Versuches muß das Innere der Apparatur durch Evakuieren und Erwärmen peinlichst getrocknet werden. Stickstofftetroxyd darf nicht mit organischen Substanzen (Hahnfett usw.) in Berührung kommen, da es durch diese zu niederen Stickoxyden reduziert wird. Deshalb muß man das Gas in III nochmals mit Sauerstoff oxydieren. Als Hahnfett für die beiden Hähne verwendet man Vaseline oder besser die Schmiere nach WOURTZEL (S. 118). Das Phosphorpentoxyd muß völlig frei von niederen Phosphoroxyden sein.

Stickstoffdioxyd steht mit seinem Dimeren in einem dynamischen, temperaturabhängigen Gleichgewicht; ober 154° ist das Stickstoffdioxyd vollkommen zerfallen:

$$\underset{\text{farblos}}{N_2O_4} \underset{<17^\circ C}{\rightleftharpoons} \underset{\text{braun}}{2\,NO_2} \overset{>154^\circ C}{\rightleftharpoons} \underset{\text{farblos}}{2NO + O_2}$$

Für experimentell Geübte wird die Bestimmung des Dampfdruckes nach SCHEFFER und TREUB (S. 127) empfohlen.

Nitrosylchlorid NOCl $M = 65{,}47$; F. P. —61,5° C; K. P. —5,8° C.

Durch Erwärmen von Nitrosylschwefelsäure mit Natriumchlorid. Man stellt die *Nitrosylschwefelsäure* durch Einleiten von trockenem Schwefeldioxyd in rauchende Salpetersäure (d 1,52) nach $SO_2 + HNO_3 = O_2S\langle{}^{OH}_{ONO}$ her[1]. Die Salpetersäure befindet sich in einem *Schliff*kolben oder einer Waschflasche mit Schliff

[1] R. WEBER, J. prakt. Ch. 85 (1862), 424.

und wird in einer Eis-Kochsalz-Mischung auf zirka —10° C gekühlt. Es wird mit dem Einleiten von SO_2 fortgefahren, bis sich ein dicker Brei weißer, federartiger Kristalle von Nitrosylschwefelsäure (Bleikammerkristalle) abgeschieden hat, jedoch noch nicht alle Salpetersäure verbraucht worden ist. Die Kristalle werden rasch auf einer Glassinternutsche abgenutscht und auf einen Tonteller aufgestrichen, und einige Tage im Vakuumexsikkator über Schwefelsäure an einem kühlen Orte getrocknet.

Zur Darstellung des Nitrosylchlorids nach $ONO \cdot SO_3H + NaCl = NOCl + NaHSO_4$[1] mischt man stöchiometrische Mengen von Nitrosylschwefelsäure und vollkommen getrocknetem Kochsalz (Erhitzen bis zum Aufhören des Dekrepitierens und Erkaltenlassen im Exsikkator) in einem Schliffkolben. Beim Erwärmen am Wasserbad bilden sich sofort die gelbroten, charakteristischen Dämpfe von Nitrosylchlorid. Das Wasserbad wird allmählich zum Sieden erhitzt, der Kolben schließlich in das Wasser eingesenkt und die Temperatur durch Eintragen von Chlorkalzium auf 110° C gesteigert. Man kondensiert die Dämpfe (wie bei NO_2 beschrieben) zu einer feurig rotgelben, sehr beweglichen Flüssigkeit, die man einer fraktionierten Destillation (jedoch ohne P_2O_5) unterwirft. Nitrosylchlorid ist ein sehr aggressives, thermisch beständiges Gas, das erst bei 700° zu dissoziieren beginnt. Es greift organische Substanzen stark an und hydrolisiert in HCl und HNO_2.

Leitet man Stickstoffdioxyd durch eine 60 cm lange, vertikal stehende Röhre, die mit Kaliumchlorid (mit 2,4 % H_2O angefeuchtet) beschickt ist, so findet Nitrosylchloridbildung nach $KCl + 2\,NO_2 = KNO_3 + NOCl$ statt[2]. Der Ablauf der Reaktion ist an der scharfen Trennungsfläche im Rohr ersichtlich. Wenn darauf geachtet wird, daß die Reaktionszone nicht den oberen Teil der Röhre erreicht, so enthält das Gas niemals NO_2. Reinigung wie oben. Eine weitere Darstellungsweise ist auf S. 294 beschrieben.

Hydrazinsulfat; Hydraziniumsulfat $[N_2H_6]SO_4$ M = 130,12; F. P. 254° C unter Zers.; d 1,37; L_{32} 2,96.

Bei der Darstellung von Hydrazin aus Natriumhypochlorit und Ammoniak nach RASCHIG[3] treten folgende Reaktionen auf:

---

[1] GIRARD u. PABST, Bull. soc. chim. [2], **30** (1878), 537.

[2] C. W. WHITTACKER, F. O. LUNDSTRÖM, A. R. MERZ, Ind. Engng. Chem. **23** (1931), 1410.

[3] F. RASCHIG, Z. ang. Chem. **41** (1928), 207; Ber. **40** (1907), 4587.

$$NaClO + NH_3 = NH_2Cl + NaOH$$
$$NH_2Cl + NaOH = NH + NaCl + H_2O$$
$$NH + NH_3 = N_2H_4$$

wobei der Zerfall des Chloramins durch Spuren von Co, Cu, Fe, Ni, Pb, Hg-Ionen katalytisch sehr stark beschleunigt wird. Die günstige Wirkung eines *Leim*zusatzes (auch Eiweiß, Stärke, Dextrin usw. wirken ähnlich) dürfte in erster Linie auf die Adsorption der Verunreinigungen, die den NH_2Cl-Zerfall katalysieren, zurückzuführen sein. Die N_2H_4-Ausbeute ist bei kleinen Leimkonzentrationen dieser[1], sowie der Temperatur[2], proportional.

Zur Darstellung der *Hypochloritlösung* leitet man einen raschen Chlorstrom (Bombe) in 100 ccm 2 n-NaOH, die sich in einem eisgekühlten ERLENMEYER-Kolben befindet, welcher austariert auf einer Waage steht (Gummischläuche in geschmolzenem Weichparaffin imprägnieren und gut austropfen lassen), bis die Gewichtszunahme 6,9 g beträgt. Die Temperatur der Lauge darf während des Einleitens nicht über 10° C ansteigen. Da sich das Hypochlorit in saurer Lösung rasch nach $2\,HOCl + NaOCl \rightarrow NaClO_3 + 2\,HCl$ umsetzt, muß die Lösung *bis zuletzt schwach alkalisch* bleiben (Tüpfeln gegen Phenolphthalein).

In einem breiten Einliterbecherglase werden 100 ccm frischbereitetes höchstkonzentriertes (25%iges) Ammoniak mit 10 ccm einer 1%igen Leimlösung versetzt, die frisch bereitete Hypochloritlösung zugegeben und rasch zum Sieden erhitzt. Man engt sodann unter Luftaufblasen auf zirka ein Fünftel des Anfangsvolumens ein und fällt das Hydrazin in der Kälte mit zirka 20 bis 30 ccm verdünnter Schwefelsäure als Sulfat aus. Man saugt ab, wäscht mit wenig eiskaltem Wasser und trocknet im Vakuumexsikkator. Das Sulfat läßt sich aus heißem Wasser umkristallisieren, wobei dicke glasglänzende Tafeln oder lange dünne Prismen ausfallen. Die Ausbeute beträgt zirka 70% der Theorie.

Hydroxylamin-Hydrochlorid; Hydroxylammoniumchlorid $NH_2OH \cdot HCl$ M = 69,50; F. P. 151° C; d 1,67; $L_{17} \sim 82$.

Freies Hydroxylamin NH_2OH M = 33,03; F. P. 33,1° C.

Die Darstellung nach TAFEL[3] beruht auf der Reduktion einer Lösung von Salpetersäure in Schwefel- oder Salzsäure an einer amalgamierten Bleikathode nach $HO \cdot NO_2 + 6\,H^{\cdot} + 6\,e =$

---

[1] R. A. JOYNER, J. Chem. Soc. **123** (1923), 1114.
[2] M. BODENSTEIN, Z. phys. Ch. **A 139** (1928), 397.
[3] J. TAFEL, Z. anorg. Ch. **31** (1902), 289, 298.

$= HONH_2 + 2\,H_2O$. Anolyt und Katholyt sind durch ein Diaphragma voneinander getrennt. Für den günstigen Verlauf der Reduktion ist eine optimale Salpetersäurekonzentration, sowie eine Temperatur unter 15^0 C wesentlich.

Als Kathode dient ein mit einer Stromzuführung versehener Bleibecher von 10 cm l. W. und zirka 10 cm Höhe, der nach Ausreiben mit Sand, Reinigen mit Wasser, durch Einreiben mit einer salpetersauren Merkuronitratlösung und Quecksilber sorgfältig amalgamiert wurde. Auf dem Boden des Bleibechers liegt eine Glasplatte, auf der ein Tondiaphragma von 7,5 cm äußerem Durchmesser steht. Als Anode dient am einfachsten eine von Eiswasser durchflossene Bleischlange. Der Bleibecher steht seinerseits zur Kühlung in einer Eis-Kochsalz-Kältemischung. Zur guten Rührung des Kathodenraumes dient ein Glasringrührer mit zwei gegenüberliegenden, senkrecht angeschmolzenen Glasstäben. Der Rührer wird mittels eines Schnurzuges auf und ab bewegt. Die Schnur geht lotrecht aufwärts, dann über eine Rolle und ist an einem Rad so befestigt, daß die ganze Höhe der Kathodenflüssigkeit durchgerührt wird. Das Rad wird mittels eines geeigneten Antriebes (eine Umdrehung pro Sekunde) bewegt.

Zunächst wird das Diaphragma mit 50%iger Schwefelsäure beschickt; nachdem sich die Zelle vollgesogen hat, gibt man 170 ccm 50%ige Schwefelsäure in den Kathodenraum. Sodann werden Kühler und Rührer in Tätigkeit gesetzt und die Stromstärke auf 24 Ampere (bei 3,5 bis 4 V) einreguliert. Zur genauen Bestimmung der Strommenge (zwecks Ausbeuteberechnung) verwendet man am besten einen Stia-Zähler entsprechender Größe. Man tropft nun 30 ccm 66%ige Salpetersäure (1 ccm in $4^1/_2$ Minuten, das ist etwa 1 Tropfen in 8 bis 10 Sekunden) mittels eines Tropftrichters mit kapillarer Spitze in den Katholyten, wobei die Temperatur 15^0 C nicht überschreiten darf, jedoch ohne Nachteil beträchtlich tiefer gehalten werden kann. In den Anodenraum muß von Zeit zu Zeit Wasser nachgefüllt werden. Die Zugabe der Salpetersäure ist in 2 Stunden beendet; es wird weiter elektrolysiert, bis in einer, mit Wasser verdünnten Probe der Kathodenflüssigkeit nur noch Spuren von Salpetersäure mit Eisenvitriol und konzentrierter Schwefelsäure nachweisbar sind, was nach zirka dreiviertel Stunden der Fall zu sein pflegt.

Zur Isolierung des Hydroxylamins als Hydrochlorid verdünnt man den klaren, farblosen Katholyten mit Wasser auf das doppelte Volumen, und versetzt unter ständigem Rühren (Rührwerk) mit warmer Bariumchloridlösung, bis in einer herausgenommenen Probe eben keine Schwefelsäure mehr nachzuweisen ist (Tüpfeln).

Das abgesaugte blanke Filtrat wird *im Vakuum* auf dem Wasserbad zur Trockene eingedampft und das Hydroxylaminchlorhydrat durch Umkristallisieren des Abdampfrückstandes (der etwa 8 % Ammoniumchlorid enthält) aus der Hälfte seines Gewichtes heißen Wassers umkristallisiert und im Vakuum bei 100° getrocknet. Die Stromausbeute beträgt im nicht aufbereiteten Katholyten etwa 84 %, an reinem Salz etwa 70 bis 75 %.

Eine einfachere Aufarbeitungsmethode beschreibt PONZIO[1]: Der Katholyt wird mit 20 %iger Natronlauge neutralisiert, mit 100 ccm Azeton auf 70 bis 80° erwärmt (Rückflußkühler), wobei sich Azetoxim bildet. Nach zwölfstündigem Stehen wird das ausgeschiedene Natriumsulfat von der Mutterlauge abfiltriert und das Azetoxim aus letzterer mit Benzol ausgeschüttelt. Man destilliert das Benzol ab, zersetzt das Azetoxim mit 20 %iger Salzsäure und dampft die Lösung am Wasserbad zur Trockene ein.

Zur Gehaltsbestimmung des Präparates kocht man eine Einwaage von zirka 0,1 g 5 Minuten lang mit 20 ccm einer kaltgesättigten Eisenammoniumalaunlösung, verdünnt mit Wasser und titriert das gebildete Ferrosalz mit Kaliumpermanganat.

Freies Hydroxylamin stellt man *gefahrlos* nach der Reaktion $NH_2OH \cdot HCl + C_2H_5ONa = NH_2OH + NaCl + C_2H_5OH$ durch Umsetzung in absolutem Alkohol, Abfiltrieren von ausgeschiedenem Natriumchlorid und Ausfrieren bei -18^0 C her[2]. Die Destillation des freien Hydroxylamins ist äußerst gefährlich; ein Tropfen, in einer Eprouvette über der Gasflamme erhitzt, detoniert mit dem Getöse eines Kanonenschusses.

Flüssiger Phosphorwasserstoff; Diphosphin P_2H_4 M=65,99.

F. P. -99^0 C; K. P. $+51,7^0$ C[3]; 0°-Tension 89 Torr.

Flüssiger Phosphorwasserstoff ist an der Luft selbstentzündlich und zersetzt sich spontan, besonders in saurem Milieu in PH_3 und festem Phosphorwasserstoff $P_{12}H_6$, der nach ROYEN als Adsorptionsverbindung von PH_3 an eine gelbe, amorphe P-Modifikation aufzufassen ist[4].

Die Darstellung des flüssigen P_2H_4 erfolgt am besten durch Laugeeinwirkung auf gelben Phosphor, da technisches Ca_3P_2 durch As und Si verunreinigt ist. Man bedient sich hiezu der Apparatur Abb. 184. (Elektrolyt-) Wasserstoff, der in einem

[1] G. PONZIO, A. PICHETTO, Ann. Chim. applic. **14** (1924), 250.

[2] H. LECHER, J. HOFMANN, Ber. **55** (1922), 915.

[3] P. ROYEN, K. HILL, Z. anorg. Ch. **229** (1936), 97; K. P. extrapoliert, unter Zersetzung.

[4] P. ROYEN, Z. anorg. Ch. **229** (1936), 369.

Pt- oder Cu-Kontakt von O_2 befreit wurde, strömt durch einen Dreiliterrundkolben K, der mit einem Gummistopfen verschlossen ist, durch dessen vier Bohrungen das Wasserstoffeinleitungsrohr, ein Tropftrichter für Kalilauge, ein Gasableitungsrohr und ein Thermometer führen. An das Ableitungsrohr schließen sich ein Rückflußkühler R, eine eisgekühlte Falle W, zwei Trockenrohre T mit festem KOH-Plätzchen gefüllt, ein Manometer M sowie die Fraktionierungsapparatur F_1 bis F_4 an. Die Pumpe wird durch eine mit flüssiger Luft gekühlte Ausfrierfalle F_5 geschützt, die man in eine Blechhülse steckt[1].

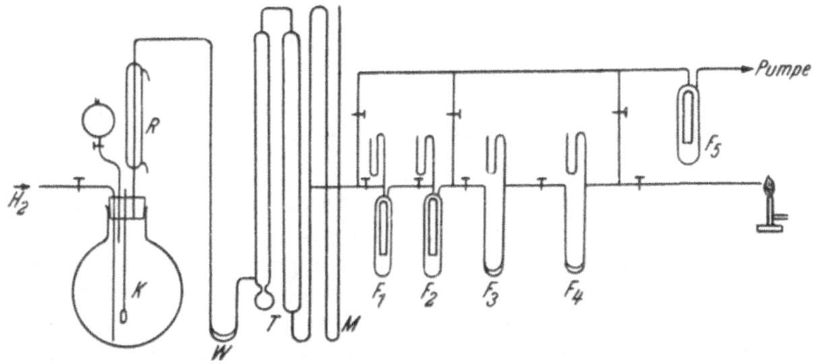

Abb. 184. Darstellung von P_2H_4.

Die Phosphine werden im Kolben K aus gelbem Phosphor (50 g, der für höchste Ansprüche im Wasserdampfstrom destilliert wurde[2]) und starker Kalilauge (150 g in 500 ccm H_2O) bei 60° C und bei einer verhältnismäßig hohen Strömungsgeschwindigkeit des Wasserstoffes, der als Spülgas dient, dargestellt. Vor Beginn des Versuches wird der Phosphor in den Kolben eingebracht, sodann die Apparatur mehrmals evakuiert und mit Wasserstoff gefüllt, schließlich die Lauge durch den Tropftrichter zugegeben.

Man kühlt die Ausfrierfallen F_1 und F_2 mit Kohlensäureschnee-Spiritus. Der PH_3 geht größtenteils gasförmig weg und wird an einem Brenner im Abzug verbrannt. Das Kondensat in F_1 und F_2 wird im Vakuum bei —50° C, unter Verwerfen der Spitzen- und der Schwanzfraktion, destilliert und, falls erforderlich, bei

[1] Vgl. S. 285 (SO_3). Vorsichtsmaßregeln beim Arbeiten mit Phosphor siehe S. 316 (PCl_3).

[2] E. NOELTING, W. FEUERSTEIN, Ber. **33** (1900), 2684.

— 70 bis 80° unter Tensionskontrolle sorgfältig fraktioniert. Bei geringen Ansprüchen kann die Destillationsapparatur wesentlich vereinfacht werden. Das Präparat darf nicht eingeschmolzen werden, da es das Einschmelzgefäß infolge Drucksteigerung durch Selbstzersetzung zertrümmern und Brände hervorrufen kann.

Nach Beendigung des Versuches muß alles P_2H_4 vernichtet werden (Durchblasen der Apparatur mit Wasserstoff, Leiten der Gase durch eine mit konzentrierter HCl beschickte Waschflasche), um Brände und Explosionen zu vermeiden. Die Phosphine sind sehr gefährliche Atemgifte.

Phosphortrichlorid PCl_3 M = 137,35; F. P. — 92° C[1]; K.P. + 76° C[2]; d 1,57.

Phosphortrichlorid wird nach MICHAELIS durch Einwirkung von trockenen Chlor auf gelbem Phosphor nach $P_{gelb} + {}^3/_2\, Cl_2 = P\, Cl_3 - 70$ kcal dargestellt.

Eine 100 bis 150 ccm fassende tubulierte Retorte wird mit einem LIEBIGschen Kühler, einem Vorstoß und einer gut gekühlten Vorlage verbunden, von der ein Ableitungsrohr in den gut ziehenden Abzugsschacht führt. Der Tubus wird mit einem heiß paraffinierten (siehe S. 201) Korkstopfen verschlossen, in dem sich ein Glasrohr verschieben läßt. Das Glasrohr ist mit einem paraffinierten Schlauch mit der Apparatur zur Chlordarstellung (MnO_2 und konzentrierte HCl, eine Waschflasche mit H_2O, zwei Waschflaschen mit konzentrierter H_2SO_4) verbunden. Man füllt die Retorte zunächst mit trockenem CO_2, gibt dann 15 g gelben Phosphor hinzu, den man unter Wasser zerschneidet und durch rasches Abpressen (nicht reiben!) mit Filtrierpapier trocknet. Man vermeide es, den Phosphor mit der bloßen Hand anzufassen und sei wegen seiner leichten Entzündlichkeit vorsichtig. Phosphorbrandwunden sind sehr schmerzhaft[3]. Man stelle Sand bereit, um einen Brand sofort löschen zu können. Das Papier, mit dem der Phosphor abgetrocknet wurde, sowie zurückbleibende Phosphorreste (Auswischen der Schale mit Papier) verbrennt man am besten.

Man bringt die Chlorentwicklung in Gang, setzt den Stopfen

---

[1] W. BILTZ, K. JEEP, Z. anorg. Ch. **162** (1927), 33.

[2] W. BILTZ, A. SAPPER, E. WÜNNENBERG, Z. anorg. Ch. **203** (1932), 277.

[3] Bei Phosphorbrandwunden sind Kompressen mit 5%iger Kupfersulfatlösung empfehlenswert.

mit dem Einleitungsrohr jedoch erst dann auf die Retorte, wenn die Luft aus dem Gasentwicklungskolben und den Waschflaschen verdrängt ist. Das eintretende Chlor entzündet sich an der Berührungsstelle mit dem Phosphor und verbrennt mit fahl grünlichgelber Flamme zu PCl_3. Eventuell muß man die Retorte mit etwas warmem Wasser anwärmen, das man in eine unter der Retorte angebrachte Porzellanschale gießt. Ein rascher, gleichmäßiger Chlorstrom ist erforderlich. Die Reaktion wird durch Höherstellen (wenn größere Mengen eines gelbroten Sublimates (P) am Retortenhals erscheinen), bzw. durch Tieferstellen (wenn ein weißes Sublimat — PCl_5 — erscheint) des Gaseinleitungsrohres geregelt. Ist die Reaktion im Gang, so senkt man die mit heißem Wasser gefüllte Schale, läßt sie jedoch unter der Retorte stehen, damit der brennende Phosphor beim Springen der Retorte sofort ins Wasser fließt. Das Reaktionsprodukt wird zur Reinigung fraktioniert destilliert, wobei man Gummi- oder Korkstopfen vermeidet.

Nach einer anderen Vorschrift[1] wird das PCl_3 durch Einleiten von Chlor in die Gasphase einer unter Rückfluß siedenden Aufschlämmung von rotem Phosphor in Phosphortrichlorid hergestellt.

Phosphortrichlorid ist eine wasserhelle, an der Luft rauchende, leicht bewegliche Flüssigkeit von erstickendem, zu Tränen reizenden Geruch. Durch Wasser nnd Alkalien wird es in Phosphorige Säure und Salzsäure hydrolysiert. (Darstellungsweise für Phosphorige Säure H_3PO_3.)

Phosphorpentasulfid P_2S_5 (P_4S_{10}) M = 444,52; F. P. 286 — 288 — 290° C[2]; K. P. 513 bis 515° C unter Zers. d 2,09.

Man kocht roten Phosphor[3] in Portionen von 100 g einige Stunden mit zirka 7%iger Natronlauge, nach Entfernen der Lauge einige Stunden mit Wasser und wäscht mit kaltem Wasser bis zum Verschwinden der alkalischen Reaktion (Zentrifuge!), streicht auf Tonplatten und trocknet im Vakuum über Phosphorpentoxyd.

Von dem so gereinigten Phosphor mengt man 100 Teile innig mit 260 Teilen gepulvertem reinen Schwefel und bringt je 30 bis 40 g des Gemenges in einem weiten, offenen Reagensglas, unter

[1] FORBES, Roswell, Moren in Inorganic Syntheses Vol II, S. 145, herausgeg. v. W. C. FERNELIUS, McGraw-Hill 1946.

[2] Wird feucht bei 286°, sintert deutlich bei 288° und schmilzt vollständig bei 290°.

[3] A. STOCK u. M. RUDOLPH, Ber. **43**, I (1910), 153.

Darüberleiten von trockenem Kohlendioxyd (zwei Waschflaschen mit H_2SO_4), zur Reaktion[1]. Hierzu wärmt man das Glas erst in seiner ganzen Ausdehnung schwach vor (zirka 100°) und erhitzt dann an einer Stelle am oberen Rande der Substanz mit kleiner Flamme bis zum Eintreten der Reaktion. Sobald diese durch die ganze, dabei schmelzende Masse gegangen ist, erwärmt man sie bis zum Destillieren und läßt sodann im Kohlendioxydstrome erkalten. Es empfiehlt sich, eine mit Sand gefüllte Schale unter das Glas zu stellen, da die geschmolzene Masse beim Springen des Glases sofort Feuer fängt.

Das erkaltete Produkt wird grob zerkleinert, in Röhren aus Jenaer Verbrennungsglas gebracht, diese werden mit der Wasserstrahlpumpe evakuiert, abgeschmolzen und, mit Sand umgeben, in verschraubten Eisenrohren einige Stunden auf etwa 700° erhitzt. Die Glasrohre werden nach dem Erkalten zerschlagen, ihr Inhalt gepulvert und mit *siedendem* Schwefelkohlenstoff (zirka 300 ccm auf 50 g Sulfid) extrahiert. Das ausfallende Sulfid kristallisiert man noch zweimal aus Schwefelkohlenstoff und trocknet die hellgelben, an feuchter Luft zersetzlichen Kristalle bei 100° im Wasserstoffstrom. Unterläßt man das Erhitzen des Rohproduktes unter Druck, so ist das Umkristallisieren öfter zu wiederholen, ehe ein reines Präparat erzielt wird. Die Ausbeute beträgt zirka 60 % des Ausgangsmateriales. Der zum Extrahieren usw. verwendete Schwefelkohlenstoff wird bei großen Reinheitsansprüchen einige Stunden mit Chlorkalzium und Quecksilber geschüttelt, sodann destilliert und in braunen Flaschen über Phosphorpentoxyd aufbewahrt. Phosphorpentasulfid muß im Vakuum eingeschmolzen aufbewahrt werden. Infolge Zersetzung ist eine Reinigung durch fraktionierte Vakuumdestillation nicht zu empfehlen. Besonders schöne Kristalle erhält man beim Umkristallisieren aus CS_2, im Bombenrohr bei 120 bis 150° C.

Magnesiumphosphid Mg_3P_2 M = 134,92; d 2,0551.

Eine Röhre aus schwer schmelzbarem Glase ist an der einen Seite verjüngt und mit einem Apparat verbunden, der trockenen, reinen Wasserstoff liefert. Das andere Ende der Röhre wird mit einem Korkstopfen verschlossen, der ein Glasrohr (Thuringerglas) mit 2 bis 3 Kugeln trägt; an die letzte schließt sich ein HEIMsches Frittensicherheitsventil[2] an, um ein Eindiffundieren von Luft zu

[1] A. STOCK u. B. HERSOVICI, Ber. **43**, II (1910), 1223.

[2] F. HEIM, Z. angew. Ch. **40** (1927), 864.

verhindern. Die schwer schmelzbare Röhre wird mit zwei Porzellanschiffchen beschickt; in dem der Wasserstoffeinleitung zunächst liegenden Schiffchen befinden sich etwa 5 g *trockener* roter Phosphor (siehe P_2S_5), in dem zweiten etwa 4 g Magnesiumfeilicht in einer höchstens 5 bis 6 mm hohen Schicht. Das Rohr mit dem Magnesiumschiffchen befindet sich in einem kleinen Verbrennungsofen. Nachdem die Luft vollständig durch Wasserstoff verdrängt ist (mit Eprouvette prüfen!), erhitzt man das Magnesium auf 750° und destilliert sodann mittels eines Bunsenbrenners den Phosphor im Wasserstoffstrom zum Magnesium, das sich unter hellem Erglühen zum Phosphid verbindet. Man setzt die Destillation eine Zeit fort, vertreibt den Phosphordampf mittels Wasserstoff und läßt im Wasserstoffstrom erkalten[1, 2].

Um eine Entzündung des fein verteilten Phosphors vor und hinter dem Schiffchen zu vermeiden, öffnet man die schräg aufwärts gerichtete Röhre in einem Kohlensäurestrom, nimmt das Schiffchen heraus und füllt die feuchtigkeitsempfindliche Substanz *sofort* in ein vorbereitetes Einschmelzrohr um, wobei man sich der Vorrichtung Abb. 185 bedient. Das so hergestellte Mg_3P_2 bildet glänzende, tief graugrüne Nadeln, die mit Wasser sofort unter Bildung von Mg $(OH)_2$ und *nicht selbstentzündlichem* Phosphorwasserstoff reagieren.

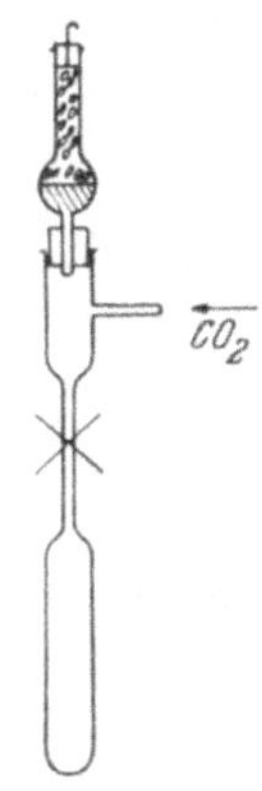

Abb. 185. Einschmelzrohr.

Die Darstellung wasserfreier Halogenide

ist präparativ oft schwierig durchzuführen; sie kann auf verschiedene Weisen erfolgen, die sich gegenseitig ergänzen.

1. Die direkte Synthese aus den Elementen wird oft dadurch erschwert, daß bei niederen Temperaturen Schutzschichten einen weiteren Angriff des Halogens auf das Metall erschweren. Sind die entstehenden Halogenide leicht flüchtig, so erfolgt vollständige Umsetzung, wenn man dafür sorgt, daß der schwere Halogeniddampf aus der Reaktionszone entfernt wird (Vgl. Abb. 210, S. 415).

Die Bildungsenthalpie nimmt von den Fluoriden zu den Jodiden, sowie mit abnehmender Basizität des Metalles ab, wie Tab. 31 zeigt.

[1] Gautier, C. r. **128** (1899), 1167.

[2] M. v. Stackelberg u. R. Paulus, Z. phys. Ch. B. **22** (1933), 315.

Tab. 31. Bildungsenthalpien einiger Halogenide.

	F	Cl	Br	J
K	— 134,5	— 104,4	— 94,1	— 78,9 kcal val^{-1}
$\frac{1}{2}$ Ca	— 145,1	— 95,3	— 77,5	— 74,5
$\frac{1}{3}$ B	— 86	— 29,7	— 14,4	
$\frac{1}{4}$ C	— 40,8	— 6,36	— 3	

Durch direkte Synthese lassen sich z. B. die Halogenide des B, Al, Si, Zr usw. darstellen.

2. Da sich eine Reihe von Metallen nur schwierig in elementarer Form darstellen lassen, ist es oft zweckmäßiger, die Halogenide aus dem betreffenden Metalloxyd, einem Reduktionsmittel und dem Halogen darzustellen, wobei man mehrere Fälle zu unterscheiden hat:

a) Sind die entstehenden Halogenide sehr schwer flüchtig, so wird man ein flüchtiges Reduktionsmittel anwenden und muß trachten, das Oxyd vollständig umzusetzen. Als Reduktionsmittel kann man Kohlenoxyd, Tetrachlorkohlenstoff, Schwefeldichlorid (Matignon und Bourion) anwenden, wobei man die Erhitzung so zu leiten hat, daß das Reaktionsprodukt keinesfalls schmilzt und dadurch noch nicht umgesetztes Oxyd umhüllt.

Bourion führte Chlorierungen durch allmähliches Erhitzen von Oxyden (MnO, NiO, Co_2O_3, Cr_2O_3, ThO_2 usw., Seltene Erdoxyde) in einem Strom von Schwefelchlorürdampf bis auf dunkle Rotglut durch.

b) Jene Oxyde, die leichtflüchtige Halogenide geben, reduziert man durch innige Beimischung von Kohlenstoff (Oerstedt) und Erhitzen in einem Chlorstrom, bzw. nach den unter a) besprochenen Methoden. Auch das Erhitzen der betreffenden *Karbide* in einem Chlorstrom hat sich gut bewährt.

3. Durch thermischen Abbau von Ammoniakaten, wie z. B. $[Ni(NH_3)_6]Br_2 \rightarrow NiBr_2 + 6\,NH_3$ usw.

4. Die an sich scheinbar einfachste Darstellungsart durch Entwässerung der wasserhaltigen Halogenide, die durch Auflösen von Metalloxyd, -Karbonat, -Oxalat in den Halogenwasserstoffsäuren erhalten werden, ist infolge der, bei höheren Temperaturen leicht eintretenden hydrolytischen Spaltung, oft nur schwierig durchzuführen. Diese hydrolytische Spaltung tritt mit abnehmen-

der Basizität der Metalle und in der Reihe F bis J zunehmend in Erscheinung; sie kann entsprechend dem Massenwirkungsgesetz durch Zusatz von Ammoniumhalogenid (welches schließlich absublimiert wird, z.B. $BiF_3 \cdot NH_4F \rightarrow BiF_3 + NH_4F$), oder durch Entwässerung in einem Halogenwasserstoffstrom zurückgedrängt werden. ($CaBr_2$, CaJ_2, Halogenide der Seltenen Erden.) Die Halogenide der Übergangselemente lassen sich auf diese Weise nicht darstellen.

5. Durch Behandeln von wasserfreien Chloriden mit einem Überschuß von Brom- oder Jodwasserstoff, z. B. $TiCl_4 + 4\,HJ = TiJ_4 + 4\,HCl$.

6. In Ionenreaktionen dort, wo das gebildete Halogenid wasserfrei ausfällt. $Ag^{\cdot} + Cl' = AgCl$ usw.

7. Halogenide niederer Wertigkeitsstufen erhält man durch thermische Dissoziation: $PtCl_4 \rightarrow PtCl_3 \rightarrow PtCl_2 \rightarrow PtCl \rightarrow Pt$, durch Disproportionierung: $2\,TiCl_3 \rightarrow TiCl_2 + TiCl_4$ usw., durch Reduktion mit Wasserstoff, mit atomarem Wasserstoff, in der umgekehrten Chlorknallgasflamme (FR. MEYER), durch Synthese aus dem Metall und dem Halogenwasserstoff: $Fe + 2\,HCl = FeCl_2 + H_2$.

8. Die Darstellungsweise der *wasserfreien Fluoride* zeigt gewisse Eigentümlichkeiten, die eine getrennte Besprechung erfordern.

a) Schwerlösliche Fluoride stellt man aus dem Metalloxyd, -karbonat, -oxalat und wässeriger Flußsäure her: PbF_2, Hg_2F_2, ZnF_2, CaF_2, LiF usw.

b) Leichtflüchtige Fluoride stellt man durch Erhitzen von Metalloxyd mit Kryolith und konzentrierter Schwefelsäure her. SiF_4, BF_3, AsF_3 usw.

c) Durch Umsetzung von Fluorwasserstoff, bzw. schweren flüchtigen Fluoriden mit wasserfreien Chloriden:

$$AsF_3 + PCl_3 \rightarrow PF_3 + AsCl_3$$
$$AsF_3 + 2\,SbF_5 + Br_2 \rightarrow AsF_5 + 2\,SbBrF_4$$
$$5\,AsF_3 + 3\,PCl_5 \rightarrow PF_5 + 5\,AsCl_3$$
$$SbCl_5 + 5\,HF \rightarrow SbF_5 + 5\,HCl$$
$$6\,SbF_5 + 5\,WCl_6 \rightarrow 5\,WF_6 + 6\,SbCl_5$$

d) Durch direkte Fluorierung, bzw. Fluorierung mit AsF_5,

$S + 3\,F_2 \rightarrow SF_6$, $Me^{II} + AsF_5 \rightarrow MeF_2 + AsF_3$ usw.

Nach der Bindungsart unterscheidet man zwei Gruppen von Halogeniden; die salzartigen mit Elektrovalenzbindung und die Halogenide mit kovalenter Bindung.

Die *heteropolaren Salze* vom Typus des NaCl besitzen durchwegs hohe Schmelz- und Siedepunkte, kleines Molvolumen, kleinen Ausdehnungskoeffizienten, große Äquivalentleitfähigkeit der geschmolzenen Verbindungen; sie sind der Solvatation, bzw. der reversiblen Hydrolyse in wässerigen Lösungen fähig. Die *kovalenten* Halogenide vom Typus des $TiCl_4$ zeichnen sich durch tiefliegende Schmelz- und Siedepunkte, leichte Sublimierbarkeit, irreversible Hydrolyse in wässerigen Lösungen, sowie große Molvolume, große Ausdehnungskoeffizienten und äußerst geringe Äquivalentleitfähigkeiten aus. Übergänge zwischen den beiden

HCl —111·9 $\varkappa \sim 10^{-6}$					
LiCl 614 $\varkappa = 166$	$BeCl_2$ 416 $\varkappa = 0{\cdot}098$	BCl_3 —107 $\varkappa = 0$	CCl_4 = 22·9 $\varkappa$ — 0		
NaCl 800·5 $\varkappa = 133{\cdot}5$	$MgCl_2$ 718 $\varkappa = 28{\cdot}8$	$AlCl_3$ 192·5	$SiCl_4$ —68 $\varkappa = 0$	PCl_5 $\varkappa = 0$	SCl_4 —30?
KCl 768 $\varkappa = 103{\cdot}5$	$CaCl_2$ 782 $\varkappa$ — 51·9	$ScCl_3$ 940 $\varkappa = 15$	$TiCl_4$ —23	VCl_4 —109 $\varkappa = 0$	$CrCl_3$
RbCl 717 $\varkappa = 78{\cdot}2$	$SrCl_2$ 870 $\varkappa = 55{\cdot}7$	YCl_3 700 $\varkappa = 9{\cdot}5$	$ZrCl_4$ < 440	$AbCl_5$ 194 $\varkappa = 2.10^{-7}$	$MoCl_5$ 194 $\varkappa = 1{\cdot}8.10^{-6}$
CsCl 626 $\varkappa = 66{\cdot}7$	$BaCl_2$ 960 $\varkappa$ — 64·6	$LaCl_3$ 860 $\varkappa = 29$	$HFCl_4$	$TaCl_5$ 211 $\varkappa = 3.10^{-7}$	WCl_6 275 $\varkappa = 2.10^{-6}$
			$ThCl_4$ $\varkappa = 16$		UCl_4 $\varkappa = 0{\cdot}34$

Abb. 186 Die elektrovalenten und die kovalenten Chloride in den Hauptgruppen des Periodischen Systems; ihre Schmelzpunkte und Äquivalentleitfähigkeiten.

Gruppen bestehen; so schmilzt $AlCl_3$ zu einer Molekülschmelze, die bei höherer Temperatur in eine Ionenschmelze dissoziiert (Biltz und Voigt). Im allgemeinen sind beide Gruppen gut voneinander trennbar, wie aus Abb. 186 hervorgeht. Mit dem Wechsel des Halogens treten gewisse Verschiebungen in dieser Einteilung auf. Die Metalle der dritten und achten Nebengruppe des periodischen Systems zeigen wechselnde Wertigkeit; die niederwertigen

Verbindungen gehören meist der salzartigen, die höherwertigen der kovalenten Gruppe an ($TlCl$—$TlCl_3$, $SnCl_2$—$SnCl_4$; $PbCl_2$—$PbCl_4$, $TiCl_3$—$TiCl_4$, VCl_2—VCl_4 usw.). Ausnahmen zeigen die autokomplexen Halogenide, z. B. $Co^{II}[Co^{II}Cl_4]$, $Cd^{II}[Cd^{II}J_4]$ sowie jene, die eine andere Wertigkeit vortäuschen, wie $In^{I}[In^{III}X_4]$, $Tl^{I}[Tl^{III}X]_4$.

Der Hydrolysemechanismus der kovalenten Halogenide beruht auf einer koordinativen Aufnahme von Wasser; aus dem gebildeten Aquokomplex entsteht durch Umlagerung eine Hydroxosäure, die Halogenwasserstoff abspaltet, dadurch wieder koordinativ ungesättigt wird, Wasser anlagert usf., wie aus dem Schema zu entnehmen ist:

$$SnCl_4 \xrightarrow{H_2O} \left[Sn \substack{Cl_4 \\ (H_2O)_2}\right] \rightleftharpoons \left[Sn \substack{Cl_4 \\ (OH)_2}\right]'' H_2^{\cdot\cdot} \rightarrow \left[Sn \substack{Cl_3 \\ (OH)_2}\right]' H^{\cdot} + HCl$$

$$\left[Sn \substack{Cl_3 \\ (OH_2)}\right] H \xrightarrow{H_2O} \left[Sn \substack{Cl_3 \\ (H_2O)_2 \\ OH}\right] \rightleftharpoons \left[Sn \substack{Cl_3 \\ (OH)_3}\right]'' H_2^{\cdot\cdot} \rightarrow \left[Sn \substack{Cl_2 \\ (OH)_3}\right]' H^{\cdot} + HCl$$

$$\left[Sn \substack{Cl_2 \\ (OH)_3}\right] H \xrightarrow{H_2O} \left[Sn \substack{Cl_2 \\ (H_2O)_2 \\ (OH)_2}\right] \rightleftharpoons \left[Sn \substack{Cl_2 \\ (OH)_4}\right]'' H_2^{\cdot\cdot} \rightarrow \cdot\cdot \rightarrow [Sn(OH)_6]'' H_2^{\cdot\cdot}$$

Nur jene kovalenten Halogenide, bei denen Wertigkeit und maximale Koordinationszahl zusammenfallen, zeigen keine Hydrolyse (CCl_4, SF_6, OsF_8, MoF_6, WF_6), weil bei ihnen keine Möglichkeit einer koordinativen Wasseranlagerung vorliegt.

Die salzartigen Halogenide bilden in wässeriger Lösung Aquokationen, z. B. $CuCl_2 + 4\,H_2O \rightarrow [Cu(H_2O)_4]\,Cl_2$.

Gelbes Arsen As 74·91 d 1,97; löslich in CS_2.

Man erhält die gelbe Modifikation[1] durch Verdampfen von Arsen im Hochvakuum und Kondensation des Dampfes bei der Temperatur der flüssigen Luft, bei Ausschluß von weißem Licht (Dunkelkammer, *rotes* Licht). Hierzu bedient man sich der in Abb. 187 gezeichneten Apparatur. In das birnenförmige Glasgefäß A ragt ein Jenaer Glasrohr von 9 mm Durchmesser hinein, welches an seinem unteren Ende an kleinen Glasösen ein mit dünnem Platindraht befestigtes Glasbecherchen D trägt. Innen in dem Glasrohr befindet sich eine etwa 2 cm hohe Schicht Kryptolmasse, in die zwei mit dünnen Glasröhren isolierte, an ihren Enden ringförmig umgebogene Kupferdrähte gesteckt sind. In die Kryptolmasse ist zur Temperaturmessung ein durch Glasrohre isoliertes Thermoelement eingeführt (in der Zeichnung fortgelassen).

[1] A. Stock u. W. Siebert, Ber. **37**, IV (1904), 4572.

In dem etwa 2 mm weiten Raum zwischen Glasrohr C und Becherchen D wird ein wenig durch Sublimation im Vakuum *frisch gereinigtes* Arsen gegeben, C am oberen Ende von A mittels Siegellack oder Picein vakuumdicht eingekittet und die Apparatur mittels der Diffusionspumpe evakuiert. Sodann füllt man das durchsichtige Dewargefäß mit filtrierter flüssiger Luft, wirft einige Körnchen von Uranylnitrat zum Klarhalten der flüssigen Luft hinein und erwärmt die Kryptolmasse durch einen Strom von 2 bis 3 A (zirka 10 V, Regulierwiderstand, Amperemeter) auf 425 bis 450° C (½ bis ¾ Stunden). Es verdampft das Arsen und schlägt sich in kurzer Zeit in der gelben, regulär kristallisierenden Modifikation im birnenförmigen Teil (4 cm Durchmesser) von A nieder. Das gelbe Arsen ist außerordentlich *lichtempfindlich;* die Strahlen einer elektrischen Glühlampe bewirken binnen wenigen Sekunden beginnende Bräunung trotz der Temperatur der flüssigen Luft. Entfernt man die flüssige Luft, so daß sich der Arsenniederschlag erwärmt, so wird er momentan tiefschwarz, wobei der Beschlag durch die Volumenverkleinerung unter Knistern von der Glaswand abspringt.

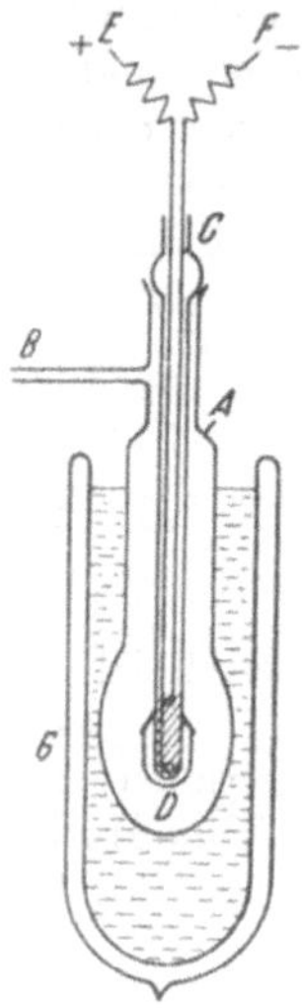

Abb. 187. Apparat zur Darstellung von gelbem Arsen nach STOCK.

Man kann auf diesem Wege nur kleine Mengen von gelbem Arsen darstellen. Zur Darstellung größerer Mengen läßt man einen Lichtbogen zwischen einer Arsen- und einer Kohleelektrode in Schwefelkohlenstoff brennen und isoliert das gebildete gelbe Arsen durch Abkühlen der CS_2-Lösung auf —80° C[1].

Antimon Sb 121,76 F. P. 630° C; K. P. 1635° C; d 6,684.

Darstellung von reinstem Antimon aus Grauspießglanz. Man mischt nach ARTUS[2] 1 Teil möglichst feingepulverten Grauspießglanz (Kugelmühle) mit 2 Teilen NaCl und digeriert 6 bis 8 Stunden mit einem Gemisch von 3 Teilen konzentrierter Schwefelsäure und 2 Teilen Wasser; sodann erhitzt man eine Stunde zum Sieden, wodurch fast alles Antimon gelöst wird. Dann vermischt man

[1] H. ERDMANN, M. v. UNRUH, Z. anorg. Ch. **32** (1902), 437. — A. STOCK u. W. SIEBERT, Ber. **38**, I (1905), 966.

[2] ARTUS, J. pr. Ch. **203** (1836), 128.

mit so viel heißem Wasser, als man ohne bleibende Ausscheidung zusetzen kann, läßt einige Stunden ruhig stehen und filtriert. Das Filtrat versetzt man solange mit Wasser, bis eine abfiltrierte Probe auf weiteren Wasserzusatz nicht mehr getrübt wird. Das Sb fällt als SbOCl aus. Man filtriert ab, wäscht gründlich mit destilliertem Wasser, trocknet und reduziert das Antimonylchlorid durch Schmelzen mit der doppelten Menge Zyankalium[1] in einem unglasierten Porzellantiegel, wobei man zum Schluß die Hitze soweit steigert, daß das Antimon zu einem Regulus zusammenfließt. Das so erhaltene Antimon ist arsenfrei. Zur weiteren Reinigung wird es in $SbCl_3$ übergeführt, dieses destilliert und sublimiert, sodann in $SbCl_5$ übergeführt, neuerlich im Vakuum destilliert, zu Antimonsäure hydrolysiert, diese durch Erhitzen in Sb_2O_4 übergeführt und letzteres mit Wasserstoff reduziert[2]. So hergestelltes Antimon ist spektroskopisch rein.

Explosives Antimon Sb d 5,92.

Wie die ausführlichen Untersuchungen von COHEN[3] darlegen, entsteht explosives Antimon bei der Elektrolyse salzsaurer $SbCl_3$ (Bromid-Jodid-) Lösungen mit mehr als 11% $SbCl_3$, bei Kühlung des Elektrolyten mit Eis, bei kathodischen Stromdichten von 3 bis 30 A/cm² und darüber[4]. Bei höheren $SbCl_3$-Konzentrationen verschiebt sich die Temperaturgrenze, unter welcher explosives Antimon abgeschieden wird, zu höheren Temperaturen. Es scheidet sich auf der Kathode ein mugeliger, hochglänzender Niederschlag von explosivem Antimon aus, welcher beim Ritzen, Biegen oder Erhitzen unter starker Wärmeentwicklung (zirka 20 cal g^{-1}) und unter Ausstoßen eines weißen Rauches von $SbCl_3$ explodiert. Wie BÖHM röntgenographisch feststellte[5], ist das explosive Antimon amorph, während das explodierte Produkt die Interferenzen des kristallisierten Sb zeigt. Man hat dasselbe somit als eine feste Lösung von $SbCl_3$ (4 bis 5%) in amorphem Antimon aufzufassen. Im Zusammenhang mit Untersuchungen über das explosible Antimon und das glasige Selen geben GLOCKER und HENDUS[6] eine Neufassung des

---

[1] O. BRUNCK, Z. analyt. Ch. **34** (1895), 171. Bei der Reduktion mit KCN können bei unachtsamem Arbeiten Explosionen auftreten.

[2] Vgl. O. HÖNIGSCHMID, E. ZINTL, M. LINHARD, Z. anorg. Ch. **136** (1924), 264.

[3] E. COHEN, W. E. RINGER, Z. phys. Ch. **47** (1904), 1. — E. COHEN, TH. STRENGERS, Z. phys. Ch. **52** (1905), 129.

[4] H. RECKLEBEN, J. SCHEIBLER, Z. anorg. Ch. **70** (1911), 280.

[5] J. BÖHM, Z. anorg. Ch. **149** (1925), 217.

[6] R. GLOCKER, H. HENDUS, Z. Elektroch. **48** (1942), 210.

Begriffes „amorph“: „Eine Atomverteilung eines festen Stoffes, welche zwar einen gewissen Ordnungsgrad aufweisen kann, die sich aber nicht durch eine periodische Wiederholung einer Struktureinheit darstellen läßt.“ Zur Darstellung von explosiblem Antimon elektrolysiert man eine 12%ige Lösung von $SbCl_3$ in Salzsäure d 1,12 bei Eiskühlung zwischen einer Antimonanode und einer Platindrahtkathode von 0,5 mm Durchmesser und 8 cm Länge mit einer Stromstärke von 0,5 bis 1 Amp. Der Elektrolyt wird gut gerührt. Die Antimonelektrode stellt man sich durch Eingießen von geschmolzenem, reinen Antimon in eine Asbesthülse her. In die erstarrende Schmelze steckt man als Stromzuführung einen Platindraht. Um eine Verunreinigung des Elektrolyten durch, von der Elektrode abfallende Teilchen zu verhindern, stellt man diese in eine Glasfrittenkerze oder umhüllt die Elektrode mit einem Leinwandsäckchen. Man stellt etwa 10 g des explosiven Körpers her. Wie COHEN feststellte, sind die FARADAYschen Gesetze auf die Ausscheidung des explosiven Antimons nicht anwendbar.

Antimontrichlorid[1] **$SbCl_3$** M = 228,13; F. P. 72,9° C[2]; K. P. 221° C[2]; d. 3,14.

In einem Destillierkolben mit langem Hals und 20 mm weitem Destillierrohr, Abb. 188, I, wird mittels eines Korkstopfens ein Glasrohr von 8 mm l. W. eingesetzt, das mit einem 60 bis 70 cm langen Glasrohr von 15 mm l. W. verblasen ist. Dieses Rohr wird mit Antimonstücken gefüllt und der Apparat so aufgestellt, daß das Glasrohr, gut unterstützt, schräg aufwärts steht. Es wird mit einem Chlorkalziumrohr verschlossen. Zur Absorption des austretenden Chlors kann man eine rücksteigsichere Waschflasche, gefüllt mit Tetrachlorkohlenstoff, nachschalten. Man läßt durch den Ansatz des Destillierkolbens einen *trockenen* Chlorstrom eintreten (Chlorbombe, zwei Waschflaschen mit konz. Schwefelsäure, Gasfilter, Schwefelsäuremanometer). Sobald alle Luft aus dem Apparat verdrängt ist, wird alles Chlor bei einem nicht zu lebhaften Chlorstrom nach $Sb + {}^3/_2\,Cl_2 = SbCl_3 - 91{,}6$ kcal, bzw. $Sb + {}^5/_2\,Cl_2 = SbCl_5 - 104{,}9$ kcal absorbiert. Das gebildete Antimontri- und pentachlorid fließt in den Destillierkolben. Nach Maßgabe des Antimonverbrauches kann man neue Stücke von Antimon in die Röhre einschieben. Nach Beendigung der Operation verdrängt man das Chlor durch Kohlendioxyd und erhitzt

[1] W. BILTZ, A. SAPPER, E. WÜNNENBERG, Z. anorg. Ch. **203** (1932), 277.

[2] HENSGEN, Rev. Trav. Chim. Pays Bas **9** (1890), 301.

den Kolbeninhalt mit gepulvertem Antimon, um das Pentachlorid in das Trichlorid überzuführen. Dann wird der Inhalt des Kolbens abdestilliert (Abb. 188, II), wobei man die zunächst übergehende, durch Eisenchlorid gelb gefärbte Fraktion in einem bereitgehaltenen Kolben gesondert auffängt. In einer zweiten Destillation III erhält man das $SbCl_3$, nach Abtrennung eines geringen Vorlaufes, scharf bei 221° C destillierend. Ein besonders schönes Produkt

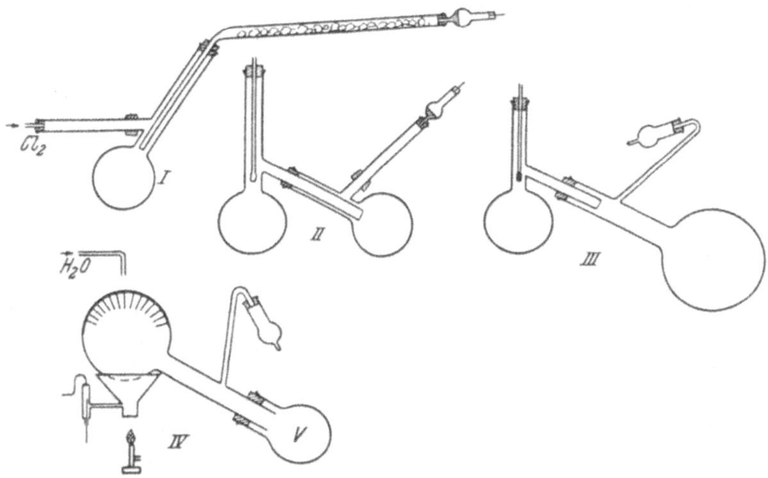

Abb. 188. Darstellung von Antimontrichlorid.

erhält man, wenn man das so gereinigte $SbCl_3$ noch einer Sublimation unterwirft. Man destilliert das $SbCl_3$ zu diesem Zweck in einem Zweiliterdestillierkolben (III), versieht ihn mit der Vorlage V, Abb. 188, IV, und einem Chlorkalziumrohr und stellt den Apparat nun so auf ein Wasserbad, daß der Kolben mit dem geschmolzenen Antimontrichlorid ganz von Wasserdampf umgeben ist. Auf die obere Kolbenwand legt man ein Stück Filtrierpapier und läßt auf dieses beständig kaltes Wasser tropfen. $SbCl_3$ verdampft und setzt sich an der gekühlten Gefäßwand in Gestalt langer lanzettlicher Kristalle ab. Sobald sich eine ziemlich große Menge von Kristallen gebildet hat, läßt man den Kolben, ohne ihn zu berühren, erkalten. Das geschmolzene Trichlorid erstarrt und nun schüttelt man die sublimierten Kristalle durch schwaches Klopfen in die Vorlage V, worauf man die Operation wiederholt. In einem Tag lassen sich leicht 200 g sublimiertes Antimonchlorid herstellen.

Selbstverständlich hat man vor Beginn des Versuches alle Kolben, Thermometer usw. vorzubereiten, so daß man alles sofort zur Hand hat. Man verwendet durchwegs paraffinierte Korkstopfen (S. 201). Eine Darstellungsmethode für höchste Ansprüche beschreibt HÖNIGSCHMID[1].

Antimontrichlorid besteht, so dargestellt, aus schönen, trockenen, farblosen Kristallen, die an der Luft schwach rauchen und begierig Feuchtigkeit anziehen. Mit Wasser zersetzt es sich zu Algarotpulver, basischem Antimonylchlorid wechselnder Zusammensetzung.

Antimonpentachlorid $SbCl_5$ M = 299,05; F. P. + 3,0° C[2,3]; d_4^{16} 2,358.

Zu geschmolzenem $SbCl_3$, das sich in einem Fraktionierkolben befindet, leitet man trockenes Chlor, entfernt das überflüssige Chlor mittels Durchleiten eines trockenen CO_2-Stromes (H_2SO_4, P_2O_5, eine kleine Waschflasche mit $SbCl_5$) bei Zimmertemperatur (zwei Stunden) und reinigt das Pentachlorid durch Destillation (K.P. 68° bei 14 Torr) im Vakuum der Wasserstrahlpumpe. Man schaltet vor das Manometer zum Schutze des Quecksilbers ein mit Laugeplätzchen beschicktes Rohr. Da sich das Pentachlorid selbst bei der Vakuumdestillation geringfügig zersetzt, muß man das Destillat zur Darstellung eines ganz reinen Präparates neuerlich bei 60 bis 70° mit Chlor sättigen und letzteres bei Zimmertemperatur mit Kohlendioxyd vertreiben, eventuell eine fraktionierte Kristallisation anschließen[4]. Antimonpentachlorid ist eine *hellzitronengelbe*[4] Flüssigkeit, die an der Luft stark raucht, sich mit Spuren von Wasser unter Abscheidung von $SbCl_5 . H_2O$ trübt, und mit viel Wasser zu Antimonpentoxydhydrat hydrolysiert. Antimonpentachlorid zeigt starke Neigung zur Bildung von Additionsverbindungen. Mit Metallsalzen verbindet es sich unter Bildung von Verbindungen vom Typus $Me^I(SbCl_6)$.

---

[1] O. HÖNIGSCHMID, E. ZINTL, M. LINHARD, Z. anorg. Ch. **136** (1924), 270.

[2] E. MOLES, Z. phys. Ch. **90** (1915), 87. Dort auch eine Apparatur zur fraktionierten Kristallisation des $SbCl_5$.

[3] W. BILTZ, K. JEEP, Z. anorg. Ch. **162** (1927), 33, geben den Wert + 3,5° C an, der weniger gesichert erscheint. Der in der Literatur angegebene F. P. — 6° C entspricht einem Eutektikum $Cl_2 + Sb Cl_5$.

[4] E. MOLES l. c.

Antimonsulfat $Sb_2(SO_4)_3$[1] M = 531,70, d 3,62.

Man trägt 10 g feingepulvertes Antimon portionenweise in 100 ccm konzentrierte heiße Schwefelsäure ein und erhitzt die Mischung in einem Becherglase fast bis zum Kochen, solange bis sich alles Antimon gelöst hat. Beim Abkühlen kristallisiert das Antimonsulfat in schönen, langen, farblosen Nadeln aus. Man läßt völlig erkalten, saugt auf einer Glassinternutsche ab, wäscht die Kristalle schnell mit wasserfreier Essigsäure[1], dann mit absolutem Äther, saugt rasch trocken und läßt die Kristalle 1 bis 2 Tage im Vakuumexsikkator über Schwefelsäure stehen. Ausbeute etwa 13 g.

Das Antimonsulfat ist ein Beispiel für ein äußerst leicht hydrolysierbares Sulfat, das nur durch den Kunstgriff, die konzentrierte Schwefelsäure mit wasserfreier Essigsäure und diese mit Äther zu entfernen, rein darzustellen ist.

Wismutwasserstoff BiH_3 M = 212,02.

In der Reihe AsH_3, SbH_3, BiH_3 ist der letztere am unbeständigsten. Die Darstellungsmethode, Säurezersetzung eines Magnesiumwismutids, entspricht der Darstellung des AsH_3 und SbH_3; die

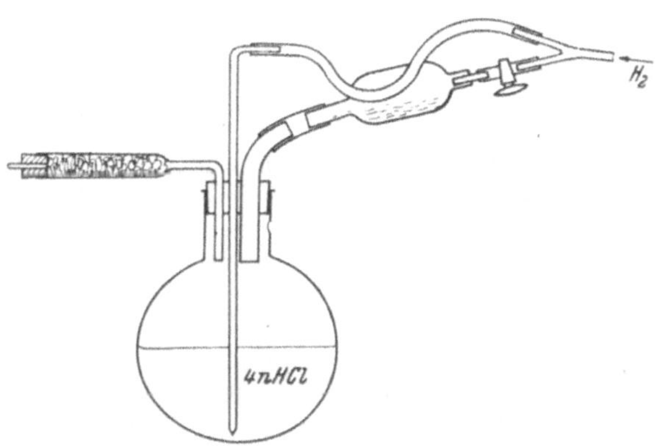

Abb. 189. Darstellung von Wismutwasserstoff.

Ausbeute ist allerdings verschwindend klein und nur mittels empfindlicher Reaktionen nachweisbar. Der erste Nachweis der Bildung von Wismutwasserstoff wurde von Paneth[2] nach der

[1] H. u. W. Biltz, Übungsbeispiele.
[2] F. Paneth, Ber. 51 (1918), 1704.

Methode der radioaktiven Indikatoren (ThC) erbracht. Man stellt nach PANETH und WINTERNITZ[1] ein Magnesiumwismutid her, indem man 4 g (Si-freies!) Magnesium*pulver* mit 4 g Wismut*pulver* innig vermengt und in einen Eisentiegel (zirka 4,5 cm Höhe, 5 cm Durchmesser) einfüllt. In den gut schließenden durchlochten Tiegeldeckel wird die Pfeife eines ROSE-Tiegels eingeführt, trockener, *reiner* Wasserstoff eingeleitet und der Tiegel mit zwei Teclubrennern während 45 Minuten auf dunkle Rotglut erhitzt. Die noch warme Legierung wird in einer *warmen* Reibschale pulverisiert und trocken aufbewahrt.

Die Darstellung von Wismutwasserstoff erfolgt nach dem Einwurfverfahren (vgl. S. 185) nach Abb. 189, wobei zur Zersetzung 4n-*luftfreie* Salzsäure verwendet wird. Der Kolben wird zur Kühlung in ein Gefäß mit kaltem Wasser gestellt, die Luft durch Einleiten von *trockenem* Wasserstoff verdrängt und während des Versuches stets Wasserstoff durch die Birne mit der Legierung und durch die Flüssigkeit geleitet. Die Legierung wird in kleinen Anteilen in die Säure eingetragen. Sie wird vor vorzeitiger Zersetzung durch den darüberströmenden Wasserstoff geschützt. Der durch die Säure strömende Wasserstoff spült den Wismutwasserstoff aus dem Entwicklungsgefäß und mischt gleichzeitig die Säure durch. Die Gase werden durch ein dichtgepacktes Wattefilter geschickt, um Tröpfchen sicher zurückzuhalten. Der Wismutwasserstoff wird durch Abscheidung eines Wismutspiegels in einem MARSH-Rohr (Schmetterlingsbrenner 5 mm vor der Verjüngung des MARSH-Rohres, *quer*) nachgewiesen. Der Wismutspiegel ist in frischbereiteter NaOCl-Lösung unlöslich (Unterschied von As), bzw. in gelbem Schwefelammon unlöslich. (Farbvertiefung infolge Bildung von Bi_2S_3; As und Sb würden gelöst werden.)

Schließlich kann man auch den äußerst empfindlichen (1.10^{-10} g Bi) mikrochemischen Nachweis von DONAU[2] anwenden. Man belädt eine Platinöse mit einem Brei von Kalziumkarbonat (p. A.) und glüht dieses in einer Wasserstoffflamme aus. Die so erhaltene „Kalziumoxydperle" zeigt eine, für Wismut charakteristische, blaue Luminiszenzerscheinung, wenn man sie kalt in eine Wasserstoffflamme einbringt, welche Spuren von Wismut enthält. Die Luminiszenzerscheinung verschwindet, sobald das Kalziumoxyd zu glühen beginnt.

---

[1] F. PANETH u. E. WINTERNITZ, Ber. **51** (1918), 1728.

[2] J. DONAU, Monatsh. **34** (1913), 949. Die Arbeitsmethoden der Mikrochemie, Stuttgart 1913.

Carbide[1], Nitride[2]

Man unterscheidet drei Arten von Carbiden (Nitriden, Boriden), die metallischen, die salzartigen und eine Übergangsgruppe.

Die metallischen Carbide (Nitride, Boride) der IV., V. und VI. Gruppe des Periodischen Systems gehören zu den höchstschmelzenden Verbindungen überhaupt (HfC 4160° K, ZrC 3805° K, ZrN 3255° K, ZrB 3265° K) und besitzen ausgesprochen metallischen Charakter. Die Reihenfolge der elektrischen Leitfähigkeiten mit negativem Temperaturkoeffizienten (= metallische Leitfähigkeit) ist gewöhnlich

$$\text{Metall} \gg \text{Carbid} > \text{Nitrid} > \text{Borid}.$$

Der metallische Charakter dieser Verbindungen geht so weit, daß auch die Erscheinung der Supraleitfähigkeit auftritt; die Sprungtemperaturen von NbC 10,1° K und von ZrN 9,45° K sind sogar höher als bei irgendeinem reinen Metall. Sämtliche Verbindungen sind schwach paramagnetisch und zeigen damit die charakteristischen Eigenschaften des Metallgitters. Hiermit in Übereinstimmung ist die Röntgenstrukturanalyse: der Kohlenstoff (Stickstoff, Bor) ist in das nur wenig aufgeweitete Gitter des ursprünglichen Metalles eingelagert; man spricht deshalb von Einlagerungsverbindungen. Alle Verbindungen zeigen sehr große Härte, die zwischen 8 und 10 liegt, und sind chemisch sehr resistent.

Die Verbindungen kann man darstellen, indem man das gepulverte Metall mit reinstem Kohlenstoff auf 2200° C, mit Bor auf 1800 bis 2000°, bzw. im Ammoniak- oder Stickstoffstrom auf 1100 bis 1200° erhitzt. Bei diesen Darstellungsweisen erhält man die Verbindungen in pulverförmigem Zustand. In geschmolzenem Zustand erhält man die Carbide durch Zusammenschmelzen der Komponenten, bzw. der Metalloxyde mit Kohle im elektrischen Lichtbogen- oder Widerstandsofen, wobei man allerdings die Carbide nicht ganz rein erhält. Zum Einschmelzen im Lichtbogenofen durchfeuchtet man das feinst gepulverte Gemisch von Metalloxyd und reinstem Kohlenstoff mit Terpentinöl und Kolophonium, formt daraus Pastillen, die man trocknet und mit Ruß überschichtet glüht. Die so vorbereiteten Pastillen oder Kügelchen stauben nicht beim Einbringen in den arbeitenden Lichtbogenofen.

Völlig rein lassen sich die Carbide, Nitride, Boride der Metalle der IV., V. und VI. Gruppe durch thermische Zersetzung ihrer

---

[1] K. Becker, Physikal. Z. **34** (1933), 185.
[2] R. Juza, Die Chemie **58** (1945), 25.

Halogeniddämpfe in Gegenwart von Wasserstoff und CO, bzw. N_2, bzw. BBr_3 an einem weißglühenden Wolframfaden abscheiden (VAN ARKEL).

Die salzartigen Carbide der stärker elektropositiven Metalle sind farblose, durchsichtige, kristalline Stoffe, welche die Elektrizität nicht leiten und durch Wasser und verdünnte Mineralsäuren unter Bildung von Kohlenwasserstoffen zersetzt werden.

Nach den Zersetzungsprodukten unterscheidet man drei Kategorien von salzartigen Carbiden:

a) Carbide, die bei der Zersetzung CH_4 geben: Be_2C, Al_4C_3;

b) Carbide, die C_2H_2 ergeben: Na_2C_2, CaC_2, Cu_2C_2 usw.;

c) Carbide, die ein Gemisch von Kohlenwasserstoffen geben; UC_2, Carbide der Seltenen Erden.

Die salzartigen Carbide besitzen Ionengitter, bei denen die metallischen Kationen in den Zwischenräumen zwischen den Kohlenstoffanionen gelagert sind. Der salzartige Charakter hängt somit von der Stärke der elektropositiven Natur des Metalles ab, wie beim Vergleich der Eigenschaften von LiC_2, Be_2C, Al_4C_3 und SiC hervorgeht.

Eine Reihe dieser Carbide läßt sich im elektrischen Ofen darstellen. Die Carbide von Na, K, Rb, Cs, die bei den Temperaturen des elektrischen Ofens nicht mehr beständig sind, ferner die Carbide der Erdalkalimetalle lassen sich zum Teil durch Einwirkung von Azetylen auf die Lösungen der Metalle in Ammoniak bei -40^0 herstellen. Hierbei werden die blauen Metallammoniaklösungen entfärbt und es fällt ein farbloser kristalliner Körper, das Monoazetylid $Me^I{}_2C_2 . C_2H_2$ aus, aus welchem man das Carbid durch rasches Erhitzen auf etwa 300^0 C im Hochvakuum darstellt.

Die Carbide der Eisengruppe nehmen eine Zwischenstellung zwischen den Einlagerungs- und den salzartigen Carbiden ein, dadurch bedingt, daß das Verhältnis der Atomradien Me : C bei diesen Metallen kleiner als 1,7 ist; eine Bildung von Einlagerungsverbindungen ohne stärkere Verzerrung des Metallgitters aber nur dann möglich ist, wenn das Atomradienverhältnis größer als 1,7 ist.

Reinsten Kohlenstoff erhält man, wenn man die Abfälle aus der heißen Zone der als Heizwiderstand im TAMMANN-Ofen benützten Kohlenrohre fein pulvert und mehrmals mit HCl auskocht, mit Wasser bis zur Cl-Freiheit wäscht und trocknet. So präparierte Kohle hat nach RUFF einen Aschengehalt von 0,08 %, während Zuckerkohle bis zu 9,36 % (?) Asche aufweist[1]. Eine Reinigung von Zuckerkohle beschreibt HÖNIGSCHMID[2].

Calciumcarbid CaC_2 M = 64,10; F. P. ~ 2300° C; Diss.-Druck 1 Atm. bei 2500° ±50° C; d. 2,22.

Man stellt Calciumcarbid durch Zusammenschmelzen von reinem Calciumoxyd und reinster Kohle nach $CaO + 3\,C = CaC_2 + CO + 110{,}4$ kcal im elektrischen Lichtbogenofen[3], Abb. 29, bei Temperaturen über 2000° C her. Die Verwendung von *Gleichstrom* ist bei dem Vorhandensein eines entsprechenden Umformeraggregates vorzuziehen, da der Gleichstromlichtbogen viel ruhiger brennt als der Wechselstrombogen.

Die Stromstärke kontrolliert man durch Einschalten eines Amperemeters bis max. 600 A in den Hauptstromkreis. Ein Voltmeter bis 50 Volt schaltet man mittels zweier dünner Drähte an die Klemmen des Lichtbogenofens. Ein Beruhigungswiderstand (siehe S. 54) wirkt günstig, ist aber nicht unbedingt erforderlich.

Man läßt zunächst den Lichtbogen (Stabelektrode negativ) während fünf Minuten bei zirka 300 A 35 bis 45 V spielen, um den Kohletiegel vorzuwärmen und trägt sodann ein Gemisch von 120 g frischgebranntem, grießkorngrob zerkleinertem Marmorkalk und 70 g reinster Kohle in dem Maße, wie die Mischung zusammenschmilzt, in den Tiegel ein. Die Augen sind mit einer schwarzen Brille zu schützen. Man halte die Stromstärke während des Einschmelzens durch Regulierung des Elektrodenabstandes tunlichst auf 300 Ampere. Ist alles geschmolzen, so lasse man den Lichtbogen noch 1 bis 2 Minuten spielen, schalte dann ab und bedecke das Carbid zum Auskühlen mit Ruß. Nach dem Auskühlen wird der Tiegel zerschlagen und das Carbid, das an seinem schön kristallinen Gefüge kenntlich ist, vom Nichtcarbid getrennt. Das so hergestellte Carbid enthält immer größere Mengen von CaO (> 7 %) gelöst; die eutektische Konzentration zwischen CaC_2 und CaO liegt bei 30 % CaO und etwa 1640° C[4].

In absolut reinem Zustand ist CaC_2 eine farblose Kristallmasse[5]. Bei der Darstellung im elektrischen Ofen ist es infolge Kohlenstoffaufnahme gewöhnlich dunkel gefärbt und zeigt

[1] O. RUFF, E. JELLINEK, Z. anorg. Ch. **97** (1916), 314.
[2] O. HÖNIGSCHMID, L. BIRKENBACH, Ber. **55** (1922), 7.
[3] H. MOISSAN, C. r. **118** (1894), 501.
[4] O. RUFF u. E. FOERSTER, Z. anorg. Ch. **131** (1923), 344.
[5] H. MOISSAN, C. r. **127** (1898), 917.

prächtige bronzefarbene und blaue Anlauffarben. Mit Wasser wird es nach $CaC_2 + 2\,H_2O = Ca\,(OH)_2 + C_2H_2$ zersetzt, wobei 1 g CaC_2 theoretisch 348,5 ccm (0°, 760 Torr) Azetylen liefert. Auf Grund dieser Beziehung läßt sich leicht eine Gehaltbestimmung des Carbides durchführen.

Siliciumcarbid[1] CSi M = 40,07; F. P. > 2700° C; d. 3,17.

Man erhitzt möglichst rasch ein Gemisch von 12 Teilen reinster Kohle und 28 Teilen (amorphem) Silizium im elektrischen Ofen (siehe CaC_2) und kocht das Reaktionsprodukt mittels Salpetersäure-Flußsäure, sodann mit Salpetersäure-Kaliumchlorat, wodurch die im Überschuß vorhandenen Verunreinigungen an Si und C entfernt werden[2].

Wie die meisten anderen Metalloxyde, konnte MOISSAN auch SiO_2 im elektrischen Ofen mittels CaC_2 zu Carbid umsetzen: Ein stöchiometrisches Gemisch von Bergkristall und Calciumcarbid liefert nach der Schmelzung und Zersetzung mit Wasser schön kristallisiertes CSi in sehr guter Ausbeute[3], das durch Schlämmen weiter gereinigt wird.

Die sehr schönen Kristalle sind zumeist gelb, manchmal vollkommen durchsichtig oder saphirblau gefärbt; sie sind durch eine Härte ausgezeichnet, die jener des Diamanten fast gleichkommt. Siliciumcarbid ist gegen alle chemischen Einwirkungen sehr resistent.

Aluminiumcarbid[4] Al_4C_3 M = 143,91; F. P. 1400° C; d 2,36.

Man erhitzt nach RUFF[5] stöchiometrische Mengen von reinsten Aluminiumspänen und reinstem Kohlenstoff in einem allseitig geschlossenen Kohletiegel im *Vakuum*-TAMMANN-Ofen in einer Wasserstoffatmosphäre 30 Minuten auf 2000° C (nicht über 2200° C, da bei dieser Temperatur das Al_4C_3 zerfällt). Das gelbe, durchsichtige Carbid wird durch Behandeln des zerkleinerten Rohproduktes mit eiskalter 50%iger Kalilauge (Eiskühlung) von Aluminium befreit und durch kurzes Schlämmen mit Eiswasser isoliert. Diese Operationen müssen so rasch als möglich vorgenommen werden. Die Darstellung ist schwierig.

---

[1] O. HÖNIGSCHMID, Carbide, Silicide.
[2] H. MOISSAN, C. r. **117** (1893), 423.
[3] H. MOISSAN, C. r. **125** (1897), 839.
[4] C. MATIGNON, C. r. **145** (1907), 676; Chem. Ztg. **32** (1908), 53.
[5] O. RUFF, E. JELLINEK, Z. anorg. Ch. **97** (1916), 324. — Bildungswärme von Al_4C_3 aus Al + Graphit — 40 ± 3 kcal. W. A. ROTH, Z. Elektroch. **48** (1942), 267.

Aluminiumcarbid entwickelt mit Wasser nach $Al_4C_3 + 12 H_2O = 4 Al(OH)_3 + 3 CH_4$ reines Methan.

Kohlenoxyd CO M = 28,01, F. P. — 205° C, K. P. — 191,5° C, Tripelpunktdruck 115 Torr.

Man läßt nach dem Vorgange $HCOOH + H_2SO_4 = CO + H_2SO_4 . H_2O$[1] Ameisensäure zu konzentrierter Schwefelsäure zutropfen. Die Schwefelsäure befindet sich in einem zu zwei Dritteln gefüllten Gasentwicklungskolben und wird vor Beginn des Versuches am Sandbad auf zirka 120 bis 150° C angewärmt und evakuiert. Wenn nach längerem Entwickeln die Stärke des Gasstromes nachläßt, wird der Kolben mit kleiner Flamme direkt auf dem Drahtnetz erhitzt. Hierbei soll man nicht über 180° gehen, da bei 200° partielle Reduktion der Schwefelsäure unter SO_2-Bildung einsetzt[2].

Die Verunreinigungen bestehen aus Spuren von Kohlendioxyd, sauren Dämpfen, Luft[3] und Wasserdampf. Die Luft kann man durch mehrmaliges Evakuieren und kurze Gasentwicklung dazwischen fast völlig entfernen. Die sauren Dämpfe und das Kohlendioxyd entfernt man durch Waschen mit Kalilauge (1 : 1 bis 1 : 2). Sodann wird mittels Chlorkalzium, konzentrierter Schwefelsäure und Phosphorpentoxyd getrocknet. Man sei mit dem sehr giftigen Kohlenoxyd vorsichtig; ausströmendes CO gibt sich beim Tabakrauchen durch einen faden süßlichen Geschmack zu erkennen.

Kohlendioxyd CO_2 M = 44,01, F. P. beim Tripelpunktdruck — 56,7° C, K. P. — 78,52° C, Tripelpunktdruck 5,11 Atm.

Man stellt in einfachster Weise Kohlendioxyd aus Marmor und Salzsäure (1 : 1) im KIPPschen Apparat her[4]. Wenn man die Marmorstücke in Wasser auskocht, die Salzsäure durch Einwerfen von Marmorstückchen entgast und das Gasableitungsrohr des Kipp bis nahe dem höchsten Punkt der Kugel verlängert, so erhält man durch öfteres starkes Entwickeln von CO_2 und stets neues Ablassen ein fast luftfreies Gas, das nur Spuren von SH_2 (aus Pyriteinsprengungen im Marmor), O_2, N_2, saure Dämpfe

---

[1] E. RUPP, Chem. Ztg. **32** (1908), 983. — J. MEYER, Z. Elektroch. **15** (1909), 506.

[2] J. MILBAUER, Chem. Ztg. **42** (1918), 313.

[3] M. BODENSTEIN, Z. phys. Ch. **130** (1927), 422. — K. CLUSIUS u. W. TESKE, Z. phys. Ch. (B), **6** (1929), 135.

[4] Vgl. F. PREGL, Die quantitative organische Mikroanalyse.

und Wasserdampf enthält. Die Reinigung erfolgt mittels Kupfervitriol-Bimsstein (ein U-Rohr) [für sehr weitgehende Ansprüche 15%iger salzsaurer Titantrichloridlösung (2 Waschflaschen), K- oder Na-Bikarbonat in kleinen Stücken (ein U-Rohr)], konzentrierter Schwefelsäure, Phosphorpentoxyd.

Vollkommen reines Kohlendioxyd erhält man durch thermische Zersetzung von Natriumbikarbonat im Vakuum: Reines Natriumbikarbonat wird in ein einseitig geschlossenes Verbrennungsrohr, unter Freilassung eines Luftkanales, eingefüllt. Sodann folgt ein gekühltes U-Rohr, je ein U-Rohr mit Chlorkalzium und Phosphorpentoxyd auf Glaskügelchen, ein Manometer und ein Gasfilter. Nach dem Evakuieren des Apparates (unter öfterem Klopfen des Bikarbonatrohres mit einem gummiarmierten Glasstab, um die okkludierte Luft zu entfernen) erhitzt man das Bikarbonatrohr, welches mit einem Drahtnetz umgeben ist, von rückwärts nach vorne. Es entweicht nach $2\,NaHCO_3 \rightarrow Na_2CO_3 + H_2O + CO_2$ Kohlendioxyd, während die Feuchtigkeit anfangs von den vorderen Schichten des Bikarbonates aufgenommen und später in dem gekühlten U-Rohr kondensiert wird. Der Zersetzungsdruck $p_{CO_2 + H_2O}$ beträgt bei 100° C 731 Torr, bei 120° C 1250 Torr.

Entsprechend der thermodynamischen Ableitung des Massenwirkungsgesetzes lassen sich *Zersetzungsdrucke* aus der Beziehung $A = -RT \ln p$ unter der Voraussetzung berechnen, daß die kondensierten Phasen ineinander unlöslich sind. Dann bedeutet A die Reaktionsarbeit und p den Gleichgewichtsdruck bei der Temperatur T° K.

Wenn man diese Überlegungen auf die Reaktion $2\,NaHCO_3 \rightleftharpoons Na_2CO_3 + H_2O + CO_2$ anwendet, so erhält man bei der Berechnung von A und von log p auf Grund der Tab. 32 Werte, die mit den experimentell ermittelten Zersetzungsdrucken sehr gut übereinstimmen. Da die spezifische Wärme von $NaHCO_3$ bei höheren Temperaturen nicht bekannt ist, wird die Rechnung in erster Näherung durchgeführt.

Tabelle 32

	H^{300} cal	S^{300} Cl
$NaHCO_3$	— 226400	24,4
Na_2CO_3	— 271000	32,5
CO_2	— 94030	51,09
H_2O (gasf.)	— 57800	45,14

$$H = 2 \cdot 226400 - 271000 - 94030 - 57800 = + 30000 \text{ cal}$$
$$S = -2 \cdot 24{,}4 + 32{,}5 + 51{,}09 + 45{,}14 \quad = + 79{,}9 \text{ Cl.}$$
$$A = H - T \cdot S = - RT \ln p$$
$$\log p = - \frac{H}{4{,}574 \cdot T} + \frac{S}{4{,}574}$$

	300^0 K	400^0 K	500^0 K
A	6 kcal	— 0,2 kcal	— 10 kcal
log p (Atm)	— 4,4	+ 1,05	+ 4,35

Der Zersetzungsdruck von 1 Atm. berechnet sich zu 375^0 K = = 102^0 C, in ausgezeichneter Übereinstimmung mit dem experimentell ermittelten Wert.

Stahlflaschenkohlendioxyd[1] reinigt man mittels stückigen Kaliumbikarbonat (SO_2), Kupfervitriol-Bimsstein (SH_2), konzentrierter H_2SO_4 und verbrennt das Kohlenoxyd an einem Kupferoxydasbest-Kontakt bei 700^0; schließlich absorbiert man den Sauerstoff am Kupferkontakt nach Meyer-Ronge (S. 257) und trocknet mit P_2O_5. Die wesentlich einfachere physikalische Feinreinigung[2] ist vorzuziehen.

Kohlensuboxyd C_3O_2 M = 68,03; F. P. — 112,5^0 C; K. P. + 6,7^0 C.

Kohlensuboxyd wurde von Diels und Mitarbeitern aus Malonsäure durch Wasserentziehung mit P_2O_5 dargestellt. Der Dampf ist in reinem Zustand verhältnismäßig beständig; bei Gegenwart von Phosphorpentoxyd findet rasch Polymerisation statt. Nach Stock und Stoltzenberg[3] und Klemenc und Mitarbeitern[4] verwendet man die in Abb. 190 dargestellte Apparatur.

A ist ein Einliterkolben, der mittels eines gefetteten Gummistopfens B und des 10 mm weiten Ableitungsrohres C mit dem Ausfriergefäß D (30 mm weiter Schenkel) verbunden ist. Dieses ist bei E (bzw. G) mit einem mit Marineleim überzogenen Kork in den Trockenturm F eingekittet, der mit frisch ausgeglühten

---

[1] L. Moser, Z. anorg. Ch. **110** (1920), 125.

[2] L. Moser, Die Reindarstellung von Gasen, 1920, S. 115. — E. Brody u. Th. Millner, Z. anorg. allg. Ch. **164** (1927), 86.

[3] A. Stock, W. Wustrow, H. Lux, H. Ramser, Z. anorg. allg. Ch. **195** (1931), 140. — A. Stock u. H. Stoltzenberg, Ber. **50** (1917), 498.

[4] A. Klemenc u. O. Bankowski, Z. anorg. allg. Ch. **209** (1935), 225. — A. Klemenc, R. Wechsberg, G. Wagner, Monatsh. Chem. **66** (1935), 337. — A. Klemenc, Die Reindarstellung von Gasen. Dort weitere Darstellungsmethoden.

erbsgroßen Kalziumoxydstücken gefüllt ist. An diesen schließt sich die Fraktionierungsapparatur an.

20 g gepulverte, trockene Malonsäure werden mit 40 g ausgeglühtem Seesand und 200 g nichtbackendem Phosphorpentoxyd (Eintragen von Phosphorpentoxyd in eine rotglühende Porzellanschale und Umrühren im Sauerstoffstrom) in dem Rundkolben A gemischt. Nach dem vollständigen Evakuieren wird der Apparat zur Dichtigkeitsprüfung mehrere Stunden bei geschlossenem Hahn P sich selbst überlassen. Nun wird die Pumpe neu ange-

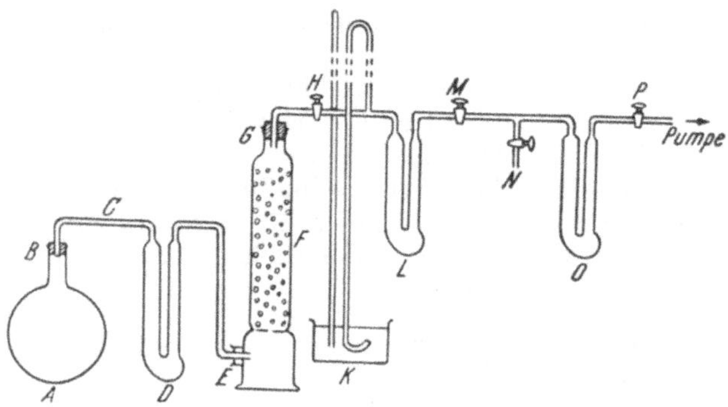

Abb. 190. Darstellung von C_3O_2 nach STOCK und STOLTZENBERG.

stellt, P geöffnet, D mit flüssiger Luft gekühlt und der Kolben A im Ölbad auf 140° C erhitzt. Die Zersetzung ist bei dieser Temperatur in etwa einer Stunde beendet. Man läßt durch N *trockene* Luft einströmen, entfernt den Kolben A und verschließt C durch Zuschmelzen. Nach neuerlichen Evakuieren wird L mit flüssiger Luft gekühlt und der Inhalt von D durch langsames Senken des Luftbades über den Kalkturm nach L destilliert. Nun folgt nach vollständigem neuerlichem Evakuieren die Fraktionierung. Nach Schließen von H bringt man L in ein Temperaturbad von —115° bis —116° und kühlt O mit flüssiger Luft. Das feste Kondensat in L ($C_3O_2+CO_2$) wird nach vorübergehendem Schließen von M durch Temperaturerhöhung geschmolzen, dann wieder mit dem Temperaturbad abgekühlt und nach Öffnen von M sofort die Destillation unter Beobachtung des Manometerstandes vorgenommen. Sobald der Druck im System einige Zehntel Millimeter (bei —115°) beträgt, prüft man die Tension der Substanz in L bei 0° C, die bei reinem C_3O_2 573,5 Torr beträgt. Nach A. KLEMENC schaltet man vor den Kalkturm eine mit Glaswolle gefüllte Glasröhre, um das Mitreißen von Phosphorpentoxyd zu verhindern. Sobald die feste Phase in L verschwunden ist, soll man mit der Temperatur auf —125° bis —130° heruntergehen; die Fraktionierung erfordert dann etwa 15 Stunden. Es ist zweckmäßig, das Gefäß während der Fraktionierung mittels einer mechanischen Vorrichtung (S. 193) zu schütteln. Die Ausbeute beträgt nach STOCK und STOLTZENBERG 2,49 g. Kohlensuboxyd greift Hahnfett stark an, so daß man am besten Quecksilberventile verwendet. In reinem Zustand ist es vollkommen beständig; eine einmal begonnene Polymerisation läßt sich jedoch nicht mehr zum Stillstand bringen. Aus der Darstellung folgt die Konstitutionsformel O = C = C = C = O.

Cyanwasserstoff HCN M = 27,04; F.P. —14,5° C; K.P. + 20° C.

Nach GATTERMANN[1] werden 200 g grobgepulvertes Kaliumferrocyanid in einem Rundkolben von 2 l Inhalt mit *kalter*, verdünnter Schwefelsäure (87 ccm konzentrierte Schwefelsäure

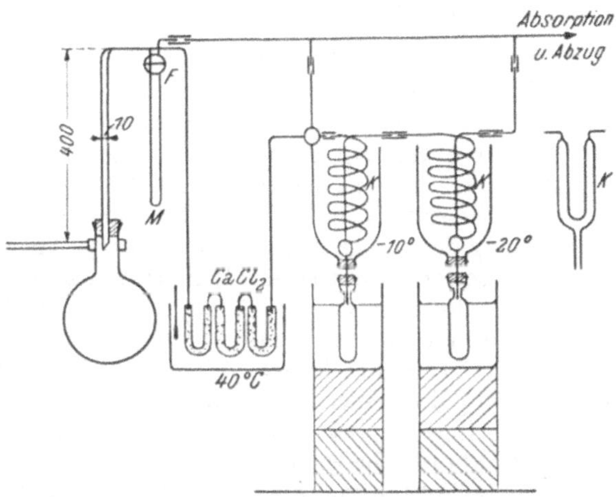

Abb. 191. Darstellung von Cyanwasserstoff.

d 1,84 + 280 ccm Wasser) übergossen und mittels Kautschukstopfen mit der Apparatur, Abb. 191, verbunden. Diese besteht aus einem 40 cm langen, 1 cm weiten, als Rückflußkühler dienenden Glasrohr, an das sich ein Sicherheitsmanometer M mit Glas-

[1] L. GATTERMANN, LIEBIGS Ann. **357** (1907), 318.

fritte F, drei mit Chlorcalcium gefüllte, auf 40° gehaltene U-Rohre, sowie zwei (Spiral-) Kühler K anschließen, die in abgesprengten Flaschen stecken und mit Eis-Kochsalz auf —10, bzw. —20° gekühlt werden. Die Abflußrohre der Kühler seien entsprechend weit, damit sie sich nicht durch Flüssigkeitstropfen verstopfen. Die abschmelzbaren Vorlagen werden ebenfalls mit Eis-Kochsalz-Mischung gekühlt. Durch den Dreiweghahn kann das Gasentwicklungsgefäß direkt (über ein mit Natronlauge gefülltes Zehnkugelrohr) mit dem Abzug verbunden werden. Beim Auseinandernehmen der Apparatur saugt man am zweckmäßigsten einen Luftstrom unter Lüften des Stopfens am Entwicklungskolben durch das Röhrensystem.

Bei der Darstellung der wasserfreien Blausäure ist, der Giftigkeit der Substanz entsprechend, *größte Vorsicht* zu beachten. Spuren von HCN (ebenso von CO und Cl_2) machen sich beim Tabakrauchen durch eine empfindliche Geschmacksreaktion bemerkbar. Wasserfreie HCN kann sich in Gegenwart von NH_3 explosionsartig zu Azulmsäure polymerisieren.

Kohlenstoffsubsulfid C_3S_2 M = 100,15; F.P. —0,5° C; d_4^{15} = 1,319.

v. Lengyel[1] läßt einen Kohlelichtbogen in Schwefelkohlenstoffdampf brennen. Wesentlich bessere Ausbeuten erhält man nach Stock[2] durch Brennenlassen eines Antimon-Kohlelichtbogens in CS_2. Stocks Vorschrift wird nachstehend gegeben:

Zur Herstellung der Antimonelektrode werden 40 g gepulvertes und durch Seide gesiebtes (arsenfreies!) Antimon und 3 g feinstes Graphitpulver (Acheson Graphite Co, Niagara Falls, Marke Polishing Lead) innig gemischt, mit 4 ccm Zuckerlösung (1 : 1) durchgeknetet und in einem schwachgeölten Stahlzylinder mit gut schließendem Stempel zu einer Elektrode von 12 mm Durchmesser und 6 bis 8 cm Länge gepreßt. Die Autoren verwendeten hierzu eine größere Drehbank, ließen die Elektrode mehrere Stunden in der Form und erhöhten von Zeit zu Zeit den Druck. Die vorsichtig aus der Form herausgepreßte, zerbrechliche Elektrode wird im Vakuumexsikkator 12 Stunden über P_2O_5 getrocknet und dann im Verlaufe einiger Stunden im CO_2-Strom auf etwa 360° erhitzt. Sie ist nun gebrauchsfertig und ziemlich widerstandsfähig. Nach einiger Übung gelingt die Herstellung fehlerfreier Elektroden sehr leicht.

---

[1] B. v. Lengyel, Ber. **26** (1893), 2960.

[2] A. Stock u. P. Praetorius, Ber. **45** (1912), 3573. — Vgl. auch A. Stock u. Mitarb., Ber. **58** (1925), 644.

Ein, einschließlich des Halses in fließendem Wasser gekühlter Einliter-Rundkolben wird mit 750 ccm reinem CS_2 (das einige Stunden mit Hg und P_2O_5 geschüttelt und destilliert wurde) beschickt. Sein Hals trägt einen lose aufgesetzten Korkstopfen mit drei Bohrungen für ein CO_2-Zuleitungsrohr und die etwa 6 mm starken Messinghaltedrähte der beiden Elektroden. Die Kathode besteht aus einem Graphitzylinderchen von 1 cm Höhe und mindestens 1,5 cm Durchmesser; es ist wesentlich, daß ihr Durchmesser größer ist als derjenige der Anode, damit letztere rings gleichmäßig abbrennt. Die Elektrode wird an ihrer Unterseite von dem zweimal rechtwinkelig gebogenen Messingdraht dicht über dem Boden des Kolbens gehalten. Über ihr steht die Antimon-Graphit-Anode; sie steckt in einer am Ende des Haltedrahtes befestigten Messinghülse. Der Draht gleitet mit schwacher Reibung in einer Messingrohrführung, die sich im Stopfen befindet, so daß die Anode leicht gehoben und gesenkt werden kann.

Unter langsamem Einleiten von CO_2 bringt man die beiden Elektroden zur Berührung und zieht sie wieder etwas auseinander, so daß sich ein Lichtbogen bildet. (110 V, Widerstand, 10 bis 15 A, Klemmenspannung zirka 30 V.) Die Flüssigkeit wird bald durch verstaubtes Sb und C undurchsichtig. Das richtige Brennen des Lichtbogens läßt sich dann am Amperemeter erkennen, dessen Ausschlag um 10 bis 20% unter dem bei Kurzschluß zu beobachtenden Maximum bleiben muß. Ist das Kühlwasser kalt genug, so arbeitet der Apparat minutenlang ohne Beaufsichtigung. Nach einiger Zeit setzen sich häufig, wie man beim Herausnehmen des Stopfens samt den Elektroden beobachten kann, auf der Graphitelektrode Sb-Kügelchen an, die durch vorübergehenden Polwechsel zum Verschwinden zu bringen sind. Ein Zentimeter Elektrode brennt in einer halben Stunde ab, so daß die Anode in etwa drei Stunden aufgebraucht ist.

Die sehr stechend riechende, braunrote Flüssigkeit wird unter dem Abzug filtriert, der Rückstand mit CS_2 ausgewaschen. Das Filtrat wird mit etwa 200 g Quecksilber und etwas Phosphorpentoxyd eine Stunde geschüttelt, neuerdings filtriert, am Wasserbad bis auf 100 ccm abdestilliert, wobei eine reine, etwa 1%ige, im Dunkeln wochenlang haltbare Lösung von C_3S_2 resultiert.

Zur Isolierung des C_3S_2 wird die 1%ige Lösung nochmals mit wenig Hg und P_2O_5 geschüttelt und (nach dem Filtrieren) zunächst auf dem Wasserbad auf etwa ein Fünftel, dann im Vakuum der Wasserstrahlpumpe bei Zimmertemperatur bis zur Entfernung des CS_2 abdestilliert. Die zurückbleibende rote Flüssigkeit wird im Hochvakuum in eine gut gekühlte ($\sim -40^0$) Vorlage destilliert.

Das C_3S_2 kondensiert in der Vorlage als feste, gelbrote Substanz, welche bei Zimmertemperatur zu einer leuchtend roten, stark lichtbrechenden Flüssigkeit schmilzt. Das so hergestellte Präparat ist außerordentlich rein.

In CS_2-Lösung polymerisiert sich das C_3S_2 unter dem Einfluß von Sonnenlicht zu einem schwarzen Körper. Bei Zimmertemperatur polymerisiert sich das reine Präparat langsam (nach einigen Stunden erfolgt Dunkelfärbung und Trübung), bei 100° in einigen Minuten, in eine feste schwarze Masse. Mit Anilin reagiert C_3S_2 glatt nach $C_3S_2 + 2\, C_6H_5NH_2 = CH_2(CS \cdot NH \cdot C_6H_5)_2$ unter Bildung von Thiomalonanilid[1]. Dadurch ist die, dem Kohlensuboxyd entsprechende Konstitution des C_3S_2 als Anhydrid S : C : C : C : S einer Thiomalonsäure bewiesen.

Thermitreaktionen[2]

sind stark exotherme Umsetzungen fester Reaktionspartner, die an einer Stelle durch Initialzündung auf Reaktionstemperatur gebracht werden. Bei dieser Reaktion entstehen keine gasförmigen Reaktionsprodukte; die Reaktionswärme reicht zum vollständigen Schmelzen aller Reaktionsprodukte aus. Letztere sondern sich nach ihrem spezifischen Gewicht in Schlacke und Regulus.

Es sind im wesentlichen Reduktions- (Verdrängungs-) Reaktionen, bei denen ein Metall aus seiner Verbindung (Oxyd, Sulfid, Halogenid) dadurch abgeschieden wird, daß ein anderes Metall (Al, Mg, Ca, Na, Carbide, Silizide usw.) eine größere Affinität zu dem betreffenden Anion hat.

Z. B. $Fe_2O_3 + 2\, Al = Al_2O_3 + 2\, Fe - 197$ kcal.

Neben Oxyden lassen sich oft mit Vorteil Sulfide, bzw. Oxyde und Schwefel zur Reaktion verwenden, wobei die Reduktion mit geringerer Wärmetönung und bei niederer Temperatur vor sich geht. (Siehe krist. Si.) Die Mengenverhältnisse richten sich im allgemeinen nach den theoretischen Verhältnissen, wobei man unter Umständen zur Mäßigung der Reaktion Verdünnungsmittel zusetzt, die natürlich die Reinheit des Reaktionsproduktes nicht beeinträchtigen dürfen. (Z. B. gepulverte Schlacken von einem früheren Versuch, Überschuß einer der Komponenten.) Reicht umgekehrt die Wärmetönung der Umsetzung nicht zum Schmelzen aller Reaktionsteilnehmer aus, so kann man BaO_2, Na_2O_2 usw.

---

1 A. Reissert, A. Moré, Ber. **39** (1906), 3298.

2 H. Goldschmidt, Ann. **301** (1898), 19. DRP. 96317.

zusetzen, oder man verwendet bei Metallen, die mehrere Oxyde bilden, entsprechende Mischungen dieser. (Cr.)

Bei den aluminothermischen Reaktionen verwendet man meistens Schamotte- (hessische) Tiegel. Bei der Darstellung von Metallen, die leicht Silizide geben, muß man Magnesiatiegel usw. verwenden. Nach PRANDTL und BLEYER[1] ist es billiger, die Reaktion in einem Schachte von losem *trockenen* Flußspatpulver auszuführen, das man in einer Blechbüchse um einen dünnen Blechzylinder o. dgl. feststampft. In den Blechzylinder füllt man die Thermitmischung auf eine 3 bis 4 cm hohe Flußspatunterlage, stampft die Mischung fest und zieht den Zylinder unter drehenden Bewegungen vorsichtig heraus.

Zur Entzündung des Reaktionsgemisches genügt es, das Gemenge an einem Punkt mittels einer *Zündkirsche* auf Reaktionstemperatur zu bringen. Sehr gut hat sich eine Zündmischung von 10 Teilen Al-Pulver, 40 Teilen BaO_2, 7 Teilen $KClO_3$ bewährt, die man in Pulverform anwendet oder mit Kollodium zu zirka 1 g schweren Kugeln formt, in die man ein 10 bis 15 cm langes Magnesiumband zur Entzündung hineinsteckt. Die Bestandteile werden, jeder für sich, fein gepulvert und mittels einer Federfahne gemischt.

Kristallisiertes Silicium[2] Si A = 28,06; F.P. 1414° C, K.P. 2630° C, d 2,4.

90 g *getrockneter* und gesiebter Seesand werden mit 100 g feinem Aluminiumgrieß und 120 g Schwefelblumen gemengt und in einen, in Sand eingebetteten Schamottetiegel gegeben, der etwa zur Hälfte gefüllt sein soll. Die Mischung wird mittels einer Zündkirsche[3] entzündet. Man stellt den Versuch im Freien an, da Ströme von SO_2 entweichen. Nach dem Erkalten zerschlägt man den Tiegel, übergießt die Stücke der Schmelze im Freien mit Wasser, wobei reichlich H_2S (durch Hydrolyse des Aluminiumsulfides) entweicht. Man schlämmt das gebildete Aluminiumhydroxyd von Zeit zu Zeit ab. Nun werden die Si-Kugeln und -Kügelchen sorgfältig ausgelesen, mit Wasser ausgekocht, bzw. mechanisch von Schlacke befreit und sodann portionenweise mit starker, öfters erneuerter Salzsäure mehrere Tage in der Wärme (am Trockenschrank) behandelt, bis alles Aluminiummetall gelöst ist. Leichtere Verunreinigungen und amorphes Si entfernt man durch Schlämmen, kocht sodann mit konzentrierter Salzsäure

---

[1] W. PRANDTL u. B. BLEYER, Z. anorg. Ch. **64** (1909), 217.

[2] K. A. KÜHNE, DRP. 147871, C. 1904, I, 64. — Siehe auch H. u. W. BILTZ, Übungsbeispiele.

[3] Siehe oben.

aus, dekantiert und versetzt in einer Platinschale nach und nach mit Flußsäure, wobei sich die Mischung ziemlich stark erwärmt. Man digeriert eine dreiviertel Stunde am Wasserbad, verdünnt mit Wasser, dekantiert öfter, schlämmt eventuell den feinen Anteil nochmals ab und saugt die Kristalle ab und trocknet sie bei 100° im Trockenschrank. Man erhält 20 bis 25 g von zum Teil sehr schön ausgebildeten, eisengrauen Kristallen. Silicium nach GATTERMANN siehe S. 346.

Kristallisiertes Bor[1, 2] d. 2,554.

In gleicher Weise, wie bei kristallisiertem Silicium beschrieben, wird ein inniges Gemenge von 50 g *wasserfreiem* Bortrioxyd (durch Umschmelzen im Platintiegel vor dem Gebläse in Portionen von 5 g entwässertem B_2O_3 oder H_3BO_3), 75 g Schwefel und 100 g Aluminiumgrieß zur Reaktion gebracht und der entstandene Schmelzkuchen, wie bei Si angegeben, weiterverarbeitet. Man erhält zirka 7,5 g kleine, derbe, sehr harte (ritzen Glas), meist graumetallisch glänzende Kriställchen der Zusammensetzung AlB_{12}. Die dünnsten Kriställchen lassen das Licht tief dunkelrot durchscheinen.

Magnesiumsilicid Mg_2Si M = 76,70.

Man erhitzt eine Mischung von reinstem Magnesiumpulver (10% Überschuß auf die stöchiometrischen Verhältnisse) mit reinstem Siliciumpulver in einem kohlenstofffreien Eisenschiffchen, in einem schwer schmelzbaren Glasrohr, in einem trockenen Wasserstoffstrom, während mindestens 20 Stunden auf 500° C[3]. Man erhält ein feines blaues Pulver, das mit verdünnter Salzsäure Wasserstoff und selbstentzündliche Siliciumwasserstoffe entwickelt.

Silane.

Monosilan SiH_4 M = 32,09; F. P. — 185° C; K. P. — 112° C.
Disilan Si_2H_6 M = 62,17; F. P. — 132° C; K. P. — 15° C.

Die genaue Kenntnis der Siliciumwasserstoffe verdanken wir A. STOCK[4] und dessen Mitarbeitern. Während dieser Forscher Magnesiumsilicid mit verdünnter Salzsäure zersetzt, erhält man

---

[1] K. A. KÜHNE, DRP. 147871, C. 1904, I, 64. — Siehe auch H. u. W. BILTZ, Übungsbeispiele.

[2] H. BILTZ, Ber. **41** (1908), 2634.

[3] G. GIRE, C. r. **196** (1933), 1404.

[4] A. STOCK u. C. SOMIESKI, Ber. **49** (1916), 111; ferner Z. Elektroch. **32** (1926), 341. — A. STOCK, Hydrides of Boron and Silicon. Cornell University Press Ithaca, New York 1933.

nach JOHNSON[1] bei der Zersetzung des Magnesiumsilicides mit NH_4Br in flüssigem Ammoniak wesentlich bessere Ausbeuten. Es soll im nachstehenden diese Darstellungsweise beschrieben werden, wobei man jedoch unbedingt die Originalliteratur zu studieren hat.

Zur Darstellung der Siliciumwasserstoffe bedient man sich einer Apparatur, die KRAUS[2] bei der Herstellung von Germaniumwasserstoffen beschrieb. In das Zersetzungsgefäß A, Abb. 192, von 500 ccm Inhalt leitet man über h_1 durch das bis zum Boden

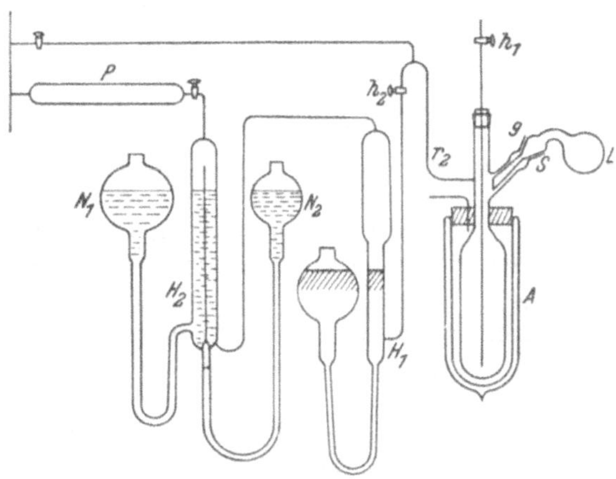

Abb. 192. Darstellung der Silane.

reichende Glasrohr trockenes Ammoniak zur Kondensation ein. Man kondensiert eine solche Ammoniakmenge, daß das, in 50%igem Überschuß nach der Gleichung $4\ NH_4Br + Mg_2Si = SiH_4 + 2\ MgBr_2 + 4\ NH_3$ im Zersetzungsgefäß vorgelegte Ammoniumbromid gelöst wird, und stellt dann das Kältebad auf —33° C ein (siedendes Ammoniak). Während des Versuches wird NH_3 zur Rührung eingeleitet. In dem seitlichen Arm g befindet sich die Einfüllvorrichtung für das Mg_2Si. Man trägt durch Drehen des Kölbchens im Schliff das Silicid gleichmäßig in das Ammoniak ein. Die entwickelten Gase verlassen das Entwicklungsgefäß mit einem Überdruck von zirka 250 mm, der durch entsprechendes

[1] W. C. JOHNSON, S. ISENBERG, J. Am. Chem. Soc. **57** (1935), 1349.

[2] CH. A. KRAUS u. C. L. BROWN, J. Am. Chem. Soc. **52** (1930), 4031. — CH. A. KRAUS u. E. S. CARNEY, J. Am. Chem. Soc. **56** (1934), 765.

Einstellen des Quecksilberniveaus in H_1 zu halten ist, und streichen in das Absorptionsgefäß H_2, das mit ausgekochter, sehr verdünnter Salzsäure (die unter H_2-Durchleiten erkalten gelassen wurde) beschickt ist. Die Vorrichtung gestattet ein rasches Wechseln der Waschflüssigkeit, da alkalische Lösungen (NH_3-Absorption!) die Silane sehr rasch zersetzen. (Indikator!) Sodann läßt man die Gasmischung, die nur aus Silanen und Wasserstoff besteht, langsam über das Phosphorpentoxydrohr P streichen und kondensiert sie in flüssigem *Stickstoff*. (Zu große Explosionsgefahr beim Springen eines Gefäßes, das mit flüssiger Luft gekühlt ist. Vgl. P_2H_4, S. 314.)

Die Reinigung des erhaltenen Gemisches erfolgt nach STOCK durch fraktionierte *Kondensation*, indem man bei -120^0 und zirka 20 mm abpumpt und Ausfrierfallen bei -150^0, bzw. mit flüssigem N_2 kühlt. Bei -150^0 scheiden sich die höheren Silane ab, während das Monosilan bei der Fl.-N_2-Kühlung abgeschieden wird. Beide Fraktionen werden durch fraktionierte Destillation in der STOCKschen Apparatur weiter gereinigt.

Die Ausbeute an Silanen beträgt 70 bis 80%. Die Menge des Disilans kann vermehrt werden, wenn die Herstellung des Silicides bei Temperaturen von 700 bis 750° erfolgt. (Vgl. S. 348.)

Monsilan ist ein farbloses, giftiges Gas von widerlichem Geruch; bei Zimmertemperatur beständig. Größere Mengen entzünden sich mit lautem Knall an der Luft. Disilan entzündet sich auch bei kleinen Mengen mit lautem Knall an der Luft.

Siliciumtetrachlorid[1] $SiCl_4$ M = 169,89; F.P. $-68{,}7^0$ C; K.P. $+56{,}5^0$ C; Tension bei 0°: 77 Torr[2]; d 1,48.

Man leitet Chlorgas, das in zwei Schwefelsäurewaschflaschen getrocknet wurde, bei Rotglut über käufliches technisches Silicium und kondensiert das Reaktionsprodukt in einer, mit Eis-Kochsalz-Kältemischung gekühlten, Vorlage. An Stelle des käuflichen Siliciums kann man auch das Präparat von GATTERMANN[1] verwenden, das man wie folgt herstellt: 1 Teil Magnesiumpulver wird mit 4 Teilen *feinst gepulvertem* und gut getrocknetem Quarzsand innig gemischt und in ein schräg eingespanntes, 2 bis 3 cm weites, dickwandiges Reagensrohr eingefüllt. Nachdem das

---

[1] L. GATTERMANN, Ber. **22** (1889), 187. — L. GATTERMANN, K. WEINLIG, Ber. **27** (1894), 1943.

[2] A. STOCK, C. SOMIESKI, R. WINTGEN, Ber. **50** (1917), 1761. — W. BECKER, A. MEYER, Z. anorg. Ch. **43** (1905), 251.

Rohr über seine ganze Länge mit der matt brennenden Gebläseflamme vorgewärmt wurde, wird am unteren Ende kräftig erhitzt, worauf die Reaktion $2\,Mg + SiO_2 = 2\,MgO + Si$ unter Erglühen auf einer Strecke von 2 bis 3 cm einsetzt. So setzt man die ganze Menge durch schrittweises Erhitzen unter Drehen des Reagensglases um. Zum Schluß erfolgt gewöhnlich infolge Knallgasbildung aus den Feuchtigkeitsspuren eine kleine, harmlose Explosion. Das Reaktionsprodukt ist eine grau- bis blauschwarze ungeschmolzene

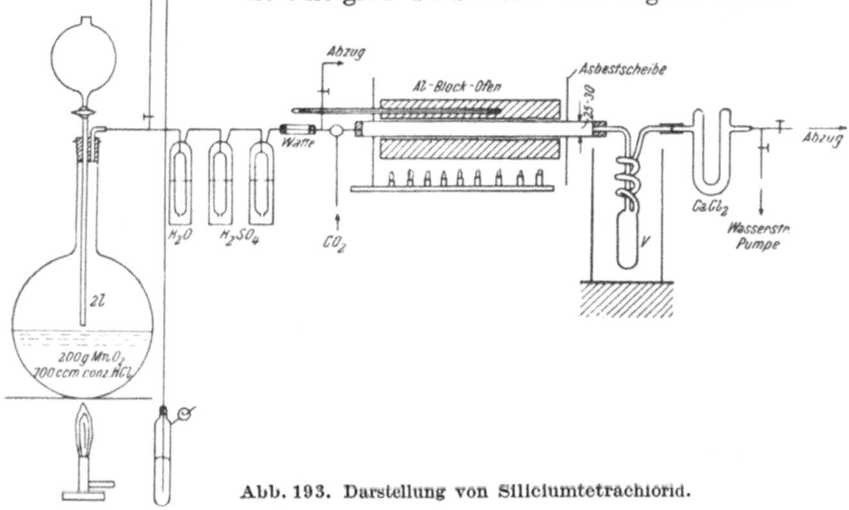

Abb. 193. Darstellung von Siliciumtetrachlorid.

Masse, die man direkt weiter verwendet. Die Trümmer des schwarzverfärbten Reagensglases (Mg_2Si!) übergießt man sofort mit Salzsäure, damit durch die Einwirkung der sauren Laboratoriumsluft kein Brand infolge Entwicklung von selbstentzündlichem Siliciumwasserstoff entstehen kann.

Das so hergestellte Rohsilicium behandelt man bei 300 bis 310° mit Chlor. *Man darf die Temperatur bei dieser Darstellungsweise keinesfalls höher treiben*, da sonst infolge der Reaktion $MgO + Cl_2 = MgCl_2 + \frac{1}{2}\,O_2$, Oxydation des Siliciums und damit eine außerordentliche Verschlechterung der Ausbeute eintritt, und unter Umständen überhaupt kein Tetrachlorid gebildet wird! Weiter muß man die Luft aus dem Apparat *vollständig* mit Chlor verdrängen, ehe man zu erhitzen beginnt, sonst überzieht sich das Silicium mit einer SiO_2-Haut und wird dadurch der Einwirkung des Chlors entzogen. Es ist daher am zweckmäßigsten, die

Apparatur, Abb. 193, mit der Wasserstrahlpumpe zu evakuieren, Chlor zu entwickeln, den Siliciumteil nochmals zu evakuieren, mit Chlor zu füllen und sodann die Erwärmung (bei der Verwendung von Rohsilicium nach GATTERMANN in einem Elektroofen oder gasbeheizten Aluminiumblock, *nicht* in einem Gasverbrennungsofen, da in diesem die Temperaturverteilung zu ungleichmäßig ist) durchzuführen. Um das Manometer vor der Chloreinwirkung zu schützen, überschichtet man das Quecksilber mit einer 5 bis 10 cm hohen Säule von konzentrierter Schwefelsäure. Es empfiehlt sich, einen Reservekolben zur Chlordarstellung bereitzuhalten oder die Apparatur mit zwei parallel geschalteten Entwicklungsgefäßen auszustatten. Am bequemsten ist die Verwendung einer Chlorbombe.

Zur Verbindung der Apparate verwendet man womöglich LUDWIGsche Dichtungen und paraffinierte Korkstopfen.

Das Siliciumtetrachlorid kondensiert in der Vorlage zu einer, durch gelöstes Chlor grünlich gefärbten Flüssigkeit, die einer sorgfältigen Rektifikation unterzogen werden muß.

Für geringere Ansprüche destilliert man das Rohprodukt aus der Vorlage über einen langen LIEBIG-Kühler in einen Fraktionierkolben, wobei die Hauptmenge des gelösten Chlors weggeht. Sodann läßt man das Destillat etwa einen Tag über Quecksilber (das man in den Fraktionierkolben gießt) unter öfterem Umschütteln stehen, bis es sich unter Bindung der letzten Spuren freien Chlors vollkommen entfärbt hat und destilliert neuerlich (Fraktionierkolonne), wobei man den Vorlauf nach Abb. 123 abtrennt. Die Hauptmenge destilliert man bei dem richtigen Siedepunkt in ein Abschmelzgefäß.

Bei höchsten Ansprüchen auf Reinheit ist eine Fraktionierung im Hochvakuum in der STOCKschen Apparatur anzuschließen. Es gelingt nur schwierig, die richtige Dampftension zu erhalten, da die *geringsten Spuren* von Feuchtigkeit das Siliciumtetrachlorid nach $SiCl_4 + 4\,H_2O = SiO_2 \cdot 2\,H_2O + 4\,HCl$ zersetzen, wobei die abgespaltene Chlorwasserstoffsäure außerordentlich stark tensionserhöhend wirkt. (A. STOCK.)

Neben dem $SiCl_4$ entstehen besonders beim sehr langsamen Chlorieren des GATTERMANNschen Rohsiliciums bzw. von Calciumsilicid[1] bei niederer Temperatur geringe Anteile von

[1] Darstellung höherer Siliciumchloride: Schumb und Lee Gamble in Inorganic Syntheses, Vol I, herausgeg. von H. S. BOOTH, S. 42. — ibidem S. 40 ein Destillationsapparat zur Reinigung von Silicobromoform.

Si_2Cl_6 (F. P. —1° C, K. P. 145 bis 146° C) und Si_3Cl_8 (F.P. —67° C, K. P. 210 bis 215° C).

Die Ausbeute ist bei Einhaltung der angegebenen Vorsichtsmaßregeln gut; man erhält aus einem Reaktionsprodukt von 100 g Magnesium etwa 300 g Siliciumtetrachlorid, entsprechend 85 % der Theorie.

Mit Wasser hydrolisiert $SiCl_4$, wobei primär Metakieselsäure H_2SiO_3 gebildet wird, die sich in dem saueren Milieu alsbald polymerisiert.

Siliciumchloroform (Trichlorsilan) $SiHCl_3$ M = 135,44, F. P. — 134° C, K. P. + 33° C[1]; d 1,35.

Man leitet in derselben Versuchsanordnung, wie bei $SiCl_4$ beschrieben, trockenes Salzsäuregas bei 400° über grobgepulvertes technisches Silicium. Will man das GATTERMANNsche Silicium verwenden, so muß man das S. 346 beschriebene Reaktionsprodukt feingepulvert, portionenweise in Salzsäure 1:2 eintragen. Man läßt unter Umrühren mehrere Stunden stehen. Dabei entzünden sich bisweilen die entweichenden Gase infolge einer Beimengung von Siliciumwasserstoffen, die aus Mg_2Si stammen. Wird das MgO aus dem GATTERMANNschen Reaktionsprodukt nicht entfernt, so sinkt die Ausbeute infolge der Reaktion $MgO + 2\,HCl = MgCl_2 + H_2O$ auf Null ab, da das Siliciumchloroform mit dem gebildeten Wasser sofort hydrolysiert. Das von MgO befreite Silicium wird säurefrei gewaschen, im Vakuumexsikkator über Schwefelsäure durch Aufstreichen auf Tonplatten gut getrocknet und zur völligen Entwässerung in der Apparatur, Abb. 193, im Wasserstoffstrom allmählich auf 120° angeheizt, wobei man an Stelle der Vorlage V ein Chlorcalciumrohr nachschaltet. Nach erfolgter Trocknung wird das Chlorcalciumrohr gegen die Vorlage V usw. ausgewechselt. Es empfiehlt sich auch hier, die Apparatur vor der HCl-Entwicklung zu evakuieren.

Man erhitzt sodann im HCl-Strom auf 400°; das Kondensationsgefäß kühlt man mit Kohlensäureschnee-Spiritus. Es kondensiert eine leicht bewegliche Flüssigkeit, bestehend aus $SiHCl_3$ und $SiCl_4$, die durch fraktionierte Destillation aus einer *sorgfältig getrockneten* Destillierkolonne leicht zu trennen sind. Die Erhitzung bei der Destillation führt man nicht mit der freien Flamme, sondern durch Eintauchen des Fraktionierkolbens in (~ 90° C) heißes Wasser durch. Die Ausbeute beträgt etwa 50 %, bezogen auf das zur Reduktion der Kieselsäure angewendete Magnesium.

[1] O. RUFF, K. ALBERT, Ber. 38 (1905), 63, 2235.

Trichlorsilan ist eine farblose, sehr leicht bewegliche und an der Luft sehr leicht entzündliche Flüssigkeit. Um das zu beobachten, gießt man etwas Siliciumchloroform in ein Standglas. Bei Zündung mit einem *heißen* Glasstab erfolgt eine explosionsartige Verbrennung unter einer eigenartigen Lichterscheinung und unter SiO_2-Abscheidung. $SiHCl_3$ raucht an der Luft und zersetzt sich mit Wasser in der Kälte unter Bildung von $Si_2O_3H_2$ (Dioxodisiloxan, Silicoameisensäureanhydrid), einer weißen, voluminösen Substanz, die als starkes Reduktionsmittel wirkt.

Kieselsäuretetraäthylester[1] **$Si(OC_2H_5)_4$** M = 208,30, K. P. 168 bis 169° C.

Man läßt zu 40 g $SiCl_4$, das sich in einem Kolben mit langem Rückflußkühler befindet, die 1,1fache stöchiometrische Menge frisch destillierten absoluten Alkohol zutropfen. Nach $SiCl_4 + 4\,C_2H_5OH = Si(OC_2H_5)_4 + 4\,HCl$ entweichen Ströme von Chlorwasserstoff. Es ist nicht nötig zu kühlen. Man kocht zum Schluß einige Zeit unter Rückfluß und fraktioniert das Rohprodukt aus einem Kolonnenaufsatz. Das Tetraäthylsilikat destilliert scharf bei 168 bis 169° C. Höhere siedende Ester der Meta- und von Polykieselsäuren bleiben im Rückstand. Die Ausbeute beträgt 27 bis 30 g. Der Ester ist mit Wasser nicht mischbar; in verdünntem Alkohol hydrolysiert er unter Bildung von HCl und Orthokieselsäure.

Amorphes Bor B A = 10,82, F.P. 2300 °C, K.P. 2550 °C, d 1,73.

Nach MOISSAN[2] mischt man feinpulverisiertes, durch Umschmelzen im Platintiegel vollkommen entwässertes Bortrioxyd mit pulverförmigem (Fe- und Si-freiem) Magnesium im Verhältnis 3 Gew.-Teile B_2O_3 auf 1 Gew.-Teil Mg und bringt die Mischung, in einem bedeckten Schamottetiegel, in einen vorher auf Rotglut erhitzten Ofen. Nach 4 bis 5 Minuten erfolgt die Umsetzung, wobei der Tiegel weißglühend wird. Der nach dem Erkalten sich meist leicht loslösende Kuchen ist äußerlich tiefschwarz (BN), innen braun gefärbt. Man entfernt sorgfältig die schwarze Schicht und behandelt die braune, zum Teil von weißen Stellen (Borat) durchsetzte, pulverisierte Masse mit viel siedendem Wasser und nutscht sodann öfters mit heißer verdünnter Salzsäure ab. Schließlich wird 5- bis 6mal mit konzentrierter Salzsäure ausgekocht,

---

[1] H. LIMPICHT, Ann. **134** (1865), 347.

[2] H. MOISSAN, C. r. **114** (1892); Ann. Chim. Phys. (7), **6** (1895), 296. — W. KROLL, Z. anorg. Ch. **102** (1918), 1.

dekantiert, mit Wasser aufgefüllt, filtriert, der Rückstand mit 10%iger alkoholischer Kalilauge unter Rückfluß gekocht, neuerdings mit Wasser gewaschen und mit verdünnter Flußsäure in einer Platinschale gekocht. Sodann wird sorgfältig mit heißem Wasser gewaschen, filtriert und im Vakuum über P_2O_5 getrocknet. Das braune Produkt enthält zirka 94 bis 95 % B, 2 bis 3 bis 4 % Mg,

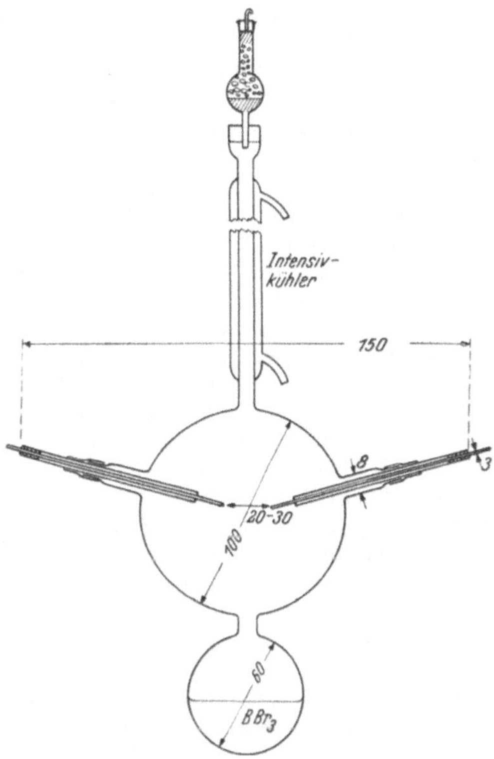

Abb. 194. Darstellung von elementarem Bor.

1,2 bis 1,6% Unlösliches (BN). Ein wesentlich reineres Produkt erhält man, wenn man den Schamottetiegel in einem weiteren Tiegel stellt und den Zwischenraum vollkommen mit einem Gemisch von Titandioxyd und Kohle umgibt, um den Zutritt des Luftstickstoffes zu verhindern. Es gelingt jedoch auf diesem Wege nicht, zu einem vollkommen reinen Präparat zu gelangen.

Ein *absolut reines* Bor erhält man nach MEYER und ZAPPNER[1] durch thermische Zerlegung von BBr_3-Dampf im Hochspannungsfunken in einer, in Abb. 194 dargestellten, Apparatur. Die Elektroden bestehen aus 3 mm dicken Kupferdrähten, die an den Außenseiten in gut anschließende Glaskapillaren mit weißem Siegellack eingekittet sind. Die Kapillaren passen genau in die verengten Ansätze der großen Glaskugel und werden mittels Stücken guten Gummischlauches gehalten. Zu der Funkenstrecke, die im Kolben 20 bis 30 mm beträgt, wird eine Sicherheitsfunkenstrecke von 120 mm Schlagweite parallel geschaltet. Um Überschläge zu vermeiden, müssen die nicht isolierten Teile der Elektroden mindestens 150 mm voneinander Abstand haben.

Man füllt den sehr gut getrockneten Apparat durch den Kühler mit 100 g Bortribromid, setzt sofort ein Chlorcalciumrohr auf und erhitzt zum lebhaften Sieden. Sobald aus der großen Kugel alle Luft durch BBr_3-Dampf verdrängt wurde und das BBr_3 im Kühler lebhaft kondensiert, zündet man den Hochspannungsfunken. Der Elektrodenabbrand beträgt etwa 1 mm pro Stunde; sobald der Bogen unregelmäßig brennt oder die Sicherheitsfunkenstrecke anspricht, muß man die Elektroden nachstellen. Nach etwa 5 Stunden ist das Zersetzungsgleichgewicht $BBr_3 \rightleftharpoons B + {}^3/_2\, Br_2 + 45{,}2$ kcal erreicht. Man unterbricht den Strom, destilliert das überschüssige Bortribromid-Brom-Gemisch, nach Entfernung der beiden Elektroden, aus einem der beiden Ansätze ab und verdrängt zum Schluß den BBr_3-Dampf mittels gut getrocknetem CO_2.

Der tiefschwarze Rückstand wird mit salzsäurehaltigem Wasser aus dem Apparat herausgespült, mehrmals mit salzsäurehaltigem heißen Wasser, sodann mit methylalkoholischer Salzsäure, schließlich mit reinem Methylalkohol gewaschen und im Vakuum getrocknet. Auf diese Weise läßt sich ein kolloidales Inlösunggehen des Bors vermeiden. Die Waschoperationen sollen rasch durchgeführt werden, da das Bor in dem fein verteilten Zustand nicht vollkommen unempfindlich ist. Die nach diesem Verfahren in einem Arbeitsgang isolierbare Menge an Bor beträgt etwa 800 mg.

Als Stromquelle verwendet man ein Induktorium von 30 cm Schlagweite und 1,5 kW Dauerleistung, entsprechend 100000 Volt und etwa 12 bis 15 mA. Man verwendet einen WEHNELT-Unterbrecher und legt nach je einer Betriebsstunde, eine Stunde Pause ein, um die Isolation des Induktoriums nicht zu überlasten.

---

[1] F. MEYER, R. ZAPPNER, Ber. 54 (1921), 550.

Bortrichlorid BCl_3 M = 117,19; F.P. — 108,7° C[1]; K.P. + 12,5° C[2]; 0° Tension 477 mm Hg[2]; d 1,43.

In der bei Siliciumtetrachlorid beschriebenen Apparatur stellt man Bortrichlorid durch Überleiten von Chlor über MOISSANsches Bor her[3]. Man erwärmt das Bor nur schwach in einem Gasofen, bis die Reaktion $B + {}^3/_2\,Cl_2 = BCl_3 - 88{,}3$ kcal unter Erglühen einsetzt. Bei stärkerem Erhitzen reagiert das Bor mit dem Glase unter Siliciumabscheidung, das zur Bildung von $SiCl_4$ als Verunreinigung Anlaß gibt. Zur Kühlung und Kondensation des BCl_3 verwendet man Kohlensäureschnee-Spiritus. Die Reinigung des Bortrichlorids von überschüssigem Chlor erfolgt mittels Quecksilber; darauf folgt zur Trennung von $SiCl_4$ und HCl eine fraktionierte Destillation. Für höchste Reinheitsansprüche[2] erfolgt eine Reinigung durch fraktionierte Vakuumkondensation. Dabei hat das Destillationsgefäß eine Temperatur von —100 bis —80° C, die Vorlagen —90 bis —85° C; —120 bis —115° C; —185° C (flüssige Luft). Das Bortrichlorid wird bei 2- bis 3maliger Fraktionierung in der Fraktion —120 bis —115° C vollkommen rein erhalten.

Bortrichlorid ist eine wasserklare, sehr leicht bewegliche, an der Luft sehr stark rauchende Flüssigkeit, die mit Wasser unter Borsäure- und Salzsäurebildung hydrolysiert. Es reagiert mit Fett augenblicklich unter Braunfärbung und HCl-Abspaltung, so daß zur exakten Fraktionierung STOCKsche Quecksilberventile verwendet werden müssen.

Bortribromid BBr_3 M = 250,57; F. P. —46° C; K. P. 90,1° C; 0°—Tension: 19 mm Hg[4]; d 2,650.

Man stellt Bortribromid nach $B + {}^3/_2\,Br_2 = BBr_3 - 45{,}2$ kcal/Mol durch Bromieren von MOISSANschem Bor[3] (S. 350) bei 700° C dar, wobei man sich zweckmäßiger Weise der Apparatur Abb. 195[5] bedient. Das Rohbor befindet sich in

---

[1] W. GRAFF, C. r. **196**, 1390; **197** (1933), 754.

[2] A. STOCK, E. KUSS, Ber. **56** (1923), 1463. — A. STOCK u. O. PRIESS, Ber. **47** (1914), 3109; F.P. nach STOCK —107° C. — G. MAZZETTI, F. DE CARLI, Rend. Linc. Roma (5), **31**, II (1922), 119, fanden 17,5 bis 18,5° C (Zimmertemperatur ?).

[3] Es genügt ein, durch häufiges Auskochen mit stets frischer Salzsäure Absaugen und gereinigtes Rohbor, das man schließlich sorgfältig wäscht, auf der Nutsche zusammenpreßt, trocknet und in haselnußgroßen Stücken in die Apparatur einfüllt.

[4] A. STOCK, E. KUSS, Ber. **47** (1914), 3113, **56** (1923), 1463.

[5] F. MEYER, R. ZAPPNER, Ber. **54** (1921), 550.

haselnußgroßen Stücken in dem etwas schräg geneigten Verbrennungsrohr, ohne durch Asbestpfropfen u. dgl. gehalten zu werden. Ein Docht von langfaserigem Asbest, der *nicht* den ganzen Querschnitt der Röhre ausfüllt, leitet das zugetropfte Brom bis in die heiße Ofenzone. Das Brom soll gleichmäßig in möglichst kleinen Tropfen zufließen, und wird vor dem Versuch zur Entwässerung über Schwefelsäure destilliert.

Zur völligen Entwässerung des gekörnten Rohbors erhitzt man zunächst sehr allmählich unter Durchleiten von Wasserstoff, schließlich auf etwa 700°. Man heizt elektrisch mittels eines, auf einem Porzellanrohr aufgewickelten Nickelchrombandes. Natürlich darf die Kondensationsvorlage während

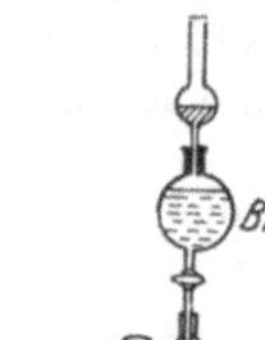
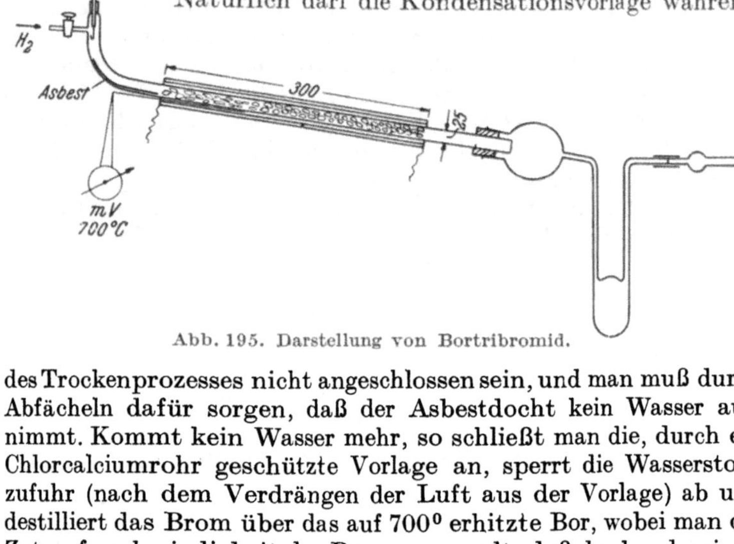

Abb. 195. Darstellung von Bortribromid.

des Trockenprozesses nicht angeschlossen sein, und man muß durch Abfächeln dafür sorgen, daß der Asbestdocht kein Wasser aufnimmt. Kommt kein Wasser mehr, so schließt man die, durch ein Chlorcalciumrohr geschützte Vorlage an, sperrt die Wasserstoffzufuhr (nach dem Verdrängen der Luft aus der Vorlage) ab und destilliert das Brom über das auf 700° erhitzte Bor, wobei man die Zutropfgeschwindigkeit des Broms so regelt, daß das kondensierte BBr_3 weingelb bis höchstens dunkelgelb erscheint. Die Hähne schmiert man mit zergangenem P_2O_5. Bei einer Füllung mit zirka 50 g Bor lassen sich in 2 bis 3 Stunden 500 g Bortribromid herstellen. Man befreit das Rohprodukt von überschüssigem Brom durch Schütteln mit Quecksilber. Bei größeren Mengen von Brom destilliert man das Rohprodukt in derselben Apparatur nochmals über eine erhitzte Schicht von Bor. Im Gegensatz zum BCl_3 läßt sich das BBr_3 durch rektifizierende Destillation bei Atmosphärendruck vollkommen rein erhalten[1].

[1] A. Stock, E. Kuss, Ber. 47 (1914), 3113, 56 (1923), 1463.

Kolloide[1].

Der kolloidale Zustand der Materie ist durch den Zerteilungsgrad derselben gekennzeichnet. Wie aus der tieferstehenden Tabelle hervorgeht, beträgt der Dispersitätsgrad 10^{-5} bis 10^{-7} cm. Echte molekulare Lösungen von Molekeln, die größer als 10^{-7} cm sind, nennt man mitunter Eukolloide, da diese alle Erscheinungen des kolloidalen Zustandes zeigen.

Grobdisperse Zerteilungen	Kolloide Zerteilungen	Molekular disperse Zerteilungen
$> 10^{-5}$ cm Dispersion ⟶	10^{-5} bis 10^{-7} cm	$< 10^{-7}$ cm
	Kolloide Eukolloide	⟵ Kondensation Echte Lösungen
sedimentieren,	sedimentieren nicht	sedimentieren nicht
diffundieren und dialysieren nicht; mikroskopisch	diffundieren und dialysieren nicht; ultramikroskopisch; mit dem Elektronenmikroskop zum Teil auflösbar;	diffundieren, dialysieren
	Tyndalleffekt	Ramaneffekt

Man unterscheidet den Solzustand und den Gelzustand eines Kolloides. Der kolloid zerteilte Körper ist als „disperse Phase" in dem Dispersionsmittel verteilt; die dabei bestehenden Möglichkeiten sind in Tab. 33 zusammengestellt.

Tabelle 33.

Disperse Phase	Dispersionsmittel	Bezeichnung
flüssig	gasförmig	Nebel
fest	gasförmig	Rauch, Staub, Aerosol
gasförmig	flüssig	Schaum
flüssig	flüssig	Emulsion
fest	flüssig	Suspension
gasförmig	fest	Feste Schäume
flüssig	fest	—
fest	fest	Feste Sole

[1] RAPH. ED. LIESEGANG, Kolloidchemische Technologie, Steinkopff 1927.

Während die dispersen Teilchen im Solzustand in einem gasförmigen oder flüssigen Dispersionsmittel frei beweglich sind und die BROWNsche Molekularbewegung zeigen, ist der *reversible* Übergang des Sols in den Gelzustand durch einen gewaltigen Anstieg der Viskosität des Sols gekennzeichnet. Das Gel besitzt, kurzdauernden Beanspruchungen gegenüber, die Eigenschaften fester Körper, wie Formbeständigkeit und Formelastizität usw. Besonders hydrolysierte (lyophile) Kolloide (Anlagerungen von Lösungsmittelmolekeln analog der Solvatation bei Kristalloiden) sind befähigt, *reversibel* in den Gelzustand überzugehen, während die nicht hydrolysierten „hydrophoben" (bzw. lyophoben) Kolloide meist irreversibel ausflocken. Der Gelatinierungsvorgang wird durch folgende Größen charakterisiert: 1. Gelatinierungszeit (Änderung der Viskosität mit der Zeit), 2. Gelatinierungskonzentration (der Vorgang findet nur *ober* einer bestimmten *Mindestkonzentration* statt), 3. Erstarrungstemperatur (bei gegebener Zeit und Konzentration findet die Gelbildung nur *unterhalb* einer bestimmten Temperatur statt), 4. Erweichungstemperatur (liegt stets höher als die höchste Erstarrungstemperatur).

Gele, die so getrocknet werden, daß ihre Struktur möglichst unbeschädigt erhalten bleibt, nennt man Xerogele (z. B. Kieselsäuregel, aktive Tonerde, A-Kohle). Silikagel ist hydrophyl, A-Kohle hydrophob.

Besonders Eukolloide zeigen den Vorgang der Quellung, das ist der Flüssigkeitsaufnahme eines festen Körpers, die zur Entstehung eines Geles führt (z. B. Quellung von Gelatine in Wasser, Kautschuk in Benzol usw.). Den entgegengesetzten Vorgang der spontanen Abscheidung einer Flüssigkeit aus einem Gel bezeichnet man als Synärese.

Entsprechend der außerordentlich großen spezifischen Oberfläche (Oberfläche pro Gewichtseinheit der dispersen Phase) der Kolloide sind die Adsorptionserscheinungen an diesen besonders auffällig. Man bezeichnet den Stoff, an dem die Adsorption stattfindet, als Adsorbens; den zu adsorbierenden Stoff als Adsorptiv. Die Kolloide besitzen durch Ionenadsorption und andere Ursachen elektrische Ladung (bis zu 40 Elementarladungen pro Teilchen) und wandern dementsprechend im elektrischen Feld; „Elektrophorese". Legt man umgekehrt an eine kolloidale Membran eine Potentialdifferenz, so tritt das Dispersionsmittel durch die Membran durch: „Elektroosmose".

Der kolloidale Zustand von Solen bleibt infolge der elektrostatischen Abstoßung der einzelnen Teilchen erhalten; der

Ladungssinn selbst hängt von den Herstellungsbedingungen ab. Durch Zugabe von Elektrolyten oder entgegengesetzt geladenen Kolloiden kann man die Teilchen größtenteils entladen; dadurch werden die Massenanziehungskräfte wirksam; das Kolloid *flockt aus*, „koaguliert", wobei der Dispersitätsgrad stark verringert wird. Ist die Koagulation umkehrbar (hauptsächlich bei solvatisierten, lyophilen Kolloiden), so spricht man von Peptisation, bzw. reversibler kolloidaler Löslichkeit.

Das Minimum der Löslichkeit eines Kolloides liegt im isoelektrischen Punkt, der durch jenen p_H-Wert charakterisiert ist, bei welchem die Ladung der Teilchen ($H^{\cdot}$-Ionenadsorption) durch ein Minimum geht.

Viele (Metall-) Sole lassen sich durch Zugabe von Schutzkolloiden, meist organischen Körpern, wie Gelatine, Tannin, Na-Kaseinat, Gummiarabikum, Lysalbin- und Protalbinsäure usw., stabilisieren. Ein Maß für die Stabilisierung ist die „Schutzzahl" (SZIGMONDY), die angibt, welche Menge des Schutzkolloides die Flockung des Kolloids durch einen NaCl-Zusatz bei bestimmten Bedingungen verhindert.

Man unterteilt die Darstellungsweisen von Solen in zwei große Gruppen: Die *Kondensationsmethoden* gehen von dem molekular dispersen Zerteilungsgrad aus, dessen Dispersität entsprechend vergrößert wird. Bei den *Dispersionsmethoden* wird der Dispersitätsgrad des grobdispersen oder kompakten Ausgangsmaterials entsprechend verringert.

Die allgemeinste Regel bei der Herstellung kolloidaler Lösungen ist, die größte Reinlichkeit zu beachten und nur reinste Reagenzien zu verwenden. Da die Alkaliabgabe gewöhnlicher Gläser bereits zu Störungen Anlaß geben kann, verwende man zur Herstellung nur Quarz- oder Jenaer Geräteglăser, zur Aufbewahrung Geräteglas, oder noch besser Jenaer Fiolaxglas. Das gewöhnliche destillierte Wasser ist meist nicht verwendbar und muß aus Quarz- oder Jenaer Glasgeräten nochmals umdestilliert werden, wobei die Luft im Destillationsraum weder durch Säuredämpfe noch durch Flammengase verunreinigt sein darf.

Kondensationsmethoden.

a) Durch Löslichkeitserniedrigung:

Schwefelsol: Eingießen einer gesättigten Lösung von Schwefel in absolutem Alkohol, in viel Wasser.

b) Durch Reduktion:

Zur Herstellung kolloidaler *Gold*lösungen wird von einer 1%igen wässerigen Vorratslösung von $HAuCl_4$ oder $AuCl_3$ ausgegangen, die man kurz vor Ausführung der Versuche auf 1 : 100 verdünnt (0,01 %), und sodann vorsichtig mit einer Lösung von K- oder Na-Karbonat (pro Analysi!) auf neutrale bis schwachalkalische Reaktion gegen Lackmuspapier einstellt. Die neutralisierte Lösung ist nicht haltbar.

Rotes Goldsol (Silbersol) mit Tannin. Man erhitzt 100 ccm (gewöhnliches) destilliertes Wasser + 5 bis 10 ccm der 0,01%igen Goldlösung (1 ccm 0,1%ige Silbernitratlösung und einen Tropfen einer 1%igen Sodalösung) im ERLENMEYER-Kolben zum Sieden und fügt unter Umrühren halbminutlich einen Tropfen einer 1%igen *frisch bereiteten* Tanninlösung zu, bis eine intensive Rotfärbung (rotbraune bis gelbbraune Färbung) entsteht. Man kann abwechselnd mehr Goldlösung (Silberlösung) und Tannin zusetzen, ohne daß, bis zu erheblichen Konzentrationen, eine grobdisperse Metallabscheidung stattfindet. Die erhaltenen Sole lassen sich durch Zusatz von Chloroform oder Toluol stabilisieren.

Blaues Goldsol (A. GUTBIER). Zu einem Gemisch von 100 ccm destilliertem Wasser und zirka 10 ccm 0,01%iger, nicht neutralisierter Goldlösung gibt man in der Kälte einige Tropfen einer 0,05%igen Hydrazinhydratlösung. Auch Phenylhydrazinchlorhydrat und Hydroxylaminchlorhydrat geben bei gleichen Konzentrationen blaue Goldsole.

c) Durch Fällung, bzw. Hydrolyse:

Nach v. WEIMARN ändert sich der Dispersitätsgrad der Bodenkörper einer Niederschlagsreaktion derartig mit der Konzentration der Reaktionspartner, daß bei mittleren Konzentrationen die gröbsten Formen, bei extrem hohen und extrem niedrigen Konzentrationen die am höchsten dispersen Phasen entstehen.

Dieses Gesetz ist an der *Berlinerblau*-Reaktion sehr schön zu demonstrieren: Man geht von einer gesättigten (zirka 47%igen) Eisenchloridlösung und einer gesättigten (zirka 20%igen) Ferrocyankaliumlösung aus.

Gibt man zu 200 ccm Wasser 1 ccm Ferrocyanidlösung und 2 bis 4 Tropfen der Eisenchloridlösung, so entsteht ein völlig klares, haltbares Sol. Gibt man zu 200 ccm Wasser 1,5 ccm der Cyanidlösung und 1 ccm der Eisenchloridlösung, so flockt das Berlinerblau noch zirka eine halbe Stunde aus und die überstehende Mutterlauge wird hellblau, nach längerem Stehen fast farblos. Setzt man zu 10 ccm der Cyanidlösung tropfenweise, unter stetem Umrühren mit einem Glasstabe, zirka 2 ccm der Eisenchloridlösung zu, so entsteht eine sehr viskose Masse. Eine Spur davon in 200 ccm destilliertes Wasser gebracht, gibt ein völlig klares, haltbares Hydrosol.

Arsentrisulfidsol. Man stellt sich aus feingepulvertem, glasigem Arsenik durch längeres Kochen mit Wasser eine gesättigte (etwa 2%ige) Lösung her, die man filtriert und einen Teil davon auf das 3- bis 4fache Volumen verdünnt. In diese verdünnte Lösung leitet man in der Kälte Schwefelwasserstoff ein, der vorher zwei Waschflaschen, die mit destilliertem Wasser beschickt sind, passiert. Nach zirka 5 Minuten entsteht ein intensiv gelb bis gelbrot gefärbtes Sol, das durch nochmalige Zugabe der konzentrierten As_2O_3-Lösung und neuerliches Schwefelwasserstoffeinleiten konzentriert werden kann. Die Reinigung des Sols erfolgt mittels *Dialyse.* Dieses klassische, von GRAHAM aufgefundene Verfahren beruht auf der sehr verschiedenen Diffusionsgeschwindigkeit der Kolloide, bzw. der Kristalloide durch semipermeable Membranen. Die diffusiblen Bestandteile gehen in die öfter zu wechselnde (oder fließende) Außenflüssigkeit über. Im allgemeinen muß die Reinigung bei einem gewissen Punkte abgebrochen werden, weil die disperse Phase bei zu großer Reinheit koaguliert.

Für präparative Zwecke sind die KÜHNschen Pergamentschläuche sehr bequem, die, falls dicht, sehr wirksam sind. Der U-förmig gefüllte Schlauch wird so in das Dialysiergefäß eingehängt, daß der Schlauch am Boden aufliegt. Oder man verwendet die alte GRAHAMsche Form eines Glasringes mit aufgelegtem Rand, über den die Membran (Pergamentpapier, Cellophanpapier, mit Äther entfettete Schweinsblase) gebunden und, falls nötig, durch Bestreichen (trocken!) mit einer Mischung gleicher Volumteile Kollodiumlösung (D. A. B.) und konzentrierter alkoholischer Schellacklösung (1 Teil Alkohol und 1 Teil Schellack) gedichtet wird: Sehr wirksam ist der von LAPP beschriebene *Schnelldialysator*[1], der auch bei höherer Temperatur verwendet werden kann: In einem aus vier Glasstäben gebildeten Käfig, der oben erweitert und genau zentrisch an ein Glasrohr angeschmolzen ist, befindet sich eine als Ultrafilter präparierte Extraktionshülse. Der Halter rotiert samt der Hülse mit zirka 200 Umdrehungen pro Minute. In der Hülse steckt, diese nicht berührend, zur Rührung ein umgebogener Glasstab. Die Anordnung befindet

[1] H. LAPP, Chem. Fabr. 9 (1936), 243.

sich in einem zylindrischen Gefäß mit etwa 4 bis 6 cm größerem Durchmesser, das von destilliertem Wasser langsam durchströmt wird. Der Wasserverbrauch ist sehr gering und beträgt je nach der Größe $^1/_4$ bis 1 l/h; die Dialyse ist meist in einigen Stunden beendet.

Herstellung von Ultrafiltern. Man überzieht ein Trägermaterial (Papierfilter, Extraktionshülse, BECHHOLD-KÖNIGsches Frittengerät) mit einer Kollodiummembran. Tieferstehend ist die Präparation von Extraktionshülsen für den Dialysator beschrieben.

Die *Extraktionshülse* (100 ccm, bzw. 300 ccm Inhalt) wird durch Ausgießen mit *warmem*, destilliertem Wasser angefeuchtet; das überschüssige Wasser durch Abschwenken entfernt. Ehe die Hülse erkaltet ist, wird sie mit 4%iger Kollodiumlösung gefüllt, die Lösung *sofort* wieder ausgegossen, wobei man darauf achtet, daß die Schicht *möglichst dünn* und *gleichmäßig* ohne Pusteln und Runzeln wird. Nach etwa 5 Minuten Trocknen gießt man eine zweite, möglichst dünne Schicht und läßt ebenfalls sorgfältig auslaufen. Nach weiteren 5 bis 10 Minuten taucht man die Hülse in kaltes Wasser. Nach 20 bis 30 Minuten Wässern ist der Dialysator gebrauchsfertig. Durch Verwendung einer 2%igen Kollodiumlösung (Verdünnen der käuflichen 4%igen Lösung mit dem gleichen Volumen einer Mischung von Äther mit absolutem Alkohol 7 : 1) erhält man schneller wirkende, jedoch ebenfalls noch Nachtblau-dichte Dialysatoren. In gleichem Sinne wirkt das Gießen mit erwärmter Kollodiumlösung, sowie eine Abkürzung der Trockenzeit. Diese Dialysatoren sind sehr dauerhaft, können unter fließendem Wasser mit der Fingerbeere ausgewaschen werden, ohne zu zerreißen; sie müssen *unter Wasser* aufbewahrt werden[1].

Elektrodialyse.

Eine bedeutende Beschleunigung der Dialyse erzielt man bei Unterstützung der Ionenwanderung durch Anlegen einer Potentialdifferenz, wie in dem Elektrodialysator, Abb. 196[2], der bei Einrichtung für strömendes destilliertes Wasser besonders gute Ergebnisse liefert. Als Membran verwendet man Cellophanpapier, das mit Kautschukbändern auf dem mittleren Glasrohr gehalten wird. Die Außenzellen werden ebenfalls mit Kautschukstreifen

---

[1] Herstellung von Kollodiumsäckchen, N. BJERRUM, E. MANEGOLD, Kolloid-Z. **42** (1927), 97.

[2] D. B. ROXBURGH, H. M. POWER, Ind. Engng. Chem. Analyt. Edit. **9** (1937), 578.

(Abschnitten von Goochtiegelschlauch) befestigt. Der Inhalt der Innenzelle sowie der Außenzellen beträgt je 100 ccm.

Molybdänblau[1]; Mo_3O_8 M = 416.

Man reduziert eine siedende Lösung von 15 g Ammoniummolybdat 5 $(NH_4)_2MoO_4 \cdot 7MoO_3 \cdot 7H_2O$ (das käufliche Salz) in 25 ccm Wasser und 35 bis 40 ccm 2 n-Schwefelsäure, durch einstündiges Einleiten von Schwefelwasserstoff. Die Lösung bläut sich alsbald; geringerer Säurezusatz bewirkt Molybdänsulfidabscheidung; größerer Säurezusatz bewirkt Verschlechterung der Ausbeute. Nach beendeter Reduktion filtriert man vom ausgeschiedenen Schwefel ab, dialysiert bis zur Schwefelsäurefreiheit

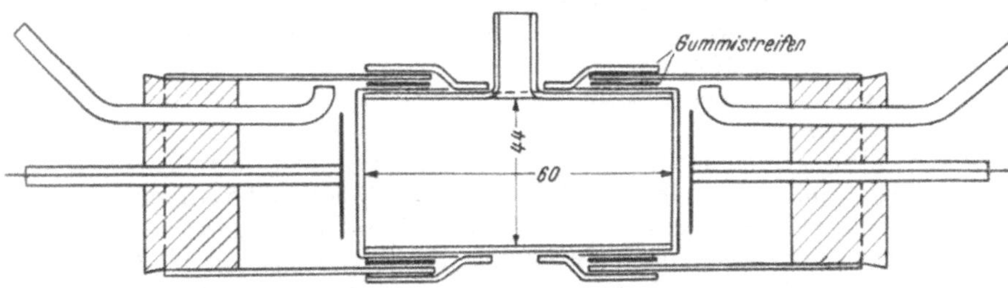

Abb. 196. Elektrodialysator.

und dampft das Dialysat in einer Schale (unter Luftaufblasen) auf freier Flamme, zum Schluß, um Überhitzungen zu vermeiden, am Wasserbad und trocknet den lackartigen, vollkommen löslichen Rückstand unter öfterem Zerreiben am Wasserbad. Die Ausbeute beträgt etwa 7 g.

Eisenhydroxyd-Sol mittels Heißdialyse.

Zu auf das Doppelte verdünnter, gesättigter Eisenchloridlösung wird *tropfenweise* zirka 2 n-$(NH_4)_2CO_3$-Lösung so lange zugegeben, als der beim Eintropfen entstehende Niederschlag sich gerade noch beim Umschütteln auflöst. Reinigung durch Dialyse in der Wärme. (Schnelldialysator S. 359.)

Natriumchlorid-Gel. (L. Karczag). Man trocknet 15 bis 20 g Natriumsalicylat bei 110° im Trockenschrank. Die Haltbarkeit des Gels hängt von der guten Trocknung ab. In ein Standgefäß mit eingeschliffenem Stopfen werden 20 g Thionylchlorid gegeben und auf dieses sodann 15 bis 20 g getrocknetes Natriumsalicylat geschüttet. Ohne umzuschütteln, stellt man das Gefäß

[1] W. Biltz u. K. Utescher, Ber. 38 (1905), 2963. — H. u. W. Biltz, Übungsbeispiele.

mit *lose* aufgesetztem Stopfen in den Abzug (SO_2-Entwicklung). Nach etwa 24 Stunden ist meist der gesamte Inhalt des Gefäßes in eine farbenprächtige Gallerte übergegangen, die bei gutem Verschluß einige Wochen hält, später aber trüb und unansehnlich wird.

Dispersionsmethoden.

Diese Methoden gehen von groben Zerteilungen aus und führen die Substanz — oft über Dispersions- und Kondensationsvorgänge — in den kolloidalen Zustand über. Die Kolloidbildung erscheint demgemäß oft nur bei Betrachtung des Anfangs- und Endzustandes als Dispersion.

Durch *Mahlen in der Kolloidmühle* lassen sich eine Reihe von Stoffen, besonders bei Gegenwart von Schutzkolloiden oder von löslichen Verdünnungsmitteln, wie Harnstoff oder Zucker, bei sehr hohem Energieverbrauch in den kolloidalen Zerteilungsgrad überführen.

Die chemischen Dispersionsmethoden beruhen auf der Anwesenheit solbildender Ionen; sind diese im Überschuß vorhanden, so erhält man das gewünschte Hydrosol beim *Auswaschen* (AgCl, *CdS*), andernfalls (nach Entfernung der Elektrolyte) durch Zugabe des solbildenden Ions in der optimalen Konzentration — „Peptisation" (CuS, HgS).

Vanadinpentoxyd-Sol (W. BILTZ) durch Auswaschen.

Man verreibt in der Achatreibschale etwa 0,5 g Ammoniumvanadat mit wenigen Tropfen verdünnter Salzsäure, bringt den roten Niederschlag auf ein gewöhnliches (nicht faserndes!) Filter, wo man ihn so lange auswäscht, bis er dunkelrot durchzulaufen beginnt. Sobald dies eintritt, spült man ihn in einem Kolben und setzt 200 ccm destilliertes Wasser zu. Es entsteht bei öfterem Umschütteln in wenigen Stunden eine in der Durchsicht ziemlich klare, dunkelrote Lösung. Gealterte (mehrere Monate) Vanadinpentoxyd-Sole zeigen die Erscheinung der „Stäbchendoppelbrechung" und bilden beim Rühren deutlich sichtbare Schlieren.

Peptisationsmethode von Kužel[1]).

Das in den kolloiden Zustand überzuführende Metall (Cr, Mn, Mo, U, W, V, Ti, B, Si, Th usw.) wird möglichst fein gepulvert und sodann bei mäßiger Wärme unter stets zwischengeschaltetem Auswaschen längere Zeit abwechselnd mit sauren (0,5 bis 20%-) und alkalischen (0,5 bis 10%-) Lösungen behandelt.

[1] H. KUŽEL, Ö. P. A. 2572, 2473, Kl. 12b (1906).

Elektrische Dispersionsmethoden.

Methode von Bredig[1]. In einem eisgekühlten Gefäß aus Jenaer Glas oder Porzellan erzeugt man unter *reinem* (doppelt destilliertem) Wasser (Leitfähigkeit zirka $3 \cdot 10^{-6}\ \Omega^{-1}\,\mathrm{cm}^{-1}$), zwischen Elektroden aus dem zu zerstäubenden Metall, einen Gleichstromlichtbogen bei 30 bis 100 Volt und 5 bis 10 Ampere (Amperemeter, Regulierwiderstand, Schalter). Als Elektroden verwendet man zweckmäßig zirka 20 bis 25 cm lange, 1 mm dicke Drähte (Ag, Pt, Pd, Ir, Au, Cu), die man an ihrem oberen Ende so einspannt, daß sie sich unter Wasser eben berühren. Wenn man auf einen der Drähte mit einem gummiarmierten Glasstab klopft, so gerät er in Schwingungen, berührt dabei jedesmal die andere Elektrode und ermöglicht dadurch eine sehr gleichmäßige Entladung, wobei sich dicke Wolken des betreffenden Kolloides bilden. Bei der Zerstäubung von Gold und Kupfer setzt man einige Tropfen einer 2%igen Sodalösung zu. Bei Kupfer versagt der Versuch manchmal.

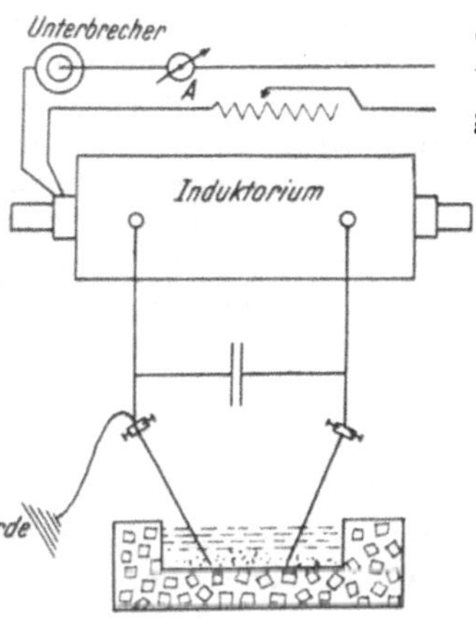

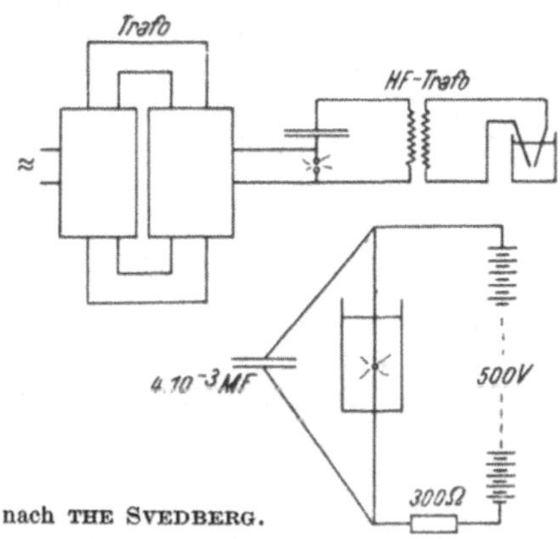

Abb. 197. Darstellung von Kolloiden nach The Svedberg.

Methoden von The Svedberg[2]. Die Zersetzung des Dispersionsmittels ist bei *oszillatorischen* Entladungen am geringsten, so daß diese besonders zur Herstellung von Solen in organischen Dis-

---

[1] G. Bredig, Z. phys. Ch. **32** (1900), 127.

[2] The Svedberg, Z. Kolloidch. **1** (1907), 229, 257; Ber. **39** (1906), 1705; **38** (1905), 3616. — E. O. Kraemer, The Svedberg, J. Am. Chem. Soc. **46** (1924), 1980. — The Svedberg, Colloid Chemistry. New York 1928. — A. N. Fraser, J. Gibbard, Canad. Journ. Research 1932, 133.

persionsmitteln (Alkosolen, Ätherosolen usw.) angewendet werden. Abb. 197 zeigt drei prinzipielle Schaltbilder. Man verwendet eine kondensierte Funkenentladung; hierbei soll die Kapazität des Entladungskreises möglichst groß, die Selbstinduktion und der OHMsche Widerstand möglichst klein sein. Die Funkenlänge soll 0,1 bis 0,3 mm betragen; man geht zweckmäßig so vor, daß man das zu zerstäubende Metall in Form von Schnitzeln oder Drahtstückchen verwendet, wobei der Strom durch glasrohrisolierte Drähte (womöglich aus dem gleichen Material) zugeführt wird.

Herstellung von Kolloiden durch Elektrolyse (E. MÜLLER[1]). Stellt man einer Platindrahtanode in destilliertem Wasser eine Kathode aus reinem *Tellur* in etwa 5 cm Entfernung gegenüber, so entstehen an der Kathode braune Wolken von kolloidalem Tellur. Die günstigste Spannung beträgt 200 bis 220 Volt. Die Tellurkathode stellt man durch Schmelzen von Tellur in einem dünnwandigen Glasröhrchen (Einschmelzen eines Kupferdrahtes) her, wobei man letzteres durch Aufspritzen von Wasser (auf das heiße Röhrchen) entfernt. In gleicher Weise kann man kolloides Selen und kolloiden Schwefel durch *teilweises* Aufschmelzen auf ein, als Kathode dienendes Platinblech herstellen.

Strahlungsenergetische Dispersionsmethoden[2].

Besonders die Metalle Pb, Ag, Cu geben in *nicht oxydierenden* Medien (Methyl-, Äthylalkohol, Diäthyläther) bei Bestrahlung mit einer Quarzlampe die entsprechenden Metallsole. Blei und Kupfer müssen hierbei *völlig blank* (frisch geschabte Oberfläche) sein.

Auch Röntgenstrahlen zeigen diese Wirkung, jedoch in viel *geringerem* Maße als das UV.

Versuche mit Kolloiden.

Gießt man Kristalloide auf Gelatine-Gel (2- bis 3%ige Gelatinelösung, die man in Reagensröhren erstarren ließ), so diffundieren die Kristalloide, während Kolloide nicht diffundieren. Die Diffusionsgeschwindigkeit hängt von der Teilchengröße ab.

Man trennt Kolloide verschiedenen Dispersitätsgrades voneinander, sowie von molekulardispersen Phasen durch Ultra-

---

[1] E. MÜLLER u. R. LUCAS, Z. Elektroch. **11** (1905), 521, 931.

[2] THE SVEDBERG, Z. Kolloidch. **6** (1910), 129. Ber. **42** (1909), 4375.

filtration und bedient sich der geeichten Membranfilter (Ultrafeinfilter S. 143) oder stellt sich nach der Anleitung S. 360 spontan filtrierende Ultrafilter auf gewöhnlichem Filtrierpapier her[1]. 4%ige Kollodiumfilter filtrieren frisch angesetzte Lösungen von Nachtblau (0,05%), Kongorot (0,05 bis 0,1 %) und Kollargol Heyden (Teilchengröße $2{,}10^{-6}$ cm) völlig farblos und wasserklar; 3%ige Filter sind meist nur gegen Nachtblau und häufig gegen Kongorot dicht, während 2%ige Filter gewöhnlich nur Nachtblau zurückhalten.

Kolloide Zerteilungen kann man häufig an dem Auftreten des *Tyndalleffektes* erkennen, indem man die zu untersuchende Lösung im verdunkelten Zimmer in den konzentrierten Lichtkegel eines Projektionsapparates oder von Sonnenlicht bringt; zum Unterschied von Fluoreszenzlicht (z. B. Chininsulfatlösung, Fluoreszein usw.) erscheint das Trübungslicht senkrecht zum Lichtstrahl bei Betrachtung mit einem Nicol teilweise *polarisiert*; bei einer ganzen Umdrehung des Nicols findet zweimalige Intensitätsverminderung statt.

Das Maximum der Trübungsstärke liegt bereits über dem kolloiden Zerteilungsgrad ($>10^{-5}$ cm). Änderungen der Trübungsstärke treten durch Änderung des Dispersitätsgrades oder des Solvatationsgrades auf. Die Beobachtung der Sole im Ultramikroskop (auf die Beobachtungstechnik kann hier nicht näher eingegangen werden; vgl. die diesbezüglichen Kapitel im STÄHLER, ABDERHALDEN und den Lehrbüchern der Kolloidchemie) zeigt bei genügender Vergrößerung die Beugungsbilder der Kolloidteilchen in lebhafter BROWNscher Molekularbewegung. Man muß mit stark verdünnten Lösungen arbeiten, damit sich die Einzelteilchen von einem schwarzen Hintergrund abheben können; bei zu dichter Lagerung überstrahlen sie sich gegenseitig. Sehr hochdisperse suspensoide Kolloide sind ultramikroskopisch zum Teil nicht mehr auflösbar. Aus der Größe und Helligkeit der Beugungsscheibchen lassen sich keine quantitativen Schlüsse auf die Teilchengröße anstellen. Nicht solvatisierte Emulsoide geben dasselbe ultramikroskopische Bild wie Suspensoide. Mit *zunehmender Solvatation* erhält man immer lichtschwächere Bilder, ohne daß man aus einem solchen negativen Befund darauf schließen dürfte, hier besonders kleine Teilchen vor sich zu haben (z. B. Stärkekleister!).

Ein einfaches Mittel zur Unterscheidung der einzelnen Arten

[1] Vgl. Wo. OSTWALD, Kleines Praktikum der Kolloidchemie, 8. Aufl.

von Solen besteht in der Bestimmung ihrer Viskosität mittels eines OSTWALDschen Viskosometers u. dgl., das, peinlichst gereinigt, zur Durchführung der Messung in einem Thermostaten mit Glaswänden steht.

Suspensoide zeigen Viskositäten, die nicht wesentlich größer sind als die Viskosität des Dispersionsmittels; sie sind durch Elektrolytzusatz leicht (meist irreversibel) koagulierbar.

Nicht solvatisierte Emulsoide haben größere Viskosität als das Dispersionsmittel und sind durch Elektrolytzusatz schwerer zu koagulieren. *Solvatisierte Emulsoide* besitzen wesentlich größere Viskosität und einen erheblichen Temperaturgradienten der Viskosität; sie sind durch Neutralsalze nur bei großen Zusätzen koagulierbar; ultramikroskopische Einzelheiten sind oft nicht erkennbar.

Den Ladungssinn von Solen kann man nach der U-Rohr-Methode (analog der Bestimmung der Ionenwanderungsgeschwindigkeit) oder (mit Vorsicht) durch „Kapillarisieren", kapillares Aufsteigenlassen in einem hängenden trockenen Filtrierpapierstreifen erkennen: Filtrierpapier ist selbst ein Kolloid, das im Wasser negativ geladen ist. Dementsprechend steigen negative Kolloide meist unzersetzt auf, während die positiv geladenen im Papier ausflocken, so daß nur das Wasser weiter aufsteigt.

Adsorption und Kapillarkondensation.

Das Auftreten von Oberflächenkräften an den Phasengrenzflächen fest-flüssig, fest-gasförmig und flüssig-gasförmig erklärt sich aus der unvollständigen Valenzabsättigung der, an der Oberfläche gelegenen Atome oder Ionen. Je größer die Oberflächenentwicklung eines Stoffes ist, desto größer ist diese Wirkung der Oberflächenkräfte, die bei kolloiden Zerteilungsformen vordringlich in Erscheinung tritt. Die Energie, die durch Absättigen der Oberflächenkräfte (der freien koordinativen Valenzen, bzw. der VAN DER WAALSschen Kräfte) gewonnen werden kann, bezeichnet man als Oberflächenenergie. Feste Systeme suchen ihre Oberflächenenergie durch Absättigung der, von der Oberfläche ausgehenden Valenzkräfte zu erniedrigen. Diesen Vorgang bezeichnet man als Adsorption. Durch Wirkung von Kapillarkräften können Gase und Dämpfe in kapillaren Hohlräumen kondensiert werden: Kapillarkondensation; während man von Absorption dann spricht, wenn ein chemischer Vorgang vorliegt. Allgemein spricht man von Sorption, wenn sich die genannten Vorgänge bei der Aufnahme eines Stoffes überlagern. Man nennt den Körper, auf dessen Oberfläche die Adsorption erfolgt, das Adsorbens oder Adsorptionsmittel (bzw. Sorbens); den Stoff, welcher adsorbiert wird, Adsorptiv (Sorptiv). Bei der Adsorption wird infolge der Erniedrigung der Oberflächenenergie Wärme frei (Adsorptionswärme); mit steigender Temperatur muß daher die Adsorption nach dem Prinzip von LE CHATELIER-BRAUN abnehmen.

In vielen Fällen, besonders bei kleinen Partialdrucken, bei welchen höchstens eine einmolekulare Oberflächenschicht adsorbiert wird, folgt die Adsorption der Adsorptionsisotherme von LANGMUIR[1] $n = \varkappa \cdot \frac{K \cdot p}{1 + K\,p}$, wobei n die Anzahl adsorbierter Millimole des Adsorptivs, bezogen auf 1 Mol Adsorbens, $\varkappa$ und K individuelle Konstanten bedeuten. $\varkappa$ ist ein Maß der Oberfläche des Adsorbens, K ist ein Maß der Affinität zwischen den Molekeln des Adsorptivs und den Oberflächenmolekeln des Adsorbens, oder, anders ausgedrückt, ein Maß für die Güte (Qualität) der adsorbierenden Stellen gegenüber einem bestimmten Adsorptiv. Auf Grund kinetischer Vorstellungen[2] hat HÜTTIG[3] diese Formel für eine Adsorption in mehreren übereinanderliegenden Molekelschichten erweitert und kommt zu der Beziehung $n = \varkappa \frac{K \cdot p}{1 + K\,p}\left(1 + \frac{p}{P}\right)$, wobei P den Gleichgewichtsdruck über der ebenen Flüssigkeitsoberfläche des kondensierten Adsorptivs bei der Beobachtungstemperatur bedeutet. Wie aus Abb. 198a hervorgeht, wird das Adsorptionsverhalten bis zum Gebiet der beginnenden Kapillarkondensation ausgezeichnet wiedergegeben. Die beobachteten Punkte sind als Kreuze, die nach LANGMUIR berechneten Werte strichliert, die nach LANGMUIR-HÜTTIG berechneten Werte voll ausgezogen. Apparati-

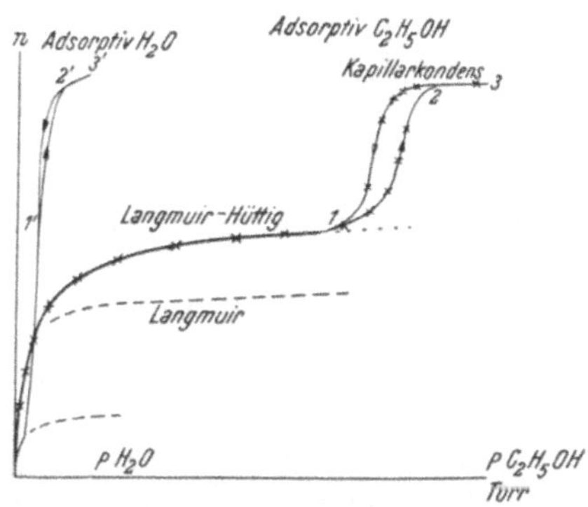

Abb. 198a. Adsorption und Kapillarkondensation (schematisch).

[1] J. LANGMUIR, J. Am. Chem. Soc. 40 (1918), 1361.
[2] H. DUNKEN, Z. phys. Ch. A 187 (1940), 105, 314.
[3] G. F. HÜTTIG, Monatsh. 78 (1948) 177.

ves zur Technik der Aufnahme von Adsorptionsisothermen bringen Hüttig und Freitag[1].

In manchen Fällen nehmen die adsorbierten Gasmengen mit steigender Temperatur bis zu einem bestimmten Punkte ab, um bei höheren Temperaturen wieder *zuzunehmen*. Da die Sorption ein exothermer Vorgang ist, muß sich diesem ein endothermer Vorgang überlagern. In manchen Fällen handelt es sich um eine Deformation der adsorbierten Molekeln, eine Lockerung oder Aufspaltung von Bindungen unter Bildung von freien Radikalen oder Atomen oder eine Bildung von mehr oder minder lockeren chemischen Verbindungen zwischen Sorbens und Sorptiv. In jedem Falle ist der, mit steigender Temperatur erfolgende Anstieg der Sorption durch Vorgänge bedingt, die eine gewisse Aktivierungswärme verbrauchen. Man bezeichnet diesen Erscheinungskomplex mit H. S. Taylor (1931) als „aktivierte Adsorption".

Gibbs hat einen unmittelbaren Zusammenhang zwischen der Oberflächenspannung von Flüssigkeiten und der Adsorption thermodynamisch abgeleitet: Ein gasförmig oder in Lösung vorliegender Stoff reichert sich an der Oberfläche einer Flüssigkeit an (er wird positiv adsorbiert), wenn er die Oberflächenspannung erniedrigt („kapillaraktive Stoffe"), er wird negativ adsorbiert (die Konzentration in der Grenzfläche ist geringer als im Innern der Flüssigkeit), wenn er die Oberflächenspannung erhöht.

In engen Röhren (Kapillarröhren) steigen Flüssigkeiten, die die Wandungen benetzen, auf. Die Oberflächenspannung σ läßt sich aus der Steighöhe h nach $\sigma = \frac{1}{2}\,\mathrm{rhgs}$ bestimmen, wobei r der Radius der Kapillare, g die Schwerebeschleunigung und s das spezifische Gewicht der Flüssigkeit bedeutet. Da die Flüssigkeit im Rohr höher steht als die ebene Flüssigkeitsoberfläche und im Gleichgewichtszustande an der Stelle des Flüssigkeitsmeniskus gleicher Dampfdruck herrschen muß, muß der Dampfdruck der konkav gekrümmten Flüssigkeitsoberfläche um die, der Steighöhe entsprechende Dampfdruckdifferenz geringer sein. Diese Dampfdruckerniedrigung kann dazu führen, daß Dämpfe, die nahe an ihrem Sättigungspunkt liegen, sich in porösen Substanzen mit Poren von kolloiden Dimensionen kondensieren: Kapillarkondensation.

Die Erscheinungen der Kapillarkondensation an Silikagel sind aus Abb. 198a ersichtlich. Auf der Ordinate ist die aufgenommene

---

[1] G. F. Hüttig u. T. Freitag, Z. anorg. Ch. **252** (1943), 97.

Flüssigkeit in Kubikzentimetern pro Gramm Adsorbens; auf der Abszissenachse der Dampfdruck aufgetragen. Bei niederen Drucken folgt die Adsorption der Adsorptionsisotherme; bei 1 (bzw. 1′) beginnt die Kapillarkondensation, wobei sich das vorher klare Gel trübt; beim Punkte 2 (2′) wird das Gel wieder klar. In dem dazwischenliegenden Gebiet nimmt der Dampfdruck nur wenig zu; bei gleichem kapillaren Durchmesser würde die Kapillarkondensation sogar bei konstantem Dampfdruck erfolgen. Zwischen den Punkten 1 und 2 ist die Aufnahme, bzw. Abgabe des Sorptivs nicht streng reversibel, wie aus den Hysteresisschleifen hervorgeht. Von 2 bis 3 (2′ bis 3′) erfolgt die weitere Aufnahme des Adsorptivs reversibel. Der Punkt 3 (3′) entspricht dem Sättigungsdruck des Sorptivs. Die Punkte 1, 1′, 2, 2′, 3, 3′ liegen auf den gleichen Ordinatenwerten und stellen Zustände gleicher Raumerfüllung des Adsorbens durch das Adsorptiv dar. Aus den Dampfdrucken, bei denen die Kapillarkondensation einsetzt, läßt sich der Durchmesser der Kapillaren aus der THOMSONschen Formel $\ln \frac{p}{p_T} = -\frac{M}{RT} \cdot \frac{2\sigma}{d_{fl}} \cdot \frac{1}{r} = -\frac{2\sigma}{r} \frac{d_{Dampf}}{d_{fl}}$ berechnen. In dieser Formel bedeutet p der Dampfdruck in der Kapillare vom Radius r, p_T der Gleichgewichtsdampfdruck der ebenen Flüssigkeitsoberfläche mit der Dichte d_{fl} und der Oberflächenspannung σ.

Herstellung von aktiver Kohle.

Das Problem der Herstellung aktiver Kohle besteht darin, durch geeignete Methoden die bei der Holzverkokung entstehenden Kohlenwasserstoffe, welche die Poren der Kohle verstopfen, zu entfernen. Dies kann geschehen, indem man von fertiger Holzkohle ausgeht und diese bei geeigneten Temperaturen mit Luft, Kohlendioxyd oder Wasserdampf „anätzt“, wobei die Kohlenwasserstoffe leichter in Reaktion treten als die Kohle selbst, oder man verkokt mit Chlorzink getränkte Holzstückchen, Torf u. dgl. und laugt diese Masse sodann aus.

Das erstere Verfahren sei näher beschrieben: Man verwendet eine Siebfraktion von 3 bis 4 mm großen Holzkohlenstückchen, die man auf eine eingeschobene Eisendrahtnetzunterlage in ein senkrecht stehendes Porzellanrohr einfüllt, das sich in einem elektrischen Ofen befindet. Abb. 198b. Um die besten Versuchsbedingungen festzustellen, aktiviert man mehrere Portionen bei jeweils gleichen Aktivierungszeiten (20, 40, 60 Minuten) und Strömungsgeschwindigkeiten bei 800, 850, 900, 950° C, stellt die prozentuellen Gewichtsverluste (bezogen auf die eingebrachte Kohlenmenge) fest und bestimmt von jeder Probe das Absorptionsvermögen (maximale Gewichtszunahme von 1 g Kohle über Benzol im Exsikkator). Eleganter ist die Bestimmung im Tensio-Eudiometer (S. 437) oder folgendes Verfahren der statischen Bestimmung von Adsorptionsisothermen[1], Abb. 198c: In einem Glas-

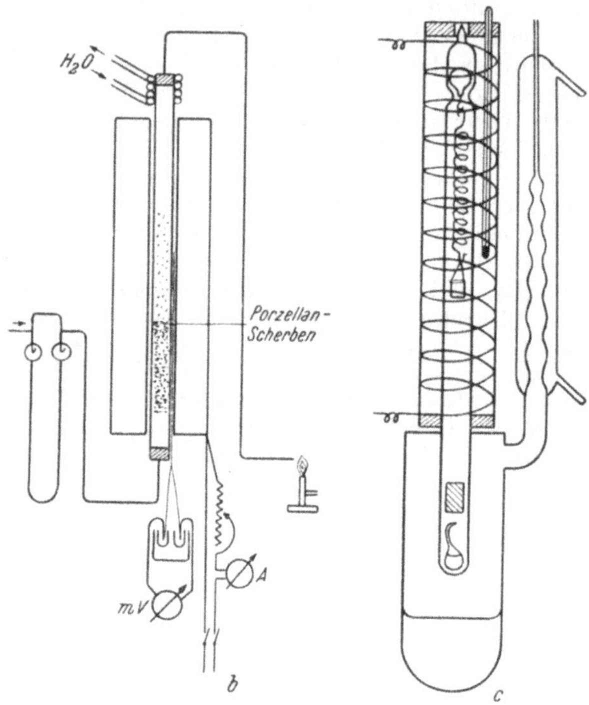

Abb. 198 b u. c. *b* Darstellung aktiver Kohle, *c* Statische Bestimmung von Adsorptionsisothermen.

rohr von zirka 20 mm l. W. befindet sich, in ein Kölbchen eingeschmolzen, das Adsorptiv (Benzol, Tetrachlorkohlenstoff, Chloroform usw.), auf diesem ein Eisenzylinder. Durch eine Verengung im oberen Teil des Glasrohres wird eine Kugel gehalten, an deren Haken eine Quarzfadenspirale (12,5 mm Windungsdurchmesser,

[1] J. W. MacBain u. A. M. Baker, Journ. Am. Chem. Soc. **48** (1926), 690. — Dynamische Bestimmung der Adsorption, siehe z. B. R. Lorenz u. A. Wiedbrauck, Z. anorg. allg. Ch. **134** (1924), 251.

0,2 mm Fadendurchmesser, 15 Windungen; zirka 60 mm Länge im unbelasteten Zustand; Bez. Heraeuns Quarzschmelze) hängt, an deren unterem Ende sich in einem Aluminiumfoliekörbchen zirka 0,1 bis 0,2 g der Aktivkohle befindet. Bei den genannten Dimensionen beträgt die Genauigkeit der Quarzfederwaage $\pm 1 \cdot 10^{-4}$ g bei Messung der Dehnung der (vorher geeichten) Feder mittels des Meßmikroskopes. Der Apparat befindet sich in zwei Heizmänteln. Zunächst wird unten schwach gekühlt, oben unter Evakuieren bei 350° ausgeheizt, das Rohr abgeschmolzen; sodann die Versuchstemperatur im oberen Mantel eingestellt und nach dem Zertrümmern des Kölbchens (Eisenzylinder mittels Magnet heben und fallen lassen) die Gewichtzunahme bei verschiedenen Dampfdrucken, das heißt, Temperaturen des unteren Heizmantels des Adsorptivs bestimmt. Aus den erhaltenen Werten zeichnet man eine Adsorptionsisotherme, wobei man auf die Ordinate die adsorbierte Menge pro Gramm Adsorbens (a), auf die Abszisse die dazugehörigen Partialdrucke P des Adsorptivs aufträgt. Auch mittels einer selbst herzustellenden Glasfeder läßt sich der beschriebene Versuch, allerdings weniger exakt, durchführen.

Aktive Kohle und Silikagel finden bei katalytischen Reaktionen, zur Adsorption von Lösungsmitteldämpfen, Trocknung von Hochofenwind usw., sowie als Entfärbungsmittel in Flüssigkeiten ausgedehnte Anwendung. Die Verwendung von A-Kohle in den Gasmaskeneinsätzen ist allgemein bekannt.

Sehr interessant sind schließlich die kolloidchemischen Erscheinungen der periodischen Fällungen, wie sie in den **Liesegangschen Ringen** auftreten:

Man stellt eine Gallerte aus 4 g Gelatine, 120 g Wasser, 0,12 g Kaliumdichromat her, die man in einem 25- bis 50-ccm-Becherglas im Eisschrank erstarren läßt. Nun löst man die Gallerte durch Eintauchen in heißes Wasser oder durch Loslösen mit einem Messer heraus, bringt sie in ein etwas größeres Becherglas, das so viel 8,5%ige Silbernitratlösung enthält, daß die Gallerte von allen Seiten bedeckt wird. (Beschweren mit einer Glasplatte.) Nach 1 bis 2 Tagen nimmt man die Gallerte heraus, wäscht sie mit kaltem Wasser äußerlich ab und zerschneidet sie mit einem scharfen Messer. Man erhält Stücke, die den Anschliffen von Achatdrusen außerordentlich ähnlich sind.

In einfacherer Weise kann man vorgehen, indem man Reagensgläser mit der Dichromatgelatine füllt und nach dem Erstarren ungefähr 5 cm hoch mit der Silbernitratlösung überschichtet. Die Präparate werden mit der Zeit unansehnlich.

Diese periodischen Fällungen sind auf ein gegenseitiges Diffundieren der niederschlagsbildenden Ionen zurückzuführen, wobei das Löslichkeitsprodukt periodisch überschritten wird, bzw. in den Zwischenzonen eine Ionenverarmung auftritt, derzufolge Niederschlagsbildung nicht eintreten kann[1].

Lithium Li A = 6,94; F. P. 179° C[2]; K. P. 1336 ± 5° C[3]; d 0,534.

Man elektrolysiert eine Schmelze gleicher Gewichtsteile KCl und LiCl[2] in der, in Abb. 199 dargestellten Apparatur: Ein Porzellantiegel von etwa 7 cm Durchmesser und 6 bis 7 cm Höhe befindet sich mit Asbestpapier umhüllt in einem genau passenden Eisentiegel, der in einem ausgehöhlten Diatomitstein steht. Als Anode dient ein 8 mm starker *Graphitstab*, an dem eine Glasglocke (Tropfenfänger eines Rückflußkühlers) angebracht ist, um das bei der Elektrolyse entstehende Chlor abzusaugen. Die Verwendung von Bogenlampenkohle als Anode empfiehlt sich nicht, da die Schmelze oft durch Kohlenstoff schwarz gefärbt wird; Graphit zeigt diese Unzuträglichkeit nicht. Als Kathode dient ein 3 mm dicker, etwa 15 cm langer Eisendraht, der mittels eines Korkes in einer unten offenen Quarz- (oder Hartglas-) Röhre von 20 bis 25 mm lichter Weite steckt und aus dieser etwa 2 bis 3 mm hervorschaut. Der Korkstopfen wird etwas eingekerbt, damit die, zu Anfang der Elektrolyse entstehenden, geringen Wasserstoffmengen entweichen können. Man halte einige Kathoden bereit, damit man diese beim Springen des Schutzrohres rasch auswechseln kann.

Anode, Kathode sowie ein Thermoelement im Schutzrohr werden gemeinsam von einem großen, dreifach durchbohrten Korkstopfen gehalten, so daß man diese Armatur mit einem Griff aus der Schmelze herausziehen kann.

Man schmilzt etwa 150 g KCl und 150 g LiCl in dem Porzellantiegel, senkt die Elektroden etwa 1 cm tief in die Schmelze und regelt die Stromstärke mittels eines geeigneten Widerstandes auf 10 A. Die Stromquelle muß mindestens eine Spannung von 12 bis 15 Volt besitzen. Ein Voltmeter kontrolliert die Klemmenspannung, ein Stiazähler oder Kupfercoulometer gestattet die Messung der Strommenge, die mit geringerer Genauigkeit durch das Produkt aus dem Mittelwert einer größeren Anzahl von, in

---

[1] Wi. OSTWALD, Z. physik. Ch. **13** (1897), 365. — Vgl. H. BAUER, Z. phys. Ch. **27** (1934), 145.

[2] G. MASING u. G. TAMMANN, Z. anorg. Ch. **67** (1910), 183.

[3] H. HARTMANN, R. SCHNEIDER, Z. anorg. Ch. **180** (1929), 280. — GUNTZ, C. r. **117** (1893), 732; Z. anorg. Ch. (1898), 158.

regelmäßigen Zeiträumen durchgeführten Stromstärkeablesungen mal der Zeit ersetzt werden kann. Die Elektrolyse geht bei 450 bis 500° sehr ruhig vor sich; arbeitet man mit hoher Spannung und entsprechendem Widerstand, so treten manchmal an der Anode kleine Lichtbögen auf, wobei die Stromstärke stark zurückgeht und die Zellenspannung stark ansteigt. Diese unter der Bezeichnung „Anodeneffekt" bekannte Störung ist auf Oberflächenspannungserscheinungen in der Schmelze zurückzuführen, wobei das sich entwickelnde Chlor eine Gashülle um die Anode bildet. Schaltet man den Strom einen Augenblick aus, so läßt sich diese Störung beseitigen. Bei höheren Temperaturen sinkt die Ausbeute durch Zerstäubung des Lithiums in der Schmelze.

Nach etwa einer Stunde heizt man das Schutzrohr um die Kathode mit einem zweiten Brenner an, und hebt die Elektroden aus der Schmelze. Das Lithium schwimmt in Form einer schönen Kugel in der Schmelze, wird mit einem flachen angewärmten Eisenlöffel herausgehoben und sofort in eine weithalsige Flasche mit Paraffinöl abgegossen.

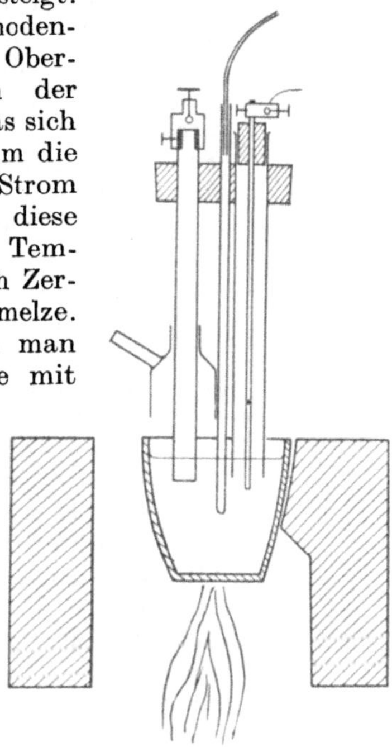

Abb. 199. Darstellung von Lithium durch Schmelzelektrolyse.

Man setzt zur Ergänzung des Elektrolyten 20 g (geschmolzenes) Lithiumchlorid zur Schmelze zu und elektrolysiert weiter. Das Lithium enthält etwa 2 bis 5% Kalium[1]. Zur Darstellung von reinem Lithium elektrolysiert man bei etwa 550° C eine Schmelze von LiBr + 10 bis 15% LiCl[1, 2], wobei man das LiBr durch Neutralisation von $LiCO_3$ mit HBr herstellt.

Die Stromausbeute beträgt bei der KCl-LiCl-Elektrolyse etwa 70%, bei der LiBr-LiCl-Elektrolyse etwa 80% der Theorie.

Die Berechnung der Stromausbeute beruht auf der Anwendung

[1] O. RUFF u. O. JOHANNSEN, Z. Elektroch. **12** (1906), 187.

[2] C. C. BIDWELL, Phys. Rev. [2], **23** (1924), 369.

der FARADAYschen Gesetze. An den Elektroden finden folgende Vorgänge statt:

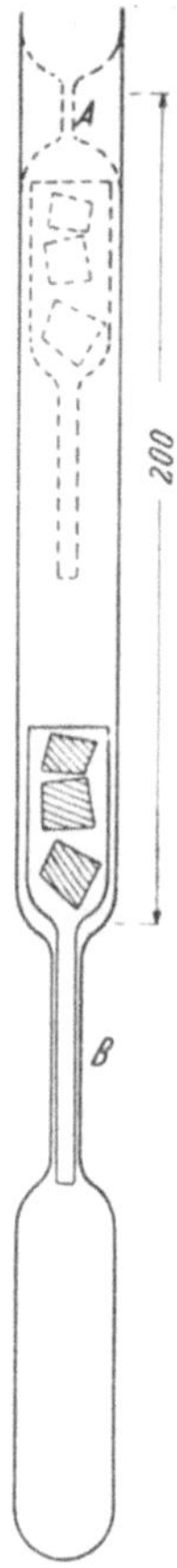

Abb. 200. Einschmelzen von Lithium.

$$Li^{\cdot} + e = Li$$
$$Cl' = {}^{1}/_{2}\, Cl_2 + e,$$

wobei ganz allgemein zur Umsetzung eines Grammäquivalentes an den Elektroden die Strommenge 1 Faraday = 96500 Coulomb (C) = 96·500 Amperesekunden (As) = 26,80 Amperestunden (Ah) benötigt wird. Betrug die während der Elektrolyse geflossene Strommenge AC, so ergibt sich für die Li-Elektrolyse die Relation 6,99 : 96500 = x : A, x ist die theoretische Stromausbeute; das Hundertfache der tatsächlichen Ausbeute, gebrochen durch x ist die beim Versuch erreichte Stromausbeute.

Um Reste der Schmelze aus den Reguli zu entfernen, schmilzt man das Lithium bei etwa 200^0 im Paraffinbad (Paraffin zunächst mit Na-Draht trocknen) um, und wäscht mit wasserfreiem Benzin[1].

Lithium ist ein silberweißes, glänzendes Metall mit einem Stich ins Gelbliche. An der Luft erhitzt, verbrennt es mit weißer Flamme. Bei der Temperatur seines Schmelzpunktes reagiert es mit Glas oder Quarz unter Bräunung (Siliziumabscheidung). Um es trotzdem blank einzuschmelzen, wäscht man die Stücke flüchtig in wasserfreiem Benzin, um das anhaftende Paraffinöl zu entfernen, entfernt auf einer Filtrierpapierunterlage mit einem Messer die Oxydkruste und wirft das Metall sofort in das, während 2 Stunden bei 300^0 im Hochvakuum von Wasserhäuten befreite, mit trockener Luft gefüllte Glasrohr Abb. 290, zieht es oben auf ein enges Lumen aus, evakuiert, schmilzt bei A ab und wärmt das Metall durch Fächeln mit der Flamme an, bis es schmilzt und silberweiß unter Zurücklassung einer Oxydhaut in das etwas vorgewärmte Abschmelzgefäß fließt[2]. Nach dem Erstarren des Metalles entfernt man den „Trichter“ durch Umdrehen des ganzen Apparates und schmilzt die Verjüngung bei B ab.

---

[1] BORCHERS, Z. Elektroch. 2 (1895), 39.

[2] Siehe auch C. FREDENHAGEN, Phys. Z. 12 (1911), 400; ANGERER, Kunstgriffe.

Lithiumhydrid[1] **LiH** F. P. 680° C; d 0,813.

Lithium reagiert bei Temperaturen ober 440° mit Wasserstoff unter Hydridbildung, die bei 600 bis 630° stürmisch verläuft. Da Lithium und Lithiumhydrid mit Glas und Porzellan unter Siliziumabscheidung reagieren und das Hydrid bei der Darstellungstemperatur bereits einen erheblichen Dampfdruck besitzt, muß die Reaktion unter besonderen Vorsichtsmaßregeln durchgeführt werden:

Ein Porzellanrohr ist innen über die ganze erhitzte Zone mit einem Nickelblech ausgekleidet. Das Lithium wird in einem Schiffchen aus Elektrolyteisenblech hydriert. Um die Eisen- und Nickelteile vollkommen oxydfrei zu erhalten, wird die Apparatur samt dem Schiffchen in einem reinen, trockenen Wasserstoffstrom (Elektrolytwasserstoff, Pd-Asbest auf 300°, $CaCl_2$, P_2O_5) auf 800° erhitzt. Nach dem Erkalten wird Lithium unter Paraffinöl blank gemacht, mit wasserfreiem Äther gewaschen und möglichst rasch in dem völlig oxydfreien Eisenschiffchen ätherfeucht in die Apparatur eingebracht. Man evakuiert und erwärmt auf 200°, um die Lösungsmittelreste zu entfernen, läßt Wasserstoff nachströmen und erhitzt weiter. Die Absorption beginnt bei 440° C und wird bei 600 bis 630° C stürmisch. Sobald dieser Moment eintritt, drosselt man den Wasserstoffdruck auf 400 bis 500 Torr und erhitzt schließlich rasch auf 700° C. Diese Temperatur soll nicht wesentlich überschritten werden, da sonst das Lithiumhydrid beträchtlich sublimiert. Die Reaktion ist in 10 bis 20 Minuten beendet. Man läßt im Wasserstoffstrom erkalten, verdrängt den Wasserstoff durch trockene Luft und füllt das Hydrid in einem trockenen Luft- oder Stickstoffstrom in ein Einschmelzrohr, Abb. 185, um, dessen oberer Teil so lang ist, daß er das Schiffchen aufnehmen kann. Die Substanz wird mittels eines zugeschärften Stahlspatels aus dem Schiffchen entfernt.

Lithiumhydrid ist eine reinweiße Substanz, die mit Wasser stürmisch Wasserstoff entwickelt, wobei LiOH gebildet wird. Unter der Einwirkung des Tageslichtes verfärbt sich die Substanz über rosa, graubraun nach blau; im UV tritt sofort Verfärbung nach blau auf (kolloidale Lösung von Li in LiH). Bei der Elektrolyse von Lithiumhydrid scheidet sich der Wasserstoff an der Anode, das Lithium an der Kathode ab.

---

[1] GUNTZ, C. r. **122** (1896), 244. — F. W. DAFERT u. R. MIKLAUZ, Monatsh. **33** (1912), 63. — K. MOERS, Z. anorg. Ch. **113** (1920), 179. — G. F. HÜTTIG, A. KRAJEWSKI, Z. anorg. Ch. **141** (1924), 135.

Natriumammonium.

Bei der Einwirkung von flüssigem Ammoniak auf die Alkalimetalle, sowie auf Ca, Sr, Ba überzieht sich das Metall zunächst oberflächlich mit einer indigoblauen Schicht; diese wird metallischrot und bildet eine metallische dunkelkupferrote, in dünnen Schichten oder größeren Verdünnungen intensiv blaue Lösung[1]. Vermindert man den NH_3-Partialdruck über dem System, so scheiden sich kupferrote kristalline Massen ab, die an der Glaswand emporkriechen. Schließlich verlieren diese NH_3 und hinterlassen das Metall in kristallisierter Form (bzw. Umwandlung in das Amid). Diese Erscheinungen lassen sich sehr schön in einer „FARADAYschen Röhre" beobachten: Man bringt in den zugeschmolzenen Schenkel eines W-förmig gebogenen Glasrohres (10 mm l. W., 1,2 mm Wandstärke) etwa $^1/_4$ g blankes Natriummetall, in den anderen Schenkel etwa 10 g mit trockenem Ammoniakgas gesättigtes trockenes Chlorsilber ($2\,AgCl \cdot 3\,NH_3$). Das Rohr wird sodann möglichst rasch zugeschmolzen, das Silberchloridammoniakat darf sich dabei nicht erwärmen. Man taucht den mit Chlorsilberammoniakat gefüllten Schenkel in eine Chlorkalziumlösung, die man allmählich zum Sieden erhitzt; den Natriumschenkel kühlt man durch Eintauchen in Wasser und schützt sich vor der eventuell explodierenden Röhre durch Vorstellen einer Glasschutzscheibe. Vgl. S. 202. Nach RUFF und GEISEL[2] tritt in dem System Na-NH_3 keine chemische Verbindung auf[3].

Natriumchlorid NaCl M = 58,45; F.P. 800,5° C; K.P. 1440 ± 5° C[4]; d = 2,163; L_{20} 35,85.

In der Natur kommt Natriumchlorid als Steinsalz mit $K^{\cdot}$, $Mg^{\cdot\cdot}$, $Ca^{\cdot\cdot}$, SO_4'', CO_3'', Br', J', $Li^{\cdot}$ verunreinigt vor. Man befreit es von dem Sulfation durch tropfenweises Fällen der heißen wässerigen Lösung mit Bariumchloridlösung, bis das gesamte SO_4'' gefällt ist. Nach dem Filtrieren versetzt man die heiße Lösung mit einigen Tropfen Sodalösung, worauf Ba, Ca, Mg als Karbonate ausfallen[5]. Nach 24 Stunden filtriert man neuerdings und fällt durch Einleiten von Salzsäuregas (Kon-

---

1 WEYL, Pogg. Ann. **121** (1864), 611; **123** (1864), 350.

2 O. RUFF, E. GEISEL, Ber. **39** (1906), 828.

3 C. A. KRAUS, J. Am. Chem. Soc. **30** (1908), 653.

4 D. VORLÄNDER, G. DALICHAU, B. **66** (1933), 1535. — H. v. WARTENBERG, Z. Elektroch. **27** (1921), 162.

5 WEINLAND u. BECK, Darstellung anorganischer Präparate, Tübingen 1913, S. 31.

zentrationsniederschlag, MWG.), wodurch die Trennung von Li und K erfolgt. Der, durch Eintropfenlassen von konzentrierter Salzsäure in konzentrierte Schwefelsäure dargestellte Chlorwasserstoff wird von mitgerissenen Schwefelsäuretröpfchen durch ein Wattefilter befreit und in einer Waschflasche mit chemisch reiner konzentrierter Salzsäure gewaschen. Man leitet das Gas mittels eines verkehrten Trichters auf die Oberfläche der Kochsalzlösung, die sich in einem hohen Becherglas befindet. Nach erfolgter Ausfällung wird durch eine Glassinternutsche abfiltriert, mit konzentrierter chemisch reiner Salzsäure gewaschen und die Operation noch 1 bis 2mal wiederholt.

Da NaCl bei Gegenwart von H_2O beim Erhitzen auf über 300° hydrolysiert[1], muß man das Natriumchlorid bei großen Reinheitsansprüchen in einer HCl-Atmosphäre allmählich erhitzen, schließlich schmelzen und das HCl-Gas nach dem Abkühlen durch Darüberleiten von trockener Luft entfernen. ZINTL stellte Natriumchlorid für Atomgewichtsbestimmungen durch Überleiten von HCl über reinstes $NaNO_3$ her[2]. Über Reinheitsprüfungen berichtet MERCK[3].

Natriumchlorid kristallisiert ober + 0,2° ohne Kristallwasser, schließt aber viel Mutterlauge mechanisch ein; unter + 0,2° C ist $NaCl \cdot 2\,H_2O$ stabil. Diese Verbindung kristallisiert selbst aus stark unterkühlten Lösungen nur schwer aus. Der Temperaturkoeffizient der Löslichkeit ist bei NaCl außerordentlich klein, so daß man dieses Salz thermisch nicht umkristallisieren kann. Über kolloides NaCl siehe S. 361.

Natriumthiosulfat $Na_2S_2O_3 \cdot 5\,H_2O$ M = 248,19; d 1,685; F. P 48,09° C im Kristallwasser; L_{20} 70,0, L_{40} 102,6.

Man kocht 100 g $Na_2SO_3 \cdot 7\,H_2O$ in 200 ccm Wasser mit 13 g feinst gepulvertem Stangenschwefel (*nicht* Schwefelblumen!) etwa 2 Stunden am Rückflußkühler bis zur Lösung des Schwefels, filtriert, dampft stark ein und läßt kristallisieren. Zur Reinigung kristallisiert man mehrmals aus Wasser (drei Fünftel des Thiosulfatgewichtes) um. $Na_2S_2O_3 \cdot 5\,H_2O$ eignet sich gut zum Züchten von schönen Kristallindividuen. Von Natriumthiosulfat existieren eine ganze Reihe von stabilen und instabilen Hydraten. Unter den normalen Bedingungen kristallisiert beim Abkühlen das primäre stabile 5-Hydrat. Die Lösungsenthalpie des primären 5-Hydrates beträgt + 11,37 kcal/Mol.

---

[1] D. BALAREW, Z. anorg. Ch. **158** (1926), 103.

[2] E. ZINTL, A. MEUWSEN, Z. anorg. Ch. **136** (1924), 227.

[3] E. MERCK, Prüfung der chem. Reagenzien, Darmstadt.

Natriumdithionit $Na_2S_2O_4$ M = 174,11; L_{20} 22,
$Na_2S_2O_4 \cdot 2H_2O$, M = 210,15.

Die Bildung von Natriumdithionit aus Hydrogensulfit und Schwefeldioxyd erfolgt schematisch nach

$$2\,NaHSO_3 + SO_2 + Zn = Na_2S_2O_4 + ZnSO_3 + H_2O.$$

Bei Zusatz von Kalkmilch gehen das gesamte $Ca^{\cdot\cdot}$, $Zn^{\cdot\cdot}$ und SO_3'' in den Niederschlag[1].

Zur Darstellung geht man nach Patenten der Badischen Anilin- und Sodafabrik[2] wie folgt vor:

Man löst 100 g $NaHSO_3$ in 150 ccm Wasser (Lösung d 1,38) und versetzt mit 110 g einer 10%igen SO_2-Lösung (d 1,052, bei Zimmertemperatur gesättigt), bzw. man leitet SO_2 bis zu einer Gewichtzunahme von 11 g in die Lösung ein. Nun fügt man unter Umrühren langsam 17 g Zinkstaub zu und hält die Temperatur durch Kühlung auf 30 bis 40° C. Man rührt etwa eine Stunde (GRIGNARD-Rührer, S. 156, CO_2-Atmosphäre), vermischt sodann unter gutem Rühren mit Kalkmilch, hergestellt durch Ablöschen von 17 g frischgebranntem Kalk mit 80 ccm Wasser, läßt sodann 6 Stunden stehen, filtriert unter *Luftabschluß* und fällt das $Na_2S_2O_4 \cdot 2\,H_2O$ bei 50 bis 60° aus der Lösung durch Aussalzen mit 100 g feinst gepulvertem NaCl aus[2, 3]. Beim Erkalten scheiden sich schöne Kristalle von $Na_2S_2O_4 \cdot 2\,H_2O$ ab. Man filtriert unter Luftabschluß (CO_2) und entzieht dem Hydrat einen großen Teil seines Kristallwassers durch Waschen mit wässerigem, später reinem Azeton[4]. Das so erhaltene Produkt ist leidlich beständig. Ober 52° C ist die wasserfreie Form des $Na_2S_2O_4$ stabil[3]. Um diese abzuscheiden, versetzt man den unter Stampfen abgenutschten Kristallbrei des Hydrates mit soviel gesättigter NaCl-Lösung, der man etwa 5 ccm 20%ige NaOH zusetzt, daß man noch *intensiv* rühren kann. Man erhitzt unter intensivem Rühren auf 60°. Nach etwa einer halben Stunde erfolgt schlagartig die Entwässerung unter Bildung eines körnigen Produktes[3, 5], das man heiß filtriert, mit Alkohol wäscht und im Vakuumexsikkator trocknet. Zur Darstellung verwendet man eine Apparatur[3, 6], etwa nach Abb. 99 oder Abb. 100.

---

[1] A. BERNTHSEN u. M. BAZLEN, Ber. **33** (1900), 126.

[2] BASF. DRP. 119676 (1899), Zus. P. 204063 (1907).

[3] K. JELLINEK, Z. anorg. Ch. **70** (1911), 104ff. Dort Rührer f. d. Entwässerung.

[4] BASF. DRP. 171991 (1905), Zus. P. 188139 (1905).

[5] BASF. DRP. 112483 (1899), Zus. P. 133040 (1900).

[6] W. G. CHRISTIANSEN, A. J. NORTON, J. Ind. Engng. Chem. **14** (1922), 1126.

Natriumdithionit ist ein starkes Reduktionsmittel, das in alkalischer Lösung Indigblau zu Indigweiß reduziert. Man kann diese Reaktion[1], oder die Reduktion einer ammoniakalischen Silberchloridlösung zu metallischem Silber[2], zur quantitativen Bestimmung des $Na_2S_2O_4$ heranziehen. Natriumdithionit ist nur in trockenem Zustand beständig; feucht wird es durch den Luftsauerstoff nach $Na_2S_2O_4 + {}^1/_2\,O_2 = Na_2S_2O_5$ oxydiert. In der Hitze zersetzt es sich nach $2\,Na_2S_2O_4 \rightarrow Na_2S_2O_3 + Na_2S_2O_5$; bei längerem Stehen in alkalischer Lösung zersetzt es sich unter Sulfidbildung. Alkalische Dithionitlösungen müssen deshalb zur Sauerstoffabsorption stets frisch bereitet werden.

Nitroprussidnatrium $Na_2[Fe(CN)_5NO] \cdot 2\,H_2O$ M = 297,97, L 33,3.

Die Darstellung erfolgt nach Rüst[3] wie folgt: In einem 500er Becherglase löst man 40 g feingepulvertes Ferrocyankalium in 60 ccm destilliertem Wasser. Zu der Lösung fügt man unter Umrühren 64 ccm 38%ige Salpetersäure (d 1,24) und digeriert am Wasserbade, bis die Reaktion beendet ist. Man erkennt den Endpunkt durch Tüpfeln der Lösung mit einer Ferrosulfatlösung: Es soll kein blauer, sondern ein *grüner* Niederschlag entstehen. Nach beendeter Reaktion, während der Cyan, Cyanwasserstoff, Kohlendioxyd und Stickstoff entweichen, läßt man das Gemisch 1 bis 2 Tage stehen, neutralisiert sodann unter ständigem Rühren mit einer Sodalösung, *wobei ein Überschuß von Alkali sorgfältig zu vermeiden ist.* Man erhitzt die neutralisierte Lösung zum Sieden, filtriert siedend heiß und dampft das klare Filtrat über der freien Flamme unter Luftaufblasen rasch auf etwa 40 bis 50 ccm ein, läßt erkalten und versetzt zur Abscheidung des KNO_3 mit dem gleichen Volumen Alkohol. Nitroprussidnatrium ist in Alkohol löslich. Man filtriert, verjagt den Alkohol möglichst rasch durch Abdampfen über einer freien Flamme unter Luftdarüberblasen und läßt kristallisieren. Durch nochmaliges Eindampfen der Mutterlauge läßt sich noch eine zweite Kristallfraktion erhalten. Man vereinigt diese beiden und kristallisiert sie aus wenig Wasser um.

Die rubinroten säulenförmigen Kristalle lassen sich in schönen Individuen züchten.

---

[1] A. Binz, H. Bertram, Z. ang. Ch. **18** (1905), 170.

[2] J. H. Smith, J. Am. Chem. Soc. **43** (1921), 1307.

[3] C. Rüst, Z. phys. Ch. **55** (1906), 91.

Natriumthioantimonat (SCHLIPPEsches Salz[1]) **$Na_3SbS_4 \cdot 9\ H_2O$** $M = 481{,}17$; d 1,86; L_{15} 23·9; 0^0 11,8%, $79{,}5^0$ 57,1%.

Man erhitzt ein inniges Gemisch von 36 g feingepulvertem Grauspießglanzpulver, 43 g wasserfreiem Natriumsulfat und 16 g *feinem* Holzkohlenpulver in einem halbvollen Tontiegel bis zum ruhigen Schmelzen und 10 Minuten länger. Eine auf die Substanz aufgestreute Schicht von Holzkohlenpulver schützt vor Oxydation. Die Schmelze wird auf ein Eisenblech gegossen, nach dem Erkalten gepulvert und eine halbe Stunde mit 300 g Wasser und 7 g Schwefelpulver gekocht. Das Filtrat wird unter Zusatz von wenig Natronlauge bis zur beginnenden Kristallisation eingedampft und nach dem Erkalten filtriert (Glassinternutsche). Die Mutterlauge gibt nach neuerlichem Eindampfen eine zweite Kristallisation. Die vereinigten Fraktionen kristallisiert man aus schwach alkalischem Wasser (zur Vermeidung der Hydrolyse) um. Durch Kristallzüchtung lassen sich schöne, durchsichtige, blaß- bis grünlichgelbe Tetraeder gewinnen. Das trockene Salz ist in reiner, trockener Luft im verschlossenen Glasrohr beständig. Unter dem Einfluß von Luftkohlensäure (Laboratoriumsluft!) und hygroskopischen Partikelchen, die sich auf der Substanz befinden, zersetzt es sich unter Sb_2S_5-Abscheidung. Man bewahrt das SCHLIPPEsche Salz daher zweckmäßiger unter einer alkoholischen Ätznatronlösung[2] auf.

Kaliumbromat $KBrO_3$ $M = 167{,}02$; d 3,25; F.P. 434° C unter Zers.; L 6,9, L_{100} 49,7.

Kaliumbromid KBr $M = 119{,}02$; F.P. 741,8° C; K.P. 1383° C; d 2,75; L 56,6, L_{100} 104,9.

Man tropft nach BILTZ[3] in eine Lösung von 62 g Kaliumhydroxyd in 62 ccm Wasser, unter Wasserkühlung 80 g Brom (Abzug!) ein. Die Lösung färbt sich bald bleibend gelb und später fällt Bromat als Kristallpulver aus. Die Trennung des Bromates von dem nach $6\ KOH + 3\ Br_2 = KBrO_3 + 5\ KBr + 3\ H_2O$ entstehendem Kaliumbromid ist auf Grund der verschiedenen Löslichkeiten durch Kristallisation möglich[4]. Man saugt das aus-

---

[1] C. F. v. SCHLIPPE, Schweiggers Journ. f. Chemie u. Physik **33** (1821), 320. — Auf flüssigem Wege: Sartorius Apoth.-Ztg. **23** (1908), 342.

[2] J. DAHLEN, Z. wiss. Phot. **14** (1915), 333.

[3] H. u. W. BILTZ, Übungsbeispiele.

[4] T. W. RICHARDS, E. MUELLER, Z. anorg. Ch. **53** (1907), 427.

gefallene $KBrO_3$ nach dem völligen Erkalten der Lösung ab und kristallisiert aus 130 ccm siedendem Wasser um. Die anfallenden Mutterlaugen und Filtrate vereinigt man, verdampft sie zu einer halbfesten Masse, mischt diese innig mit 5 g feinem Holzkohlenpulver und trocknet völlig. Die Mischung erhitzt man zur Reduktion des Bromats eine Stunde lang mit einem FLETCHER-Brenner in einem großen Porzellantiegel, den man zum Zusammenhalten der Hitze in eine Tonesse stellt. Die zusammengesinterte Masse wird in 120 ccm heißem Wasser gelöst, der Rückstand mit 20 ccm Wasser nachgewaschen und die Filtrate zur Kristallisation eingedampft. Man kristallisiert ein- bis zweimal aus Wasser um. Ausbeute 26 bis 27 g $KBrO_3$, 90 bis 95 g KBr. Jedes der Salze für sich darf beim Ansäuern seiner wässerigen Lösung keine Gelbfärbung ($5\,HBr + HBrO_3 = 3\,Br_2 + 3\,H_2O$), bzw. mit KJ-Stärke keine Blaufärbung geben.

Kaliumchlorat $KClO_3$ elektrolytisch M = 122,56; F.P. 356° C unter Zers.; d_{20} 3,34; L 7,3, L_{100} 56,2.

Bei der elektrolytischen Darstellung von Chloraten aus Chloridlösungen liegen ziemlich verwickelte Verhältnisse vor, die näher besprochen werden sollen. In der Chloridlösung sind vorhanden:

$$H_2O \rightleftarrows H^{\cdot} + OH'$$
$$KCl \rightleftarrows K^{\cdot} + Cl'$$

Zu Beginn der Elektrolyse finden folgende Vorgänge statt:

(1) An der Kathode: $2\,H^{\cdot} + 2\,e \rightarrow H_2$; Überschuß im Katholyten: $2\,OH'$.

(2) An der Anode $2\,Cl' \rightarrow Cl_2 + 2\,e$; Überschuß im Anolyten: $2\,K^{\cdot}$.

(3) $OH' + Cl_2 \rightleftarrows Cl' + HOCl$; knapp an der Anode.

$HOCl + OH' \rightleftarrows OCl' + H_2O$; in einem gewissen Abstand von der Anode.

$$2\,OH' + Cl_2 \rightleftarrows Cl' + OCl' + H_2O$$

Sobald im ganzen Elektrolyten eine gewisse OCl'-Konzentration erreicht ist, wird dieses (nicht das undissoziierte HClO) zu Chlorat oxydiert:

(4) An der Anode $6\,ClO' = 6\,ClO + 6\,e$

$$6\,ClO + 3\,H_2O = 2\,HClO_3 + 4\,HCl + {}^3/_2\,O_2,$$

wobei eine anodische Sauerstoffentwicklung auftritt.

An der Kathode wurden durch die 6e 6 Wasserstoffionen entladen, woraus sich ein Überschuß von 6 OH' ergibt, der die an der Anode gebildeten 6 Säureäquivalente neutralisiert:

(5) $2\,HClO_3 + 4\,HCl + 6\,OH' = 2\,ClO_3' + 4\,Cl' + 6\,H_2O.$

Es ergibt sich daraus die Summenformel

(6) $6\,ClO' + 6\,OH' = 2\,ClO'_3 + 4\,Cl' + 3\,H_2O + {}^3/_2\,O_2 + 6\,e.$

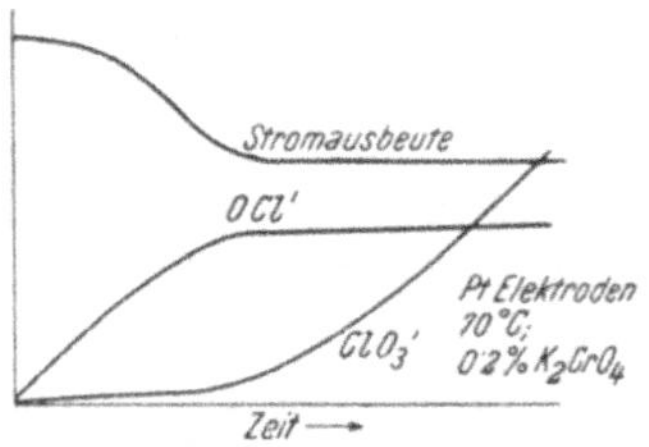

Abb. 201. Hypochlorit-, Chloratbildung und Stromausbeute bei der Elektrolyse neutraler Alkalichloridlösungen.

Im Verlaufe der Elektrolyse wird die Hypochloritkonzentration nach (3) so lange zunehmen, bis in Wechselwirkung von (3) und (6) ein stationärer Zustand erreicht wird, in dem gleichviel Hypochlorit gebildet, als für die Chloratbildung verbraucht wird. Von dieser Zeit an wird vom umgesetzten Strom lediglich Chlorat (und Sauerstoff) gebildet (Abb. 201). Addiert man entsprechend dieser Überlegung die auf gleiche Mole Hypochlorit gebrachten Gleichungen, so erhält man

(2), (3) $6 \times [2\,Cl' + 2\,OH' = Cl' + ClO' + H_2O + 2\,e]$

(6) $6\,ClO' + 6\,OH' = 2\,ClO_3' + 4\,Cl' + 3\,H_2O + {}^3/_2\,O_2 + 6\,e$

(7) $12\,Cl' + 18\,OH' = 10\,Cl' + 2\,ClO_3' + 9\,H_2O + {}^3/_2 O_2 + 18\,e =$
$= 2\,Cl' + 18\,OH' = 2\,ClO_3' + 9\,H_2O + {}^3/_2\,O_2 + 18\,e.$

Aus Gleichung (7) folgt, daß die Stromausbeute in neutraler Lösung, bezogen auf das gebildete Chlorat, maximal $\frac{12}{18} = 66{,}6\,\%$ betragen kann[1], wobei vorausgesetzt wird, daß keine Reduktion des ClO' an der Kathode stattfindet. Man verhindert diese Reduktion praktisch durch einen Zusatz von 0,2 % K_2CrO_4 zum Elektrolyten. Hierdurch wird die Abscheidung von dünnsten Chromoxydhydrathüllen auf der Kathode bewirkt, die wie ein Diaphragma wirken[2].

Solange Cl' in dem Elektrolyten vorhanden sind, liegt die Zersetzungsspannung des Chlorates an Platinelektroden wesentlich höher als jene des Chloridions, so daß eine Chloratreduktion an der Kathode nicht eintreten kann.

[1] F. Foerster, E. Müller, Z. Elektroch. 8 (1902), 9; 9 (1903), 207.
[2] M. Schlötter, Z. Elektroch. 27 (1921), 394.

Zu wesentlich höheren Stromausbeuten (bis 95% und deshalb in der Industrie allgemein üblich) gelangt man bei der Elektrolyse von *schwach* sauren Lösungen, wobei neben Reaktion (4) die mit geringerer Geschwindigkeit verlaufende Reaktion

$$(8)\quad \begin{aligned} NaOCl + 2\,HOCl &= NaClO_3 + 2\,HCl \\ 2\,NaOCl + 2\,HCl &= 2\,HOCl + 2\,NaCl \quad \text{usf.} \end{aligned}$$

im *ganzen* Flüssigkeitsvolumen (nicht nur wie sonst in der sauren Umgebung der Anode) in Erscheinung tritt und den Oxydationsvorgang im wesentlichen bestimmt[1].

Die Stromarbeit wird dadurch im wesentlichen auf die mit fast 100%iger Stromausbeute durchführbare Hypochloritbildung beschränkt. Der optimale Säurezusatz, der von Zeit zu Zeit oder kontinuierlich ergänzt wird (Chlorverluste an der Anode, dadurch Alkalisierung des Bades), muß experimentell ermittelt werden und hängt von den Stromverhältnissen im Bade ab. Mit dem Säurezusatz ist erst zu beginnen, wenn die Stromausbeute auf etwa 66,6% gesunken ist, d. h. sobald an der Anode die Sauerstoffentwicklung beginnt. Die optimale Elektrolysetemperatur ist 70 bis 80° C; die Temperatur soll nicht unter 30 bis 40° C sinken, da sonst Perchloratbildung einsetzt[2].

Zur *präparativen Darstellung* (vgl. Abb. 202) verwendet man als Elektrolysierzelle ein *hohes* 400-ccm-Becherglas; als Anode dient eine blanke Platinblechelektrode, 25 × 40 mm; zu dieser parallel in einem Abstand von etwa 2 cm sind zwei Fensterkreuzelektroden aus verschweißtem 0,5 mm starkem Platindraht angeordnet, deren Rahmen etwa dieselben Abmessungen besitzen sollen wie die Blechelektrode. Die Elektroden sind, wie üblich, in Glasrohre eingeschmolzen und werden am besten in einem entsprechend gebohrten, paraffinierten großen Korkstopfen, der auch ein Thermometer, sowie ein Einleitungsrohr für CO_2 trägt, gehalten. Zur Messung der Strommenge dient ein in den Stromkreis geschalteter Stiazähler. Ein Amperemeter gestattet die Messung, ein Widerstand die Regulierung der Stromstärke, ein Voltmeter mißt die Klemmenspannung; letztere Messung wird alle Stunden durchgeführt; die übrige Zeit ist das Voltmeter nicht unter Strom, um die Messung der verbrauchten Strommenge nicht zu fälschen.

---

[1] F. Foerster, E. Müller, Z. Elektroch. **8** (1902), 12. — E. Müller, P. Koppe, Z. Elektroch. **17** (1911), 430.

[2] F. Foerster, E. Müller, F. Jorre; Z. Elektroch. **6** (1899/1900), 17.

Als Elektrolyt dient eine Lösung von 100 g KCl und 0,6 g K_2CrO_4 in 300 ccm Wasser. Man elektrolysiert mit einer Stromstärke von 4 A (Stromdichte 0,2 A/cm^2; bei der besprochenen Anordnung ist die Fläche beiderseitig zu rechnen; Stromquelle mit etwa 14 V). Nach einer halben Stunde setzt man mittels einer Pipette am Boden des Gefäßes 1 ccm konzentrierte Salzsäure zu und rührt gut um. Sodann erhitzt man die Lösung auf etwa 70° C und leitet zur Rührung einen langsamen CO_2-Strom durch die Lösung. Nach je 3 weiteren Stunden setzt man je 0,25 ccm konzentrierte Salzsäure in der beschriebenen Weise zu. Nach etwa 100 Ah unterbricht man die Elektrolyse, läßt erkalten, wobei sich das Chlorat in schönen Kristallen ausscheidet, kühlt die Mutterlauge mit Eis, um die Abscheidung zu vervollständigen, saugt ab, wäscht mit wenig eiskaltem Wasser und kristallisiert. Das reine Präparat darf keine Cl'-Reaktion zeigen. In der vereinigten Mutterlauge und Waschwasser bestimmt man zur Stromausbeuterechnung durch Titration das Chlorat: Man füllt auf 500 ml auf, pipettiert 10 ml heraus, kocht zur Vertreibung des Chlors in einem Erlenmeyer, füllt ihn sodann mit CO_2 und setzt nach dem Abkühlen 10 ml verdünnte Schwefelsäure (1 : 4) und 2 g (genaue Einwaage!) Ferroammoniumsulfat pA zu, verschließt den Kolben mit einem Göckel-Contât-Ventil und erhitzt 10 Minuten zum Sieden. Die völlig erkaltete Flüssigkeit wird stark verdünnt und nach Zimmermann-Reinhardt mit n/10 $KMnO_4$ titriert. Der Oxydationswert des bekannten Chromatzusatzes wird berücksichtigt. In gleicher Weise wird der Prozentgehalt des $KClO_3$-Rohproduktes ermittelt und der theoretische Strombedarf unter Zugrundelegung der Beziehung 1 $KClO_3$ = = 6 Faraday = 6 · 96500 A.s berechnet. Das Hundertfache des theoretischen Strombedarfes, gebrochen durch den tatsächlichen Strombedarf, gibt die Stromausbeute. Wesentlich wichtiger ist für die Praxis die Energieausbeute, da das Produkt Stromstärke × × Spannung bezahlt wird. Der *theoretische* Energiebedarf berechnet sich unter Zugrundelegung der Zersetzungsspannung einer 1 m.-KCl-Lösung = 2,3 V: zu

$$1\ KClO_3 = 6.96\,500.2{,}3\ Ws.$$

Zur Berechnung des tatsächlichen Energiebedarfes multipliziert man das Mittel aus den stündlich abgelesenen Klemmenspannungen mit der am Stiazähler (oder durch Mittelbildung der Stromstärke) ermittelten Stromausbeute. Die Energieausbeute berechnet sich aus dem Quotienten: hundertfacher theoretischer Energiebedarf, gebrochen durch den tatsächlichen Energiebedarf.

Die Stromausbeute beträgt etwa 80 %, die Energieausbeute 50 bis 60 %.

Kaliumchlorat besteht aus farblosen, luftbeständigen, perlmutterglänzenden, monoklinen Blättchen und Tafeln. Beim Erhitzen über den Schmelzpunkt findet Zersetzung[1] in Perchlorat, Chlorid und Sauerstoff statt, die durch Zugabe von Katalysatoren stark beschleunigt wird. Bei Zugabe von MnO_2 zersetzt sich das Chlorat direkt in Chlorid und O_2. In Gemischen mit brennbaren Substanzen (z. B. Schwefel, Kohle, Phosphor) explodiert $KClO_3$ durch Reibung, Stoß, Schlag mit großer Heftigkeit. Durch *rasches* Erhitzen von $KClO_3$ auf hohe Temperatur explodiert dieses auch allein.

Kaliumperchlorat $KClO_4$, elektrolytisch M = 138,56; F.P. 610° ± 10° C[2] unter Zers; L 1,67, L_{100} 22,2; d_{20} 2,53.

Man oxydiert eine schwach angesäuerte, kalt gesättigte Lösung von Kaliumchlorat an blanken, iridiumfreien Platinelektroden bei einer anodischen Stromdichte von 0,1 bis 0,2 A/cm², bei Temperaturen von 10 bis 20° C oder darunter[3]. Die Perchloratbildung erfolgt wahrscheinlich nach folgenden Gleichungen:

$$2\,ClO_3' + H_2O = HClO_4 + HClO_2 + O + 2\,e$$
$$HClO_2 + O = HClO_3$$

und bedarf eines hohen Anodenpotentiales, das nur an glattem Platin bei hoher Stromdichte und niederer Temperatur erreicht wird. Stoffe, die das Anodenpotential erniedrigen (Mn, Pb) dürfen auch nicht in Spuren anwesend sein, da sonst eine starke Verschlechterung der Stromausbeute eintritt, die bei normalem Betrieb 90 bis 95 % beträgt.

Zur präparativen Darstellung verwendet man folgende Apparatur (Abb. 202): In einem Zweiliterbecherglas befindet sich eine Kühlspirale (10-mm-Glasrohr, l. W. der Spirale 6 bis 7 cm) aus Glas mit seitlich weit abgebogener Zu- und Ableitung, so daß die Kühlwasserschläuche mit den ozonhaltigen Dämpfen, die an der Anode entstehen, nicht in Berührung kommen. Innerhalb der Kühlspirale befindet sich eine glatte Platinblechelektrode von 20 cm² Fläche (25 × 40) als Anode. Zu dieser parallel, in

---

1 K. A. Hofmann, P. H. Marin, Berl. Ber. Akad. 1932, 450. — W. A. Noyes, J. Am. Chem. Soc. 51 (1929), 2395.

2 F. Dürre, Dissert. Gießen 1907, S. 15, gibt als F. P. 525 bis 530° C an.

3 F. Winteler, Chem. Ztg. 22 (1898), 89. — E. Blau, R. Weingrand, Z. Elektroch. 27 (1921), 5.

einem Abstand von je 15 mm, stehen zwei größere Platinblechelektroden, die als Kathoden geschaltet sind. Die Elektroden, sowie ein Thermometer werden mittels eines großen, entsprechend gebohrten, paraffinierten Korkstopfens gehalten, der seinerseits von einer Klammer, Glasstab o. dgl. gehalten wird. Als Elektrolyt findet 1,5 l einer, bei der Kühlwassertemperatur gesättigten

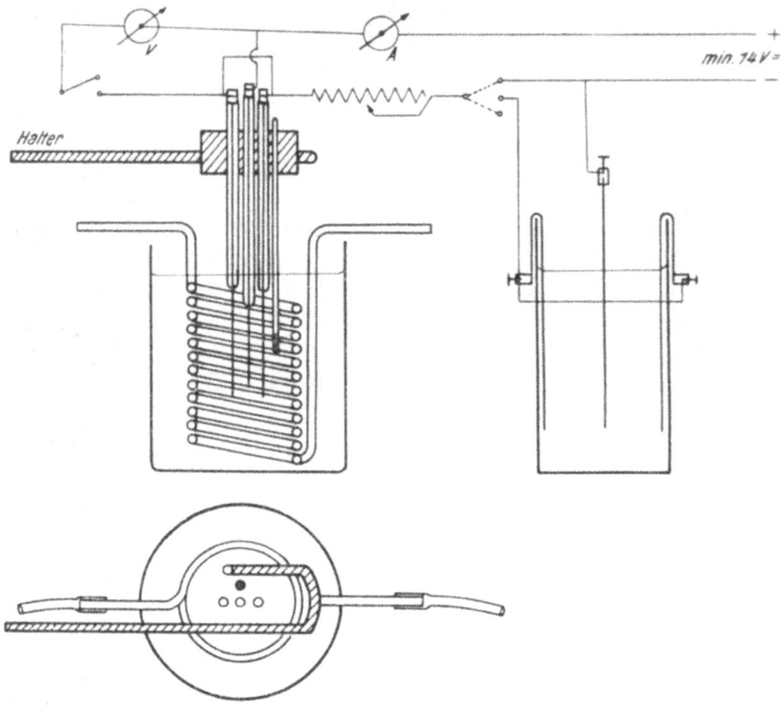

Abb. 202. Darstellung von Kaliumperchlorat.

Kaliumchloratlösung (L_{10} 5,08) Verwendung. Man reguliert die Stromstärke (Stromquelle zirka 14 V) mittels eines passenden Widerstandes auf 4 A, wobei man einen lebhaften Kühlwasserstrom durch die Spirale schickt. Die Badtemperatur soll 20° C nicht übersteigen. Nach etwa 2 Stunden, nachdem die Lösung mit Kaliumperchlorat gesättigt ist, fällt ein feiner Regen von $KClO_4$-Kristallen von der Anode nieder. Man beobachtet genau diesen Zeitpunkt und schaltet nun einen Stiazähler oder ein Coulometer ein, reguliert die Stromstärke wieder auf 4 A und läßt die Elektrolyse weitere 6 Stunden in Gang. Das ausgefallene Perchlorat wird sodann abgesaugt, mit wenig eiskaltem Wasser gewaschen und nach dem Trocknen gewogen. Aus der Gewichtszunahme der Coulometerelektrode berechnet man den Stromverbrauch, aus diesem und der Menge des gebildeten Perchlorats die Stromausbeute. Das so erhaltene Kaliumperchlorat, (ist durch etwas Kaliumchlorat verunreinigt und kann von diesem durch Umkristallisieren aus siedendem Wasser getrennt werden.

Kaliumperchlorat wird großtechnisch ausschließlich durch elektrolytische Oxydation von Chlorat hergestellt. Im Kleinen läßt es sich durch Erhitzen von Kaliumchlorat, (in Abwesenheit von Katalysatoren) knapp über die Schmelztemperatur des $KClO_3$, herstellen (Porzellantiegel, *kein* Metalltiegel!). Nachdem die Schmelze (bei gleichbleibender Temperatur) nach 10 bis 15 Minuten gleichmäßig halbfest geworden ist, läßt man erkalten, digeriert mit der gleichen Menge kalten Wassers, bis die Schmelze völlig zerfallen ist, saugt das ungelöste Kaliumperchlorat ab und kristallisiert aus der fünffachen Menge siedenden Wassers um.

Ammoniumpersulfat $(NH_4)_2S_2O_8$ M = 228,20; d 1,96; L_0 58,2; $L_{15,5}$ 74,8.

Kaliumpersulfat $K_2S_2O_8$ M = 270,32; d 2,477; L_0 1,7; L 4,7; L_{40} 11,0.

Kaliumpersulfat wird durch Konversion von Ammoniumpersulfat hergestellt[1], es kann auch durch direkte anodische Oxydation einer gesättigten Kaliumbisulfatlösung gewonnen werden.

Ammoniumpersulfat entsteht analog, durch anodische Oxydation von Ammoniumsulfat bei niederer Temperatur an glatten Platinanoden (reinstes Platin!), bei hohen Stromdichten (5 A/cm²) und hohem Anodenpotential. Die Persulfatbildung erfolgt an der *Anode* nach

$$2\,HSO_4' = H_2S_2O_8 + 2\,e \quad \text{oder}$$
$$2\,OH' = O + H_2O + 2\,e$$
$$2\,HSO_4' + O = S_2O_8'' + H_2O;$$

somit würde sich die neutrale Reaktion des Anolyten nicht verändern, wenn nicht die Nebenreaktion $2\,H^{\cdot} + 2\,OH' = 2\,H^{\cdot} + {}^1/_2\,O_2 + H_2O + 2\,e$ unter Entwicklung ozonhaltigen Sauerstoffes stattfände, durch die eine schwache Säuerung ein-

[1] A. Pietzch, G. Adolph, DRP. 243366 (1909). — K. Elbs, Z. ang. Ch. **10** (1897), 197.

tritt. In saurem Milieu findet Hydrolyse der Perschwefelsäure zu Sulfomonopersäure (CAROsche Säure) statt:

$H_2S_2O_8 + H_2O = H_2SO_5 + H_2SO_4$, wobei diese zum Teil nach $H_2SO_5 + H_2O = H_2SO_4 + H_2O_2$ weiter hydrolysiert, zum Teil an der Anode zu Schwefelsäure reduziert wird:

$$H_2SO_5 + 2\,OH' = H_2SO_4 + O_2 + H_2O + 2\,e.$$

An der *Kathode* reagiert das $(NH_4)_2SO_4$ nach

$$\begin{array}{c} 2\,H^{\cdot} + 2\,OH' + 2\,e = H_2 + 2\,OH' \\ 2\,NH_4^{\cdot} + 2\,OH' = 2\,NH_4OH \rightleftharpoons 2\,NH_3 + 2\,H_2O \\ \hline 2\,NH_4^{\cdot} + 2\,H_2O + 2\,e = 2\,NH_4OH + H_2, \end{array}$$

wobei die gesamte Lösung alkalisch wird, da die kathodische Alkalisierung die anodische Säuerung um eine Größenordnung übertrifft. Das freie NH_3 wird an der Anode zu NO_3' und N_2 oxydiert; ferner wird das Persulfat an der Kathode zum Teil reduziert. Der letztere Vorgang kann durch einen Chromatzusatz (siehe S. 382) verringert werden, während man die Alkalisierung des Bades durch einen konstanten Schwefelsäurezusatz kompensieren muß. Aus den oben geschilderten Gründen darf man das Bad keinesfalls sauer werden lassen.

Die Verhältnisse werden wesentlich einfacher, wenn man Anolyt und Katholyt durch ein Diaphragma trennt. In diesem Fall verwendet man als Katholyt Schwefelsäure, die durch den Kathodenvorgang, sowie durch Ionenwanderung von NH_4-Ionen allmählich neutralisiert wird, wobei der Badwiderstand beträchtlich ansteigt.

In einem 500-ccm-Becherglas steht eine PUKALLsche Tonzelle von zirka 150 ccm Inhalt. Als Kathode dient eine wasserdurchflossene Bleispirale, die um die Tonzelle herumgelegt wird. Die Enden des Bleirohres ragen über das Becherglas hinaus und werden dort nach unten umgebogen, um den Angriff des gebildeten Ozons auf die Kühlwasserschläuche möglichst auszuschalten. Als Anode findet ein 0,5 mm dicker, etwa 32 mm langer, zu einer Wendel gewickelter Platindraht (vor der Elektrolyse auszuglühen!) Verwendung, der, in ein Glasrohr eingeschmolzen, 2 cm vom Boden der Tonzelle entfernt, endet. Durch diese tiefe Stellung der Elektrode findet eine gute Rührung des Anolyten durch den entwickelten Sauerstoff statt. Die weitere elektrische Einrichtung ist analog der bei Kaliumperchlorat beschriebenen.

Als Anolyt verwendet man 100 ccm einer, bei der Kühlwassertemperatur gesättigten, Ammoniumsulfatlösung (Fe-, Mn-frei!!

L_{10} 76,3). Ein Thermometer gestattet die Temperaturmessung im Anodenraum; 15° C sollen nicht überschritten werden.

Als Katholyt verwendet man bestleitende Schwefelsäure d 1,295 (enthaltend 500 g H_2SO_4/l). Sobald der Katholyt nicht mehr stark sauer ist, was an einem fast plötzlichen Rückgang der Stromstärke zu erkennen ist, muß er erneuert werden.

Man elektrolysiert bei möglichst tiefer Temperatur (Kühlung der Bleispirale mit Eiswasser oder *kaltem* Leitungswasser) mit 2,5 A Stromstärke (Anodenstromdichte 5 A/cm²) und schaltet ein Coulometer zur Stromausbeutebestimmung in den Stromkreis.

Nach etwa 4 bis 6 Stunden scheidet sich festes Ammoniumpersulfat in der Tonzelle ab. Man nutscht ab, neutralisiert die Mutterlauge mit Ammoniak, sättigt neuerlich mit Ammoniumsulfat und elektrolysiert weitere 3 bis 4 Stunden, filtriert neuerdings usf.[1]. Das so erhaltene rohe Persulfat wird am Tonteller im Exsikkator getrocknet und zur Ausbeutebestimmung gewogen und analysiert, da es stets durch 3 bis 5 % Ammoniumsulfat verunreinigt ist. Ebenso bestimmt man den Persulfatgehalt des Anolyten. Falls man diesen über Nacht aufzubewahren wünscht, muß er mit Ammoniak neutralisiert werden, da sonst Hydrolyse des Persulfats eintritt. Die Persulfatanalyse führt man wie folgt aus:

0,5 g des getrockneten Produktes, bzw. 1 ml des auf 200 ml aufgefüllten Anolyten löst man in etwa 20 ml 1 n NaOH, setzt 2 g KJ zu und kocht drei Minuten. Das Persulfat oxydiert die äquivalente Menge zu KJO_3. Nach dem Abkühlen säuert man mit verdünnter Schwefelsäure an und titriert nach 1 Minute Stehenlassen das ausgeschiedene Jod mit n/10 Thiosulfatlösung und Stärke als Indikator. Aus der Beziehung

$$228{,}20 \text{ g } (NH_4)_2S_2O_8 = 2\,F = 2 \cdot 26{,}80 \text{ Ah},$$

sowie aus dem Coulometerwert (1 g Cu = 1,1858 Ah) berechnet sich die Stromausbeute.

Das Ammoniumpersulfat kann durch Lösen in höchstens 40° C warmem Wasser (bei höherer Temperatur Zersetzung) und sofortiger Eiskühlung umkristallisiert und gereinigt werden.

Kaliumpersulfat stellt man aus einer Ammoniumpersulfatlösung durch Zutropfen einer mäßig konzentrierten Kaliumsulfatlösung unter Rühren her. Das Produkt ist, wie oben beschrieben, durch Umkristallisieren aus 40° C warmem Wasser völlig rein (keine SO_4''-Reaktion mit $BaCl_2$) erhältlich.

---

[1] K. ELBS, J. pr. Ch. (2), 48 (1893), 186. — E. MÜLLER, Elektrochem. Praktikum.

Kalium- und Ammoniumpersulfat sind in *vollkommen trockenem* Zustand beständig; in feuchtem Zustand findet Zersetzung unter Bildung von Hydrogensulfat und Sauerstoff (O_3) statt.

Kaliumpermanganat[1] **$KMnO_4$** M = 158,03; L 6,38.

Schmilzt man Manganverbindungen in einem oxydierenden, alkalischen Milieu, so bildet sich Manganat, das sich beim Auflösen in Wasser und Neutralisieren in Permanganat und MnO_2 umsetzt:

$$MnO_2 + K_2CO_3 + O = K_2MnO_4 + CO_2$$
$$3\,K_2MnO_4 + 2\,H_2O = 2\,KMnO_4 + MnO_2 + 4\,KOH$$

Man schmilzt in einem Eisenblechtiegel 80 g Kaliumhydroxyd und 40 g Kaliumchlorat über einem FLETCHER-Brenner. Nach Auslöschen der Flamme werden 80 g feinst gepulverter Braunstein (Achtung auf organische Substanz!) portionenweise unter Umrühren mit einem dicken Eisendraht in die Schmelze eingetragen. Die Masse schäumt dabei auf. Dann erhitzt man unter Umrühren weiter, bis die Schmelze trocken geworden ist; schließlich fünf Minuten auf dunkle Rotglut.

Die erkaltete Masse wird grob zerkleinert und mit $1^1/_2$ Liter Wasser gekocht, durch das ein kräftiger CO_2-Strom durchgeleitet wird.

Sobald alles Mangan umgesetzt ist und ein Tropfen der Lösung auf Filtrierpapier einen rein rot gesäumten Braunsteinfleck gibt, läßt man absitzen und saugt die möglichst klar abgegossene Lösung durch eine Nutsche mit Asbestpolster.

Das mit dem wenigen Waschwasser vereinigte Filtrat wird rasch auf die Hälfte eingedampft, nochmals filtriert und weiter bis zur beginnenden Kristallisation eingekocht (Luft aufblasen zur rascheren Verdampfung). Man läßt abkühlen, saugt die Kristalle auf einer Glassinternutsche ab und wäscht mit *wenig* kaltem Wasser. Aus der Mutterlauge erhält man eine weitere Fraktion, die man für sich umkristallisiert und mit dem Hauptprodukt vereinigt. Ausbeute etwa 50 bis 60 g Reinprodukt.

Kaliumborfluorid (Kaliumfluoborat) KBF_4 M = 125,92; F. P. 530° C[2]; L 0,47; L_{100} 5,26.

Man mischt nach STOLBA[3] in einem $1^1/_2$-Liter-Kolben 156 g feinst gepulverten (geschlämmten), reinen Flußspat, 62 g kristallisierte Borsäure, 327 g 33%ige Salzsäure (d 1,170) und 10 ccm

---

[1] H. u. W. BILTZ, Übungsbeispiele.
[2] DE BOER, VAN LIEMPT, Rec. Trav. Pays Bas **46** (1927), 124.
[3] STOLBA, C. **3** (1872), 395.

Wasser und setzt mittels Gummistopfen ein langes (1,20 m) Steigrohr auf, das in der Mitte eine große Kugel (10 cm Durchmesser) trägt. Man erwärmt auf einem Asbestdrahtnetz so hoch es möglich ist, ohne daß Dämpfe aus dem Steigrohr entweichen. Nach 2 bis 3 Stunden, wenn der Flußspat nicht mehr merklich angegriffen wird, läßt man erkalten, verdünnt mit dem halben Volumen Wasser und filtriert durch ein Membranfilter. Man versetzt das Filtrat zur Fällung mit einer warm gesättigten KCl-Lösung so lange noch ein Niederschlag entsteht, filtriert letzteren durch eine Glassinternutsche, wäscht oberflächlich aus und preßt ab. Diesen Vorgang wiederholt man dreimal. Besser ist Decken des Salzes mit Wasser und Zentrifugieren. Man wäscht bis die Cl'-Reaktion sehr schwach ist, kristallisiert aus siedendem ammoniakalischen Wasser um und wäscht die erhaltenen Kristalle bis zur neutralen Reaktion des Waschwassers. Ausbeute 35 g KBF_4.

Kaliumborfluorid ist ein glänzendes, weißes Kristallpulver, das bei 530° zu einer wasserhellen Flüssigkeit schmilzt, die bei stärkerem Erhitzen BF_3 abspaltet.

Kaliumferrisulfid $K[FeS_2]$ M = 159,07.

Man schmilzt in einem bedeckten Tontiegel ein inniges Gemisch von 30 g Eisenpulver, 180 g Schwefelblumen, 150 g Kaliumkarbonat und 30 g wasserfreiem Natriumkarbonat in einem Kohleofen, Muffel oder elektrischen Ofen. Nachdem nach etwa 1 Stunde alles zu einem Flusse geschmolzen ist, läßt man die Schmelze im bedeckten Tiegel (geschlossenen Ofen) langsam abkühlen. Man zerschlägt sodann den Tiegel und digeriert die Stücke der Schmelze am Wasserbad, bis sie völlig zerfallen sind, und ersetzt die gebildete grüne Lösung von Thiohydroxoferrat, z. B. $Na_3[SFe^{II}(OH)_3]$, öfter durch warmes Wasser, bis sich nichts mehr löst und das Wasser farblos bleibt. Es bleiben schöne, permanganatähnlich gefärbte, glänzende Kristalle zurück, die mit Wasser und Alkohol gewaschen und im Trockenschranke getrocknet werden[1]. Die Ausbeute beträgt etwa 70 g.

Konversionssalpeter KNO_3 M = 101,11; d. 2,11; F.P. 339° C; L_0 13,25; L 31,6; L_{100} 244,8.

Die Darstellung von KNO_3 aus dem „reziproken Salzpaar" nach $KCl + NaNO_3 = KNO_3 + NaCl$ ist wegen der dabei auftretenden Löslichkeitsverhältnisse von theoretischem Interesse

[1] R. Schneider, Pogg. Ann. **136** (1869), 460. — H. u. W. Biltz, Übungsbeispiele.

und wird praktisch in den Chilesalpeter verarbeitenden Ländern auch heute noch angewendet.

Die Darstellung der Löslichkeitsverhältnisse erfolgt nach JÄNECKE[1] derart, daß man jede beliebige Salzmischung eines reziproken Salzpaares durch die Atomverhältnisse der Kationen, bzw. Anionen, bezogen auf 1 Mol der Mischung, darstellen kann.

So wählt man für den vorliegenden Fall das Verhältnis $\frac{NO_3'}{NO_3' + Cl'}$ als Ordinate, $\frac{K^{\cdot}}{K^{\cdot} + Na^{\cdot}}$ als Abszisse und trägt die entsprechenden Werte in ein Quadrat der Seitenlänge 1 ein. Die vier Salze bilden die Eckpunkte des Quadrates (Abb. 203); den Wassergehalt der gesättigten Lösungen (Mole Wasser auf 1 Mol Salzmischung) kann man in Kurven (Isohydoren) angeben, bzw. schreibt man zu den charakteristischen Punkten dazu.

In Abb. 203 sind die Isothermen und einige dazugehörige Iysohydoren für 5° strichliert; für 100° voll, die Polythermen der gleichzeitig an NaCl, $NaNO_3$, KNO_3 gesättigten Lösungen (𝔓—P), bzw. der an NaCl, KCl, KNO_3 gesättigten Lösungen (𝔔—Q) zwischen 5 und 100° strichpunktiert ausgezogen[2]. Es bedeuten somit die Felder

A 𝔈 𝔔 𝔓 𝔥 (A E Q P H) das Gebiet der Lösungen über einen Bodenkörper von NaCl bei 5° (bei 100°),

B 𝔉 𝔔 𝔈 (B F Q E) Bodenkörper KCl bei 5° (100°),

C 𝔊 𝔓 𝔔 𝔉) (C G P Q F) Bodenkörper KNO_3 bei 5° (100°),

D 𝔊 𝔓 𝔥 (D G P H) Bodenkörper $NaNO_3$ bei 5° (100°).

In den Isothermen sind je zwei jener Salze Bodenkörper, deren Felder in den Isothermen aneinanderstoßen; so z. B.

𝔈𝔔 (E Q) Bodenkörper: NaCl + KCl bei 5° (100°). Im Punkte 𝔈 ist die Zusammensetzung 0,21 K, 0,79 Na 1,0 Cl, 0 NO_3; 1 Mol des Salzgemisches gibt mit 7,63 Mol Wasser bei 5° eine gesättigte Lösung.

𝔔𝔉 (Q F) Bodenkörper: KCl + KNO_3 bei 5° (100°) usw. Die Schnittpunkte der Isothermen 𝔓 (P) und 𝔔 (Q) geben die phasentheoretisch nonvarianten Systeme an, Phasen [5 (NaCl, KCl, KNO_3, ges. Lösung, Dampf)] + Freiheiten (O) = Bestandteile [3 (KNO_3, NaCl, H_2O)] + 2, in welchen die drei angrenzenden Salze bei 5° (100°) als Bodenkörper vorliegen. So hat der Punkt Q

[1] E. JÄNECKE, Z. anorg. Ch. **71** (1911).

[2] K. UYEDA, Mem. Sci. Eng. Kyoto Univ. **2** (1909/10), 249. — W. REINDERS, Z. anorg. Ch. **93** (1915), 206. — F. FROWEIN, E. v. MÜHLENDAHL, Z. angew. Ch. **39** (1926), 1493.

die Zusammensetzung (0,62 K, 0,38 Na, 0,80 NO_3, 0,20 Cl) 1 Mol der Salzmischung gibt bei 100° mit 1,81 Mol H_2O eine gesättigte Lösung.

Die strichpunktierten Polythermen geben die Zusammensetzungen der an je drei Salzen gesättigten Lösungen beim Erwärmen von 5° bis 100° an.

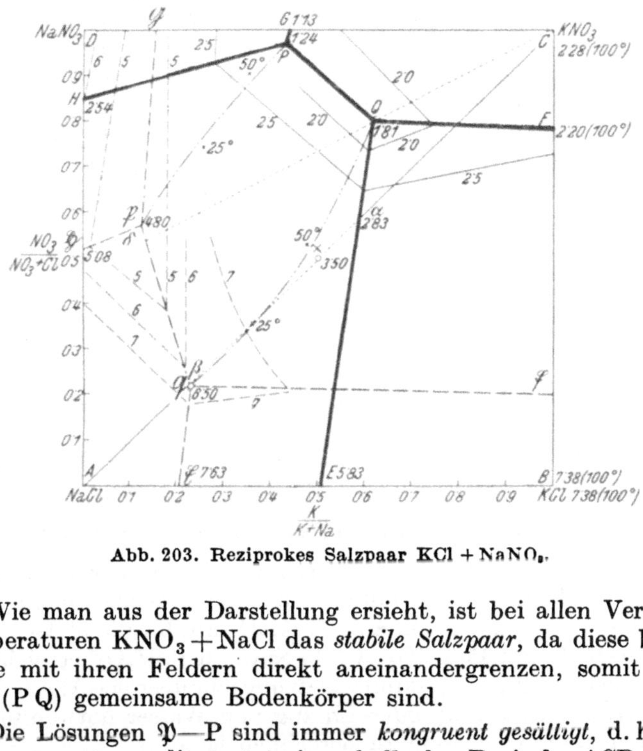

Abb. 203. Reziprokes Salzpaar $KCl + NaNO_3$.

Wie man aus der Darstellung ersieht, ist bei allen Versuchstemperaturen $KNO_3 + NaCl$ das *stabile Salzpaar*, da diese beiden Salze mit ihren Feldern direkt aneinandergrenzen, somit längs 𝔓𝔔 (P Q) gemeinsame Bodenkörper sind.

Die Lösungen 𝔓—P sind immer *kongruent gesättigt*, d. h. ihre Zusammensetzung liegt stets innerhalb des Dreiecks ACD; beim Eintragen eines Salzgemisches der Zusammensetzung P bildet sich die gesättigte Lösung ohne Änderung des Mischungsverhältnisses der Komponenten. Die Lösungen 𝔔 Q sind ober dem 25°-Punkt „*inkongruent gesättigt*", ihre Zusammensetzung liegt ober 25° außerhalb des Dreieckes A B C; beim Eintragen von $KNO_3 + NaCl$ in Wasser ober 25° *scheidet sich* KCl *aus* bis zur Bildung der bei dieser Temperatur inkongruent gesättigten Lösung.

Auf Grund der durch das Diagramm, Abb. 203, vermittelten

Kenntnis berechnen wir zunächst die *Ausbeute* an KNO_3, wenn man ein äquimolares Gemisch von KCl + NaNO (K 0,5, Na 0,5, Cl 0,5, NO_3 0,5), Punkt X, der Konversion unterwirft: Sobald der Wassergehalt der Lösung bei 100° unter 3,5 Mol H_2O auf 1 Mol des Salzgemisches sinkt, beginnt sich NaCl auszuscheiden, da wir uns im Sättigungsfelde des NaCl befinden.

Da sich an dem Verhältnis der Nitrat- zur Kaliumkonzentration bei dem Ausscheidungsvorgang nichts ändert, muß dieser Vorgang längs der Linie A X α von x nach α erfolgen. Würde man weiter isotherm bei 100° verdampfen, so würde sich NaCl + KCl längs der Isotherme von α nach Q ausscheiden, im Punkte Q würde die Abscheidung von NaCl, KCl und KNO_3 erfolgen.

Wir verdampfen isotherm bloß bis zu dem Punkt α (0,59 K, 0,59 NO_3, 0,41 Na, 0,41 Cl, 2,83 H_2O) und berechnen die ausfallende Menge NaCl wie folgt:

$$\underset{x}{\left\{\begin{matrix}0{,}5\,\mathrm{Na},\ 0{,}5\,\mathrm{Cl}\\ 0{,}5\,\mathrm{K},\ 0{,}5\,\mathrm{NO_3}\\ 3{,}5\,\mathrm{H_2O}\end{matrix}\right\}} = 0{,}154\,\mathrm{NaCl}\downarrow + 1{,}10\,\mathrm{H_2O} + \frac{50}{59}\underset{\alpha}{\left\{\begin{matrix}0{,}59\,\mathrm{K},\ 0{,}59\,\mathrm{NO_3}\\ 0{,}41\,\mathrm{Na},\ 0{,}41\,\mathrm{Cl}\\ 2{,}83\,\mathrm{H_2O}\end{matrix}\right\}}$$

Der Faktor $\frac{50}{59}$ ergibt sich aus der Überlegung, daß sich an der Menge des KNO_3 in der Lösung nichts ändert; $0{,}5\,KNO_3 = \frac{50}{59} \cdot 0{,}59\,KNO_3$; die ausgeschiedene Menge NaCl in Molen (bzw. die verdampfte Wassermenge) ergibt sich dann aus $0{,}5\,NaCl - \frac{50}{59} \cdot 0{,}41\,NaCl = 0{,}154\,NaCl$. Wir filtrieren nun vom ausgeschiedenen NaCl ab und kühlen das Filtrat auf 5° ab. Dabei scheidet sich längs der Linie C α x β von α bis β KNO_3 ab, bis die 5°-Isotherme im Punkte β (0,235 KNO_3, 0,765 NaCl, 6,40 H_2O) erreicht ist. Zur Erreichung dieser Zusammensetzung ist außer der Abscheidung von KNO_3 noch Zusatz oder Entzug von Wasser notwendig, der nach folgender Gleichung zu berechnen ist:

$$\underset{\alpha}{\left\{\begin{matrix}0{,}59\,\mathrm{KNO_3}\\ 0{,}41\,\mathrm{NaCl}\\ 2{,}83\,\mathrm{H_2O}\end{matrix}\right\}} = x\,\mathrm{H_2O} + y\,\mathrm{KNO_3} + Z\underset{\beta}{\left\{\begin{matrix}0{,}235\,\mathrm{KNO_3}\\ 0{,}765\,\mathrm{NaCl}\\ 6{,}40\,\mathrm{H_2O}\end{matrix}\right\}}$$

Die Menge des Natriumchlorids ändert sich nicht; daraus ergibt sich $Z = \frac{0{,}41}{0{,}765} = 0{,}536$. Damit errechnet sich $x = 2{,}83 - 0{,}536 \cdot 6{,}40 = -0{,}600$ Mole H_2O und $y = 0{,}59 - 0{,}536 \cdot 0{,}235 = 0{,}464$ Mole KNO_3. x ist *negativ*; es müssen der Lösung beim

Abkühlen 0,6 Mole Wasser *zugesetzt* werden, damit der Punkt β bei der Abkühlung nicht überschritten wird und damit sich infolgedessen kein NaCl ausscheidet, welches das ausfallende KNO_3 verunreinigen würde. Da wir von je 0,5 Molen KCl und $NaNO_3$ ausgegangen sind, ist die Ausbeute $0{,}464 \cdot \frac{50}{59} \cdot \frac{100}{0{,}50} =$ $= 78{,}8\,\%$, bezogen sowohl auf K als auf NO_3. (Der Faktor $\frac{50}{59}$ erklärt sich aus der Umrechnung von α auf die Ausgangsmenge x.) Der Wasserzusatz berechnet sich zu $0{,}6 \cdot 18 = 10{,}8$ g H_2O auf

$$\left\{\begin{matrix} 0{,}59\ KNO_3 \\ 0{,}41\ NaCl \\ 2{,}83\ H_2O \end{matrix}\right\} = 134{,}8 \text{ g Lösung } \alpha.$$

Bei einem kontinuierlichen Betrieb wird man die Lösung β durch Hinzufügen von $KCl + NaNO_3$ in die Lösung α (bei 100°) überführen, wobei sich NaCl ausscheidet; die Umsetzungen vollziehen sich nach den Gleichungen:

$$\underset{\alpha,\ 100^0}{\left\{\begin{matrix} 0{,}59\ KNO_3 \\ 0{,}41\ NaCl \\ 2{,}83\ H_2O \end{matrix}\right\}} + 0{,}600\,H_2O = 0{,}464\,KNO_3\downarrow + 0{,}536 \underset{\beta,\ 5^0}{\left\{\begin{matrix} 0{,}235\ KKNO_3 \\ 0{,}765\ NaCl \\ 6{,}40\ H_2O \end{matrix}\right\}}$$

$$0{,}536 \underset{\beta\ 5^0}{\left\{\begin{matrix} 0{,}235\ KNO_3 \\ 0{,}765\ NaCl \\ 0{,}640\ H_2O \end{matrix}\right\}} + 0{,}464\,KCl + 0{,}464\,NaNO_3 = \underset{\alpha,\ 100^0}{\left\{\begin{matrix} 0{,}59\ KNO_3 \\ 0{,}41\ NaCl \\ 2{,}83\ H_2O \end{matrix}\right\}} +$$

$$+\ 0{,}464\,NaCl\downarrow + 0{,}600\,H_2O\uparrow,$$

wobei bei *kontinuierlichem* Betrieb pro 100 g Lösung $0{,}464 \cdot 101{,}1 \cdot \frac{100}{134{,}8} = 34{,}9$ g KNO_3 umgesetzt werden. Den höchsten Umsatz erhält man, wenn man von Punkt Q ausgeht und bis δ abkühlt.

190 g roher, erdiger, 90%iger Salpeter (≅ 2 Mol) werden in einem leer gewogenen Kolben in 200 ccm siedendem Wasser gelöst; sodann werden unter ständigem Kochen ohne zu filtrieren 149 g (= 2 Mol) feingepulvertes Kaliumchlorid in kleinen Portionen eingetragen und eine halbe Stunde unter Ersatz des verdampfenden Wassers weitergekocht. Das Gewicht des Kolbeninhaltes betrage zum Schluß etwa 515 g. Man filtriert rasch durch eine mit siedendem Wasser angewärmte Nutsche, setzt 40 ccm Wasser zu und kühlt unter stetem Umrühren auf + 5° C

ab. Man rührt bei 5° etwa 10 Minuten lang und filtriert das ausgeschiedene KNO_3 durch eine Nutsche ab, deckt mit möglichst wenig eiskaltem Wasser und bestimmt die Ausbeute nach der Trocknung des Salzes. Zur Reinigung kristallisiert man das KNO_3 um, bis keine Cl'-Reaktion mit Ag· nachweisbar ist.

Calcium Ca M = 40,08; F. P. 851 ± 1° C[1]; K.P. 1439 ± 5° C[2]; d_{25}^{4} 1,545[3].

Die Darstellung von metallischem Calcium erfolgt am einfachsten auf schmelzelektrolytischem Wege. Man schmilzt nach RUFF und PLATO[4] 100 Teile wasserfreies Calciumchlorid und 16,5 Teile Calciumfluorid in einem Porzellantiegel vor dem Gebläse oder besser in einem geeigneten Ofen (Kryptolofen) ein, gießt die Schmelze auf ein blankes Eisenblech und zerkleinert sie zu einem groben Pulver, das man wohlverschlossen aufbewahrt.

Zur Elektrolyse schmilzt man diese Mischung in einem Sinterkorundtiegel von etwa 5 cm lichter Weite ein, der in einem Wickel- oder Kryptolofen (siehe S. 51) erhitzt wird. Man elektrolysiert bei 800° mit einer Anode aus Retortengraphit von 14 mm □: als Kathode verwendet man einen 2 mm dicken Eisendraht, der unten mit einem 0,4 mm dicken Stahldraht umwickelt ist. Letzterer schaut 2 mm über den dicken Draht hervor; er wird in die Schmelze so eingetaucht, daß der dicke Draht die Oberfläche der letzteren noch nicht berührt. Man elektrolysiert mit 8 Ampere; die Elektrodenspannung beträgt 8 Volt. Als Stromquelle verwendet man 5 Akkumulatoren entsprechender Kapazität oder einen kleinen Umformer.

Das abgeschiedene Calcium schmilzt an dem dünnen Draht zu einer Kugel zusammen. Die dadurch ansteigende Stromstärke wird durch mehr oder minder tiefes Eintauchen der Anode in die Schmelze reguliert. Ist die Kugel groß genug geworden, so zieht man die Kathode aus der Schmelze; die Calciumkugel fällt ab, schwimmt ruhig in der Schmelze und kann mittels einer Stahldrahtöse leicht herausgezogen werden.

Zur Darstellung größerer Mengen benutzt man ein MUTHMANNsches Elektrolysiergefäß[5], [6].

---

[1] A. v. ANTROPOFF, E. FALK, Z. anorg. Ch. **187** (1930), 410.
[2] H. HARTMANN, E. SCHULZ, Z. anorg. Ch. **180** (1929), 279.
[3] W. BILTZ u. W. WAGNER, Z. anorg. Ch. **134** (1924), 1.
[4] O. RUFF u. W. PLATO, Ber. **35** (1902), 3612.
[5] O. RUFF u. W. PLATO, Ber. **35** (1902), 3612.
[6] W. MUTHMANN, Lieb. Ann. **320** (1902), 231.

Das so dargestellte Metall enthält geringe Mengen von Nitrid und Oxyd als Verunreinigungen und muß ebenso wie das im Handel befindliche Calcium durch Hochvakuumdestillation bei Drucken von 0,05 Torr bis 0,001 Torr[1], [2], [3] gereinigt werden.

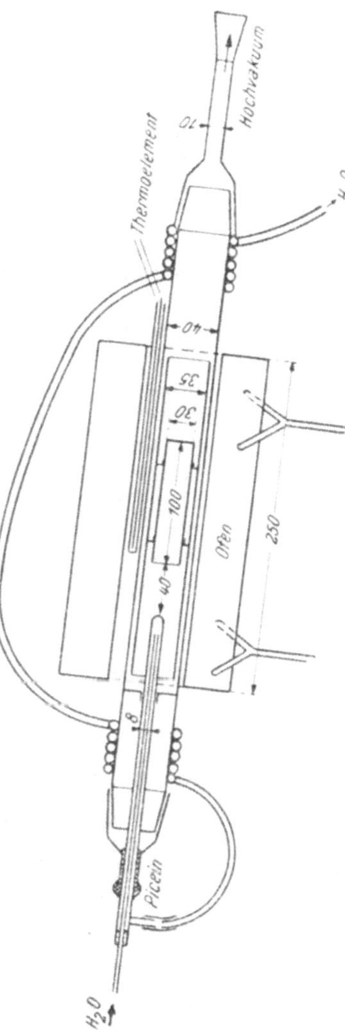

Abb. 204. Destillation von Calcium.

Abb. 204 zeigt den hierzu benötigten Apparat[2], aus dem die Dimensionen zu entnehmen sind. Das Porzellanrohr ist in der Heizzone mit einem 1 mm dicken Nickelrohr ausgekleidet; die zu sublimierende Substanz befindet sich in einem Tiegel aus 1 mm dickem, weichen Stahl oder besser Elektrolyteisen (28 bis 30 mm lichte Weite, 100 mm lang), der durch Halter aus Nickelblech genau zentrisch im Rohr sitzt. Glaskappen sind auf das Porzellanrohr gasdicht aufgeschliffen und mit Picein aufgekittet. Eine Kappe trägt eingekittet ein kühlwasserdurchflossenes, vorn zugeschweißtes, poliertes Stahlrohr von 8 mm Durchmesser, welches zur genauen Zentrierung einen Ring aus Nickelblech aufgeschraubt hat. Die Enden des Porzellanrohres werden, wie aus der Abbildung ersichtlich, mittels wasserdurchflossenen Bleischlangen gekühlt. Der Apparat muß vor der Inbetriebnahme auf tadellose Hoch-

[1] A. Güntz, Ann. Chim. Phys. [8], **10** (1907), 437.
[2] F. W. Dafert u. R. Miklauz, Monatsh. **34** (1913), 1685.
[3] W. Biltz u. G. F. Hüttig, Z. anorg. Ch. **144** (1920), 241.

vakuumdichtigkeit geprüft werden. Die Metallteile müssen *völlig blank* und frei von Oxyd sein. Das Calcium beginnt bei 800° im Vakuum zu destillieren. Man muß die Diffusionspumpe (Ausfrierfalle mit flüssiger Luft) ständig in Betrieb halten, um die von dem Metall okkludierten Gasmengen, die beim Erhitzen frei werden, abzusaugen. Wegen der leichten Entzündlichkeit des sublimierten Calciums an der Luft, sowie seiner leichten Angreifbarkeit durch die Luftfeuchtigkeit, löst man das Metall vom Stahlrohr mittels einer geeigneten Zange in einer *trockenen* CO_2*-Atmosphäre* (P_2O_5) ab.

BILTZ und WAGNER[1] empfehlen, das Metall bei Temperaturen von nicht über 900 bis 910° zu destillieren, da dasselbe bei höheren Temperaturen weniger rein anfällt. Durch mehrmalige Destillation läßt es sich sehr rein erhalten.

Will man das Calcium in kompakte Form bringen, so muß man es umschmelzen[1, 2]. Man stampft 20 bis 25 g destilliertes Reincalcium mittels eines eisernen Pistills in einer CO_2-Atmosphäre in einen zylindrischen Eisentiegel (23 × 75 × 1) aus Mannesmannrohr ein, senkt sodann bis zur Oberfläche des Calciums einen genau in den Tiegel passenden zweiten Eisentiegel ein (Abb. 208, rechts) und verschweißt beide Tiegel in der Höhe des äußeren Tiegelrandes, während der untere Teil des Tiegels, der das Metall enthält, gekühlt wird. Sodann erhitzt man die Vorrichtung 15 Minuten auf 890 bis 900°. Nach dem Erkalten schneidet man den Tiegel auf; das Calcium ist zu einem kompakten Zylinder zusammengeschmolzen, der sich glatt von der Wandung trennen läßt.

Strontium Sr A. 87,63; F.P. 757° C[3]; K.P. 1364° C; d 2,67.

Barium Ba A. 137,36; F.P. 710 ± 2° C[4]; K.P. 1638° C; d 3,74.

Strontium und Barium lassen sich nach GÜNTZ[5] aus ihren Oxyden im Hochvakuum aluminothermisch darstellen und durch Destillation von den Reaktionsprodukten trennen. Man beschickt hiezu die bei der Destillation des Calciums beschriebene Apparatur mit 30 g SrO und 6 g Al-Grieß, bzw. 36 g BaO und 5,5 g Al-Grieß und erhitzt im Hochvakuum, bei Strontium 4 Stunden auf

---

[1] W. BILTZ u. W. WAGNER, l. c.
[2] O. RUFF, H. HARTMANN, Z. anorg. Ch. **121** (1922), 169.
[3] F. WEIBKE, Z. anorg. Ch. **193** (1930), 302.
[4] E. RINCK, C. r. **193** (1931), 1328.
[5] A. GÜNTZ, C. r. **143** (1906), 339. — A. GÜNTZ, Gallist, C. r. **151** (1910), 813. — F. W. DAFERT u. R. MIKLAUZ, l. c. (S. 397). — W. BILTZ u. G. F. HÜTTIG, l. c. (S. 397).

1000 bis 1030°, bei Barium 4 Stunden auf 1050°; die Anheizdauer beträgt 1 Stunde. Es ist besonders darauf zu achten, daß die Oxyde möglichst frei von Hydroxyd sind und besonders, daß das Bariumoxyd[1] kein Peroxyd enthält. Die Ausbeute beträgt etwa 10 g Metall. Strontium und noch mehr Barium sind in feiner Verteilung an der Luft entzündlich und reagieren schnell mit der Feuchtigkeit der Luft, so daß alle Operationen mit diesen Metallen in einer trockenen Ar-Atmosphäre auszuführen sind. Die Metalle lassen sich, wie bei Calcium beschrieben, durch Umschmelzen in eine kompakte Form bringen.

LENARD-Phosphore.

Die Darstellung von phosphoreszierenden Stoffen (Erdalkalisulfidphosphore = BALMAINsche Leuchtmassen; Zinksulfidphosphore = SIDOTsche Blenden, nach ihrem klassischen Erforscher LENARD-Phosphore genannt) hat seit ihrer Entdeckung durch VINCENTIUS CASCIAROLUS (Bologneser Leuchtsteine) das Interesse der Chemiker und Physiker erweckt und ist in theoretischer und praktischer Beziehung von größtem Interesse. (Fernsehtechnik, Erhöhung der Lichtausbeute bei Gasentladungsröhren usw.)

Man unterscheidet zwischen phosphoreszierenden Stoffen mit mehr oder minder langer Abklingdauer der Leuchterscheinung und fluoreszierenden Stoffen mit sehr schnellen Abklingzeiten, ohne jedoch damit einen prinzipiellen Unterschied in dem Mechanismus der Lichtemission auszudrücken.

Im nachstehenden sollen einige Bereitungsvorschriften für möglichst hell phosphoreszierende Präparate gebracht werden.[2]

Bei der Darstellung der Phosphore ist der größte Wert auf *höchste Reinheit* der Reagenzien und Sauberkeit der Darstellungsbedingungen zu legen, da z. B. bei den Zinksulfidphosphoren eine Kupferkonzentration von $6 \cdot 10^{-7}$ g Cu auf 1 g ZnS bereits einen Phosphor ergibt und die Luminiszenzfähigkeit bei einer Konzentration von $5 \cdot 10^{-4}$ g Cu/1 g ZnS wieder erlischt. Man darf deshalb zum Dosieren der Metallsalzlösungen nicht Pipetten verwenden, sondern setzt die Lösungen in Tropffläschchen an und bestimmt das mittlere Tropfengewicht durch Auswägen, so daß man bei bekannter Metallkonzentration genaue Dosierungen vornehmen kann.

Sämtliche Gefäße dürfen *nicht* mit Chromschwefelsäure, son-

---

[1] DANNER, J. Am. Chem. Soc. **46** (1924), 2382.

[2] STÄHLER-TIEDE-RICHTER, Handbuch, Bd. 4, TOMASCHEK: Darstellung und Untersuchung phosphoreszierender Stoffe. S. 327ff.

dern müssen mit Salpetersäure-Schwefelsäure gereinigt und vor Gebrauch 2 Stunden ausgedämpft werden. Man verwende nur Jenaer Glasgeräte. Um den Reinheitsansprüchen zu genügen, muß das destillierte Wasser nochmals aus einer Glasapparatur destilliert werden. Das Ammoniak wird durch Destillation aus käuflichem reinsten Ammoniak und Auffangen in doppelt destilliertem Wasser hergestellt. Reinste Salpetersäure und Salzsäure werden erforderlichenfalls nochmals destilliert und nur die Mittelfraktion verwendet. Kohlensäure wird aus reinstem Marmor und Salpetersäure hergestellt und in mehreren Frittenwaschflaschen mit doppelt destilliertem Wasser gewaschen. Schwefelwasserstoff wird aus Bariumsulfid und verdünnter Salzsäure entwickelt und in mehreren Frittenwaschflaschen mit doppelt destilliertem Wasser gewaschen. Ammoniumkarbonat wird durch Einleiten von reinster Kohlensäure in destilliertes Ammoniak hergestellt. Für die Schmelzmittelzusätze sind die reinsten Handelspräparate im allgemeinen genügend rein.

Ein „Phosphor" besteht aus einem Grundmaterial (CaS, ZnS usw.), einem Schwermetallzusatz (Bi, Sb, Pb, Cu, Mn, Ag, Fe, Ni, Seltene Erden) im Gewichtsverhältnis 10^{-3} bis 10^{-5} zum Grundmaterial sowie einem Schmelzmittel als Mineralisator, dort, wo das Grundmaterial bei der Präparationstemperatur (etwa 1000^0 C) nicht selbst sintert. Röntgenstrukturanalysen haben ergeben, daß alle in diese Kategorie fallenden Phosphore kristallisiert sind. Schwermetallzusatz, Schmelzmittelkonzentration, Glühtemperatur und Glühzeit haben bei jedem Präparat optimale Werte, die genau einzuhalten und aus der tieferstehenden Tabelle zu entnehmen sind. Die Abkühlungsgeschwindigkeit der geglühten Präparate soll möglichst groß sein; wo angängig, pulvert man das noch *fast glühende* Präparat in der Reibschale, um die „Druckzerstörung" der Phosphoreszenzzentren möglichst auszuschalten. Druckzerstörte Proben lassen sich durch Erhitzen auf 300 bis 400^0 ausheilen. Man nimmt an, daß sich die aktivierten Metallatome an freien Zwischengitterplätzen befinden. Aktivierung tritt nur dann ein, wenn der Atomradius des Aktivierungsmetalles kleiner ist als der Atomradius des Metalles des Grundsulfides[1].

Zur Darstellung der *Calciumsulfidphosphore* verwendet man

[1] E. TIEDE, W. SCHIKORE, Ber. **75** (1942), 589. — E. TIEDE, Chem. Ztg. **59** (1935), 105, 127. — E. TIEDE, E. WEISS, Ber. **65** (1932), 364. — E. TIEDE, A. SCHLEEDE, Ber. **53** (1920), 1721. — B. GUDDEN, R. POHL, Z. Phys. **16** (1923), **176**. — A. SCHLEEDE, Z. Phys. **18** (1923), 109. — M. SCHÖN, Z. Phys. **119** (1942), 463.

nach LENARD-KLATT als Ausgangsmaterial reinstes Calciumkarbonat (Karraraer Marmor), das in verdünnter HNO_3 gelöst wird. Die Lösung wird zuletzt zum Sieden erhitzt, bis kein CO_2 mehr entweicht und kochend mit Kalkmilch (aus reinstem CaO und doppelt destilliertem Wasser bereitet) versetzt. Man läßt klären, filtriert durch ein Membranfilter und leitet in das fast zum Sieden erhitzte Filtrat reinstes CO_2 ein, so daß etwas Karbonat ausfällt. Sobald die Lösung nach dem Kochen neutral reagiert, wird sie filtriert (Membranfilter) und das Filtrat in der Kälte mit einer möglichst konzentrierten Lösung von reinstem Ammoniumkarbonat und Ammoniak im Überschuß gefällt. Der Niederschlag wird gut gewaschen und getrocknet. Das Karbonat wird durch Glühen im offenen Prozellantiegel im HEMPEL-Ofen oder über dem Gebläse in Oxyd übergeführt. Man präpariere nicht mehr als 2 bis 3 g Oxyd auf einmal. Die Umwandlung in Oxyd muß möglichst vollständig sein. (Prüfen auf Aufbrausen mit verdünnter Säure.)

Je 1 g Oxyd wird in der Reibschale mit 0,7 g reinstem, aus Schwefelkohlenstoff umkristallisierten Schwefel verrieben, feinst vermischt und in einem bedeckten Quarz- oder Porzellantiegel auf schwache Rotglut erhitzt, bis keine Schwefelflammen mehr sichtbar sind. Die so erhaltene pulverige Masse bildet das Ausgangsmaterial zur Herstellung des Phosphors.

Die abgewogene Menge (2 bis 3 g) des Grundmaterials wird zunächst in der Reibschale mit der abgewogenen Menge Schmelzmittel innig verrieben. Dann drückt man mit dem Pistill eine kleine Grube in die Masse, tropft die nötige Anzahl Tropfen der Metallösung ein und verreibt neuerlich sorgfältig. Die Masse wird in einem Porzellantiegel im Ofen geglüht, glühend herausgenommen, heiß (zur Vermeidung von Druckzerstörung) in der Reibschale vorsichtig zerdrückt und sofort in ein Glasrohr eingeschmolzen, das zuvor unter Durchleiten eines mit P_2O_5 getrockneten Luftstromes fast bis zum Erweichen erhitzt wurde.

Die *Strontiumsulfid-* und *Bariumsulfidphosphore* stellt man analog her, wobei man das Ausgangsmaterial, infolge der um eine Zehnerpotenz höheren Schwermetallempfindlichkeit, besser reinigen muß:

Aus der siedenden, fast gesättigten Nitratlösung ($Sr(NO_3)_2$ L_{100} 101,2; $Ba(NO_3)_2$ L_{100} 34,3) werden die Schwermetalle durch Einleiten von reinstem H_2S gefällt. Nach dem Filtrieren (Membranfilter) wird der noch heißen Lösung etwas $Sr(OH)_2$, bzw. $Ba(OH)_2$-Lösung zugesetzt, neuerlich filtriert und in das Filtrat bei 80° so lange reinstes CO_2 eingeleitet, bis die Lösung neutral reagiert.

Man erhitzt zum Sieden, filtriert und fällt aus dem Filtrat das Karbonat, wie bei Ca beschrieben.

Zur Darstellung des Rohsulfides wird 1 g Strontiumkarbonat mit 0,4 g Schwefel innigst gemischt und über dem Bunsenbrenner im bedeckten Tiegel mäßig erhitzt. Die weitere Präparation erfolgt nach der Tabelle. Die SrS-Phosphore müssen womöglich noch glühend in der Reibschale zerdrückt und sofort eingeschmolzen werden.

Zur Darstellung der *Bariumsulfidphosphore* erhitzt man 1 g Bariumkarbonat mit 0,225 g Schwefel; längeres und höheres Glühen als bei der Herstellung des Strontiumsulfides ist erforderlich. Da die Bariumphosphore das Tiegelmaterial stark angreifen, stellt man die zu glühende Masse in Form einer Pille auf eine Schicht reinsten Bariumkarbonates, das den Tiegelboden bedeckt.

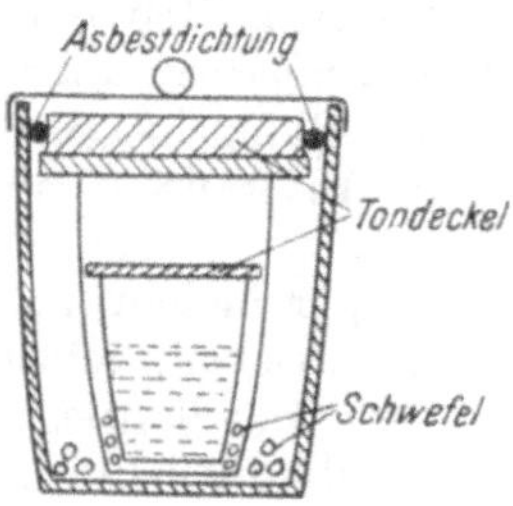

Abb. 205. Glühen von SIDOTscher Blende.

Zur Darstellung der *Magnesiumsulfidphosphore*[1] wird eine Lösung reinsten käuflichen Magnesiumsulfates, in der gleichen Weise wie bei Zink beschrieben, mit Schwefelwasserstoff behandelt und elektrolysiert, eventuell umkristallisiert und als Sulfat zur Präparation verwendet. Hierzu wird es in einer Porzellanschale vorsichtig entwässert, mit der vorgeschriebenen Menge der Schwermetallösung innigst verrieben und in einem unglasierten Porzellan- oder Quarzschiffchen in einem Porzellanrohr zunächst in einem sauerstofffreien, trockenen Stickstoffstrom bei 700° C entwässert und sodann in einem Stickstoff-Schwefelkohlenstoff-Strom 15 Minuten bei 1000 bis 1050° C geglüht[2]. Es wird dann noch einige Minuten bei hoher Temperatur im Stickstoffstrom belassen und durch Verschieben des Ofens beschleunigt abgekühlt und sofort eingeschmolzen.

Während die bisher beschriebenen Phosphore nicht luftbeständig sind, sind die *Zinksulfidphosphore* (SIDOTsche Blenden) luftbeständig und durch sehr helle Phosphoreszenz ausgezeichnet.

Zu ihrer Herstellung wird reinstes Zinksulfat (eventuell aus Zn „Kahlbaum" hergestellt) in etwa der fünffachen Menge Wasser gelöst und nach Versetzen mit Ammoniak Schwefelwasserstoff

---

[1] E. TIEDE, Ber. **49** (1916), 1745.

[2] E. TIEDE, F. RICHTER, Ber. **55** (1922), 69; dort Apparatur. — E. TIEDE, A. SCHLEEDE, Ann. Phys. [4], **67** (1922), 573.

eingeleitet, bis eine mäßige Trübung entstanden ist. Man filtriert durch ein Membranfilter; der Niederschlag darf nicht mit der Luft in Berührung kommen. Das Filtrat elektrolysiert man 48 Stunden mit einer Spannung von 2 Volt (1 Akkumulator) zwischen reinsten Platinelektroden. Nach der Elektrolyse werden beide Elektroden gemeinsam aus der Lösung herausgehoben und das Zink aus der ammoniakalischen Lösung durch Einleiten von reinstem Schwefelwasserstoff als Sulfid gefällt.

Die Präparation des Sulfides erfolgt in gleicher Weise wie bei den Erdalkaliphosphoren beschrieben. Beim Glühen hat man jedoch Sorge zu tragen, daß das Zinksulfid nicht abröstet. Man verwendet deshalb die in Abb. 205 gezeichnete Tiegelanordnung: das Sulfidgemisch befindet sich in einem Quarz- oder Porzellan-

Tabelle 34.

Phosphor	g Metall lg Sulfid	Schmelzmittel	Glühtemperatur °C	Glühdauer
CaS Ni[1], rot	0,000015	0,08 CaF_2	höchste Temperatur des Hempelofens	30 Min.
CaS Bi[1], blau	0,00024 Sulfat oder Nitrat	0,05 Na_2SO_4 + 0,03 $Na_2B_4O_7$ sicc + 0,02 CaF_2	helle Rotglut	25 Min.
CaS Sm[2], rötlichgelb	0,0003	0,04 NaF + +0,02 K_2SO_4 + 0 2 S	helle Gelbglut	20 Min.
SrS Bi[1], grün	0,00012	0,05 $Na_2B_4O_7$ + + 0,012 CaF_2	mäßig, nach 3 Min. zerreiben, dann noch 12 Min. glühen	3+12 Min
SrS Pb[1], goldgelb	0,00010	0,025 Na_2SO_4+ + 0,01 NaF	hohe Temperatur 10 Min. glühen, dann zerreiben, S zusetzen und weitere 6 Min. glühen	10+6 Min.
BaS Cu[1], orangerot	0,00008	0,017 Li_3PO_4	mäßig	15 Min.
MgS Bi[3], violett	0,0024 als Subnitrat		1000—1050	15 Min.
MgS Sb[3], zitronengelb	0,0001 als Brechweinsteinlösung		1000—1050	25 Min.
ZnS Mn, gelbrot	0,002	0,02 CaF_2+0,03 KCl	1100—1300	30 Min.
ZnS Cu[4], grün	0,0001	0,03 MgF_2 + 0,03 NaCl	1000	100 Min.
ZnS Cu[1], grün	0,0001	0,01 MgF_2 + 0,02 NaCl	1000	60 Min.

[1] P. LENARD, V. KLATT, Ann. Phys. [4], **15** (1904), 658.
[2] R. TOMASCHEK, Ann. Phys. [4], **75** (1924), 109.
[3] E. TIEDE, A. SCHLEEDE, Ann. Phys. [4], **67** (1922), 573.
[4] E. TIEDE, Chem. Ztg. **59** (1935), 105, 127.

tiegel, der in einem etwas höheren ROSE-Tiegel steht, der sich seinerseits in einem Graphittiegel befindet. In die Zwischenräume werden einige Stücke reinsten Schwefels gegeben. Die Tiegel sind mit Tonplatten verschlossen, die Rinne zwischen dem Graphittiegel und der obersten Tonplatte wird mit einer Asbestschnur gedichtet und das Ganze mit einem Porzellandeckel bedeckt. Nach dem Glühen wird der Graphittiegel noch heiß aus dem Ofen genommen, der Porzellandeckel entfernt, auf den obersten Tondeckel einige Stücke Schwefel geschüttet, mit einem kalten Porzellandeckel bedeckt und möglichst rasch erkalten gelassen.

Tab. 34 (S. 403) gibt einige Präpariervorschriften.

Bariumhypophosphit[1] $Ba(H_2PO_2)_2 \cdot H_2O$ M = 285,37.

Man erhitzt in einem Rundkolben eine Lösung von 120 g kristallisiertem Bariumhydroxyd in 1200 ccm Wasser mit 30 g gelbem Phosphor, nachdem man vorher die Luft aus dem Kolben mit Wasserstoff vollkommen verdrängt hat. Bei der Reaktion $8\,P + 3\,Ba(OH)_2 + 6\,H_2O = 3\,Ba(H_2PO_2)_2 + 2\,PH_3$ entsteht neben dem PH_3 selbstentzündlicher Phosphorwasserstoff P_2H_4. Man leitet die Gase deshalb durch ein Gasentbindungsrohr in eine mit Wasser gefüllte Schale. Die Gase steigen in Blasen auf und entzünden sich an der Luft. Der Apparat muß wegen der Geruchsbelästigung in einem gut ziehenden Abzug aufgebaut werden. Nach etwa vier Stunden ist fast aller Phosphor verschwunden; man läßt unter Durchleiten von Wasserstoff erkalten, wobei die Phosphorwasserstoffe aus dem Kolben ausgetrieben werden, filtriert durch ein großes Faltenfilter, erhitzt das Filtrat und leitet in dieses Kohlendioxyd ein, bis das überschüssige Bariumhydroxyd ausgefällt ist. Sodann filtriert man, wäscht den Rückstand mit siedendem Wasser aus und engt die Filtrate auf die Hälfte ein, filtriert nochmals und dampft zuletzt in einem Becherglase bis zur beginnenden Kristallbildung ein und läßt, nach Zusatz von etwas Alkohol, kristallisieren. Neuerliches Eindampfen der Mutterlauge gibt eine zweite Fraktion. Die Rohprodukte werden vereinigt und nochmals aus heißem Wasser umkristallisiert. Die Ausbeute beträgt 40 bis 60 g perlmutterglänzende Blättchen. Beim Erhitzen auf 100° C verliert das Bariumhypophosphit sein Kristallwasser; bei höherem Erhitzen unter Luftausschluß zersetzt es sich unter Abgabe von Wasser, Phosphor und selbstentzündlichem Phosphorwasserstoff.

---

[1] P. L. DULONG, Ann. chim. Phys. **2** (1816), 141. — H. u. W. BILTZ, Übungsbeispiele.

Hypophosphite sind starke Reduktionsmittel, die Silber- und Goldlösungen bei schwachem Erwärmen zu Metall reduzieren.

Bariumthiokarbonat[1] **$BaCS_3$** M = 245,55; L_{20} 1,5.

Man löst 32 g kristallisiertes Bariumhydroxyd in 100 g warmem Wasser, filtriert vom Bariumkarbonat durch ein Asbestpolster ab und sättigt die Hälfte der Lösung in einer heizbaren Schüttelente o. dgl. bei etwa 50 bis 70° C mit Schwefelwasserstoff. Das so bereitete $Ba(SH)_2$ wird mit der zweiten Hälfte der warmen Barytlauge gemischt (eventuell filtriert) und mit 8 g CS_2 geschüttelt. Es fällt $BaCS_3$ als gelbes Kristallpulver aus, das abgesaugt, mit verdünntem Alkohol, dann mit reinem Alkohol gewaschen und im Vakuumexsikkator getrocknet wird. Aus der Mutterlauge fällt durch Alkoholzusatz eine weitere Menge von Bariumthiokarbonat aus. Man erhält *nur* bei entsprechendem Sättigen der Barytlauge mit Schwefelwasserstoff gute Ausbeuten. Ausbeute 12 bis 15 g (das sind 50 bis 65% der Theorie).

Aluminium Al A = 26,97; F.P. 659° C; K.P. 2500° C; d 2,69.

Man elektrolysiert eine Lösung von Aluminiumoxyd in geschmolzenem Kryolith, wozu man bei dem tieferstehend beschriebenen Apparatdimensionen etwa 200 Ampere bei 14 bis 16 Volt benötigt. Zwischen Anode und Kathode herrscht, bei richtig geleiteter Elektrolyse, eine Spannung von etwa 8 Volt, die stark ansteigt, bzw. die Stromstärke fällt stark ab, sobald das Bad an Al_2O_3 verarmt. Erzwingt man durch Steigerung der Spannung die ursprüngliche hohe Stromstärke, so tritt der sogenannte Anodeneffekt auf, indem sich die Anode mit einer Gashülle umgibt und in dieser zahlreiche kleine Lichtbögen auftreten. Durch Zugabe von Al_2O_3 zum Bade und durch kurze Stromunterbrechung kann man diesen Fehler beseitigen. Man muß das Al_2O_3 *allmählich* zum Kryolithbad, das lediglich als Lösungsmittel dient, zusetzen. Entsprechend der Reaktionsgleichung $Al^{\cdot\cdot\cdot} + 3\,e = Al$ benötigt man theoretisch für 27 g Aluminium 86 Ah; bei den kleinen Dimensionen des Laboratoriumversuches kann man höchstens mit einer 50%igen Stromausbeute rechnen. An der Anode wird Sauerstoff frei, der mit dem Elektrodengraphit unter Kohlenoxydbildung reagiert; es ist ein Zeichen des richtigen Verlaufes des Versuches, wenn man an der Anode beständig einen Kranz von Kohlenoxydflämmchen aufleuchten sieht.

[1] H. u. W. Biltz, Übungsbeispiele.

Als *Elektrolysiergefäß* verwendet man einen Reinkohletiegel von etwa 8 cm oberer lichter Weite und 8 bis 10 cm lichter Höhe, 2 cm Wandstärke, der in dem Kohleblock des Lichtbogenofens, Abb. 29 sitzt und mit Quarzsand thermisch isoliert ist. Der Tiegel wird als Kathode gestaltet; eine 32 mm starke Graphitelektrode dient als Anode.

Um den Kryolith einzuschmelzen, klemmt man zwischen Tiegelboden und Graphitelektrode ein Graphitstäbchen von etwa 4 bis 5 mm Durchmesser und 25 mm Länge und erhitzt dieses durch einen Strom von 200 bis 300 A auf Weißglut. Sehr bequem ist es, das Einschmelzen mittels niedergespannten Wechselstrom, den man einem TAMMANN-Ofentransformator entnimmt, vorzunehmen und mittels eines doppelpoligen, entsprechend dimensionierten Umschalters zur Elektrolyse auf Maschinenstrom umzuschalten.

Man schmilzt Kryolith unter Bedeckthalten des Glühstäbchens solange ein, bis der Tiegel zu drei Vierteln mit der Schmelze gefüllt ist, gibt sodann 10 g Al_2O_3 zu, das man mit einem Graphitstäbchen gut einrührt. Eventuell kann man den Kryolith auch im Lichtbogen einschmelzen, doch sind die Verdampfungsverluste erheblich, so daß dieses Verfahren nicht empfohlen werden kann. Ist alles im Fluß, so wird die Anode etwas herausgeschraubt, wodurch das Widerstandsstäbchen nach oben steigt und mittels einer Tiegelzange entfernt wird. Man schaltet nun auf Gleichstrom um und führt die Elektrolyse mit 200 A durch, wobei man alle 10 Minuten 10 g Al_2O_3 in den Elektrolyten gut einrührt.

Nach $1\frac{1}{2}$ Stunden unterbricht man den Versuch und läßt die Schmelze erkalten, nimmt sodann die Masse aus dem Tiegel und isoliert das Aluminium. Zur Bestimmung der Stromausbeute liest man die Stromstärke alle 5 Minuten ab und nimmt das Mittel, das man mit der Versuchsdauer (in Stunden) multipliziert.

THÉNARDS Blau Kobaltblau, Königsblau.

Man erhitzt nach VANINO und WAGNER[1] ein inniges Gemisch von 25 T. Ammoniakalaun und 2,5 T. Kobaltsulfat in einem gut ziehenden RÖSSLER-Ofen während 15 bis 30 Minuten.

Es resultiert eine tiefblaue Masse von $CoAl_2O_4$ („Normalfarbe"), die weder von Wasser noch von verdünnten Säuren und Laugen angegriffen wird.

[1] L. VANINO, H. WAGNER, Chem. Ztg. **35** (1911), 497.

Kaliumaluminiumalaun $KAl(SO_4)_2 \cdot 12 H_2O$ M = 474,38; F.P. 90—92° C; d^{15}_{20} 1,757; L_0 2,96, L 6,01 L_{80} 43.

Man mischt Lösungen von Aluminiumsulfat und Kaliumsulfat in stöchiometrischen Verhältnissen und solchen Konzentrationen, daß eine heißgesättigte Lösung von Alaun entsteht, und läßt diese durch Abkühlen kristallisieren. Man löst zum Beispiel 66,7 g (= 1/10 Mol) $Al_2(SO_4)_3 \cdot 18 H_2O$ in 50 ccm heißem Wasser und setzt bei 80° eine Lösung von 17,4 g (= 1/10 Mol) K_2SO_4 in 100 ccm Wasser zu und läßt kristallisieren. Impfen! Durch Kristallzüchtung (Abkühlungsverfahren und Verdunstungsverfahren) lassen sich sehr schöne Oktaeder oder Kombinationsformen des Oktaeders mit Würfel- und Rhombendodekaederflächen züchten. Die Kristalltracht kann durch Lösungsgenossen wesentlich verändert werden. So entstehen Würfel („römischer Alaun") bei Gegenwart von $Ca(OH)_2$; Cu, Zn, Mg, Al als Sulfate usw.

Die Annahme der Konstitution als $[Al(H_2O)_{12}] \cdot (SO_4)_2K$[1], nach welcher das Hydratwasser räumlich gleichartig gelagert ist, steht im Widerspruch mit Röntgenstrukturuntersuchungen. Nach diesen wird den Alaunen die Formel $[Al(H_2O)_6] SO_4 \cdot K \cdot 6 H_2O$ zuerkannt; die bei der Entwässerung leichter abgebbaren 6 Molekel H_2O[2] sind oktaedrisch um das K in sehr weitem Abstand (sehr lose Bindung) angeordnet[3] („Gitterwasser"). In den Alaunen kann das einwertige Metall durch Na, K, Rb, Cs, NH_4, Tl, das dreiwertige Metall durch Ti, V, Cr, Mn, Fe, Co, Al, Ga, In, Rh ersetzt werden.

Titantetrachlorid $TiCl_4$[4] M = 189,73; F. P. — 25° C[5]; K.P. 135,7° C; d 1,726.

Man formt aus vier Teilen TiO_2 (Rutil) und einem Teil Ruß, die in der Kugelmühle zur Staubfeinheit gemahlen und innigst gemischt wurden, mittels einer Lösung von venezianischem Terpentin in Terpentinöl, Kugeln von Haselnußgröße, die man unter einer Decke von Ruß glüht und heiß im Exsikkator erkalten läßt. Man erhitzt die Kugeln in einem weiten (3 cm) Porzellan-

[1] P. Pfeiffer, Z. anorg. Ch. **105** (1919), 30.
[2] F. Krauss, A. Fricke, H. Querengässer, Z. anorg. Ch. **181** (1929), 45.
[3] C. A. Beevers und H. Lipson, Proc. Roy. Soc. A **148** (1935), 664.
[4] Pierre, Ann. Chim. Phys. [3], **20** (1907), 485.
[5] W. Biltz, A. Sapper, K. Wünnenberg, Z. anorg. Ch. **162** (1927), 33.

rohr in einem trockenen, reinen Chlorstrom auf 800 bis 1000° und kondensiert die Dämpfe in einer eiswassergekühlten Vorlage, die mittels $CaCl_2$ gegen den Eintritt von Feuchtigkeit geschützt ist. Man halte die Rutil-Kohle-Kugeln nicht mit Asbestpfropfen zusammen, da sich sonst nur Unzuträglichkeiten durch Verstopfungen zeigen. Wesentlich bessere Ausbeuten erhält man durch Chlorieren von gepulvertem käuflichen Ferrotitan bei 400 bis 500° C. Das Ferrotitan wird bis zur Erschöpfung unter öfterem Zerreiben mit verdünnter Salzsäure ausgezogen, hernach getrocknet und chloriert[1]. Sehr gute Ausbeuten erhält man durch Chlorieren von Titancarbid bei etwa 600° C[2].

Das Carbid stellt man durch Zusammenschmelzen von 500 g gepulvertem Rutil und 200 g Zuckerkohle bei 200 bis 250 A, 35 V im elektrischen Lichtbogenofen her (vgl. S. 333). Die Schmelzdauer beträgt für die angegebene Menge etwa 25 bis 30 Minuten. TiC schmilzt bei 3137° C[3].

Das $TiCl_4$-Rohprodukt wird durch einen trockenen Asbestpolster filtriert, um die Hauptmenge des Eisenchlorides zurückzuhalten; dann wird destilliert, sodann mit Quecksilber geschüttelt (siehe $SiCl_4$, BCl_3) um das überschüssige Chlor zu binden, dann 48 Stunden mit wenig Na-Amalgam unter öfterem Schütteln stehengelassen, um Vanadin zu entfernen. Schließlich wird es aus einer Destillierkolonne mit Verschluß, nach Abb. 123, destilliert und die Hauptfraktion abgetrennt, sobald sich im Destillat keinerlei Trübung zeigt. Die Apparaturteile müssen aneinandergeschmolzen sein; die Apparatur muß im CO_2-Strom peinlichst getrocknet und durch $CaCl_2$-Röhren gegen das Rücksteigen von Flüssigkeit geschützt sein. In reinem Zustand ist $TiCl_4$ eine vollkommen farblose Flüssigkeit, die sich durch Spuren von Feuchtigkeit unter Abscheidung von $TiO_2 \cdot x\, H_2O$ trübt.

Titantrichlorid $TiCl_3$ M = 154,27.

Man erhitzt ein Gemisch von Titantetrachloriddampf und Wasserstoff in einer „heiß-kalten" Röhre (Saint-Claire-Deville): das $TiCl_3$ setzt sich dann an der gekühlten Rohrwandung ab. Man verwendet dazu den in Abb. 206 gezeichneten Apparat[4]:

---

[1] E. Vigoureux, G. Arrivant, C. r. **144** (1907), 485. — D. Lely jr., L. Hamburger, Z. anorg. Ch. **87** (1914), 209.

[2] A. Stähler, Ber. **38** (1905), 2619.

[3] C. Agte u. K. Moers, Z. techn. Phys. **11** (1930), 182.

[4] H. Goerges, A. Stähler, Ber. **42** (1909), 3200. — A. Stähler, F. Bachran, Ber. **44** (1911), 2906. — Young, Schumb, J. Am. Chem. Soc. **72** (1930), 4233.

In der Mitte eines Quarzrohres 60×1,8 cm befindet sich, auf ein Porzellanrohr aufgewickelt, eine 10 cm lange Heizspirale aus Kanthal oder Megapyrband etwa 2×0,1 mm. Ein 50 cm langer Glasmantel von 6 cm ∅ (Duranglas) wird mittels Schlauchstückchen am Quarzrohr befestigt; in gleicher Weise wird ein Kühlermantel von 8 cm Durchmesser am Glasrohr befestigt. Die Schlauchstücke können eventuell durch Bestreichen mit Cellitlösung gedichtet werden. Ein Thermoelement, das sich im Innern des Porzellanrohres befindet, auf welchem die Heizspirale

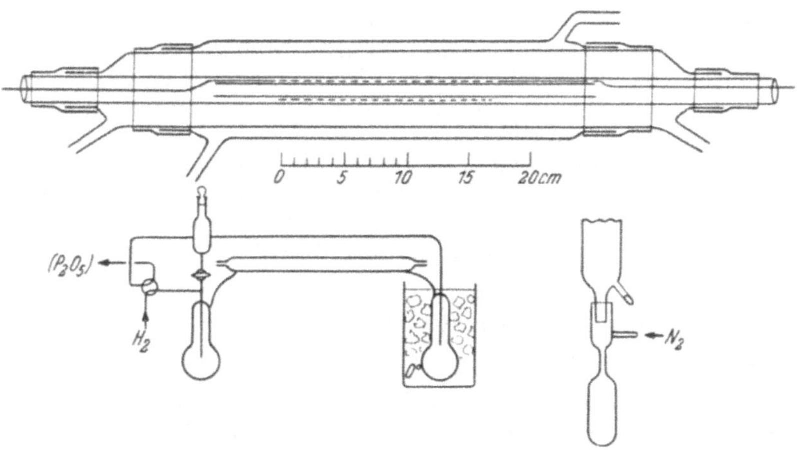

Abb. 206. Darstellung von Titantrichlorid.

aufgewickelt ist, gestattet die Temperaturkontrolle. (Zur Vereinfachung in Abb. 206 fortgelassen.)

Nachdem der Apparat zusammengesetzt und nach der Apparaturskizze mit zwei verblasenen Waschflaschen verbunden ist, wird er mit trockenem Wasserstoff (Platinasbest, 400°, H_2SO_4, P_2O_5) gefüllt und durch mehrmaliges schwaches Anheizen getrocknet. (Achtung auf Knallgas!) Sodann beschickt man das linke Kölbchen mit Titantetrachlorid, erhitzt die Heizspirale auf 1100 bis 1200° C und schickt einen, mit Titantetrachloriddampf (Einstellen des linken Kölbchens in 50 bis 60° heißes Wasser) beladenen, Wasserstoffstrom durch den Apparat. Man stellt die Wasserstoffgeschwindigkeit so ein, daß sich noch etwas $TiCl_4$ in der rechten, eisgekühlten Vorlage kondensiert. Hat man alles $TiCl_4$ überdestilliert, so schaltet man den Vierweghahn um und setzt in gleicher Weise den Rest des $TiCl_4$ um. Schließlich läßt man im Wasserstoffstrom erkalten, verdrängt diesen durch trockenen Stickstoff (nicht CO_2, weil dieses beim Auseinandernehmen wegfließt, so daß die feuchte Luft nachströmen kann) und stößt die prachtvoll tiefvioletten, sehr hygroskopischen Kristallschuppen mit einem vorbereiteten spatelförmig zugeschliffenen Eisendraht (3 mm ∅) in ein ebenfalls bereitgehaltenes, sorgfältig getrocknetes Abschmelzgefäß[1].

Titandichlorid $TiCl_2$[2] M = 118,81.

Erhitzt man Titantrichlorid im Wasserstoffstrom auf 600 bis 700° C, so findet Disproportionierung nach $2\,TiCl_3 \rightleftharpoons TiCl_2 + TiCl_4$ statt[3]. Das erhaltene schwarze Produkt ist durch geringe Mengen von metallischem Titan verunreinigt und entzündet sich bei direktem Herausnehmen aus der Wasserstoffatmosphäre an der Luft unter explosionsartiger Verpuffung.

Die Lösung des $TiCl_2$ in verdünnter HCl ist farblos und wird an der Luft braun — violett — schließlich wieder farblos. Das $TiCl_2$ disproportioniert sich bei 800 bis 850° im Vakuum nach $2\,TiCl_2 \rightarrow Ti + TiCl_4$ in metallisches Titan und Titantetrachlorid.

Titantetrabromid $TiBr_4$ M = 367,58; F. P. +39° C; K. P. 230° C;

Titantetrajodid TiJ_4[2,4] M = 555,58; F. P. + 150° C.

Zur Darstellung dieser beiden Verbindungen benutzt man am besten die Reaktion $TiCl_4 + 4\,HX = TiX_4 + 4\,HCl$[5], indem man zu dem mit Kohlensäureschnee gekühlten Titantetrachlorid Halogenwasserstoff zudestilliert. Man bedient sich hierzu zweckmäßig der in Abb. 207 dargestellten Apparatur[6], kondensiert in A den Halogenwasserstoff mit Kohlensäureschnee-Spiritus-Kühlung, destilliert denselben sodann bei geschlossenem Hahn H_1 nach B (das Gefäß soll zu einem Drittel bis Viertel gefüllt sein), sprengt E ab und füllt $TiCl_4$ in A ein; schmilzt bei E wieder zu und destilliert das $TiCl_4$ zu dem mit Kohlensäureschnee-Spiritus

---

[1] In analoger Weise kann man $TiBr_4$ und $TiBr_3$ darstellen: W. C. FERNELIUS Inorganic Syntheses Vol II, S. 114 116.

[2] Vgl. O. RUFF, F. NEUMANN, Z. anorg. Ch. **128** (1923), 81.

[3] FRIEDEL u. GUÉRIN, Jahresbericht 1875, 201. — H. GOERGES, A. STÄHLER, l. c. — A. STÄHLER, F. BACHRAN, l. c. S. 408.

[4] HAUTEFEUILLE, Bull. Soc. Chim. [2], **7** (1867), 202.

[5] W. BILTZ, E. KUENECKE, Z. anorg. Ch. **147** (1925), 179. — OLSEN, Ryan J. Am. Chem. Soc. **57** (1932) 2215.

[6] W. KLEMM, W. TILK, S. v. MÜLLENHEIM, Z. anorg. Ch **176**. (1928), 15.

gekühlten Halogenwasserstoff. Es tritt eine anfangs heftige Reaktion ein, wobei Ströme von HCl bei H_2 entweichen. Man kühlt C mit Kohlensäureschnee, um mit destillierenden HBr (HJ) zu kondensieren. Durch zeitweises Wegnehmen der Kühlflüssigkeit in B sorgt man dafür, daß die Umsetzung möglichst vollständig erfolgt. Sodann läßt man auf Zimmertemperatur erwärmen und wiederholt das Kondensieren und Vermischen mit HBr (HJ) mehrere Male. Schließlich schmilzt man das tiefgekühlte Gefäß B mit dem Rohprodukt bei a an eine Vakuumdestillationsapparatur

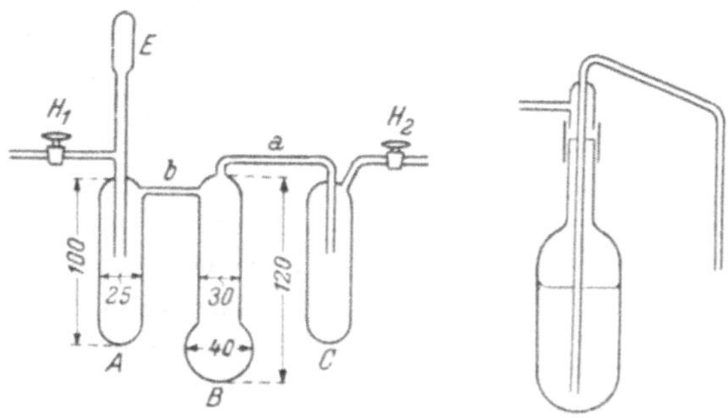

Abb. 207. Darstellung von Titantetrabromid.

an, und schmilzt bei b ab. Man destilliert bei dem Vakuum einer Ölpumpe (P_2O_5-Rohr, mit flüssiger Luft gekühltes A-Kohlegefäß zwischen Pumpe und Apparatur); infolge der großen Differenzen der Siedepunkte sind die Präparate leicht rein zu erhalten. Selbstverständlich müssen alle Apparaturteile vor den Versuchen peinlichst getrocknet werden.

$TiBr_4$ ist eine bernsteingelbe, TiJ_4 eine metallisch rotbraun glänzende, kristalline Masse, deren Dampf orangefarben ist.

Zirkonium Zr

A = 91,22; F. P. 1857° C[2]; K.P. > 2900° C; d 6,5.

Die Reindarstellung der Metalle Ti, Zr, Th, U gehört zu den schwierigsten Aufgaben der präparativen anorganischen Chemie. Durch die Arbeiten von LELY und HAMBURGER[1] und vor allem von VAN ARKEL und DE BOER[2, 3], sind diese Metalle leichter zugänglich geworden, obschon die Darstellung immer noch ein erhebliches experimentelles Geschick voraussetzt. Die Darstellung von Zirkonium sei im einzelnen beschrieben.

[1] D. LELY jr., L. HAMBURGER, Z. anorg. Ch. **87** (1914), 209.
[2] J. H. DE BOER, J. D. FAST, Z. anorg. Ch. **187** (1930), 179.
[3] A. E. VAN ARKEL, J. H. DE BOER, Z. anorg. Ch. **148** (1925), 345.

Durch das Reduktionsverfahren von LELY und HAMBURGER erhält man praktisch reine Metallflitter, die durch den Darstellungs- und Reinigungsprozeß oberflächlich mit Oxyd- oder Nitridhäuten umgeben sind[1]. Dieses Rohmetall dient als Ausgangsmaterial zur Darstellung nach VAN ARKEL und DE BOER, bei welcher völlig reines Metall im Hochvakuum durch thermische Zersetzung von ZrJ_4-Dampf an einem glühenden W-Draht gewonnen wird. Das Metall wächst in Form einzelner Einkristalle auf dem Draht auf. Voraussetzung für das Verfahren ist, daß ein Temperaturgebiet existiert, in welchem der Dampfdruck des Metalles kleiner ist als der Metallpartialdruck in der Gasphase der Metallverbindung.

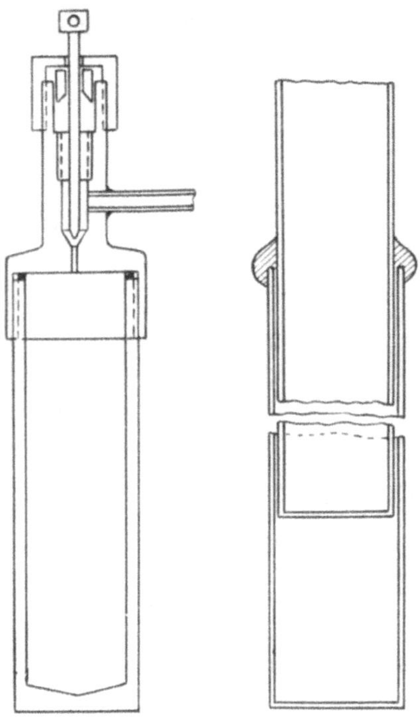

Abb. 208. Darstellung von Zirkonium.

Zirkonium nach LELY und HAMBURGER[2].

Man reduziert *stückig sublimiertes* Zirkoniumtetrachlorid (siehe dieses) in einer Eisenbombe mit einem 25%igen Überschuß an *destilliertem* Natrium, entsprechend der Reaktionsgleichung $ZrCl_4 + 4\,Na \rightarrow Zr + 4\,NaCl$. Das $ZrCl_4$ wird durch Schütteln in einer starkwandigen Flasche in kleine Stückchen zerbrochen und diese werden mit Scheiben von destilliertem Natrium[3] (unter Toluol geschnitten und toluolfeucht verwendet) schichtweise mit einem genau passenden Eisenstößel in die Reaktionsbombe, Abb. 208, eingefüllt, evakuiert und unter dauerndem Evakuieren auf etwa 100° C erhitzt, um die Tolulodämpfe völlig zu entfernen. Dann wird die Bombe geschlossen

[1] A. E. VAN ARKEL, J. H. DE BOER, Z. anorg. Ch. 148 (1925), 345.
[2] D. LELY jr., L. HAMBURGER, Z. anorg. Ch. 87 (1914), 209.
[3] Destillation im Apparat Abb. 204, S. 397. Das Na wird unter Paraffinöl in einem Glasrohr umgeschmolzen, so daß der Querschnitt des entstehenden Zylinders genau in die Bombe hineinpaßt.

und in einem elektrischen Ofen auf 500° C erhitzt. Das erkaltete Reaktionsprodukt behandelt man zunächst mit Alkohol, um den Überschuß des Na zu zersetzen, sodann mit Wasser, um das NaCl aus dem Reaktionsprodukt zu entfernen, kocht schließlich mit HCl, wäscht mit Wasser, Alkohol, Äther und trocknet im Vakuumexsikkator. Zur Umsetzung größerer Substanzmengen bedienen sich DE BOER und FAST[1] einer Anordnung von zwei ineinandergesteckten Tiegeln aus Mannesmannrohr, die nach der Beschickung miteinander verschweißt (siehe Umschmelzen von Ca, S. 398) und zur Umsetzung auf 850° C erhitzt werden.

Zirkonium nach VAN ARKEL und DE BOER[1,2]. In einem Pyrexglasgefäß, Abb. 209, sind zwei W-Stäbe von 6 mm Durchmesser eingeschmolzen, die als Stromzuführungen zu dem 0,04 mm dicken Wolframdraht W dienen. Um die Wärmeableitung durch die dicken Wolframstäbe möglichst unwirksam zu machen, werden zwischen dem Glühdraht und den Stromzuführungen einige Übergangsstücke aus stufenweise dünneren Wolframdrähten eingeschaltet. Als Folge verwendet man einen Drahtring aus 1 mm dickem Wolframdraht, der in dem geschlitzten Stromzuführungsdraht befestigt ist; dieser trägt verdrillt einen Wolframdrahtring von 0,2 mm Drahtdurchmesser und an letzterem ist der Heizdraht befestigt. Die Anbringung dieser Übergangsstücke ist für den richtigen Verlauf des Versuches entscheidend, da andernfalls der Heizdraht an den Übergängen zu den Stromzuleitungen während des Versuches abbricht.

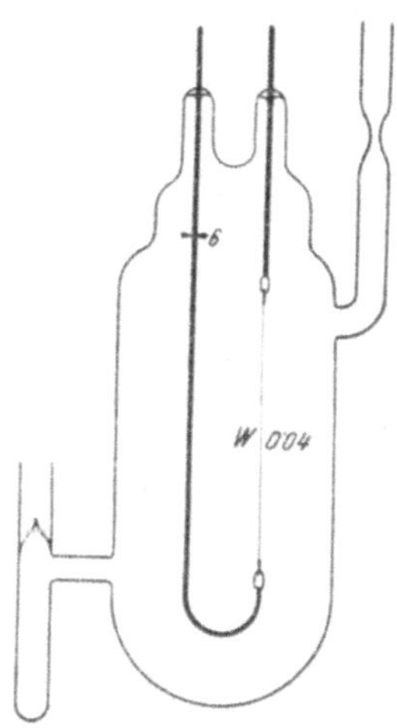

Abb. 209. Darstellung von Zirkonium.

Man füllt durch den linken Ansatzstutzen Zirkonium nach LELY und HAMBURGER in das große Gefäß und beschickt den Ansatzstutzen selbst mit etwa 1 g Jod, das wochenlang über P_2O_5 getrocknet wurde. Diese Jodmenge genügt, um eine große Zirkonmenge umzusetzen, da das Jod bei der Reaktion nicht verbraucht wird. Nachdem der Apparat auf Hochvakuum evakuiert wurde, wird das Zirkonium zur Entgasung auf etwa

[1] J. H. DE BOER, J. D. FAST, Z. anorg. Ch. **153** (1926), 1. — J. D. FAST, Österr. Chem. Ztg. **43** (1940), 48.

[2] A. E. VAN ARKEL, J. H. DE BOER, Z. anorg. Ch. **148** (1925), 345.

550° C angeheizt; der Ansatz mit dem Jod muß gekühlt werden. Unter ständigem Pumpen wird der Glasapparat durch Abfächeln mit der Flamme getrocknet und entgast, wobei der Wolframdraht auf eine „schwarze Temperatur" von 1800° C angeheizt wird. Schließlich wird der auf höchstes Vakuum evakuierte Apparat von der Pumpe abgeschmolzen.

Man heizt den Glühdraht auf die schwarze Temperatur von 1800° C (1750 bis 1850°) an und senkt den Apparat in einen elektrischen Ofen, den man auf 600 bis 650° erhitzt. Das Jod sublimiert zum Zirkonium und verbindet sich unter Feuererscheinung mit diesem zu ZrJ_4, welches mit grüngelber Farbe verdampft und am glühenden Wolframdraht thermisch zerlegt wird. Man hat die scheinbare Temperatur des Glühfadens mittels eines optischen Pyrometers genau zu bestimmen, sobald die gefärbten Dämpfe auftreten und diese Temperatur während der gesamten Versuchsdauer durch entsprechende Regulierung des Widerstandes im Heizstromkreis aufrechtzuerhalten. Die Stromstärke steigt im Verlauf des Versuches von etwa 0,25 A bis auf 200 A, so daß man sehr leistungsfähige Widerstände oder besser einen Regeltransformator benötigt.

Auf die Wolframseele wächst Zirkonium in ½ bis 1½ cm langen Einkristallen bis zu einer Dicke von 5 mm gleichmäßig an. Das so dargestellte Metall ist nahezu absolut rein, da der prozentuelle Anteil der Wolframseele kaum 0,01% beträgt.

Analog läßt sich nach VAN ARKEL und DE BOER Ti, Hf, Th darstellen. Arbeitet man in einer stickstoffhaltigen Wasserstoff-$ZrCl_4$-Atmosphäre, so erhält man völlig reine *Nitride*; in einer CO-H_2-$ZrCl_4$-Atmosphäre *Carbide*; in analoger Weise sind die hochschmelzenden *Sulfide, Selenide* und *Phosphide* darstellbar[1].

Zirkoniumtetrachlorid $ZrCl_4$ M = 233,05; Subl. 331° C; d 2,80.

Man erhitzt frischgefälltes und bei nicht mehr als 800° geglühtes Zirkondioxyd in Porzellanschiffchen, die sich in einem weiten (30 mm) schwerschmelzbaren Glasrohr befinden, im elektrischen Ofen auf 800° und leitet ein Gemisch von reinem, sauerstofffreien, trockenen Chlor und Tetrachlorkohlenstoffdampf darüber. Das Chlor wird in einer verblasenen Waschflasche mit CCl_4-Dampf beladen. Die Verbindungen werden mittels Schliffen oder LUDWIGschen Dichtungen hergestellt. Es sublimiert $ZrCl_4$ in die kälteren Partien des Glasrohres, das genügend lang zu wählen

---

[1] A. E. VAN ARKEL, Physica **4** (1924), 286. — Vgl. WEDEKIND, Z. anorg. Ch. **33** (1903), 8. — O. RUFF u. R. WALLSTEIN, Z. anorg. Ch. **128** (1923), 100.

und gegen das Eindringen von Feuchtigkeit durch ein P_2O_5-Rohr und eine Schwefelsäurewaschflasche zu schützen ist.

Will man das $ZrCl_4$ zur Darstellung von Zirkonium nach LELY und HAMBURGER verwenden, so hält man die Sublimationszone mittels eines geheizten Asbestkastens auf 140 bis 200° C; die Gasgeschwindigkeit soll 1 bis 2 Blasen pro Sekunde nicht übersteigen. Das $ZrCl_4$ setzt sich unter diesen Bedingungen in gelblichweißen, dichten, prachtvoll kristallisierten Krusten ab; die Darstellung einer genügenden Menge ist allerdings sehr zeitraubend und benötigt etliche Tage. $ZrCl_4$ ist, besonders in locker sublimiertem Zustand, außerordentlich hygroskopisch. Mit Wasser hydrolysiert es zu $ZrOCl_2 \cdot 8\ H_2O$.

Zirkoniumtetrajodid ZrJ_4 M = 598,90.

Man stellt das Präparat nach DE BOER und FAST[1] durch direkte Synthese aus den Elementen dar, wobei man Zr[2] etwas im Überschuß verwendet. Abb. 210 zeigt den hierzu verwendeten Apparat aus Pyrexglas.

Man füllt in B das Zirkonium ein, schmilzt den Ansatzstutzen bei C ab, füllt in A etwas weniger von sorgfältig über P_2O_5 getrock-

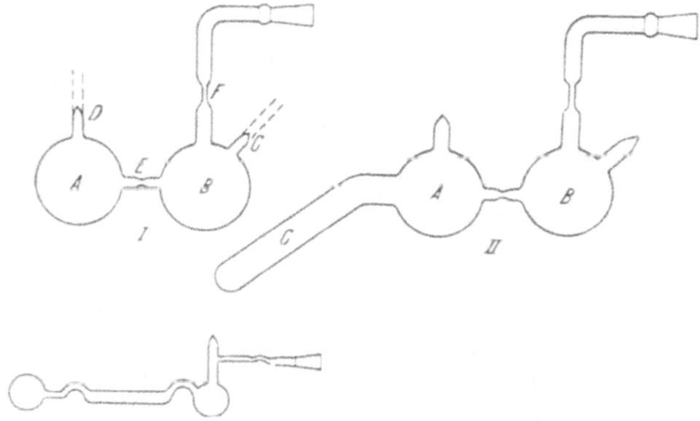

Abb. 210. *I* = Darstellung von Zirkoniumtetrajodid, *II* = Darstellung von AlJ_3, SiJ_4, FeJ_3.

netem, sublimierten Jod ein, als der Reaktionsgleichung $Zr + 2\ J_2 = Zr\ J_4$ entsprechen würde, schmilzt den Ansatz D ab und evakuiert den Apparat an der Hochvakuumpumpe, die man mittels einer, mit A-Kohle gefüllten und mit flüssiger Luft gekühlten

[1] J. H. DE BOER u. J. D. FAST, Z. anorg. Ch. **153** (1926), 1.

[2] Siehe Zirkonium nach LELY und HAMBURGER, S. 412.

Ausfriertasche schützt. Sodann schmilzt man bei F ab und erwärmt den Apparat zuletzt auf 400 bis 500° in einem elektrischen Ofen. Der Joddampf verbindet sich unter Feuererscheinung mit dem Zr. Nach beendeter Reaktion wird A gekühlt, B weiter erhitzt (Fächeln mit einer Flamme). Das ZrJ_4 sublimiert nach A, worauf bei F abgeschmolzen wird.

ZrJ_4 ist ein braunrotes, außerordentlich hygroskopisches Pulver. In analoger Weise läßt sich in einer Apparatur, Abb. 210 II, **AlJ_3**[1], **FeJ_3**, **SiJ_4**[2] darstellen, wobei man, nach GUICHARD, zunächst das Metall in A an der Pumpe bei 500° entgast, im Hochvakuum abschmilzt und sodann A mit dem Metall auf 500°, B mit Jod gefüllt auf 180° erhitzt und C auf Zimmertemperatur beläßt, wobei man auch hier das Metall im Überschuß anwendet. Ist das Präparat nicht genügend rein, so wird es nach C sublimiert, C abgesprengt und Präparat samt Glasrohr in einem Apparat nach Abb. 130 c, S. 178, im Hochvakuum fraktioniert sublimiert.

AlJ_3 ist reinweiß, F. P. 191° C; K. P. 382° C; FeJ_3 ist feuerrot. SiJ_4 ist reinweiß, F. P. 120,5° C; K. P. ~ 290° C.

Ammoniumvanadiumsesquisulfat[3] (Ammoniumvanadiumalaun) $NH_4V(SO_4)_2 \cdot 12H_2O$ M = 477,30.

Man führt die Reduktion des Vanadiums zur dreiwertigen Stufe mittels kathodischer Reduktion durch und bedient sich hierzu des, in Abb. 211, skizzierten Apparates. Als Elektroden verwendet man 3, bzw. 4 cm hohe Bleiblechzylinder mit Zuführungslaschen, die in Glasrohre eingekittet sind. Während der Elektrolyse muß der in der Tonzelle befindliche Katholyt mittels eines Rührers (KPG-Rührer) intensiv gerührt und durch Überleiten von CO_2 gegen Oxydation geschützt werden.

Als Katholyt findet eine Aufschlämmung von 25 g NH_4VO_3 in 100 ccm 50 %iger Schwefelsäure, als Anolyt verdünnte Schwefelsäure (1 Teil H_2SO_4 und 2 Teile H_2O) Verwendung. Man elektrolysiert mit 4 A solange, bis die zur Reduktion theoretisch benötigte Strommenge geflossen ist. Entsprechend dem FARADAYschen Gesetz benötigt man zur Reduktion von 1 Mol (= 116,99 g) NH_4VO_3, bzw. zur Bildung von 1 Mol $NH_4V(SO_4)_2 \cdot 12\,H_2O$ (= 477,3 g) theoretisch 2 × 26,86 Ah.

---

[1] W. BILTZ u. A. VOIGT, Z. anorg. Ch. **126** (1923), 50. — W. BILTZ und W. WEIN, Z. anorg. Ch. **41, 121** (1922), 259. — W. KLEMM, W. TILK, S. v. MÜLKENHEIM, Z. anorg. Ch. **176** (1928), 15.

[2] M. GUICHARD, C. r. **145** (1907), 808.

[3] E. MÜLLER, Elektrochemisches Praktikum.

Zur Kontrolle des Reduktionsgrades entnimmt man dem Katholyten mittels einer Pipette, die man durch ein sonst verschlossenes Glasrohr einführt, 1 ml Flüssigkeit, verdünnt mit 50 ccm ausgekochtem, luftfreiem Wasser (erkalten lassen unter CO_2-Durchleiten) und titriert mit n/10 $KMnO_4$ (m ml). Nun reduziert man diese austitrierte Lösung in der Hitze durch Einleiten von SO_2, bis die Lösung reinblau geworden (das Vanadium in die vierwertige Stufe übergegangen) ist, kocht das SO_2 unter Durchleiten von CO_2 fort (prüfen durch Einleiten der Abgase in Wasser, das mit $KMnO_4$ eben rosa angefärbt wurde), läßt unter CO_2-Durchleiten erkalten und titriert mit n/10 $KMnO_4$ (n ml). Der Reduktionsgrad berechnet sich dann zu $100 \cdot \frac{m-n}{n}$ %. Ist dieser nicht 100%, so berechnet man die fehlenden Amperestunden unter Berücksichtigung der tatsächlichen Stromausbeute und elektrolysiert die entsprechende Zeitdauer. Sodann gießt man den Katholyten in einen kleinen ERLENMEYER-Kolben, den er ganz ausfüllt, kühlt durch Einstellen in Eiswasser und impft durch Einwerfen eines etwa $^1/_{10}$ mm großen Kriställchens des isomorphen Eisenammoniumalauns.

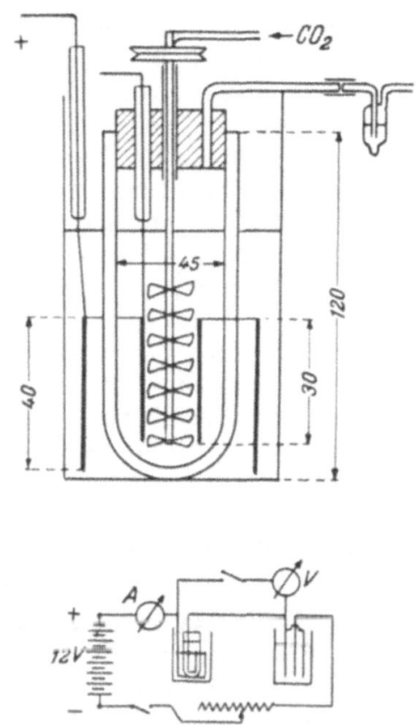

Abb. 211. Elektrolytische Darstellung von Ammoniumvanadiumalaun.

Die blauvioletten Kristalle des Alauns werden abgesaugt, zwischen Fließpapier an der Luft (nicht im Exsikkator, da sie sonst verwittern) getrocknet und zur Ausbeuteberechnung gewogen. Die genaue Stromausbeute wird aus dem Coulometerwert berechnet.

Ammoniumvanadosulfat $(NH_4)_2V(SO_4)_2 \cdot 6\,H_2O$[1] M = 387,24.

Man elektrolysiert in der beim vorhergehenden Präparat beschriebenen Anordnung mit 4 A, bis der Katholyt über die Farben Dunkelblaugrün, Dunkelviolett in Lavendelblau übergeht. Ist dies geschehen, so nimmt man 1 ml Probe, titriert mit $KMnO_4$

[1] E. MÜLLER, Elektrochemisches Praktikum.

(m ml), reduziert heiß mit SO_2 bis zur reinblauen Farbe, vertreibt das SO_2 durch Kochen, titriert neuerdings mit $KMnO_4$. Ist die Reduktionsstufe richtig, so werden hierfür $\frac{m}{3}$ ml verbraucht; trifft dies zu, so setzt man durch den Probenahmestutzen schnell 12,5 g $(NH_4)_2SO_4$ zu, setzt die Elektrolyse noch 15 Minuten fort, hebert die Lösung in eine Schale über, die sich in einem mehrmals mit CO_2 gefüllten und wieder evakuierten Exsikkator befindet, den man schließlich neuerdings evakuiert. Es scheiden sich nach kurzer Zeit die roten Kristalle des Ammoniumvanadosulfates ab. Um diese zu isolieren, führt man die folgenden Operationen in einer großen Blechwanne durch, in die man ständig CO_2 aus einer Stahlflasche einleitet: Man gießt die Mutterlauge in dieser CO_2-Atmosphäre von den Kristallen ab, trocknet letztere vorsichtig zwischen etlichen Lagen Filtrierpapier (das man in einem Vakuumexsikkator mehrmals unter Nachströmenlassen von CO_2 evakuiert hat, um die Luft aus den Filterporen zu entfernen!) und schüttelt die Kristalle schließlich mit kleinen Stücken von gehärtetem Filtrierpapier in einer kleinen Kristallisierschale, bis jede Feuchtigkeit weggenommen ist. Man schmilzt das sehr luftempfindliche Präparat in ein mit CO_2 gefülltes Glasrohr ein.

Mangan[1] Mn, aluminothermisch A = 54,93; F.P. 1221° C; K.P. 2152° C; d 7,20.

Da die Reaktion zwischen MnO_2 und Al infolge des hohen Sauerstoffgehaltes des Dioxydes mit explosionsartiger Heftigkeit verläuft, geht man von Mn_3O_4 aus, das man durch Glühen des feingepulverten MnO_2 bei etwa 800 bis 900° C in einer Muffel herstellt. Man mischt 450 g Mn_3O_4 mit 150 g Aluminiumgrieß und entzündet eine Menge von 3 bis 4 Löffeln mittels einer Zündkirsche in einem geräumigen Tontiegel (der mit der gesamten Mischung etwa zu drei Vierteln gefüllt sein würde). (Vgl. S. 342.) Mittels eines Blechlöffels setzt man portionenweise möglichst rasch den Rest des Gemisches zu. Da hierbei jedesmal eine Feuergarbe aus dem Tiegel herausschießt, schütze man die Hände durch dicke Lederhandschuhe, die Augen mittels einer Schutzbrille und führe die Reaktion im Freien oder an einem feuersicheren Platze aus. Nach dem Erkalten zerschlägt man den Tiegel und liest die Mangankugeln aus der Schlacke aus.

Bei kleineren Mengen sinkt die Ausbeute stark.

---

[1] H. Goldschmidt, Z. Elektroch. 4 (1898), 494.

Chrom[1] **Cr,** aluminothermisch $A = 52{,}01$; F.P. 1920° C; K.P. 2327° C; d 6,92.

Die bei der Umsetzung von Chromoxyd mit Aluminium freiwerdende Wärmemenge reicht nicht aus, um das Al_2O_3 zu schmelzen. Man setzt deshalb Dichromat oder CrO_3 zu, um die Reaktionstemperatur entsprechend zu erhöhen.

Man entzündet ein Gemenge von 300 g ausgeglühtem Chromoxyd, 60 g geschmolzenem und gepulverten Chromsäureanhydrid und 135 g Aluminiumgrieß in einem mit Magnesiumoxyd ausgefütterten Tiegel mit einer Zündkirsche. (Vgl. S. 342.) Beim Zerschlagen der Masse erhält man einen großen Regulus und kleinere Kügelchen.

Chromylchlorid CrO_2Cl_2[2] $M = 154{,}92$; F. P. $-96{,}5 \pm 0{,}5$° C; K.P. 116,7° C; d_4^{25} 1,91.

Man übergießt in einer tubulierten Retorte von 1,5 Liter Inhalt eine feinst gepulverte Mischung von 50 g (bis zum Aufhören der Dekrepitation erhitztem) Natriumchlorid und 80 g $K_2Cr_2O_7$ in kleinen Portionen mit 150 g rauchender Schwefelsäure. Es kondensiert schon in der Kälte Chromylchlorid in der angeschlossenen Vorlage, die mit fließendem Wasser oder Eiswasser gekühlt wird. Die Reaktion wird durch gelindes Erhitzen der Retorte auf einem BABO-Blech vervollständigt.

Die Erhitzung wird unterbrochen, sobald die Schaumbildung aufhört.

Das Chromylchlorid wird destilliert, zur Entfernung von überschüssigem Chlor mit Quecksilber geschüttelt und etwa eine Woche eingeschmolzen stehengelassen. Die ausgeschiedenen Chromichromate werden sodann durch ein bei 150° getrocknetes Asbestpolster abfiltriert und das Chromylchlorid neuerlich aus einer peinlichst getrockneten Apparatur destilliert und sofort eingeschmolzen.

Das so dargestellte Chromylchlorid ist beständig. Es ist eine blutrote, völlig klare, leicht bewegliche Flüssigkeit, die mit leichtentzündlichen Körpern, wie Schwefel, Phosphor usw., unter Entflammung und Detonation reagiert. Mit Wasser hydrolysiert es nach $CrO_2Cl_2 + 2\,H_2O = H_2CrO_4 + 2\,HCl$; daneben findet Zersetzung in Cr_3O_6 und Chlor statt.

---

[1] H. GOLDSCHMIDT, Z. Elektroch. **4** (1898), 494.

[2] E. MOLES, L. GOMEZ, Z. phys. Ch. **80** (1912), 513.

Grünes Chromchlorid[1] (Dichlorotetraaquochromichlorid) **$[Cr(H_2O)_4Cl_2]\cdot Cl\cdot 2\ H_2O$** $M = 266{,}48$; $L_{25} \sim 58{,}5$.

50 g Chromtrioxyd werden etwa 2 bis 3 Stunden mit 250 ccm konzentrierter Salzsäure am Rückflußkühler gekocht, bis die Flüssigkeit grün geworden ist und nicht mehr nach Chlor riecht. Dann wird in einer Schale eingedampft, bis das Gewicht etwa 5 g kleiner als 133 g ($CrCl_3 \cdot 6\ H_2O$ entsprechend) geworden ist und mit Wasser auf 133 g verdünnt. Beim Abkühlen wird die Masse fest. Das so gewonnene Chlorid wird in etwas weniger als der gleichen Menge Wasser kalt gelöst, filtriert und unter Eiskühlung mit gasförmigem Chlorwasserstoff gesättigt. Dabei fällt eine bedeutende Menge von Chlorid aus. Durch Zusatz eines gleichen Volums Äther und neuerlichem Sättigen mit HCl fällt nach 1 bis 2 Tagen der größte Teil des Chlorides aus. Der Niederschlag wird auf einer Glassinternutsche abfiltriert und mit einer Mischung gleicher Raumteile Äther und konzentrierter Salzsäure, dann mit HCl-gesättigtem Äther, mit Azeton und schließlich mit reinem Äther gewaschen und im Vakuum über 80%iger Schwefelsäure getrocknet[2]. Man erhält grüne, zerfließliche, in Azeton wenig lösliche Kristalle.

Blaugraues Chromchlorid (Hexaaquochromichlorid) **$[Cr(H_2O)_6]\ Cl_3$** $M = 266{,}48$.

40 g Chrominitrat $Cr(NO_3)_3\cdot 9\ H_2O$ werden in 40 g Wasser gelöst, 40 ccm konzentrierte Salzsäure zugesetzt und die Lösung unter Wasserkühlung $< 30^0$ C mit Salzsäuregas gesättigt. Der Niederschlag wird durch eine Glassinternutsche filtriert, mit etwas rauchender Salzsäure gewaschen und sodann in 50 ccm Wasser kalt gelöst. Die Lösung wird filtriert, mit 30 ccm konzentrierter Salzsäure versetzt und durch langsames Sättigen mit Chlorwasserstoff gefällt. Die ausgefällten derben Prismen werden durch eine Glassinternutsche filtriert und mit Azeton säurefrei gewaschen, schließlich über konzentrierter Schwefelsäure im Vakuumexsikkator getrocknet. Ausbeute 91 %.

Das graublaue Chromchlorid ist sehr zerfließlich; in feuchtem Zustande wandelt es sich in das grüne Isomere um. Schließlich kennt man noch ein sehr unbeständiges hellgrünes Isomeres der Formel $[Cr(H_2O)_5Cl]\ Cl_2\cdot H_2O$[3].

---

[1] A. Werner, Al. Gubser, Ber. **34** (1901), 1594.

[2] N. Bjerrum, Z. phys. Ch. **59** (1907), 336.

[3] N. Bjerrum, Z. phys. Ch. **59** (1907), 597. — E. Birk, W. Biltz, Z. anorg. Ch. **150** (1925), 20.

Hexamminchrominitrat[1] (Luteochromnitrat) $[Cr(NH_3)_6](NO_3)_3$ M = 340,23.

Chloropentamminchromichlorid[1] (Chlorpurpureochromchlorid) $[Cr(NH_3)_5Cl]Cl_2$ M = 243,54.

Wasserfreies Chromchlorid addiert in Berührung mit flüssigem Ammoniak teils 6, teils 5 Molekel Ammoniak. Das Hexamminsalz wird durch kaltes Wasser leicht gelöst und kann durch Zugabe von Salpetersäure als Nitrat gefällt werden. Das zurückbleibende Chlorpurpureosalz wird durch Umkristallisieren gereinigt.

Man kondensiert trockenes Ammoniakgas über 8 g feingepulvertem, pfirsichfarbenen wasserfreien Chromchlorid, das sich in einer weiten Eprouvette befindet und in einer Kohlensäureschnee-Spiritus-Kältemischung steht. Sobald sich das Chromchlorid mit dem verflüssigten Ammoniak zu einer rötlichbraunen Masse umgesetzt hat, über der überschüssiges NH_3 steht, unterbricht man den Versuch und läßt den Überschuß des Ammoniaks absieden. Es empfiehlt sich, in einer geschlossenen Apparatur mit nachgeschalteter NH_3-Absorption (zwei Erlenmeyer-Kolben mit Oberflächenabsorption) zu arbeiten, damit keine Geruchsbelästigung eintritt.

Der Rückstand wird mit 30 ccm eiskaltem Wasser verrieben, abgesaugt und mit wenig kaltem Wasser nachgewaschen, bis das Filtrat rötlich abfließt. Man fällt das Luteosalz aus dem Filtrat durch Zugabe von konzentrierter Salpetersäure, löst es nach dem Filtrieren neuerlich mit ein wenig warmem, mit einigen Tropfen Salpetersäure angesäuerten Wasser und fällt durch langsamen Zusatz von konzentrierter Salpetersäure, wäscht den Niederschlag mit Alkohol und trocknet an der Luft. Ausbeute etwa 7 g.

Der rote, aus Chlorpurpureochromchlorid bestehende Rückstand wird mit konzentrierter Salzsäure aufgekocht, abgekühlt, durch eine Glassinternutsche abgesaugt, mit wenig kaltem Wasser gewaschen und in 400 bis 500 ccm 50° C warmem Wasser, das mit einigen Tropfen Salzsäure angesäuert ist, gelöst, sofort rasch filtriert und mit dem gleichen Volumen konzentrierter Salzsäure versetzt. Das in roten Kristallen ausfallende Salz wird nach einer Stunde abgesaugt, mit 1 : 1 verdünntem HCl, dann mit Alkohol säurefrei gewaschen und im Exsikkator über Schwefelsäure getrocknet. Ausbeute etwa 5 g.

Durch längeres Kochen einer stark HCl-sauren Luteolösung entsteht das Chlorpurpureosalz.

---

[1] O. Christensen, Z. anorg. Ch. 4 (1893), 229. — H. u. W. Biltz, Übungsbeispiele.

Chromoazetat $(CH_3COO)_2 Cr \cdot H_2O$ M = 188,11.

Man kocht 30 g feingepulvertes Kaliumdichromat mit 150 ccm konzentrierter Salzsäure und 50 ccm Wasser am Rückflußkühler, bis die Lösung reingrün ist (die entwickelten Chlordämpfe leitet man in den Abzugskanal); dampft in einer Schale fast zur Trockene ein und nimmt mit 90 ccm konzentrierter Salzsäure auf. Diese Lösung wird im Kolben A der Apparatur Abb. 99, mit 30 g Zinkgranalien reduziert. Nach 2 bis 3 Stunden ist die Reduktion beendet und die Lösung reinblau geworden. Nun drückt man diese unter gleichzeitiger umgekehrter Filtration mit Stickstoff oder CO_2 in 120 ccm einer, in B vorgelegten, gesättigten Natriumazetatlösung (L_{20} = 46,2). Die Natriumazetatlösung muß mit *luftfrei ausgekochtem* und unter Wasserstoffdurchleiten erkaltetem Wasser bereitet sein. Es fällt sofort ein schöner, roter Niederschlag, der nach etwa einer Viertelstunde durch C abgesaugt und mit *luftfreiem*, essigsäurehaltigem Wasser, sodann 4- bis 5mal mit Azeton gewaschen wird. Das azetonfeuchte Chromazetat wird samt der Nutsche in einen mit CO_2 gefüllten Vakuumexsikkator gebracht und im Vakuum über Schwefelsäure getrocknet. Die wässerige Chromchlorürlösung, sowie das feuchte Chromoazetat sind gegen Oxydation sehr empfindlich. Man führt die Umsetzungen deshalb in den Apparat Abb. 99, unter einer CO_2- oder N_2-Atmosphäre durch. Die Natriumazetatlösung wird mittels des Tropftrichters in B eingebracht. Der während der Reduktion in A entwickelte Wasserstoff entweicht durch den Blasenzähler, der mittels eines Schraubenquetschhahnes geschlossen wird, wenn man die reduzierte Lösung durch das Glasfilter nach B drückt. Die weitere Funktion der Vorrichtung ist ohne weiteres aus der Zeichnung ersichtlich.

Pyrophores Eisen, Kobalt, Nickel[1].

Man stellt diese drei Metalle in pyrophoren Formen durch Reduktion der frischgefällten Karbonate in einem reinen, trockenen Wasserstoffstrom bei 520 ± 5° C (Fe), bzw. 340 bis 350° C (Co, Ni) her. Die Karbonate fällt man aus den Sulfat-, Chlorid- oder Nitratlösungen in der Hitze mit einer Kaliumkarbonatlösung, wäscht den Niederschlag mit heißem Wasser durch öfteres Dekantieren, schließlich am Filter und trocknet bei 100° C.

---

[1] G. Tammann, N. Nikitin, Z. anorg. Ch. **135** (1924), 201. — N. Nikitin, Z. anorg. Ch. **154** (1926), 133.

Ferroammoniumsulfat (MOHRsches Salz) **$Fe(NH_4)_2(SO_4)_2 \cdot 6\,H_2O$** M = 392,14; L_{20} 26,9, L_{70} 62,6; d 1,864.

Man löst 139 Teile von frisch umkristallisiertem, hellblauen Eisenvitriol bei etwa 60° C in 160 bis 200 Teilen mit Schwefelsäure schwach angesäuertem, ausgekochten Wasser, fügt eine bei 60° C bereitete Lösung von 60 Teilen Ammoniumsulfat in 70 bis 80 Teilen luftfreiem Wasser hinzu und läßt unter ständigem Rühren rasch erkalten. Das Kristallmehl wird abgesaugt oder besser zentrifugiert, mit wenig eiskaltem *luftfreien* Wasser gedeckt, neuerlich zentrifugiert und im trockenen CO_2-Strom bei etwa 40° C getrocknet, bis das Salz nicht mehr an den Glaswandungen anhaftet.

Die Lösung von 1 g des Salzes in 20 ccm ausgekochtem Wasser darf sich, nach Zusatz von 1 ccm 25%iger Salzsäure (d 1,124 bis 1,126) sowie einiger Tropfen einer Kaliumrhodanidlösung, nicht sofort rot färben.

Zur Kristallzüchtung kristallisiert man aus schwefelsaurer Lösung in einem bis zum Hals gefüllten ERLENMEYER-Kolben, um die Berührungsfläche mit der Luft möglichst zu verringern.

Den käuflichen, stets mit Ferrisulfat verunreinigten Eisenvitriol (p. A.) löst man in verdünnter Schwefelsäure (10 Teile $H_2O + 1$ Teil H_2SO_4), digeriert einige Stunden in einem mit Bunsenventil verschlossenen Rundkolben am Wasserbad mit (Elektrolyt-)Eisen(-Blech), um das Ferrisalz zu reduzieren, kühlt sodann ab und fällt die vom Eisen abgegossene Lösung mit Alkohol, so lange noch ein Niederschlag entsteht. Man saugt das erhaltene Kristallmehl ab und verwendet es sogleich, wie oben beschrieben, weiter.

Eisenchlorid (Ferrichlorid) **$FeCl_3$**[1] M = 162,22; F. P. 304° C; K.P. 319° C; d 2,804.

Man schiebt in den Hals einer horizontal eingespannten tubulierten Retorte von etwa 400 ccm Inhalt ein etwa 6 bis 8 cm langes Bündel von 1 mm starkem, blankem, mit Glaspapier abgescheuerten (Elektrolyt-) Eisendraht und verbindet den Hals mittels eines paraffinierten Korkstopfens mit einem T-Stück, das einerseits an eine Chlorentwicklungsapparatur (Darstellung aus MnO_2 und HCl; trocknen in zwei Waschflaschen mit konzentrierter Schwefelsäure, Gasfilter, H_2SO_4-Manometer), anderseits an einen Kohlendioxydkipp und zwei Schwefelsäurewaschflaschen angeschlossen ist. Der Kolben der Retorte wird zur

[1] H. u. W. BILTZ, Übungsbeispiele. — O. HÖNIGSCHMID, L. BIRCKENBACH, Zeiß, Ber. **56** (1923), 1476.

Erzielung möglichst schöner Kristalle von Eisenchlorid in einem Asbestkästchen auf etwa 100 bis 150° C erhitzt. Ein 1 cm weites, etwa 50 cm langes Steigrohr führt vom Retortentubus über ein Chlorkalziumrohr in den Abzug oder zu einer Chlorabsorption. Der Apparat wird durch Abfächeln im Kohlendioxydstrom getrocknet, sodann ein lebhafter Chlorstrom eingeleitet und das Eisen mit einer kleinen Flamme erhitzt. Die Chloridbildung setzt unter Aufglühen des Eisens ein; in der Retortenkugel scheiden sich unter den genannten Bedingungen prächtige metallisch grüne, glänzende, im durchfallenden Lichte rote bis rotbraune hexagonale Täfelchen ab. Durch Fächeln mit einer zweiten Flamme sorgt man dafür, daß alles Eisenchlorid in die Retortenkugel sublimiert. Nach Beendigung des Versuches läßt man erkalten, verdrängt das Chlor durch trockenes Kohlendioxyd und schüttelt das sehr hygroskopische Produkt in ein Abschmelzrohr (Abb. 185), durch das man trockenes CO_2 leitet und schmilzt vor dem Gebläse ab.

Ferrocyanwasserstoffsäure[1] **$H_4[Fe(CN)_6]$** (Hexayanoeisen(II)säure) M = 215,99.

Man versetzt eine Lösung von 42 g ($^1/_{10}$ Mol) Ferrocyankalium in 350 ccm luftfreiem Wasser mit 120 g konzentrierter Salzsäure; einen etwa ausfallenden Konzentrationsniederschlag von KCl löst man durch Zugabe von wenig Wasser. Die erkaltete Lösung versetzt man mit 50 ccm Äther (den man durch Schütteln mit einer Ferrosulfatlösung von Peroxyden befreit hat); nach einigen Stunden scheiden sich glänzende mikroskopisch kleine Täfelchen einer Additionsverbindung von Ferrocyanwasserstoffsäure mit Äther ab. Man filtriert diese, wäscht mit ätherhaltiger verdünnter Salzsäure, löst zur Entfernung von Kaliumchlorid in 50 g Alkohol, filtriert und fällt neuerdings mit 50 ccm Äther. Nach neuerlichem Filtrieren und Waschen mit Äther erhitzt man etwa eine Stunde bei 80 bis 90° (jedoch nicht höher!) in einem trockenen, sauerstofffreien Wasserstoffstrom, wobei die Additionsverbindung zerlegt wird und die Ferrocyanwasserstoffsäure als weißes kristallines, sehr luftempfindliches Pulver zurückbleibt.

Zur Gewinnung eines spektroskopisch kaliumfreien Präparates wiederholt man das Lösen in Alkohol und Fällen mit Äther fünfmal. Es empfiehlt sich, die ganze Darstellung in einem reinen, O_2-freien, trockenen Wasserstoffstrom in einer Apparatur, Abb. 99 oder 100, vorzunehmen.

---

[1] K. C. Browning, J. Chem. Soc. **77** (1900), 1233. — A. Baeyer u. V. Villiger, Ber. **34** (1901), 2687.

Hexamminkobaltochlorid[1] $[Co(NH_3)_6]Cl_2$ M = 232,046, d_4^{25} 1,479.

α, β-Diamminkobaltochlorid $Co(NH_3)_2Cl_2$ M = 163,92.

Zur Darstellung von Hexamminkobaltochlorid werden 15 g kristallisiertes Kobaltchlorür in 14 ccm Wasser gelöst, die Lösung zum Vertreiben der Luft ausgekocht und heiß mit so viel konzentriertem Ammoniak versetzt, daß sich der Niederschlag wieder auflöst. Das heiße Filtrat wird mit so viel luftfreiem (frisch unter Rückfluß gekochtem) Alkohol versetzt, daß in der Hitze eben eine bleibende Trübung eintritt. Nach dem Abkühlen unter der Wasserleitung wird der feinkristalline blaßrosa Niederschlag durch ein Filterrohr (ALLIHNsches Rohr) abgesaugt, mit einer Mischung von konzentriertem Ammoniak und Alkohol (1 + 1), dann (1 + 2), schließlich mit luftfreiem, mit NH_3 gesättigtem Alkohol gewaschen und im Vakuumexsikkator über KOH getrocknet. Die Ausbeute beträgt 7 g.

α-Diamminkobaltochlorid wird aus dem Hexamminsalz durch isobaren Abbau im Ammoniakstrom bei der Temperatur des siedenden Thymols (K. P. 233,5°) erhalten. Es ist reinrosa gefärbt und dürfte in Analogie zu der violetten Form des Dipyridinkobaltochlorides eine ebene Konfiguration in Transform[2] besitzen. α-Diamminkobaltochlorid schmilzt bei 273 ± 3° unter Zersetzung.

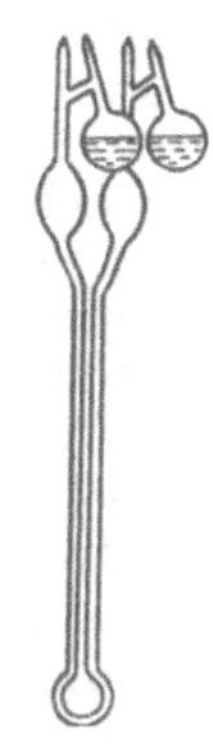

Abb. 212. Differentialtensimeter.

β-Diamminkobaltochlorid, die instabile blaue Form, erhält man aus dem Hexamminkobaltochlorid durch Abbau im Hochvakuum bei 65 bis 67° C (K.P. von Methylalkohol) über konzentrierter Schwefelsäure. Über die Konstitution der β-Form ist nichts bekannt. Es könnte eine ebene Konfiguration in cis-Form oder eine tetraedische Konfiguration,[2,3] entsprechend dem Cs_3CoCl_5 (Gitterverbindung von Cs_2CoCl_4 und CsCl) möglich sein, da bei zweiwertigem Kobalt sowohl ebene als auch tetraedische Koordination nachgewiesen wurde. Die Instabilität der β-Form ist sehr schön aus dem Vergleich der NH_3-Partialdrucke der α- und β-Form in einem Differentialtensimeter ersichtlich: Man füllt je etwa 1 g der α- und β-Form in die beiden Kölbchen des Differentialmanometers, Abb. 212, erhitzt die

[1] W. BILTZ, B. FECKENHEUER, Z. anorg. Ch. **89** (1914), 98.

[2] E. G. COX, A. S. SHORTER, W. J. R. WAY, J. Chem. Soc. 1937, 1556.

[3] H. M. POWELL u. A. F. WELLS, J. Chem. Soc. **1935**, 359.

Kölbchen, zunächst unter Evakuieren an der Ölpumpe, kurz auf 100° C (siedendes Wasser), um etwa noch vorhandenes Hexammin abzubauen, schmilzt die Vakuumleitungen ab und erhitzt die Kölbchen durch Einstellen in ein auf 216° angeheiztes Paraffinbad: Es stellt sich ein Überdruck von etwa 14,5 mm Hg auf der β-Seite ein, der ziemlich rasch zurückgeht und nach $1^1/_2$ Stunden auf 3 mm gesunken ist. Damit parallel verfärbt sich die blauviolette β-Form nach rosa.

Kobaltisulfat $Co_2(SO_4)_3 \cdot 18\ H_2O$.

Man oxydiert anodisch Kobaltsulfat bei niederer Temperatur und in stark schwefelsaurer Lösung und verwendet nach E. MÜLLER[1] hierzu folgende Anordnung:

In einem 800er Becherglas hoher Form oder Batterieglas (7,5 × 7,5 × 15 cm) steht eine poröse Tonzelle von etwa 120 ccm Fassungsvermögen. Als Anode verwendet man ein Platinblech 4 × 12 cm mit angeschweißtem Platindraht. Das Blech ist zu einem Zylinder gerollt und steht in der Tonzelle. Um diese legt man als Kathode einen 8 cm hohen Kupferblechzylinder mit Zuleitungslasche. Die ganze Vorrichtung steht in einem größeren Gefäß und wird mit Eis gekühlt. Als Katholyt verwendet man achtfach normale Schwefelsäure (392 g/l; d 1,235), als Anolyt eine Lösung von 24 g $CoSO_4 \cdot 7\ H_2O$ in 75 ccm 8 n warmer Schwefelsäure. Sobald sich der Anolyt auf 30° abgekühlt hat, beginnt man mit der Elektrolyse mit einer Stromstärke von 1 Amp. Man elektrolysiert zweckmäßig über Nacht; die Zelle ist dann mit einem dicken Brei grüner Blättchen von Kobaltisulfat erfüllt, den man auf einer Glassinternutsche absaugt und zum Trocknen mit einem Porzellanspatel auf einen Tonteller streicht.

Die elektrische Einrichtung, Amperemeter, Voltmeter, Coulometer zur Bestimmung der Stromausbeute, Widerstand ist die übliche. (Vergl. S. 417.) Man benötigt eine Stromquelle von 12 bis 14 Volt. Die Stromausbeute ist niedrig, da der größte Teil des aufgewendeten Stromes zur Entwicklung von Sauerstoff verbraucht wird.

Da das dreiwertige Kobalt ein hohes Oxydationspotential besitzt, reagiert es nach $2\ Co^{\cdot\cdot\cdot} + 2\ OH' = 2\ Co^{\cdot\cdot} + H_2O + {}^1/_2\ O_2$ unter Wasserzersetzung und Entwicklung von Sauerstoff. Diese Reaktion kann durch Verminderung der OH'-Konzentration zurückgedrängt werden; man elektrolysiert aus diesem Grunde

[1] E. MÜLLER, Elektrochemisches Praktikum.

in der stark schwefelsauren Lösung. Kobaltisulfat gibt mit Cäsiumsulfat einen sehr beständigen Alaun $CsCo^{III}(SO_4)_2 \cdot 12\ H_2O$.

Koordinationstheorie.

An sich beständige, stöchiometrisch abgesättigte Verbindungen („Verbindungen erster Art") können in ganzzahligen Verhältnissen untereinander zu „Verbindungen zweiter Art", Komplex- und Gitterverbindungen zusammentreten, sofern dieser Vorgang mit einer negativen Reaktionsarbeit (Energieabgabe) verbunden ist.

Man unterscheidet Gitterverbindungen und Komplexverbindungen, wobei erstere nur in festem Zustand vorliegen können, in Lösung dagegen mehr oder minder weitgehend in ihre Bestandteile zerfallen. Bei der Kristallisation bilden sich aus diesen Bestandteilen die Gitterverbindungen, die offenbar niederere Gitterenergie besitzen, als die Gitter der Komponenten. Hierher gehören viele Verbindungen, deren Einreihung in die WERNERsche Koordinationstheorie[1]) unbefriedigend war, wie Verbindungen mit „Koordinationszahlen" 5 oder 7. So ist das Cs_3CoCl_5 nach Röntgenstrukturuntersuchungen als Gitterverbindung von Cs_2CoCl_4 und CsCl aufzufassen. Ähnliche Verhältnisse liegen bei den Alaunen und Schöniten vor.

In den echten Komplexverbindungen ordnet ALFRED WERNER einem stets positiv geladenen Zentralatom neutrale Molekeln (H_2O, NH_3, Äthylendiamin, Pyridin usw.) oder negativ geladene Ionen (Cl', CN', NO_2', CO_3'', C_2O_4'' usw) als „Liganden" in erster Sphäre gebunden (koordiniert) zu. Das Zentralatom bildet mit den Liganden der ersten Sphäre ein neues selbständiges Ion ($[BF_4]'$, $[SiF_6]''$, $[Co(NH_3)_6]^{\cdots}$, $[Fe(CN)_6]''''$ usw.), dessen Ladung sich aus der Summe der Ladungen der Komponenten errechnet. In zweiter Sphäre, ionogen gebunden und daher dissoziierbar, treten negative oder positive Ionen ein, deren Ladungssumme entgegengesetzt gleich der Ladung des Komplexes ist. Ist die Ladung des Komplexes selbst null, so ist die Verbindung ein Nichtelektrolyt, wie z. B. $[Co(NH_3)_3(NO_2)_3]$. Die Koordinationszahl gibt die maximale Anzahl der in erster Sphäre gleichartig gebundenen Liganden an; sie ist für das Zentralatom charakteristisch und unabhängig von dessen Wertigkeit. Bei der Koordinationszahl 8 sind die Liganden in den Ecken eines Würfels, in dessen

---

[1] ALFRED WERNER, Neuere Anschauungen auf dem Gebiete der anorganischen Chemie, neu herausgegeben von P. PFEIFFER.

Mittelpunkt sich das Zentralatom befindet, zu denken. Bei der Koordinationszahl 6 ist eine oktaedrische Anordnung, bei 4 eine tetraedrische oder ebene, bei 3 und 2 eine ebene Anordnung durch Röntgenstrukturuntersuchungen in Übereinstimmung mit den WERNERschen Anschauungen festgestellt worden.

Metallionen mit kleinem Ionenradius zeigen das größte Bestreben, in Komplexsalzen als Zentralatom aufzutreten. Die Festigkeit, mit der die einwertigen Liganden im Komplex gebunden werden, geht mit ihrer Polarisierbarkeit parallel.

Bei den echten Komplexverbindungen unterscheidet man mehrere Typen, zwischen denen Übergänge bestehen:

Die *normalen Komplexe* von W. BILTZ dissoziieren *reversibel* in ihre Bestandteile. Die für diese Gruppe typischen Kobaltammoniakate besitzen bei jeder Temperatur einen bestimmten meßbaren Zersetzungsdruck, die Cyanidkomplexe dieser Gruppe, wie $K_2[Cd(CN)_6]$ dissoziieren nach $K_2[Cd(CN)_6] \rightleftharpoons 2\,K^{\cdot} + [Cd(CN)_6]'' \rightleftharpoons 2\,K^{\cdot} + Cd^{\cdot\cdot} + 6\,(CN)'$.

Bei der Bildung der normalen Komplexe wird der Elektronenaufbau des Zentralatoms nicht wesentlich beeinflußt; die Bindung erfolgt durch Dipolkräfte, wie bei NH_3, H_2O (Einlagerungsverbindungen, weil die Dipole zwischen die Ionen eingelagert werden), bzw. durch sonstige VAN DER WAALSsche Kräfte.

Von diesen Verbindungen sehr verschieden sind die *Anlagerungsverbindungen*, wie z. B. $AlCl_3 \cdot NH_3$, $BF_3 \cdot NH_3$, bei welchen der Dipol bis zur Berührung des Zentralatoms kommt, so daß solche Verbindungen nicht mehr symmetrisch gebaut sind. Da diese Verbindungen zum ausgesprochen „umhüllten Typ" gehören, kristallisieren sie in Molekelgittern, haben verhältnismäßig tiefe Schmelz- und Siedepunkte und sind in nichtwässerigen Lösungsmitteln zu wenig leitenden Lösungen löslich. Da die angelagerten Dipole mit starken Kräften gebunden sind, wird z. B. die Säuredissoziation OH-haltiger Molekel stark erhöht, da die RO-Ionen stärker gebunden werden als die ROH-Molekel. So bildet $ZnCl_2$ in Alkohol die Säure $[ZnCl_2(OC_2H_5)_2]H_2$; die einen Übergang zu den normalen Komplexen darstellt.

Die *Durchdringungskomplexe*[1] zeigen keinerlei Anzeichen einer merkbaren rückläufigen Dissoziation. Das $[Co(NH_3)_6]Cl_3$ als typischer Vertreter dieser Gruppe spaltet oberhalb einer bestimmten Temperatur irreversibel in Kobaltchlorid usw. auf, wobei das

[1] W. BILTZ, Z. anorg. Ch. **164** (1927), 345.

Ammoniak teilweise zu Stickstoff oxydiert wird. Auf Grund magnetischer[1], optischer und raumchemischer Überlegungen nimmt man an, daß die Bildung derartiger Komplexe mit einer Auffüllung von 3-d- und 4-s-Niveaus verbunden ist. („Koordinative Kovalenz.") Mit dieser Auffüllung des 3-d-Niveaus verschwindet der Paramagnetismus des Zentralatoms, wie aus Tab. 35 hervorgeht.

Tabelle 35.

Einfache Verbindungen, normale Komplexe	BOHRsche Magnetonen	Durchdringungskomplexe	
$CoCl_2$, blau	5,04	$[Co(NH_3)_6]\,Cl_3$, gelb	diamagnetisch
$[Co(N_2H_4)_2]\,Cl_2$	4,93	$[Co(NH_3)_4\,CO_3]Cl$, purpurrot	,,
$NiCl_2$, gelb	3,42	Ni-Dimetylglyoxim, rot	,,
		$Ni(CO)_4$	,,
$FeCl_2$, hellgrünlich	5,23	$[Fe(CN)_6]\,K_4$, gelb	,,
$[Fe(NH_3)_6]\,Cl_2$, grün	5,25	$[Fe^{II}$ Dipyridyl$]\,Cl_2$, rot	,,
$Fe_2(SO_4)_3$	5,86		
$[Fe(CN)_6]\,K_3$, rot	2		

ALFRED WERNER schuf eine rationelle Nomenklatur der Komplexverbindungen. Bei komplexen Kationen setzt man zuerst die Namen der Säurereste, dann diejenigen der Neutralteile vor den Namen des Zentralions, an dem der Name des dissoziierbaren Anions angehängt wird. Zur Bezeichnung komplexgebundenen Wassers benützt man den Ausdruck „aquo", zur Bezeichnung des Ammoniaks „ammin". Die Namen komplexer Anionen werden so gebildet, daß zuerst die dissoziierbaren Kationen, dann die im Komplex gebundenen Liganden, zuletzt das Zentralatom mit der Endung -at genannt werden. Diese Nomenklatur für komplexe Anionen, wie z. B. $Na_3[Fe(CN)_6]$-Natriumhexacyanoferriat wird selten angewendet. Über die Nomenklatur einiger der wichtigsten Kobaltammine gibt Tab. 36 Auskunft.

[1] W. KLEMM, Magnetochemie (Leipzig 1936).

Tab. 36. Kobaltammine.

	Alte Bezeichnung	Rationelle Bezeichnung
	Mit dreiwertigem Kation	
$[Co(NH_3)_6]X_3$	Luteokobaltsalze	Hexamminkobalti- (chlorid usw.)
$[Co(NH_3)_5H_2O]X_3$ ..	Roseokobaltsalze	Aquo-pentammin-kobalti-
$[Co(NH_3)_4(H_2O)_2]X_3$.	Tetramminroseo-	Diaquotetrammin-kobalti-
	Mit zweiwertigem Kation	
$[Co(NH_3)_5Cl]K_2$	(Chlor-) Purpureo-Kobaltsalze	Chloropentammin-kobaltisalze
$[Co(NH_3)_5NO_2]K_2$ ...	Xanthokobaltsalz	Nitropentammin-kobaltisalze
$[Co(NH_3)_5ONO]K_2$ ..	Isoxanthokobalt...	Nitritopentammin-kobaltisalze
$[Co(NH_3)_4(H_2O)Cl]K_2$	Chlorpurpureotetrammin	Chloro-aquo-tetramminkobaltisalze
	Mit einwertigem Kation	
$[Co(NH_3)_4Cl_2]X$	Dichlor-Praseokobalti-	1,6 Dichlortetrammin-kobalti-
	,, violeokobalti-	1,2 dichlortetrammin-kobalti-
$[CoNH_3)_4(NO_2)_2]X$ ..	Croceokobalti-	1,6 dinitrotetrammin-kobalti-
	Flavokobalti-	1,2 dinitrotetrammin-kobalti-
$[Co(NH_3)_4CO_3]X$	—	Carbonatotetrammin-kobalti-
	Nicht dissoziierende Verbindungen	
$[Co(NH_3)_3(NO_2)_3]$ ...	—	Trinitrotriammin-kobalt

Im Zusammenhang mit den Vorstellungen der Koordinationslehre über den räumlichen Aufbau der Komplexe sind eine Vielfalt von Isomeriefällen möglich, die an Hand einzelner Beispiele angeführt werden mögen. Eine Erläuterung erübrigt sich in den meisten Fällen.

1. Koordinationsisomerie.

[Co en$_3$] [Cr(C_2O_4)$_3$] Triäthylendiamminkobalt-trioxalatochromiat.

[Co(C_2O_4)$_3$] [Cr en$_3$] Triäthylendiamminchromi-trioxalatokobaltiat.

2. Hydratisomerie.

[Cr(H_2O)$_6$] Cl_3;[Cr(H_2O)$_5$Cl]$Cl_2 \cdot H_2O$; [Cr(H_2O)$_4$$Cl_2$] Cl·2 H_2O.

3. Ionisationsisomerie.

[Co(NH_3)$_5$$SO_4$] Br Sulfatopentamminkobaltibromid (rotviolett).
[Co(NH_3)$_5$Br]SO_4 Bromopentamminkobaltisulfat (violett).

4. Salzisomerie.

[Co(NH_3)$_5$$NO_2$]$X_2$ Nitropentamminkobaltisalz (gelb, beständiger).

[Co(NH_3)$_5$ONO]X_2 Nitritopentamminkobaltisalz (rot, unbeständiger).

5. Cis-Trans-Isomerie.

in Diacido-Tetrammin-Komplexen.

Aus der Oktaedertheorie der Komplexe mit der Koordinationszahl 6 ergibt sich die Forderung von Cis-Trans-Isomerie bei Verbindungstypen [CoA_4B_2]. Daß tatsächlich zwei und nicht mehr als zwei Isomeriefälle auftreten, war eine bedeutende Stütze der Oktaedertheorie, bevor die Richtigkeit dieser Anschauung

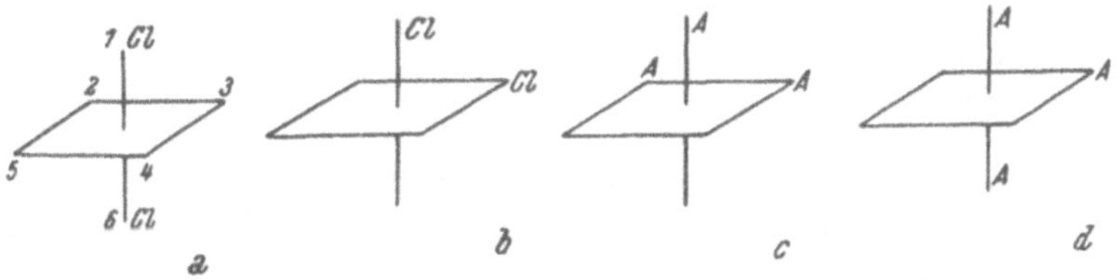

Abb. 213. Cis-trans-Isomerie.

durch die Röntgenstrukturanalyse bewiesen wurde. In den Cis- oder 1,2-Verbindungen sind die B-Liganden benachbart; in den Trans- oder 1,6-Verbindungen sind die B-Liganden getrennt, wie aus dem Beispiel der Dichlorotetramminchloride, Abb. 213a, b, hervorgeht. Die Cis-Verbindung ist violett gefärbt und hat deshalb die alte Bezeichnung Dichlorvioleokobaltchlorid, während die grüne Trans-Verbindung die alte Bezeichnung Dichlorpraseokobaltchlorid hat. In analoger Weise treten in Verbindungstypen $[CoA_3B_3]$, z. B. den Triacidotriamminkomplexen zwei Verbindungstypen, Abb. 213c, d, auf.

6. Optische Isomerie.

Aus der Oktaedertheorie folgt weiter, daß in Komplexen des Typus $[Co\,en_2\,A_2]$, wobei en eine zweizählige „Chelatgruppe" (von chela = Krebsschere), im speziellen Falle Äthylendiamin bedeutet, bei den Cis-Verbindungen Spiegelbildisomerie auftreten muß, wie aus den Abb. 214a, b hervorgeht, während die

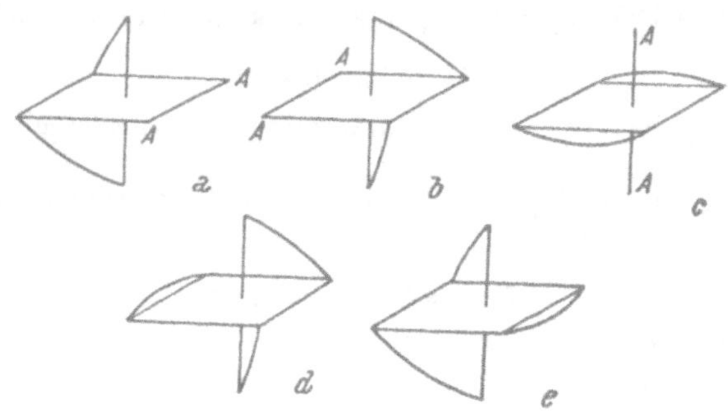

Abb. 214. Optische Isomerie.

Transverbindung, Abb. 214c, nicht aufspaltbar ist. So können die Violeosalze $[Co\,en_2\,Cl_2]X$ und die Flavosalze $[Co\,en_2\,(NO_2)_2]X$ in optische Antipoden aufgespalten werden. In analoger Weise gilt dies für Verbindungen mit drei Chelatgruppen $[Co\,en_3\,X_3]$, Abb. 214d, e.

7. Valenzisomerie.

Bei der Valenzisomerie werden in den isomeren Formen gleiche Radikale durch verschiedenartige Valenzkräfte aneinandergekettet, wie z. B. in den folgenden Verbindungen:

$$\left[en_2\,Co^{III}\left\langle\begin{matrix}O_2\\NH_2\end{matrix}\right\rangle Co^{IV}\,en_2\right]X_4$$ Tetraäthylendiammin-μ-amino-μ-Peroxokobaltikobaltesalze

$$\left[en_2\,Co^{III}\left\langle\begin{matrix}O_2\\NH\\HCl\end{matrix}\right\rangle Co^{IV}\,en_2\right]X_3$$ Tetraäthylendiammin-μ-Ammonium-μ-Peroxokobaltikobaltesalze[1].

[1] A. Werner, Lieb. Annalen 375 (1910), 61, 70.

Von besonderer Bedeutung ist die *Stabilisierung von Wertigkeitsstufen* durch Komplexbildung, wie sie beim dreiwertigen Kobalt in den Kobaltamminen, bei vierwertigem Kobalt in den μ-peroxo-mehrkernigen Kobaltamminen, im zweiwertigen Silberpyridinkomplex, im einwertigen Nickelcyankomplex usw. auftritt. Über den Abbau normaler Ammoniakate wird S. 436 berichtet.

Salzhydrate.

Die Bildung von Salzhydraten zeigt gewisse Analogien zur Bildung der Ammoniakate; doch ist eine befriedigende Einordnung lediglich nach den Gesichtspunkten der Koordinationstheorie nicht möglich. Man kann heute den Begriff *Kristallwasser* in fünf Untergruppen einordnen, die nach der ungefähren Reihenfolge der Abnahme der Bindungsfestigkeit angeführt werden.

1. *Konstitutionswasser:* liegt in Form von Hydroxylgruppen vor.

2. *Koordinationswasser:* a) als neutrale Komponente in Amminen- und Azidokomplexen, b) in Aquokationen.

3. *Anionenwasser:* in festem Zustand mit dem Anion durch Hydroxylbindungen verknüpft.

4. *Gitterwasser:* das Wasser besetzt bestimmte Stellen im Kristallgitter und ist weder an das Kation noch an das Anion gebunden.

5. *Zeolithartiges Wasser:* besetzt wahllos beliebige Gitterstellen und führt bei der Entwässerung zur Entstehung eines bivarianten Gleichgewichtes.

Koordinationswasser. In einer Reihe von Salzen mit vier und sechs Molekeln Kristallwasser konnte auf Grund von Röntgenstrukturuntersuchungen oktaedrische, bzw. tetraedrische Koordination festgestellt werden. Diese Aquokationen entsprechen in den meisten Fällen den reversibel dissoziierenden Salzammoniakaten; sie besitzen eine bestimmte Tensionskurve; ihre Entwässerung verläuft längs einer unstetigen isothermen oder isobaren Kurve. Mehrkernige Aquokationen sind nicht bekannt, so daß derartige Formulierungen auf Salzhydrate komplizierterer Zusammensetzung, wie z. B. $3\,CdSO_4 \cdot 8\,H_2O$ nicht angewendet werden können. Wasserdoppelmoleküle (alte Formulierung z. B. $[Al(H_4O_2)_6(SO_4)_2]\,K_2$) sind mit den Ergebnissen der Röntgenstrukturuntersuchung nicht zu vereinbaren. Lediglich im Falle der Chromichloride ist die Bindungsfestigkeit des Wassers mit der des Ammoniaks in den Kobaltamminen zu vergleichen, so daß auch Ionisationsisomerie auftritt:

$$[Cr(NH_3)_5H_2O]^{3\cdot\cdot\cdot} \rightleftharpoons [Cr(NH_3)_5OH]^{2\cdot\cdot} + H^{\cdot}.$$

Anionenwasser. In den Vitriolen $[Me^{II}(H_2O)_6]SO_4 \cdot H_2O$, im Kupfersulfat $[Cu(H_2O)_4]SO_4 \cdot H_2O$ usw. ist eine Wassermolekel auf jeden Fall nicht mit dem Kation vereinigt und wird beim isobaren Abbau bei der höchsten Temperatur abgebaut. SIDGWICK nimmt an, daß diese Molekel an die Sulfatsauerstoffatome durch Wasserstoffbindungen gebunden sind, so daß z. B. Kupfervitriol folgende Struktur zukommen würde,

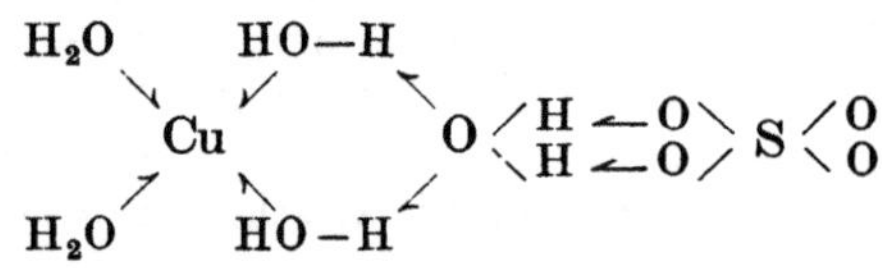

wobei die vier Wassermolekel um das Kupferatom in einer Ebene liegen. Nach dieser Formulierung und in Übereinstimmung mit den experimentellen Ergebnissen werden bei der Entwässerung zuerst die beiden freien Wassermolekel, zuletzt das Anionenwasser selbst abgegeben.

Die unter 1 bis 4 besprochenen Hydratationstypen haben die gemeinsame Eigenschaft, daß bei der Entfernung des Wassers neue feste Phasen entstehen, die mit den ursprünglichen nicht isomorph sind. Es entstehen demnach bei der Entwässerung monovariante Systeme, so daß für jede Phase, analog den Ammoniakaten, eine eindeutig von der Temperatur abhängige Tensionskurve aufgestellt werden kann. Die isothermen (p-x) und isobaren (t-x) Abbaukurven weisen Knickpunkte auf, die den beobachteten Hydraten entsprechen. Die Energieänderung des Systems läßt sich aus der Reaktionsisochore $U = \frac{4,57 \cdot T_1 \cdot T_2}{T_1 - T_2} \cdot \log \frac{p_1 T_2}{p_2 T_1}$ berechnen und stimmt gut mit den kalorimetrisch bestimmten Werten überein.

Zeolithwasser. Bei gewissen Schichtgitter- und Silikatstrukturen bildet sich bei der Entwässerung keine neue Phase; das Wasser ist in diesen Fällen statistisch verteilt oder sehr locker gebunden in die Zwischenräume der Struktur eingebaut, so daß sich bei seiner Entfernung weder die Gitterstruktur noch die Gitterabstände verändern. Demnach ist das Entwässerungssystem divariant; die Abbaukurve verläuft stetig, wie bei den Zeolithen, von denen der Name dieser Hydratationstype stammt.

Die Existenz bestimmter Komplexverbindungen, auf welche die KOSSELsche Theorie der Elektrovalenzbindung angewendet werden kann, läßt sich rechnerisch auf Grund des COULOMBschen Gesetzes voraussagen. Als Beispiel sei die Berechnung der Bildungsenergien von BF_3 sowie des $[BF_4]'$-Ions durchgeführt. Die Bildungsenergie E_{BF_3} der BF_3-Molekel berechnet sich aus der Summe $E_1 + E_2$, wobei E_1 die, infolge der gegenseitigen Anziehung der ungleichnamig geladenen Ionen freiwerdende Energie (deshalb negativ gerechnet), E_2 die, zur Überwindung der gegenseitigen Abstoßung der gleichnamig geladenen Ionen aufzuwendende Energie bedeutet:

$$E_{BF_3} = -E_1 + E_2 = -3\frac{3e^2}{R_0} + 3\frac{e^2}{R_0\sqrt{3}} = -\frac{7{,}27}{R_0}\,e^2\,\text{Erg}.$$

R_0 ist der Abstand der Mittelpunkte des Bor-Ions zum Fluor-Ion. Aus den V. M. GOLDSCHMIDT-PAULINGschen Werten der Ionenradien ergibt sich $R_0 = 0{,}20 + 1{,}34 = 1{,}54$ Å.

$$E_{BF_3} = -\frac{7{,}27}{1{,}54 \cdot 10^{-8}} \cdot e^2 = -4{,}71 \cdot 10^{-8} \cdot e^2\,\text{Erg}.$$

Berechnet man analog die Bildungsenergie des $[BF_4]'$-Komplexes unter der Annahme tetraedrischer Koordination der vier Fluor-Ionen, die sich gegenseitig berühren, so berechnet sich der Mittelpunktabstand R_1 zu 1,63 Å.

$$E_{BF_4} = -4 \cdot \frac{3e^2}{R_1} + \frac{3 \cdot \sqrt{6}}{2 R_1}\,e^2 = -\frac{8{,}33}{R_1}\,e^2 = -5{,}13 \cdot 10^{-8} \cdot e^2\,\text{Erg},$$

ist größer als E_{BF_3}; es muß sich daher das komplexe Ion aus BF_3 und F' unter Energieabgabe bilden.

Die Berechnung der Bildungsenergie für die hypothetischen $[BF_5]''$- und $[BF_6]'''$-Komplexe ergibt Werte, die *geringer* sind als jene des BF_4. Da bei freiwillig verlaufenden Vorgängen stets jene maximaler Bildungsenergie bevorzugt sind, konnten die hypothetischen BF_5- und BF_6-Komplexe in Übereinstimmung mit den theoretischen Überlegungen experimentell nicht nachgewiesen werden.

In analoger Weise erklärt man die Bildung von Komplexen mit anderen ladungstragenden Liganden. Auch die Anlagerung von Neutralteilen mit Dipolen läßt sich unter diesem Gesichtspunkt erklären. Weiters werden wellenmechanische Resonanzkräfte, in manchen Fällen Kovalenzbindungen, bzw. die Überlagerung aller dieser Faktoren angenommen.

Während die Bildung der Verbindungen erster Art mit Elektrovalenzbindung auf einen Elektronenaustausch und der sodann erfolgenden elektrostatischen Anziehung der Ionen beruht, treten bei der Bildung von Koordinationsverbindungen so viele Atome, Ionen oder Gruppen zusammen, wie unter Energieabgabe zusammentreten können.

Isobarer und isothermer Abbau von Ammoniakaten, Hydraten usw.

Zur Auffindung und Charakterisierung von Verbindungen mit begrenzten Beständigkeitsbereichen, besonders der Ammoniakate und Hydrate, bedient man sich der Methoden des isothermen und isobaren Abbaues, die an Hand einzelner Beispiele besprochen werden mögen.

Den isobaren Abbau bei Atmosphärendruck nimmt man so vor, daß man die Substanz bei jeweils konstanter Temperatur im NH_3-Strom bis zur Gewichtskonstanz erhitzt; sodann die Temperatur um einige Grade steigert, wieder zur Gewichtskonstanz bringt usf. Aus den so erhaltenen Werten konstruiert man eine Gewichtsverlust- (bzw. Molverlust-) Temperaturkurve, aus der sich die Existenzgebiete der einzelnen Verbindungen ergeben. Abbildung 215 zeigt eine derartige Abbaukurve von $[Ni(NH_3)_6]Br_2$ nach W. Biltz[1], aus der deutlich hervorgeht, daß das Hexammin bei 192 bis 195° C in das Diammin und dieses bei 348 bis 350° C in das wasserfreie Nickelbromid übergeht. Eine Entscheidung, ob ein Monammin mit *kleinem* Existenzbereich auftritt, wofür in der Kurve Andeutungen vorhanden sind, kann nicht gefällt werden.

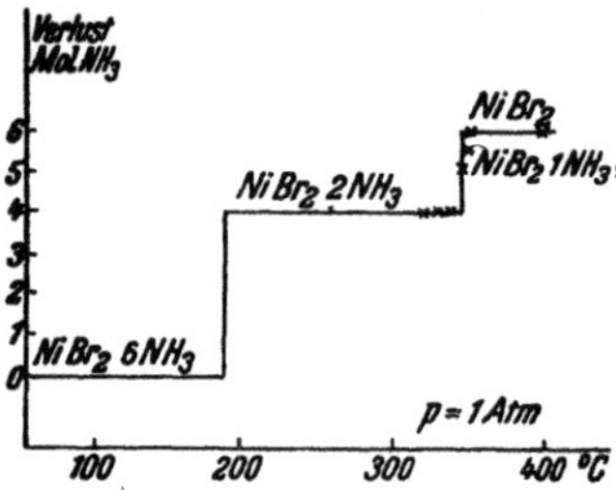

Abb. 215. Isobarer Abbau.

Die Gewichtsänderungen der, in einem Schiffchen eingewogenen, Substanz werden durch Rückwägung ermittelt.

Um die Erhitzung der Substanz möglichst gleichmäßig durchzuführen, empfiehlt Biltz, das Rohr, in dem sich das Schiffchen befindet, in die Bohrung eines dicken Kupferblockes einzulegen, der in einem elektrischen Ofen erhitzt wird. Eine zweite Bohrung im Kupferblock nimmt das Thermometer auf. Nachdem die Substanz 1 bis 2 Stunden bei konstanter Temperatur im lang-

[1] W. Biltz, B. Fetkenheuer, Z. anorg. Ch. **83** (1913), 163.

samen Ammoniakstrom belassen wurde, kühlt man rasch durch Wegschieben des Ofens ab und verdrängt gleichzeitig das Ammoniak durch einen reinen, trockenen Stickstoffstrom. Die Wägungen werden auf diese Weise bei jeder Temperatur bis zur Gewichtskonstanz fortgesetzt, ehe man zu der nächsthöheren Temperaturstufe (5 oder 10°) übergeht. Es ist verständlich, daß man mittels dieser recht mühsamen Methode Existenzbereiche von Verbindungen, die nur einige Grade betragen, leicht übersehen kann.

Einen wesentlichen Fortschritt brachte die Konstruktion des *Tensi-Eudiometers* von HÜTTIG[1], mit dem man sowohl isobare, als auch isotherme Abbauversuche unter Druckkontrolle, Volumenmessung der abgepumpten Gase und Gewichtsmessung der Versuchssubstanz durchführen kann. Der Apparat, Abb. 216, besteht aus einem Manometer, dessen rechter Schenkel von der Nullstellung (Vakuum) an in ml kalibriert ist (Raum F), einem 10 bis 15 mm weiten Rohr, an das sich zwei Hilfsvolumen D und E, ein Dreiweghahn H_1, sowie ein aus zwei Schliffen, Hahn H_2 und Kölbchen a, bestehender Apparateteil anschließt. Die Räume A, B, D und E werden vor dem Aneinanderblasen samt ihren Hahnbohrungen ausgewogen. Sodann wird Raum C aus den Gasgesetzen berechnet, indem man z. B. D mit trockener Luft vom Druck p_1 füllt; die Räume (ohne E) bis zum Hahn H_2 völlig evakuiert und Hahn H_3 schließt. Öffnet man nun den Hahn von D, so findet Druckausgleich statt, wobei $p_1 \cdot D = p_2 (F + C + D + B)$ ist. Daraus berechnet sich $C = \frac{p_1}{p_2} D - (F + D + B)$. Umgekehrt kann man auch D evakuieren, $F' + C + B$ mit trockener Luft vom Druck p_1' füllen und nach dem Druckausgleich C berechnen usf.

Durch gegenseitige Kontrolle läßt sich der Raum C genau bestimmen. Voraussetzung ist, daß sich die Raumtemperatur während den Messungen nicht ändert; daß die Apparatur im Hochvakuum mit P_2O_5 getrocknet wurde und daß die Luft ebenfalls mit P_2O_5 getrocknet wird. $B + C$ sollen etwa 80 bis 100 ml Inhalt haben; A soll tunlichst klein (10 bis 20 ml) sein.

Um mit der so justierten Apparatur einen isobaren Abbau durchzuführen, geht man folgendermaßen vor: Man beschickt Kölbchen a mit einer gewogenen Menge der abzubauenden Sub-

[1] G. F. HÜTTIG, Z. anorg. Ch. **114** (1920), 161. — Auf einem anderen Prinzip beruht der Apparat zur Aufzeichnung von Abbaukurven von S. ŠKRAMOVSKY, R. FORSTER, G. F. HÜTTIG, Z. phys. Chem. **B 25** (1934), 1.

stanz; kühlt erforderlichenfalls ein und evakuiert das ganze System mit der Diffusionspumpe. Stellt man den Abbau z. B. auf etwa 10 Torr ein, so wird man die Substanz vorsichtig langsam erwärmen, bis die Tension von 10 Torr erreicht ist. Man hält nun diese Temperatur konstant und pumpt das Gas so oft ab, bis der Druck nicht mehr auf 10 Torr steigt. Beim Abpumpen wird Hahn H_2 geschlossen. Aus dem Volumen des Apparates, dem Druck und der Temperatur berechnet man die abgepumpte

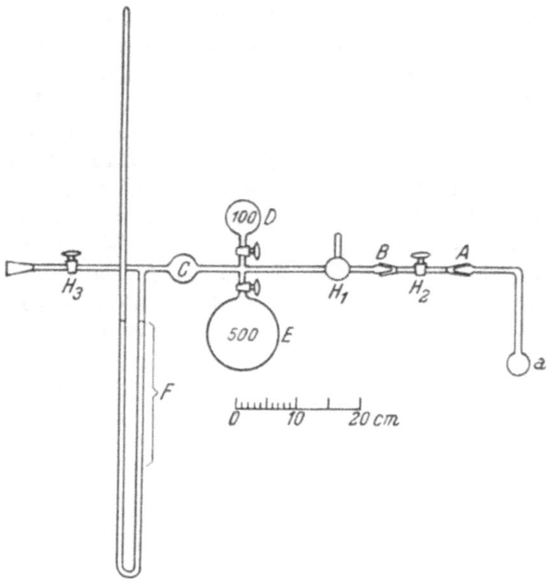

Abb. 216. Tensi-Eudiometer.

Gasmenge im Normalzustand, aus dieser und dem Litergewicht des Gases den Gewichtsverlust, den man an den charakteristischen Punkten der Abbaukurve durch Rückwägung des Kölbchens a samt Hahn H_2 kontrolliert. Um H_2 mit a abnehmen zu können, verbindet man Raum B mittels des Dreiweghahnes H_1 über ein KOH-Rohr mit der Atmosphäre. Vor der Fortsetzung des Versuches wird B wieder evakuiert. — Steigt der Druck nicht mehr auf 10 Torr, so steigert man vorsichtig die Temperatur, bis der Druck wieder erreicht ist, pumpt ab usf., bis der Abbau vollkommen durchgeführt ist. Bei dem isobaren Abbau bei niederen Drucken wird man mit dem Hilfsvolumen E arbeiten. Bei dem Abbau von Hydraten

Tabelle 37.

Isobarer Abbau von $Al_2(SO_4)_3 \cdot 27\ H_2O$
E = 0,5605 g; 1 Mol H_2O = 0,012189 g H_2O

Nr.	°C	p	Kölbchen und Substanz g	Mol H_2O
1	—4	0	71,9961	27
2	0	0		
3	3	3,5		
4	4	3,7		
5	5	5		
6	12	9		
7—24	10—11	7	71,8865	18
25	11	2		
26	13	4,5		
27	19	5		
28	25—30	6,2		
29	35—36	7		
30	37	7—8		
31	35—36	7		
32	36	3	71,8621	16
33	40	3,1		
34	45	3,3		
35	50	3,5		
36	55—60	4,5		
37	70—75	6		
38—49	85	7	71,7890	10
50	90	4		
51	95	5,1		
52	100	6,2		
53—60	104—105	7	71,7403	
61	120	7		
62	138—139	7		
63	153—155	7		
64	170	7		
65	190	7		
66	206	7		
67	225	7		
68	240—241	7		
69	253	7		
70	283	7		
71	308	7		
72	343	7	71,6672	0
73	350—400	0		

muß man nach HÜTTIG etwa 5 Torr unter dem Sättigungsdruck des Wasserdampfes bei Zimmertemperatur bleiben, wenn man den abgepumpten Wasserdampf volumetrisch in Rechnung stellen will. Tab. 37 und Abb. 217 geben als Beispiel den isobaren Abbau von $Al_2(SO_4)_3 \cdot 27\,H_2O$ nach KRAUSS und FRICKE[1] wieder. Die Gewichtsverluste wurden durch Rückwägung bestimmt; die Einstelldauer betrug bei jedem Abbauschritt 2 bis 5 Stunden; vor den Wägungen 6 Stunden (Ammoniakate lassen sich im allgemeinen bedeutend rascher abbauen). Die letzten 6 Molekel H_2O sind zeolithisch gebunden.

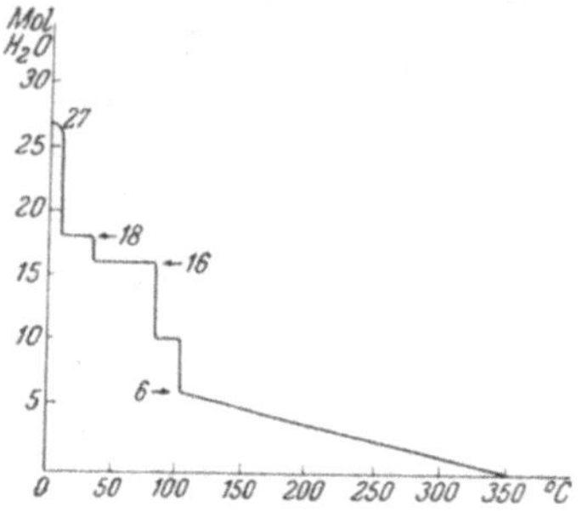

Abb. 217. Isobarer Abbau von $Al_2(SO_4)_3 \cdot 27\,H_2O$.

Obwohl der Abbau bei dem vorliegenden Beispiel in sehr kleinen Schritten erfolgte, ist auch hier die früher besprochene Fehlerquelle, schmale Existenzbereiche von Phasen zu übersehen, möglich. Für einen Ammoniakatabbau sei eine Berechnung schematisch durchgeführt:

Bei einem Volumen B + C + D + F = 600 ml und einem Abbau bei 10 Torr entsprechen diesem Volumen bei 20° C nach $v_0 = \frac{v_t\, p_t\, T_0}{p_0\, T} = \frac{600 \cdot 10 \cdot 273}{760 \cdot 293} = 7{,}35$ ml im Normalzustand. Bei einem Litergewicht des $NH_3 = 770{,}8$ mg/l entsprechen den 7,35 ml NH_3 7,35 : 1000 = x : 770,8 = 5,66 mg NH_3, die bei jedem Abpumpen abgesaugt werden. Bei einer Einwaage von z. B. 0,5000 g $[Co(NH_3)_6]Br_2$ entsprechen nach 320.99 (M. G.): 102.18 $(6\,NH_3)$ = 0.500 (E): y; 159,5 mg NH_3 = 6 Mol NH_3; 1 abzubauendes Mol NH_3 = 26,6 mg NH_3. Ein Mol Ammoniak wird also unter den angenommenen Bedingungen in bloß drei Abbauschritten abgebaut.

Mittels Nomogrammen[2] kann man unschwer die v_0-Werte für verschiedene Drucke und für verschiedenen Raum F graphisch bestimmen. Der Kompressibilitätskoeffizient ist bei diesen Rechnungen nicht zu berücksichtigen, da die Korrektur innerhalb der Fehlergrenzen bleibt.

Die Methode des *isothermen* Abbaues gestattet die Auffindung von Phasen mit engen Existenzbereichen. So wurde die Frage,

[1] F. KRAUSS, A. FRICKE, Z. anorg. Ch. **166** (1927), 170.

[2] O. LIESCHE, Chem. Fabr. **1** (1928), 161 u. ff.

ob ein $Ni\,NH_3Br_2$ existiert, mittels dieser Methode positiv entschieden[1]: $[Ni(NH_3)_6]Br_3$ wurde durch Erhitzen auf 230 bis 240° in das $Ni(NH_3)_2Br_2$ abgebaut und dieses im Tensieudiometer bei der Temperatur des siedenden α-Bromnaphthalins (K.P. 276,2° C) weiter abgebaut. Abb. 218 zeigt die Abbaukurve, aus der die Existenz eines Monammins erwiesen ist. Um dessen Existenzbereich bei Atmosphärendruck festzustellen, bestimmt man im Tensieudiometer die Tensionskurven des Diammins und des Monammins, extrapoliert die Dampfdrucke aus der Reaktions-

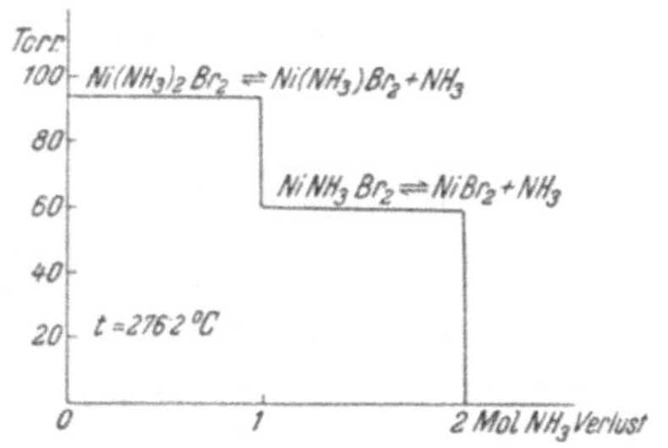

Abb. 218. Isothermer Abbau von $Ni(NH_3)_2Br_2$.

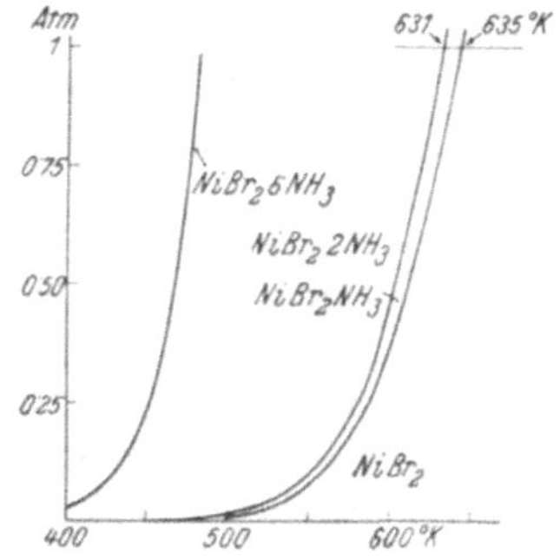

Abb. 219. Tensionskurven der Nickelbromid-Ammoniakate.

isochore und erhält Kurvenzüge, Abb. 219, aus denen im speziellen Falle hervorgeht, daß der Existenzbereich des $NiNH_3Br_2$ bei Atmosphärendruck zwischen 358 und 362° C liegt.

Carbonatotetramminkobaltinitrat[2] $[Co(NH_3)_4CO_3]\cdot NO_3\cdot \cdot 1/2\,H_2O$ M = 258.09

Carbonatotetramminkobaltisulfat[2] $[Co(NH_3)_4CO_3]_2\cdot SO_4\cdot \cdot 3\,H_2O$ M = 711.34

Man löst 20 g Kobaltkarbonat in möglichst wenig konzentrierter Salpetersäure (verdünnter Schwefelsäure), verdünnt mit Wasser auf 100 ccm und gießt diese Lösung oder eine solche von 50 g kristallisiertem Kobaltnitrat (Sulfat) in ein Gemisch von 250 ccm konzentriertem Ammoniak und 100 g Ammoniumkarbonat in 500 ccm Wasser, das sich in einem Einliterkolben befindet. Man saugt mittels einer verkehrten Spritzflaschen-

[1] W. Biltz, B. Fetkenheuer, Z. anorg. Ch. **89** (1914), 134.

[2] S. M. Jörgensen, Z. anorg. Ch. **2** (1892), 281.

anordnung etwa drei Stunden mit der Wasserstrahlpumpe einen *reinen* Luftstrom durch die anfangs tiefviolette Lösung, bis dieselbe blutrot geworden ist. Diese Lösung wird über freier Flamme in einer Porzellanschale, unter Aufblasen eines reinen Luftstromes, möglichst rasch auf etwa 300 ccm eingedampft, wobei man alle 5 bis 10 Minuten etwa 5 g Ammoniumkarbonat (insgesamt 30 g) zusetzt. Man filtriert von ausgeschiedenen Kobaltoxyden ab und dampft unter portionenweiser Zugabe von weiteren 10 bis 15 g Ammoniumkarbonat in gleicher Weise auf 200 ccm ein und läßt langsam erkalten. Es scheiden sich große purpurrote Kristalltafeln des Nitrates, bzw. granatrote bis 1 cm lange, mehrere Millimeter breite Prismen des Sulfates ab, die abgesaugt und mit verdünntem, dann reinem Alkohol gewaschen werden.

Aus der unter Ammoniumkarbonatzugabe weiter eingedampften Mutterlauge kann noch ein weitererunreinerer Anteil des Karbonatosalzes erhalten werden. Diese zweite Fraktion wird zur Reinigung mit der 15fachen Menge Wasser bei Zimmertemperatur ausgezogen, das Filtrat allmählich mit 2 bis 3 Raumteilen Alkohol gefällt und das ausgefällte Salz aus ammoniumkarbonathaltigem Wasser umkristallisiert. Gesamtausbeute etwa 22 bis 25 g.

Das Karbonatotetramminsalz ist Ausgangsmaterial für eine ganze Reihe von Komplexsalzen; das nebenstehende Reaktionsschema gibt einige der wichtigsten an.

Chloropentamminkobaltichlorid[1] (Chlorpurpureokobaltichlorid **$[Co(NH_3)_5Cl] \cdot Cl_2$** M = 250,52.

Man säuert eine Lösung von 3 g Karbonatotetramminkobaltinitrat in 40 ccm Wasser mit etwa 4,5 ccm konzentrierter Salzsäure an, bis alles CO_2 entwichen ist, macht sodann schwach ammoniakalisch, versetzt mit 5 ccm konzentriertem Ammoniak und erhitzt etwa $^3/_4$ Stunden am Wasserbad. (Vgl. Reaktionsschema S. 443.) Nach dem Abkühlen werden 50 ccm konzentrierte Salzsäure zugefügt und die Mischung 1 Stunde am Wasserbad erhitzt. Das violettrot ausgefallene Salz wird nach dem Erkalten abgesaugt, mit Alkohol gewaschen und im Vakuumexsikkator getrocknet. Die Ausbeute beträgt 1,5 bis 2,5 g.

Zur Darstellung größerer Mengen kann man direkt von einer ammoniumkarbonathaltigen, stark ammoniakalischen Lösung von

[1] S. P. L. Sörensen, Z. anorg. Ch. 5 (1894), 369. — H. u. W. Biltz, Übungsbeispiele.

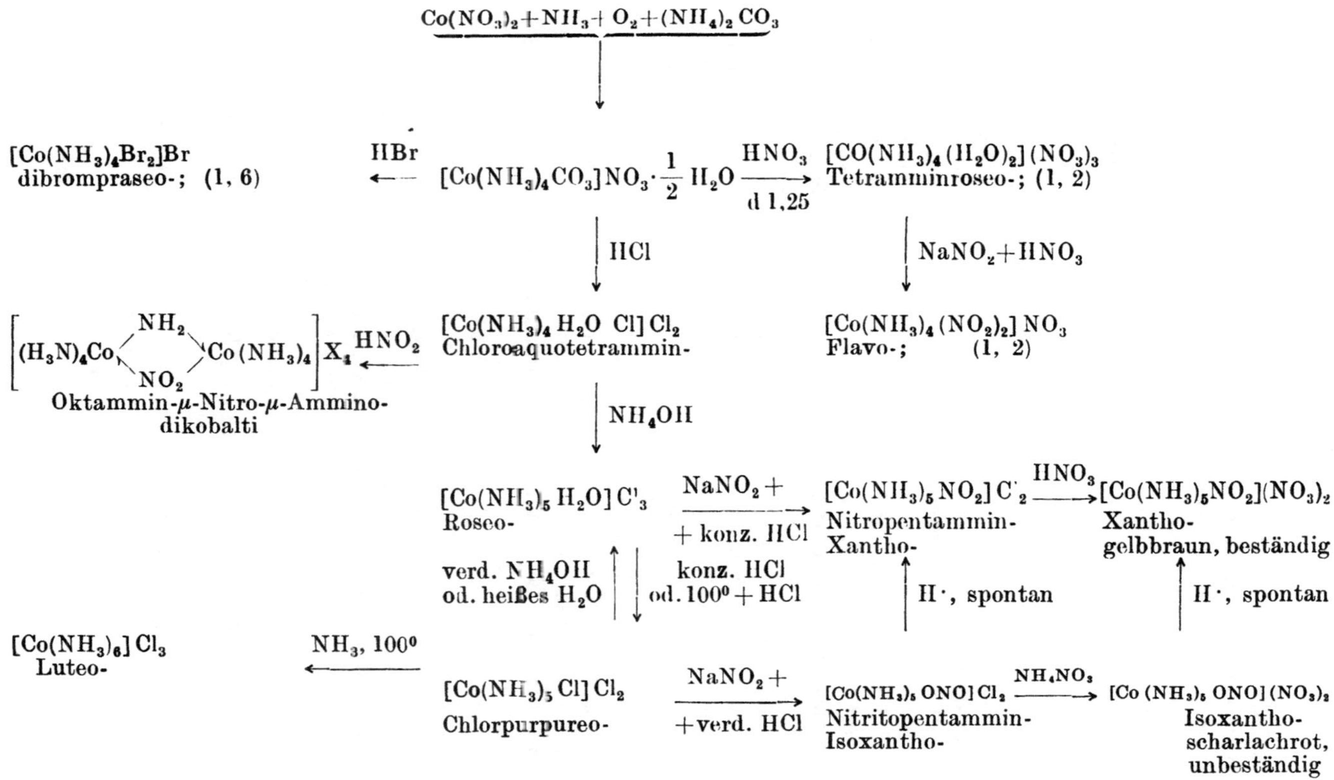
Co(NO3)2 + NH3 + O2 + (NH4)2 CO3
[Co(NH3)4Br2]Br
dibrompraseo-; (1, 6)
HBr
[Co(NH3)4CO3]NO3 · 1/2 H2O
HNO3
d 1,25
[CO(NH3)4 (H2O)2] (NO3)3
Tetramminroseo-; (1, 2)
HCl
NaNO2 + HNO3
(H3N)4Co NH2 NO2 Co (NH3)4 X4
Oktammin-μ-Nitro-μ-Ammino-dikobalti
HNO2
[Co(NH3)4 H2O Cl] Cl2
Chloroaquotetrammin-
[Co(NH3)4 (NO2)2] NO3
Flavo-; (1, 2)
NH4OH
[Co(NH3)5 H2O] Cl3
Roseo-
NaNO2 +
+ konz. HCl
[Co(NH3)5 NO2] Cl2
Nitropentammin-
Xantho-
HNO3
[Co(NH3)5NO2](NO3)2
Xantho-
gelbbraun, beständig
verd. NH4OH
od. heißes H2O
konz. HCl
od. 100° + HCl
H·, spontan
H·, spontan
[Co(NH3)6] Cl3
Luteo-
NH3, 100°
[Co(NH3)5 Cl] Cl2
Chlorpurpureo-
NaNO2 +
+ verd. HCl
[Co(NH3)5 ONO] Cl2
Nitritopentammin-
Isoxantho-
NH4NO3
[Co (NH3)5 ONO] (NO3)2
Isoxantho-
scharlachrot,
unbeständig

Kobaltchlorid ausgehen. Bei der Luftoxydation bildet sich Karbonatotetramminsalz, Aquopentamminsalz, sowie Dekamminperoxodikobaltisalz $[(NH_3)_5Co - (O_2) - Co(NH_3)_5]X_4$, das beim Eindampfen mit Ammoniumchlorid in Chloro- und Aquopentamminsalz übergeht. Die so erhaltene Lösung führt man ebenso wie die reine Lösung des Karbonatosalzes in das Chloropentamminsalz über:

Man vermischt kalt eine filtrierte Lösung von 40 g kristallisiertem Kobaltchlorid, oder 20 g Kobaltkarbonat in möglichst wenig Salzsäure, mit 250 ccm etwa 10%iger Ammoniaklösung und einer Lösung von 50 g Ammoniumkarbonat in 250 ccm Wasser und oxydiert durch dreistündiges Durchsaugen eines reinen kräftigen Luftstromes. Sodann setzt man 150 g Ammoniumchlorid zu und dampft am Wasserbade bis zur breiigen Konsistenz ein. Man säuert unter Umrühren mit Salzsäure an, bis sich kein CO_2 mehr entwickelt, macht darauf wieder ammoniakalisch und setzt 10 ccm konzentriertes Ammoniak zu. Man verdünnt auf 400 bis 500 ccm und erhitzt 1 Stunde auf dem Wasserbad, um das Chloroaquotetramminsalz in das Aquopentamminsalz überzuführen. Nach dem Abkühlen setzt man 300 ccm konzentrierte Salzsäure zu und erhitzt neuerlich etwa $\frac{1}{2}$ bis $\frac{3}{4}$ Stunden am Wasserbad. Es scheidet sich hierbei das, in Salzsäure fast unlösliche, Chloropentamminsalz in violettroten bis dunkelrubinroten rhombischen Kristallen aus, die nach dem Erkalten der farblosen bis grünen Mutterlauge abgesaugt und mit 1 : 1 verdünnter Salzsäure (zur Entfernung des Salmiaks) gewaschen werden. Das so erhaltene Rohprodukt ist mit Kobaltoxyden verunreinigt; es wird in 300 ccm 2%iger Ammoniaklösung zu Aquopentamminchlorid gelöst; man zieht den ungelösten Rückstand noch zweimal mit je 50 ccm derselben Ammoniaklösung aus und fällt die vereinigten Filtrate durch Zusatz von 300 ccm konzentrierter Salzsäure und Erhitzen am Wasserbad. Nach dem völligen Erkalten wird das nunmehr reine Chlorpurpureosalz abgesaugt und mit verdünnter Salzsäure, sodann mit Alkohol gewaschen und im Vakuumexsikkator über KOH getrocknet.

Aquopentamminkobaltioxalat $[Co(NH_3)_5H_2O](C_2O_4)_3 \cdot 4H_2O$ (Roseokobaltoxalat) M = 660,35.

Aquopentamminkobaltichlorid $[Co(NH_3)_5H_2O]Cl_3$ (Roseokobaltchlorid) M = 268,49, L_{10} 4,8.

Chloropentamminkobaltichlorid löst sich in Ammoniak zu Aquopentamminkobaltichlorid, das man *unter starker Kühlung* mit Chlorwasserstoffsäure ausfällen kann[1]. Ein reineres Produkt erhält man über das *Roseokobaltoxalat*[1], das man mit konzentrierter Salzsäure unter Eiskühlung zum Chlorid umsetzt.

Hierzu löst man am Wasserbad in einem mit Uhrglas bedeckten ERLENMEYER-Kolben unter häufigem Umschwenken 10 g Chloropentamminkobaltichlorid in 75 ccm Wasser und 50 ccm 10%igem Ammoniak. Die filtrierte tiefrote Lösung wird auf Zimmertemperatur abgekühlt und langsam, so genau als möglich, mit Oxalsäurelösung neutralisiert. Die Lösung soll eher ganz schwach sauer als ammoniakalisch sein. Wenn nötig, fällt man mit Ammoniumoxalatlösung nach. Es fällt das hochrote Roseokobaltoxalat, das man nach einiger Zeit absaugt, mit Wasser wäscht und zur Reinigung (von etwa vorhandenem Luteosalz) umfällt: Man zieht das Rohprodukt mit 75 ccm kalter, etwa 2%iger Ammoniaklösung aus und fällt das eisgekühlte Filtrat neuerdings mit Oxalsäurelösung bis zur eben sauren Reaktion der Mutterlauge, saugt das Kristallpulver ab, wäscht mit Wasser, dann mit Alkohol und trocknet über Schwefelsäure. Ausbeute etwa 9 g.

Zur Darstellung des *Roseokobaltchlorids* mischt man bei Zimmertemperatur 10 g des gereinigten Roseooxalates mit 30 ccm Wasser, löst durch Zugabe von 50 ccm 1 n-Salzsäure, kühlt die eventuell filtrierte Lösung mit Eis auf 0° ab und fällt sehr langsam unter guter Kühlung durch Eintropfen von 100 ccm konzentrierter Salzsäure. Der ziegelrote, undeutlich kristallinische, dichroitische Niederschlag wird abgesaugt, mit halbkonzentrierter Salzsäure, dann mit Alkohol gewaschen und an der Luft getrocknet. Ausbeute 8 g völlig reines Roseochlorid.

Hexamminkobaltichlorid (Luteokobaltchlorid) $[Co(NH_3)_6]Cl_3$
M = 267,50, L_{12} 6,05.

Man bringt nach der Vorschrift von JÖRGENSEN[2] 10 g Chloropentamminkobaltichlorid, 8 g Ammoniumchlorid und 100 ccm 20%iges Ammoniak in eine Druckflasche mit Patentverschluß (Selterswasserflasche), hüllt die Flasche fest in ein Tuch ein, damit bei einer etwaigen Explosion kein Schaden angerichtet werden kann und bindet als Handhabe ein Holzstück daran. Dann wird das Ganze in einen großen Topf voll kalten Wassers gebracht, zum Sieden erhitzt und 5 bis 6 Stunden im kochenden Wasser belassen. Alle Stunden nimmt man die Flasche vorsichtig aus dem Wasserbade, läßt etwas abkühlen und schüttelt sodann tüchtig um. Man läßt schließlich im Wasserbade erkalten und

[1] S. M. JÖRGENSEN, Z. anorg. Ch. **17** (1898), 460.
[2] S. M. JÖRGENSEN, Z. anorg. Ch. **17** (1896), 455.

bringt die ausgeschiedenen Kristallkuchen mittels der Mutterlauge und eines reinen Eisendrahtes in eine weite Porzellanschale, die man zum Verdunsten des Ammoniaks etwa 24 Stunden im Luftzuge im Freien oder unter einem Abzug stehen läßt. Im Niederschlag befindet sich das Luteosalz mit wenig unangegriffenem Chlorpurpureosalz. Man verdünnt mit Wasser auf 300 bis 400 ccm, fügt 50 ccm konzentrierte Salzsäure hinzu und erhitzt 1 Stunde im Wasserbade, wobei in der Lösung vorhandenes Roseosalz in das Chlorpurpureosalz übergeht. Man versetzt darauf die heiße Lösung mit 250 ccm konzentrierter Salzsäure, kühlt unter der Wasserleitung unter Umschwenken rasch ab, saugt den ausgefallenen Niederschlag auf einer Glassinternutsche ab und wäscht mehrmals mit 20%iger Salzsäure, um eventuell mitgefallenes Ammoniumchlorid zu lösen. Dann laugt man den Niederschlag durch oftmaliges Aufgießen von möglichst wenig, insgesamt etwa 200 ccm kaltem Wasser erschöpfend aus, bis die Waschflüssigkeit mit ganz schwachgelber Farbe abläuft. Das Chlorpurpureosalz bleibt ungelöst zurück. Das Filtrat wird erwärmt und portionenweise unter Umschwenken mit dem halben Volumen konzentrierter Salzsäure versetzt. Nach dem Abkühlen saugt man das Luteochlorid, bräunlichorangerote dichroitische monokline Kristalle, ab, wäscht mit Alkohol säurefrei und trocknet bei mäßiger Wärme. Ausbeute 8 bis 10 g.

Nitropentamminkobaltichlorid $[Co(NH_4)_5NO_2]Cl_2$ (Xanthokobaltchlorid) $M = 261{,}02$.

Man löst nach Jörgensen[1] 20 g Chlorpentamminkobaltichlorid unter Erwärmen auf (nicht in) dem Wasserbade unter häufigem Umschwenken in einem Gemisch von 200 ccm Wasser und 50 ccm 10%igem Ammoniak, in einem mit Uhrglas bedeckten Erlenmeyer-Kolben, filtriert von geringen Mengen schwarzer Kobaltoxyde ab, kühlt und säuert mit verdünnter Salzsäure schwach an. Dann versetzt man mit 25 g kristallisiertem Natriumnitrit und erhitzt am Wasserbad, bis sich der anfänglich gebildete rote Niederschlag von Isoxanthosalz wieder vollständig gelöst hat. Nach dem Erkalten versetzt man die Lösung, in der sich reichliche Mengen von Kristallen abgeschieden haben, anfangs vorsichtig mit 250 ccm konzentrierter Salzsäure, läßt neuerlich erkalten, saugt die großen, braungelben, schön irisierenden Kristalle auf einer Glassinternutsche ab, wäscht mit halbkonzentrierter Salzsäure, dann mit Alkohol und trocknet an der Luft. Ausbeute 19 g.

[1] S. M. Jörgensen, Z. anorg. Ch. **17** (1898), 463.

Nitritopentamminkobaltichlorid (Isoxanthokobaltchlorid[1])
$[Co(NH_3)_5ONO]Cl_2$ M = 261,02.

Man löst 10 g Chloropentamminkobaltchlorid in 150 ccm Wasser und 25 ccm 10%igem Ammoniak unter häufigem Umschütteln und Erwärmen zum Aquopentamminsalz. Man filtriert von Spuren von Kobaltoxyden ab, neutralisiert mit verdünnter Salzsäure, setzt 10 g kristallisiertes Natriumnitrit zu, und wenn dieses gelöst ist, 10 ccm Salzsäure (1 + 1). Den chamoisfarbenen, kristallinen Niederschlag läßt man mehrere Stunden in der Mutterlauge unter Kühlung stehen, filtriert, wäscht mit kaltem Wasser und Alkohol. Die Verbindung geht innerhalb einiger Wochen in das isomere Xanthokobaltchlorid über; sofort beim Versetzen der 10%igen wässerigen Lösung mit dem gleichen Volumen konzentrierter Salzsäure.

1,2 Dinitrotetramminkobaltinitrat[2] (Flavokobaltnitrat)
$[Co(NH_3)_4(NO_2)_2]NO_3$ M = 281,09, L 3.

10 g Karbonatotetramminkobaltinitrat werden, ohne zu erwärmen, in einem Gemisch von 100 ccm Wasser und 14 g 40%iger Salpetersäure d 1,25 zum Diaquotetramminsalz gelöst. Zu dieser Lösung fügt man in Portionen insgesamt 20 g kristallisiertes Natriumnitrit und taucht die Mischung 7 bis 8 Minuten in ein siedendes Wasserbad, bis die Farbe tiefbraungelb geworden ist. Dann kühlt man sofort unter dem Strahle der Wasserleitung ab und setzt 130 ccm 40%ige Salpetersäure zu, wobei starkes Aufschäumen unter Stickoxydentwicklung stattfindet. Am nächsten Tag saugt man den ausgeschiedenen Kristallbrei ab, wäscht mit etwas Salpetersäure, dann Alkohol und kristallisiert aus 25 ccm schwach essigsäurehaltigem Wasser um. Es kristallisieren etwa 6,5 g hellbraune Kristallblättchen oder Prismen, die man absaugt, mit 1 : 1 verdünntem Alkohol, dann reinem Alkohol wäscht und bei gelinder Wärme trocknet.

1,6 Dinitrotetramminkobaltchlorid (Croceokobaltchlorid)
$[Co(NH_3)_4(NO_2)_2]Cl$ M = 254,54.

Man versetzt eine kalt bereitete und filtrierte Lösung von 100 g Ammoniumchlorid und 135 g Natriumnitrit in 750 ccm Wasser mit 150 ccm 20%iger Ammoniaklösung und einer Lösung von 90 g kristallisiertem Kobaltchlorid in 250 ccm Wasser. Man saugt während 4 Stunden einen kräftigen Luftstrom durch diese Lösung, saugt den ausgefallenen Niederschlag nach zwölfstündigem

[1] S. M. Jörgensen, Z. anorg. Ch. **5** (1894), 168.
[2] S. M. Jörgensen, Z. anorg. Ch. **5** (1894), 162, **17** (1898), 473.

Stehen ab und wäscht mit Wasser aus, bis eine Probe des Filtrats auf Zusatz von Ammoniumoxalat, auch nach längerem Stehen, keinen Niederschlag mehr gibt. Das Rohprodukt wird zur Reinigung in heißem essigsaurem Wasser gelöst (je 20 g auf 400 ccm H_2O), schnell durch ein Falterfilter filtriert und das Filtrat mit einer filtrierten Lösung von 40 g Ammoniumchlorid gefällt. Man saugt nach 24 Stunden ab, wäscht die gelben Kristalle mit 90%igem Alkohol bis zur Cl′-Freiheit, dann mit reinem Alkohol und trocknet im Exsikkator. Die Ausbeute wechselt stark.

Trinitrotriamminkobalt[1] $[Co(NH_3)_3(NO_2)_3]$ M = 248,06.

Man saugt während 4 Stunden einen kräftigen Luftstrom durch eine Mischung von 45 g kristallisiertem Kobaltchlorid in 125 ccm Wasser, mit einer *kalt* bereiteten Lösung von 50 g Ammoniumchlorid, 67 g Natriumnitrit in 375 ccm Wasser und 250 ccm 20%igem Ammoniak. Sodann verteilt man die dicke braune Lösung in drei Abdampfschalen, läßt sie drei Tage im Abzug oder im Freien stehen, saugt sodann die ausgeschiedenen Kristalle ab und wäscht diese mit kaltem Wasser, bis das Filtrat chlorfrei abläuft. Das Rohprodukt wird auf zwei Filter verteilt und mit einem Liter heißem, essigsäurehaltigen Wasser durch ständiges Umfiltrieren erschöpfend ausgezogen. Aus dem Filtrat kristallisieren 20 bis 25 g gelbbraune Kristalle von reinem Trinitrotriamminkobalt. Über die auftretenden Reaktionen und Isomerieverhältnisse orientiert das tiefer stehende Schema:

$$[Co\,(NH_3)_3\,(NO_2)_3] \xrightarrow{HCl} \left[Co \begin{matrix} (NH_3)_3 \\ H_2O \\ Cl_2 \end{matrix}\right] Cl \xrightarrow{H_2C_2O_4} \left[Co \begin{matrix} (NH_3)_3 \\ (C_2O_4) \\ Cl \end{matrix}\right]$$

tiefblau, stark lichtbrechend — 1,6, indigoblau

H_2O ↓

$$\left[Co \begin{matrix} (NH_3)_3 \\ (C_2O_4) \\ H_2O \end{matrix}\right] Cl \xrightarrow{NH_3} \left[CO \begin{matrix} (NH_3)_3 \\ (C_2O_4) \\ OH \end{matrix}\right] \xrightarrow{HCl} \left[Co \begin{matrix} (NH_3)_3 \\ (C_2O_4) \\ Cl \end{matrix}\right]$$

1,2, rotviolett.

Hexamminnickelobromid[2] $[Ni\,(NH_3)_6]\,Br_2$ M = 320,71.

d^{25}_{4} 1,889.

Man fällt eine Lösung von 35 g Nickelsulfat in einem Liter Wasser mit einer Lösung von 10 g Natriumhydroxyd in 50 ccm

[1] S. M. Jörgensen, Z. anorg. Ch. **17** (1898), 475, **5** (1894), 185.

[2] S. P. L. Sörensen, Z. anorg. Ch. **5** (1894), 363. — W. Biltz, B. Fetkenheuer, Z. anorg. Ch. **83** (1913), 163, **89** (1914), 98.

Wasser, wäscht den hellgrünen Nickelhydroxydniederschlag durch Dekantation, wozu man etwa 2 bis 3 Tage benötigt, bis er SO_4''-frei ist. Man nutscht den Niederschlag sodann ab und löst ihn in wässeriger Bromwasserstoffsäure (etwa 20 g HBr). Man filtriert, dampft das Filtrat am Wasserbad zur Trockene, löst in möglichst wenig Wasser ($NiBr_2$, L 130), kühlt die Lösung in einer Eis-Kochsalzmischung auf 0^0 ab und fällt mit konzentrierter Ammoniaklösung. Es fallen violette, mikrokristalline Blättchen aus; die Lösung wird farblos. Nach kurzem Stehen bei 0^0 wird der Kristallbrei abgesaugt, sorgfältig mit eiskalter Ammoniaklösung ausgewaschen und im Vakuumexsikkator über einem Gemisch von gebranntem Kalk und etwas Ammoniumchlorid getrocknet.

Hexamminnickelobromid gestattet die Trennung des Nickels vom Kobalt; das entsprechende Kobaltsalz ist viel leichter löslich.

Im Vakuum läßt sich Hexamminnickelobromid bei 280 bis 300^0 zu wasserfreiem Nickelbromid abbauen.

Nickelcarbonyl[1] $Ni(CO)_4$ M = 170,73; F.P. —25^0C; K.P. +40^0C; d 1,32; 15^0-Tension 261 Torr.

Zur Darstellung von Nickelcarbonyl stellt man reaktionsfähiges Nickel durch Reduktion von Nickeloxalat bei 300 bis 350^0 im Wasserstoffstrom her und leitet bei 80 bis 100^0 Kohlenoxyd über dieses Nickel. Bei der Durchführung dieses Versuches ist darauf zu achten, daß die Gase völlig sauerstofffrei sind; andernfalls erhält man schlechte Ausbeuten.

Die Apparatur[2], Abb. 220, hat sich gut bewährt: Das Kohlenoxyd stellt man, wie üblich, aus Ameisensäure und konzentrierter Schwefelsäure her und wäscht es in zwei Waschflaschen mit konzentrierter Kalilauge, bevor man es in einem Gasometer aufbewahrt. Von dort gelangt es über ein Natronkalkrohr, einen mit konzentrierter Schwefelsäure gefüllten Blasenzähler und ein U-Rohr, das mit schwefelsäuregetränkten Bimssteinstückchen gefüllt ist, in ein Verbrennungsrohr, in dem sich zur Entfernung des Sauerstoffes eine etwa 30 cm lange Kupferdrahtnetzspirale befindet, welche auf 600^0 erhitzt wird.

Der Wasserstoff (Kipp) wird mit gesättigter Kaliumpermanganatlösung gewaschen, in einer Waschflasche mit konzentrierter Schwefelsäure getrocknet und geht über eine Beruhigungskapillare und einen Dreiweghahn in die oben beschriebene Anordnung.

Das Nickeloxalat befindet sich in einem Kugelrohr und kann durch einen (womöglich doppelwandigen) Blech- oder Asbest-

[1] L. Mond, R. Nasini, Z. phys. Ch. 8 (1891), 150.
[2] L. Vanino, Handbuch.

kasten gleichmäßig erhitzt werden. Es folgt das Kondensationsgefäß sowie ein Glasrohr zur Erzeugung eines Nickelspiegels. Die giftigen Abgase werden mit Leuchtgas gemischt, in einem Bunsenbrenner verbrannt.

Zur Darstellung des Nickeloxalates fällt man eine heiße Lösung von etwa 20 g Nickelsulfat mit Ammoniumoxalatlösung und etwas Oxalsäurelösung und wäscht den Niederschlag durch

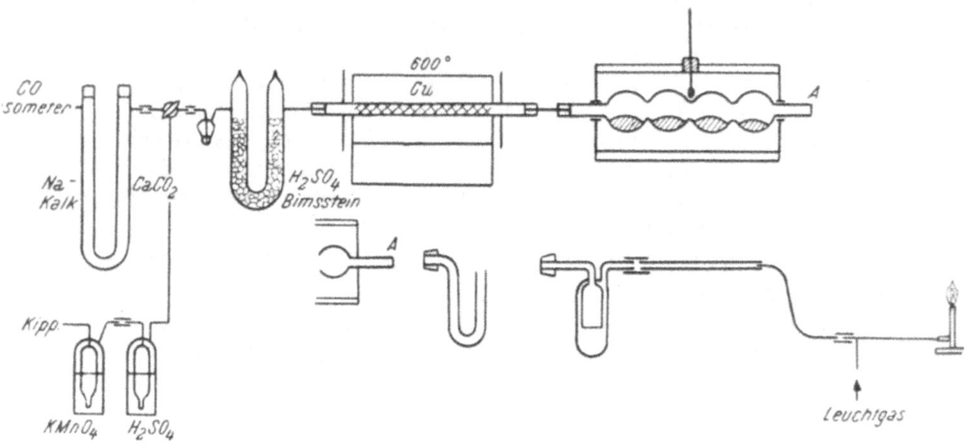

Abb. 220. Darstellung von Nickelcarbonyl.

öfteres Dekantieren mit heißem Wasser. Schließlich wird abgesaugt, mit heißem Wasser gewaschen und bei 100° getrocknet.

Das Kugelrohr wird, wie angedeutet, mit dem Nickeloxalat gefüllt. Sodann verdrängt man die Luft aus dem Natronkalkrohr mit Kohlenoxyd, schaltet auf den Wasserstoffweg um und verdrängt die Luft aus dem ganzen Apparat mit Wasserstoff. (Eprouvettenprobe!) An das Kugelrohr schaltet man vorerst ein leeres U-Rohr zur Aufnahme des kondensierenden Wassers an. Ist die Luft verdrängt, so erhitzt man die Kupferspirale auf 600°, die während des ganzen Versuches auf dieser Temperatur gehalten wird, sowie das Nickeloxalat auf 300 bis 350°, nicht höher. Nach etwa einer Stunde ist die Reduktion beendet, daran kenntlich, daß sich kein Beschlag von Wasser mehr bildet. Man läßt auf 80 bis 90° C erkalten, wechselt das U-Rohr rasch gegen die Ausfrierfalle aus, die man mit Kohlensäureschnee-Spiritus kühlt, und leitet durch Umschalten des Dreiweghahnes einen langsamen (2 bis 3 Blasen/sek) Kohlenoxydstrom über das Nickel.

In der Vorlage kondensiert sich das Nickelcarbonyl als weiße, schneeartige Masse. Trotz der tiefen Temperatur der Vorlage ist die Dampftension so groß, daß die entleuchtete Gasflamme infolge Nickelabscheidung zum Leuchten kommt. Erwärmt man die Vorlage, so wird die Flamme glänzendweiß. Erhitzt man das Glasrohr nach der Vorlage, so scheidet sich ein glänzender (bei höheren Temperaturen matter oder pulveriger) Nickelspiegel ab. Nach dem Glasrohr schaltet man eine kleine, mit Quecksilber gefüllte Waschflasche in den Gasweg, um ein Rücksaugen von Luft oder Leuchtgas zu verhindern. Nickelcarbonyl detoniert in Berührung mit konzentrierter Schwefelsäure. Nickelcarbonyl ist fast geruchlos, aber außerordentlich giftig, so daß man die größte Vorsicht beachten muß.

Kupfer(I)oxydhydrat $Cu_2O \cdot H_2O$ M = 161,16

Die Darstellung von gelbem amorphen und rotem kristallinen Kupferoxydulhydrat kann neben den chemischen Reduktionsmethoden vorteilhaft auf elektrolytischem Wege erfolgen[1]. In neutralen Elektrolyten hydrolisiert das, an einer Kupferanode gebildete Kupferion nach $2\,Cu^{\cdot} + 2\,OH' \rightleftharpoons Cu_2O \cdot H_2O$, während in sauren Elektrolyten die Disproportionierung nach $2\,Cu^{\cdot} \rightleftharpoons Cu + Cu_2^{\cdot\cdot}$ stattfindet.

Zur Darstellung des gelben amorphen Oxydulhydrates muß die Temperatur möglichst niedrig gehalten werden (Eiskühlung), während man bei der Elektrolyse bei 100° ein hochrotes Elektrolysenprodukt erhält. Als Elektrolyt bewährt sich eine $3\,n\,K_2SO_4$-Lösung; die Anodenstromdichte betrage 0,06 A/cm², die Klemmenspannung 1,8 bis 2,4 Volt. Der Elektrolyt wird durch Einleiten von reinem Stickstoff gerührt. Als Kathode verwendet man Platinblech, welches sich in einem Ton- oder Frittendiaphragma oder in einem feinmaschigen Gazesäckchen befindet. Als Anode dient ein Elektrolytkupferblech.

Kupferchlorür[2] (Kupfer[I]chlorid) **Cu_2Cl_2** M = 198,04, F.P. 432°C; K. P. 1490°C; d 3,53; L_{25} 1,53.

Man erwärmt am Wasserbade eine Lösung von 40 g kristallisiertem Kupferchlorid in 200 ccm 34%iger Salzsäure (d 1,175) und 100 ccm Wasser, zusammen mit fettfreien Kupferdrehspänen in einem Kolben, der mit einem Bunsenventil verschlossen ist.

---

[1] R. Lorenz, Z. anorg. Ch. 12 (1898), 438. — F. Fischer, Z. elektroch. 10 (1904), 429. — L. Moser, Z. anorg. Ch. 105 (1919), 116.

[2] M. Gröger, Z. anorg. Ch. 28 (1901), 160. — M. Deniges, C. r. 108 (1889), 567.

Sobald Entfärbung der Lösung eingetreten ist, gießt man die Flüssigkeit in zwei Liter luftfrei ausgekochtes destilliertes Wasser, das unter CO_2-Durchleiten erkaltet ist und zur Erhöhung der Beständigkeit des Chlorürs mit 1 bis 2% Essigsäure versetzt wurde. Man bringt den ausgefallenen reinweißen Niederschlag *unter Ausschluß hellen Tageslichtes* auf eine Nutsche, wäscht reichlich mit essigsäurehaltigem (1 : 20) luftfreien kalten Wasser, sodann mit absolutem Alkohol und trocknet im CO_2-Strom in einem vorher auf 100° angeheizten Trockenschrank. Das so dargestellte Chlorür muß reinweiß sein; es färbt sich an der Luft grün infolge Bildung basischer Chloride. Man kann es aus seiner heißen Lösung in konzentrierter Salzsäure umkristallisieren oder durch langsamen Zusatz von luftfreiem Wasser in schönen Tetraedern ausfällen.

Tetramminkuprisulfat[1] $[Cu(NH_3)_4] SO_4 \cdot H_2O$ M = 245,77.

d 1,81; $L_{21 \cdot 5}$ 18,5.

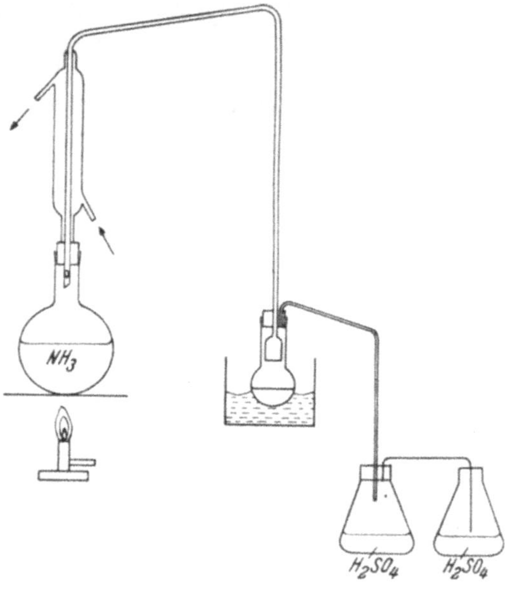

Abb. 221. Darstellung von Tetramminkupfer(II)chlorid.

Man löst 50 g gepulverten Kupfervitriol in 75 ccm konzentrierter Ammoniaklösung und 50 ccm Wasser, filtriert durch

[1] H. u. W. Biltz, Übungsbeispiele.

eine Glassinternutsche und fällt die tiefblaue Lösung durch langsamen Zusatz von 75 ccm Alkohol. Nach mehrstündigem Stehen in der Kälte saugt man die tiefdunkelblauen Kristalle durch eine Sinternutsche ab, wäscht mit einem Gemisch gleicher Volume Alkohol und konzentrierter Ammoniaklösung, dann mit Alkohol und Äther und saugt das Präparat trocken.

Tetramminkuprichlorid $[Cu(NH_3)_4]Cl_2 \cdot H_2O$ M = 220,63.

Infolge der sehr leichten Löslichkeit dieses Salzes in Wasser muß die Darstellung gegenüber der des Tetramminkuprisulfats modifiziert werden: Man leitet in eine warme filtrierte Lösung von 17 g kristallisiertem Kupferchlorid $CuCl_2 \cdot 2\,H_2O$ in 15 ccm Wasser durch ein weites Einleitungsrohr Ammoniakgas, das man durch gelindes Erwärmen von 100 ccm höchstkonzentriertem Ammoniakwasser bereitet, Abb. 221. Die Mischung erwärmt sich bis zum Kochen und wird *etwas* mit Wasser gekühlt; ein Teil des Wassers soll fortdampfen. Sobald eine klare tiefblaue Lösung entstanden ist, werden 8 ccm Alkohol zugefügt und die Mischung weiter unter Eiskühlung mit Ammoniak gesättigt. Das ausgeschiedene Salz wird auf einer Sinternutsche abgesaugt, mit Alkohol, dem etwas konzentrierte Ammoniaklösung zugefügt wurde, dann mit reinem Alkohol, schließlich mit Äther gewaschen, an der Pumpe trockengesaugt und sofort in eine verschließbare Flasche gebracht, da das Tetramminkuprichlorid an der Luft Ammoniak verliert[1].

Kupferquecksilberjodid[2] (Kupromerkurijodid) **$Cu_2[HgJ_4]$** M = 835,13.

Man fällt eine Lösung von 6,8 g Merkurichlorid mit einer Lösung von 8,3 g Kaliumjodid, wäscht den entstandenen Niederschlag von HgJ_2 durch einmalige Dekantation mit Wasser und löst ihn sodann, durch Zugabe einer konzentrierten KJ-Lösung von 8,3 g KJ, zu $K_2[HgJ_4]$ auf. Die filtrierte Lösung wird mit einer ebenfalls filtrierten konzentrierten Lösung von 12 g kristallisiertem Kupfersulfat gemischt und zur Reduktion des Kupri-Ions Schwefeldioxyd (aus $Na_2SO_3 + H_2SO_4$, eine Waschflasche mit wenig destilliertem Wasser) eingeleitet. Es fällt ein hellroter, dem Merkurijodid ähnlicher Kristallniederschlag, den man absaugt, gründlich mit Wasser wäscht und im Wasserdampftrockenschrank trocknet. Ausbeute etwa 20 g.

Kupromerkurijodid geht bei 71° reversibel von einer roten in

---

[1] W. Biltz, H. Bröhan, W. Wein, Z. anorg. Ch. **148** (1925), 207.
[2] E. Meusel, Ber. **3** (1870), 123.

eine schwarze Modifikation über und eignet sich deshalb zur Temperaturkontrolle. In den modernen *Thermokolorfarben* werden eine Reihe solcher Substanzen mit definierten Umwandlungspunkten zur Temperaturanzeige verwendet. (Vgl. S. 103.) Zur Beobachtung der Umwandlungstemperatur reibe man eine kleine Menge des Präparates mit Leinöl oder dergleichen an und bestreiche damit dünn eine Eprouvette oder einen Kolben. Beim Eingießen von heißem Wasser kann man so sehr schön die Umwandlung verfolgen.

Ammoniumkupfertetrasulfid[1] **$(NH_4)_2[CuS_4]$** M = 209,85.

200 ccm 25%ige Ammoniaklösung werden mit 50 ccm H_2O versetzt und unter Kühlung mit Schwefelwasserstoff völlig gesättigt, was ziemlich lange Zeit beansprucht. Die Hälfte der erhaltenen Hydrosulfidlösung wird bei 40° C mit 60 g feingepulvertem Schwefel (nicht Schwefelblumen!) auf der Schüttelmaschine gesättigt, filtriert und mit der anderen Hälfte vereinigt. Zu dieser Flüssigkeit setzt man unter Umschwenken eine Lösung von 20 g $CuSO_4 \cdot 5\,H_2O$ in 200 ccm Wasser so lange zu, bis ein bleibender Niederschlag von Kupfersulfid entsteht. Der Niederschlag wird sofort und möglichst rasch durch ein großes, bereitgehaltenes Faltenfilter abfiltriert und das Filtrat über Nacht in einem vollgefüllten, verstoppelten ERLENMEYER-Kolben im Eisschrank zur Kristallisation abgestellt. Die ausgeschiedenen glänzendroten Prismen von $(NH_4)_2[CuS_4]$ werden abgesaugt, mit wenig kaltem Wasser, dann mit Alkohol gewaschen und im Vakuumexsikkator über gebranntem Kalk getrocknet. Die Mutterlauge (ohne Waschflüssigkeit) gibt auf Zusatz von Kupfervitriollösung noch eine zweite Fällung. Gesamtausbeute etwa 25 g.

Konzentrierte Kalilauge fällt aus der frischen Lösung des Salzes in 2n KOH rotes $K_2[CuS_4]$. Bei längerem Stehen der alkalischen Lösung fällt CuS.

Silber Ag A = 107,880; F. P. 960,5° C; K. P. 2170° C; d 10,5.

Aufarbeitung von Silberrückständen. Erschöpfte photographische Fixierbilder werden am besten durch Einstellen von Zinkblechstreifen und Auszementieren des Silbers aufgearbeitet. Man läßt die Blechstreifen unter öfterem Bewegen etwa eine Woche in der zu entsilbernden Lösung stehen, filtriert den ausgefällten Silberschlamm ab und kupelliert ihn mit Blei. Liegen Halogensilberrückstände vor, so filtriert man, wäscht und schmilzt dieselben in einem alten Porzellantiegel. Überschichtet man die

[1] W. BILTZ u. P. HARMS, Ber. **40** (1907), 976. — H. u. W. BILTZ, Übungsbeispiele.

Schmelze mit verdünnter Schwefelsäure und legt einige Zinkgranalien auf dieselbe, so erfolgt meist innerhalb von 24 Stunden vollständige Reduktion der Silberhalogenide zu metallischem Silber.

Zur **Feinreinigung**[1] wird das Rohsilber in Salpetersäure gelöst und die verdünnte, kalte Lösung mit einer Lösung von reinstem Natriumchlorid gefällt. Der Silberchloridniederschlag wird mehrmals in der Kälte durch Dekantation gewaschen und zur weiteren Reinigung in frischdestilliertem Ammoniak gelöst. Man läßt einige Stunden abstehen, filtriert und fällt das Silberchlorid im Filtrat durch Zusatz von reinster Salpetersäure aus. Nach neuerlichem Dekantieren bis zur NO_3'-Freiheit reduziert man das Silberchlorid in einer Silberschale mit Invertzucker und Natronlauge (e-Natrio) bei 60°, bzw. mit Sacharose und NaOH oder mit alkalischer HCHO-Lösung bei Siedehitze. Die benötigten Reagentien werden vorher destilliert, der Zucker über Tierkohle filtriert und umkristallisiert. Der ausfallende Silberschlamm wird sorgfältig mit heißem Wasser Cl'-frei gewaschen, getrocknet und auf reinem Kalziumoxyd vor dem Gebläse zu Reguli geschmolzen. Die Öffnungen der Gebläselampe müssen vorher sorgfältig gereinigt werden. Erhitzt man das Metall nicht länger, als zum Schmelzen unbedingt notwendig, und läßt die erhaltenen Metallkörner in der reduzierenden Flamme abkühlen, so ist das Silber bereits außerordentlich rein; es enthält etwa 0,001 % S, Spuren von Kohlenstoff, AgCl und O_2.

Die weitere Reinigung erfolgt elektrolytisch, indem man die Hauptmenge der Reguli als Anode gegen eine Feinsilberkathode (Blech, Draht) schaltet. Als Elektrolyt verwendet man eine etwa 10%ige Silbernitratlösung, die man sich aus dem erschmolzenen Silber und reinster Salpetersäure herstellt. Als Anode verwendet man eine Glasfrittenkerze, die man mit den Silberreguli füllt. Als Stromzuführung benützt man einen Feinsilberblechstreifen, den man im oberen Teil durch einen (Asphaltlack-, Bakelitelack- usw.) Anstrich schützt. Die Elektrolyse wird mit einer Klemmenspannung von 1,39 V durchgeführt. Die sich kathodisch abscheidenden Silberflitter werden von Zeit zu Zeit aus der Elektrolysierzelle entfernt, sorgfältig gewaschen und nach dem Trocknen in einem Kalkschiffchen in einem reinen Wasserstoffstrom zusammengeschmolzen.

---

[1] T. W. Richards, R. C. Wells, Z. anorg. Ch. **47** (1905), 70. — O. Hönigschmid, R. Sachtleben, Z. anorg. Ch. **195** (1931), 211.

Silberspiegel. Die Herstellung eines einwandfreien Silberspiegels[1] ist von zahlreichen Faktoren abhängig. Die Vorschrift von Bothe-Böttger führt bei sorgfältigem, peinlich sauberem Arbeiten stets zu Erfolg; sie wird u. a. auch zur Herstellung astronomischer und Galvanometerspiegel gerne verwendet.

Die meisten Mißerfolge bei der Spiegelherstellung rühren von einer ungenügenden Reinigung des zu versilbernden Glases her. Ich folge hier im wesentlichen der von E. v. Angerer gegebenen Vorschrift:

Die Spiegelfläche wird nach eventuellem Reinigen mit Salpeter-Schwefelsäure unter fließendem Wasser abgespült und mit gründlich gereinigten Fingern längere Zeit mit Seifenschaum abgerieben. Man spült unter ständigem Reiben zuerst unter der Wasserleitung, dann mit destilliertem Wasser ab und legt den Spiegel vorläufig in eine Schale mit destilliertem Wasser. Das Wasser darf von der Spiegeloberfläche nicht fettig abgestoßen werden, sondern muß überall gleichmäßig benetzen. Falls die Silberschicht später poliert werden soll, putzt man die zu versilbernde Oberfläche sorgfältig mit einem Brei von Alkohol, Ammoniak und gefälltem Calciumkarbonat, den man mittels Zellstoff kreuz und quer verreibt. Man putzt mit frischem Zellstoff nach, bis die Oberfläche völlig blank und rein vom Putzmittel ist.

Zur Versilberung benötigt man zwei Lösungen R und S, die im Verhältnis 1 : 1 gemischt werden. Lösung R ist einige Monate, Lösung S, lichtgeschützt, fast unbegrenzt haltbar. Die Temperatur hat keinen wesentlichen Einfluß auf die Versilberung.

Man reinigt zwei dunkelbraune Flaschen von je 500 ccm mit eingeschliffenen Glasstopfen, drei Bechergläser oder Erlenmeyer-Kolben mit a) 800, b) 300, c) 100 ccm Inhalt, drei Reagensgläser, eine 20-ccm-Bürette und einen Glastrichter. Sodann wiegt man in die Reagensgläser ein: 1) 5 $\pm$ 0,1 g $AgNO_3$, 2) 1,1 $\pm$ 0,05 g $AgNO_3$, 3) 0,9 $\pm$ 0,05 g Seignettesalz und löst 2) und 3) mit je einigen Kubikzentimetern destilliertem, völlig chlorfreiem Wasser.

Herstellung der Silberlösung. Im Kolben b zu 300 ccm löst man die 5 g $AgNO_3$ in 50 bis 100 ccm destilliertem Wasser und gießt davon etwa ein Drittel zur Reserve in Kolben c. Zur Hauptmenge setzt man unter starkem Umschwenken tropfenweise Ammoniaklösung aus der Bürette zu, bis sich der entstandene

[1] W. Bothe, Journ. Prakt. Ch. **42** (1863), 191. — R. Böttger, Polytechn. Notizbl. **38** (1883), 217, **39** (1884), 342. — H. Kreusler, Die Sterne **9** (1929), 42. — E. v. Angerer, Technische Kunstgriffe, 5. Aufl., S. 61.

schokoladebraune Niederschlag wieder löst. Nun gibt man abwechselnd Silbernitrat aus der „Reserve“ und tropfenweise Ammoniak zu, wobei der letzte Zusatz Silbernitratlösung sein soll und die Flüssigkeit eine graugelbe bis braune Trübung aufweisen muß. Sollte die Flüssigkeit zum Schluß klar sein, so löst man einige Kristalle Silbernitrat in destilliertem Wasser auf und setzt von dieser Lösung bis zur deutlichen Trübung der Flüssigkeit zu. Die so hergestellte Lösung wird mit destilliertem Wasser auf 500 ccm verdünnt und unfiltriert in der einen Stöpselflasche aufbewahrt. Der Niederschlag setzt sich allmählich ab.

Herstellung der Reduktionslösung R: Die Seignettesalzlösung 3) wird zu 500 ccm destilliertem Wasser gegeben, im Kolben a zum Sieden erhitzt und kochend, zunächst tropfenweise (Achtung auf Siedeverzug!), dann rascher die Silbernitratlösung 2) zugesetzt Es entsteht eine bräunliche Fällung, die sich schnell zu einem grünlichgrauen Niederschlag umbildet. Man läßt 3 bis 6 Minuten langsam weiterkochen, filtriert und bewahrt die Flüssigkeit in der zweiten Stöpselflasche auf.

Das Versilbern. Kleine Spiegel versilbert man in einer bestens gereinigten Kristallisier- oder Entwicklerschale; große, dicke Spiegel versieht man mit einem etwa 5 cm hohen, flüssigkeitsdichten Rand aus paraffiniertem Papier und verwendet den Spiegel selbst als Boden des Troges.

Man mischt annähernd gleiche Teile R und S, so viel, daß der Spiegel etwa 1 cm hoch bedeckt ist und gießt die Mischung sofort über den Spiegel und schaukelt kräftig. Nach einigen Minuten entsteht ein sich rasch verstärkender, blau durchscheinender Belag. Allmählich trübt sich die Flüssigkeit und es scheiden sich Inseln von Silber an der Oberfläche ab. Nun gießt man die verbrauchte Lösung ab, spült kurz mit destilliertem Wasser nach und versilbert sofort ein zweites Mal mit frischbereiteter Lösung R + S. Nach erfolgter Versilberung wird der Spiegel in destilliertem Wasser, dann in Alkohol gespült und hochkant zum Trocknen aufgestellt, wobei man Sorge trägt, die Schicht nicht mit den Fingern zu berühren. Man faßt ihn am besten mit Glashaken und Pinzette an.

Bei rückseitig versilberten Spiegeln (die Strahlen gehen durch das Glas hindurch) schützt man die Silberschicht mit einem Lacküberzug (alkoholische Schellacklösung oder Zaponlack oder Asphaltlack). Eventuell auf der Glasseite vorhandenes Silber entfernt man mit einem in stark verdünnte Salpetersäure getauchten und gut ausgedrückten Wattebausch.

Soll die Reflexion auf der Vorderseite der Silberschicht erfolgen, so muß diese poliert werden. Man poliert mit sämisch gegerbtem Leder, das man ausklopft, um den Staub zu entfernen und um einen Stoffballen herumbindet. Man fährt mit diesem Polierballen zunächst sehr vorsichtig, allmählich fester aufdrückend, in kreisförmigen Bahnen über den zu polierenden Spiegel. Falls dies nicht genügt, verreibt man mit dem Finger etwas feinstes Polierrot oder Chromoxyd auf dem Ballen, bürstet den Überschuß ab und poliert aus.

Zinkdiäthyl[1] **$Zn(C_2H_5)_2$** F. P. — 28° C; K. P. 118° C (16° C bei 9,5 Torr).

In einem Einliter-Schliffrundkolben übergießt man 130 g feine Drehspäne einer Zink-Kupfer-Legierung (mit 5 bis 8 % Cu) mit 156 g (1 Mol) Äthyljodid, setzt einen Rückflußkühler auf und erhitzt bis zum gelinden Rückfluß (Wasserbad). Nach einiger Zeit beginnt die Reaktion, kenntlich an der Zunahme des Rückflusses. Man entfernt sofort die Heizung und kühlt mit Eis-

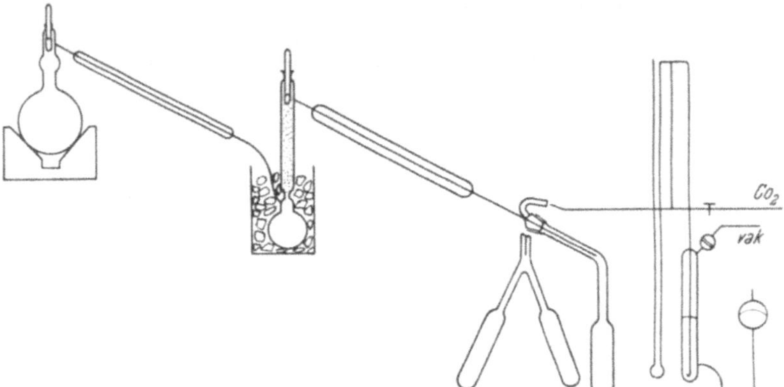

Abb. 222. Darstellung von Zinkdiäthyl.

wasser, sobald die Reaktion zu heftig wird. Wesentlich weniger stürmisch verläuft die Reaktion, wenn man die Umsetzung mit je ½ Mol Äthyljodid und Äthylbromid durchführt. Nach einer halben Stunde ist die Reaktion beendet, daran kenntlich, daß

[1] S. H. Gladstone u. A. Tribe, Journ. Chem. Soc. **26** (1873), 961, **35** (1879), 567. — A. Lachman, J. Am. Chem. Soc. **24** (1900), 36. — L. M. Dennis, F. E. Hance, J. Am. Chem. Soc. **47** (1925), 370. — C. R. Noller, J. Am. Chem. Soc. **51** (1929), 594. — E. Krause, W. Fromm, B. **59** (1926), 931.

kein Äthyljodid unter Rückfluß destilliert. Man läßt abkühlen, füllt den Kolben mit Kohlendioxyd und vertauscht den Rückflußkühler mit einem absteigenden Kühler, wobei man sich der Apparatur, Abb. 222, bedient. Man destilliert bei Wasserstrahlvakuum, nachdem man vorher die ganze Apparatur durch mehrmaliges Füllen mit CO_2 und Evakuieren völlig luftfrei gemacht hat, wobei man die Vorlage in einer Eis-Kochsalz-Kältemischung kühlt. Durch anschließende Vakuumdestillation über eine Kolonne erhält man das Diäthylzink rein. Die Verwendung von Hähnen ist in der Apparatur nicht zu empfehlen; eine Trennung des Vorlaufes von der Hauptfraktion bewirkt man am einfachsten durch entsprechendes Neigen der in Abb. 222 gezeichneten Vorlage.

Namenverzeichnis.

Sachverzeichnis.

GPSR Compliance

The European Union's (EU) General Product Safety Regulation (GPSR) is a set of rules that requires consumer products to be safe and our obligations to ensure this.

If you have any concerns about our products, you can contact us on ProductSafety@springernature.com

In case Publisher is established outside the EU, the EU authorized representative is:

Springer Nature Customer Service Center GmbH
Europaplatz 3
69115 Heidelberg, Germany

Batch number: 10682323

Printed by Printforce, the Netherlands